Droemer
Knaur®

Dennis Overbye

Das Echo des Urknalls

Kernfragen der modernen Kosmologie

Übersetzt aus dem Amerikanischen
von Helmut Dierlamm,
Enrico Heinemann und Ute Mihr

Droemer Knaur

Titel der Originalausgabe: Lonely Hearts Of The Cosmos
Originalverlag: Harper & Row

Overbye, Dennis:
Das Echo des Urknalls: Kernfragen der modernen
Kosmologie. / Dennis Overbye. Übersetzt aus dem
Amerikanischen von Helmut Dierlamm,
Enrico Heinemann und Ute Mihr. –
München: Droemer Knaur, 1991
Einheitssacht.: Lonely hearts of the cosmos < dt. >

Umschlaggestaltung: Atelier Zero, München
Satzarbeiten: Büro Mihr, Tübingen
Druck und Bindearbeiten: Mohndruck, Gütersloh
Printed in Germany
ISBN 3-426-26267-3

2 4 5 3 1

Inhalt

Für meine Eltern

Prolog

Abgesandte an die Ewigkeit

Im Jahr 1954 erschien in dem Magazin *Fortune* ein Artikel über den Stand der amerikanischen Naturwissenschaft. In einer Fotoreportage zu diesem Artikel wurden die zehn vielversprechendsten Wissenschaftler vorgestellt, darunter auch ein junger Astronom. Auf dem Foto lehnte er lässig am Sockel des berühmten 5-Meter-Teleskops auf dem Mount Palomar. Er war hager und erinnerte in seiner Windjacke ein wenig an James Stewart. Auf seinem sommersprossigen Gesicht lag ein Grinsen, und eine Schmachtlocke hing ihm in die Stirn. Seine Augen glänzten. Er schien zugleich selbstgefällig und ernst, wie ein erfolgreicher junger Kampfflieger, der den Freiherrn von Richthofen herausfordert. Eigentlich fehlte nur noch die Zigarette im Mundwinkel. Der junge Astronom hieß Allan Sandage.
Sandage hatte allen Grund, so selbstgefällig und eifrig auszusehen. Als der Artikel erschien, war er ganze achtundzwanzig Jahre alt, seit einem Jahr promoviert, und er gehörte bereits zu der Handvoll Menschen, die Zugang zu dem 5-Meter-Teleskop hatten, dem berühmtesten astronomischen Instrument jener Zeit. Und in dieser kleinen Gruppe von Privilegierten waren für ihn die dunkelsten Nächte und die klarsten Himmel reserviert; allerdings trug er auch die schwerste Last. In dem Artikel hieß es vorsichtig: »Er arbeitet mit daran, das Alter und die Struktur des Universums zu bestimmen.«
Es ist ein ergreifendes Bild – der fröhliche, sommersprossige junge Mann und sein neues Teleskop –, und es ist ein ergreifender Augenblick: In diesem Augenblick nämlich nahm die Hoffnung Gestalt an, daß die Wissenschaft mit ihren neuen Instru-

menten und dank hochintelligenter, ehrgeiziger junger Männer das Geheimnis des Kosmos würde lüften können. Allan Sandage war der erste Mensch, dessen erklärte Aufgabe lautete, das Schicksal des Universums aufzuklären.

Fünf Jahre später und einen halben Erdumfang entfernt, in Indien, hatte ein reisender Religionswissenschaftler namens Houston Smith eine denkwürdige Begegnung mit dem Dalai-Lama, dem geistlichen und weltlichen Oberhaupt Tibets, der nach der chinesischen Invasion in sein Land nach Indien geflohen war. Nach den Traditionen des tibetanischen Buddhismus war der Dalai – sein weltlicher Name lautete Teuzin Gyatso – die vierzehnte Reinkarnation des buddhistischen Gottes des Mitgefühls; tatsächlich war er ein recht seltsamer Bursche.

Wie Smith Jahre später erzählte, dauerte eine Audienz bei dem Gott gewöhnlich kurz und verlief nach ganz bestimmten Regeln: Nur wenige Worte wurden gewechselt, man sagte sein Sprüchlein, drückte seine Ehrerbietung aus, machte seine Aufwartung, verbeugte sich und ging wieder. »Woher kommen Sie?« hatte der Dalai gefragt – auch diese Frage war Teil des Rituals. Smith, ein schlanker, bereits in jungen Jahren kahl gewordener Mann, erklärte, er lehre Philosophie und Religionswissenschaft am Massachusetts Institute of Technology in Cambridge, Massachusetts. Zu Smith' Überraschung legte der Dalai-Lama, ein gebildeter Mann, daraufhin seine Förmlichkeit sofort ab. »Bleiben Sie noch ein wenig«, sagte er. »Ich möchte mich mit Ihnen unterhalten.«

Er fragte, ob Smith ihm erklären könne, was es mit der heftigen Diskussion um die Ursprünge des Universums auf sich habe. Kurz vor dieser Begegnung hatten sich die Astronomen in zwei Lagern zusammengeschlossen, die zwei entgegengesetzte Meinungen über die Geschichte des Kosmos vertraten. Die erste Theorie – die sogenannte Theorie vom Urknall – besagte, daß das Universum seinen Ursprung vor zehn Milliarden Jahren in einem feurigen Kataklysmus genommen habe und in einem ebenso spektakulären Knall in vielen Milliarden Jahren wieder untergehen werde. Diese Vorstellung erinnerte stark an die zyklische Zerstörung und Wiedererschaffung der Welt, die von tibetanischen Buddhisten *kalpas* genannt wird. Nach der anderen Theorie – der sogenannten Steady-State-Theorie – war das Universum unendlich und blieb ewig gleich. Der Dalai lauschte aufmerksam, als Smith ihm erklärte, nach den letzten Informationen vom Mount Palomar verschiebe sich das Gleichgewicht möglicherweise ein wenig zugunsten der Urknall-Theorie. Der Dalai-Lama nickte und lächelte ironisch. »Wir haben dazu natürlich unsere eigene Meinung.«

Ein Buch über Kosmologie beginnt üblicherweise mit der Darstellung des farbenprächtigen Schöpfungsmythos einer alten oder primitiven Kultur. Vielleicht soll damit gezeigt werden, wie weit wir angeblich schon gekommen sind. Vielleicht, und das ist viel wichtiger, sollen uns solche Schöpfungsmythen jedoch auch daran erinnern, daß die Fragen, wer wir sind, woher wir kommen, warum wir sterben, warum etwas ist und warum nicht einfach nichts ist, in uns stecken. Ich gehöre der Sputnik-Generation der fünfziger Jahre an, vermutlich der ersten Generation, die mit einem angeblich wissenschaftlich beweisbaren Schöpfungsmythos aufgewachsen ist. Als ich klein war, begannen die Palomar-Astronomen gerade mit ihren Untersuchungen, die ganz gewiß die endgültige Erklärung bringen sollten, was es mit dem Kosmos auf sich hatte. Meine Freunde und ich lasen – wie der Dalai-Lama, allerdings stand für uns nicht soviel auf dem Spiel – in unserer Jugend Bücher über den Streit zwischen den Vertretern der Urknall-Theorie und der Steady-State-Theorie, über gekrümmte Raumzeit, über das Geheimnis des sich ausdehnenden Universums, über Energie, die sich in Materie umwandelt und umgekehrt.

Wir wuchsen mit Science-fiction-Filmen auf und mit der Vorstellung, daß die Menschheit das Weltall erobern und erstaunliche, mystische Dinge über die Ursprünge des Universums entdecken würde. Und wir würden all das miterleben. Ich wuchs auf im Zeitalter der Bombe, der Transistoren, der ersten Fernsehbilder, der Tiefkühlkost und der Heckflossen. Sogar LSD erschien zunächst als ein Triumph der Technologie. Wissenschaftler waren Helden, und die Wissenschaft, noch trunken von ihrem faustischen Triumph beim Bau der Bombe und der Entdeckung des Erbguts in der DNS, war bereit, auch die Zuständigkeit für die letzten Fragen für sich zu beanspruchen. Die Wissenschaft war ein Rauschmittel, sie war wild, und die ältere Generation, die Hochvakuumröhren-Radios für Wunderdinge hielt, verstand sie einfach nicht. Das verstärkte das Vorurteil unserer Generation, daß die Älteren und ihre verstaubte Lebensweise für uns bedeutungslos waren. Warum sollte sich der Dalai-Lama nicht vor den Astronomen verbeugen?

Der überraschende Start des Sputniks im Jahr 1957 war ein entscheidender Augenblick für meine Generation. Danach wurden Wissenschaft und Technologie zu einer nationalen Obsession, zu einer Angelegenheit der nationalen Sicherheit. Die besten und intelligentesten Studenten der späten sechziger und frühen siebziger Jahre wurden Naturwissenschaftler oder spielten zumindest mit dem Gedanken – so wie sie zehn Jahre später Juristen und zwanzig Jahre später, leider, Manager wurden. Doch der Weg in die Grenzbereiche war lang und beschwerlich, und die meisten landeten letztlich doch ganz woanders; sie verkauften Computer oder zogen Kerzen. Nur wenige hielten durch, sie wurden Kosmologen. Um sie geht es in diesem Buch.

Das Buch handelt davon, was es bedeutet, in der zweiten Hälfte des zwanzigsten Jahrhunderts auf der Suche nach kosmologischen Erkenntnissen zu sein; es handelt von Männern und Frauen, die sich – ausgerüstet mit Computerchips, unterirdischen Teilchenbeschleunigern, fünfzig Tonnen schweren Brocken aus aluminiumbeschichtetem Glas, Radioteleskopen, Humor und Stolz – immer noch mit den Fragen herumschlagen, die mich in meiner Jugend reizten. Sie schaffen neue Mythen. Sie sind die Priester unseres technologischen Zeitalters.

Was käme einem Mythos näher als die Vorstellung, daß das Universum vielleicht doch aus dem Nichts entstand, daß die

Atome in unseren Knochen und in unserem Blut vor vielen Milliarden Jahren auf Lichtjahre entfernten Sternen geformt wurden oder daß die noch älteren Partikel, aus denen sich diese Atome zusammensetzen, die Fossile kaum faßbarer Energien und Kräfte in der ersten Mikrosekunde der Schöpfung sind?

Die moderne Version der Geschichte des Universums ist eine großartige Story, und vielleicht ist sie sogar wahr. Wahrscheinlich gehört es zur Conditio humana, daß Kosmologen – beziehungsweise die Schamanen eines jeden Zeitalters – immer meinen, sie klopften an die Tür der Ewigkeit, das letzte Geheimnis des Universums liege in ihrer Reichweite. Vielleicht gehört es aber auch zur Conditio humana, daß sie sich immer irren. Die Wissenschaft, die, angetrieben vom Zweifel, mit Hilfe der Methode von Versuch und Irrtum in kleinen Schritten vorwärtskommt, ist ein Friedhof für letzte Antworten. Aber wenigstens irren sich die Kosmologen in immer anderer Weise – so wie Woody Allen einmal sagte, eine Auswirkung seiner wachsenden Berühmtheit sei es, daß er jetzt bei einer besseren Kategorie von Frauen abblitze.

In gewisser Weise handelt dieses Buch also von Mißerfolgen, aber auch von Mut, Hoffnung, Hartnäckigkeit, Stolz, Genie und Glück. Ich habe mich bemüht, die Geschichte möglichst aus der Perspektive der handelnden Personen zu erzählen. Eine erzählende historische Darstellung ist immer ein wenig verzerrt, niemand kann überall gewesen sein und alles getan haben. Jede Entdeckung, jeder theoretische Durchbruch baut auf unzähligen anonymen Beiträgen auf. Je genauer man ein bestimmtes Ereignis der Wissenschaft betrachtet, desto schwieriger ist es zu sagen, woher und von wem der Gedanke ursprünglich stammt. Die Urheberschaft scheint oft zu verschwinden wie ein Quant Ungewißheit. Im allgemeinen habe ich mich dafür entschieden, eher von den Menschen zu berichten, die sich an einem bestimmten Thema festgebissen haben, als von denen, die eine Anregung vorgebracht haben und dann zur nächsten Frage übergegangen sind. Ich entschuldige mich bei all jenen, die möglicherweise das Gefühl haben, daß ihre Beiträge übergangen wurden, und hoffe, daß sie wenigstens verstehen, wie das zustande gekommen ist. Falsche Zuordnungen sind selbstverständlich mein Fehler.

Die Geschichten in diesem Buch sind repräsentativ, aber nicht vollständig, und das ist durchaus beabsichtigt. Einige Kosmologen werden erwähnt, aber nicht alle. Ich habe mich bemüht, dem wissenschaftlichen Hauptstrom zu folgen, so wie ich seinen Fluß einschätze (nicht immer eine leichte Aufgabe), denn die orthodoxe Kosmologie ist merkwürdig und wunderbar genug, auch ohne daß man sich irgendwelchen neuen Mysterien zuwendet. Ich bitte den Leser im voraus um Entschuldigung für die Ausflüge in die Physik. Ich habe versucht, so viele wissenschaftliche Informationen einzuarbeiten, daß der Leser einen Eindruck davon bekommt, wie Kosmologen arbeiten und reden, aber nicht so viele, daß sich das Buch wie ein wissenschaftliches Lehrbuch liest. Bestimmt habe ich mich in beiden Richtungen mehr als einmal vertan.

Selbst in dieser verkürzten Version der Geschichte der Kosmologie gibt es viele Stimmen, aber eine Stimme übertönte die anderen, ein Herz, so schien es mir, barg mehr von dieser kosmologischen Verwirrung und Hoffnung und das über eine längere Zeit hinweg, als ein normaler Sterblicher ertragen könnte. Allan Sandage, der junge Mann in der Windjacke, taucht in diesem Buch einfach deshalb so oft auf, weil er sich so viel länger und so viel intensiver mit der Kosmologie beschäftigt und versucht hat, das Rätsel des Universums zu lösen. Wissenschaftlich war er der Vater einer ganzen Generation von Kosmologen. Das Universum der Theoretiker, die in ihrer schöpferischen Phantasie von Quantenblasen träumen, ist größtenteils das Universum, das Sandage aus trockenen Zahlen in gelben Logbüchern und verschwommenen Flecken in dem großen Palomar-Teleskop zusammengesetzt hat.

Was ein Mensch auf dem Weg zum Wissen erleben kann, das hat Sandage fast alles erlebt. Seine Geschichte wurde nie im Detail erzählt, nicht zuletzt, weil er viele Jahre lang fast wie ein Einsiedler lebte, weil er kein Tagebuch führte und weil seine Arbeit so viel wichtiger erschien und so zeitraubend war, daß er für andere Dinge keine Zeit erübrigen konnte. Je länger ich an diesem Buch arbeitete, desto mehr verfestigte sich in mir der Eindruck, daß die Geschichte von Allan Sandage paradigmatisch ist für die Suche der Kosmologen, ja sogar für die Naturwissenschaft insgesamt.

Ich lernte Allan Sandage im Januar 1985 auf einem Astronomie-Kongreß in Tucson kennen, sein legendärer Lebenslauf war mir jedoch schon lange bekannt. Dreißig Jahre hatte Sandage das berühmteste wissenschaftliche Instrument des Jahrhunderts, das 5-Meter-Teleskop auf dem Mount Palomar, bedient, als handle es sich um ein Fernglas in seinem Garten. Er hatte das Universum wieder und wieder vermessen und aus den Schatten auf fotografischen Platten, den Chiffren der Spektren und mühseligen mathematischen Berechnungen Hinweise auf die Größe und die Geschichte des Universums zusammengekratzt. Das Universum zu vermessen war die Aufgabe dieses Menschen, und sie forderte einen menschlichen Preis von Sandages Psyche. Es liegt in der Natur der Arbeit, daß sie Kritiker anlockt. Niemand galt etwas in der Astronomie, an den nicht Sandage das eine oder andere Mal das Wort gerichtet hatte.

Als ich ihn kennenlernte, lag er in der Frage nach der Größe und dem Alter des Universums mit etlichen anderen Gruppen von Astronomen in Fehde. Ihre Ansichten differierten um den scheinbar unauflösbaren Faktor zwei. Einige Jahre lang verkündete die *New York Times* alle paar Monate, daß die eine Gruppe die andere korrigiert habe: Das Universum sei doch 20 Milliarden Jahre alt und nicht zehn Milliarden oder umgekehrt.

Während des Kongresses fuhren Sandage und ich eines Abends in die Wüste hinaus. Ich erzählte ihm, daß es meiner Ansicht nach zwei Geschichten des Universums gebe. Die eine bestehe aus den physikalischen Ereignissen und reiche vom Urknall, mit dem angeblich alles begonnen habe, über die Galaxien und die

Entstehung der Sonne bis zum Bau des Personal Computer. Die andere Geschichte würde ich die geheime Geschichte des Universums nennen, die Geschichte der Mühsal, der Widersprüche und der Phantasien der Kosmologen. Ich wolle die geheime Geschichte des Universums ergründen, den Menschen erklären, warum ihr Universum, so wie es sich ihnen auf den Seiten der *New York Times* darstellte, ein solches Jo-Jo sei: zuerst groß, dann klein, unendlich am einen Tag, zum Zusammenbruch verdammt am anderen.

»Astronomie ist eine unmögliche Wissenschaft«, lachte Sandage, während wir durch die Sanddünen irgendwo in der Wüste unweit von Tucson fuhren, und sein Gelächter prallte gegen das Dach des Mietwagens. »Es ist ein Wunder, daß wir überhaupt etwas wissen.«

Zehn Monate später trafen wir uns nach vielen verschobenen Verabredungen in San Diego. Dort hatte Sandage für ein Freijahr vom Mount Wilson und den Las Campanas Observatories, wo er vierunddreißig Jahre lang gearbeitet hatte, ein kleines Haus am Strand gemietet. Zwei Wochen lang trafen wir uns zweimal täglich, meist in einer Restaurantbar am Strand von La Jolla. Sandage schlürfte Manhattans und redete, während ich meinen Kaffee trank. Er ließ sich lachend, wutschnaubend, klagend und lästerlich schimpfend über die verschiedensten Themen aus – von der Evolution und der Lehre der Weltschöpfung durch einen allmächtigen Schöpfer, über die er fachlich nichts sagen könne, bis hin zu den Einzelheiten der stellaren Astronomie. Seine Augen sahen aus wie zwei Feuersteine, wenn er wissenschaftlich redete, sie blinzelten, wenn er von den Sternen erzählte und glühten in einer Art baptistischem Eifer, wenn er auf seine Kritiker zu sprechen kam. Seine Stimme überschlug sich wie die eines Schulmädchens, wenn er in Aufregung geriet, und wurde leise, wenn er deprimiert war.

In den folgenden Monaten kreuzten sich unsere Wege auf meinen Reisen und seinen Unternehmungen während des Freijahrs recht häufig. Für mich wurde es bald zu einem Ritual, daß ich unangemeldet in seinem Arbeitszimmer auftauchte, ob in Honolulu, Baltimore oder Pasadena. Er schaute dann auf (niemand besucht Sandage unangemeldet; er ist bekannt dafür, daß er sehr grimmig reagieren kann), schlug mit gespieltem Entsetzen die Hände vors Gesicht und stöhnte theatralisch:»Oh, Mist!« Dann aßen wir gemeinsam zu Mittag, und er versuchte, mich zu überzeugen, daß er Alkoholiker sei oder daß er das Trinken gerade aufgebe oder beides.

In den vergangenen fünf Jahren gehörte ich sozusagen zum Troß aller kosmologischen Veranstaltungen. Ich blieb nicht nur Sandage auf den Fersen, sondern besuchte Kosmologen-Kongresse in all den eindrucksvollen Städten, wo sie gewöhnlich tagen (Kosmologen wissen, wo die Welt schön ist). Wochenlang saß ich in den Workshops im Aspen Center for Physics, wo sich die Theoretiker jeden Sommer treffen, um ungestört von Telefonen und Studenten zu diskutieren. Mit den Astrophysikern stieg ich auf Berge und aß ich zu viele französische Diners. Eine Woche lang schleppte ich mich mit einer Halsentzündung durch das CERN, das europäische Zentrum für Teilchenphysik, und saß im Kontrollraum des Fermilab, während Protonen mit der höchsten Energie, die jemals auf Erden erzeugt wurde, aufeinanderprallten. Ich ging hinter Stephen Hawkings quietschendem Rollstuhl her und half, ihn auf Podien zu heben. Und ich fuhr in der Beobachterkabine am Primärfokus des 5-Meter-Teleskops auf den Palomar. Von diesem Aussichtspunkt wurden die Quasare entdeckt.

Viele Physiker und Astronomen, die in der letzten Version des Manuskripts vielfach gar nicht mehr auftauchten, stellten mir während der Vorbereitungen zu diesem Buch über jedes vernünftige Maß hinaus ihre Zeit und Gastfreundschaft zur Verfügung. Ich kann sie nicht alle namentlich nennen. Besonderen Dank schulde ich Allan Sandage, Stephen Hawking, John Wheeler, Michael Turner, David Schramm, Gustav Tammann, Jim Peebles, Brent Tully, Alex Szalay, Vera Rubin, Joel Primack, Allan Guth, Jim Gunn, Gary Steigman, John Huchra, Maarten

19

Schmidt, John Schwarz, Marc Davis, Kip Thorne und Marc Aaronson. Unschätzbare logistische Hilfe leisteten Sally Mencimer vom Aspen Institute for Physics, Dennis Meredith vom California Institute of Technology, Margaret Pearson vom Fermilab, John Gustafson vom Lick Observatory sowie Jean Hrichus und Spencer Weart vom American Institute of Physics.

Mein Dank gilt außerdem Joe Ashbrook und Lief Robinson, den Chefredakteuren von *Sky and Telescope,* sowie Leon Jaroff und Gil Rogin, den Chefredakteuren der Zeitschrift *Discover.* Ein Teil der Recherchen zu diesem Buch wurde unter ihrer Schirmherrschaft geplant und durchgeführt.

Viele Menschen – weit mehr, als man in so einem armseligen Abschnitt erwähnen kann – haben mir in den langen Jahren, die mich dieses Buch in Anspruch nahm, seelische Hilfestellung geleistet und mich immer wieder ermutigt. Zu ihnen gehörten Kalia Doner und die Amazons of Phoenicia, Tom Dworetzky, James Polk, Joan Munkacsi, Conrad Fenwick, Gary Greene und Pat Sims von *Satori.* Dan und Alex Hafner leisteten einen strategisch wichtigen Beitrag. Sie liehen mir in einem entscheidenden Augenblick einen Computer.

Besonderen Dank schulde ich Gary Taubes, er machte mich mit meiner Agentin Kris Dahl bekannt. Ohne Kris wäre dieses Buch nicht entstanden; sie meisterte jede Krise mit Geduld, Vertrauen und einem kurzen Knall mit der Peitsche. Auch ohne Richard Kot, meinen Lektor, gäbe es dieses Buch nicht. Über ihn möchte ich nicht zu viel sagen, weil ich fürchte, ein anderer Verleger könnte ihn abwerben, und ich möchte ihn gern behalten.

In den dunkelsten Stunden opferte Natalie Angier selbstlos Stunden und Tage und half mir, mein Manuskript aus dem Chaos zu retten. Mit ihrer charakteristischen fröhlichen Offenheit gab sie mir Ratschläge, übte sie Kritik und munterte mich auf.

Lula und Rebecca Blackwell-Hafner teilten ihr Leben, ihre Liebe und ihr Heim mit mir. In Zeiten der Depression, der Kopfschmerzen, des düsteren Schweigens oder in den manischen Augenblicken, wenn ich meinte, fertig zu sein, waren sie da und

20

verströmten großzügig eine Liebe, die nicht immer ausreichend erwidert wurde.

Bei all jenen, die mich nie aufgegeben haben, stehe ich in ewiger Schuld.

I.
Der Mann im Käfig

1. Die Stimme seines Herrn

Nur wenige Menschen erhalten den Schlüssel zum Himmel. Allan Sandage ist einer von ihnen.
Solange er zurückdenken könne, sagte er, hätten ihn die »Hunde des Himmels« verfolgt. Er wurde 1926 in Iowa City geboren und blieb das einzige Kind seiner Eltern. Zwei Strömungen, eine diesseitige und eine jenseitige, prallten in seiner Familie und in ihm selbst zusammen. Sein Großvater, Moses Sandage, war mennonitischer Prediger gewesen, sein Vater Professor für Werbung an der Universität von Miami im Süden Ohios. Seine Mutter, die Tochter eines College-Rektors, war auf den Philippinen zur Welt gekommen. Dorthin hatte Präsident Taft ihren Vater geschickt, damit er das Bildungswesen reformierte.
Sandage sagt, er sei ein religiöses Kind gewesen. Als Junge war er mit einer Lust an geistlichen Dingen gesegnet oder geschlagen, die er nicht zu befriedigen wußte. Seine frühesten Beobachtungen in der Natur flößten ihm tiefe Ehrfurcht ein. Das Leben, so erinnerte er sich später bitter, als dieses Gefühl für immer verloren schien, war voller wundersamer Dinge, es war ein Wunder. »Vati, Vati, sieh nur - eine Blume! Ist das nicht wunderbar?« Seine Stimme überschlug sich kreischend vor Freude wie die eines kleinen Mädchens, als er sein kindliches Ich wiederaufleben ließ. Doch dann wurde sie wieder tief. Der Junge fühlte sich in seiner Bewunderung der Natur allein gelassen. Er erinnert sich, wie er sonntags allein in eine methodistische Kirche ging, während seine Eltern ausschliefen.
Unterdessen entwickelte sich auch die andere Hälfte seines Ich, verhärtet durch die Wirtschaftskrise, die ernsthafte und streb-

same Hälfte. Er wuchs in einer Familie von Intellektuellen auf, in der Ehrgeiz und Leistung selbstverständlich waren. Es war keine Frage, daß er aufs College und zur Universität ging. Schon früh verinnerlichte Sandage die Lektion, daß alles, was er tat, niemals gut genug sein würde, niemals vollständig genug, niemals richtig genug. Es würde niemals einen Spielraum für Fehler geben, niemals genug Zeit, alles zu tun. Daran änderte auch nichts, daß er in den Jahren der Wirtschaftskrise erwachsen wurde. Auch die Männer, die auf der Suche nach irgendeiner Arbeit an die Hintertür klopften, waren eine Lektion für ihn. Die Welt der Menschen erschien ihm als ein erbarmungsloser Ort, ein Sumpf von Konkurrenz und Unsicherheit. Der Mißerfolg lauerte überall wie ein Geier. Der einzige Ausweg bestand darin, immer zu laufen, immer härter und noch härter zu arbeiten.

Als er neun Jahre alt war, übernahm sein Vater vorübergehend eine Stelle in der staatlichen Finanzverwaltung, und die Familie zog für zwei Jahre nach Philadelphia. Bei einem Ausflug nach Washington D. C. warf der junge Allan eines Nachts bei einem Freund einen Blick durch dessen Teleskop im Garten, und von da an ließ ihn die Astronomie nicht mehr los. Eine neue Welt voller Wunder jenseits des Himmels winkte ihm.

Sandage hatte ohnehin eine Neigung zur Naturwissenschaft. Sie war das perfekte Betätigungsfeld für ihn, denn hier ließen sich Staunen und Tatendrang miteinander verbinden. Sie war ein Prozeß, der niemals endete, weil es immer etwas Neues zu lernen gab, eine Aufgabe, die ewige Verehrung beinhaltete. Sandage stürzte sich mit mehr als dem üblichen Eifer des Hobbysternguckers auf die Astronomie. Gleich nach seiner Rückkehr nach Ohio baute er sich ein Teleskop. Er schliff sogar den Spiegel für sein Modell mit fünfzehn Zentimetern Durchmesser selbst – eine beachtliche Größe für ein Hobbygerät –, aber er war eben kein Mechaniker. Sein Vater kaufte ihm schließlich ein Teleskop. Nachts beobachtete der junge Allan, wie die Milchstraße über den Himmel des amerikanischen Mittleren Westens zog, und hielt seine Nachbarn wach. Tagsüber verfolgte er die Sonne. Einmal zählte er vier Jahre lang täglich die Sonnenflekken und führte eine Liste.

Sandage verschlang naturwissenschaftliche und mathematische Bücher. Als eines der ersten las er *Das Reich der Nebel,* das der große amerikanische Astronom Edwin Hubble 1936 veröffentlicht hatte. Dann ging Sandage über zu den bekannten Schriften des englischen Astronomen Arthur Stanley Eddington, der mit Albert Einstein befreundet gewesen war. Er erfuhr, daß derzeit eine Revolution des kosmologischen Denkens stattfand, die beispiellos war in der Geschichte der Wissenschaft.

Jahrhundertelang hatten Astronomen und Philosophen angenommen, daß die abgeflachte Sternwolke, die wir als die Milchstraße kennen, das gesamte Universum bilde. Über die Natur der verschwommenen kleinen Lichtflecken zwischen den Sternen, die nach dem lateinischen Wort für Wolke *nebulae* genannt wurden, waren sie sich jedoch nicht einig. Ein französischer Kometenjäger namens Charles Messier hatte erstmals auf sie hingewiesen, und die hellsten waren unter der Numerierung bekannt, die er ihnen zugeordnet hatte. Bei näherer Untersuchung stellte sich heraus, daß diese Nebelflecken teils interstellare Gaswolken waren, die wie Lampenschirme von Sternen in ihrem Innern erleuchtet wurden, teils dichte Ansammlungen von Sternen. Die »Spiral«nebel blieben ein Rätsel bis in die ersten Jahrzehnte dieses Jahrhunderts, als auf dunklen, klaren Berggipfeln im Südwesten Amerikas große Spiegelteleskope aufgestellt wurden.

Mit dem größten Teleskop auf dem Mount Wilson hoch über Pasadena, Kalifornien, war es Edwin Hubble gelungen, die Entfernung zu einer Handvoll Nebelflecken zu messen; sie waren viele hunderttausend Lichtjahre weit weg. Die zunächst so unscheinbaren Nebel erwiesen sich plötzlich als riesige, im Durchmesser etliche zehntausend Lichtjahre große Ansammlungen von Milliarden von Sternen - verstreute Welten, vergleichbar der Milchstraße. Hubble fand heraus, daß Galaxien sozusagen die Bürger des Kosmos waren. Je tiefer er in den Raum blickte, desto mehr Galaxien entdeckte er; sie waren wie Staub über das Universum verteilt.

Einige Zeit später konnte Hubble mit einer noch bemerkenswerteren Entdeckung aufwarten: Die Nebel schienen sich alle von uns weg zu bewegen, als ob sie nach außen geschleudert würden wie die Splitter einer Granate. Es stellte sich heraus, daß sich ein so merkwürdiger Umstand mit Einsteins damals noch junger Theorie der allgemeinen Relativität, in der die Schwerkraft auf eine Krümmung des Raumes zurückgeführt wird, voraussagen beziehungsweise erklären ließ. Raum und Zeit dehnen sich demnach aus wie ein Ballon, die Galaxien werden wie Wellenreiter immer weiter nach draußen getragen. Das Universum war auf der Flucht.

Aber wovor und wohin?

Wenn Hubbles Beobachtungen, kaum mehr als eine vorbereitende Erkundung des Phänomens, und Einsteins Theorie richtig waren, mußte das Universum einen Anfang haben. Er lag weit in der Vergangenheit, als die Galaxien noch alle beisammen waren. Das stand in den Sternen geschrieben, jedermann konnte es sehen. Diese Erkenntnis rüttelte den leicht zu beeindruckenden jungen Sandage auf. »Es war ein Schock«, sagte er. »Ich meine, wie fühlt man sich in Gegenwart der Wirklichkeit? In gewisser Weise ist die ganze Sache ein Wunder.«

Während Hubble die Entdeckung recht trocken und empirisch abhandelte – in seinem Buch widmete er gerade vier von zweihundert Seiten der Relativitätstheorie –, wurde Eddington in seiner Arbeit fast mystisch und schrieb Sätze wie:

Wir haben festgestellt, daß dort, wo die Wissenschaft am weitesten fortgeschritten ist, der Geist nur das von der Natur wiedergewonnen hat, was er in die Natur hineingesteckt hat. Wir haben an der Küste des Unbekannten einen merkwürdigen Fußabdruck gefunden. Wir haben tiefgründige Theorien entwickelt, eine nach der anderen, um seine Herkunft zu erklären. Und schließlich ist es uns gelungen, das Wesen zu rekonstruieren, das den Fußabdruck hinterlassen hat. Und siehe, der Abdruck stammt von uns selbst.

Sandage verstand nicht die Hälfte von dem, was er da las, aber er ahnte, daß sich etwas Großes darin verbarg. Sandage erkannte, daß Eddington, der einer anderen Generation angehörte, ein Suchender war wie er selbst. Sein Blut war aufgewühlt. Er sehnte sich danach, so schreiben zu können wie Eddington, das Geheimnis des Geistes mit der Präzision zu durchdringen, mit der Einstein und Newton das Geheimnis der Materie durchdrungen hatten.

Er schrieb sich an der Universität von Miami ein und studierte zwei Jahre lang Physik im Hauptfach und Philosophie im Nebenfach. Er las Spinoza und Nietzsche. Dann wurde er zur Marine eingezogen und beschäftigte sich achtzehn Monate lang in Gulfport, Louisiana, und Treasure Island in San Francisco mit der Instandhaltung von elektrischen Anlagen. Seit dieser Zeit hegt er eine Vorliebe für polynesische Restaurants und tropische Drinks mit Rum sowie eine Abneigung gegen Elektronik.

Mittlerweile war Sandages Vater an die Universität von Illinois gegangen. Er überredete seinen Sohn, seine Studien dort in Champaign-Urbana fortzusetzen und wieder zu Hause zu wohnen. Die Universität von Illinois war größer als die Universität von Miami und bot Studiengänge im Fach Physik und im Fach Astronomie an. Sandage traf eine für ihn typische Entscheidung: Er wählte das Fach Physik, weil Astronomie einfach war und Physik schwierig und weil er physikalische Kenntnisse brauchte.

Um astronomisch auf dem laufenden zu bleiben, erbot er sich, in der Sternwarte der Universität zu arbeiten. Der Harvard-Astronom Bart Bok hatte landesweit ein Netz von Beobachtern organisiert, die den Himmel fotografieren und Sterne mit jeweils bestimmter Helligkeit zählen sollten. Sandage wurde das Sternbild Perseus zugewiesen. Jahre später wurde er gefragt, wie die erste Kostprobe des professionellen Beobachtens gewesen sei. »Kalt war es«, lautete die für ihn typische Antwort. »Die Winter im Mittleren Westen sind unglaublich kalt, und Perseus steht am Winterhimmel. Ich mußte mir selbst beibringen, wie man Platten entwickelt und Größenklassen mißt. Ich wußte, daß sich für die Zukunft schon irgend etwas ergeben würde, wenn ich mir genügend Kenntnisse aneignete.«

In jener Zeit hoffte ein junger, ehrgeiziger Astronom natürlich, seine Zukunft werde in Südkalifornien liegen, in der Heimat von Hubble, im Land der großen Teleskope. Während eines Freijahrs seines Vaters in Berkeley war Sandage einmal auf den Mount Wilson gestiegen, der auf der Vorderseite der San Gabriel Mountains über Pasadena aufragt, und hatte das Teleskop gesehen, mit dem Hubble die Expansion des Universums entdeckt hatte. Das hatte ihn seither nicht mehr losgelassen. Der Name Mount Wilson war wie Einsteins Gesicht in der staubigsten Gasse der Welt bekannt, eine Legende. In dem Namen schwangen das Geheimnis und die Autorität der Wissenschaft mit. Sandage konnte sich nichts Wundervolleres vorstellen, als zur Sternwarte auf dem Mount Wilson zu gehören.

In den vergangenen zwanzig Jahren – die meiste Zeit von Sandages bisherigem Leben – hatten das California Institute of Technology und die Carnegie Institution, denen die Mount-Wilson-Sternwarte gehörte, an einem noch größeren Instrument gearbeitet, einem 5-Meter-Teleskop auf dem Mount Palomar rund achtzig Kilometer weiter südlich.* Die Presse hatte die Planung und den Bau des Geräts verfolgt, das Drama und die Schwierigkeiten beim Gießen des riesigen Glasrohlings, aus dem in den Corning Glass Works in New York der Spiegel geschliffen wurde, die langsame Odyssee des Rohlings durch das Land, während Millionen von Menschen die Eisenbahnstrecke säumten,

---

* Die Lichtstärke eines Teleskops verhält sich proportional zum Quadrat des Durchmessers seines Hauptspiegels. Mit dem 5-Meter-Teleskop würde man Galaxien und Sterne sehen können, die viermal – eineinhalb astronomische Größenklassen – schwächer oder doppelt so weit entfernt waren wie die Galaxien und Sterne, die man mit dem 2,5-Meter-Teleskop beobachten konnte.

und den triumphalen Transport des fertigen Spiegels in strömendem Regen den Berg hinauf. Bücher waren bereits über das Gerät geschrieben worden, mit dem die Astronomen von Mount Wilson die tiefgründigsten Fragen untersuchen wollten, die in der Wissenschaft überhaupt gestellt werden konnten: Dehnte sich das Universum tatsächlich aus? Hatte das Universum tatsächlich einen Anfang? Wohin dehnte es sich? Hatte es ein Ende?

In der Hoffnung, damit dem Ort des Geschehens so nah wie möglich zu kommen, bewarb sich Sandage für das Graduiertenprogramm am Caltech; dort wurde an der Fakultät für Physik gerade ein Studiengang Astronomie gestartet. Sandage bekam einen Platz im ersten Kurs. Er traf 1948, praktisch am Vorabend der Einweihung des 5-Meter-Teleskops, in Pasadena ein; er war einer der wenigen Auserwählten, Kind und Erbe der neuen Ära.

Pasadena und Champaign-Urbana hatten wenig gemein. Die Winter in Pasadena waren nicht kalt, und man konnte Perseus und Orion beobachten, ohne seine Gesundheit aufs Spiel zu setzen. Das California Institute of Technology, eine Ansammlung von Gebäuden im Haciendastil mit dicken Mauern, Bögen und gepflasterten Höfen in einem Garten, lag behaglich eingebettet in Rosenblüten, in der Gesellschaft von Hollywood, Reichtum, Sonne, Smog und der entstehenden Hochtechnologie, die Kalifornien bald zu einer Weltmacht werden ließ. Die Zahl der noch nicht graduierten und der graduierten Studenten zusammengenommen war kleiner als die Zahl der Schüler an einer durchschnittlichen High-School. In der akademischen Welt war das Caltech als Universität bekannt, an der es sich gut feiern ließ, als eine Stätte der Toleranz, der Hemdsärmel und der Barbecues. Hinter dem Sonnenschein jedoch verbargen sich die Genialität und der Ehrgeiz, aus denen Nobelpreisträger gemacht sind. Als Sandage in Pasadena mit dem Studium der Astronomie begann, betrat er damit eine Arena von Persönlichkeiten und Institutionen, deren verschlungene Beziehungen seine ganze Karriere begleiten und überschatten sollten. Fehden, die vor 1920 in Pasadena ausgebrochen waren, wurden in den achtziger Jahren immer noch geführt, obwohl die Beteiligten längst vergessen hatten, um was oder um wen der ursprüngliche Streit eigentlich gegangen war.

Die Partnerschaft zwischen der Sternwarte auf dem Mount Wilson und dem Caltech zum Bau des Observatoriums auf dem Palomar war eine Mußheirat gewesen. Das Mount Wilson Observatory gehörte der Carnegie Institution in Washington D. C., gegründet hatte es George Ellery Hale. Hale hatte unermüdlich und mit viel Spürsinn unterschiedliche Projekte gefördert und Geld dafür beschafft, zudem war er selbst Astronom mit einem besonderen Interesse für die Sonne. Seine Gesundheit war nicht stabil, er erlitt immer wieder Nervenzusammenbrüche. Hale hatte von einem gigantischen Teleskop geträumt, welche das Hooker-Teleskop auf dem Mount Wilson mit zweieinhalb Metern Durchmesser in den Schatten stellen sollte. Diesen Traum hatte er schon 1928 an die Rockefeller Foundation verkauft. Die Rokkefellers waren jedoch nicht bereit, den Carnegies Geld zukommen zu lassen und stellten statt dessen dem Caltech sechs Millionen Dollar zur Verfügung. Man einigte sich darauf, daß die Palomar-Sternwarte dem Caltech und die Mount-Wilson-Sternwarte weiterhin der Carnegie Institution gehören würde, allerdings sollten die Observatorien von den beiden Institutionen gemeinsam unter der Bezeichnung Mount Wilson and Palomar Observatories geführt werden. (In den sechziger Jahren wurde das Konsortium unter der Bezeichnung Hale Observatories bekannt.)

Die Astronomen vom Mount Wilson waren am Caltech als Professoren angestellt, aber sie erhielten weder Büroräume noch Gehälter. Zwischen den Institutionen durfte kein Geld fließen. Die Professoren hatten ihr eigenes Personal und ihre eigenen Teleskope. Dieses Prinzip der strikten Trennung wurde selbst bei kleinen Transaktionen gewahrt: Als das Caltech einen Kleinbus kaufte, um Astronomen auf den Berg zu transportieren, erklärte sich die Carnegie Institution bereit, den Fahrer anzustellen.

Das Caltech hatte also das zukünftige Teleskop, Mount Wilson die Astronomen. Die Büroräume des Observatoriums waren in einem zweistöckigen weißen Kalksteingebäude im neoklassizistischen Stil in der Santa Barbara Street 813 untergebracht, gute drei Kilometer vom Campus entfernt. Bei allen Eingeweihten hieß die Einrichtung einfach nur Santa Barbara Street. In der Mount-Wilson-Sternwarte arbeiteten ein Dutzend Männner, keine einzige Frau, und die hatten den Kosmos ziemlich exakt unter sich aufgeteilt. Zu dem Verhaltenskodex der Herren vom Mount Wilson gehörte, daß man nicht in das Gebiet eines anderen eindrang, es sei denn, man hielt ihn für einen kompletten Idioten. Aber auf dem Mount Wilson nannte man niemanden einen Idioten.

Die größte Scheibe des Himmels hatte natürlich Hubble gehört, dem Polarstern der Astronomie in Pasadena. Er bezeichnete die Astronomie als »Berufung«.

Hubbles Persönlichkeit schimmerte durch jede Zeile seiner Schriften hindurch. Er war ernst, unnahbar, unpersönlich und würdevoll. Seine Stimme war die Stimme der Kosmologie. Er präsentierte die Neuigkeiten über das Universum, als seien sie ihm auf Steintafeln überreicht worden. Ein typischer Satz lautete: »Nebel kommen einzeln vor und in Gruppen von verschiedener Größe bis hin zu den seltenen kompakten Haufen mit jeweils mehreren hundert Mitgliedern.« Kein Wort darüber, wer die Nebel entdeckt hatte. Niemand tat die Arbeit, sie wurde einfach getan.

Hubble war verletzt, als er nach dem Krieg bei der Besetzung der Stelle des Direktors der Observatorien übergangen wurde, ein Spektroskopist namens Ira Bowen erhielt den Posten. Man hatte einerseits angenommen, Hubble interessiere sich nicht für Verwaltungsaufgaben, andererseits waren seine Beziehungen zu bestimmten anderen Astronomen durch dieselbe Unnahbarkeit – einige nannten es Arroganz – gekennzeichnet, die auch aus seinen Arbeiten sprach. Das galt besonders für sein Verhältnis zu Harlow Shapley. Shapley war der Star vom Mount Wilson gewesen, bis Hubble gekommen war, er hatte die meisten Methoden entwickelt, die Hubble dann bei seinen Arbeiten angewandt hatte. Shapley fühlte sich an den Rand gedrängt. Einmal hatte Hubble die Bemerkung »ohne Bedeutung« über die Rohfassung einer seiner Arbeiten gekritzelt, und der Kommentar war in einem Magazin abgedruckt worden. Shapley beging den Fehler, Mount Wilson zu unpassender Zeit zu verlassen und Direktor in Harvard zu werden, kurz bevor Hubble seine großen Entdeckungen machte. Sein ganzes weiteres Leben über schoß Shapley seine Giftpfeile gegen die Astronomen an der Westküste ab.

Auch Hubble befand sich nach einiger Zeit nicht mehr ganz an der vordersten Front seines Faches. Im Krieg war er eingezogen worden, er mußte eine Ausbildungseinrichtung für Ballistik in Aberdeen, Maryland, leiten. Als er nach dem Krieg wieder nach Pasadena zurückkehrte, lag er einen Schritt zurück. Weiter als er zusammen mit seinem Assistenten Milton Humason in das Reich der Galaxien vorgedrungen war, konnte er mit dem 2,5-Meter-Teleskop auf Mount Wilson nicht kommen. Er mußte auf das 5-Meter-Teleskop warten.

In den vergangenen zwanzig Jahren hatte er ein großartiges Beobachtungsprogramm konzipiert, das Antworten auf die Fragen bringen sollte, die sich durch die Ausdehnung des Universums, die Flucht der Nebel stellten. Bei einem frühen informellen Treffen der zukünftigen Benutzer des Palomar-Teleskops verlangte Hubble die Hälfte der zur Verfügung stehenden Beobachtungszeit für seine Arbeit. Sein Anliegen wurde behutsam abgelehnt. Hubble nahm es wie der englische Gentleman, der zu sein er vorgab. Einer der Anwesenden sagte später, die Atmosphäre einer »persönlichen Tragödie« sei förmlich greifbar gewesen.

Als Sandage nach Pasadena kam, leistete Walter Baade die Pionierarbeit auf dem Mount Wilson, ein kleiner Deutscher, der seit den dreißiger Jahren in dem Observatorium mitarbeitete. Auf den Fotografien der Gründerväter der Kosmologie, die in sämtlichen Fluren in der Santa Barbara Street hängen, wirkt er mit seiner Hakennase und dem sorgfältig gescheitelten Haar wie ein Bankier. Als Deutscher war ihm jede Funktion im Rahmen der amerikanischen Kriegsvorbereitungen untersagt worden; er durfte sich nicht einmal weiter als acht Kilometer von seinem Haus entfernen. Auf Drängen des Observatoriums hin wurde sein Aktionsradius schließlich so weit vergrößert, daß er die Kuppeln vom Mount Wilson erreichen konnte, und in den langen verdunkelten Kriegsnächten in Kalifornien brachte er es im Umgang mit dem 2,5-Meter-Hooker-Teleskop zu einer Meisterschaft wie kein Astronom vor ihm. Er machte fundamentale Entdeckungen über die wesentlichen Arten von Sternen im Universum und über die Beziehungen zwischen Sternen und den Strukturen und Entwicklungen der Galaxien. Das war der Anfang einer Revolution, die innerhalb eines Jahrzehnts grundlegende Erkenntnisse über die Natur der Sterne, ihre Lebenszyklen und die Entstehung der Milchstraße erbrachte. Sandage spielte bei dieser Revolution eine zentrale Rolle.

Nach dem Krieg erkannte das Caltech, daß es sich bald vor graduierten Studenten nicht mehr würde retten können, die an die großen Teleskope drängten. Man warb Jesse Greenstein, einen vielversprechenden jungen Astronomen, vom Yerkes Observatory in Chicago ab. Er sollte für die Studenten ein Studienprogramm im Fach Astronomie zusammenstellen. Sein Spezialgebiet waren Sterne, insbesondere alte Sterne, deren Leuchtkraft abgenommen hat oder gerade schwächer wird. Er bezeichnete sich selbst gern als stellaren Totengräber. Außerdem war er Hobbypsychologe. Er kam nach Pasadena, sah sich um und seufzte.

Sein einziger Schützling, der einzige am Caltech, der sich mit Astronomie beschäftigte, war ein großer, reizbarer Schweizer mit amerikanischem Paß. Er hieß Fritz Zwicky und war von der Ausbildung her Festkörperphysiker. Zwicky war ein brillanter Mann, aber er produzierte so viele Ideen, daß die anderen

Astronomen unmöglich die guten von den verrückten trennen konnten. Eine seiner wichtigsten Entdeckungen, daß nämlich neunzig Prozent der Materie im Universum offenbar unsichtbar sind, wurde vierzig Jahre lang nicht ernst genommen. Er erfand ein intuitives System, das er morphologische Astronomie nannte, und versuchte, mit Hilfe dieses Systems alle möglichen Typen von Galaxien und Sternen im Universum zu schätzen. Außerdem regte er an, Artilleriesalven über Palomar abzuschießen, um die Luft durchsichtiger zu machen.

Als 1948 Sandage und die anderen ersten Studenten eintrafen, war Greenstein in großer Verlegenheit. Die Mitarbeiter der Sternwarte hatten keine Lehrerfahrung, sie waren steif, und sie saßen über drei Kilometer vom Campus weit weg, auch wenn sie einmal in der Woche ins »Atheneum« kamen, den Club der Fakultät, und dort zu Mittag aßen. Bei Zwicky konnte man überdies nicht ausschließen, daß er seine Studenten zu Sklavendiensten an einem seiner obskuren Projekte heranziehen würde, und so unterrichtete Greenstein das Fach Astrophysik selbst.

Sandage hatte in seinem ersten Jahr nichts zu lachen. Als Anstellung erhielt er einen Job im Labor mit fünfzehn Stunden pro Woche, der ihm jährlich den fürstlichen Betrag von neunhundert Dollar einbrachte. Zum Schlafen blieb wenig Zeit. Er bezeichnete sich oft fälschlicherweise – als stamme er nicht aus einer Professorenfamilie – als einen Bauerntölpel, der gerade von einem Anhänger voller Rüben gefallen sei. Äußerlich wirkte er auf Greenstein und die anderen schüchtern und verschlossen, doch hinter dieser Fassade spürten sie alle die gewaltige Entschlossenheit. Greenstein wußte vom ersten Moment an, daß Sandage etwas Besonderes war.

»Seit seiner Studentenzeit wollte Sandage die Geheimnisse um die Größe und die Geschichte des Universums enthüllen, und da ließ er nicht locker«, erinnerte sich Greenstein an einem Sommertag vor nicht allzulanger Zeit in seinem Büro. Seine Haare waren inzwischen grau, er trug ein Hawaiihemd, das aus der Hose hing. »Sandage hatte es schwer, weil er sich sehr hohe

Ziele steckte. Er wollte sich mit schwierigen Problemen befassen, und er wollte es besser machen als andere. Entweder war er einfach von Natur aus so, oder seine Eltern haben ihn so erzogen. Im Fach Physik mußte er hart arbeiten. Er trieb sich selbst hart an. Ich glaube, ich habe nie jemanden gesehen, der so eifrig war und Erfolg hatte.«

Das 5-Meter-Teleskop wurde im Sommer 1948 offiziell eingeweiht, doch zur Bestürzung der Astronomen ließ Bowen noch ein Jahr an dem Spiegel herumbasteln und ihn testen. Hubble war beunruhigt. Unter dem Druck der bevorstehenden Beobachtungsaufgaben beschloß er, daß er einen Assistenten benötige, und bat Greenstein, ihm jemanden zu empfehlen. Greenstein wußte, daß Sandage aus Studentenzeiten über praktische Beobachtungserfahrung verfügte und schickte ihn zu Hubble. Bislang hatte Sandage abgesehen von den wöchentlichen Kolloquien wenig Kontakt zu den Astronomen vom Mount Wilson gehabt. Für die graduierten Studenten ragte der Mount Wilson wie ein unnahbarer Koloß auf der anderen Seite der Stadt auf. Im Mount Wilson Observatory herrschte eine Atmosphäre wie in einem viktorianischen Klub, es ging sogar genauso steif zu. Die Astronomen trugen Anzüge. Auf dem Berg zogen sie sich zum Essen um und tafelten auf echtem Leinen. Die Flure waren mit Teppichen ausgelegt und die Wände mit Eichenholz getäfelt. Auf dem Schild an der Toilettentür stand »Gentlemen«. Sandage machte sich mit zitternden Knien auf den Weg. Es war wie eine Audienz bei Gottvater persönlich.
Hubble enttäuschte ihn nicht: Er sah genau so aus wie jemand, der Teams von Astronomen losschickte, das Universum zu vermessen. Er war ein großer, gutaussehender Mann mit den Kinnbacken eines Boxers, dazwischen steckte gewöhnlich eine Pfeife. Er kleidete sich wie ein englischer Lord, und sein heimatlicher Missouri-Dialekt war im Laufe der Zeit von einem gepflegten Oxford-Akzent überlagert worden. Mit dem Geschick eines Anwalts vermittelte er jedem Besucher das Gefühl, er sei die Jury,

auf die sich seine geballte Aufmerksamkeit konzentriere. Einer seiner Tricks bestand darin, daß er beim Eintreten eines Besuchers mit einer gebieterischen Handbewegung alle Papiere auf seinem Schreibtisch in den Papierkorb schob. Wenn der Besucher wieder gegangen war, konnte man Hubble dabei beobachten, wie er in dem Papierkorb wühlte und ein Blatt nach dem anderen wieder herauszog.

Hubble erklärte Sandage eines der Programme, das er mit dem neuen Teleskop durchführen wollte: Jede Einsteinsche Krümmung im Universum sollte ihrem Charakter und ihrem Grad nach bestimmt werden. Mit Hilfe der neuen Ausrüstung in der Palomar-Sternwarte konnte man Galaxien mit unterschiedlichen Helligkeitsstufen zählen. Weniger helle Galaxien, so Hubbles Annahme, waren in der Regel weiter von der Erde entfernt. Wenn die Annahme zutraf, daß die Galaxien gleichmäßig über das Universum verteilt waren, konnte man die Größe des Weltraums grob dadurch ermitteln, daß man sie in der beschriebenen Weise zählte – so wie die Anzahl der Bäume in einem Wald ein ungefähres Maß für seine Fläche ist. Es war zu erwarten, daß tausend Galaxien ungefähr zehnmal mehr Raum beanspruchten als hundert. Aber was wäre, wenn sie nur doppelt soviel Raum einnehmen sollten? Dann mußte man schließen, daß der Raum gekrümmt war.

Wenn es, wie Einstein und die Anhänger der Relativitätstheorie behaupteten – und Hubble war keineswegs überzeugt, daß sie recht hatten –, eine kosmologische Tatsache war, daß sich die Nebel aufgrund der Expansion des gekrümmten Raums immer weiter weg bewegten, hing die Zukunft des Universums von der Richtung und dem Grad der Krümmung ab. Wenn das Universum in der einen Richtung gekrümmt war, würde es sich letztlich wie ein Akkordeon in sich selbst zusammenziehen; die Nebel würden sich alle nach innen bewegen. Wenn es aber andersherum gekrümmt war, würde es sich einfach immer weiter ausdehnen. Der 5-Meter-Spiegel war so lichtstark, daß man damit weit in die Tiefen des Raumes und der Zeit hineinsehen konnte. Aus dem Anstieg der Zahl von Galaxien mit geringerer Leuchtkraft (oder wachsender Entfernung) könnte man schließen, in welcher Richtung der Raum nun tatsächlich gekrümmt war und was das für das Universum bedeutete. Kurz gesagt: Hubble versuchte herauszufinden, was für ein Schicksal dem Universum beschieden ist.

Die meisten Galaxien, die Hubble zählen wollte, waren so weit entfernt, daß sie auf den Platten nur als schwache, unscharfe Punkte erschienen, kaum größer als Sterne. Damit Hubbles Vorhaben funktionierte, benötigte er eine quantitative Messung der relativen Helligkeit all dieser Galaxienpunkte. Er wollte sie nämlich mit den Sternen vergleichen, die auf der Fotoplatte im Vordergrund zu sehen waren. Sandage sollte geeignete Sterne für den Vergleich finden. Beobachten gehörte nicht zu seinen Aufgaben; er mußte vielmehr katalogisieren und Platten prüfen, bis er kaum noch klar sehen konnte. Es war eine sehr technische und mühsame Arbeit, dabei aber das Rückgrat von Hubbles gesamtem Plan.

Im Juli 1949 erlitt Hubble bei einem Angelausflug auf seiner Ranch in Colorado einen Herzinfarkt. Er lag einen Monat im Krankenhaus und mußte sich dann einen weiteren Monat zu Hause im Bett erholen. Gerade rechtzeitig war er wieder auf den Beinen. Im Herbst jenes Jahres erklärte Bowen endlich, daß das 5-Meter-Teleskop seine Aufgabe jetzt erfüllen könne. Das große Beobachtungsprogramm konnte beginnen. Hubble beherrschte die erste Runde; sechs Monate lang, von November 1949 bis Frühjahr 1950, belegte er den größten Teil der dunklen Zeit (die Phasen, wenn der Mond weniger als halb voll ist). In seinem Zimmer auf dem Palomar waren medizinische Geräte, unter anderem ein Sauerstoff- und ein EKG-Gerät, installiert.

Sandage sah Hubble in dieser Zeit nicht sehr oft. Ohne Anleitung blieb er bald in technischen Problemen bei seinen Reihenuntersuchungen an Sternen stecken und legte das Projekt beiseite. Er hielt nach anderen Betätigungsmöglichkeiten Ausschau. Die Bekanntschaft mit Hubble hatte seinen Forscherdrang geweckt.

Sandage und ein Kommilitone namens Halton »Chip« Arp, der in seiner Ausbildung am Caltech ein Jahr hinter ihm war, wollten sich gemeinsam an ernsthafte astronomische Beobachtungen machen. Sie gaben ein ungleiches Paar ab. Sandage spielte gern den »Provinzler«, Arp war das genaue Gegenteil davon. Greenstein schickte sie zu Baade, dem besten Beobachter in Pasadena. Baade willigte ein, ihnen eine Aufgabe zu geben: Sie sollten Sterne in Kugelsternhaufen messen. Kugelsternhaufen sind, wie der Name schon sagt, kugelförmige Wolken von rötlichem Sternenlicht, fast Minigalaxien von bis zu einer Million Sternen, die einen Halo um die Milchstraße bilden wie Bienen um einen Teller Honig. Über die Sterne in den kugelförmigen Sternhaufen wußte man wenig. Das lag zum einen daran, daß sie so weit entfernt waren; zumeist konzentrierten sie sich auf das Zentrum der Galaxie, das viele zehntausend Lichtjahre entfernt ist. Zum anderen schienen die Sterne in den Kugelsternhaufen von Natur aus nur schwach zu leuchten und eng zusammengepreßt zu sein; deshalb waren sie schlecht zu erkennen. Wahrscheinlich konnte man aus der Erforschung der Kugelsternhaufen sehr wichtige Dinge über die Bildung und Geschichte der Galaxis sowie über das Geheimnis der Entstehung von Sternen erfahren. Kugelsternhaufen waren Baades Hauptforschungsgebiet.
Sandage und Arp begeisterte die Aussicht, daß sie an vorderster Front mitarbeiten durften. Allerdings war die Arbeit auch so deprimierend, daß sie die Entschlossenheit und Kompetenz des erfahrensten Astronomen auf eine harte Probe stellte: Die beiden Studenten mußten Hochauflösungsfotos der Kugelsternhaufen anfertigen und dann unter dem Mikroskop die Leuchtkraft von vielen tausend winzigen Sternen bestimmen.
Dazu brauchten sie Baades Wissen und Erfahrung, und Baade nahm sie persönlich mit hinauf auf den Mount Wilson. Als Ausbildungsgerät wählte er das älteste Teleskop auf dem Berg. Es war 1905 gebaut worden und hatte einen Spiegel von 1,5 Metern Durchmesser. Anfang des Jahrhunderts hatte nur ein Maultier-

pfad auf den Berg geführt, die Astronomen waren zu Fuß für ihre Beobachtungen hinaufgestiegen. Steil aufragend über Pasadena bilden die San Gabriels jäh eine Mauer von wilder Natur gegen die kultivierte Landschaft um Los Angeles. Beifuß, Zwergeichen, Mammutbäume und Douglastannen mit schwarzen Zapfen bedecken den höckrigen Gipfel des Mount Wilson, der mit seinen 1737 Metern die Smogschicht von Los Angeles durchbricht und in klare, ruhige Luft hineinragt. In einer guten Nacht füllt Nebel vom Pazifik das Becken und die Täler in der Tiefe und löscht die Lichter der Stadt aus. Die Kuppeln, Türme und anderen Gebäude des Observatoriums sind auf einem schmalen Grat aufgereiht. Der Maschinenraum und die Bibliothek – Holzbauten mit schräg abfallenden Dächern, damit der Schnee nicht darauf liegenbleibt – säumen einen Rand des Bergabhangs. Sie sind durch einen schmalen Laubengang verbunden, von dem aus man in einen dreihundert Meter tiefen Abgrund blickt. In einer pechschwarzen Nacht darf man sich hier keinen falschen Schritt erlauben. Die Kuppel des heiligen 2,5-Meter-Hooker-Teleskops, mit dem Galaxien und die angebliche Ausdehnung des Universums entdeckt worden waren, lag ein wenig abseits, am Ende einer langen Fußgängerbrücke, die über eine nicht sehr tiefe Schlucht führte. Am anderen Ende der Brücke, vom Teleskop aus gesehen, stand ein kleiner Schuppen, in dem der Koch einen Mitternachtsimbiß für die Beobachter am 2,5-Meter-Teleskop zubereitete.

Das Leben auf dem Berg verlief in ständiger Spannung zwischen einem kultivierten Ambiente und den rauhen Wechselfällen des Beobachtens. Zum Abendessen im »Kloster« – dem Wohnheim am einen Ende des Bergrückens, das so genannt wurde, weil Frauen keinen Zutritt hatten – zogen sich die Astronomen allabendlich um. Hubble trug sogar am Teleskop eine Krawatte. Die Tischordnung wurde nach einer minutiösen, unveränderlichen Hierarchie festgelegt. Wer in der Nacht zur Beobachtung am 2,5-Meter-Teleskop eingeteilt war, erhielt den Ehrenplatz.

Neben ihm saß der Beobachter am 1,5-Meter-Teleskop und so weiter bis hinab zu den Studenten und Assistenten. Für jedes Mitglied des Mitarbeiterstabs auf dem Mount Wilson gab es im Speisesaal einen hölzernen Serviettenring mit eingraviertem Namen; Studenten und Besucher bekamen Wäscheklammern. Eine der wichtigsten Initiationsriten für einen jungen Astronom war es, wenn er statt der Wäscheklammer einen hölzernen Serviettenring erhielt.

All diese Rituale spielten sich vor einem Hintergrund von Wildnis, Kälte und Industriemüll ab. Die Kuppeln der Observatorien waren ungeheizt und hatten Betonfußböden, die mit Stahlabfällen und öliger Schmiere überzogen waren. Es roch wie in einer Werkstatt. Das berühmte Hooker-Teleskop wurde über eine nahezu unübersehbare Reihe von Zahnrädern von einem Pendeluhrwerk angetrieben, ein Zahnrad war größer als die Armspanne eines ausgewachsenen Mannes. Jedes Observatorium wirkte wie ein Museum für technisches Gerät aus der Zeit um die Jahrhundertwende. So gab es beispielsweise riesige kupferne Hebelschalter mit Messerkontakten, wie man sie aus dem Film *Frankenstein* kennt.

Das Teleskop mit dem 1,5-Meter-Spiegel war das erste große Teleskop, an dem Sandage arbeitete, und es blieb ihm als ein besonders schwer zu handhabendes Gerät im Gedächtnis. So hatte es beispielsweise einen Newton-Spiegel: Unten sammelte ein großer Hohlspiegel das Sternenlicht und schickte es zu einem kleinen, etwas höher aufgehängten Fangspiegel, der den konvergierenden Lichtstrahl dann seitlich aus dem Teleskop hinaus ins Okular, in eine Kamera oder einen Spektrographen reflektierte. Der Fokus, an dem der Beobachter arbeitete, lag an der Seite des Geräts hoch über dem Boden.

Paradoxerweise fühlte sich Sandage wie andere vor ihm dort oben wohler, wenn er nachts Beobachtungen anstellte und in der Dunkelheit nicht sehen konnte, wie gefährlich sein Sitzplatz war, als wenn er tagsüber hinaufkletterte und an Instrumenten herumbastelte. Um scharfe Fotos zu bekommen, mußte das Te-

leskop die Sterne auf ihrer Bahn über den Himmel verfolgen.
Leider konnte man sich auch beim besten Teleskop nicht darauf
verlassen, daß es den Sternen wirklich exakt folgte, ganz zu
schweigen von einem so alten Gerät wie diesem. Wenn das Teleskop sich zum Horizont neigte, bog es sich; winzige Ungenauigkeiten in den Zahnrädern beschleunigten oder verlangsamten
es, so daß es die Sterne, denen es nachgeführt wurde, entweder
überholte oder hinter ihnen zurückblieb. Auch unterschiedliche
Brechung konnte den scheinbaren Ort der Sterne am Himmel
verschieben. Der Beobachter stand hoch oben auf der sich bewegenden Plattform, das Auge an das sich unabhängig bewe-
gende Okular gepreßt, hielt ein Kontrollgerät in der Hand und
drückte verschiedene Knöpfe, um das Teleskop zu beschleunigen oder abzubremsen.

Das Nachführen des Teleskops konnte im wahrsten Sinne des
Wortes schmerzhaft sein. Wenn die nächtliche Kälte dem Beobachter Tränen in die Augen trieb, fror er gelegentlich am Okular
fest. Sobald sich das Teleskop bewegte, mußte sich auch die
Kuppel drehen, damit der offene Spalt vor dem Teleskop blieb,
auch die Plattform des Beobachters bewegte sich.

Es traten auch noch andere Schwierigkeiten auf. Das Nachfüh-
rungsokular sammelte das Licht weit weg von der optischen
Achse des Teleskops, wo die Sterne aufgrund der Aberration
tropfenförmig abgebildet wurden. Diesen Abbildungsfehler
nennt man eine Koma. Für Baade sprach dieser kleine, verschwommene Fleck Bände, und er brachte Sandage und Arp
bei, ihn zu interpretieren. Er erklärte ihnen, was man daraus
über die Form des Spiegels erfahren konnte; er führte ihnen die
zitternden Verschiebungen in dem schwachen Teil des Fächers
vor, die eine Veränderung der Sichtbedingungen ankündigten,
und lehrte sie, wie sie den Brennpunkt justieren mußten, wenn
das *während einer Belichtung* geschah, damit das Sternenlicht
weiterhin in scharfe Punkte auf eine Fotoplatte gebannt wurde.
Als Baade mit seinem weichen deutschen Akzent alles erklärt
hatte, was es zu erklären gab, und alles gezeigt hatte, was es zu

zeigen gab, schickte er Sandage auf die unsichere Beobachtungsplattform. Dort entdeckte Sandage, daß es noch einen Trick gab, den Baade ihm verschwiegen hatte. Wegen eines Fehlers in einem der Zahnräder sprang das Teleskop alle achtzig Sekunden den Sternen ein wenig voraus, denen es eigentlich auf der Spur bleiben sollte, und fiel dann wieder entsprechend weit zurück. »Baade wollte sehen«, sagte Sandage, »ob wir das merkten, ob wir den Ostknopf, dann den Westknopf, dann den Ostknopf und wieder den Westknopf drücken würden. Er konnte dem Klicken der Relais und der dazwischenliegenden Zeitspanne entnehmen, ob wir gut lenkten oder nicht.«

Baade hatte seine Studenten auf zwei bestimmte Haufen namens M 92 und M 3 (M steht für Messier) angesetzt. Sandage und Arp gelang es schließlich, brauchbare Fotos von M 92 zu machen. Im Negativbild einer fotografischen Platte sah M 92 wie ein Häufchen Pfeffer aus. Das folgende Jahr über maßen die beiden mit Hilfe eines speziellen Mikrofotometers im Keller der Santa Barbara Street abwechselnd die Intensität der einzelnen Körner. Dann machte sich Sandage allein an den zweiten Haufen, M 3. Daraus entstand seine Doktorarbeit.

Mittlerweile war Hubble klargeworden, daß das große Beobachtungsprogramm weitergehen mußte, er selbst aber nicht mehr beobachten konnte. Auf Fotos aus dieser Zeit wirkt er eingefallen, seine Augen liegen tief in den Höhlen. Im Jahr 1950, ein Jahr nach ihrem ersten Zusammentreffen, bestellte er Sandage wieder zu sich. Diesmal stand mehr auf dem Spiel. Hubble unterzog Sandage, wie dieser später sagte, »einer Reihe merkwürdiger Tests«. So mußte Sandage beispielsweise auf fotografischen Platten in den Spiralnebeln M 31 und M 33 nach Cepheiden suchen – nach Sternen, deren Helligkeit sich periodisch verändert. Offenbar bestand Sandage die Tests, denn kurze Zeit später nahm ihn Humason mit auf den Palomar zum 5-Meter-Teleskop. Sandage und Humason gingen durch einen Säulengang in das Erdgeschoß der Kuppel. Sie betraten einen riesigen Raum, der aussah wie ein Warenlager, überall Berge von Stahl, Ölkanister und Gabelstapler. Ein Stockwerk höher kamen sie dann zum Teleskop: grau gestrichen wie ein Schlachtschiff füllte es in dem ewigen Dämmerlicht die wabenartige Kuppel aus. Besonders auffällig war ein dickes, stählernes Hufeisen von der Größe eines Tennisplatzes, in dem sich der 5-Meter-Hohlspiegel, fünfzehn Tonnen Glas, langsam drehte wie ein Kind in einer Schaukel. Das Gerippe des Tubus zeigte nach oben zur Kuppel. An seinem oberen Ende hing ungefähr in der Mitte des gewölbten Raumes auf halbem Weg zwischen dem Himmel und dem harten Beton ein kleiner Käfig aus Drahtgeflecht, der an den Passagierkorb eines Heißluftballons erinnerte: der Beobachterkäfig am Primärfokus. Humason bedeutete Sandage, daß der Käfig da oben ihr Ziel sei.

Sie stiegen mehrere Treppen hinauf und fuhren mit Fahrstühlen vorbei an der Bibliothek und den Dunkelkammern, der Küche, dem Kontrollraum und Büros, die rings um den riesigen Innenraum der Kuppel angeordnet waren, zu einer Laufplanke. Von dort gingen sie eine Rampe hinauf und kletterten in einen Korb von der Art, wie ihn Kirschpflücker benutzen. Humason setzte den Korb in Bewegung, und mit einem Quietschen, das durch die gewaltige Kuppel hallte, fuhren sie durch den leeren Raum zum Beobachterkäfig hinauf; in dem großen Spiegel unter ihnen sahen sie ihr Bild wie in einem Rasierspiegel. Sie kletterten über ein Geländer und drängten sich zwischen rotbeleuchteten Instrumenten und dem hohlen Pfeiler mit dem Lichtstrahl, der von dem großen Spiegel zum Fokus heraufkam, in den Käfig. Sandage erinnerte sich später, daß das sogenannte »seeing« - der astronomische Fachausdruck für die Abbildungsqualität der Sterne auf der Fotoplatte, die durch Turbulenzen in der Atmosphäre beeinträchtigt wird - ausgesprochen gut war. Er war bereits ein Profi, und die Freude, daß er endlich auf dem Palomar stand, überwog die Erleichterung, daß dieses Teleskop viel leichter zu bedienen war als die Teleskope auf dem Mount Wilson. Nach zwei Nächten kannte er sich aus.

Und so pendelte Sandage dreimal im Monat als Hubbles stellvertretender Beobachter zwischen dem Palomar und Pasadena hin und her. Er war überglücklich.

Hubble leitete die Show von seinem weitläufigen Büro in der Santa Barbara Street aus. Sandage ging immer mit drei verschiedenen Arbeitsanweisungen auf den Berg, die sich jeweils auf unterschiedliche Beobachtungsbedingungen bezogen. Die belichteten Platten legte er dann seinem Lehrmeister vor wie ein Schuljunge seine Hausaufgaben. Hubble prüfte sie, kommentierte sie und nahm sie dann mit zur Analyse.

In Hubbles wichtigstem und anstrengendstem Projekt wurden Galaxien fotografiert, dann suchte man nach Cepheiden, damit man die Entfernungen zu den Galaxien bestimmen konnte. Jedermann wußte, daß Hubble auf diese Weise in den zwanziger Jahren die Entfernung zu dem berühmten Andromedanebel M 31 und einer Handvoll anderer Systeme ermittelt hatte. Sie waren alle Teil der Lokalen Gruppe, eines kleinen Galaxienhaufens, zu dem auch die Milchstraße gehört. Jetzt griff Hubble über die Lokale Gruppe hinaus nach den nächstgelegenen Haufen. Nach Hubbles Schätzungen konnte es ein Jahr dauern, nur die Entfernung zur nächsten Gruppe von Galaxien zu bestimmen, und es konnte Jahrzehnte oder ein ganzes Leben in Anspruch nehmen, bis der Beobachtungsplan erfüllt war, den er aufgestellt hatte, um die Daten zu sammeln, die möglicherweise definitive Antworten auf die Fragen nach der Größe, dem Alter und dem Schicksal des Universums geben konnten. Hubble wurde Sandages persönlicher Tutor im Fach Kosmologie.

Während seiner restlichen Jahre am Caltech schwankte Sandage hin und her zwischen Hubble und Baade, den beiden Polen der Kosmologie in Pasadena. Neben Hubble wirkte Baade wie ein Phantast, aber Sandage erkannte in ihm den warmherzigeren Menschen. Baade war gesellig und konnte über sich selbst lachen. Und er war der bessere Beobachter.

Noch ein dritter Mann übte in der Santa Barbara Street und während der langen Beobachtungsnächte in den roterleuchteten

Kuppeln auf dem Mount Palomar und dem Mount Wilson großen Einfluß auf Sandage aus: Humason, ein verträumt dreinblik-
kender Mann mit einer Nickelbrille und wulstigen, jungenhaften
Lippen, der immer zu einem Scherz aufgelegt war. Er hatte die
Schule nach der achten Klasse verlassen, war Maultiertreiber
und Hausmeister gewesen und hatte sich vom Assistenten bei
nächtlichen Beobachtungen zum Astronomen hinaufgearbeitet,
indem er die richtigen Fragen stellte und rasch begriff. Humason
war zugleich Hubbles Vermittler und sein wichtigster Beobachter. Er wurde für Sandage so etwas wie ein väterlicher Freund,
der ihn auch kritisierte und ihm offen die Meinung sagte.
Sandage verbrachte immer mehr Zeit in der Santa Barbara
Street. Wenn er in das Gebäude ging, hatte er jedesmal das
Gefühl, er betrete Walhalla. Es war ein Privileg, die Flure ent-
langzugehen und mit den fotografischen Platten vom 2,5-Me-
ter- und vom 5-Meter-Teleskop zu arbeiten, er nannte sie die
»Tafeln Moses'«. Unter dem Einfluß der Studenten löste sich
die Förmlichkeit der Vorkriegszeit langsam auf, dennoch blieb
Santa Barbara Street weiterhin ein Ort, wo man, wie Sandage
sich ausdrückte, »niemals mehr als einen halben Meter von einem Gentleman entfernt war«.
Im Jahr 1952, als Sandage seinen akademischen Grad beinahe
in der Tasche hatte, bot Bowen ihm eine Stelle in der Mount-
Wilson-Sternwarte an, einen Platz bei den Göttern in Walhalla.
Das war das Ziel seiner Wünsche, doch die Verwaltung jener
großen Teleskope brachte auch eine ehrfurchteinflößende Verantwortung mit sich. Sandage dachte an die gewaltigen Programme, die Hubble und Humason, Baade und Shapley durchgeführt hatten. Nirgendwo anders wären sie möglich gewesen.
Und er dachte an die Programme, die in der Zukunft lagen, an
die Weiterführung von Hubbles und Baades Werk. »Die ganze
Welt wußte«, sagte Sandage mit trockener Stimme, »daß das
5-Meter-Teleskop für solche Aufgaben gebaut worden war.
Wenn man die Stelle auf Mount Wilson annahm, wußte man,
was von einem erwartet wurde.«

Sandage sagte zu, verschob seine Einstellung jedoch um ein Jahr, weil er nach Princeton gehen und sich dort mit der Sternentwicklung beschäftigen wollte. Dieses Thema hatte sich aus seiner Dissertation ergeben.

Im September 1953, kurz nach Sandages Rückkehr, erlitt Hubble einen weiteren Herzinfarkt und starb. Sandage fühlte sich, als hätte er seinen Vater verloren. Noch siebzehn Jahre lang ging er regelmäßig zu dem Haus in der Woodstock Road in San Marino und besuchte Grace Hubble.

Die Folgen von Hubbles Tod brachen nicht sofort in ihrer ganzen Tragweite über Sandage herein. Sandage war vollkommen in seine Arbeit über die Entwicklung der Sterne vertieft, aber er wußte, was auf ihn zukam. Jemand mußte die Tradition von Mount Wilson fortführen, jemand mußte die Arbeit beenden, die Hubble geplant hatte, und die Größe und das Schicksal des Kosmos ergründen.

Das war einerseits furchteinflößend, andererseits aber auch eine einmalige Lebenschance, eine Möglichkeit und eine Strafe zugleich, und Sandage sind noch heute, je nach Stimmungslage, beide Seiten der Sache präsent. »Meine Verantwortung besteht darin, daß Hubble zu früh starb«, sagte Sandage an einem regnerischen Nachmittag mit leiser Stimme. »So gesehen ist das eine schreckliche Aussage. Hubble starb zu früh und bürdete mir eine schwere Last auf, eine unglaubliche Last: nämlich sein Forschungsprogramm fortzuführen. Und diese Last spüre ich immer noch, auch wenn meine Liebe und mein Interesse den Sternen gelten.«

»Er hatte alles geplant«, fuhr Sandage in seiner Erinnerung fort, und seine Stimme klang fast verzweifelt. »Es war gerade so, als wäre man zum Lektor von Dante eingeteilt oder berufen. Als wäre man Assistent von Dante, und dann stirbt Dante, und die ganze *Göttliche Komödie* liegt vor einem. Was würden Sie tun? Was würden Sie in dieser Situation tun?«

»Es war alles geplant«, wiederholte er, »und nach Hubbles Tod war nur ich übrig. Ich hatte es die ganze Zeit über irgendwie im-

48

mer im Hinterkopf, daß ich sein Programm fortführen würde. Ich dachte nicht nur, daß ich es tun mußte, weil es mein Job war. Es wurde mir aufgetragen, aber in gewisser Weise war es auch genau das, was ich ohnehin tun wollte.« Er hielt inne. »Wenn ich diese Chance nicht wahrgenommen hätte, wäre ich verrückt gewesen.«

2. Die Bonbonniere

Die folgenden Jahre, die frühen Fünfziger, waren die glücklichste Zeit in Sandages wissenschaftlicher Laufbahn. Er entwickelte sich zu dem Flieger-As in der Windjacke und flog mit dem 5-Meter-Teleskop tiefer und weiter in den Weltraum hinein, als sich dessen Erbauer träumen ließen. In den dreißiger und vierziger Jahren hatten nicht nur in der Kosmologie, sondern in allen Bereichen der Astronomie und Astrophysik revolutionäre Entwicklungen stattgefunden. So war die Wissenschaft zu einem völlig neuen Verständnis von der Natur der Sterne gelangt – wie sie geboren werden, wie sie leuchten, und wie sie sterben. Jetzt, da der Krieg vorüber war und die neuen Teleskope zur Verfügung standen, konnten die neuen Theorien erstmals überprüft werden.

Die Clique der Astronomen in Pasadena nannte das Hale-Teleskop liebevoll »big eye«, Sandage verglich es immer mit einer riesigen Bonbonniere: Es enthielt lauter wundervolle Dinge, und er konnte sich nach Belieben bedienen. Sandage erbte Hubbles großzügige Beobachtungszeit – allein am 5-Meter-Teleskop fünfunddreißig Nächte pro Jahr – sowie alle Platten und Daten, die Hubble im Rahmen seines großen Beobachtungsprogrammes zur Vermessung des Universums bereits gesammelt hatte. Fast die Hälfte jedes Monats, die Zeit um Neumond herum, wenn der Himmel besonders dunkel ist, pendelte er zwischen Pasadena und Palomar hin und her.

Einige Astronomen blieben lieber im Kontrollraum, gleichgültig, ob sie ihre Beobachtungen in einem Team anstellten oder ob sie das Teleskop mit dem Cassegrain-Spiegel benutzten.

(Bei diesem Modus wird das Licht von der Beobachterkabine am Primärfokus durch ein Loch in der Mitte des 5-Meter-Spiegels zurückreflektiert. Besonders schwere oder sperrige Instrumente konnten hinter dem Loch, auf der Rückseite des Spiegels, angebracht werden und dort das Sternenlicht zerlegen. Da sich jedoch bei diesem Modus die Brennweite des Hauptspiegels verlängerte, verringerte sich die optische Effektivität des Teleskops.) Im Kontrollraum war es wärmer, und die Astronomen konnten mit dem Nachtassistenten, dem Mann, der das Teleskop eigentlich bediente, über Witze lachen, Kekse essen, Kaffee trinken, auf die Toilette gehen, Papierarbeit erledigen und bei weniger interessanten Phasen oder langen Belichtungen sogar schlafen.

Sandage saß lieber in der Beobachterkabine am Primärfokus. Nacht für Nacht fuhr er im Aufzug durch die Dunkelheit. Die Kuppel polterte und surrte wie die geheimnisvolle Maschinerie des Kosmos selbst, wenn der Nachtassistent den Kuppelspalt für die erste Beobachtungsrunde positionierte, die Sandage mit militärischer Genauigkeit geplant hatte. Oben angelangt, kletterte Sandage erwartungsvoll über die wenigen Zentimeter Leere. Er machte es sich auf einer Traktorbank bequem und zog seine Himmelskarten, Notizbücher und Fotoplatten zu sich heran. Die Emulsionen der Fotoplatten waren mit flüssigem Wasserstoff getränkt oder stickstoffgekühlt, damit die hochempfindlichen Körnchen jede Spur des Lichts geradezu aufsaugten, das einen Stern oder eine Galaxie verlassen hatte, bevor die menschliche Rasse geboren war. Das Teleskoprohr, ein hohles Lichtrohr, bildete einen brusthohen Tisch in der Mitte des Käfigs. An dieser Stelle, am Primärfokus, war ein Teil des Universums, eineinhalbmal so groß wie die scheinbare Größe des Vollmondes, zur Erforschung und Erkundung auf einer Fläche von der Größe einer Postkarte ausgebreitet. Und Sandage stand im Zentrum des Universums, allein.

Nach Einsteins Relativitätstheorie war das Zentrum des Universums überall und nirgends. Es war die Gegenwart, wo auch immer, umgeben von konzentrischen Hüllen der Vergangenheit – die Geschichte, die in Form von Lichtstrahlen mit 300 000 Kilometern pro Sekunde, der Lichtgeschwindigkeit, der Geschwindigkeit aller Information, auf ihn zuraste. In dem Beobachterkäfig am Primärfokus des 5-Meter-Teleskops saß man wie im Cockpit einer Zeitmaschine, der besten und größten Zeitmaschine, die je gebaut worden war. Der weit aufgerissene Rachen des Spiegels, mit Perlen aus Sternenlicht besetzt, wies in die einzige Richtung, in die wir blicken können: in die Vergangenheit. Der Mond war ein Bild aus Licht, das seinen Ausgangsort vor knapp anderthalb Sekunden verlassen hatte; der in kriegerischem Rot leuchtende Mars war eine halbe Stunde weit weg und das Zentrum der Milchstraße, verborgen hinter dem dichten Sterngewimmel des Schützen, dreißigtausend Jahre. Das kalte Okular, mit dem Sandage die Nachführung des Teleskops korrigierte, indem er einen Leitstern exakt in der Mitte des Fadenkreuzes hielt, war einen Lidschlag, eine Zehntel Nanosekunde weit weg.

Sandage liebte vor allem die Einsamkeit im Beobachterkäfig. Dort oben konnte er über die hereinkommenden Daten nachdenken, regelrecht meditieren. Was wäre, wenn die Platte funktionierte? Was, wenn das Seeing schlecht würde? Was kam als nächster Schritt? In der ruhigen, meditativen Atmosphäre des Beobachterkäfigs, wo es nur ihn und seine Platten gab und wo das Universum Licht ein- und ausatmete, schienen sich Gedanken leichter zu formen.

Die Theorie, hatte Einstein einmal mit Blick auf Erkenntnistheorie und Quantenmechanik sarkastisch bemerkt, bestimme, welche Beobachtungen gemacht werden könnten. Sandage stimmte dem zu: Der Geist mußte vorbereitet sein.

In den ersten Jahren nach seiner Rückkehr in die Santa Barbara Street sammelte Sandage weiterhin pflichtbewußt die Platten für Hubbles Programm, bearbeitete sie aber nicht weiter. Die Daten reichten einfach noch nicht aus; weder er noch sie waren reif für eine Auswertung, und so stapelten sie sich weiterhin in seinem Büro.

Sandage setzte die Arbeit fort, die er gemeinsam mit Baade begonnen hatte. Er benutzte die großen Teleskope wie ein Geologe seinen Hammer, um die Kugelsternhaufen auseinanderzubrechen und an den Kern der Sterne in ihrem Innern zu gelangen. Die Sterne waren seine erste Liebe gewesen. Und die Sterne waren das größte Geheimnis der Astronomie, doch seit dem Krieg wurde der Schleier über diesem Geheimnis dank vielfältiger theoretischer Überlegungen und Daten löchrig. Die Sterne wurden langsam enträtselt, und dreißig Jahre später sagte Sandage immer noch, daß er auf den Beitrag, den er dazu geleistet habe, ganz besonders stolz sei.

Die Signalfeuer des Universums wiesen eine verblüffende Vielfalt auf: blaue Sterne, rote Sterne, gelbe, schlammfarbene, weiße, grüne, orangefarbene. Es gab helle Sterne, schwache Sterne, Doppelsterne, dreifache und vierfache Sterne, Sterne in ungeordneten Haufen, die durch Staub und Gas hindurch glitzerten, und große Wolken von Sternen, die in Galaxien und Kugelsternhaufen so eng zusammengedrängt waren, daß ihr Leuchten zu einem einförmigen Lichtbrei verschmolz. Einige Sterne waren kaum größer als die Erde, andere hätten eine Million Sonnen in sich aufnehmen können. Und doch gab es in dem scheinbaren Chaos am Himmel eine geheime Ordnung, dort regierte nicht der Zufall.

Die ersten Hinweise auf eine geheime Ordnung waren Ende des vergangenen Jahrhunderts aufgetaucht. Damals stellten Astronomen fest, daß die Farbe oder die Spektralklasse eines Sterns Rückschlüsse darauf erlaubt, was für eine Temperatur auf seiner Oberfläche herrscht, der äußersten Schicht des kochenden Gases.

Im Jahr 1910 kamen die Astronomen Ejnar Hertzsprung und Henry Norris Russell unabhängig voneinander auf die Idee, die Größen der Sterne bezogen auf ihre Farbe oder Temperatur graphisch darzustellen. Als sie die scheinbare Helligkeit der

Sterne* korrigierten, um die durch die unterschiedlichen Entfernungen hervorgerufenen Abweichungen auszugleichen (oder eine ganze Reihe von Sternen in derselben Entfernung, etwa in einem Haufen, betrachteten), ergab sich eine einfache Relation: Je heißer ein Stern war, desto heller leuchtete er. Auf der Darstellung formierte sich die große Mehrzahl der Sterne auf einer leicht gewölbten Linie, der sogenannnten Hauptreihe. Die Sonne, ein gelber Zwerg mit einer Oberflächentemperatur von rund fünftausendfünfhundert Grad Celsius, liegt genau in der Mitte der Hauptreihe. Am unteren Ende versammeln sich die dunklen Sterne von dunkelroter Farbe. Das andere Extrem bilden die Blauen Riesen – zehnmal so heiß und viele tausend Male heller als die Sonne.

Aber was bedeutete die Hauptreihe nun genau? Das war die brennende Frage der Astronomie.

Zu Anfang dieses Jahrhunderts glaubte man, die Hauptreihe stelle den Lebensweg eines Sterns dar. Wie Funken an einer Zündschnur fräßen sich die Sterne brennend ihren Weg an der Hauptreihe entlang. Sie begännen blau und leuchtend am oberen Ende und endeten kalt und schwach am unteren Ende. Wie Athleten hätten sie ihre Glanzzeiten in der Jugend und ließen dann nach. Diese Theorie blieb vage, denn die Astronomen hatten keine Vorstellung, wie die Sterne diese gigantischen Mengen an Ener-

---

* Das astronomische System zur Klassifizierung der Helligkeit von Sternen geht auf die alten Griechen zurück, die die sichtbaren Sterne in fünf Gruppen oder »Größenklassen« einteilten. Die hellsten Sterne am Himmel, wie beispielsweise Sirius oder Wega, echte Wunderkerzen, gehörten zur ersten Größenklasse. Die schwächsten Sterne, die mit bloßem Auge gerade noch zu erkennen waren, fielen in die fünfte Größenklasse. Als im siebzehnten Jahrhundert mit Hilfe des Teleskops noch schwächere Sterne sichtbar wurden, standardisierte man das System. Mit jeder Größenklasse wächst die Leuchtkraft um den Faktor 2,5. Sterne der ersten Größenklasse sind zweieinhalbmal heller als Sterne der zweiten Größenklasse, und die sind wiederum zweieinhalbmal heller als Sterne der dritten Größenklasse. Bei fünf Größenklassen verändert sich die Leuchtkraft insgesamt also um den Faktor hundert. Ein weiterer Schritt zur Standardisierung besteht darin, die Größenklassen der Sterne, so wie sie am Himmel gesehen oder gemessen werden - die *scheinbare* Helligkeit - entsprechend dem Einfluß der unterschiedlichen Entfernungen der Sterne zu korrigieren. Astronomen definieren die *absolute* Helligkeit eines Sterns als die Helligkeit, die ein Stern aus einer Entfernung von zehn Parsek (1 Parsek = 3,26 Lichtjahre) hat. Leider kennen wir nur für recht wenige Sterne die Entfernungen ganz genau.

gie produzierten. Überdies zierten noch andere Rätsel das sogenannte Hertzsprung-Russell-Diagramm: ungewöhnliche Anhäufungen von Sternen mit ungewöhnlichen Eigenschaften wie rote Sterne, die überdies auch noch sehr hell strahlten – sogenannte »Überriesen« –, und blaue, sehr schwach leuchtende Sterne. Was hatte es mit ihnen auf sich? In welcher Beziehung standen sie zu den Sternen der Hauptreihe? Was *war* die Hauptreihe? Die Astronomen benutzten das Diagramm als diagnostisches Werkzeug. Sie konnten jeden neuen Sternhaufen in das Diagramm einzeichnen und feststellen, daß dieser oder jener Teil des Musters fehlte, daß es in einem Haufen beispielsweise keine hellen blauen Sterne gab. Doch was all das bedeutete, wußten sie nicht. Das Hertzsprung-Russell-Diagramm war eine Art Hieroglyphe, die darauf wartete, entziffert zu werden.

Der zweite Hinweis auf eine kosmische Ordnung kam im Laufe der nächsten zwei Jahrzehnte, als sich der Verdacht erhärtete, daß die Energie der Sterne aus thermonuklearen Fusionsprozessen stammte. Im Jahr 1938 arbeitete Hans Bethe von der Cornell die Einzelheiten dieses Prozesses für die Sonne aus (dafür erhielt er später den Nobelpreis). Er zeigte, daß die Sonne nichts anderes ist als eine Wasserstoffbombe, die durch die Gravitation zusammengehalten und genährt wird. In ihrem Zentrum mit einer geschätzten Temperatur von fünfzehn Millionen Grad Kelvin verschmelzen pro Sekunde 600 Millionen Tonnen Wasserstoff zu 596 Millionen Tonnen Helium. Die restlichen vier Tonnen, etwa 0,7 Prozent, werden in Energie, in Sonnenschein, umgewandelt. Sie sind das Unterpfand für das Leben im Sonnensystem und die heftigen Stürme auf dem Jupiter.

Die ersten groben Atommodelle der Sterne lieferten den Anstoß zu einer neuen Interpretation der Hauptreihe im Hertzsprung-Russell-Diagramm. Die gewaltige Hitze im Innern der Sterne entsteht gewissermaßen durch ein Feuer, das von der Gravitationskraft ständig geschürt wird. Aus diesem Grund besagte die Theorie, daß Leuchtkraft und Temperatur eines Sterns von seiner Masse abhängen müssen. Die massereichsten Sterne müßten heller und heißer sein und schneller verglühen. Die Hauptreihe war deshalb eigentlich eine Anordnung von Sternen mit unterschiedlicher Masse: Oben auf der Hauptreihe versammelten sich die Sterne mit hundert Sonnenmassen, unten die Sterne mit einem Zehntel Sonnenmasse. In diesem Szenario bewegten sich die Sterne mit fortschreitendem Alter nicht entlang der Hauptreihe, sondern blieben die meiste Zeit an Ort und Stelle. Am Ende ihres Lebens jedoch *verließen* sie die Hauptreihe und blähten sich zu Roten Riesen auf oder kühlten zu weißen, zwergenhaften Aschegestalten ab. Wenn eine Gruppe von Sternen alterte, müßte ihre Hauptreihe also langsam verschwinden, zuerst der obere Teil der Hauptreihe, dann die Mitte und schließlich auch der untere Teil. Je älter eine Gruppe von Sternen ist, desto gedrungener wäre ihre Hauptreihe und desto niedriger und intensiver rot der obere Teil der Kette.

Zu diesem Zeitpunkt betrat der virtuose Walter Baade die Bühne und machte sich seine kriegsbedingte Monopolstellung auf Mount Wilson zunutze. Er entdeckte, daß es in der Milchstraße und im Universum zwei verschiedene »Populationen« von Sternen gibt: ganz normale Sterne wie die Sonne, die Wasserstoff, Helium und schwerere Elemente enthalten, und eine zweite ältere Gruppe von Sternen, die im wesentlichen nur aus Wasserstoff und Helium besteht. Die letztgenannten waren dunkler rot und leuchteten schwächer; sie wurden fast ausschließlich in den runden Kernen von Galaxien (im Gegensatz zu den bläulichen, rotierenden Spiralarmen) und in den runden Sternwolken, den sogenannten Kugelsternhaufen, gefunden.

Im Osten der Vereinigten Staaten und dort vor allem in Princeton, wo Martin Schwarzschild, der Guru des Hertzsprung-Russell-Diagramms lebte, war den Theoretikern eines sofort klar: Baades Entdeckung bestätigte die These, daß die Hauptreihe eine »Masse-Reihe« sei, daß der Ort der Sterne auf der Hauptreihe von ihrer Masse abhänge. In galaktischen Kernen und Kugelsternhaufen – laut Baade sind das Sterne der Population II – fehlten die massereichen blauen Sterne, denn sie waren älter als die anderen Teile der Galaxie. Das blauleuchtende Ende ihrer Hauptreihe war bereits verschwunden. (Es hatte sogar Grund zu der Annahme gegeben, daß Sterne der Population II und Kugelsternhaufen älter waren als der ganze Rest der Galaxie. Beide waren in Form eines Halos angeordnet, als ob sie sich gebildet hätten, als die Galaxie noch eine runde Gaswolke war. Erst dann war die Galaxie allmählich in sich zusammengestürzt und hatte sich in die abgeflachte Scheibe verwandelt, die wir heute als die Milchstraße kennen.) Kugelsternhaufen waren also das Reagenzglas, in dem die Astronomen die Entwicklungsgeschichte der Sterne untersuchen und herausfinden konnten, wie sie sich veränderten, wenn ihnen der Wasserstoff ausging. Schwarzschild und seine Kollegen ahnten bald, daß sie das Alter eines Kugelsternhaufens (oder jedes anderen Sternhaufens) und damit auch das Alter der Milchstraße und vielleicht des Universums berechnen könnten, wenn sie genau wüßten, wie weit die Hauptreihe bereits abgebröckelt war, an welcher Stelle die Hauptreihe abbrach. Massereiche Sterne entwickelten sich schneller und hatten deshalb ein kürzeres Leben, die Lebenserwartung eines Sterns war also auch ein Ordnungskriterium der Hauptreihe. Wenn die Hauptreihe eines Sternhaufens im Laufe der Zeit kürzer wurde, befanden sich an der Abknickstelle Sterne, deren vermutliches Lebensalter dem Alter des Haufens entsprach. Die massereicheren Sterne, die oberhalb der Abknickstelle auf der Hauptreihe gewesen waren, hatten eine kürzere Lebensdauer und waren bereits verschwunden, die Sterne darunter hatten noch Milliarden Jahre vor sich. Man benötigte also nur die Masse der Sterne an der Abknickstelle und konnte dann mit Hilfe der neuen Theorien über die Struktur und Entwicklung von Sternen ihre Lebensspanne berechnen.

Selbstverständlich bedeutete das nahezu undurchführbare theoretische Aufgaben und praktische Arbeiten am Teleskop. Vertreter der Population II - Kugelsternhaufen und galaktische Kerne - waren so weit weg, und die Sterne darin leuchteten so schwach, daß die Eigenschaften der einzelnen Sterne – ihre Größenklasse und ihre Farbe – noch nie untersucht worden waren. Die Hauptreihensterne eines Objekts der Population II waren noch nie analysiert und in ein Hertzsprung-Russell-Diagramm eingezeichnet worden. Zu diesem Zeitpunkt kam Sandage. Im Jahr 1950 plagten sich Sandage und Arp gemeinsam mit der Beobachtung und Analyse von M 92 ab. Dann machte Sandage allein weiter und untersuchte für seine Doktorarbeit M 3, einen größeren Haufen im Sternbild Jagdhunde. Damals wußte er praktisch noch nichts von den neuen Thesen, er meinte immer noch, Sterne entwickelten sich *entlang* der Hauptreihe. Baade hatte Sandage und Arp bei ihrem ersten gemeinsamen Besuch auf Mount Wilson in das Geheimnis des Hertzsprung-Russell-Diagramms eingeweiht, aber Baade war nur ein Beobachter. Und da Sandage ebenfalls Beobachter war, meinte er, alles, was *innerhalb* eines Sterns passiere, liege jenseits seines Arbeitsbereiches und seiner Kompetenz. Er mußte Farben und Größenklassen messen. Er wollte die Punkte im Hertzsprung-Russell-Diagramm verbinden, und seine Intuition sagte ihm, daß seine Kugelsternhaufen besonders wichtig waren. Wie wichtig, das wußte er freilich nicht.

Schon in den frühen fünfziger Jahren wurden die großen Entdeckungen der Kosmologie nur noch selten am Teleskop gemacht, sondern auf einem Stück Millimeterpapier, nachdem eine Liste mit Daten, die Ausbeute vieler Nächte oder gar Jahre auf dem Berg, in eine lesbare Form gebracht worden war. Das war eine Aufgabe für einen Pedanten, denn sie mußte mit akribischer Genauigkeit erledigt werden, also genau das richtige für den jungen Sandage. Doch soviel Ruhm diese Arbeit auch einbringen mochte, sie war unsäglich langweilig: Für jeden Haufen mußten mindestens zwei Platten belichtet werden – eine Platte mit einer blauempfindlichen Emulsion, die andere mit einer rotempfindlichen Emulsion. Dann hatte man zwei Häufchen Pfeffer vor sich, in denen jeweils dieselben Sterne lokalisiert und gemessen werden mußten.

Sandage vermaß ungefähr tausend Sterne und zeichnete die Hauptreihe des Kugelsternhaufens M 3, aber zum Schluß ergab sich ein merkwürdiges Diagramm. Die untere Hälfte entsprach dem Hertzsprung-Russell-Diagramm eines jeden Sternhaufens in der Galaxie, doch die obere Hälfte der Hauptreihe fehlte. All die gelben bis blauen hellen Sterne waren einfach nicht da. An ihrer Stelle verlief ein Trichter mit Punkten weg vom oberen Ende der verkürzten Hauptreihe in den rechten Teil des Diagramms, wo die sogenannten Roten Riesen ihren Platz hatten.

Eines Tages im Jahr 1952 kam Sandage dann mit dem Hertzsprung-Russell-Diagramm von M 3 in der Hand aus dem Keller der Santa Barbara Street. Auf der Treppe begegnete er Baade und Schwarzschild, der, wohl in der Hoffnung auf ebensolche Augenblicke, regelmäßig nach Pasadena fuhr. »Als Schwarzschild sah«, erinnerte sich Sandage, »daß die Hauptreihe abbrach, geriet er völlig aus dem Häuschen.«

Sandage hatte das fehlende Glied gefunden. Er hielt die Daten in der Hand, die Schwarzschild benötigte, um das Problem der stellaren Evolution nicht nur im Prinzip, sondern im numerischen Detail zu lösen. Ein paar Tage später suchte er Sandage auf und lud ihn für ein Jahr nach Princeton ein.

Zunächst begriff Sandage gar nichts, doch dann ging ihm ein Licht auf: Der Himmel steckte voller Verbindungen. Die Sterne fielen ihm in die Hände wie Süßigkeiten aus einer Wundertüte. Die Erregung jenes Augenblicks vergaß er nie mehr. »Es bedurfte nur einer einzigen simplen Aussage«, sagte er, »wenn die Sterne ihre Größenklasse verändern, bewegen sie sich nicht die Hauptreihe *hinauf*, sondern sie *verlassen* sie.« Seine Augen tanzten und seine Finger bewegten sich auf einem imaginären Klavier über die Tischdecke, als er sich die Glanzzeiten der Sternenforschung ins Gedächtnis zurückrief. »Damals in den fünfziger Jahren lag all das einfach da draußen herum. Es mußte nur aufgesammelt werden. Ich erinnere mich gut daran, wie aufgeregt wir waren, als wir zum ersten Mal in den Kugelsternhaufen die Stelle fanden, wo die Hauptreihe abbricht. Plötzlich war alles klar.«

Schwarzschild wollte aus Sandage für ein Jahr einen theoretischen Physiker machen. Mit Hilfe mathematischer Berechnungen des atomaren Inneren der Sterne wollten sie gemeinsam die Spur der erwähnten Punkte im Hertzsprung-Russell-Diagramm verfolgen und dann ihre Ergebnisse mit den Farben und Größenklassen vergleichen, die Sandage so fleißig ermittelt hatte. In Princeton tauschte Sandage sein Teleskop gegen eine mechanische Rechenmaschine ein. Er haßte sie.

Um dem Innern eines Sterns auf die Spur zu kommen, mußten die beiden Wissenschaftler für jeden Punkt vom Kern des Sterns bis nach außen vier komplizierte physikalische Differentialgleichungen lösen. Die von ihnen benutzte Rechenmaschine war nur eine aufgemöbelte Additionsmaschine, die ganze komplizierte Theorie und Rechnung mußte auf eine endlose Reihe von Multiplikationen zurückgeführt werden. Jede Berechnung dauerte viele hundert Stunden, und um einen bedeutsamen Abschnitt im Leben eines Sterns abzubilden, mußte man viele Dutzend Rechnungen durchführen, selbst wenn es um die scheinbar langweiligen Äonen ging, in denen der Stern in seinem Kern Wasserstoff zu Helium verbrannte und sein äußeres Erscheinungsbild kaum veränderte. Während der gesamten Arbeit betrachtete sich Sandage als Schwarzschilds Sekretär, der nur die Kurbel der Rechenmaschnine bediente.

Nach einem Jahr hatte Sandage in seinen Berechnungen endlich den Punkt erreicht, wo dem Kern des Sterns langsam der Wasserstoff ausgeht. Sein Feuer verglüht, der Kern fällt in sich zusammen, und der dadurch entstehende Druck bläht den Rest des Sterns auf. Der Stern kühlt ab und wird rot, dann verläßt er die Hauptreihe. Er wird zu einem Roten Riesen mit einem Radius, der ungefähr so groß ist wie die Umlaufbahn der Venus um die Sonne; der Kern besteht aus Helium. Für einen massereichen und heißen Stern im oberen Teil dessen, was von der

Hauptreihe von M 3 noch übrig war, errechnete Sandage, daß der Übergang stattfinden würde, wenn der Stern 3,2 Milliarden Jahre alt war. Also mußte der gesamte Haufen mindestens 3,2 Milliarden Jahre alt sein.

Sandage und Schwarzschild hatten ursprünglich gehofft, viel weiter zu kommen. All die wilden, interessanten Phasen im Leben des Sterns, all die Schleifen und Umkehrungen im Hertzsprung-Russell-Diagramm lagen noch vor ihnen. Es dauerte noch zwanzig Jahre, bis Schwarzschild mit seinen theoretischen Modellen bis zum Ende der Reihe vorgedrungen war. Die Reise, die er mit einer mechanischen Additionsmaschine angetreten hatte, endete in klimatisierten Rechenzentren.

Trotz allem war die Forschungsarbeit ein triumphaler Erfolg. Sandage konnte das Alter von Sternen berechnen. Es funktionierte, das Hertzsprung-Russell-Diagramm war erklärbar. Die Physik herrschte. Die Sterne waren alt, aber nicht ungebührlich alt, und auch die Galaxis war alt, aber nicht unendlich alt. Das Universum konnte ergründet werden.

Sandages Arbeit war weit über die Entwicklung der Sterne und die Feinheiten des Hertzsprung-Russell-Diagramms hinaus bedeutsam, sie eröffnete der jungen Wissenschaft der Kosmologie neue Dimensionen. Das Universum konnte nicht älter sein als seine ältesten Sterne, und es mußte mindestens 3,2 Milliarden Jahre alt sein. Es war schon erstaunlich, daß man eine solche Aussage treffen konnte, nachdem man praktisch nur eine Handvoll Sterne in einer Ecke der Galaxie untersucht hatte. Allan Sandage hatte das Alter des Universums gemessen. Im Jahr 1954 brachte ihm das zum erstenmal eine Schlagzeile in der *New York Times* ein.

Es gab noch eine andere Möglichkeit, das Alter des Universums zu schätzen. Zwar besaß man nur bruchstückhafte Daten über die Expansion des Universums, aber es war dennoch möglich, auf Grund der Geschwindigkeit, mit der sich die Galaxien voneinander entfernten, zurückzurechnen bis zu dem Zeitpunkt, an dem sie noch alle beisammen waren. So ließ sich der hypothetische Augenblick benennen, an dem die Expansion begann. Diese Rechnung ergab für das Alter des Universums vier Milliarden Jahre. Die Wissenschaftler verfügten also über zwei unabhängige Uhren. Die eine basierte auf der noch sehr jungen Erforschung nuklearer Reaktionen und zeigte als Alter des Universums mindestens 3,2 Milliarden Jahre an. Die andere basierte auf der ebenso jungen Erforschung der sich voneinander weg bewegenden Galaxien und zeigte, daß das Universum nicht älter war als vier Milliarden Jahre. Beide Zahlen waren zu ungenau, um als endgültige Antwort gelten zu können, aber Sandage erschien es wie eine Offenbarung, daß sie so dicht beieinanderlagen. Das bestärkte ihn darin, nahezu unerschütterlich an die Theorie von der Expansion des Universums zu glauben. Angesichts des großzügigen Fehlerspielraums in der Astrophysik waren die beiden Zahlen gleich. Schließlich hätte die eine Methode einen Wert von einigen tausend Jahren, die andere einen Wert von vielen Billiarden Jahren erbringen können. Es war fast ein Wunder.

Vielleicht war es aber auch ein Trugbild. Den wenigsten Astronomen gefiel der Gedanke, daß das Universum einen Anfang haben sollte. Hubble und Einstein hatten diese Vorstellung für eine Schnapsidee gehalten. Sie war der schwächste, unbegreiflichste Punkt in der Theorie von der Expansion des Universums: Hier endete die Wissenschaft und begann die Theologie.

Bis dahin wollten sich nur wenige Wissenschaftler ernsthaft mit dem Anfang des Universums beschäftigen und die Frage, wie dieser Anfang wohl ausgesehen habe, wissenschaftlich angehen. Eine erwähnenswerte Ausnahme war der Astronom und Atomphysiker George Gamow, ein gebürtiger Russe. Gamow erkannte, daß das Universum sehr heiß gewesen sein mußte, viele Millionen oder Milliarden Grad, wenn es in der frühesten Phase seiner Existenz dicht zusammengedrängt gewesen war. Er stellte sich das Universum am Beginn seiner Expansion als einen thermonuklearen Feuerball vor, die Bombe aller Bomben. In diesem Feuerball wurde der ursprüngliche Stoff der Schöpfung (den er *Ylem* nannte, ein dichtes Gas aus Protonen, Neutronen, Elektronen und Gammastrahlung) durch eine Reihe nuklearer Reaktionen in die vielen verschiedenen Elemente verwandelt, die heute die Welt bilden. Gamow lehrte in den vierziger Jahren an der Johns-Hopkins-Universität, in dieser Zeit schrieb er zusammen mit einer Gruppe von Mitarbeitern einige Aufsätze über die Einzelheiten der thermonuklearen Genesis. Leider funktionierte das Konzept von ihm und seiner Gruppe nicht. Einige Atomkerne waren so instabil, daß sie zerfielen, bevor sie zu einem schwereren Stoff verschmelzen konnten, dadurch wurde die Kette beim Aufbau der Elemente unterbrochen.

Vielleicht ist es eine Ironie des Schicksals, aber letztlich wurde die große Arbeit über das Leben, den Tod und die Wiedergeburt der Sterne, die Baade, Sandage, Schwarzschild und all die anderen begonnen hatten, ausgerechnet deshalb zu Ende geführt, weil sich ein Wissenschaftler darüber empörte, daß das Universum einen Anfang haben sollte - sei er nun thermonuklear oder sonst irgendwie geartet. Dieser Wissenschaftler hieß Fred Hoyle.

Hoyle war ein englischer Astronom und Physiker mit einem Froschgesicht hinter einer dicken Brille und einer sehr direkten Art. Er hatte für die Vorstellung, daß das Universum einen Anfang haben sollte, nur Verachtung übrig. Gamows Theorie fehlte es einfach an Würde und Eleganz. In einer Sendung der BBC bezeichnete Hoyle sie spöttisch als »big bang«, Urknall, und er war höchst amüsiert, als diese Bezeichnung zum Standardbegriff wurde.

Im Jahr 1946 hatten Hoyle und zwei andere Neulinge auf dem Gebiet, Thomas Gold und Hermann Bondi, eine Alternative zur Theorie von der Expansion des Universums entwickelt, die Steady-State-Theorie. Nach der Steady-State-Theorie hatte das Universum weder einen Anfang noch ein Ende. Die Galaxien fliegen auseinander, und in dem zurückbleibenden leeren

Raum entsteht neue Materie, die sich zusammenballt und neue Galaxien bildet. Im großen und ganzen sieht das Universum also immer ungefähr gleich aus.

Als die Steady-State-Theorie 1948 veröffentlicht wurde, eroberte sie sofort die Herzen all jener Wissenschaftler, für welche die Erhabenheit des Universums darin bestand, daß es ewig und unendlich war. Hoyles Theorie war eleganter als die Theorie vom Urknall, und diese Eigenschaft schätzten die Physiker sehr. Selbst Hubble sah in dieser Theorie eine gesunde Entwicklung. Nachdem es nun zwei konkurrierende Theorien gab, zwischen denen die Wissenschaftler wählen konnten, erhielt die Kosmologie neue Dynamik. Hoyle besuchte Hubble noch im Jahr 1948 in Pasadena, er wurde herzlich empfangen.

Im Jahr 1953 kam Hoyle wieder nach Pasadena. In Cambridge hatte es böses Blut gegeben, denn mit seiner dreisten, streitsüchtigen Art hatte er bald alle altehrwürdigen Dozenten gegen sich aufgebracht. Aus der kosmologischen Debatte war eine grimmige Fehde zwischen Hoyle und seinem Kollegen Professor Martin Ryle geworden, einem zartbesaiteten, typisch englischen Radioastronomen mit liberalen Anschauungen.

Sandages Kenntnisse über die Steady-State-Theorie stammten überwiegend aus den Sonntagsbeilagen der Zeitungen. Zunächst machten Hoyle und sein Team wenig Eindruck auf ihn. Als das schwarze Schaf Hoyle nach Pasadena zurückkehrte, kam er nicht als abtrünniger Kosmologe, sondern als Stellar-Astronom. Und in dieser Funktion gewann er schließlich Sandages Respekt.

Hoyle erkannte, daß das Steady-State-Modell ebenso wie die Theorie vom Urknall die Frage aufwarf, wie die chemischen Elemente Kohlenstoff, Sauerstoff, Gold, Eisen, Stickstoff, Uran und Blei entstanden waren. Die Natur, so die Annahme der Wissenschaft, geht immer den einfachsten Weg. Wenn die Materie aus dem Nichts entstehen sollte – entweder am Anfang der Zeit in riesigen Mengen und Dichten oder Atom für Atom über Äonen hinweg in den intergalaktischen Leerräumen –, dann sprach alles dafür, daß sie zunächst in ihrer einfachsten, fundamentalsten Form erscheinen würde: als Elementarteilchen wie Protonen und Elektronen. Die Anhänger beider Theorien mußten erklären, wie und wo sich die chemischen Elemente aus diesen einfachen Teilchen gebildet hatten. Das Wie, darin waren sich beide Seiten einig, hatte mit thermonuklearen Verschmelzungsprozessen zu tun, die nur bei hoher Dichte und hohen Temperaturen abliefen. Hoyle wollte zeigen, daß man nicht einen einzigen atomaren Urknall-Reaktor am Anfang der Zeit benötigte, um die Entstehung der Elemente zu erklären, und propagierte die These, daß sich alle nuklearen Umwandlungen eigentlich in den Sternen vollzogen. In den Sternen, thermonuklearen Hochöfen, die viele Milliarden Jahre lang brannten, war möglicherweise Zeit genug für thermonukleare Reaktionen, die während der wenigen Sekunden des mutmaßlichen Urknalls, als Temperatur und Dichte hoch genug waren für thermonukleare Prozesse, gar nicht hatten ablaufen können.

So blieb in Gamows Reaktionskette beispielsweise eine Lücke offen, wenn dem Helium, das aus zwei Protonen und zwei Neutronen besteht, ein Proton oder ein Neutron hinzugefügt wurde. Der entstehende Kern aus fünf Teilchen fiel auseinander, bevor er einen schwereren Stoff bilden konnte. Im Jahr 1952 hatte ein Wissenschaftler an der Cornell-Universität namens Edwin Salpeter (unter Zuhilfenahme der Berechnungen von Sandage und Schwarzschild) gezeigt, daß im Zentrum der Roten Riesen, wo neu entstandenes Helium reichlich vorhanden war, drei Kerne kollidieren – wenn auch nur selten – und zu einem Kohlenstoffkern verschmelzen können. Die Hürde bei Atomgewicht fünf war somit umgangen.

Hoyle berechnete, daß der Salpeter-Prozeß zu langsam ablief, als daß man damit allein die gegenwärtige Kohlenstoffmenge im Universum erklären konnte. Aber Hoyle war auch ein erstklassiger Atomphysiker. Er erkannte, daß die Kohlenstoffproduktion schnell genug ablaufen würde, wenn man zeigen könnte, daß der Kohlenstoffkern bestimmte Eigenschaften hatte.

Niemand war bislang auf die Idee gekommen, den Kohlenstoff unter diesem Aspekt zu analysieren. Die Steady-State-Theorie hing vom Ergebnis dieser Analyse ab.

Im Jahr 1953 stand Hoyle also in der Tür des Kellogg Radiation Laboratory am Caltech. Im Keller des alten Backsteingebäudes befand sich eine Halle mit einem Durcheinander von Vakuum-Röhren und zwiebelförmigen Behältern, die aussahen wie alte Taucherglocken; darin konnte man Atomkerne aufeinander prallen lassen und die Vorgänge bei nuklearen Reaktionen messen. Hier ließ sich untersuchen, auf Grund welcher besonderen Eigenschaften der Kohlenstoffkern aus drei Heliumkernen entstehen konnte. Geleitet wurde das Kellogg-Labor von Willy Fowler, einem grauhaarigen, untersetzten, jovialen Mann aus dem Süden von Ohio.

Das Experiment glückte. Kohlenstoff besaß genau die Eigenschaften, die Voraussetzung dafür waren, daß das Element in großen Mengen in den Sternen produziert werden konnte. In Fowlers Augen war Hoyle ein Genie, und Fowler ging mit ihm zusammen zurück nach England. Ein Jahr später kamen beide mit einem englischen Physikerpaar, Margaret und Geoffrey Burbidge, im Schlepptau wieder ans Caltech. Geoffrey war theoretischer Physiker, Margaret Astronomin.

Angetrieben von Hoyles Vision, machte sich das Vierergespann auf die Suche nach dem Ursprung der Elemente. Die Gruppe bezeichnete sich wie eine chemische Formel: B^2FH – zwei Burbidges, ein Fowler und ein Hoyle. Sie teilten sich ihre Zeit zwischen Cambridge, Pasadena und dem Strandhaus der Burbidges in San Diego auf und arbeiteten langsam die Entstehungsgeschichte der Elemente heraus. Die Arbeit gipfelte in einem langen Aufsatz, der 1957 in den *Reviews of Modern Physics* erschien. Die Fachwelt verstand den Aufsatz des Vierergespanns keineswegs als Todesstoß für die kosmologische Urknall-Theorie oder als Angelpunkt der Steady-State-Theorie (der Ausdruck »Steady-State« kommt in dem Aufsatz kein einziges Mal vor), sondern vielmehr als Zusammenfassung aller Gedanken über die

Entwicklung der Sterne. In dem Aufsatz wurde ein neues Bild des Kosmos beschrieben, die Galaxie als ein sich dynamisch entwickelnder Organismus interpretiert. Die Sterne waren keine autonomen Feuerbälle, sondern eine interagierende Gemeinschaft, die den interstellaren Wind ein- und ausatmete. Und das ist die Entstehungsgeschichte der Sterne: Ursprünglich bestehen die Sterne aus Wasserstoff, dem einfachsten Element. In einem normalen Stern wie beispielsweise der Sonne verbrennt ein paar Milliarden Jahre lang der größte Teil des Wasserstoffs zu Helium, dann verglüht der Stern. In massereicheren Sternen, deren Inneres unter dem Druck der Gravitation bis zu extremen Temperaturen zusammengepreßt wird, entzündet sich möglicherweise das Helium und verbrennt zu Kohlenstoff und Sauerstoff. Der Kohlenstoff kann sich ebenfalls entzünden und Neon, Natrium und Magnesium bilden. Je nach Masse des Sterns verbrennen anschließend Neon und Sauerstoff. Dieser Prozeß setzt sich fort bis zum Eisen, dem stabilsten Element, dabei ist jedes weitere Verbrennungsstadium kürzer als das vorangegangene. Auf diese Weise entstehen Silizium, Nickel, Sauerstoff, Schwefel und Neon, die sich wie die Schalen einer Zwiebel in Schichten um den Stern legen. Wenn das Innere des Sterns schließlich erschöpft ist und nicht mehr heiß genug wird, daß die nächste Fusionsrunde beginnen kann, fällt der Stern in sich zusammen. Eine Druckwelle baut sich auf und bläst die äußeren Hüllen des Sterns in den Weltraum. Im extremsten Fall, bei einer Supernova, wird in dem Stern die Energiemenge einer ganzen Galaxie frei und löst letzte, wilde thermonukleare Reaktionen aus. Die dabei entstehenden seltenen und schweren Elemente zerstreuen sich mit den galaktischen Winden.

Die Asche dieser verschiedenen Explosionen, reich an schweren Elementen, treibt durch den Raum und vermischt sich mit den Wolken aus Gas und Staub, die zwischen den Spiralarmen der Milchstraße hängen; aus ihnen bilden sich ewig neue Sterne. Der ganze Prozeß wiederholt sich, und jede neue Sternengeneration enthält einen geringfügig höheren Prozentsatz an schweren Elementen oder Metallen (der Fachbegriff der Astronomen für Elemente, die schwerer sind als Helium). In diesem Szenario verwandelt sich Wasserstoff auf dem Weg durch Sterne und Galaxien in Sauerstoff und Eisen, Stickstoff und Kohlenstoff, die wesentlichen Bestandteile des Lebens. Die chemische Evolution der Galaxie verläuft fauchend und zischend in einer Folge von atomaren Explosionen.

Sandage freundete sich mit den Burbidges an und durch sie auch mit Hoyle. Einmal war Sandage unterwegs, und das Ehepaar Burbidge wohnte zusammen mit Hoyle in seinem Haus. Hoyle erlebte ein Desaster mit Sandages Waschmaschine. Jahre später behauptete er halb im Scherz, Sandage habe als Rache für seine, Hoyles, häretischen Ansichten an der Maschine etwas verstellt.

»Ich glaube«, sinnierte Sandage, »Hoyle interessierte und interessiert sich mehr für all die Welten, die sein könnten, und nicht für die Welt, die wirklich ist. Alles, was nach den Gesetzen der Physik logisch möglich ist, auch wenn man die Gesetze dazu ein bißchen verändern muß, ist für ihn ein interessantes Spekulationsobjekt. Hubble dagegen war ein absoluter Empiriker. Er stellte nur die eine Frage: ›Wie ist es wirklich?‹«

Die Diskussion in der Kosmologie ging weiter. Sandage war das nur recht. Die Steady-State-Theorie klang närrisch, aber letzlich würde das Universum entscheiden, welche Theorie zutraf.

3. Der Krieg der Weltmodelle

Die katholische Kirche hatte sich im Streit zwischen der Urknall-Theorie und der Steady-State-Theorie bald entschieden. Im Jahr 1952 verkündete Papst Pius XII. anläßlich der Eröffnung eines wissenschaftlichen Kongresses im Vatikan, daß die Urknall-Theorie mit der offiziellen Lehre der katholischen Kirche vereinbar sei. Das hörte sich zwar erfreulich an, bedeutete aber überhaupt nichts. Alle Entscheidungen waren verfrüht. Sandage wußte, daß die Debatten um die sogenannte Expansion des Universums, an denen sich Zeitungsleser und religiöse Mystiker so gerne beteiligten, auf der Basis fragwürdiger Daten geführt wurden, die aus den zwanziger und dreißiger Jahren stammten. Die endgültige Entscheidung, in was für einem Universum wir leben, würde sich auf Daten stützen, die erst jetzt langsam und systematisch aufliefen. Ungefähr Mitte der fünfziger Jahre beschlich ihn eine Ahnung: Am Ende des Jahrzehnts würde er der neue Hubble sein, der Mann, der mehr über das Universum wußte als irgendein anderer Mensch.

Sandage erzählte von der Expansion des Universums, als handle es sich um eine alte Familiengeschichte. Und in gewisser Weise war es tatsächlich eine Familiengeschichte. Die Gemeinschaft der Kosmologen hatte zu jener Zeit so wenig Mitglieder, daß sie um einen einzigen Tisch gepaßt hätten. Für Sandage steckten in der Geschichte der Kosmologie viele kleine Lehrsätze.

Der erste lautete: Der Geist muß vorbereitet sein. Als Milton Humason noch als Nachtassistent für Shapley gearbeitet und das Handwerk der Astronomie gelernt hatte, hatte er einmal ein paar Platten vom Andromedanebel M 31 aufgenommen und sie

Shapley vorgelegt. Auf der anderen Seite der Platte, wo keine Emulsion war, hatte er mit Tinte ein paar Lichtpunkte markiert, die seiner Ansicht nach möglicherweise veränderliche waren. Shapley jedoch glaubte, die Milchstraße stelle das gesamte Universum dar und die Spiralnebel seien lokale Wirbel aus Gas. Er erklärte, warum die Punkte unmöglich Sterne sein konnten, und wischte die Markierungen ab. »Shapley«, so Sandage, »glaubte nicht, daß die Nebel eigenständige Galaxien waren, und deshalb konnte er den Beweis nicht erkennen, daß sie tatsächlich Galaxien waren.«

Ein paar Jahre später identifizierte Hubble Lichtflecken, die ganz ähnlich aussahen wie die Punkte, die Humason in Andromeda und einer Handvoll anderer Nebel gefunden hatte. Sie waren tatsächlich Sterne, und zwar sogenannte Cepheiden-Veränderliche. Cepheiden (benannt nach Delta Cephei, dem ersten Stern dieser Art, der entdeckt wurde) hatten die angenehme Eigenschaft, daß ihre Helligkeit regelmäßig anstieg und zurückging, und zwar in einer Sägezahnkurve, deren Periode umgekehrt proportional zur absoluten Größenklasse des Sterns war: Je stärker die Leuchtkraft des Cepheiden, desto langsamer pulsierte er. Hubble mußte also nur die Periode und die scheinbare Größenklasse der Cepheiden messen, und dann konnte er ihre Entfernung berechnen. Mit dieser Methode kam er 1924 auf neunhunderttausend Lichtjahre: Der Nebel M 31 zeigte seine wahre Größe und erwies sich als vollentwickelte Galaxie. Bei solchen Entfernungen war ein Fleck auf der Fotoplatte mit ein paar Grad Durchmesser in Wirklichkeit ein leuchtendes Feuerrad von hunderttausend Lichtjahren im Durchmesser.

Hubble war ein Gentleman der alten Mount-Wilson-Schule, und so informierte er Shapley in Harvard höflich von seiner Entdeckung, bevor er sie veröffentlichte. »Nun ja«, sagte Sandage trocken, »die Feindschaft zwischen den beiden kennen Sie ja.«

Die Entdeckung, daß das Universum expandierte, folgte fünf Jahre später.

Nachdem Hubble gezeigt hatte, *was* Galaxien waren, fragte er natürlich weiter, wie sie im Raum verteilt waren (eine Frage, mit der sich seine wissenschaftlichen Nachkommen noch fünfzig Jahre später herumschlugen), ob und wie sie sich bewegten. Wieder konnte er es sich zunutze machen, daß einem anderen Wissenschaftler vor ihm der Mut oder die Phantasie zu solchen Fragen gefehlt hatte. Vesto Slipher hätte als erster Astronom die Flucht der Galaxien erkennen können. Er war von Percival Lowell angestellt worden, um Kanäle auf dem Mars zu suchen. Slipher beschäftigte sich jedoch auch mit Astrophysik, bis 1914 hatte er die Spektren* von ungefähr einem Dutzend der mysteriösen Spiralnebel aufgenommen. Er suchte nach Hinweisen, daß die Nebel sich drehten, denn nach seiner Theorie waren sie Strudel, die sich zu Sternen verdichteten. Doch Slipher machte eine viel merkwürdigere Entdeckung.

Wenn Licht aus einem Stern wie der Sonne in ein Regenbogenspektrum zerlegt wird, erscheinen immer bei denselben Wellenlängen dunkle Linien, als wären in das Sternenlicht Kerben hineingeschlagen worden. An diesen Wellenlängen absorbieren bestimmte Atome im gasförmigen Körper des Sterns das Licht. Kalzium zum Beispiel erzeugt zwei dunkle Linien am blauen

---

* Die Spektralanalyse wurde im neunzehnten Jahrhundert erfunden beziehungsweise entdeckt und machte als wissenschaftliches Werkzeug sogar dem Teleskop Konkurrenz. Wie die Musik eines Orchesters eine Mischung vieler verschiedener Töne ist, so ist das Licht eines Sterns beziehungsweise jeder Lichtquelle fast nie »rein«, sondern besteht aus einer Mischung von Licht verschiedener Wellenlänge. Bei der Spektralanalyse wird das Licht mit Hilfe eines Prismas oder Beugungsgitters gebrochen und in seine verschiedenen Wellenlängen zerlegt, so wie ein Regenbogen entsteht, wenn sich das Licht der Sonne in Regentropfen bricht. Auf diese Weise kann der Physiker oder Astronom erkennen, welche Wellenlängen in dem Licht vorhanden sind und welche nicht.
Das sogenannte sichtbare Licht besteht aus elektromagnetischen Wellen mit Wellenlängen zwischen viertausend Ångström (0,00004 cm) am blauen Ende des Spektrums bis ungefähr siebentausend Ångström (0,00007 cm) am roten Ende.
Als Joseph von Fraunhofer ein Spektroskop auf die Sonne richtete, stellte er fest, daß das Spektrum durch Myriaden scharfer dunkler Linien durchbrochen war – wie die Zwischenräume zwischen den Zähnen. Es sah aus, als wäre bei diesen Wellenlängen eine Kerbe in das Sonnenlicht geschlagen worden. Als die Spektroskopiker ihre neuen Instrumente auf brennendes oder glühendes Gas richteten, fanden sie ebenfalls Linien im Spektrum – jeweils ein anderes, einzigartiges Muster von Linien, eine Art

Ende des Spektrums. Diese Linien hatte Joseph von Fraunhofer, der Pionier der Spektralanalyse, die »H«- und »K«-Linie genannt. In Sliphers Spektren der Nebel waren die Linien im Vergleich zu ihren Wellenlängen im Labor verschoben wie eine Maske, die über das Spektrum heruntergerutscht war. Das allein weckte kein besonderes Interesse. Licht ist eine Welle, und die Physiker wußten schon lange, daß sich die von einem stationären Beobachter wahrgenommene Wellenlänge ändert, wenn sich die Quelle bewegt – so wie das Motorgeräusch eines Autos höher klingt, wenn das Auto näher kommt, und tiefer, wenn es sich entfernt. Dieses Phänomen ist der sogenannte Doppler-Effekt.

Die Astronomen hatten sich den Doppler-Effekt bereits zunutze gemacht, um die Bewegungen von Sternen und sogar auch die Bewegungen der verschiedenen Stoffschichten innerhalb der Sterne zu analysieren.

Bei Objekten, die auf uns zu kommen, verschieben sich die Spektrallinien systematisch zum blauen kurzwelligen Ende des Spektrums; Objekte, die sich entfernen, weisen eine Rotverschiebung auf. Je größer die Verschiebung ist, desto größer ist die relative Geschwindigkeit, mit der sich die Quelle nähert oder entfernt.

Die Sterne in der Milchstraße tanzen in bezug auf die Sonne

»Fingerabdruck«, für alle untersuchten gasförmigen Elemente. Kalzium bildete beispielsweise ein dicht beieinanderliegendes Linienpaar am blauen Ende des Spektrums. Wasserstoff erzeugte eine charakteristische Reihe von Linien mit harmonischen Zwischenräumen; wenn man vom blauen zum roten Ende des Spektrums (oder von den kurzen zu den langen Wellenlängen) ging, machten die Wellenlängen von Linie zu Linie einen Sprung und zwar immer um den Faktor 4/3. Dieses Muster prägte sich jeder Astronom ein, denn Wasserstoff kam in Sternen und im Universum am häufigsten vor. In den Spektren der Sterne und der Sonne stießen die Astronomen auf vertraute Muster und erfuhren so, daß auch das übrige (sichtbare) Universum aus demselben Stoff besteht wie die Erde.
Die Erklärung für die Muster in den Spektrallinien lieferte im ersten und zweiten Jahrzehnt dieses Jahrhunderts die Quantenmechanik. Danach können Atome Energie nur in einzelnen Portionen, sogenannten Quanten, aussenden oder absorbieren. Die Quanten sind von der inneren Struktur des Atoms abhängig. Atome können Strahlung also nur mit den Frequenzen oder Wellenlängen aussenden oder absorbieren, die jenen Quantenenergien entsprechen. Wenn die Atome zwischen dem Betrachter und der Lichtquelle liegen, wie beispielsweise die Atome in den äußeren Hüllen eines Sterns, absorbieren sie Strahlung und verursachen so dunkle Streifen im Spektrum. Wenn die Atome selbst angeregt werden, beispielsweise in einer Flamme oder in Neonlicht oder in bestimmten gasförmigen (nicht spiralförmigen) Nebeln, senden sie Strahlung aus, und ihre Spektren weisen helle Linien auf.

hin und her: Einige zeigen Blauverschiebungen, andere Rotver-schiebungen. Für die Nebel könnte man ein ebenso zufälliges Muster erwarten. Doch Sliphers Daten ergaben etwas anderes. Mit Ausnahme des Andromedanebels waren alle Spektren der Nebel leicht zum roten Bereich verschoben, das heißt zu den längeren Wellenlängen hin. Wenn das eine Folge des bekannten Doppler-Effekts war, dann entfernten sich alle Nebel mit recht hoher Geschwindigkeit von der Erde beziehungsweise vom Milchstraßensystem.

Slipher legte seine Ergebnisse 1914 der amerikanischen Gesell-schaft für Astronomie vor; er wußte nicht recht, wie er sie in-terpretieren sollte. Noch zehn Jahre lang ermittelte er die Spek-tren und Geschwindigkeiten der Nebel, doch alle Versuche, das Phänomen zu erklären, scheiterten daran, daß die Astronomen nicht wußten, was die Nebel waren und in welchen Größenord-nungen sie sich bewegten.

Nachdem Hubble in den zwanziger Jahren seine Arbeit über M 31 fertiggestellt hatte, konnte er Aussagen machen über die Entfernungen von ein paar Dutzend Galaxien oder Gruppen von Galaxien, die bis dahin nur Lichtflecken in dem Gewölbe der Nacht gewesen waren. Als Ausgangspunkt dienten ihm Ce-pheiden in den nächsten Galaxien, von dort aus drang er dann weiter in den Raum vor. Sein fernstes Beobachtungsobjekt war eine riesige Wolke im Sternbild Jungfrau, die aus mehr als tau-send Galaxien bestand. Ihre Entfernung schätzte er auf fünf Millionen Lichtjahre.

Dann verglich Hubble ohne besondere Absicht die Entfernun-gen der Nebel mit Sliphers unveröffentlichten Spektren (und ei-nigen eigenen). Und dabei gelang ihm die wichtigste Entdeckung des zwanzigsten Jahrhunderts, vielleicht sogar die verblüffendste wissenschaftliche Entdeckung aller Zeiten, die erste, die über die Wissenschaft hinauswies. Er stieß auf ein Geheimnis, das weder ihm noch Sandage, noch zukünftigen Generationen von Astro-nomen Ruhe ließ.

Die Regel, die Hubble erahnte, war verblüffend, ja verwirrend einfach. In je größerer Entfernung sich eine Galaxie befand, desto weiter waren die Absorptionslinien in ihrem Spektrum nach Rot verschoben. Wenn man die Rotverschiebungen einfach auf den Doppler-Effekt zurückführen konnte – und das war die konventionellste Erklärung –, bedeutete es, daß sich eine Galaxie um so schneller von uns wegbewegt, je weiter sie entfernt ist. Die fernste Galaxie, die er untersuchte – im Zentrum der Jungfrau, deren Entfernung er mit fünf Millionen Lichtjahren angesetzt hatte –, bewegte sich mit einer Geschwindigkeit von eintausendzweihundert Kilometern pro Sekunde am schnellsten von uns weg.

Hubble betrachtete die Wolke aus Punkten auf seinem Diagramm und zog eine gerade Linie hindurch. Damit erfand (oder entdeckte) er das Hubblesche Gesetz oder die Hubblesche Expansion: Die Entfernung einer Galaxie ist proportional zu dem Betrag der »Rotverschiebungsgeschwindigkeit«.

Wenn Sandage in späteren Jahren in Lehrbüchern und Zeitschriften auf dieses Diagramm mit seiner ungeordneten Punktwolke stieß, geriet er jedesmal aufs neue ins Staunen. »Die Wissenschaft steckt voller falscher Fährten«, sagte er. »Es gibt mehr falsche Fährten als richtige. Hubble besaß die unglaubliche Fähigkeit, sich durch das Labyrinth von falschen Fährten zu bewegen. Seine Platten waren nicht sehr gut, er war kein guter Beobachter, aber er drang jedesmal unfehlbar zur Wahrheit vor. Die meisten Menschen, die von sich sagen, sie seien objektiv, stoßen immer auf die falsche Antwort. Man muß wissen, was man vernachlässigen kann und was man auf keinen Fall vernachlässigen darf. Die experimentelle Wissenschaft ist nicht so rein, wie die meisten Menschen meinen.«

Was bedeutete das Hubblesche Gesetz? Wenn das Gesetz richtig war, dann hatte Hubble wenigstens eine wirkungsvolle Methode entdeckt, die Orte und Verteilungen von Galaxien im Universum zu messen: Man nimmt ein Spektrum, mißt den Betrag der Rotverschiebung, multipliziert ihn mit einer einfachen numerischen Konstanten und erhält so die kosmische Entfernung.

Noch wichtiger war jedoch, daß Hubble, vorausgesetzt sein Gesetz galt überall, ein zentrales Faktum der Natur enthüllt hatte: Für immer vorbei wäre es dann mit der Vision eines statischen, unveränderlichen Universums, das von alters her so bestanden hatte, wie wir es heute vorfinden. Statt dessen hätten wir es mit einem sich dynamisch entwickelnden Universum zu tun. Die Natur ließe sich dann am besten mit einer gewaltigen Explosion vergleichen. Die Astronomen mußten unbedingt herausfinden, ob Hubble recht hatte.

Hubble und Humason vermaßen eine Galaxie nach der anderen. Ein wahres Meßfieber hatte sie gepackt: die Entfernung einer Galaxie irgendwie bestimmen, Spektren aufnehmen, Rotverschiebung der Linien messen und vergleichen, ob beides nach Hubbles Gesetz proportional war. Nächste Galaxie. Aber je tiefer sie in den Kosmos eindrangen, desto häufiger entsprangen die Entfernungskriterien kühnen Ad-hoc-Entscheidungen, und desto länger dauerte es, das erforderliche Spektrum der Galaxie aufzunehmen. Manchmal benötigte das aufgefächerte Licht einer einzigen Galaxie eine ganze Nacht, bis es in die fotografische Emulsion eingesickert war, und während der ganzen Zeit hing Humason wie ein menschliches Gegengewicht an dem Teleskop, um es weich nachzuführen.

»Hubble beauftragte Humason, die Rotverschiebungen zu ermitteln. Er selbst kümmerte sich um die Entfernungen«, erinnerte sich Sandage. »Und so marschierten sie vorwärts. Zwischen 1929 und 1931 – in zwei Jahren – gelangten sie von der ersten Hypothese bis zu einer Fluchtgeschwindigkeit von 20 000 Kilometern pro Sekunde. Hubble wußte fast sofort, um was es ging, weil sich der Winkeldurchmesser der Galaxien am Himmel umgekehrt proportional zur Rotverschiebung verkleinerte. Er wußte, daß er auf etwas Großartiges gestoßen war. Er wußte, daß dies die wichtigste Entdeckung war, die in der Wissenschaft jemals gemacht wurde.«

Bis 1935 hatte Humason einen Galaxienhaufen im Großen Bären gemessen, der sich mit 26 000 Kilometern pro Sekunde bewegte – einem Elftel der Lichtgeschwindigkeit. Auch bei dieser Entfernung galt das Hubblesche Gesetz: Wenn sich das Universum tatsächlich expandierte, dann expandierte es auch in dieser Entfernung noch.

Die Steigung der Linie in Hubbles Diagramm – das Verhältnis von Rotverschiebung zu Entfernung – wurde noch vor Hubbles Tod als Hubble-Konstante H_0 bekannt. Ihr Wert wurde 1929 in den kuriosen Maßsystemen der Kosmologie mit 530 Kilometern pro Sekunde pro Megaparsek* angegeben. Dieser Zungenbrecher bedeutet schlicht, daß sich die Fluchtgeschwindigkeit der Galaxie pro Million Parsek (rund 3,26 Millionen Lichtjahre) Abstand um 530 Kilometer pro Sekunde erhöht. Hubble schätzte die Ungenauigkeit seines Wertes auf ungefähr fünfzehn Prozent.

Eigentlich hatte Einstein bereits vorausgesagt, daß die Galaxien durch die mysteriöse Explosion von Raum und Zeit wie Rosinen in einem aufgehenden Kuchen auseinandergetrieben würden. Doch Hubble hatte sein Projekt durchgeführt, ohne die Einsteinsche Theorie zu kennen. Er zögerte, auf Grund der unerbittlichen Fakten eine so ungeheuerliche Schlußfolgerung zu ziehen. Er gab sogar zu bedenken, daß die Rotverschiebung vielleicht gar kein Ergebnis des klassischen Doppler-Effekts sei, sondern ein völlig neues physikalisches Phänomen; vielleicht müsse sie als »scheinbare Geschwindigkeit« begriffen werden. Vermutlich gab es hundert Milliarden Galaxien, die Theorie von der »Ausdehnung« des Universums basierte jedoch bislang nur auf Daten von knapp zweihundert Galaxien.

* Astronomen geben Entfernungen aus historischen Gründen in Parsek an. Ein Parsek (Abkürzung für Parallaxensekunde) ist die Entfernung, bei der sich die Position eines Sterns am Himmel scheinbar um einen Winkel von einer Bogensekunde verschieben würde, wenn er von den entgegengesetzten Enden der Umlaufbahn der Erde um die Sonne im Abstand von sechs Monaten beobachtet wird. Ein Parsek entspricht ungefähr 3,26 Lichtjahren oder 31 Billionen Kilometern. Meßmethoden, die auf der Messung der Parallaxe beruhen, bringen die zuverlässigsten Werte für die Entfernung eines Sterns. Sie bilden in gewisser Weise die Grundlage der gesamten kosmischen Meßlatte, sind allerdings nur für die nächstgelegenen Sterne anwendbar, da astronomische Positionsbestimmungen im allgemeinen nur bis zu ungefähr einer Zehntel Bogensekunde genau sind.

Hubble wollte sich zwar nicht über sämtliche Implikationen der Rotverschiebungen äußern, aber zumindest soviel war sicher: Er besaß damit einen empirischen Zollstock, mit dem er die lokale kosmische Umgebung erkunden und darstellen konnte. Und so sah das Universum aus, in dem Sandage aufwuchs: Die Sonne lag nahe dem äußeren Rand der Milchstraße, einem abgeflachten Feuerrad aus hundert Milliarden Sternen. Die Milchstraße wurde von zwei verschwommenen Ansammlungen von Sternen begleitet, den sogenannten Magellanschen Wolken, und war an einem Ende mit einer zigarrenförmigen Ansammlung von anderthalb Dutzend Galaxien verbunden, die sich gemeinsam durch den Raum bewegten, der sogenannten Lokalen Gruppe. Die anderen wichtigen Mitglieder der Gruppe waren die Zwillingsgalaxie der Milchstraße, M 31, der Andromedanebel, und ein kleinerer Spiralnebel namens M 33.

Ähnliche Gruppen von rund einem Dutzend Galaxien – eine große Spirale und die Überreste ihrer Entstehung – waren über den nahegelegenen Raum verteilt. Doch über allem stand der große Galaxienhaufen im Sternbild der Jungfrau, wo sich über tausend, vielleicht sogar fünftausend Galaxien drängten. Das war der am weitesten entfernte Markstein, für den Hubble eine Entfernung bestimmen konnte.

Jenseits der Jungfrau blieb dem Beobachter als Meßgrundlage nur noch die Rotverschiebung, und auch sie war schwer zu ermitteln, weil die Galaxien nur noch schwach leuchteten. Nur über die hellsten Galaxien in jedem Haufen konnte man etwas aussagen. Weit draußen im Weltraum gab es noch mehr große Galaxienhaufen: im Herkules, im Haar der Berenike, im Großen Bären, im Perseus und im Centaur. Auf den fotografischen Abbildungen dieser Haufen, den größten Ansammlungen von Materie im Universum, wimmelte es von einzelnen Weltinseln: winzige Feuerräder, Kügelchen, Spiralscheiben von der Seite gesehen – wie Spinnen mit verhedderten Beinen.

Hubble hatte festgestellt, daß Galaxien nur in einer begrenzten Anzahl von Formen vorkamen: Sie waren entweder elliptisch –

rötlich, rund und strukturlos – oder spiralförmig wie das Milchstraßensystem und M 31. Bei den Spiralgalaxien hatte er wiederum gewöhnliche Spiralen und Balkengalaxien, bei denen die Arme aus einem Ende eines zentralen Balkens ragten, unterschieden. Die Spiralen machten achtzig Prozent der Galaxien aus. Sie kamen meist einzeln vor oder in kleinen Ansammlungen wie der Lokalen Gruppe, elliptische Galaxien dagegen bildeten große Haufen wie den gigantischen Galaxienhaufen im Sternbild der Jungfrau.

Hubble entwickelte für die Galaxientypen ein Schema, das von der Form her an eine Stimmgabel erinnerte. Am Griff der Gabel waren die elliptischen Galaxien angeordnet; zuerst die runden, E 0, dann in der Mitte die langgestreckten, E 7, und dort, wo die beiden Zinken für die Spiralgalaxien abzweigen, eine Galaxienform namens S 0 – die flache Scheibe einer Spirale, jedoch ohne erkennbare Arme, und ein großer Kern. Die Spiralen, in gewöhnlichen Spiralgalaxien und Balkengalaxien, wurden nochmals in Untergruppen untergliedert, von Typ a mit dicht gewickelten Spiralen und bauchigen Zentren bis Typ c mit weit geöffneten Spiralen und schwach ausgebildeten Zentren. Es war der Traum – oder vielleicht nur der Dünkel der kleinen Gruppe von Galaxienforschern wie Hubble –, daß dieses Stimmgabeldiagramm für Galaxien dieselbe Bedeutung hätte wie das Hertzsprung-Russell-Diagramm für Sterne. Aber noch wußte niemand genug über Galaxien, um das sicher sagen zu können. Entwickelten sich Galaxien weiter? Wenn ja, in welcher Weise? Warum sahen sie so aus, wie sie aussahen?

Am Schluß von Hubbles Buch *Das Reich der Nebel* stehen folgende poetischen und zugleich auch prophetischen Sätze: »So enden unsere Forschungsreisen im Raum mit einem Fragezeichen. Aber wie könnte das auch anders sein? Wir befinden uns naturnotwendig genau im Mittelpunkt des beobachtbaren Raumbereiches. Unsere unmittelbare Nachbarschaft kennen wir einigermaßen genau. Mit zunehmender Entfernung aber verblaßt unser Wissen – und es verblaßt sehr schnell. Schließlich stehen wir an der im letzten blassen Schein verschwimmenden Grenze – der äußersten Reichweite unserer Fernrohre. Was wir dort messen, sind nur noch Schatten, und inmitten gespenstischer Meßfehler sucht unser Auge nach Meilensteinen, die kaum wirklicher sind als jene.«

Sandage dachte an diese Sätze immer mit einem gewissen Schauer und einer Ahnung von künftigen Mühen wie ein Seemann, der aus der Ferne den gefährlichen Gesang der Sirenen vernimmt. Im Jahr 1954 näherten sich die Sirenen Sandage in Gestalt von Milton Humason. Humason war mit einer Bitte in Sandages Büro gekommen: Sandage sollte das Projekt übernehmen, Hubbles Nachfolge antreten.

In den zwanzig Jahren, die seit der Veröffentlichung von *Das Reich der Nebel* verstrichen waren, hatten Hubble, Humason und Nick Mayall, ein Astronom vom Lick Observatory der Universität Kalifornien in der Nähe des heutigen San José, gewaltige Anstrengungen unternommen, um weiter in das Universum vorzudringen und systematischer zu den großen Galaxienwolken vorzustoßen, als Hubble das ursprünglich getan hatte. Mit Hilfe der verschiedenen Kataloge, die Messier und seine Nachfolger zusammengestellt hatten, fertigten sie eine Liste von 850 Galaxien an, die von der nördlichen Hemisphäre aus sichtbar waren. Dann ermittelten sie sorgfältig ihre Größenklassen und zeichneten ihre Spektren auf, damit sie die Rotverschiebungen bestimmen konnten. Mayall hatte sich mit dem 0,9-Meter-Teleskop des Lick-Observatoriums die helleren und deshalb weniger problematischen Galaxien vorgenommen, Humason beobachtete mit den riesigen Spiegelteleskopen von Mount Wilson und Palomar die schwächeren Galaxien. Gründlicher war das Universum nie zuvor erforscht worden. Hubbles Aufgabe wäre es gewesen, all diese Daten nach ihrer kosmologischen Bedeutung auszuwerten.

Humason und Mayall waren inzwischen so weit, daß sie ihre

Daten veröffentlichen konnten, und Humason bat Sandage, für Hubble einzuspringen. Sandage kam sich vor wie ein Hochstapler. Er hatte ein ungutes Gefühl bei dem Gedanken, sich an einem Projekt zu beteiligen, an dem die anderen schon seit zwanzig Jahren arbeiteten, und statt Hubbles Namen seinen eigenen Namen über das wichtigste kosmologische Werk des Jahrzehnts zu setzen; ein bißchen Lampenfieber hatte er natürlich auch. Andererseits »war es wahnsinnig aufregend, daß man mich bat, an einem Projekt mitzuwirken, in dem erforscht werden sollte, welcher grundlegende Zusammenhang zwischen der Expansion des Universums und den Beobachtungsdaten bestand«.

Konkret gesprochen sollte Sandage die Beziehung zwischen den scheinbaren Größenklassen der Galaxien und ihren Rotverschiebungen analysieren. Nehmen wir für einen Augenblick an, alle Galaxien im Universum hätten dieselbe spezifische Leuchtkraft – wie Glühbirnen mit derselben Wattzahl –, sogenannte Standardkerzen. In diesem Fall wäre die relative Helligkeit der Galaxien umgekehrt proportional zum Quadrat ihrer relativen Entfernung: Eine Galaxie also, die auf einer fotografischen Platte nur ein Viertel so hell war wie eine andere, wäre doppelt so weit weg und bewegte sich, vorausgesetzt das Hubblesche Gesetz galt, mit der doppelten Fluchtgeschwindigkeit. Eine andere Galaxie, die nur ein Hundertstel so hell war, würde sich mit der zehnfachen Geschwindigkeit entfernen. Das Universum, das Sandage kannte, war nicht so präzise gebaut, doch bei einer großen Anzahl von Galaxien müßte sich die Gültigkeit des Hubbleschen Gesetzes zumindest als statistische Tendenz zeigen. Und so war es auch. In der Regel, so stellte Sandage fest, nahmen die Fluchtgeschwindigkeiten der Galaxien proportional zum Anstieg der scheinbaren Größenklasse (das heißt abnehmender Leuchtkraft)* zu. Die Daten waren nicht ganz eindeutig, genau wie Hubbles ursprüngliche Kurve, aber Sandage konnte eine gerade Linie durch seine Punkte ziehen. Humasons und Mayalls

* Es sei daran erinnert, daß schwächere Objekte einer höheren astronomischen Größenklasse zugeordnet werden.

Daten reichten bis zu Geschwindigkeiten von 100 000 Kilometern pro Sekunde – einem Drittel der Lichtgeschwindigkeit –, und das Hubblesche Gesetz traf immer noch zu: Das Universum schien immer noch mit der erwarteten Geschwindigkeit in alle Richtungen zu explodieren. Überdies gab es eine Untergruppe von Galaxien, die offenbar in Präzisionsarbeit geschaffen worden waren. Der Forschungsbericht führte achtzehn »reiche« Haufen mit jeweils einigen tausend Galaxien auf. Solche Haufen enthielten sehr viele elliptische Galaxien: rötliche, runde oder zigarrenförmige Anhäufungen von Sternen, die an Kugelsternhaufen erinnerten, aber viel größer und heller waren. In jedem großen Haufen fand sich eine elliptische Galaxie – die »Obergalaxie« –, die an Helligkeit alle anderen übertraf; sie lag oft im ruhenden Zentrum der großen Galaxienwolke. Die Obergalaxien waren offenbar die massereichsten und hellsten aller bekannten Galaxien. Hubble und Humason vermuteten, daß sie so etwas wie eine natürliche Obergrenze für die Größe von Galaxien darstellten. Vielleicht, so vermuteten die beiden Forscher schon 1931, waren diese Galaxien im wesentlichen immer gleich, wo sie auch auftauchten: die Standardkerzen der Natur.

Sandage trug die Daten für die achtzehn elliptischen Obergalaxien gesondert in eine Graphik ein und stellte fest, daß ihre Größenklassen sich genau proportional zu ihren Fluchtgeschwindigkeiten verhielten. Das stimmte wiederum exakt mit dem Hubbleschen Gesetz überein. Alle Punkte fielen auf eine gerade Linie.

Das war selbstverständlich ein Zirkelschluß. Sandage bediente sich der Hubbleschen Expansion, um zu beweisen, daß die riesigen elliptischen Galaxien gleich waren, und benutzte dann die Gleichförmigkeit der elliptischen Riesengalaxien, um die Expansion des Universums zu beweisen. Wenn die Rotverschiebungen eine andere Ursache hatten, würde das ganze System in sich zusammenfallen. Daß die elliptischen Riesengalaxien gleich waren, ließ sich nur dann absolut beweisen, wenn man ihre Entfernungen (und damit ihre absoluten Größenklassen) unabhängig von den Rotverschiebungen ermittelte. Mit wachsender Verzweiflung stellte Sandage bald fest, daß die von Hubble aufgestellte Entfernungsskala in einem verheerenden Zustand war. Bei seinem Sprung hinein in das Reich der Nebel hatte Hubble zu immer verzweifelteren Meßmethoden Zuflucht genommen. Zuerst waren es die Cepheiden; doch die leuchteten so schwach, daß sie in Galaxien jenseits der Lokalen Gruppe nicht mehr ausgemacht werden konnten. Weiter draußen im Raum hatte Hubble die hellsten Sterne in jeder Galaxie als Standard benutzt, und schließlich mußte er sich mit ganzen Galaxien behelfen.

Baade hatte Hubbles Entfernungen erstmals 1952 korrigiert. Sandage stieß jetzt auf neue Probleme. Hubble hatte Gaswolken mit roten Sternen verwechselt, und die Entfernungen, an denen er seine Messung der Sterne, Wolken und Galaxien ausrichtete, waren bereits falsch. Das, so Sandage, beweise, wie genial Hubble gewesen sei: Nur ein Genie habe unter diesen Bedingungen überhaupt irgend etwas entdecken können.

In einem Anhang zu dem Bericht von Humason, Mayall und Sandage erklärte Sandage 1956, daß die Galaxien in Wirklichkeit dreimal weiter entfernt seien, als Hubble ursprünglich angenommen hatte. Er schloß daraus, daß die Hubble-Konstante deshalb eher bei 180 Kilometern pro Sekunde pro Megaparsec liegen müsse. Da Sandage das Universum nun um das Dreifache vergrößerte, machte er es auch dreimal so alt: rund fünfeinhalb Milliarden Jahre. Das lag einfach daran, daß die Galaxien auf Grund der gemessenen Rotverschiebungen dreimal so lange gebraucht haben mußten, um die korrigierte dreifache Entfernung zu erreichen. Sandage hatte eine Entwicklung angestoßen, die von da an immer weiterging.

Die Veröffentlichung des Berichts im Jahr 1956 machte Sandage berühmt, nun war er als Hubbles Nachfolger anerkannt. GEBURT DES UNIVERSUMS BIS ZUM URKNALL ZURÜCKVERFOLGT lautete die Schlagzeile in der *New York*

Times. Das Observatorium auf dem Mount Wilson beförderte ihn vom »außerordentlichen Astronomen« zum »ordentlichen Astronomen«.

Ein Jahr später erhielt Sandage von der American Astronomical Society den Helen-Warner-Preis für hervorragende Leistungen junger Astronomen. Anläßlich der Preisverleihung mußte er eine Vorlesung halten. Später erinnerte er sich: »Mein Thema hieß ›Aktuelle Probleme der außergalaktischen Entfernungsskala‹. Wir waren mit der Erhebung neuer Daten noch nicht weit gediehen. Angefangen hatten wir damit 1950, aber bisher waren nur wenige Beobachtungsdaten reduziert worden, genau gesagt noch gar keine Daten. Ich habe versucht, mit dem damals verfügbaren Wissen jeden Schritt in Hubbles Gedankengang zu korrigieren. In dem Vortrag sagte ich, daß die Hubble-Konstante nach all diesen Korrekturen den Wert 75 haben müsse. Ich weiß es nicht mehr; vielleicht habe ich auch gesagt, sie könne den Wert 50 haben.«

Im Jahr 1957 wurde Sandage eingeladen, an der Universität Harvard eine Reihe von Vorlesungen zu halten. Dort lernte er Mary Connelly kennen. Sie war Absolventin des Radcliffe College und unterrichtete in Mount Holyoke, einem College knapp fünfzehn Kilometer von Cambridge entfernt. Sandage verliebte sich in Mary. Die beiden heirateten 1959 und kauften ein Haus in Altadena, in den Ausläufern des Mount Wilson im Osten von Pasadena. In diesem Haus stand auch die Waschmaschine, die Hoyle soviel Ärger gemacht hatte.
Der Umzug nach Pasadena bedeutete das Ende der astronomischen Karriere von Mary Connelly; nur ab und zu half sie ihrem Mann bei mathematischen Berechnungen oder bei der Herausgabe eines Handbuches. Sandage erklärte das einmal so: »Es fiel ihr sehr schwer, mit mir zusammen bei der Astronomie zu bleiben, weil ich sie sehr unter Druck gesetzt habe. Ich habe in der Regel recht hohe Ansprüche, wie etwas getan wird, und es war einfach das beste, daß sie etwas anderes tat.«

Im Laufe der Zeit bekam das Ehepaar Sandage zwei Söhne, David und John. Sandage nannte als seine Hobbys einmal Musik und Gartenarbeit, später entdeckte er noch sein Interesse für das Kochen. Aber eigentlich hatte er für ein Hobby gar keine Zeit, lediglich Sonntagnachmittags hörte er Opern. Mary mußte sich damit abfinden, daß er die Hälfte jedes Monats nicht zu Hause war.

Die glücklichste Zeit in ihrem Familienleben, so sagte Mary, seien die vierzehn Monate am Mount Stromlo Observatory in Australien gewesen, wo Sandage südliche Galaxien beobachtete.

Als Baade und Humason sich allmählich von ihrer aktiven Arbeit am Teleskop zurückzogen, stapelten sich ihre Fotoplatten wie zuvor die von Hubble in Sandages Büro und nicht im Fotoplattentresor von Mount Wilson, einem Kellerraum unter der Treppe. Sandage bewahrte die Platten in einem speziellen Aktenschrank auf, niemand außer ihm besaß einen Schlüssel zu dem Schrank.

Sandage wußte, daß ein schwieriger Weg vor ihm lag. Es war eine Sache, Hubbles Anweisungen zu befolgen, aber es war etwas völlig anderes, Hubble zu *sein* und die kosmologischen Forschungsprojekte selbst in die Hand zu nehmen. In den späten fünfziger Jahren beschäftigte er sich wieder mit Kosmologie und der allgemeinen Relativitätslehre und arbeitete daran, die mathematischen Gleichungen zu verstehen und zu beherrschen, die er in seinem Graduiertenstudium flüchtig kennengelernt hatte. Sie waren ihm ein Greuel.

Die theoretischen Grundlagen der Kosmologie und der Expansion des Universums waren unabhängig von Hubbles Daten und Beobachtungen entwickelt worden. Die Beobachter im Westen der Vereinigten Staaten konzentrierten sich fanatisch darauf, möglichst viel aus ihren Teleskopen herauszuholen, während sich die Theoretiker in Europa vorrangig damit befaßten, möglichst elegante mathematische Gleichungen aufzustellen. Diese

Arbeitsteilung ist bis heute charakteristisch für die kosmologische Forschung.

Einstein hatte diesen staubigen Pfad als erster beschritten; bereits 1918, ein Jahr, nachdem er die allgemeine Relativitätstheorie aufgestellt hatte, hatte er versucht, seine Theorie auf das Universum anzuwenden. Nach der allgemeinen Relativitätstheorie krümmten Materie und Energie (die äquivalent waren) den Raum, so wie eine Matratze unter einem schwergewichtigen Schläfer durchhängt. Einstein äußerte den Gedanken, daß das Gewicht des ganzen Kosmos die Raumzeit mit sich selbst umhüllen könne wie die Oberfläche eines Ballons. Damit wäre das alte Rätsel gelöst, das jeden Philosophen in Verlegenheit bringt: Was ist da, wo der Raum endet? Was ist außerhalb des Universums? In Einsteins Schema gab es kein Ende, kein Außen. Wenn man einen Pfeil oder einen Lichtstrahl unendlich weit in eine beliebige Richtung abschoß, so kam er irgendwann wieder zurück und traf den Schützen in den Hintern.

Allerdings hatte die Sache mit dem gekrümmten Universum einen Haken: Ein solches Gebilde war instabil und mußte über kurz oder lang entweder auseinanderfliegen oder zusammenstürzen. Einstein wußte nichts von Galaxien. Er meinte, das Universum bestehe aus einer statischen Wolke von Sternen, und die führenden Astronomen seiner Zeit bestätigten ihm das. Um zu erklären, warum sein gekrümmtes Universum nicht wie ein Zelt ohne Stangen einfiel, baute er in seine Gleichungen ein neues Glied ein, die sogenannte kosmologische Konstante. Sie erzeugte eine weitreichende Gegenkraft, die der kosmischen Gravitation entgegenwirkte. Die kosmologische Konstante verunstaltete die Gleichungen, und Einstein war nie ganz mit ihr zufrieden. Als Einstein von Hubbles Entdeckung erfuhr, daß das Universum voller Galaxien war, die sich voneinander weg bewegten, entfernte er die kosmologische Konstante aus den Gleichungen und nannte sie den größten Fehler seiner Laufbahn. In jenem entscheidenden Augenblick im Jahr 1918 hatte Einstein das Vertrauen in seine Theorie verloren. Wäre er festgeblieben und hätte er an seiner Theorie weitergedacht, wäre er zur großartigsten Voraussage in der Geschichte der Wissenschaft gelangt: daß das Universum dynamisch ist, das heißt, daß es sich entweder ausdehnt oder zusammenzieht.

Unterdessen hatte sich jedoch in den frühen zwanziger Jahren ein Theoretiker aus Petrograd (heute Leningrad), Alexander Friedmann, von der allgemeinen Relativitätstheorie anregen lassen und anstelle Einsteins die Arbeit getan. Zunächst wies er Einstein einen Rechenfehler nach und zeigte, daß die kosmologische Konstante ihre Funktion, das Universum zum Stillstand zu bringen, nicht erfüllte. Ohne die kosmologische Konstante, so Friedmann, beschrieben Einsteins Gleichungen ein dynamisches Universum, einen Organismus, der durch die Kräfte der Gravitation wie ein pumpendes Herz anschwoll und sich wieder zusammenzog. Das Universum konnte drei verschiedene Formen annehmen: Der Raum in kosmischen Maßstäben konnte konvex oder konkav gekrümmt oder aber flach sein. Diese drei geometrischen Möglichkeiten besaßen jeweils ihre eigene, vorherbestimmte Geschichte. In diesem Fall war die Geometrie das Schicksal.

Das konvexe Universum war wie Einsteins ursprüngliche kugelförmige Raumzeit in sich geschlossen. Dieses geschlossene Universum begann zum Zeitpunkt null mit dem Radius null. Es dehnte sich bis zu einem maximalen Krümmungsradius aus und zog sich dann wieder auf null zusammen. Die Zeit, die dieser kosmische Zyklus in Anspruch nahm, hing von der Masse des Universums ab. Friedmann schätzte die Masse des Universums auf eine Milliarde Billionen (10^{21}) Sonnenmassen und ermittelte eine Lebenszeit von zehn Milliarden Jahren – keine schlechte Zahl für jene Zeit. Nach Friedmanns Ansicht war es möglich, daß dieser Prozeß immer wieder durchlaufen wurde.

Die zweite Möglichkeit war ein, wie Mathematiker zu sagen pflegen,»offenes« Universum, eine konkave Krümmung, ähnlich dem Schallbecher einer Trompete. Pfeile oder Lichtstrahlen, die in einem so gearteten Raum abgeschossen wurden, kehrten niemals wieder zurück. Der Raum in einem solchen Kosmos ließ sich nur schwer beschreiben. Er hatte keine Grenzen, der Radius begann bei dem Wert null und wurde einfach immer größer. Galaxien in diesem Universum kämen nie wieder zusammen, sondern würden in einer sich unendlich ausdehnenden Nacht immer weiter voneinander weg streben.

Abgesehen von diesen beiden Möglichkeiten, sozusagen zwischen Unsterblichkeit und regelmäßiger Wiedergeburt, gab es noch ein Universum, in dem die allgemeine Geometrie im großen Maßstab gesehen flach, also euklidisch, war. Auch in einem solchen Universum wäre der Raum in der Nähe massereicher Objekte, wie es die Sonne oder Galaxienhaufen waren, gekrümmt. Mathematisch gesehen war dieses Universum das einfachste der anerkanntermaßen einfachen Spielzeugmodelle des Universums; damit trug es für Theoretiker ein gewisses Gütesiegel. Es war so attraktiv, daß Einstein und Wilhelm de Sitter, ein Holländer, der sich ebenfalls für kurze Zeit mit mathematischen Gleichungen beschäftigte, diesem Modell 1932 offiziell ihren Segen gaben. Die Ausdehnung eines flachen Universums würde irgendwann zum Stillstand kommen, allerdings erst nach einer unendlichen Zeit. Im Rahmen dieses Modells konnten einige Kosmologen weiterhin daran glauben, daß das Universum sich nach einer weiteren unendlich langen Zeitspanne wieder zusammenziehen würde; damit konnten sie sich ein flaches Universum als potentiell geschlossenes Universum vorstellen. Es dehnte sich für immer aus, aber keinen Tag länger. (Diese Vorstellung verwirrte die Theoretiker und die Öffentlichkeit noch die nächsten fünfzig Jahre.)

Einstein gab spitzfindige Kommentare zu Friedmanns Berechnungen ab und räumte schließlich ein, daß Friedmanns Lösung mathematisch korrekt sei. Er selbst sei jedoch nicht überzeugt, daß diese Vorstellung vom Universum mit dem Radius null physikalisch irgendeine Bedeutung habe. Friedmann starb mit siebenunddreißig Jahren an Typhus. Sein Werk blieb vergessen, bis der belgische Geistliche Abbé Georges Lemaître 1931 unabhängig von Friedmann auf denselben Gedanken kam. Lemaître hatte von Hubbles Arbeit gehört und vertrat als erster die Ansicht, daß sich das Universum auf Grund einer Explosion tatsächlich ausdehne. Der mystische Eddington spielte eine zentrale Rolle bei der Erläuterung und Verbreitung dieser Revolution des kosmologischen Denkens. In den nächsten zwanzig Jahren vereinfachten Theoretiker wie Sandages alter Lehrer Robertson den mathematischen Teil der kosmischen Theorie, und die Astronomen lernten, den Himmel neu zu betrachten.

Was bedeutet es, wenn wir sagen, daß das Universum sich ausdehnt? Wenige Aussagen klingen so einfach und machen so viel Mühe, wenn man versucht, sich vorzustellen, um was es wirklich geht. Die meisten Laien meinen, die Galaxien würden von einem Punkt aus explodieren und von dort nach außen durch den Raum fliegen. Nach Einsteins allgemeiner Relativitätstheorie jedoch explodiert in Wirklichkeit der Raum, und er reißt die Galaxien mit sich wie ein Strom kleine Äste. Eine beliebte Art, das Phänomen zu veranschaulichen, ist der Vergleich mit dem Rosinenkuchen im Ofen: Die Hefe bläht den Teig auf, der Kuchen wird größer, und die Rosinen entfernen sich immer weiter voneinander.

Obwohl sich die einzelnen Galaxien laut unseren Messungen mit unterschiedlicher Geschwindigkeit weg bewegen, dehnt sich der Raum in alle Richtungen gleich aus. Genau diese gleichförmige Expansion vermittelt die Illusion, daß sich alles von *uns* weg bewegt. Angenommen, das Universum verdoppelt pro Stunde seine Größe. Dann wird nach einer Stunde eine Galaxie, die ursprünglich eine Meile von uns entfernt war, zwei Meilen entfernt sein; sie bewegt sich also offenbar mit einer Meile pro Stunde von uns weg. Eine Galaxie jedoch, die anfangs zehn Meilen weit weg war, wird am Ende zwanzig Meilen weit weg sein; sie bewegt sich scheinbar zehnmal schneller als die andere Galaxie.

Die kosmischen Geschwindigkeiten sind alle relativ. Eine Galaxie am anderen Ende des Universums oder eine Rosine im Kuchen würde sich selbst als bewegungslos empfinden. Aus ihrer Perspektive würden sich die benachbarten Galaxien beziehungsweise Rosinen langsam immer weiter entfernen, während *wir* scheinbar mit hoher Geschwindigkeit in der Ferne entschwänden.

In den neuen Theorien von der Expansion des Universums bekam der Begriff der Rotverschiebung, der Verschiebung des Lichts hin zu längeren Wellenlängen in weit entfernten Galaxien, eine noch größere Bedeutung: Die Rotverschiebung wurde zum wichtigsten Maßstab für Zeit und Entfernung. Durch die Expansion des Universums wurden auch die Lichtwellen innerhalb des Universums gedehnt. Die Rotverschiebung (eine Größe, die von Astronomen mit z bezeichnet wird), die Sandage im Spektrum einer fernen Galaxie maß, war einfach der Betrag, um den sich das Universum in dem Zeitraum ausgedehnt hatte, den das Licht gebraucht hatte, um von einer Galaxie bis in eine lichtempfindliche Emulsion auf einer Fotoplatte des Palomar-Observatoriums zu gelangen. Eine Rotverschiebung von 1,0 beispielsweise bedeutete, daß das Universum seine Größe in dieser Zeit verdoppelt hatte: Sandage sah in diesem Fall Licht, das eine Galaxie verlassen hatte, als das Universum gerade halb so alt gewesen war wie heute – der mutmaßlichen Schöpfung also um die Hälfte näher als wir es heute sind.

Wenn ein Astronom in die Geschichte und Geometrie des Universums eindringen wollte, konnte er in den Galaxien nur zwei unterschiedliche Arten von Daten ermitteln: Rotverschiebungen und Größenklassen. Sandage wollte herausbekommen, welche der von Friedmann beschriebenen denkbaren Arten des Universums wir bewohnen. Mit Hilfe des großartigen Spiegels am 5-Meter-Teleskop wollte er herausfinden, wie sich die unterschiedlichen Weltmodelle in Rotverschiebungen und Größenklassen manifestierten.

Sandage stellte sich die Galaxien eines expandierenden Universums vor wie Steine, die in die Luft geschleudert werden. Wenn sie, wie eine Mondrakete, schnell genug geworfen wurden, würden sie die Anziehungskraft überwinden und nie mehr zurückkehren. Wenn sie zu langsam waren, wenn die Gesamtgravitation des Universums zu stark war, dann würden sie auf den Boden zurückfallen.

Die Friedmannschen Gleichungen waren in ihrer endgültigen Form angesichts des gewaltigen Problemkomplexes trügerisch einfach. An jedem Punkt der kosmischen Geschichte mußte man nur den Wert zweier kosmologischer Parameter kennen, und schon konnte man das Universum beschreiben, seinen Typ sowie sein Schicksal bestimmen. Der eine Parameter war die Hubble-Konstante H_0; sie zeigte an, wie schnell sich das Universum ausdehnte und gab dem Kosmos einen Maßstab. Die andere Zahl bestimmte die Form des Kosmos – offen, geschlossen oder flach –, anmutig gebogen oder pathologisch verkrümmt. Diese Zahl wurde Bremsparameter genannt und mit q_0 bezeichnet. Technisch war q_0 (q = Null) ein Maß dafür, wie schnell sich die Expansion des Universums verlangsamte, wie die Gravitationskraft der Materie im Weltall die Flucht der Galaxien allmählich aufhielt. Das Universum dehnte sich entweder unendlich aus oder kehrte immer wieder wie ein Jo-Jo zum Ausgangspunkt zurück.

Der magische Wert für q_0 war 0,5. Ein höherer Wert bedeutete, daß das Universum endlich war – Sandages »Steine«, die Galaxien, hatten zu wenig Energie, um wegzukommen. Ein geringerer Wert zeigte ein sogenanntes offenes Universum an, dessen Expansion nie aufhören würde. Der Wert 0,5 brachte das flache, einfache Universum, das sich bis zum Stillstand in der Unendlichkeit ausdehnte. In diesem Fall waren die Galaxien, so unwahrscheinlich das klingen mag, genau mit der Fluchtgeschwindigkeit nach außen geschleudert worden.

Sandage hielt das oszillierende Universum für das schönste und zugleich für das wunderbarste Modell. Wenn das Universum tatsächlich pulsierte, dann war die Welt unendlich und endlich zugleich. Der Kosmos war zyklisch, aber die Zyklen waren in die Ewigkeit eingebettet. Das Universum stieg immer wieder aus seiner Asche auf. Die Modelle waren wunderbar klar und einfach. Nehmen wir ein geschlossenes Universum; q_0 hat den Wert eins. Vom Urknall bis zum letzten großen Feuerball des Zusammenbruchs würden zweiundachtzig Milliarden Jahre verstreichen – eine lange Zeit, aber keine Ewigkeit. Im Jahr 1961 war Sandage mit seiner Altersschätzung des Universums bei elf Milliarden Jahren angekommen, damit blieben noch rund dreißig Milliarden Jahre der Expansion oder des kosmischen Fortschritts. Erst dann würde das ganze System aufgrund der Krümmung, die es bei seiner Entstehung erhalten hatte, wieder schrumpfen und sich zu einem feurigen Chaos aufheizen.

Sandages Berechnungen waren gewissermaßen seine Initiationsriten. Er bekannte sich offiziell dazu, daß er die Bürde auf sich genommen hatte herauszufinden, in was für einem Universum wir leben. Das von Hubble konzipierte Beobachtungsprogramm teilte die Kosmologie in zwei nahezu unabhängige Gebiete auf: In einem Gebiet wurde die Hubble-Konstante H_0 gemessen und damit bestimmt, wie groß und wie alt das Universum ist. Im anderen Bereich wurde q_0 ermittelt, um die Krümmung des Raumes zu ermitteln und herauszufinden, ob er kugelförmig, flach oder wie das Innere einer Tulpenblüte aussah oder womöglich noch eine ganz andere Form hatte.

Die Krümmung des Raumes konnte auch gemessen werden, indem man die Galaxien in zunehmenden Entfernungen zählte. Je nachdem, wie die Zahlen anstiegen, vergrößerte sich das Volumen, und man konnte feststellen, ob das Universum gekrümmt war. Hubble hatte schon 1936 versucht, die kosmische Geometrie durch die Zählung von »Nebeln« zu bestimmen, und war zu dem Ergebnis gekommen, daß der Raum offenbar positiv gekrümmt, also geschlossen war. Gerade als er die Messungen mit Sandage zusammen wiederholen wollte, erlitt er seinen ersten Herzanfall. Beim Zählen von Galaxien ergab sich allerdings das Problem, daß schwache Galaxien mit steigender Entfernung nicht mehr entdeckt und deshalb übergangen wurden. »Im Prinzip«, murrte Sandage, »ist die Methode in Ordnung, aber in der Praxis funktioniert sie nicht.«

Die Verlangsamung der Expansion des Universums ließ sich noch mit einer anderen, eigentlich leichter zu handhabenden Methode direkt bestimmen, und für diese Methode entschied sich Sandage. Sie basierte auf dem Hubble-Diagramm. Diesem Test hatte Sandage auch die Daten von Humason und Mayall unterzogen, um zu zeigen, daß sich das Universum gleichmäßig ausdehnte.

Das Hubble-Diagramm war, wie oben erwähnt, eine graphische Darstellung des Hubbleschen Gesetzes, nach dem die Fluchtgeschwindigkeit einer Galaxie sich proportional zu ihrer Entfernung verhält. Nehmen wir noch einmal an, es gebe sehr helle Standardkerzen, die man auch noch tief im Weltraum entdecken könnte, so daß sich ihre relativen Entfernungen anhand ihrer relativen Helligkeit genau abschätzen ließen. Im Hubble-Diagramm wären die Rotverschiebungen dieser hypothetischen Standardkerzen in Abhängigkeit von ihren scheinbaren Größenklassen dargestellt.

Nach dem Hubbleschen Gesetz sollten sie auf einer Geraden liegen, allerdings nur eine Weile. Die Friedmannschen Gleichungen sagten voraus, daß das Hubblesche Gesetz bei sehr großen Entfernungen, in den wahrhaft kosmischen Tiefen des Universums, seine volle Gültigkeit verlieren würde: Aus der Geraden würde eine Kurve.

Das lag an der Schwerkaft. Wie die in die Luft geworfenen Steine müßten die Galaxien ihre Bewegung nach außen verlangsamen, weil sie durch die gemeinsame Gravitation aller Materie im Kosmos gebremst würden. Demnach müßte sich das Universum in der Vergangenheit schneller ausgedehnt haben als heute. Das Licht von sehr fernen Galaxien, überlegte Sandage, war lange Zeit zu uns unterwegs – je tiefer wir in den Raum blicken, desto weiter blicken wir in die Vergangenheit. Wir sehen die Galaxien also in dem Zustand, in dem sie in früheren Zeiten waren, als sich das Universum schneller ausdehnte: Sie müßten sich also ein wenig schneller bewegen, als auf Grund des Hubbleschen Gesetzes anzunehmen wäre. Wenn man genau wüßte, um wieviel schneller sie sich bewegten, könnte man feststellen, wie schnell sich das Universum verlangsamte, und somit auch, wie es gekrümmt war.

Zur Eleganz des Hubble-Diagramms gehörte es, daß Sandage die absoluten Entfernungen oder die absoluten Größenklassen seiner Standardkerzen nicht kennen mußte. Er mußte nur auf Grund der scheinbaren Größenklassen die *relativen* Entfernungen beurteilen können. Kurz gesagt, er verfügte über eine echte Standardkerze: Etwas *hier und jetzt* und etwas in weiter Ferne, *dort und damals,* waren im wesentlichen dasselbe.

Im Hubble-Diagramm fielen die elliptischen Galaxien auf eine gerade Linie, doch das galt nur für hier und jetzt, nur für den lokalen kosmischen Augenblick, für lumpige achtzehn Haufen in der näheren Umgebung. Wenn Sandage diese einfache Kurve weiterführen, also den Galaxien weit in den gekrümmten Kosmos hinaus folgen könnte, müßte sich die Gerade im Hubble-Diagramm irgendwann krümmen. Er würde dann in eine Zeit zurückblicken, als sich das Universum noch mit mehr Energie ausdehnte als heute und die Galaxien noch schneller davonflogen.

Seine Aufgabe war einfach: Er mußte den Galaxien immer tiefer in den Raum folgen, ihre Helligkeit und ihre Rotverschiebung messen, die Werte in das Diagramm eintragen und warten, bis sich die Gerade krümmte. Eine Arbeit mehr für seine 14-Stunden-Nächte.

Sandages öffentliche Äußerungen zu dem Problem waren nicht mehr als freundliche Postkartengrüße: Bemerkungen über die herrliche Aussicht und Vorfreude auf die Ankunft am Ziel. Im Jahr 1958 sagte er in einem Interview mit der *New York Times,*

93

er habe zwei Milliarden Lichtjahre (berechnet mit dem Wert der damaligen Hubble-Konstante) weit in den Kosmos geschaut und es gebe schon dort etliche Hinweise auf eine Verlangsamung der Expansion. Gegenwärtig könne er wegen der intensiven Aktivität der Sonnenflecken nicht tiefer in den Weltraum hineinsehen. Wenn sich die Sonnenoberfläche aufgeklärt und der Himmel sich wieder beruhigt habe, könnten die Astronomen möglicherweise vier Milliarden Lichtjahre weit sehen. Und vielleicht würde ihnen dann die Antwort in den Schoß fallen.

In Wirklichkeit trat Sandage in den späten fünfziger Jahren auf der Stelle, und das hatte mehrere Gründe. Die Werte für die Rotverschiebungen der elliptischen Galaxienhaufen, die Humason und Mayall identifiziert und ermittelt hatten, waren recht genau. Die Unsicherheit und das Durcheinander im Hubble-Diagramm kamen hauptsächlich von den Messungen der Größenklassen. Die Größenklassen wurden ermittelt, indem jemand mit bloßem Auge die Größe schwarzer verschwommener Punkte auf fotografischen Platten verglich. Diese Methode war eigentlich veraltet. Bowen hatte einen Physiker vom Caltech angestellt, der für die Observatorien auf dem Mount Palomar und dem Mount Wilson fotoelektrische Meßgeräte bauen sollte. Damit würde man die Größenklassen von Sternen und Galaxien unabhängig vom menschlichen Urteilsvermögen messen können. Sandage hoffte, das mit fotoelektrisch ermittelten Größenklassen überarbeitete Hubble-Diagramm werde klarer und aussagekräftiger sein. Seiner Ansicht nach lohnte es sich nicht, ernsthaft an der Erweiterung des Diagramms zu arbeiten, bevor die neue Technologie einsatzbereit war und sich bewährt hatte.

Die andere Frage war, in welche Richtung das Diagramm erweitert werden sollte. In der Tiefe, in die das 5-Meter-Teleskop vordringen konnte, war der Kosmos praktisch nicht mehr kartiert und nahezu unerforscht. Konnte Sandage weit genug sehen? Wie konnte er in so extremen Entfernungen, wo das Universum seine Karten aufdeckte, zwischen dem grauen Hintergrundleuchten des Himmels die magischen elliptischen Galaxien, seine Standardkerzen, herausgreifen?

Während Sandage noch darauf wartete, daß das erste Problem gelöst würde, erschienen die ersten Radioastronomen auf der Bildfläche und lösten das zweite Problem. Nach wenigen Jahren überblickten Sandage und seine Freunde sowie eine jäh anwachsende Gruppe von Konkurrenten die Hälfte des Universums. Ermöglicht wurde ihnen das von wispernden elektromagnetischen Ausdünstungen des Himmels, die, wenn sie die Erde erreichten, nicht einmal mehr ein Christbaumlicht mit Energie versorgen konnten.

Daß der Himmel vom Rauschen und Knistern von Radiowellen erfüllt war, wurde in den dreißiger Jahren zufällig von einem Ingenieur einer Telefongesellschaft namens Karl Jansky entdeckt. Aber erst nach dem Krieg untersuchte man dieses Phänomen genauer: Physiker und Ingenieure, die noch ganz von den radartechnischen Errungenschaften der Kriegszeit erfüllt waren, machten sich über den Himmel her. Die Engländer übernahmen die Führung. Martin Ryle, Hoyles Erzrivale, und seine Studenten überzogen die Wiesen von Cambridge mit Kabelantennen. Sie wollten Radiosignale aus den verschiedenen Teilen des Himmels auffangen, die über den Wiesen hinwegzogen, und ihre Stärke und Position messen. Ryle veröffentlichte eine Reihe von Tabellen mit Radioquellen; in den späten fünfziger Jahren belief sich ihre Zahl schon auf mehrere hundert. Aus der Statistik ging nach Ansicht von Ryle hervor, daß sich die meisten Radioquellen weit draußen im Raum befanden, jenseits des Milchstraßensystems. Es gab weitaus mehr schwache als starke Quellen; daraus konnte man schließen, daß es um so mehr Radioquellen gab, je tiefer man in den Weltraum vordrang. Gestützt auf diese Daten argumentierte Ryle gegen Hoyles Steady-State-Theorie: Seine Daten zeigten, daß das Universum nicht zu allen Zeiten und an allen Orten gleich war.

Ryles Daten waren allerdings nicht so gut, daß sie den optischen Astronomen erlaubt hätten, die Radioquellen am Himmel tatsächlich zu identifizieren. Radiostrahlen und Lichtstrahlen sind jeweils elektromagnetische Wellen, aber die Wellenlänge der Radiostrahlung ist um ein Millionenfaches größer als die der Lichtstrahlen. Hätte man die Quellen der Radiowellen so genau auflösen wollen, wie das 5-Meter-Teleskop den Himmel auf optische Wellenlängen auflöste, hätte man eine Parabolantenne mit einem Durchmesser von einigen Kilometern benötigt. Ryles Instrumente empfingen selbst den punktförmigen Radiostrahl beispielsweise eines Sterns verzerrt und verschwommen. Wenn man einem Astronomen sagte, daß sich in der nördlichen Hälfte des Schwans eine Radioquelle befinde, war das etwa so, als gebe man der Polizei den Hinweis, in New York halte sich ein Mörder auf. Viel Glück!

Bald wetteiferten vor allem englische und australische Radioastronomen (die letzteren beobachteten den südlichen Himmel) darum, die Positionen der Radioquellen einzugrenzen und auf diese Weise Genaueres über ihre Identität herauszufinden.

Auf einen Hinweis der australischen Forschergruppe hin hatte Walter Baade 1952 eine Quelle namens Cygnus A unter die Lupe genommen, die mitten in einem fernen Galaxienhaufen zu liegen schien. Die Galaxie besaß scheinbar zwei Kerne und sah aus, als hätte sie nicht mehr lange Bestand. Eine Zeitlang meinte Baade, er habe zwei kollidierende Galaxien entdeckt. Er wettete mit dem Palomar-Astronomen Rudolf Minkowski, der sich ebenfalls auf die Jagd nach Radioquellen spezialisiert hatte, und gewann eine Flasche Whiskey.

Weitere Daten ergaben aber, daß die Theorie von der Kollision der Galaxien falsch war. Cygnus A war in Wirklichkeit eine einzige, riesige elliptische Galaxie mit einem dunklen Staubstreifen, die den Eindruck erweckte, die Galaxie bestehe aus zwei Teilen.

Eine Radioquelle nach der anderen wurde in hellen elliptischen Galaxien in den Zentren von Galaxienhaufen ausgemacht. Virgo A entpuppte sich als Messier 87, eine elliptische Riesengalaxie im Zentrum des Virgohaufens, aus deren Kern ein rätselhafter kleiner Strahl ragt. Centaur A war NGC 5128, ein Lichtball, der ebenfalls eine dunkle Kerbe aus Staub um seinen Äquator hatte.

Die meisten Radiogalaxien waren nichts anderes als Sandages Standardkerzen, allerdings knisterte in ihnen eine geheimnisvolle, gewaltige Energie. Als man die Entfernungen (auf Grundlage der Rotverschiebungen und der damaligen Hubble-Konstante) berücksichtigte, erwies sich die winzige atmosphärische Störung, welche die Elektronen in Ryles Antenne kaum in Bewegung versetzte, als gewaltiges Tosen weit draußen im Weltall, das die Wissenschaftler an die Grenzen ihres physikalischen Wissens brachte. Burbidge berechnete für einen Kongreß 1958 in Paris, daß man zur Herstellung der Energiemengen, die in einer typischen Radiogalaxie vorgefunden wurden, zwei Millionen Sonnen vollständig in Energie umwandeln müßte. Die Natur wußte offenbar, wie man das macht; die Physiker wußten es nicht, denn thermonukleare Verschmelzungsprozesse waren nicht effizient genug. Die Wissenschaftler verließen kopfschüttelnd den Pariser Kongreß.

Sandage sah sofort, daß sich das Hubble-Diagramm der Größenklassen und Rotverschiebungen mit Hilfe dieser Radiogalaxien möglicherweise problemlos auf so weite Entfernungen ausdehnen lassen würde, daß echte Erkenntnisse über das Universum möglich wären. Wenn die Radiogalaxien wirklich seinen »Standardkerzen« entsprachen, dann waren die elliptischen Radiogalaxien selbst in unglaublichen Entfernungen leicht zu lokalisieren. Sandage zeigte bald lebhaftes Interesse an den Radiogalaxien.

Doch die kosmologische Forschungsarbeit war in Pasadena ganz genau aufgeteilt, und Radioquellen fielen nicht in Sandages Aufgabenbereich. Nachdem sich Baade 1958 wieder nach Deutschland zurückgezogen hatte, gehörte dieses Gebiet Minkowski und einem neuen holländischen Astronomen am Caltech namens Maarten Schmidt. Aber Sandage mußte nur ihren Spuren folgen: Wenn sie eine Radiogalaxie entdeckt und ihr eine Rotverschiebung zugeordnet hatten, maß er nur noch ihre scheinbare Größenklasse und trug die Werte in das Hubble-Diagramm ein. Ende 1959 erhielt Minkowski einen Hinweis auf die Position einer Quelle namens 3 C 295. »3 C« bedeutete, daß die Quelle aus dem dritten Cambridger Katalog von Radioquellen stammte, während »295« die ungefähren astronomischen Koordinaten angab. Bei der Identifikation einer Radioquelle ging Minkowski gewöhnlich so vor: Zunächst fotografierte er ihren Standort am Himmel, um sich Klarheit darüber zu verschaffen, womit er es zu tun hatte. Dann fertigte er ein Spektrum des auffälligsten Objekts, der potentiellen Quelle an, um festzustellen, aus welchen Stoffen sie bestand, und um die Rotverschiebung zu messen, falls es sich um eine Galaxie handelte. Sandage war gerade auf dem Weg zum Teleskop, als Minkowski den Hinweis auf die Quelle erhielt. Minkowski bat ihn, eine Aufnahme zu machen.

Sandage tat seinen Kollegen immer gern einen Gefallen. Zuerst machte er durch die Ross-Korrekturlinse, die das Gesichtsfeld des Teleskops vergrößerte, eine Aufnahme mit sehr langer Belichtungszeit. Auf dieser Aufnahme würde man das Radioobjekt selbst sehen können – wahrscheinlich als schwachen verschwommenen Lichtfleck –, aber die Linse verzerrte die Sternmuster in der Umgebung. Wenn Minkowski an das Teleskop trat, würde er die Galaxie – falls es sich tatsächlich um eine solche handelte – durch das Okular nicht erkennen können; um das Spektrum anzufertigen, müßte er das Teleskop blind von den hellen Sternen weg bewegen, die er sehen konnte. Sandage machte also eine zweite Aufnahme ohne die Korrekturlinse. Als die Belichtungszeit zur Hälfte verstrichen war, stellte er die Nachführeinrichtung des Teleskops ab, so daß die Sterne auf der Fotoplatte Striche zeichneten. Aus diesen Strichspuren, die in Ost-West-Richtung verliefen, würde Minkowski genau wissen, wie das Feld am Himmel ausgerichtet war, und dann konnte er auf sein geheimnisvolles, unsichtbares Objekt zusteuern. Das nächste Mal richtete Minkowski den Spalt des Spektrographen auf ein scheinbar dunkles Loch zwischen den Sternen und belichtete seine Platte vier Stunden lang. Seine Bemühungen wurden mit einem schwachen Spektrum belohnt, aus dem man gerade noch erkennen konnte, daß das fragliche Objekt wie eine Galaxie aussah. Um die Rotverschiebung zu messen, mußte Minkowski die Fotoplatte noch viel länger belichten. Zufälligerweise wollte sich Minkowski gerade um diese Zeit herum zur Ruhe setzen. Seine nächste Beobachtungsserie im Frühjahr 1960 sollte auch seine letzte sein. Er beschloß, sich die Radioquelle 3 C 295 als Pensionsgeschenk zu schnappen. Minkowski wurden für seine letzte Beobachtungsserie vier Nächte zugewiesen. In den ersten beiden Nächten war der Himmel bewölkt. In der dritten Nacht belichtete er die ganze Nacht lang das Bild von 3 C 295. In der nächsten, seiner letzten Nacht, setzte er die Belichtung fort. Um Mitternacht beendete Minkowski seine Marathonbelichtung und stieg vom Beobachterkäfig herab. In der Dunkelkammer maß er auf der noch nassen Platte die Rotverschiebung im Spektrum von 3 C 295 und kam auf einen Wert von sechsundvierzig Prozent. Das war die größte Rotverschiebung, die jemals gemessen worden war. In seiner letzten Nacht auf dem Mount Palomar hatte Minkowski einen neuen kosmischen Entfernungsrekord aufgestellt.

Als Sandage von diesem Erfolg erfuhr, war er völlig fassungslos. Minkowski hatte ihn förmlich überrollt. Später berechnete er, daß die »Rückblickzeit« zu der Galaxie 3 C 295 nach dem Modell des Universums, mit dem er arbeitete, zwischen einem Drittel und der Hälfte des Alters des Universums betrug. Sandage maß die Größenklasse der Galaxie – die fotoelektrischen Geräte waren inzwischen installiert und in Betrieb – und trug den Wert in sein Hubble-Diagramm ein. Der Wert für 3 C 295 ergab einen einsamen Punkt ganz oben in der rechten Ecke des Diagramms. Sandage schätzte auf Grund dieses Wertes den Bremsparameter q_0 und kam auf einen Wert von 1,0. Dieses Ergebnis schien auf ein geschlossenes Universum hinzuweisen. Doch Sandage wußte, daß das Diagramm voller Unsicherheiten und Annahmen steckte, die im Hinblick auf elliptische Galaxien noch überprüft werden mußten. Als er probeweise die Korrekturen einfügte, ließ sich kaum noch eine eindeutige Entscheidung für ein offenes oder geschlossenes Universum treffen, obwohl das Ergebnis für Hoyles Steady-State-Modell nicht sehr gut aussah. Im Jahresbericht des Observatoriums vermerkte Sandage knapp: »... das Problem bleibt ungelöst.« Sandage resignierte. Er müßte noch viel tiefer in den Kosmos sehen können, wenn das Hubble-Diagramm jemals eindeutige Ergebnisse bringen sollte. Aber war es denkbar, daß irgend jemand Minkowskis Meisterleistung wiederholte oder ihn gar übertraf? Er hatte sein Ziel erst halb erreicht, und schon rückten ihm Hubbles geisterhafte Schatten des Himmels auf den Leib.

4. Freudenfeuer am Rande der Zeit

Im Sommer 1960, kurz nachdem Minkowski seine spektakuläre Entdeckung gemacht hatte, tauchte bei Sandage ein junger Radioastronom vom Caltech auf und unterbreitete ihm einen Vorschlag. Er brachte eine unveröffentlichte Liste mit Radioquellen mit, Sandage sollte ihm bei ihrer Identifizierung helfen. Sandage willigte ein, alles andere als begeistert. Aber die Liste hatte es in sich. Mit der Übernahme der kleinen zusätzlichen Aufgabe öffnete sich vor Sandage eine Tür, die ans Ende des Universums führte und ihn und die Astronomie vollkommen veränderte.

Der junge Radioastronom hieß Tom Matthews. Nach der Promotion hatte er 1956 am Caltech angefangen und im Owens Valley, im Osten der Sierra Madre, mitgeholfen, ein Paar Parabolantennen von 27 Metern Durchmesser zu errichten. Mit den Antennen bestimmte er Positionen von Cambridger Radioquellen. Matthews war ein engagierter Radioastronom, er wußte, wie er an Informationen kam. Auf einer Tagung hatte er sich kürzlich von einem Freund eine unveröffentlichte Liste mit Messungen zur Ausdehnung von Radioquellen geben lassen, die im englischen Jodrell Bank entstanden war.

Der Winkeldurchmesser der Radioquellen – oder die Ausdehnung des Radiosignals am Himmel – war möglicherweise bedeutsam. Bei Radiogalaxien stammte der größte Teil der Strahlung charakteristischerweise aus einem Paar Blasen beiderseits der Galaxie. Die Blasen waren größer als die Galaxie und ähnelten den Gewichten einer Hantel. Je weiter entfernt das Objekt war, desto kleiner erschienen die Hanteln. Kleine Quellen waren also besonders weit entfernt.

101

Matthews fiel sofort auf, daß Minkowskis Objekt 3 C 295 eine der kleinsten Radioquellen im Cambridger Katalog war, mit dem Teleskop war sie von einem Punkt praktisch nicht mehr zu unterscheiden. Wenn eine Doppelstruktur vorlag, war sie nicht mehr aufzulösen. Sie hatte sich als die fernste Galaxie des bekannten Universums entpuppt. Matthews entdeckte in seiner Liste zehn weitere Radioquellen ähnlicher Art, keine davon war optisch identifiziert worden, da man die genauen Positionen nicht kannte. Deshalb gab er die Liste an Sandage und bat ihn, mit seinem 5-Meter-Spiegel einige interessante Stellen am Himmel zu fotografieren. Sandage spottete, das habe mit Wissenschaft nicht das geringste zu tun.

Im Spätsommer, im August und September, als er an der Reihe war, richtete Sandage den 5-Meter-Spiegel nach Koordinaten aus, die Matthews ihm gegeben hatte. Die Quelle hieß 3 C 48 und lag im Sternbild Dreieck. Nach den Listen hatte die Radiostrahlung keine meßbare Ausdehnung. Matthews nahm die belichtete Platte und bestimmte den Standort der Radioquelle in Relation zu den Sternen. Die Koordinaten fielen direkt auf einen winzigen Stern der 16. Größenklasse, unter der Lupe schien ein winziger Nebelstreif aus dem Stern herauszutreten. Den Fall, daß ein einzelner Stern eine Radioquelle war, hatte man noch nicht erlebt. Matthews gab Sandage die Platte ein paar Tage später mit der Bemerkung zurück: »Donnerwetter, ein Radiostern.«

Im Oktober ging Sandage wieder nach Palomar und schwenkte seinen großen Spiegel erneut auf den vermeintlichen Stern im Dreieck. Als erstes erstellte er die übliche astronomische Diagnose. Was war das für ein Stern? Mit dem Fotometer überprüfte er das Farbspektrum. Der Stern strahlte ungewöhnlich stark im blauen und ultravioletten Bereich. Als er ein genaues Spektrum aufgenommen hatte, konnte er damit überhaupt nichts anfangen.»Es war ganz anders als alles, was ich bis dahin gesehen hatte«, erinnerte er sich. Die Wellenlängen der Spektrallinien waren keine Fingerabdrücke von bekannten Elementen.

Sandage fertigte mehrere Spektren an und brachte sie zu Ira Bowen, dem früheren Leiter von Mount Wilson und Palomar, einer Kapazität auf seinem Gebiet. Bowen war verblüfft. Er schlug vor, die Spektren Greenstein zu zeigen. Auch Greenstein wurde daraus nicht klug, aber er betrachtete sich als eine Art Codeknacker für pathologische Sterne. Das merkwürdige Spektrum der Quelle 3 C 48 spornte seinen Ehrgeiz an, und er beschäftigte sich eingehender mit dem Problem. Bei Abstechern nach Palomar fertigte er eigene Spektren an. Er zog die Möglichkeit in Betracht, es könne sich um ein normales Spektrum mit einer starken Rotverschiebung handeln, einer stärkeren als bei einer Galaxie. Aber er ließ den Gedanken fallen, Sterne zeigten keine Rotverschiebungen in dieser Größenordnung. Greenstein brütete eine Erklärung aus, die besagte, daß dieser Stern der glühendheiße Kern einer jungen Supernova war.

Inzwischen beobachtete Sandage die Quelle 3 C 48 und entdeckte, daß ihre Helligkeit in vierzehn Tagen um fast die Hälfte schwankte. Für Sandage war die Sache entschieden: 3 C 48 war auf jeden Fall ein Stern, wenn auch ein ganz besonderer. Sterne verändern ihre Helligkeit, Galaxien nie. Eine Galaxie war das Licht von Milliarden von Sternen, verstreut über Hunderttausende von Lichtjahren; wenn eine Galaxie innerhalb eines kurzen Zeitabschnitts beträchtlich dunkler wurde oder aufglomm, mußten Milliarden von Sternen gleichzeitig lichtschwächer werden oder aufleuchten. Die Veränderlichkeit legte nahe, daß die Quelle 3 C 48 einen Durchmesser von nicht mehr als ein paar Lichtwochen hatte.

In den folgenden Jahren arbeiteten Sandage, Matthews und andere Astronomen Matthews Liste durch, und dabei tauchten weitere sonderbare Radiosterne auf. Als wollte man die Vorläufigkeit von Sandages Diagnose besonders betonen, taufte man sie »Quasistellare Radioquellen«, ein Name, den ein Physiker der NASA zur allgemeinen Verärgerung mit »Quasar« abkürzte. Man stimmte insoweit überein, daß Quasare Lichtpunkte waren wie Sterne, aber das war auch schon alles. Mehr wußte man nicht, man wußte nicht einmal, ob sie aus gewöhnlicher Materie bestanden. Drei Jahre lang sammelten Sandage und Matthews weiter Daten zur Quelle 3 C 48, sie blieben entmutigend nichtssagend. Sandage, Experte für Sterne und ihre Evolution nach dem Hertzsprung-Russell-Diagramm, bestimmte weiterhin ihre Helligkeit in den verschiedenen Farbbereichen. Er wollte wissen, womit er es bei diesem Stern zu tun hatte.

Während Sandage zu keinem Ergebnis kam, fiel der Schlüssel zum Geheimnis der Quasare – und zu einer Revolution in der beobachtenden Kosmologie – einem schüchternen jungen Holländer in den Schoß. Er hieß Maarten Schmidt und hatte Minkowskis Nachfolge als Jäger von Radioquellen angetreten. Den Schlüssel lieferte eine Quelle namens 3 C 273. Matthews kannte ihre Position so genau, daß Sandage sie 1962 hatte fotografieren können. Allerdings hatte man auf der Fotoplatte nicht erkennen können, bei welchem Objekt es sich um die Radioquelle handelte. In der Mitte war Sandage ein bläulicher Stern der 13. Größenklasse aufgefallen, aus dem ein nebliger Strahl austrat. Er hatte den Stern nicht weiter beachtet.

Als sich im Herbst 1962 der Mond vor die Quelle 3 C 273 schob und ein Trio australischer Radioastronomen die Zeit stoppte, in der die Radiosignale ausblieben, konnte man die Position der Quelle ganz genau festlegen. Die Astronomen schickten Schmidt die Koordinaten. Der stellte fest, daß sie mit den Koordinaten des kleinen blauen Sterns zusammenfielen.

Einen Stern der 13. Größenklasse kann man mit einem kleinen Amateurteleskop erkennen, sein Spektrum statt in Stunden oder Nächten in nur wenigen Minuten auf der Platte aufnehmen. Schmidt erhielt den üblichen bizarren Satz Spektrallinien und wollte schon aufgeben, als er ein vertrautes Muster entdeckte: Es waren Wasserstofflinien, wie er sie schon oft in Sternen gesehen hatte. Aber in diesem Fall lagen sie an einer ganz falschen Stelle des Spektrums, an seinem roten Ende. Mit einem alten Rechenschieber ermittelte er rasch die Rotverschiebung: sechzehn Prozent. Das bedeutete, daß der Stern mit einer Geschwindigkeit von 47 000 Kilometern pro Sekunde davonflog und mehr als einhalb Milliarden Lichtjahre entfernt war. Von wenigen Ausnahmen abgesehen war er weiter entfernt als alle bekannten Galaxien. Und wenn Schmidts Berechnungen stimmten, war er das lichtstärkste Objekt des Universums.

Während Schmidt sich der Sache klar wurde, kam zufällig Greenstein in sein Arbeitszimmer. Schmidt berichtete ihm von der Rotverschiebung der Quelle 3 C 273 – er hatte das Spektrum geknackt. Greenstein fiel sofort ein, daß er daran auch schon gedacht hatte, er hatte die Lösung beim Problem der Quelle 3 C 48 bereits in der Hand gehalten. Es war tatsächlich eine Rotverschiebung, und bei 3 C 48 betrug sie siebenunddreißig Prozent. Nach Minkowskis Galaxie war sie das entfernteste Objekt im Universum.

Am Himmel gab es Objekte, die dem Auge als gewöhnliche Sterne erschienen, tatsächlich aber besaßen sie eine ungeheure Lichtstärke und waren weit entfernt. Verglichen mit ihnen muteten ferne Galaxien wie unmittelbare Nachbarn der Milchstraße an. Bis in welche Entfernungen konnte man solche Objekte noch sehen? Wie tief lagen sie in Zeit und Raum? Was waren sie, und wie viele gab es? Tore schienen sich zu öffnen, hinter denen sich die Unendlichkeit erstreckte. Uraltes Licht von rätselhaften Leuchtfeuern kam durch die Korridore der Zeit geeilt.

Sandage erfuhr am Telefon, daß das Rätsel, das er entdeckt hatte, von einem anderen gelöst worden war. Er war natürlich skeptisch.»Alles, was ich über Rotverschiebung wußte, hatte mit Galaxien zu tun«, sagte er. Nach einem Tag war der Beweis erbracht. Pasadena war wie elektrisiert. Eine kosmologische Revolution lag in der Luft.

Schmidt tippte rasch einen Artikel für die britische Zeitschrift *Nature* mit dem Titel »3 C 273: Ein sternenähnliches Objekt mit großer Rotverschiebung«. Greenstein warf einen Artikel zur Quelle 3 C 48 aufs Papier und nannte Matthews als Koautor. Beide Artikel erschienen in der Ausgabe vom 16. März, zusammen mit einem Aufsatz von Beverly Oke, einem anderen Astronomen des Caltech, der ausführlich von fotoelektrischen Untersuchungen zur Quelle 3 C 273 berichtete. Ein weiterer Artikel handelte von den australischen Beobachtungen der Radioquellen.

In acht Abschnitten erklärte Schmidt, für eine so große Rotverschiebung seien nach der allgemeinen Relativitätstheorie nur zwei Erklärungen möglich. Die erste Möglichkeit war die Gravitation eines Sterns mit gewaltiger Dichte; in diesem Fall ließen sich einige Eigenheiten des Spektrums von 3 C 273, die ganz besondere Umstände voraussetzten, nicht erklären. Es blieb die andere Möglichkeit:»Das stellare Objekt ist die Kernregion einer Galaxie mit einer kosmologischen Rotverschiebung von 0,158. Das entspricht einer Radialgeschwindigkeit von 47 400 Kilometern pro Sekunde. Es ist ungefähr 500 Megaparsek entfernt, und der Kernbereich hat einen Durchmesser von weniger als einem Kiloparsek (3000 Lichtjahre). *Dieser Kernbereich müßte optisch hundertmal heller strahlen als jene lichtstarken Galaxien, die man bisher als Radioquellen identifiziert hat.*« Sandage, der Entdecker der Quasare, erlebte am Rand des Geschehens als Zuschauer mit, wie seine Kollegen hektisch Ergebnisse veröffentlichten. Auf seine Arbeit wurde kaum hingewiesen. Er blieb höflich und war äußerlich ruhig. Aber in seinem Inneren brodelte es heftig.

Greenstein bekam es sehr direkt zu spüren. Sein Bild hatte einige Zeit an der Tür zu Sandages Arbeitszimmer gehangen. Als Greenstein das nächste Mal in der Santa Barbara Street vorbeischaute, hing sein Bild in Fetzen von Sandages Tür. Und die Tür blieb geschlossen.

Die Quasare, besonders 3 C 48, waren Sandages Objekte gewesen. Betroffen bemerkte Greenstein, daß er ein ungeschriebenes Gesetz gebrochen hatte, als er das Spektrum von 3 C 48 auf eigene Faust untersuchte und überstürzt Ergebnisse veröffentlichte. Er hätte Sandage wenigstens beteiligen müssen.

Für Greenstein war die Affäre um die Quasare in doppelter Hinsicht unangenehm. Er hatte nicht nur seinen bedeutendsten Studenten ausgebootet, er hatte überdies die Antwort auf das rätselhafte Spektrum der Quelle 3 C 48 schon in Händen gehabt und wieder fallengelassen. Er erinnerte sich, warum er zunächst eine Abneigung gegen Kosmologie gehabt hatte. Es ging nicht nur um Wissenschaft. »Alle Astronomen versuchten, die Anfänge zu finden«, brummte Greenstein. »Das ist ein hoher Einsatz. Quasare sind besonders heikel. Ich beschäftige mich nicht mehr damit.« Auch Matthews räumte ein, daß er sich übervorteilt fühle. Er war verärgert, daß Sandage als Entdecker der Quasare und Schmidt als ihr Erklärer galt. Er stellte die Zusammenarbeit mit Schmidt für eine Weile ein und gab die Quasarforschung schließlich ganz auf.

Noch bevor Schmidt die wahre Natur der Quasare aufgedeckt hatte, hatten die Energiemengen in gewöhnlichen Radiogalaxien die Physik bis an ihre Grenzen strapaziert, wie Burbidge 1958 in Paris gezeigt hatte. Der geniale Fred Hoyle stellte 1961 die Vermutung auf, daß Radiogalaxien vom Gravitationskollaps von Sternen mit einer Million Sonnenmassen gespeist würden. Er hob hervor, daß nach Einsteins allgemeiner Relativitätstheorie bei der Materieumwandlung in einem solchen Kollaps hundertmal mehr Energie erzeugt würde als bei der Kernverschmelzung. Leider sagte die allgemeine Relativitätstheorie nicht voraus, was bei einem solchen Kollaps mit der verbleibenden Materie geschieht; sie hielt nur die Möglichkeit offen, daß sie ebenfalls aus dem Universum verschwinden könnte. Nun deuteten Quasare darauf hin, daß derart atemberaubende Gedanken ernst zu nehmen waren. Was konnte in einem Volumen, das nicht viel größer war als das Sonnensystem, die Energie von hundert Galaxien hervorbringen? Sandage war an einer vorläufigen Antwort maßgeblich beteiligt.
Im Sommer 1963 erforschten er und der Doktorand Roger Lynds die relativ nahe Galaxie M 82, einen unregelmäßigen Ne-

belfleck im Großen Bären. Das Zentrum von M 82 sandte (wie auch das Zentrum der Milchstraße) nur geringe Radiostrahlung aus. Sie fotografierten die Galaxie durch einen Filter, der das rötliche Licht des interstellaren Wasserstoffs isolierte. Das Bild sollte das Gas zwischen den Sternen deutlicher hervortreten lassen. Die Platte, die aus der Entwicklerschale gezogen wurde, machte Sandage stutzig. Das Bild sah aus wie die umherfliegenden Splitter einer Granate auf einer Comiczeichnung: Aus M 82 traten in alle Richtungen gezackte Gasstreifen aus. Die Galaxie schien zu explodieren.

Im Dezember fand in Dallas eine Dringlichkeitssitzung von Kosmologen, Physikern und Astronomen statt, bei der man die gewaltigen Möglichkeiten und Aussichten der Quasarforschung erörterte. Dort stellte Lynds die prachtvollen und rätselhaften Fotografien vor, die er mit Sandage angefertigt hatte. Sie erschienen später auf der Titelseite des Kongreßberichts. Bei einer gesonderten Besprechung tasteten sich Sandage und die Burbidges vom bescheidenen Inneren der Milchstraße zu den erhabenen Quasaren vor und suchten nach Anhaltspunkten dafür, daß die Explosionen in galaktischen Kernen vielleicht ganz gewöhnliche Ereignisse im Universum waren – in einem neuen Universum, in dem gewaltige Kräfte tobten.[*]

Die Tagung hieß »Dallas International Symposium on General Relativity and Relativistic Astrophysics« (Internationales Symposium von Dallas zur allgemeinen Relativitätstheorie und relativistischen Astrophysik). Sie wurde teilweise gesponsort von großen Ölgesellschaften.

»Alle sind zufrieden«, berichtete Gold von der Konferenz. »Die Relativisten fühlen sich anerkannt und sind plötzlich Experten auf einem Gebiet, von dessen Existenz man kaum etwas ahnte; die Astrophysiker haben ihr Gebiet, ihr Reich, durch Angliede-

---

[*] Leider stellten Astronomen nach einer Untersuchung schließlich fest, daß die Galaxie M 82 keineswegs explodierte. Die vermeintliche Explosion war eine komplizierte optische Täuschung, die durch treibenden intergalaktischen Staub hervorgerufen wurde. Aber der Gedanke, daß Quasare und Radiogalaxien mit Explosionen in den Kernen der Galaxien zusammenhingen, blieb dennoch lebendig.

rung eines anderen Gebietes – der allgemeinen Relativität – vergrößern können. Alles ist sehr erfreulich. Hoffen wir, daß es auch stimmt. Es wäre eine Schande, wenn wir alle Relativisten wieder nach Hause schicken müßten.«

Mit der Konferenz von Dallas spaltete sich die Kosmologie in zwei Richtungen. Einige Astrophysiker konzentrierten ihre gesamte Aufmerksamkeit nun auf die physikalischen Abläufe, die für das Inferno im Inneren der Galaxien verantwortlich waren – eine Reise, die in ein Schwarzes Loch führte. Die anderen interessierten sich mehr für Quasare als Leuchtfeuer aus den Tiefen von Raum und Zeit, die Aufschluß über das Universum gaben.

Sandage und Schmidt gehörten der zweiten Gruppe an, und diese Gruppe wuchs rasch. Es war wie ein Goldrausch am Himmel. Wie viele Astronomen von den Sternwarten in aller Welt wurde Margaret Burbidge zu einer geschickten Quasarjägerin. Quasare strahlten oft so hell, daß man sie schon mit kleinen Fernrohren sah. Das Problem war nur, sie in einem Himmel zu erkennen, an dem Milliarden von Lichtpunkten funkelten. Nur von wenigen Radioquellen kannte man die Positionen genau, auch das war ein Hindernis. Doch langsam wurden die Listen länger. In nur einem Jahre wurden neun weitere Quasare entdeckt. Mit der Zeit entpuppten sich alle kompakten Radioquellen von Matthews als Quasare. Die Astronomen wetteiferten um neue Rekorde an Rotverschiebungen. Es stellte sich heraus, daß die Quelle 3 C 273 der räumlich nächste – das heißt jüngste – Quasar war.

Schmidt widmete sich ganz der Suche nach Quasaren und erstellte Statistiken. Immer wieder kehrte er nach Palomar zurück und fahndete nach weiteren Quasaren. Wie waren sie in Zeit und Raum verteilt? Was verrieten sie über die Entwicklung der Galaxien und des Universums? Immer mehr dieser seltsamen Radiostrahler tauchten auf, mit zum Teil atemberaubenden Rotverschiebungen: hundert Prozent, zweihundert Prozent, zweihundertfünfzig Prozent. Alle Quasare waren zeitlich und räumlich weit von der Erde entfernt.

Im expandierenden Universum entsprachen diese Rotverschiebungen einem Rückblick in eine Zeit, in der unser Universum ein Zehntel oder zwei Zehntel seines heutigen Alters hatte.* Nach Rotverschiebungen von zweihundertfünfzig Prozent schien die Anzahl der Quasare abrupt zurückzugehen. Quasare mit einer Rotverschiebung über dreihundert Prozent waren so selten, daß sie Schlagzeilen machten. Fast zehn Jahre lang lag der Rekord bei dreihundertdreiundfünfzig Prozent. Schmidt vermutete, daß die Astronomen das äußerste Ende des Universums sahen – nicht des Raumes, sondern der Zeit. Wenn das All einst aus einem großen Feuerball hervorgegangen war, dann hatte es Galaxien nicht schon immer gegeben. Man mußte nur weit genug hinausblicken, dann konnte man in eine Zeit sehen, als es noch keine Galaxien gegeben hatte, in eine kosmische Ära, in der sie noch nicht aus den Nebeln des Urknalls kondensiert waren und die expandierende Raumzeit mit ihren Sternen zu erleuchten begonnen hatten. Das Problem war nur, daß es zu diesem Zeitpunkt nichts zu sehen geben würde.

Berechnungen zu den Quasaren verrieten Schmidt, daß Galaxien im Universum zu einer Zeit aufgetaucht waren, die einer Rotverschiebung von ungefähr zweihundertfünfzig bis dreihundert Prozent entsprach. Damals hatte das All etwa ein Viertel seines jetzigen Alters. Einige voreilige Galaxien hatten ihr Feuer schon früher entzündet. Die entferntesten Quasare markierten die Grenze der galaktischen Ära in der Geschichte des Kosmos. Schmidt fieberte dem Tag entgegen, an dem er an diese Grenzlinie vorstoßen würde. Er mußte dazu so tief ins All hineinblicken, bis keine Quasare mehr zu entdecken waren.

Ich sprach mit Schmidt eines Nachts in der Kuppel auf dem Mount Palomar, als das Teleskop auf den entferntesten bekann-

---

* Wenn man Rotverschiebungen mit den Friedmannschen Gleichungen zum expandierenden Universum in Alter und Entfernungen umrechnen möchte, braucht man die Hubble-Konstante und die Bremsparameter; beide sind nach wie vor umstritten. Nach den besten neueren Schätzungen ist das Universum fünfzehn Milliarden Jahre alt, die am weitesten entfernten Quasare hätten dann ein ungefähres Alter von zwölf bis dreizehn Milliarden Jahren.

ten Quasar geschwenkt wurde. Der große, schlanke Mann sah aus wie ein Student in höheren Semestern, der nicht genug zu essen bekam. Er trug eine Brille und hatte gewelltes graues Haar. »Vor 1960 hätte ein altgedienter Astronom kaum zugegeben, daß er auf seinem Gebiet etwas nicht weiß«, sagte er mit seinem angenehmen holländischen Akzent. »Seit den sechziger Jahren hat sich viel geändert. Damals sind so viele Dinge geschehen, von denen Leute, die sich ihrer Sache völlig sicher waren, keine Ahnung hatten.« Er machte eine Pause. »Die Altvorderen sind jetzt bei gar nichts mehr sicher.« Er tippte auf ein Paar Pünktchen auf dem Monitor eines Fernsehgerätes. »Was ist wohl der Unterschied zwischen beiden?« fragte er. »Das eine ist wahrscheinlich ein Stern, ein paar tausend Lichtjahre entfernt. Das andere ist ein Quasar in einer Entfernung von vielleicht zwölf Milliarden Lichtjahren. Um ihn geht es. In solchen Bereichen sind Quasare anonym, aber sie sind die fernsten Objekte im Universum. Das ist noch immer eine der größten Überraschungen meines Lebens.« Dann fuhr er, eine kleine Melodie von Bach pfeifend, zum Käfig hinauf.

Sandage hatte das Rätsel der Quasare nicht gelöst, aber der Gedanke, daß sie ihm helfen konnten, das Rätsel des Universums zu lösen, tröstete den verletzten Stolz. Wegen ihrer gewaltigen Leuchtkraft waren Quasare über riesige Entfernungen in Raum und Zeit sichtbar. Vielleicht waren sie das geeignete Werkzeug, mit dem sich endlich Form und Schicksal des Universums ermitteln ließen. Sollten sie zufälligerweise Standardkerzen sein, würde er mit ihnen ein Diagramm von Größen und Rotverschiebungen bis hinaus an den Rand des theoretisch beobachtbaren Alls erstellen können. Dann ließ sich zu guter Letzt der schicksalhafte Bremsparameter q_0 fehlerfrei ermitteln, jene Zahl, von der die zukünftige Entwicklung des expandierenden Universums abhing, die bestimmte, ob die Galaxien immer weiter auseinanderfliegen oder wieder in sich zusammenstürzen würden.

111

In den frühen sechziger Jahren hatte Sandage bereits mit einigem Erfolg das Hubble-Diagramm erweitert und verbessert, indem er Radiogalaxien wie Minkowskis Objekt benutzte. Er glaubte sich der Antwort ganz nah. Und die Antwort würde lauten: Das Universum war geschlossen, Raum und Zeit würden eines Tages wieder in sich zusammenstürzen.

Während Schmidt Rotverschiebungen von Radioquellen untersuchte, eilte Sandage hinterher und bestimmte mit dem neuen Fotometer mit Fotozellen ihre Größen. Um 1964, ein Jahr nach der revolutionären Entdeckung der Quasare, hatte er genügend Radiogalaxien ausfindig gemacht, um ein neues Hubble-Diagramm erstellen zu können. Die Radiogalaxien, so fand er heraus, lagen auf der gleichen Geraden wie die in Haufen auftretenden, zuerst eingetragenen elliptischen Galaxien – jene, die er bereits als Standardkerzen bestimmt hatte. Damit wußte er, daß Radiogalaxien dasselbe *waren* wie die hellen elliptischen Galaxien; er konnte sie in seinem Diagramm des Universums als Standardkerzen verwenden.

Vielleicht waren Quasare auch standardmäßige elliptische Galaxien. Zum Spaß trug er in dieses Hubble-Diagramm zusätzlich die Rotverschiebungen und Größen der neun damals bekannten Quasare ein. Auch sie fielen auf die gerade Linie, die jetzt bis über eine Rotverschiebung von zweihundert Prozent hinausführte. Angesichts der spärlichen Daten besagte es zwar nicht viel, aber Sandage berechnete den Wert des Bremsparameters q_0 pro forma auf 1,6. Wenn er stimmte, hatte man es eindeutig mit einem geschlossenen Universum zu tun.

In Interviews sagte Sandage, daß er noch mehr Daten benötige, vielleicht von dreißig weiteren Quasaren. Dann wäre die Sache entschieden. Nach den Daten kam ein Steady-State-Universum schon jetzt nicht mehr in Frage, denn dazu hätte der Bremsparameter nach dem Hubble-Diagramm 1 sein müssen. Das Weltall deckte allmählich die Karten auf.

Allerdings hatte die Sache einen Haken. Die Richtigkeit des Hubble-Diagramms hing von der Annahme ab, daß zwei elliptische Galaxien, die als Standardkerzen dienten und an entgegengesetzten Enden der Raumzeit lagen, Milliarden von Lichtjahren voneinander entfernt, zur gleichen Zeit entstanden waren. Wenn aber alle Galaxien etwa zur selben Zeit in der kosmischen Ära entstanden waren – und das war eine durchaus vernünftige Annahme –, dann sah der Betrachter die ferneren Galaxien in seiner Auswahl in einem früheren als ihrem jetzigen Zustand, denn er blickte in die Vergangenheit zurück. Das Licht, das er im Teleskop sah, hatte die entferntesten Galaxien verlassen, als sie und das Universum etwa fünf Milliarden Jahre alt waren. Das Licht der näheren Galaxien stammte hingegen aus einer Zeit, als diese schon über zehn oder fünfzehn Milliarden Jahre alt waren. Bevor man das Schicksal des Universums aus dem Hubble-Diagramm ablesen konnte, mußte es verbessert werden, denn in den Milliarden Jahren hatten sich möglicherweise die Eigenschaften und vor allem die Helligkeit der elliptischen Galaxien verändert.

Da man Galaxien nun einmal nicht im Labor züchten kann, versuchte Sandage mit Hilfe seiner Kenntnis der Sternentwicklung und der Studien über alte Sternhaufen in der Milchstraße abzuschätzen, wie sich elliptische Galaxien weiterentwickelten. Nach der üblichen Meinung fehlte es elliptischen Galaxien an Gas und Staub, dem Rohmaterial für neue Sterne; wie bei Kugelsternhaufen waren sämtliche Sterne von Anfang an vorhanden. Da die hellsten Sterne verglühten, müßten, so errechnete Sandage, elliptische Galaxien mit zunehmendem Alter lichtschwächer und röter werden. Als er seine Berechnungen für das Hubble-Diagramm um die erwartete Verdunkelung korrigierte, kam auch ein geringerer Bremsparameter heraus. Je stärker die Verdunkelung, desto kleiner wurde der Bremsparameter. Und damit war die Frage, ob wir ein offenes oder ein geschlossenes Universum haben, nicht mehr eindeutig zu entscheiden.

Trotz seiner öffentlichen Äußerungen erweckte Sandage bei anderen Astronomen den Eindruck, er halte das Problem der durch die Galaxienentwicklung notwendigen Korrektur im

Hubble-Diagramm grundsätzlich für gelöst und glaube, es werde die Antwort auf die Frage nach dem Schicksal des Universums liefern; nicht alle Astronomen teilten diesen Glauben. Eines Tages, so meinte Sandage, werde es schon jemand richtig machen. Man mußte versuchen, die Probleme zu lösen, auch wenn man dabei scheitern konnte. War das nicht besser, als sich in die nächste Bar zu setzen?

Im Jahre 1964 stellte Sandage Überlegungen an, wie er weitere Quasare für sein Hubble-Diagramm sammeln konnte. Auf Radioquellen mit so genauen Positionen zu warten, daß sie auf Sterne schließen ließen, dauerte zu lange. Er hatte inzwischen so viele Quasare gesehen, daß er sie an ihrem Aussehen erkennen konnte: Wegen ihrer besonders intensiven Strahlung im ultravioletten Bereich leuchteten sie stark bläulich. Er erkannte sie sogar inmitten von vielen anderen Objekten.

Sandage ließ sich von Ryle unveröffentlichte Positionen von Radioquellen aus dem dritten Cambridger Katalog schicken. Mit dem 2,5-Meter-Teleskop auf dem Mount Wilson fertigte er nach den Koordinaten Fotografien an – jeweils drei Fotografien, nacheinander mit Filtern für ultraviolettes, blaues und gelbes Licht. Das Blickfeld im 2,5-Meter-Spiegel war so groß, daß Ungenauigkeiten in den Radiodaten nichts ausmachten. Sandage mußte nur die Intensität der einzelnen Punkte auf den verschiedenen Platten vergleichen. Etwa in der Mitte jeder Aufnahme müßte er jeweils einen Punkt finden, der stark im ultravioletten Bereich leuchtete. Das wäre der Quasar.

Eine kluge Überlegung. Als er und sein Assistent, der französische Student Philippe Véron, die ersten Bilder untersuchten, fanden sie in ihnen indes nicht nur einen blauen Stern, sondern vier bis fünf seltsame blaue Objekte.

Zuerst dachte Sandage, ihnen wäre ein Fehler unterlaufen. Er ging zum Teleskop zurück und vermaß jedes einzelne blaue Objekt mit dem Fotometer. Sie waren blau; sie hatten alle den bekannten Überschuß im ultravioletten Bereich.

Sandage fertigte weitere Fotos von den Radiopositionen an und war dann in der Lage, die wahren Radioquellen zu identifizieren. Er und Ryle veröffentlichten einen kurzen Artikel, in dem sie die Identifikation von fünf neuen Quasaren bekanntgaben einschließlich der Quelle 3 C 9, die einen neuen Rekord an Rotverschiebung aufstellte. Sandage zerbrach sich allerdings immer noch den Kopf darüber, was es mit den anderen bläulichen Sternen auf den Platten auf sich haben mochte. Er nannte sie Fremdsterne.

Sandage war nicht zum ersten Mal an unerwarteten Stellen auf geheimnisvolle blaue Sterne gestoßen. Er erinnerte sich an eine Tagung zur galaktischen Struktur, die 1952 in Schweden stattgefunden hatte. Auf der Tagung hatte man über anomale blaue Sterne in hohen galaktischen Breiten diskutiert – in einem Bereich des Himmels weit abseits der Milchstraßenebene. Man stand vor einem Rätsel. Die Astronomen Donald Luyten und George Haro hatten Tausende der blauen Objekte katalogisiert, und keiner konnte sie erklären. Ein auf Sterne spezialisierter Astronom wie Sandage sollte ein solches Geheimnis eigentlich lüften können.

Sandage fragte sich, ob diese Fremdsterne tatsächlich die blauen Haro-Luyten-Objekte waren und was sie mit Quasaren zu tun hatten, denen sie offenbar sehr ähnelten. Auf dem zweiten Texas-Symposium im Dezember trug Sandage bei einer Gesprächsrunde seine Vermutung vor.

Philip Morrison, ein Astrophysiker von der Cornell-Universität, meldete sich und fragte, woher Sandage denn wisse, daß die blauen Objekte nicht ebenfalls Quasare seien.

»Ich weiß es nicht«, antwortete Sandage.

Er fuhr überstürzt nach Palomar zurück, nahm wahllos drei der blauen Objekte und bestimmte ihre Rotverschiebung. Eines stellte sich als das zweitentfernteste im Universum heraus. Eine Überraschung. Es seien tatsächlich Quasare, meinte Sandage später, Quasare ohne Radiostrahlung.

Statt einzeln Rotverschiebungen zu bestimmen, griff Sandage

auf die Statistik zurück. Er untersuchte Anzahl und Größe der blauen Objekte und fand einen Bruch in ihrer Verteilung. Er schloß daraus, daß die helleren Sterne auf der Liste tatsächlich Sterne waren, und zwar in der Milchstraße. Die schwächere Hälfte in der repräsentativen Auswahl war nach ihren statistischen Kennzeichen weit entfernt. Sandage kam zu dem Ergebnis, daß es Quasare waren, die aus irgendeinem Grund keine Radiowellen aussandten. Nach seinen Beobachtungen übertrafen diese radioruhigen Quasare die aktiven in einem Verhältnis von fünfhundert zu eins. Es gab Quasare wie Sand am Meer. Im Frühjahr 1965 kamen aus New Jersey aufsehenerregende Neuigkeiten. Zwei Radioastronomen der Bell-Laboratorien hatten ein gleichförmiges Mikrowellenrauschen entdeckt, das zu allen Jahreszeiten aus allen Richtungen gleichmäßig vom Himmel kam. Theoretiker in Princeton hatten das Rauschen als die rotverschobene und abgeschwächte Reststrahlung des Urknalls identifiziert.

Die entdeckungsschwangere Atmosphäre steckte an. Sandage, inzwischen wieder in Pasadena, schrieb fieberhaft an seinem Artikel über die blauen Sterne. Er hatte tausend Quasare entdeckt, tausend Objekte am äußersten Rand des Universums. Das war eine statistische Donnerbüchse, mit der man in der Kosmologie etwas ausrichten konnte. Hubble hatte gezeigt, daß man die Gestalt der Raumzeit bestimmen konnte, indem man einfach die Galaxien in verschiedenen Helligkeitsstufen zählte; Voraussetzung war, daß die Abnahme der Helligkeit etwas über die Entfernung aussagte. Und man mußte weit genug sehen und genau genug zählen können. Auf diese Art hatte Hubble 1936 erstmals die Geometrie des Universums zu bestimmen versucht. Sandage ging davon aus, daß alle Haro-Luyten-Sterne blaue, quasistellare Galaxien waren, wie er sie genannt hatte. Er untersuchte ihre Anzahl auf der Haro-Luyten-Liste kosmologisch. Die Anzahl der blauen Galaxien nahm mit der Helligkeitsabnahme in einer Art zu, die auf eine positive Krümmung, einen großen Bremsparameter und damit auf ein geschlossenes Universum hindeutete.

Als kleine Zugabe nahm er die drei Rotverschiebungen der blauen Galaxien und trug sie in ein Hubble-Diagramm mit den neun bekannten Quasaren ein. Auch hier sprach alles für ein geschlossenes Universum. Mit der gebotenen Vorsicht ausgedrückt, schien man der Antwort nahe.

Sandage schickte seinen Artikel mit dem bescheidenen Titel: »Blaue quasistellare Galaxien: Ein größerer neuer Bestandteil des Universums« eiligst an das *Astrophysical Journal*. Der Herausgeber Subrahmanyam Chandrasekhar von der Universität Chicago, ein mathematisch begabter und vielseitiger theoretischer Astrophysiker, ließ ihn sofort drucken. Der Artikel erschien in der Ausgabe vom 15. Mai mit der Bemerkung, er sei am 15. Mai eingegangen.

Kurz darauf – der Artikel war noch im Druck – enthüllte Sandage in einem leidenschaftlichen Vortrag am Caltech seine Entdeckung der Astronomenwelt in Pasadena. Im Publikum saß auch Zwicky, der schon seit Jahren darauf hingewiesen hatte, daß einige der blauen Sterne »kompakte Galaxien« seien, wie er sie in seinem gewundenen Privatjargon nannte. Einige mit großen Rotverschiebungen hatte man tatsächlich schon identifiziert. Es war schier unmöglich, sich auf dem laufenden zu halten, was Zwicky gerade tat; auch Sandage wußte es nicht oder hatte es vergessen. Zwicky war wütend. Als Sandage zu Ende gesprochen hatte – er hatte das Geheimnis des Universums fast gelüftet und der Kosmologie Tausende von Quasaren beschert –, blickte er erwartungsvoll in die Runde. Zwicky erhob sich langsam zu seiner vollen Größe. »Und?« fragte er höhnisch, »Was ist daran neu?«

Im Raum herrschte eisige Stille.

Sandage und seine Frau hatten für Sommer eine Reise nach England geplant. Kurz bevor der Artikel erschien (die Ausgabe vom 15. Mai kam immer nach dem 15. Mai heraus), fuhren sie ab. Am Morgen nach der Abreise brachte das Caltech eine Pressemitteilung heraus. Darin wurde Sandage mit den Worten zitiert: »Es gibt Hinweise darauf, daß unser Universum ein endliches geschlossenes System ist, daß es aus einem Urknall hervorgegangen ist, daß seine Ausdehnung sich verlangsamt und daß es wahrscheinlich pulsiert, vielleicht alle 82 Milliarden Jahre einmal.« Da das Alter des Universums damals mit 13 Milliarden Jahren angesetzt wurde, blieben noch 69 Milliarden Jahre bis zur Apokalypse.

In England konnte Sandage der Presse entnehmen, daß er in Schwierigkeiten war. Er hatte sich zu früh an die Öffentlichkeit gewagt. Sein bedeutendster Artikel wurde im Augenblick auf der Tagung der American Astronomical Society verrissen. Sandage hatte in der Aufregung etwas Entscheidendes übersehen: Die sogenannten Weißen Zwerge, die sich allmählich abkühlenden Reste ausgebrannter Sonnen, leuchteten ebenfalls schwach bläulich – sie sahen aus wie Quasare. In der Haro-Luyten-Liste wimmelte es davon. Zudem waren seine Größenmessungen in technischer Hinsicht problematisch gewesen.

Die Reaktionen fielen heftig aus. Die Heftigkeit erklärte sich zum Teil aus dem verständlichen Neid anderer Astronomen auf die Wissenschaftler auf dem Mount Palomar, die besondere Privilegien genossen und als arrogant galten. Der Gedanke, daß Sandages Arbeit an ein und demselben Tag eingegangen und gedruckt worden war, ohne daß eine unabhängige wissenschaftliche Prüfung stattgefunden hatte, bestätigte das Klischee.

»Wie hatte es dazu kommen können?« fragte Sandage zwanzig Jahre später wütend und stellte sich die Empörung der anderen Astronomen vor. »Man hat den Artikel keinem unabhängigen Gutachter vorgelegt, deshalb die gewaltige Empörung unter den Astronomen. ›Wie kann Sandage das ganze Verfahren umgehen und einen spektakulären Artikel zusammenschreiben, der sich im Kern zwar als richtig herausstellt, in einer wichtigen Einzelheit aber falsch ist?‹ Wo von allen blauen Objekten die Rede ist – hätte ich bloß ›die meisten‹ geschrieben –, stimmen die Gleichungen zwar alle, aber nicht jedes blaue Objekt ist ein Quasar.« Seine Stimme wurde leiser.

»In der Zwischenzeit hatte ich an der Erweiterung des Hubble-Diagramms gearbeitet«, fuhr Sandage fort, »um den klassischen

Test für die Bremsung durchzuführen. So verfuhr ich schon seit Jahren, und als Antwort hatte ich für q_0 die Zahl eins herausbekommen. Um die Galaxienentwicklung hat man sich nicht gekümmert, also war das kein Problem zu der Zeit, als es mir darum ging nachzuweisen, daß q_0 größer als 0,5 ist. Ich habe dabei die Entwicklung außer acht gelassen. Und bei den Berechnungen zu den radioruhigen Quasaren konnte ich das irgendwie vor mir vertreten.«

Einige Wochen nach der Tagung begegnete Sandage in der Schlange am Londoner Tower Owen Gingerich, einem amerikanischen Astronomen aus Harvard. Sandage fragte ihn, ob er sich überhaupt noch nach Amerika zurücktrauen könne. Gingerich erwiderte, drei von vier Motoren seien zerschossen, aber vielleicht könne er noch mit dem vierten nach Hause brummen. »Das war eine üble Zeit. Ich hatte mich zu rasch und zu weit vor die Presse gewagt«, sagte Sandage. Er hatte Horace Babcock, dem Leiter von Mount Wilson, geschrieben und seinen Rücktritt angeboten. Babcock antwortete, das sei nicht nötig. Was ihn angehe, habe Sandage seinen Job »bis in alle Ewigkeit« sicher. »Eine sehr lange Zeit«, kicherte Sandage. »Für mich war das eine Lektion in Sachen Demut und Ehrgeiz. Ich habe sie nie vergessen.«

Ernüchtert überarbeitete Sandage zwei Jahre lang seine Ergebnisse zu den blauen Galaxien und korrigierte die Größen. Als er fertig war, hatte sich an den kosmologischen Schlußfolgerungen insgesamt wenig geändert, nur waren sie jetzt etwas vorsichtiger formuliert. In den Zeitungen las man die gleiche Theorie über das Universum. So hieß es 1969 in einer Überschrift der *Washington Post,* die Astronomen glaubten, daß »die Welt in 69 Milliarden Jahren explodieren« werde. Das dem Untergang geweihte, in sich zusammenstürzende Weltall bestimmte das Lebensgefühl einer gewissen Epoche mit.
Radioruhige Quasare, befand Sandage nach abgeschlossener Arbeit, waren zahlenmäßig noch immer bedeutend stärker ver-

treten als die aktiven. Er hatte einen neuen wichtigen Bestandteil des Kosmos entdeckt, stellte aber nach und nach fest, daß er seine Entdeckung für das Hubble-Diagramm nicht gebrauchen konnte. Quasare waren keine Standardkerzen. Keine zwei strahlten gleich hell, und selbst ein einzelner Quasar veränderte seine Helligkeit im Laufe eines Jahres oder einer Woche. Sandage hakte sie ab.

Allerdings ließ es Zwicky nicht dabei bewenden. Er war überzeugt, daß ihm Hubble und seine Epigonen auf dem Mount Wilson von jeher die Ideen stahlen, ihm aber Kredit versagten. Auf Sandages Artikel reagierte er mit einer Kanonade von Beschimpfungen. Einige Jahre später bezeichnete Zwicky Sandages Artikel in der Einführung zu einem Katalog von Kompaktgalaxien als »eine der bemerkenswertesten Leistungen auf dem Gebiet des Plagiats«. Er verwies darauf, daß es kein unabhängiges Gutachten gegeben hatte (und welche Arroganz sich darin ausdrückte) und meinte, daß eigentlich jeder kompetente Astronom auf dem Gebiet seine Vorarbeit hätte kennen müssen.

Gary Tuton, der leitende Nachtassistent am 5-Meter-Teleskop, war immer zu Streichen aufgelegt und zog den ernsthaften Sandage mit Vorliebe auf. Noch Jahre später nahm er jede Nacht, wenn Sandage für das Teleskop eingeteilt war, Zwickys Buch aus dem Regal und legte es aufgeschlagen in den Aufenthalts- und Leseraum der Kuppel. Am nächsten Morgen fand er das Buch jedesmal wieder an seinem Platz im Regal.

Sandage verdrängte einfach die ganze Sache mit den blauen Galaxien und dem Kollaps des Weltalls. Als ich durch ein paar vergilbte Zeitungsausschnitte neugierig geworden war und ihn darauf ansprach, schrak er zusammen. Er sagte, er wisse nicht mehr, was ihn zu der Behauptung veranlaßt habe, daß das Universum enden werde, falls er das überhaupt behauptet habe. Das hatte ein anderer Sandage gesagt, eine historische Person, mit der er sozusagen nichts zu tun hatte und die er auf seine typische Art kritisieren konnte. »Ein Journalist hat mich nach der Geschlossenheit gefragt«, sagte er trocken.»Aber das war nicht der zentrale Punkt. Der Punkt war, daß es Quasare gibt, die keine Radiowellen aussenden, und daß die Fülle der Quasare viel größer ist, als wir dachten. Es ging nicht darum, ob das Universum geschlossen ist. Glaube ich jedenfalls.«

Für Sandage hatten die Astronomen in Pasadena mit der Entdeckung der Quasare die Unschuld verloren. Sie hatten erlebt, was Publicity heißt, und die Publicity genossen. Er selbst wollte sich in Zukunft mehr zurückhalten. Ein langer, langsamer Rückzug aus den Kolumnen der New York Times begann.

»Das waren die Tage, als man von Palomar herabstieg und alle unten darauf warteten, daß man mit einem Topf Gold zurückkam«, sagte er resigniert.»Manchmal oder fast immer war es auch so: neue Quasare, die größte Rotverschiebung, Veränderlichkeit, sind es Galaxien oder nahe Sterne? Es war erfrischend und zugleich auch mörderisch. Vor allem hat es den Fachbereich und das Caltech mit dem Mount Wilson entzweit.«

Und er fuhr fort:»Jeder wollte in den Medien Eindruck machen. Der Pressereferent des Caltech war auf einmal die wichtigste Person im Mittelpunkt.« Bei diesen Worten zerhackten seine Hände die Luft über dem Eßtisch, und sein Gesichtsausdruck verdüsterte sich.»Ich glaube, so sollte man mit der Wissenschaft nicht umgehen. In gewisser Hinsicht wurde damals die Wissenschaft vom Wunsch nach Pressemitteilungen vorangetrieben. Wenigstens war im Rückblick alles halb so schlimm, weil zum Schluß alle die Ergebnisse kannten und wußten, daß sich die Mühe überhaupt nicht gelohnt hatte.«

Eines der ersten Opfer von Sandages Rückzug wurde Arp, sein alter Beobachtungspartner. Arp hatte das Rennen um die Quasare mit böser Miene am Rande mit verfolgt. Man hatte ihn bei der Prüfung der geheimen Radiokoordinaten übergangen, obwohl er auf ausgefallene Galaxien spezialisiert war.

Arp glaubte, daß die Betreiber des Observatoriums in Pasadena ihn für unzuverlässig hielten. Das hing vielleicht mit seiner künstlerischen Vergangenheit in der New Yorker Zeit zusam-

men oder seinem Hang, Fotografien von ausgefallenen Galaxien zu sammeln. Er hatte sich übergroße Mühe gegeben, seine
Schulden zu bezahlen, indem er ein Jahr auf dem Mount Wilson
verbracht und dort für Baade Cepheiden in M 31 vermessen hatte, statt sie, wie er es sich eigentlich wünschte, in Südafrika in
ihrem natürlichen Umfeld, den Magellanschen Wolken, zu studieren. Seine künstlerische Sensibilität war noch immer ein Stein
des Anstoßes. Während Sandage das Universum vermaß, sammelte Arp Neues und Revolutionäres. Sein großes Werk bestand
in einem Atlas ausgefallener Galaxien. Die meisten sahen aus
wie gewundene Amöben, aber es gab vorsichtige Anzeichen einer gewissen Regelmäßigkeit: ringförmige Galaxien, durch die
Finger aus Sternwolken zeigten.

Arp hingen die Trauben zu hoch. Als er eines Nachts in der Bibliothek des Palomar-Observatoriums darauf wartete, daß es
aufhörte zu regnen, erinnerte er sich an die beiläufige Bemerkung eines Kollegen, in der Nähe seiner seltsamen Galaxien sei-
en offenbar eine Menge Radioquellen zu finden. Arp durchstö-
berte die Kataloge: Die meisten waren Quasare. Er fragte sich,
ob es einen Zusammenhang zwischen den zerwirbelten Galaxien und den Quasaren in ihrer Nähe gab. Daß die Quasare über
märchenhafte Kräfte verfügten, leitete sich immerhin aus der
Annahme her, daß ihre gewaltigen spektralen Rotverschiebungen gewaltigen Entfernungen im expandierenden Universum
entsprachen. Wenn sie in Wahrheit näher stünden, müßte man
nicht soviel Energie erklären. Einmal angenommen, die Quasare
waren nur lokale Objekte, die vielleicht aus diesen gestörten galaktischen Kernen herausgeworfen worden waren. Und wenn
ihre Rotverschiebung auch keine Auswirkung der Entfernung
war, sondern ein unbekannter physikalischer Effekt? Es konnte
doch immerhin sein, daß es physikalische Gesetze gab, die der
Wissenschaft bisher verborgen geblieben waren.

Arp suchte den Himmel nach Beweisen ab, daß Rotverschiebungen keine unanfechtbaren Indikatoren für kosmische Entfernungen waren. Er wußte, daß er mit seiner Suche nicht nur

am Wissen um die Quasare rüttelte, sondern an den Grundlagen der Kosmologie überhaupt. Arp hatte eine geniale Begabung, Geheimnisse aufzuspüren. Jedesmal wenn er eine bizarre Galaxie untersuchte, stellte sich heraus, daß unter einem Spiralarm oder am Ende einer Gasranke ein Quasar steckte. Er fotografierte leuchtende Gasbrücken und behauptete, sie verbänden Galaxien miteinander, die nach ihrer Rotverschiebung Milliarden von Lichtjahren auseinander liegen müßten. Das berühmteste Objekt hieß Markarian 205 und war ein Quasar mit starker Rotverschiebung. Nach der fotografischen Analyse lag er offenbar vor einer recht nahen Galaxie.

Die meisten Astronomen taten Arps Diagramme und seine per Computer verarbeiteten Bilder als Zufälligkeiten ab. Aber sie hielten es für heilsam, wenn die tonangebenden Astronomen sich mit neuen Herausforderungen auseinandersetzen mußten, besonders seit mit der Entdeckung der Quasare und der Reststrahlung des Urknalls die Steady-State-Theorie als überholt galt. Manche versuchten Arp immer wieder dazu zu bringen, daß er eine saubere statistische Untersuchung durchführte, statt den Himmel nur nach zufälligen Unregelmäßigkeiten zu durchforsten. »Ich habe keine Zeit«, sagte er dann jedesmal mit näselndem New Yorker Akzent.

Außer einigen moralischen Ermutigungen von den Burbidges und Hoyle erhielt Arp wenig Unterstützung. Als er unbeirrt an seiner Arbeitsweise festhielt, hatte er Schwierigkeiten, Zeit am Teleskop zu bekommen. Und er wurde nicht eingeladen, seine Ergebnisse auf den folgenden Tagungen des Texas-Symposiums vorzutragen, dem inzwischen wichtigsten Wanderkongreß der Kosmologie. Arp fühlte sich als Märtyrer. Sein bedeutendster und unerbittlichster Feind war sein alter Freund Sandage.

Sandage meinte, Arp wolle auf ungerechtfertigte Weise etwas in offenkundige Dinge hineingeheimnissen. Und währenddessen bleibe das größere und tiefere Geheimnis, die Schöpfung und Expansion des Alls, einfach ungelöst. Arp versuche, die Kosmologie zu zerstören. Und Arp beklagte sich, er könne mit manchen Leuten einfach nicht mehr über Kosmologie reden. Sie nähmen alles zu ernst.

Sandage fiel eines Tages auf, daß er mit Arp nicht mehr sprach, ohne daß dies je eine bewußte Entscheidung gewesen wäre. Ihre Büros in der Santa Barbara Street lagen auf einem Stock. Die Türen blieben geschlossen. Wenn sie sich begegneten, wich jeder dem Blick des anderen aus, und sie zogen unbeteiligt wie zwei Galaxien in den Fernen des Weltraums ihrer Wege.

5. Gottes Drehtür

Im Jahr 1963, während sich in der übrigen Welt alles um Quasare drehte, saß ein junger Physiker, der einundzwanzigjährige Student Stephen Hawking, lustlos in seiner Wohnung im englischen Cambridge. Aus einem Plattenspieler tönte Wagner, überall lagen Science-fiction-Romane herum. Hawking hatte glatte, lange braune Haare, trug eine Brille mit Drahtgestell und sah sein Gegenüber aus hellblauen Augen mit schelmischem, wenn nicht unverschämtem Glanz an. Zwei Züge fielen an Hawkings Persönlichkeit auf: Er war ein Besserwisser und ein Dickkopf. Im letzten Jahr hatte er bemerkt, daß er die Kontrolle über seine Gliedmaßen verlor. Er hatte zu nuscheln begonnen wie ein Betrunkener und fühlte sich nicht mehr sicher auf den Beinen. Und zudem blieben erstmals in seinem Leben die flüchtigen, funkelnden Geistesblitze in der Physik aus. Er drehte an den Rädern seines Rollstuhls und kam nicht voran. 1963 war für Stephen Hawking kein gutes Jahr. In diesem Jahr hatte man ihm gesagt, er werde bald sterben.

Bis 1963 war sein Leben eher unbeschwert verlaufen. Später wies er gern darauf hin, daß er an Galileis dreihundertstem Todestag geboren war, am 8. Januar 1942. Er wuchs als ältestes von vier Kindern im Londoner Vorort St. Albans auf. Von seinem Vater, einem Spezialisten für Tropenkrankheiten, hatte er die Neigung zur Wissenschaft geerbt.

»Ich war vor allem an Grundlagen interessiert. Ich möchte verstehen. Ich möchte verstehen, wie und warum wir hier sind und wie das Universum funktioniert.«

Hawking hörte Physik und Mathematik am Oxforder University

College, der Universität seines Vaters. Inzwischen interessierte ihn Astronomie als Laufbahn. »Ich ging zum Observatorium der Universität Oxford und sah mich um. Sie hatten keine Teleskope, nur ein Spektrohelioskop für ihre Beobachtungen.« Hawking brachte einen miserablen Sommer damit zu, am Royal-Greenwich-Observatorium mit einem 66-Zentimeter-Refraktor Doppelsterne zu messen. Diese Zeit konnte ihn nicht für die beobachtende Astronomie begeistern, ein zweiter Sandage würde er nicht werden.

Hawking war ein gewitzter, aber fauler Student. Er beeindruckte Professoren und Kommilitonen dadurch, daß er lieber auf Fehler im Lehrbuch hinwies als die Übungsaufgaben am Ende der Kapitel zu lösen. Er wurde zu einem unkonventionellen Intellektuellen, bekannt dafür, daß er nicht pauken mußte, um Leistung zu erbringen. Er schrieb selten mit, schlief im Seminar ein und warf die eigenen Unterlagen zum Schein verächtlich in den Papierkorb. Die Dozenten, behauptete er später, seien nicht sehr gut gewesen; das System sei dazu geschaffen, daß man es verhöhnte. Hawking war ein Freigeist und bei seinen Mitschülern beliebt. Er hatte ein Faible für schlechte Witze und gab den Ton an. Seine Zensuren waren gut, aber nicht hervorragend.

Nach dem Abschluß wollte Hawking unbedingt nach Cambridge gehen und dort bei Fred Hoyle promovieren, dem bedeutendsten Vertreter der Steady-State-Theorie. Zuvor mußte er allerdings noch das *honors exam,* die Abschlußprüfung, bestehen. Hawking schloß nicht mit Auszeichnung ab, was unter anderem bedeutete, daß er die höheren Fachsemester nicht an der Studieneinrichtung seiner ersten Präferenz absolvieren konnte. Er wurde zu einer besonderen mündlichen Prüfung zugelassen, bewarb sich in der Zwischenzeit aber um einen Job in der staatlichen Denkmalpflege.

Seine Befürchtungen erwiesen sich als unbegründet. Die mündlichen Prüfer waren beeindruckt von seiner Intelligenz. Hinterher fragten sie, was er als nächstes tun wolle. »Wenn ich die beste Note bekomme, gehe ich nach Cambridge«, antwortete Hawking, »wenn nicht, bleibe ich hier. Ich erwarte also, daß Sie mir die beste geben.«

Cambridge war für einen jungen englischen Wissenschaftler mit Ehrgeiz seit mindestens dreihundert Jahren der richtige Studienort, seit jener Zeit, als Isaac Newton, von der Pest am Ausgehen gehindert, in seinen Räumen im Trinity College die Gravitationsgesetze aufgestellt hatte. In den frühen sechziger Jahren wurde Cambridge zu einem Treffpunkt und Zentrum der Kosmologie – jener Richtung der Kosmologie, für die man kein Teleskop braucht. Fowler und die Burbidges kamen mit ihren Studenten jeden Sommer nach Cambridge, um zu wandern und zusammen mit Hoyle über Sternentwicklung und die Kernsynthese der Elemente zu arbeiten.

Hawkings Hoffnung, daß er bei Hoyle studieren könnte, wurde enttäuscht. Es stellte sich heraus, daß Hoyle keine Studenten hatte, was aber angesichts seiner häretischen Forschungen kein großer Verlust war. Statt dessen erhielt Hawking Anleitung von Dennis Sciama, einem Theoretiker aus Hoyles Generation.

Sciama, ein tiefdunkler Typ mit schlohweißem, welligem Haar, ist ein leicht erregbarer Mensch. Wenn er ins Schwärmen kommt, wird seine Stimme mädchenhaft hoch. Er hätte eigentlich das Kleidergeschäft der Familie übernehmen sollen, war aber gegen den Willen des Vaters nach Cambridge gegangen und hatte Physik studiert. Auch Sciama war es beim ersten Anlauf nicht gelungen, die Zulassung für die höheren Semester in Cambridge zu erhalten. Statt dessen hatte er sich mit Radartechnik bei der Armee befaßt, und seine wissenschaftliche Arbeit fand dort so viel Anerkennung, daß man ihn schließlich doch auf der Universität annahm. Sciama hatte eine philosophische Ader – er hatte bei Ludwig Wittgenstein studiert – und neigte deshalb eher der Steady-State-Theorie des Universums zu. Er wurde ein enger Freund von Hermann Bondi, dem Urheber der berüchtigten Theoreme, und von Gold. Sciama räumte bereitwillig ein, daß er von Natur aus ein aufbrausender Mensch sei. Er sollte sich wegen der Steady-State-Theorie noch sehr aufregen.

Im Jahre 1961 hatte Sciama in Cambridge eine Gruppe ins Leben gerufen, die auf den Gebieten allgemeine Relativitätstheorie und Kosmologie forschen sollte. Sciama war damals der einzige in England, der Relativitätstheorie lehrte. »John Wheeler in Princeton tat ungefähr das, was ich in Cambridge tat: eine Generation von allgemeinen Relativisten heranziehen«, erklärte Sciama mit großem Vaterstolz. »In England beherrscht Cambridge die Mathematik wie kein Ort in Amerika. Jetzt bin ich in Oxford«, lachte er. »Sie müssen also glauben, was ich sage. Ich wurde an eine strategisch günstige Stelle gesetzt, um an gute Studenten zu kommen. Hawking war einer der besten.«

Wie allen anderen fiel auch Sciama sofort auf, daß Hawking ein kluger, aber undisziplinierter Geist war. Ob er das Zeug zu einem hervorragenden Wissenschaftler hatte, stand auf einem ganz anderen Blatt – das könne man von jemandem erst dann sagen, bemerkte Sciama, wenn er in die Forschung eingestiegen sei.

In Hawkings erstem Jahr in den höheren Fachsemestern verschlimmerte sich die Störung, die das erste Mal in Oxford aufgetreten war – er stotterte und konnte nicht mehr deutlich sprechen. 1963 diagnostizierte man bei ihm die rätselhafte Krankheit Amyotrophische Lateralsklerose, ALS. ALS ist die fortschreitende Zerstörung der Nerven, die die willkürlichen Muskeln kontrollieren. Sie führt normalerweise zu Lähmungen und in zwei bis fünf Jahren zum Tod. Nur die willkürlichen motorischen Funktionen fallen aus, das Gehirn bleibt intakt. Der gesunde Geist haust in einem verfallenden Körper, der ihm immer mehr die Dienste versagt. Man kennt weder die Ursache von ALS noch eine Behandlungsmethode. Die Ärzte schilderten Hawking seine Zukunft: erst ein Spazierstock, dann ein Rollstuhl, dann das Bett und wachsende Pflegebedürftigkeit. Er würde sich immer weniger bewegen und mit seiner Umwelt in Kontakt treten können. Schließlich würde auch die Atmung beeinträchtigt. Zuletzt wird dem Kranken häufig eine Lungenentzündung zum Verhängnis.

Hawking erlebte eine Phase völliger Antriebslosigkeit. Er vergrub sich in seinem Zimmer. »Nach dem ersten Auftreten schritt die Krankheit rasch fort. Ich war vollkommen deprimiert. Ich dachte, in ein paar Jahren wäre ich tot. Es gab keinen Grund, warum ich weitermachen sollte.«

Verschlechterung der Krankheit und Depression hielten einige Jahre an. Mit Hawking ging es auch in wissenschaftlicher Hinsicht bergab, und Sciama machte sich deshalb Vorwürfe. Hawking schien ihm teilweise deshalb so bedrückt, weil er noch an keinem wirklich interessanten Problem hatte arbeiten können. Es war schließlich Aufgabe des Doktorvaters, für seinen Studenten ein Projekt zu finden, das ihn fesseln und fördern konnte. Immerhin, meinte Sciama, habe Hawking trotz allem nie die Fähigkeit verloren, schlechte Witze zu erzählen.

Wie sich herausstellte, ging nicht alles in Hawkings Leben schief. Kurz nachdem ihm die Ärzte die Diagnose eröffnet hatten, lernte er eine Frau kennen und traf sich regelmäßig mit ihr. Jane Wilde war eine ehemalige Klassenkameradin aus St. Albans, inzwischen studierte sie an der Universität London Mittelalterliche Dichtung. Während Stephen introvertiert, empfindsam und ein analytischer Geist war, mochte Jane alles Klassische, war extrovertiert und interessierte sich für Kunst und Musik. Sie machte ihn offener. Sie beschlossen, gemeinsam intensiver zu leben. 1965 heirateten sie.

Die Hochzeit brachte die Wende in Hawkings Leben. Plötzlich schien alles weniger schlimm. Er hatte eine Familie zu versorgen und konnte nicht mehr tagein, tagaus über seine Zwangslage nachgrübeln.

Die Talfahrt hatte sich inzwischen verzögert. Der körperliche Verfall ging langsamer voran, Hawking lebte noch immer. Sciama riet ihm, seine Doktorarbeit zu beenden, da er ja offenbar weiterleben werde.

Sciama hatte mit Hawking etwas Neues vor. Er schickte ihn nach London, wo er sich mit einem Mathematiker, Sciamas altem Freund Roger Penrose, treffen sollte. Penrose hielt Vorlesungen über eine der seltsamsten und beunruhigendsten Vorhersagen der allgemeinen Relativitätstheorie: daß es im Universum sogenannte Singularitäten geben könne, Bereiche, in denen die Gesetze der Physik außer Kraft gesetzt seien, in denen Materie und Energie und sogar Zeit und Raum zerstört – und geschaffen – würden. Hawking hörte bei Penrose und wußte, daß er seine Lebensaufgabe gefunden hatte.

In der Mathematik entsteht eine Singularität, wenn man durch null teilt – das Ergebnis ist unendlich, nicht definiert. Einsteins Gleichungen schienen zu besagen, daß etwas Ähnliches geschehen würde, wenn man an einem Ort genug Materie oder Energie anhäufte: Die Gleichungen würden nicht mehr aufgehen und sinnlose Antworten auswerfen; das Universum wäre nicht mehr faßbar. »Für die Physik bedeutet das eine große Krise«, erklärte Hawking. »Keiner kann nämlich sagen, was bei einer Singularität herauskommt.«

Daß Einsteins Theorie eine so apokalyptische Voraussage beinhalten sollte, wurde von den Physikern erst langsam begriffen und nur widerwillig akzeptiert. Die allgemeine Relativitätstheorie war der Inbegriff einer eleganten und erfolgreichen physikalischen Theorie, ein Triumph der Prinzipien und der mathematischen Schönheit über die chaotische Welt der Daten. Sie basierte auf dem Grundsatz der Äquivalenz, das heißt auf der Vermutung Einsteins, daß es keinen Unterschied zwischen Schwerkraft und Beschleunigung gab, weil eine Person, die in einem fensterlosen Aufzug nach oben fährt, nicht feststellen kann, ob ihr Gewicht durch eine Beschleunigung des Fahrstuhls oder durch die Schwerkraft zustande kommt. Die Schwerkraft, schloß Einstein, sei deshalb überhaupt keine Kraft. Sie sei die Geometrie der Raumzeit.

Dies bedeutete, daß die Geometrie einfach die Summe der gegenwärtigen Masse und Energie war.

Nach der allgemeinen Relativitätstheorie ist die leere Raumzeit normalerweise flach wie eine leere Matratze. Aber Materie und Energie verbiegen sie wie eine Liege, die unter dem Gewicht eines beleibten Schläfers nachgibt. Durch sie werden sogenannte Geraden verbogen und selbst Lichtstrahlen abgelenkt. Je dichter die Masseenergie zusammengepackt ist, desto mehr krümmt sich der umgebende Raum. Nach dieser Sichtweise wird ein Fußball, der zur Erde fällt, nicht von einer Kraft angezogen. Er folgt vielmehr einfach dem Weg des geringsten Widerstandes durch die gekrümmte Raumzeit. Raum und Materie beeinflussen sich also gegenseitig.

Eine Konsequenz dieser Theorie ist, wie wir gesehen haben, das expandierende Universum. Eine andere ist die furchterregende Singularität.

Ein Zuviel an Materie würde den Raum zu stark krümmen. Er würde in sich zusammensacken und zusammenschnurren wie ein Kaugummi, den man bis zum Zerreißen auseinandergezogen hat. Die Dichte von Masse und Energie würde unendlich groß werden. Das Ergebnis wäre eine Absurdität in Natur und Gesetzmäßigkeit, ein Punkt, an dem nichts mehr vorhersagbar ist. Eine Singularität konnte einen kosmischen Tod bedeuten, bei dem Teilchen und Energie einfach aus der Existenz schieden, einen Bereich, in dem alles möglich und erlaubt war. Die Marschbefehle, die der Raum der Materie gab, würden zu den wahnsinnigen Anordnungen eines Generals, der den Verstand verloren hat.

Einstein selbst räumte widerwillig ein, daß Singularitäten in der allgemeinen Relativitätstheorie *mathematisch* möglich seien, soweit es aber um die reale Welt ging, hielt er sie für Unsinn. Man konnte ein wirkliches physisches Objekt schließlich nicht auf einen Punkt zusammenpressen. Dies war einer der Gründe, warum ihm die Friedmannschen Gleichungen Unbehagen bereiteten. Sie gingen immerhin davon aus, daß das gesamte Universum von einem Punkt aus expandiert war.

Im Jahre 1939 unternahmen zwei Physiker - J. Robert Oppenheimer, der spätere Leiter des Manhattan Project und sein Doktorand Hartland Snyder – ein gedankliches Experiment in bester Einsteinscher Tradition. Sie fragten sich, was wohl geschehen würde, wenn ein massiver Stern ausbrannte und seine tote Masse plötzlich kollabierte. Sie wußten bereits, daß ein leichtgewichtiger Stern wie unsere Sonne auf die Größe unserer Erde und die Dichte von Eisen zusammengedrängt würde, bevor sich ein Gleichgewicht zwischen seinem Gewicht und den Kräften der elektrostatischen Abstoßung zwischen den Atomen einstellen würde. In früherer Zeit, als noch ein freundlicherer Umgangston herrschte, hatten Zwicky und Baade vermutet, daß ein nur geringfügig schwererer Stern noch weiter in sich zusammenfallen würde, soweit, bis er zu einem Ball von sechzehn Kilometern Durchmesser zusammengeschrumpft wäre. Unter dem gewaltigen Gewicht würden seine Atome kollabieren, und der Stern würde als ein gigantischer Atomkern enden, der nur aus Neutronen bestünde und vom Druck der Neutronen gegeneinander erhalten würde.

Wenn man das Gewicht eines sogenannten Neutronensterns noch weiter steigerte, stellten sich Oppenheimer und Snyder unschuldig vor, dann würde er noch stärker komprimiert und der bereits unermeßliche Druck im Inneren des Sternes noch weiter erhöht. Hier stießen sie aber auf eine Kuriostiät, auf den tückischen Haken in der allgemeinen Relativitätstheorie, eine Klausel in Gottes Kontrakt, nach der tote Sterne und vielleicht das Universum ins Verderben gerissen werden. Denn auch Druck war eine Form der Energie und nach den Gesetzen der Relativitätstheorie damit gleichwertig mit Masse. Er trug also ebenso sicher wie ein Haufen Gesteinsbrocken zur Krümmung der Raumzeit bei. Wenn der Stern weiter zusammenschnurrte, würde der Druck dem Stern noch mehr Gewicht verleihen, die Katastrophe vorantreiben und den Zusammenbruch weiter beschleunigen. So würden selbst die Kräfte, die den Stern zu retten versuchten, schließlich Verrat begehen und zu seinem Verderben beitragen. Je erbitterter der Stern gegen seine Schrumpfung ankämpfte, desto schneller würde er schrumpfen. Das Ergebnis wäre ein unaufhaltsamer Kollaps. Nichts könnte verhindern, daß der Stern immer dichter würde, bis er den umgebenden Raum ganz an sich herangezogen hätte und, wie vom Mantel eines Zauberers verschluckt, von der Bildfläche verschwände. Der Stern – oder was von ihm übrigblieb in der dunklen Zone seines Zusammensturzes – wäre vom übrigen Universum für immer abgeschnitten. Dem fernen Betrachter erschiene nur noch sein Gravitationsfeld, der gespenstische, leere und komprimierte Raum um ihn herum.

Die meisten Physiker nahmen diese Überlegungen nicht besonders ernst – bis die Quasare auftauchten. Gewöhnliche Kernverschmelzung konnte für ihre gewaltige Energiemenge nicht verantwortlich sein, was Hoyle, immer ein Meister in unkonventionellen Erklärungen, zu der Vermutung veranlaßt hatte, Radiogalaxien könnten durch Supersterne mit der millionenfachen Dichte der Sonne gespeist werden, und zwar nicht thermonuklear, sondern durch Gravitation. Gravitation ist die schwächste Kraft im Universum, aber sie ist auch eine universale Kraft und der elementarste Teilchenbeschleuniger. Hoyle wies auf folgendes hin: Wenn eine Anhäufung von Materie von der Masse eines Sternes unter dem eigenen Gewicht zusammenbricht, würden bis zu neunzig Prozent der Masse in Energie umgewandelt, eine ausreichende Menge für einen Quasar. Und am Ende des Kollapses stand womöglich die gefürchtete Singularität.

Hoyle hatte seine Vermutung vorgebracht, noch bevor Schmidt herausgefunden hatte, was Quasare waren. Seine Vermutung spornte die Diskussion auf der Tagung in Dallas im Dezember 1963 an, auf der Sandage seine Fotografien von der explodierenden Galaxie vorlegte.

Dieses erste Texas-Symposium war ein Treffpunkt, wo die Geschicke vieler Kosmologen und Astronomen zusammenliefen. Penrose und Hawking waren da. Hawking kehrte nach Hause zurück und tat sich leid; er ahnte nicht, daß auf dem texanischen

Podium wenig später seine künftige Lebensaufgabe umrissen wurde.

Vorgestellt wurde sie vom Princetoner Physiker John Archibald Wheeler, der sich zehn Jahre lang mit Singularitäten und Gravitationskollapsen beschäftigt hatte. Wheeler sah nicht aus wie ein Prophet. Der einundfünfzigjährige, bescheidene kleine Mann war kräftig, wurde in der Menge aber leicht übersehen. In Wahrheit war er ein temperamentvoller Professor, der bildliche Ausdrücke und Knallfrösche liebte. Eine Kiste mit Feuerwerkskörpern stand immer auf seinem Schreibtisch, und er benutzte sie oft. Es war bekannt, daß er in den Gängen seines Instituts schon Leuchtkugeln abgeschossen hatte. Er hatte am Bau der Atom- und Wasserstoffbombe mitgearbeitet, und im Garten hinter seinem Haus stand ein kleiner Atombunker. Wheeler sprang an jenem Nachmittag voller Sendungsbewußtsein durch die halbe Konferenz zum Podium vor. Er war im Begriff, die Physik für zehn Jahre in höchste Bedrängnis zu bringen. Auf diesen Augenblick schien er sein ganzes Leben hingearbeitet zu haben.

Wheeler war Schüler von zwei Koryphäen. Die eine war Niels Bohr, der legendäre dänische Theoretiker, der die Quantentheorie mitbegründet hatte. Wheeler hatte in Bohrs Kopenhagener Institut ein eindrucksvolles Jahr verbracht und blieb Zeit seines Lebens sein Anhänger. Die andere Koryphäe war Einstein, den Wheeler als junger Professor in Princeton kennengelernt hatte. »Es kostete mich einige Überwindung, zu ihm zu gehen«, erinnerte sich Wheeler und bereute, daß er so schüchtern gewesen war und Einstein nie auf das Problem der Singulariäten aufmerksam gemacht hatte. »So sehr ich Einstein auch bewundere, vom menschlichen Standpunkt aus hatte Bohr besondere Größe. Ich würde sagen: Einstein hat das Ziel gesteckt, das wir meiner Meinung nach anstreben sollten. Bohr hat dagegen die Methode und den Stil vorgegeben: fortgesetzte Diskussion, den Ball am Rollen halten.«

Wheeler war schon im mittleren Alter und hatte eine erfolgreiche Laufbahn als Kernphysiker hinter sich, als er sich mit der allgemeinen Relativitätstheorie zu beschäftigen begann. Er machte es sich zur Aufgabe, den »glitzernden Zentralmechanismus« des Universums, wie er es nannte, zu finden. Er beschrieb das Problem einmal folgendermaßen: »Tapeziere den Fußboden eines Raumes weiß und teile ihn in Quadrate von dreißig mal dreißig Zentimetern ein. Laß dich auf alle viere nieder und beschreibe das erste Quadrat mit einer Reihe von Gleichungen, nach denen die Physik im Universum funktionieren soll. Überschlafe die Sache. Schreibe am nächsten Tag eine Reihe besserer Gleichungen in das zweite Quadrat. Wenn du dich schließlich bis zur Tür vorgearbeitet hast, steh auf und blicke auf all die Gleichungen, von denen einige vielversprechender sein werden als andere. Strecke gebieterisch den Finger in die Luft und befiehl: ›Fliege!‹ Keine einzige Gleichung wird Flügel bekommen, abheben und fliegen. Und doch ›fliegt‹ das Universum.«

Was bringt die Physik und das Weltall dazu, daß sie »fliegen«? Wheeler hatte wie viele allgemeine Relativisten aus dieser frühen Zeit die Hoffnung, daß später alle Phänomene der Physik, nicht nur die Gravitation, in Begriffen der raumzeitlichen Geometrie erklärbar sein würden. Im Jahre 1956 schlug er vor, man könne elektrische Ladung durch kleine Wurmlöcher in der Raumzeit erklären. Dabei wäre die positive Ladung ein Ende des Tunnels, die negative das andere.

Schließlich, so sagte er, sei er zu dem Schluß gelangt, daß die Geometrie nicht abstrus genug sei, um damit die Elementarteilchenphysik erklären zu können.

Wheeler meinte, man könne nach dem Geheimnis des Universums an keinem Ort besser suchen als an seinem Ende, der metaphysischen und realen Apokalypse, dem Gravitationskollaps. Nach seinen Berechnungen war er überzeugt, daß die Materie und viele ihrer wesentlichen Eigenschaften - Eigenschaften, die stolze Grundlagen der gewaltigen physikalischen Gesetze waren, wie die Unterscheidung zwischen Materie und Antimaterie - in den Singularitäten einfach verschwanden.

Für Wheeler gab die Natur mit dem Kollaps eines Sterns nur einen Vorgeschmack auf die große Katastrophe: auf den »big crunch«, den großen Kollaps, in dem das All enden würde, wenn es sich, wie Sandage meinte, als geschlossen herausstellen würde. Eines Tages, in Milliarden von Jahren, würde die kosmische Expansion zum Stillstand kommen und das All wieder in sich zusammenstürzen. Zu einem bestimmten Zeitpunkt in der Zukunft, der nach den Friedmannschen Gleichungen und Sandages Messungen vorhersagbar war, würde es sich zu unendlicher Dichte zusammenziehen. Alle Galaxien, alles Existierende würden wie ein Gedanke, den man vergißt, in der Singularität verschwinden. Mit ihnen würden auch Zeit und Raum untergehen und selbst die Physik, die sich in Raum und Zeit abspielt – denn in allen Gleichungen treten x und t auf, die Größen für Raum und Zeit. Wie ist das möglich? Selbst Wheeler stellte sich die Frage. Die Physik müsse weitergehen, meinte er, denn die Physik gehe per definitionem trotz aller dunklen Veränderungen im oberflächlichen Schein der Wirklichkeit ihren ewigen Weg weiter. Dieses Paradoxon sagte er genüßlich immer wieder: »Die Physik endet, aber die Physik muß weitergehen.«

Bohr hatte Wheeler eine recht dialektische Auffassung von Wissenschaft vermittelt. Die Wissenschaft schreite nur voran, wenn sie ihre Vergangenheit verleugne, sagte er. Und es gebe keine Hoffnung auf Fortschritt ohne das Paradoxon. Wheeler meinte, daß der Gravitationskollaps, die Vorstellung einer Physik, die ihren eigenen Untergang voraussagte, das größte Paradoxon sein müsse und somit die größte Hoffnung in der Geschichte der Wissenschaft. Um die Krise zu überleben, die der Tod durch Gravitation bedeute, müsse die Physik Raum und Zeit verneinen. Er dachte, daß die allgemeine Relativitätstheorie am Ende vor der Quantentheorie kapitulieren müsse, vor den ebenso paradoxen Gesetzen, die die physikalische Welt der subatomaren Elementarteilchen beherrschten. Wheeler schwärmte von einer künftigen »Liebesheirat« zwischen der allgemeinen Relativitätstheorie und der Quantentheorie.

Wheeler hatte immer ein gebundenes Notizbuch dabei, in das er mit einem schwarzen Füllfederhalter Aufzeichnungen für Vorlesungen, Berechnungen, seltsame Notizen und Bemerkungen eintrug, alles, was mit seinem Beruf zu tun hatte, einschließlich aufmunternder Worte an sich selbst. Die Notizbücher füllten ein ganzes Regal in seinem Arbeitszimmer. Auf seinem Schreibtisch stand (neben den Feuerwerkskörpern) ein Karteikasten mit einer Sammlung eigener und fremder Aphorismen und Zitate – das Rohmaterial für Reden und allgemeinverständliche Artikel.

Wheeler sah seine Rolle in der Schlacht um die letzte Theorie halb als ein Altgedienter, der es sich leisten konnte, auf selbstschädigende Weise einen Narren aus sich zu machen, und halb als wortgewaltiger Trainer, der hinter der Linie die Mannschaft anfeuert. Vor fortgeschrittenen Studenten und Kollegen setzte er Worte so geschickt ein wie ein Samurai oder ein genialer Werbetexter. Als Kip Thorne, ein Absolvent vom Caltech, 1962 nach Princeton kam, um seine Dissertation zu schreiben, schleppte ihn Wheeler in sein Arbeitszimmer, schloß die Tür und gab ihm eine dreistündige Privatvorlesung zur Apokalypse durch Schwerkraft. »Er hat mich einer Gehirnwäsche unterzogen«, sagte Thorne grinsend, inzwischen ein bärtiger, unkonventioneller Professor am Caltech, der gerne Halsketten und mexikanische Hemden trägt.

Wheeler suchte weiter nach immer besseren Wegen, um die Misere der Physik und des Universums darzustellen. 1967 vollbrachte er auf einer Konferenz in New York eine Meisterleistung an Öffentlichkeitsarbeit und prägte den Begriff »Schwarzes Loch« für das Ergebnis der Apokalypse durch Schwerkraft. »Manchmal glaubt der Patient dem Arzt nicht, daß er krank ist, bis der Arzt dem Leiden einen Namen gibt«, erklärte Wheeler. Der Name wirkte.

Dreihundert Physiker und Astronomen hörten still zu, als Wheeler in Dallas mit geballter Faust die düsteren Prophezeiungen verkündete. Rhetorisch fragte er, wem wohl die Totenglocke schlage. »Manchmal wird argumentiert, man brauche sich eigentlich gar nicht zu fragen, welche Art Physik in den letzten dynamischen Stadien wirksam sein wird, wenn Materie kollabiert«, meinte er. »Von außen gesehen, wird das Objekt immer röter. Es behält seine Masseenergie, weil es sie nicht abstrahlen kann, und verliert dadurch nichts von seiner Schwerkraft. Im Endstadium sei kein innerer Ablauf mehr von Bedeutung, heißt es gelegentlich, denn es gebe keinen Weg, auf dem die Zeichen der Ereignisse einen außenstehenden Betrachter erreichen könnten. Deshalb brauche man sich Fragen nach diesen Ereignissen nicht zu stellen und müsse auf jeden Versuch verzichten, sie zu untersuchen. Für einen Beobachter, der sich in dem zusammenstürzenden System befindet, nimmt der Kollaps indes nur einen beschränkten und sehr bescheidenen Zeitraum in Anspruch ... Zu diesem Ereignis kann man auf das Einstein-Friedmannsche Bild vom expandierenden und kontrahierenden Universum verweisen, nach dem wir uns auf eben einer solchen Wolke von Galaxien befinden und nichts anderes tun können, als mit ihrem abschließenden Kollaps zu leben. Man ist alles andere als der Zuschauer in sicherer Entfernung außerhalb der kollabierenden Systeme. Wir stehen vielmehr direkt im Zentrum des Geschehens, im expandierenden und kollabierenden Gesamtsystem, dem Universum. Wenn man versucht, die physikalischen Verhältnisse dieses Systems zu analysieren, ist das durchaus keine sinnlose Beschäftigung.«

Die Astronomen im Saal waren es eher gewohnt, über Rotverschiebungen und die Farben der Sterne von Kugelhaufen zu diskutieren. Für sie war der Vortrag fast Metaphysik.

Wheeler lernte Hawking erst ein Jahr später kennen. Hawking sollte in geistiger Hinsicht sein bedeutendster Schüler werden und der Faszination der Schwarzen Löcher am dauerhaftesten erliegen. Zunächst begegnete Hawking allerdings Penrose. Penrose behandelte die »Frage des Endzustandes«, wie Wheeler sie vorsichtig umschrieb, mit viel Brillanz und Geschick.

Penrose stammte aus einer jener berühmten Familien von Intellektuellen, die wie die Huxleys schon seit Generationen Bedeutendes geleistet hatten. Sein Vater war ein bekannter Eugeniker. Penrose hatte sich auf Geometrie spezialisiert.

Sciama hatte Penrose überzeugt, sein Talent für die allgemeine Relativitätstheorie fruchtbar zu machen. Penrose ging an sie heran, als sei sie ein geometrisches Problem in vier Dimensionen (was sie tatsächlich auch war): mit wirkungsvollen Lehrsätzen und gekonnten Beweisen. Seine Aufzeichnungen und Berechnungen sahen aus wie kleine Hieroglyphen. Am Ende bestätigten sie Wheelers apokalyptische Vision bis ins Detail.

Viele Wissenschaftler hatten gehofft, daß sich die Singularitäten wie das reibungslose Gleiten oder das Perpetuum mobile in den Übungsaufgaben von Erstsemestern als bloße mathematische Idealisierung herausstellen würden, die es im wirklichen Leben nicht gab. Ein realer Stern würde wahrscheinlich nicht auf eine sphärisch symmetrische Weise in sich zusammenstürzen, schon gar nicht, wenn er rotierte, was fast sicher der Fall war. Vielleicht würde die Materie in Wirbeln um seinen Mittelpunkt herumsausen und so dem Zusammenprall entgehen, der endgültig zur Singularität führen würde. Dieses Glück sei ihm nicht beschert, meinte Penrose mit einem seiner eleganten, wie Theoreme anmutenden Sätze. 1965 bewies er, daß der Kollaps eines Sternes, wenn er einmal in Gang gekommen war, sich wirklich zu einer ausgewachsenen physikalischen Singularität, zur wilden Anarchie, entwickeln würde. Es gab kein Schwarzes Loch ohne die Singularität. Penrose zeigte tatsächlich, daß überall dort, wo genug Materie und Energie angesammelt waren, die Raumzeit ein Ende haben konnte.

Hawking lernte schnell und sog Penroses Methoden in sich auf. Im letzten Kapitel seiner Dissertation wandte er diese theoretischen Überlegungen auf den Fall eines offenen (immer weiter expandierenden) Universums an, was als Umkehrung eines Sternkollapses vorstellbar war. »Das war der beste Teil«, sagte Sciama liebevoll. Wenn die allgemeine Relativitätstheorie richtig war, hatte Hawking geschlossen, dann mußte es in der Geschichte des Universums mindestens eine Singularität geben. Im Falle eines expandierenden Universums hatte es sie mit Sicherheit vor etwa zehn oder zwanzig Milliarden Jahren gegeben. Wenn man das expandierende All wie einen Film rückwärts laufen ließ, dann würde die Dichte von Materie und Strahlung grenzenlos wachsen, bis schließlich selbst das Licht am Himmel dicht wie eine Bleidecke wäre und die gesamte Schöpfung in der Singularität unterginge. In einem gemeinsamen Artikel erbrachten Hawking und Penrose später den Beweis, daß dies für alle Typen eines expandierenden Weltalls gilt. Hawking, der eine Gabe zur Untertreibung hatte, meinte vorsichtig, man könne diese Singularität gewissermaßen als die Geburt des Universums betrachten.

Nach der Promotion blieb Hawking als wissenschaftlicher Mitarbeiter in Cambridge und pendelte dort in einem kleinen dreirädrigen Wagen zwischen dem Fachbereich für Angewandte Mathematik und Theoretische Physik, einem fabrikähnlichen Bau im Herzen der Stadt, und Hoyles flachem, in modernistischem Stil erbautem Institut für Theoretische Astronomie am Stadtrand hin und her. (Das Wort *theoretisch* im Namen des Instituts wurde beim Zusammenschluß mit Ryles Gruppe im Jahre 1972 übrigens gestrichen. Hoyle kündigte daraufhin.) Der langsame Verfall seines Körpers setzte sich fort. 1969 hatte er den Stock gegen einen Rollstuhl eingetauscht. Man verstand ihn nur noch mit Mühe. Jetzt zeigte sich, wie zäh Hawking war. Wenn es ging, lehnte er Hilfe ab, er wollte so unabhängig wie möglich bleiben. Gäste in seinem Haus in Cambridge mußten fünfzehn Minuten lang mit ansehen, wie er selbständig eine Treppe erklomm. Das Leben ging eben weiter. Und 1967 hatte ihm Jane seinen Sohn Robert geboren.

Die späten sechziger Jahre waren für englische Theoretiker eine fruchtbare Zeit. Wie Fußballer, die sich elegant den Ball zuspielen, hatten Penrose und Sciamas Gruppe abwechselnd mehrere Theoreme zu Singularitäten, der Struktur der Raumzeit und dem

Schicksal der Materie formuliert, die in ihren schwarzen Sog gerät. Ein bekannter Lehrsatz von Penrose besagte, daß kollabie-
rende Materie oder alles, was in ein Schwarzes Loch fiel, entweder zur Singularität werden und bis zum Nichts
zusammengequetscht würde oder daß es, wenn das Schwarze
Loch rotierte – weil es aus einem rotierenden Stern entstanden
war –, wie durch das Schwarze einer Zielscheibe, durch ein
»Wurmloch« hindurchschießen und an einem anderen Ort, in
einer anderen Zeit und vielleicht sogar in einem anderen Universum als Weißes Loch wieder zum Vorschein kommen würde.
Diese Theoreme und Probleme wurden dargestellt in einer Art
geometrischen Kurzschrift, die Penrose und Sciamas Student
Brandon Carter entwickelt hatten, ein großer, freundlicher, bärtiger Franzose. In diesen Penrose-Diagrammen, wie sie genannt
wurden, wurde die gesamte Vergangenheit und Zukunft des
Universums mathematisch in einem Dreieck dargestellt. Die
Scheitelpunkte und zwei Seiten stellten verschiedene Arten der
Unendlichkeit dar (die unendliche Vergangenheit und die unendliche Entfernung). Die dritte Seite war die Zeitachse. Singularitäten erschienen als gezackte Linien entweder senkrecht oder
parallel zur Zeitachse. Im ersten Fall war ein nicht rotierendes
Schwarzes Loch oder das Universum als Ganzes dargestellt.
(Hawking bewies irgendwann, daß das Universum nicht rotieren kann.) Die Singularität trat zu einem bestimmten Zeitpunkt
ein und war so unvermeidlich wie der vierzigste Geburtstag.
Im zweiten Fall lauerte die Singularität an einer bestimmten Stelle, so daß man ihr grundsätzlich ausweichen konnte. Allerdings
entging man nicht dem Schwarzen Loch, in das sie eingebettet
war. Wenn man der Singularität ausgewichen war, befand man
sich in einem weiteren Dreieck, das Rücken an Rücken zum ersten lag und ein neues Universum darstellte.
Mathematisch betrachtet war ein »Weißes Loch« das Gegenstück zu einem Schwarzen Loch – eine Energiequelle, die über
ein sogenanntes »Wurmloch« durch die Raumzeit mit ihrem
Gegenstück verbunden war. Wie der Zufall wollte, stellten sich

beide, die Wurmlöcher und die Weißen Löcher, bei weiteren Überlegungen als physikalisch unmöglich heraus. Die gesamte Masseenergie, die ein Weißes Loch ausspeien würde, würde den umliegenden Raum krümmen und schwarz machen. Aus einem Schwarzen Loch gab es folglich kein Entrinnen, auch nicht durch eine Hintertür.

Zum Glück stand einem eine solche metaphysisch vernichtende Begegnung nur dann bevor, wenn man sich freiwillig für einen Sturz in ein Schwarzes Loch meldete. In allen einfachen Berechnungen, die Leute wie Hawking und Penrose anstellen konnten, waren die einzigen von Singularitäten gebildeten Stellen die Zentren Schwarzer Löcher; sie waren stets umgeben von Ereignishorizonten – einer imaginären Oberfläche, von der aus es keine Wiederkehr mehr gab. Innerhalb des Ereignishorizontes konnte man sich aus dem Griff der Schwerkraft eines Schwarzen Lochs nur dann befreien, wenn man sich schneller als mit Lichtgeschwindigkeit, der absoluten Obergrenze der Geschwindigkeiten, fortbewegte. Aber es kam noch schlimmer: Innerhalb des Ereignishorizontes tauschten Raum und Zeit die Rollen; wie man aus dem Universum nicht hinaussehen kann, so kann man auch aus einem Schwarzen Loch nicht hinaussehen – alle Wege führen hinein in die Singularität. Der einzige Weg hinaus verläuft rückwärts durch die Zeit, und für eine solche Fahrt ist nur schwer eine Fahrkarte zu bekommen.

Ohne daß er es jemals beweisen konnte, vermutete Penrose, daß es eine »kosmische Zensur« gab, ein Prinzip, das das Auftreten einer nackten Singularität verbot. Hawking stand dieser Annahme mit gemischten Gefühlen gegenüber.

Ein weiteres Theorem fesselte Hawkings Aufmerksamkeit: Ein Schwarzes Loch hatte die verblüffende Eigenschaft, daß es seine Fraßspuren beseitigte und alle Informationen über das, was es verschluckt hatte, vernichtete. Die Gleichungen, die Schwarze Löcher beschrieben, stellten sich als peinlich einfach heraus, *zu einfach*. Ein Schwarzes Loch konnte Masse, Ladung und einen Drehimpuls haben – mehr nicht. Doch dann entdeckte man Mitte der sechziger Jahren in der Elementarteilchenphysik eine ganze Latte von Eigenschaften wie Seltsamkeit, Baryonenzahl, Leptonenzahl und Isotopenspin. Sie unterschieden die zahllosen subatomaren Teilchen, die in den Detektorkammern der Teilchenbeschleuniger aufgetaucht waren. In einem Schwarzen Loch wurden all diese Unterschiede durch Schwerkraft aufgehoben. Einem Schwarzen Loch war es gleichgültig, ob es blaue Sterne, interstellaren Staub, Neutrinos, reine Strahlung, Materie oder Antimaterie verschlang. Das Ergebnis war dasselbe. Welchen Hinweis gab dies auf die Kräfte, durch die das Universum geschaffen und zerstört wurde? Hawking vermutete, daß die Singularität etwas mit ihnen zu tun hatte.

Wheeler drückte das in einem rätselhaften, lapidaren Satz so aus: »Ein Schwarzes Loch hat keine Haare.« Carter schlug diese Feststellung als weiteres Theorem vor. Hawking, Carter, Werner Israel und David Robinson wiesen es schrittweise nach. Trotz seines rätselhaften Charakters revolutionierte das »Keine-Haare-Theorem« die Physik des Schwarzen Loches, da es mit weniger Variablen arbeitete, die Anzahl der möglichen Schwarzen Löcher verringerte und die Gleichungen entsprechend vereinfachte.

Hawking faßte einen Großteil dieser Arbeit schließlich mit George Ellis, einem Schüler Sciamas, in einem schmalen Band zusammen. Das Buch mit dem Titel *The Large Scale Structure of Spacetime* ist 1971 erschienen und gilt inzwischen als Klassiker. Der Südafrikaner George Ellis ist übrigens in seine Heimat zurückgekehrt und führt dort einen doppelten Kampf, gegen das Universum und gegen die Apartheid.

Hawking war der ideale Kosmonaut zu den Schwarzen Löchern. Gerade weil er durch seine Krankheit an den Rollstuhl gefesselt war, war er geistig beweglicher geworden. Er scherzte gerne, es sei ein Glück gewesen, daß er eine sitzende Tätigkeit gewählt habe. Er sagte über sich, er sei ein ganz besonders glücklicher Mensch.

Das Schreiben fiel ihm immer schwerer, aber er hatte gelernt, Penroses Diagramme visuell im Kopf zu speichern. Die Arbeit an Schwarzen Löchern war eher traditionell mathematisch, dazu mußte man Gleichungen auswendig lernen, was Hawking nach eigenem Bekunden nicht leicht fiel. Er dachte viel eher in Bildern. Von den Problemen, mit denen er sich hätte befassen können, schieden viele einfach deshalb aus, weil sie mit langwierigen Berechnungen verbunden waren. Hawking blieben die abstraktesten und grundlegendsten Fragen; hier konnte er begriffliche Labyrinthe durchstreifen, für die es noch keine Gleichungen gab. Seinen Humor hatte er sich bewahrt. Er focht einen anhaltenden Kampf mit der Zeitschrift *The Physical Review* über seine Vorliebe für Witze. »Einmal schrieb ich in einem Artikel: ›Stellen Sie sich vor, eine Art kleiner Gnome steht . . .‹ *The Physical Review* hat ›Beobachter‹ daraus gemacht«, berichtete er mit blitzenden Augen.

Als Hawking kaum noch schreiben und sprechen konnte, lernte er seine Gedanken in buddhistischer Kürze und Klarheit zu formulieren. »Fünf Minuten mit Stephen Hawking sind soviel wert wie eine Stunde mit den meisten anderen Physikern«, sagte mir Bernard Carr, einer seiner Examenskandidaten. Dennoch wurde der Kreis der Freunde, die verstanden, was er sagte, langsam kleiner, seine Assistenten übersetzten bei Interviews und Gesprächsrunden. Wenn er Vorträge hielt, warf er seinen Text mit dem Overhead-Projektor an die Wand.

Im Jahre 1971 entwickelte Hawking das Konzept von »Schwarzen Minilöchern«, und damit wurde das Thema der Schwarzen Löcher auf einmal ein Stoff für die Sensationspresse. Nur die massereichsten Sterne konnten unter ihrem toten Gewicht bis zur Singularität zusammenfallen. Bei kleineren Objekten wäre ungeheurer Druck notwendig, um den Anfangswiderstand zu überwinden. Hawking wies darauf hin, daß der gewaltige Druck des Urknalls beliebige Klümpchen Materie mit sehr viel kleinerem Volumen als dem von Sternen auf die Dichte von Schwarzen Löchern zusammengepreßt haben könne. Unsere heutige Milchstraße könne durchsetzt sein mit Billionen winziger Schwarzer Löcher mit der zugehörigen Singularität. Er und Carr schätzten, daß ein solches Schwarzes Loch typischerweise eine Masse von einer Milliarde Tonnen – ungefähr soviel, wie ein Asteroid oder ein Eisberg – und den Durchmesser eines Protons habe. Das war nur ein Nadelstich im Getriebe der Raumzeit, aber eine Begegnung damit war trotzdem niemandem zu empfehlen.

Diese »Schwarzen Minilöcher« wurden bei den Astronomen zum Renner. Es gab kaum noch ein astronomisches Rätsel, das nicht dadurch gelöst werden konnte, daß man zur rechten Zeit das kluge Postulat eines Schwarzen Lochs ins Feld führte. Wenn die Experimente zum Aufspüren von Neutrinos aus den Kernreaktionen im Mittelpunkt unserer guten alten Sonne auf eklatante Weise fehlschlugen, dann lag das wahrscheinlich an einem Schwarzen Loch in ihrem Zentrum. Was hatte die seltsame Explosion verursacht, die 1906 in Sibirien in einem Gebiet von achtzig Kilometern die Bäume flachgelegt hatte? Natürlich ein »Schwarzes Miniloch«, das die Erde durchschlagen hatte (und im Nordatlantik vermutlich wieder ausgetreten war). Lowell Wood, ein Wissenschaftler vom Lawrence-Livermore-Laboratorium, der sich später im Krieg der Sterne einen Namen machen sollte, wies auf folgendes hin: Wenn wir ein winziges Schwarzes Loch im Sonnensystem finden und es in Erdnähe bringen könnten, würde sein kleines, starkes Gravitationsfeld einen perfekten Reaktionsraum für einen Kernreaktor abgeben.

»Das Schwarze Loch«, kommentierte ein Astronom, »ist der Sündenbock der siebziger Jahre.« Wann immer man in den Himmel oder auf den Boden unter seinen Füßen blickte, stets schien irgendwo ein unsichtbarer, weit aufgerissener kosmischer Schlund zu lauern. Wie sonst die Menschen nach einer jahrelangen Periode von Krieg, Wahnsinn und Mord nekrophil werden, waren die Astronomen nekrophil geworden. Sie suchten an mysteriösen dunklen Orten nach dem Schlüssel der Erkenntnis, der Erkenntnis der Zerstörung.

Wheeler und Hawking konnten sich Gedanken über Schwarze Löcher machen, aber sie konnten keine Schwarzen Löcher erzeugen, das konnte nur die Natur. Der Beweis, daß es im Universum tatsächlich Schwarze Löcher gab, ging auf eine dritte Schule der allgemeinen Relativitätstheorie und Kosmologie zurück. Diese Schule nahm ihren Ausgang in den frühen sechziger Jahren in Moskau, angeführt von Jakow Boris Seldowitsch, einem energiegeladenen kleinen Hitzkopf, dessen Lebensgeschichte wie die von Wheeler mit der Bombe verknüpft war. Während sich die Cambridger Schule darauf konzentrierte, Theoreme zu beweisen, und die Princetoner Schule Voraussagen für die Zukunft machte, betrieb Seldowitsch eine sehr handfeste Physik.

Auch Seldowitsch war von den Schwarzen Löchern in Bann gezogen, doch er konzentrierte sich auf die praktische Seite der Sache. Wie sähe ein Schwarzes Loch in der realen Welt aus? Wie würde Materie in ein Schwarzes Loch stürzen? Seldowitsch stellte fest, daß sie nicht geradewegs im Schlund verschwinden würde. Eine Gaswolke in der Nähe eines Schwarzen Lochs würde sehr wahrscheinlich zu kreisen beginnen; sie würde um die Drehimpulsachse in ein flaches Gebilde, die sogenannte Akkretionsscheibe, strömen und dabei spiralförmig in das Loch eintauchen wie Wasser in einen Abfluß. Diese Scheibe könnte man Gottes Drehkreuz nennen. Durch Druck und Reibung müßte sie sich auf Millionen von Grad erhitzen und zu einem alles zermalmenden, weißglühenden Rad werden, das Röntgen- und Gammastrahlen aussendet, während das Gas auf Nimmerwiedersehen in ihrem Zentrum verschwindet. Im Jahre 1965 vermuteten Seldowitsch und O. H. Gusnejow, man könne ein solches teuflisches Karussell in einem Doppelsternsystem finden, bei dem einer der beiden beteiligten Sterne zum Schwarzen Loch geworden ist und seinem unglücklichen Gefährten Gas abzieht. Die beiden Astronomen rieten, Ausschau nach Sternen zu halten, die um einen unsichtbaren Begleiter kreisen und Röntgenstrahlen aussendeten.

Im Jahre 1970 brachte die NASA von der Küste von Kenia aus

eine Art fliegenden Geigerzähler in eine Umlaufbahn. Man taufte ihn Uhuru, was auf Suaheli »Freiheit« bedeutet. Er sollte Röntgenstrahlen am Himmel kartographisch erfassen. Röntgenstrahlen werden von der Atmosphäre absorbiert und lassen sich deshalb nur von einer Umlaufbahn aus messen. Das Projekt war das geistige Kind mehrerer junger Physiker von der American Science and Engineering Corporation in Cambridge, Massachusetts. Geleitet wurde das Team von dem ebenso ehrgeizigen wie autoritären Italiener Riccardo Giacconi. Als die Daten von Uhuru schließlich analysiert wurden, hatten sich Giacconi und seine Mitarbeiter nach Harvard abgesetzt.

Der endgültige Katalog mit Röntgenquellen, die Uhuru gesammelt hatte, wies Hunderte von Einträgen auf, die identifiziert, erklärt und verstanden werden mußten. Eine Röntgenquelle lag im Sternbild Cygnus und wurde Cygnus X-1 genannt. Dort hatten die optischen Astronomen einen hellen blauen Überriesen entdeckt, der alle 5,6 Tage einmal um ein unsichtbares Objekt kreiste. Die besten Schätzungen – das sind bekanntlich vorsichtige Schätzungen – über die Masse des unsichtbaren Begleiters lagen bei zehn Sonnenmassen – damit konnte es nur ein Schwarzes Loch sein.

Man bemühte sich redlich um alternative Erklärungen für Cygnus X-1. »Irgendwie ist ein Schwarzes Loch die bequemste Erklärung für Cygnus X-1«, meinte Hawking. »Wenn es kein Schwarzes Loch ist, muß es etwas noch viel Ausgefalleneres sein.«

Hawking neigte vorsichtig der Seite der Skeptiker zu. Wissenschaftler sind bekannt dafür, daß sie gern Wetten abschließen. Hawking wettete mit einem guten Freund, Wheelers Studenten Kip Thorne, daß Cygnus X-1 kein Schwarzes Loch sei. Für Thorne sollte der Gewinn in einem Abonnement der Zeitschrift *Penthouse* bestehen, für Hawking in einem Abonnement von *Private Eye*, »dem einzigen Magazin in diesem Land, das es wagt, Skandale zu veröffentlichen. Meine Gewinnchancen sind besser als die von Kip. Viele Beobachtungen können dagegensprechen, daß das Objekt ein Schwarzes Loch ist. Vielleicht stellt man zum Beispiel fest, daß es absolut regelmäßig pulsiert [wie ein Pulsar]. Wegen dem ›Keine-Haare-Theorem‹ scheidet es dann als Schwarzes Loch aus.«

Im Innersten wußte es Hawking allerdings besser. Irgendwann würde er zahlen müssen. Sechstausend Lichtjahre entfernt lag Cygnus X-1, das bedeutete, daß es schon hier in unserem Abschnitt der Milchstraße ein Tor zur Ewigkeit gab. Nachdem Schwarze Löcher ein Jahrzehnt nur ein böser Traum gewesen waren, tauchten sie jetzt in der Welt auf.

6. Der König der Schwarzen Löcher

Die Theoretiker der Schwarzen Löcher versuchten mit fast krankhafter Ausdauer, die Natur von Objekten zu erforschen, die es im Universum kaum gab. Falls sie in ihrer Suche Ermutigung gebraucht hatten, dann bekamen sie diese mit der Entdeckung von Cygnus X-1, die Entdeckung weiterer ähnlicher Röntgenquellen folgte. Den tiefsten Einblick in die geheimnisvollen Verhältnisse der Schwerkraft erlangte schließlich Stephen Hawking, und was er dort sah, überraschte selbst ihn.

Es geschah eines Abends im November 1970, zwei Wochen nach der Geburt seines zweites Kindes, der Tochter Lucy, als Hawking sich gerade fertigmachte, um zu Bett zu gehen. Er hatte einen Gedanken, der für die Erforschung der Schwarzen Löcher eine neue Richtung weisen und die Grundlagen der allgemeinen Relativitätstheorie erschüttern sollte. Für lange Zeit störte der Gedanke allerdings eher, als daß er einen Durchbruch bedeutete.

»Ich dachte darüber nach, was wohl geschehen würde, wenn zwei Schwarze Löcher kollidierten«, erzählte er. Nach seinem Modell glich ein Schwarzes Loch einer dunklen Blase im Raum, ihre Oberfläche war der Ereignishorizont, daß heißt der Ort, von dem aus es ein Entrinnen nur noch mit Lichtgeschwindigkeit gab. Diese Membran war nur in eine Richtung durchlässig: nach innen. Der Durchmesser der Blase des Ereignishorizontes verhielt sich proportional zur Masse im Inneren. Bei einem Schwarzen Loch von der Masse eines Sterns betrug er einige Kilometer, bei einem Schwarzen Loch in Miniaturformat war er billionenmal kleiner.

Hawking konnte sich vorstellen, daß eine Vielfalt komplizierter Dinge abliefen, wenn zwei dieser Blasen zusammenstießen, aber berechnen konnte er das nie. Sie konnten sich gegenseitig deformieren, miteinander verschmelzen, zerbersten, erbeben, schwingen und rotierend Gravitationswellen aussenden. Hawking war klar, daß ein Schwarzes Loch bei einem solchen Ereignis oder bei jeder Wechselwirkung, an der ein Schwarzes Loch beteiligt war, nur größer werden konnte. Folglich mußte auch die Fläche des Ereignishorizontes – die Oberfläche der Blase – größer werden. Der Grund lag auf der Hand: Einem Schwarzen Loch entkam nichts. Es konnte nur fressen, und mit jedem verschluckten Pfund dehnte es seinen Einfluß um einen mikroskopisch kleinen Teil weiter aus.

»Ich war wirklich aufgeregt«, erinnerte sich Hawking. »Ich schlief in dieser Nacht nicht besonders gut. Die Sache war ziemlich klar, wenn man mit globalen Methoden vertraut war. Ich wußte bereits, daß die Fläche des Ereignishorizontes immer größer werden würde. Aber in der Nacht wurde ich mir bewußt, daß dies zwingende Auswirkungen auf das Verhalten der Schwarzen Löcher hatte. Das Wachstum an Fläche setzte der Energie, die bei einer Kollision abgestrahlt werden konnte, eine Obergrenze.« Dies bedeutete, daß Hawking nicht alle schwierigen Details beim Zusammenstoß zweier Schwarzer Löcher berechnen mußte. Er brauchte nur zu warten, bis sich der Staub verzogen und am Kollisionsort ein vorhersagbar größeres Loch zurückbleiben würde. Er rief am nächsten Tag Penrose an, der diese Tendenz zum Wachstum der Schwarzen Löcher ebenfalls bemerkt hatte. Da er jedoch eine etwas andere Definition für die Grenze des Schwarzen Lochs hatte, wußte er mit dieser Tatsache nichts anzufangen.

Hawking wußte etwas damit anzufangen. Die Tatsache erinnerte ihn an die Thermodynamik.

Thermodynamik. Es war, als öffnete er die Motorhaube eines Ferrari und sähe eine tuckernde alte Dampfmaschine vor sich. Die Thermodynamik befaßt sich mit Wärme, Gasen, Temperaturen, Druck und der Leistungsfähigkeit von Motoren. Sie war eines der altehrwürdigsten Gebiete der Physik, ein Überbleibsel aus dem 19. Jahrhundert, damit beschäftigte man sich in den ersten Semestern des Physikstudiums. Was hatte die Thermodynamik mit Schwarzen Löchern zu tun?

Ein Schlüsselwort in der Thermodynamik ist der Begriff der Entropie. Die Entropie ist die Menge der verlorengegangenen Wärme oder die Unordnung in einem System. Nach dem Zweiten Hauptsatz der Thermodynamik – ein besonders berühmtes Gesetz in der Physik mit weitreichenden Folgen – gilt, daß die Entropie in einem geschlossenen System – zum Beispiel dem arbeitenden Zylinder eines Automotors oder dem Universum – immer gleichbleibt oder wächst, aber niemals abnimmt. Das bedeutet, daß kein Motor je eine hundertprozentige Leistung erbringt wie ein Perpetuum mobile, etwas Energie geht immer verloren. Aus Ordnung wird unerbittlich Unordnung, wenn nicht Energie aufgewendet wird, um in dem System wieder Ordnung zu schaffen. Und dabei entsteht noch mehr Wärme.

Das Verhalten von Schwarzen Löchern ähnelte in mathematischer Hinsicht der Thermodynamik. Gab es einen Zusammenhang? Hawking glaubte das nicht, aber die Analogie gefiel ihm. Er nahm die Sache zunächst nicht besonders ernst, doch 1972 fanden er, Carter und James Bardeen, ein Theoretiker, der heute an der University of Washington lehrt, weitere Analogien mit der Thermodynamik. Sie benutzten die Analogien in ihren theoretischen Arbeiten, blieben sich aber stets bewußt, daß es sich nur um Analogien handelte, um willkommene rechnerische Schnellgangverfahren.

Jenseits des Atlantiks, in Princeton, nahm inzwischen ein Student von Wheeler Hawkings Analogie ernster als Hawking selbst. Hawkings Einfall zu abendlicher Stunde wurde langsam zum Ärgernis. Der Student hieß Jacob Bekenstein. Auf der Grundlage umständlicher Berechnungen behauptete er, der Raum eines Schwarzen Lochs sei nicht etwas Analoges zur Entropie, sondern sei die Entropie.

Bekensteins Arbeit basierte darauf, daß sich das Konzept der Entropie im 20. Jahrhundert gewandelt hatte: Sie war negative Information, das hieß, daß die Unordnung Bedeutung vernichtete.

Das »Keine-Haare-Theorem« besagte, daß Masse, Ladung und Drehimpuls die einzigen Eigenschaften der Schwarzen Löcher waren. Ferner zerstörten sie Informationen über das Material, das sie verschluckt hatten. Man konnte unmöglich herausfinden, ob es ein Paar alte Schuhe oder Antimaterie gewesen war, welche Farbe es gehabt hatte und vor wie langer Zeit es verschluckt worden war.

Dieser zwangsläufige Mangel an Kenntnis steigerte die Unordnung und Ungewißheit, daß heißt die Entropie. Bekenstein hatte wie Hawking eine Vorliebe für gewagte Behauptungen. Information läßt sich mathematisch in Bits quantifizieren wie der Inhalt eines Speichers im Computer. Bekenstein berechnete 1972, wie viele Bits notwendig waren, um die Materie, die in einem Schwarzen Loch verschwunden ist, genauer zu charakterisieren. Er zeigte, daß die Menge der Bits proportional zur Fläche des Ereignishorizontes ist. Bekenstein behauptete nun, daß ein Schwarzes Loch in Wahrheit Information verschlinge und dadurch größer werde.

In Cambridge wurde Bekensteins Vorstoß mit Hohn aufgenommen. Hawking war empört, er hielt das für kompletten Unsinn. Seiner Ansicht nach hatte Bekenstein die Analogie viel zu weit getrieben.

Hawking wies darauf hin, daß ein großer Fehler dabei herauskam, wenn man die thermodynamische Analogie zu wörtlich nahm: Wenn Schwarze Löcher wirklich Entropie hatten, mußten sie auch eine Temperatur haben, das aber war unmöglich. Einem Thermometer, das man in die Nähe eines Schwarzen Lochs gebracht hätte, wäre sofort sämtliche Wärme entzogen worden. Es hätte den absoluten Nullpunkt angezeigt. Wärme war eine Form der Energie, also konnte sie das Schwarze Loch nicht abstrahlen und das Quecksilber zum Steigen bringen.

Die Temperatur eines Schwarzen Lochs lag beim absoluten Nullpunkt. Alles andere war Unfug. »Ich ärgerte mich ziemlich über Bekenstein«, sagte Hawking bei unserem Gespräch.

Die Antwort auf die Streitfrage zwischen Hawking und Bekenstein kam aus einer unerwarteten Ecke, nämlich von der Quantentheorie. Und sie veränderte alles. Manche Physiker werden mit einer Serie von bedeutenden Leistungen zu herausragenden Persönlichkeiten, während nicht minder begabte Kollegen ihre Talente an falschen Fragen und mit falschen Experimenten verschwenden. Die Art Intuition, mit der man auf die richtigen Probleme stößt, nennt man einen guten Riecher. Hawking hatte einen guten Riecher. Er ließ sich von ihm immer wieder leiten, und er stieß auf fruchtbare Fragen. 1973 lenkte ihn sein guter Riecher wieder auf die Schwarzen Minilöcher und auf einen Bereich, der zum bedeutendsten Forschungszweig der Physik im späten 20. Jahrhundert wurde. Er verkündete sein neues Projekt mit typischem Understatement, weder bescheiden noch unbescheiden. »Man sollte sich mit den Quantenaspekten der Gravitation befassen«, sagte er eines Tages zu Sciama, als habe noch keiner vor ihm daran gedacht.

Sciama rieb sich fast gespannt die Hände. Hawking wagte sich aufs Glatteis. Er würde schließlich seinen Meister finden.

Die Quantentheorie und die allgemeine Relativitätstheorie, das Yin und Yang der Physik des 20. Jahrhunderts, hatten scheinbar nichts miteinander gemein. Die Gravitation regelte die großräumige Struktur der Raumzeit, während die paradox scheinenden Gesetze der Quantenmechanik die Natur auf der submikroskopischen Ebene der Atome und Elementarteilchen beschrieben. Wer diese widerstreitenden Extreme miteinander zu versöhnen versuchte, den erwartete Schlimmes. Unendliche Größen und Anomalien erschwerten die Berechnungen gewaltig. Die gewöhnlichen Gesetze der Physik, grundlegende Dinge wie die Erhaltung von Impuls und Ladung, galten nicht mehr. Ein Forscher rechnete monatelang Stück um Stück an endlosen Reihen mathematischer Ausdrücke herum und fragte sich, ob die Terme sich schließlich wegkürzen lassen würden. Und wenn das Wunder dann tatsächlich geschah, verstand er es nicht. Die Wunschtheoretiker der Quantengravitation standen vor einem mathematischen Alptraum.

Und nun wollte sich Hawking zu ihnen gesellen. Von den Schwierigkeiten wollte er sich nicht abschrecken lassen. Dieser ebenso kluge wie sture Kopf beschloß, die Probleme von der Flanke her in Angriff zu nehmen. Vielleicht führte der Weg zur Quantentheorie der Gravitation durch die winzigen Schwarzen Löcher. Angenommen, ein Elektron gerät in die Umlaufbahn eines winzigen Schwarzen Loches – weit genug vom Ereignishorizont entfernt, um nicht aufgesaugt zu werden. Es läßt sich einfangen wie normalerweise von einem Atomkern. In dem Fall wäre es aber eher die Schwerkraft als elektrische Kräfte, durch die das »Schwarze-Loch-Atom« zustande käme. Hawking grübelte wie besessen über die Eigenschaften eines solchen »Schwarzen-Loch-Atoms« nach. Mit Hilfe alter Lehrbücher vertiefte er sich in die Quantentheorie.

Seine Kollegen zweifelten weiterhin. Hawking verbrachte damals die Hälfte seiner Zeit im Institut für Astronomie. Dort sprach er unter anderem oft mit dem zwei Jahre jüngeren Martin Rees, der nach ihm bei Sciama promoviert hatte. Neben anderen Dingen arbeitete Rees daran zu zeigen, daß die aufgeblähten Akkretionsscheiben um riesige Schwarze Löcher im Zentrum von Galaxien Quasare mit Energie versorgen konnten.

Rees bewunderte Hawking schon seit Jahren. Jetzt fürchtete er, er werde Zeuge seines Endes werden. Rees hatte den Eindruck, daß sich Hawkings Zustand zusehends verschlechterte. Hawking fragte ihn nach Details der Quantentheorie. Rees suchte die Bücher für ihn zusammen und schlug die entsprechenden Stellen auf. Dann starrte Hawking in seinem Rollstuhl stundenlang reglos vor sich hin. Keiner wußte, wo er mit den Gedanken war. Die allgemeine Relativitätstheorie war im Gehirn eines einzigen Mannes herangereift, der größte Triumph des reinen Gedankens

über die Natur. Dagegen war die Quantenphysik die Leistung
einer ganzen Gruppe von Wissenschaftlern aus ganz Europa, die
in den ersten drei Jahrzehnten unseres Jahrhunderts in mühseliger Kleinarbeit versucht hatten, Sinn in die Ergebnisse ihrer
Laboruntersuchungen zu bringen. Sie waren dabei bis in das In-
nerste der Atome vorgestoßen. Die Quantentheorie besagte, daß es eine zwangsläufige Unschärfe gab, eine Art Chaos im submikroskopischen Bereich der
Realität. Am Anfang hatte die einfache, aber rätselhafte Beobachtung gestanden, daß Atome Energie nur in bestimmten, einzelnen Mengen absorbieren und emittieren. Man benannte die
Theorie deshalb nach dem lateinischen Wort *quantum,* das auf
Deutsch »Wieviel?« bedeutet. Ihr wichtigster Stützpfeiler war
eine für den Erkenntnistheoretiker alptraumhafte Annahme, die
sogenannte Unschärferelation. Sie schien dem jahrhundertealt-
ten Bestreben, die Welt in immer kleineren Einzelheiten kennen-
zulernen, den Garaus zu machen. Die Unschärferelation besagte, daß Wissen einen Preis hatte. Je genauer man eine
Eigenschaft eines Elementarteilchens kannte - zum Beispiel die
Position bei einem Elektron -, desto weniger genau konnte man
eine seiner anderen Eigenschaften kennen, beispielsweise seinen
Impuls. Alle wissenswerten Dinge der Welt traten in unverein-
baren Paaren auf: Energie und Zeit, Wellen und Partikel. Die
Kenntnis des einen machte in gewisser Weise die Möglichkeit
zunichte, das andere in Erfahrung zu bringen.
Nach dem Dänen Bohr, einem Liebhaber des Paradoxons, der
zum Philosophenkönig der Quantentheorie wurde, war diese
Unschärfe nicht nur das Ergebnis einer unvermeidlichen experimentellen Unzulänglichkeit - sie war schon in der Struktur der
Realität selbst angelegt. Das Elektron hatte keine Position und
keinen Impuls, bevor es vermessen war. In gewissem Sinn existierte das Elektron überhaupt nicht, bevor es sich nicht in einem
Apparat im Labor bemerkbar gemacht hatte. Wer zum ersten
Mal von der Quantentheorie höre und nicht empört sei, bemerkte Bohr einmal, der habe sie nicht richtig verstanden.

Was anstelle des Elektrons existierte, war dank eines metaphysischen Kunstgriffs die sogenannte Wellenfunktion, die alle Möglichkeiten des Elektrons umfaßte und sich über den ganzen Raum verteilte. Bohr interpretierte die Wellenfunktion als eine Messung der Wahrscheinlichkeit, ob das Elektron in dem einen oder in einem anderen Zustand war. Die Wellenfunktion lief um Ecken und durch Wände, was implizierte, daß dies in ganz seltenen Fällen auch materielle Objekte konnten. Alles war möglich. Ein Baseball konnte theoretisch durch eine flache Glasscheibe fliegen, ohne sie zu zerschmettern, und eine Fliege konnte – wiederum theoretisch – zum Mond hüpfen. (Dank solcher Wunder funktionierten Transistoren.)

In dem aktuellen Augenblick, in dem man ein Elektron oder einen Baseball untersuche, so Bohr, »kollabiere« die Wellenfunktion wie durch einen Zauber und gebe eine spezifische Antwort auf jede beliebige Frage, die man an sie gerichtet habe. Fragen mußte der Wissenschaftler allerdings, sonst gab die Natur keine Antwort. Im Durchschnitt kollabierte die Wellenfunktion entsprechend ihrem wahrscheinlichsten Wert. Indes existierte kein Gesetz, das ihr das vorschrieb.

Die Regeln, die die subatomare Welt der unscharfen Elementarteilchen und nuklearen Kräfte regieren, heißen Quantenmechanik. Nach der Quantenmechanik werden Kräfte durch kleine Quantenbündel an Energie, die sogenannten Bosonen, übertragen, die wie Projektile zwischen den Elementarteilchen hin- und hergeschossen werden. Die Quantenmechanik war die Sprache der Elementarteilchenphysik. Alle Kräfte der Natur mit Ausnahme der Schwerkraft sind auf diese Weise zusammengesetzt. Warum sich mit Versuchen abmühen, die »Gravitation zu quantisieren« fragte ich Wheeler einmal. »Was ist die Alternative?« entgegnete er. »Was würden Sie aufgeben? Die Quantentheorie oder die Gravitationstheorie? Sie müssen koexistieren. Wenn man die Quantentheorie auf einem Gebiet wie dem Elektromagnetismus anwendet und auf einem anderen Gebiet wie der Schwerkraft nicht und dabei einräumt, daß es, wie wir wissen, eine Wechselwirkung zwischen beiden gibt, dann gerät man in Widersprüche.« Wenn man die Quantentheorie ernst nehme, so argumentierte Wheeler, dann müsse selbst die Geometrie der Raumzeit der Unschärferelation ihren Tribut zollen. Diese Unschärfe manifestierte sich nur in kleinstem Maßstab, in der sogenannten Planck-Länge, die 10^{-33} Zentimeter beträgt und damit 17 Größenordnungen kleiner ist als ein Proton. Diese Länge ist in der Tat das »Quant« des Raumes. Nach diesem Ergebnis, sagte Wheeler, sei die Raumzeit wie ein Ozean. Von weit oben aus einem Flugzeug betrachtet, erscheint er glatt. Je näher man hinsieht, desto unebener wird er. Aus nächster Nähe sieht man die Wellen und von noch näher die Kräuselung, die Brandung und die Gischt. Unter dem Mikroskop erblickt man schließlich nichts als Schaum, entstehende und vergehende Wurmlöcher, die verschiedene Punkte verbinden und voneinander trennen. Die Geometrie, Raum und Zeit verlieren jede Bedeutung. Wheeler stellte sich diese Wurmlöcher als ungeheuer winzige Schwarze Löcher vor. In der Tat bedeutet dies, daß die Raumzeit aus Schwarzen Löchern besteht, in jedem Kubikzentimeter 10^{100} zusammengedrängt.

Hawkings erster Vorstoß auf das Gebiet der Quantentheorie der Gravitation fiel bescheidener aus als der Wheelers und der gewöhnlichen Elementarteilchenphysiker. Der Vorstoß war eher ein vorsichtiges Herantasten. Als erstes wollte Hawking wissen, welche Auswirkung ein gewöhnliches, klassisches, raumgekrümmtes Gravitationsfeld auf ein Quantensystem hat. Bis zu diesem Tag hatte man alle quantenmechanischen Berechnungen durchgeführt, als gäbe es keine Schwerkraft – sie waren schon in einer flachen Raumzeit schwierig genug, wie ein Basketballspiel schon in einer normalen Turnhalle mit zwei Körben und zwei fünfköpfigen Mannschaften anstrengend genug ist. Als sich Hawking ein »Atom« mit einem Schwarzen Loch als Kern vorstellte, schickte er sich an, auf der kraterzerfurchten Oberfläche des Mondes Basketball zu spielen.

Im September 1973 ging Hawking nach Moskau, um mit Seldowitsch und anderen russischen Relativisten über die Quantenmechanik von Atomen aus Schwarzen Löchern zu konferieren. Einer der Russen war Alexei Starobinski, ein magerer junger Theoretiker, der stotterte. Der eifrige Starobinski war der Meinung, daß rotierende Schwarze Löcher Elementarteilchen emittieren müßten. Hawking hielt das nicht für völlig abwegig. Man wußte unter anderem aus Penroses Arbeit, daß sich aus der Rotation eines Schwarzen Loches wie aus jedem Dynamo Energie ziehen ließ; die Energie entstand in Form von Teilchen oder Strahlung wie in einem Teilchenbeschleuniger.

Andererseits gefiel Hawking der Weg nicht, auf dem Starobinski zu seinem Schluß gekommen war. Zurück in Cambridge nahm er sich vor, die Berechnung noch einmal selbst durchzuführen. Damit er die Dinge auch richtig verstand, berechnete er zunächst die Emissionsrate eines nichtrotierenden Schwarzen Loches. Wenn man Grundsätzliches auf einem unbekannten Gebiet herausfinden will, ist es ein guter Weg, zunächst auf ein triviales Beispiel zurückzugreifen, bei dem man die Antwort schon kennt.

Die allgemeinen Prinzipien waren in dem Fall keineswegs einfach. Hawking brauchte allein schon zwei Monate, um die Berechnungen im Kopf durchzuführen. Im November reiste er nach Oxford zu Sciama, der dabei war, an seinem neuen Wohnort eine neue Forschergruppe zusammenzustellen. Hawking legte die Methode der bevorstehenden Rechnung dar. Zu der Zeit hatte er noch keine Ahnung, was dabei herauskommen würde. Zehn Tage später standen schließlich akkurat aufgelistet alle Gleichungen auf der Tafel seines Gedächtnisses. Er war froh, daß er die Berechnung in aller Stille durchgeführt hatte, denn das Ergebnis brachte ihn in ziemliche Schwierigkeiten: Das imaginäre Schwarze Loch spuckte wie ein aktiver Vulkan Materie und Strahlung aus.

Hawking war überzeugt, daß er einen Fehler gemacht hatte, er wußte nur nicht wo. Über Weihnachten führte er seine Berechnungen weitere Male durch und berichtete nur engsten Freunden davon. Er fürchtete, Bekenstein könne davon hören. Die Strahlung aus dem Schwarzen Loch hatte die gleichen Eigenschaften und das gleiche Spektrum wie die thermische Strahlung eines heißen Körpers, die sogenannte Schwarzkörperstrahlung. Sie war wie die Wärme, die man spürt, wenn man einen Ofen oder eine Stirn berührt. Schwarze Löcher hatten also doch Temperaturen, wie aus Bekensteins Arbeit hervorging. »Er hatte sich bloß im Zusammenhang völlig vertan«, kommentierte Sciama. Hawking wollte Bekenstein keine weitere Munition liefern; er traute seinen Erkenntnissen noch immer nicht.

Im Januar kam Sciama ins Institut für Astronomie und begegnete Rees. Rees hielt sich blaß und zitternd an einem Türknauf fest. »Haben Sie gehört?« stöhnte er. »Stephen hat alles verändert.«

Sciama sprach mit Hawking und überredete ihn, auf einer Tagung zur Quantentheorie der Gravitation an die Öffentlichkeit zu treten. Sciama organisierte sie für Februar in Oxford. Hawking erschien. Sein Beitrag hieß: »Explosionen Schwarzer Löcher?« – das Fragezeichen drückte seine Unsicherheit aus.

Hawking fuhr durch den Raum nach vorn. Während ein Projektor seine verstümmelten Worte an eine Leinwand warf, gab er das Ergebnis seiner quantenmechanischen Berechnungen bekannt, nach denen aus der bisher als völlig strahlungslos angesehenen Oberfläche eines Schwarzen Lochs ein Strom von Teilchen und Strahlung austrat. Wie alle Quanteneffekte war das nur für kleine Löcher relevant. Die Temperatur eines Schwarzen Loches verhielt sich umgekehrt proportional zu seiner Masse. Ein »normales« Loch mit der Masse eines Sterns würde mit einer Temperatur von nur einem Zehnmillionstel Grad strahlen und dabei alles aus der Umgebung an sich reißen und verschlingen. Dagegen wären winzige Schwarze Löcher, sofern es sie gab, sehr heiß. Ein winziges urzeitliches Loch, das im Urknall entstanden war, die Masse von einer Milliarde Tonnen hatte und eine protonengroße Kuhle in der Raumzeit darstellte, wäre hundertzwanzig Millionen Grad heiß und würde Gammastrahlen aussenden.

Wenn ein Schwarzes Loch strahlte, überlegte Hawking, würde es Energie und Masse verlieren. Sein Ereignishorizont würde schrumpfen. (Da es reine Hitze und Unordnung ausstrahlte, verstieß der schrumpfende Ereignishorizont nicht gegen die Gesetze der Entropie.) Je kleiner das Schwarze Loch wurde, desto heißer wurde es, je heißer es wurde, desto heftiger strahlte und desto schneller schrumpfte es. Im Schwarzen Loch kam ein unaufhaltsamer Prozeß in Gang. Früher oder später, schloß Hawking, würde es in einem Feuerball explodieren, der aus Gammastrahlen und exotischen Elementarteilchen bestand. Ein explodierendes Loch. Das war ein Paradoxon. Wann ist ein Schwarzes Loch nicht schwarz? Wenn es explodiert.

Hawkings Thesen wurden im Anschluß vom Diskussionsleiter John Taylor, einem recht bedeutenden englischen Theoretiker, als Unsinn abgetan.

Eine Zeitlang verfuhren die meisten Leute so. Seldowitsch, in gewisser Weise der Schöpfer der explodierenden Schwarzen Löcher, brauchte zwei Jahre, bis er Hawkings neue Arbeit akzeptierte. 1976 hielt sich Thorne in Moskau auf. Am letzten Tag seines Besuchs wurde er in Seldowitschs Zimmer gerufen. Seldowitsch fuchtelte mit den Händen in der Luft herum. »Ich gebe auf«, schrie er. »Ich gebe auf. Ich habe es nicht geglaubt, jetzt glaube ich es.«

Die anfängliche Skepsis hatte Hawking nicht überrascht. Sein Modell hatte noch immer einen Haken. Die Berechnungen zeigten nur, daß die Hawking-Strahlung, wie man sie bald nannte, aus dem Schwarzen Loch drang, nicht aber, *wie* sie zustande kam. Hawking suchte den restlichen Winter angestrengt nach einer Erklärung, die von den Physikern akzeptiert oder zumindest vorsichtig in Betracht gezogen werden konnte. Die Strahlung konnte nicht wie Luft aus einem Pneu aus der Materie im Loch austreten, weil es Materie in einem Schwarzen Loch nicht gab. Was hineingeriet, wurde gleichsam in der Singularität aus dem Sein gequetscht. Ein Schwarzes Loch war lee-

160

rer, gekrümmter Raum. Wie konnten Teilchen aus leerem Raum entweichen?

Die rettende Antwort kam aus der Unschärferelation. Hawking wußte, daß es nach einer seltsamen Implikation der Unschärferelation das absolute Nichts nicht gab, der Raum konnte nie völlig leer sein. Das lag daran, daß die Summe von Masse und Energie in einem Volumen – einer Schachtel zum Beispiel – immer ungewiß war, gleichgültig, wie genau man sie maß. Je kürzer die Meßzeit, desto ungewisser das Ergebnis. In der Quantenmechanik manifestierte sich diese Unschärfe – in der Fachsprache Vakuumfluktuationen genannt – selbst in Form von Elementarteilchen, die kurz im Sein erschienen und urplötzlich wieder verschwanden. Diese sogenannten virtuellen Teilchen entstanden in komplementären Paaren – ein Teilchen wie zum Beispiel ein Elektron mit seinem Gegenteilchen, einem Positron. Sie lebten mit geborgter Energie einen unendlich winzigen Bruchteil einer Sekunde lang. Dann stießen sie wieder zusammen und hoben sich gegenseitig auf, wobei sie die geborgte Energie an das Universum, das Schwarze Loch oder jedes beliebige andere Energiefeld wieder abgaben. Je mehr Energie in der Nähe war, desto heftiger fluktuierte das Vakuum und desto lebhafter traten virtuelle Teilchen in Erscheinung. Auch wenn das Ganze höchst aberwitzig klang: Die britischen Physiker W. E. Lamb Jr. und R. C. Rutherford hatten den Nobelpreis dafür bekommen, daß sie die Wirkungen dieser gespenstischen Teilchen auf Wasserstoffatome maßen. Das Vakuum war in Wahrheit ein unsichtbarer Quell der Schöpfung.

Hawking nahm an, daß diese Teilchenpaare genau am Rande eines Schwarzen Lochs entstanden. Die Energie, durch die jedes gegebene Paar entstand, kam aus dem Gravitationsfeld des Schwarzen Lochs und damit aus dem Schwarzen Loch selbst, das dann für sehr kurze Zeit kleiner werden mußte. Ein kurzlebiges Teilchen könnte dabei in den Ereignishorizont geraten und in der Versenkung verschwinden. Dann hätte es keine Gelegenheit mehr, wieder mit seinem Zwilling zu verschmelzen.

161

Dem übriggebliebenen Teilchen stünde es frei, sich aus der Gefahrenzone zu begeben und wie Pinocchio ein richtiges Leben zu führen. Für einen außenstehenden Beobachter würde es so aussehen, als wäre es plötzlich aus einem Schwarzen Loch aufgetaucht, aus dem es in der Tat auch seine Energie bezogen hätte. Das Schwarze Loch schien zu strahlen und in den von den Gleichungen vorhergesagten Raten Masse zu verlieren.

Hawking legte eine noch gewagtere Erklärung vor: Danach ist das Teilchen, das in das Loch stürzt, in Wahrheit ein Antiteilchen, das in der Zeit zurückgeht und dem Schwarzen Loch entrinnt. (Das ist nur in umgekehrter Richtung der Zeit möglich.) Einmal dem Loch entschlüpft, trifft es auf das starke Gravitationsfeld und verwandelt sich in ein reguläres Teilchen, das sich wieder zeitlich nach vorn bewegt wie ein Auto, das rückwärts in eine Privateinfahrt fährt, an einen Mülleimer stößt, den Vorwärtsgang einlegt und vorwärts in die Straße einbiegt. Durch diese Erklärung konnte Hawking eine direkte Verbindung zwischen der nach ihm benannten Strahlung und der Singularität herstellen, und daran fand er offenbar Gefallen.

Als ich mit Sciama sprach, gab er mir eine einfachere Erklärung, auf die er sehr stolz war. Er sagte, daß wegen der Unschärferelation der Ereignishorizont selbst fluktuieren müsse. Da der Horizont das steile Gefälle des Gravitationsfeldes um das Schwarze Loch herum hinauf und hinab gleite, müsse er stark strahlen. »Wenn Sie das überdenken«, sagte er mit eindringlichem Tonfall, »dann sehen Sie den Ereignishorizont förmlich zucken.«

Als ich Hawking nach seiner Meinung fragte, warnte er, daß man keine dieser »heuristischen« Erklärungen zu wörtlich nehmen dürfe. Die wahre Bestätigung für das Ergebnis habe die Mathematik zu erbringen. »Das wichtigste an der Hawking-Strahlung ist«, meinte er, »daß sie zeigt, daß das Schwarze Loch nicht vom Rest des Universums abgeschnitten ist. Sie hat etliche interessante Ähnlichkeiten mit dem Urknall. Bis jetzt wußte ich noch nicht, wie ich den Urknall auf die gleiche Weise betrachten sollte. Bei diesen Teilchen, die da aus dem Schwarzen Loch steigen, können Sie in gewisser Hinsicht annehmen, daß sie aus der Singularität im Zentrum kommen. Und die Singularität im Urknall könnte sich wie diese Singularität verhalten haben.« Das wichtigste für die Wissenschaft war die Begegnung zwischen der Gravitationstheorie und der Quantentheorie. Hawkings Beschäftigung mit den winzigen Schwarzen Löchern war die erste erfolgreiche Kombination – wenn nicht Vereinigung – beider Theorien. Auf merkwürdige Weise widmete man in beiden Theorien der Entropie Aufmerksamkeit. Eine endgültige Vereinigung, wenn es je dazu kommen sollte, mußte mit diesem Ergebnis übereinstimmen. Ausgerechnet auf dem altehrwürdigen und symbolträchtigen Gebiet der Thermodynamik hatte Hawking den ersten Berührungspunkt zwischen der bindenden Gravitation im Universum und dem Chaos der Quanten gefunden.

Hawkings Entdeckung löste am Himmel eine Fahndung nach explodierenden Schwarzen Minilöchern aus. Dazu setzte man Satelliten ein, die Detektoren für Gammastrahlen und kosmische Strahlen trugen. Man fand keines, wohl auch deshalb, weil die Mittel für die Suche bescheiden waren. Die Instrumente ermittelten eine so geringe Intensität von Gammastrahlung am Himmel, daß es höchstens zwei Explosionen Schwarzer Löcher pro Kubiklichtjahr und Jahrhundert geben konnte. Auch wenn es die winzigen urzeitlichen Schwarzen Löcher nicht gab, war Hawkings Arbeit wegen ihrer weitreichenden Implikationen für Gravitation und Entropie von großer Bedeutung. Sie war wichtig, auch wenn es überhaupt keine Schwarzen Löcher geben sollte. Von 1974 bis 1975 verbrachte Hawking ein Jahr am Caltech. Jane behauptete, sie seien im Urlaub, so daß sie den Strand und die Berge genießen konnte und nicht daran denken mußte, wie es wäre, wenn sie ihre Familie tatsächlich im motorisierten Chaos von Los Angeles versorgen müßte. Als Stephen nach England zurückkehrte, kam er mit dem Wagen für Behinderte nicht mehr zurecht. Er kaufte einen elektrischen Rollstuhl. Er wußte dem Ärgernis wie gewohnt etwas Positives abzugewinnen und konnte bald hervorragend mit dem Rollstuhl umgehen. Der Eigenantrieb des Rollstuhls verschaffte ihm mehr Bewegungsfreiheit und Unabhängigkeit. Die Hawkings nahmen fortgeschrittene Studenten bei sich auf, die Stephen versorgen halfen, eine Aufgabe, die immer zeitraubender wurde. Bernard Carr, einer der ersten, meinte dazu, das sei, als habe man Anteil an der Geschichte. Hawking erwiderte auf derlei Kommentare wütend, ein Student behalte nur schwer den Respekt vor seinem Professor, wenn er ihm aufs Klo geholfen habe.

Im Jahr 1976 hatte Hawking einen glanzvollen Auftritt beim Texas-Symposium in Boston. Als ich ihn das erste Mal sah, hing er schlaff in seinem Rollstuhl und fuhr quietschend durch die prachtvoll geschmückte Eingangshalle des Bostoner Copley Plaza. Obwohl ich fast alles über Hawking wußte, war ich sofort von seiner charismatischen Erscheinung beeindruckt.

Hawking hatte eine Kehrtwendung vollzogen seit dem Tag, als er Bekensteins Ansicht verworfen hatte, Schwarze Löcher hätten eine Entropie. Jetzt sah er Schwarze Löcher offenbar fast als reine Entropien an, die Unordnung und Willkür ins Universum brachten und wie gefräßige Haie durch das All wanderten. Sie verschlangen Informationen und hatten unvorhersehbare Dinge zur Folge. Da die Strahlung eines Schwarzen Loches aus der Singularität komme, sagte Hawking, habe sie etwas noch weniger Vorhersehbares als die berühmte Unschärferelation. Bei der letzteren kenne man entweder die Geschwindigkeit oder die Position eines Teilchens, bei der Strahlung eines Schwarzen Lochs sei hingegen überhaupt nichts voraussagbar. Er nannte diesen besonderen Grad an Willkür das »Prinzip der Ignoranz«. »Gott würfelt nicht« hatte Einstein einst gegen die Quantentheorie eingewandt. Hawking setzte dagegen: »Gott würfelt nicht nur, er wirft auch die Würfel manchmal sogar an Stellen, wo man sie nicht sieht.«

Im Jahr 1978 fuhr ich für eine Woche nach Cambridge, um mit Hawking zu sprechen. An der Tür zu seinem Arbeitszimmer

164

hing ein Aufkleber mit der Aufschrift »Schwarze Löcher sind außer Sicht«. Sein Arbeitszimmer im Fachbereich Angewandte Mathematik und Theoretische Physik, einem finsteren, fabrikähnlichen Bau in einer engen Seitenstraße, war ein schmaler Schlauch mit glänzendem Betonboden und einer Bühne, auf die man einen Rollstuhl manövrieren konnte. Ringsherum standen eine automatische Vorrichtung zum Umblättern von Seiten, ein mit Steuerknopf bedienbarer Computer, weitere Hilfsmittel und vollgepackte, staubige Bücherregale. Auf jeder vertikalen Fläche hingen an Klebeband Papiere. Auf Stützen standen aufgeschlagene Bücher. Das Arbeitszimmer war menschenleer, Hawking war fort.

Ich war um elf Uhr, zur morgendlichen Teestunde, angekommen. Wie früher Sciama versammelte Hawking eine Menge Examenskandidaten um sich herum. Wegen ihres Alters, ihrer Kleidung, ihrer Blässe und aller Anzeichen schlechter Ernährung erinnerten sie an die ständigen Begleiter von Rock-and-Roll-Bands. Sie saßen um einen weißen Kunststofftisch neben einer Eingangshalle, rissen Witze und kritzelten Gleichungen auf die Tischplatte. Sie sprachen über Politik. »Ich bin ein Sozialist vom rechten Flügel«, verkündete Hawking zum allgemeinen Gelächter und fügte hinzu: »Ich habe Carter unterstützt, und ich unterstützte Ford. Aber Nixon habe ich nie unterstützt.« Auf der Tischplatte fiel mir eine Maserung aus verblichenen blauen Buchstaben und mathematischen Zeichen auf, ein Relikt der hitzigen Diskussionen im letzten Jahr. Wie sich herausstellte, hatte man den Tisch nie gereinigt. »Wenn wir etwas retten wollen, dann fotokopieren wir den Tisch einfach«, spöttelte Hawking.

Wenn man sich Krankheit und physisches Leiden wegdachte, war Hawking ein geradliniger, hartnäckiger Mensch ohne Allüren, der bei Mystizismen und verwaschenem Denken ungeduldig wurde und unklare Aussagen nicht ausstehen konnte. Aber er unterhielt sich gerne mit einem Besucher und beantwortete bereitwillig Fragen, solange sie halbwegs intelligent waren. Wenn das Gespräch zu lange wurde, verzog sich sein angestrengtes Gesicht zu einer Grimasse; vor jedem Witz begannen seine Augen zu funkeln. Wenn er müde war, sank der Kopf nach vorn.

Berühmt zu sein sei lästig, meinte er ungefragt. Er bekomme Briefe von Scharlatanen und Spinnern. Es seien Einladungen zu esoterischen Zirkeln und Ratschläge von mystischen Vielschreibern. Sein Humor schlug sich in alten Erstsemesterwitzen und Kalauern nieder, die man von der technischen Universität kannte. Ich fragte Hawking einmal in einem Fahrstuhl, ob er glaube, daß es in einer wie auch immer gearteten endgültigen Theorie der Gravitation noch Singularitäten gebe. »Auf komplexer Ebene gibt es immer Singularitäten«, zischte er und rollte - mir über die Zehen - aus dem Fahrstuhl.

Ich blieb beim Thema. Die Möglichkeit, daß es im Universum sichtbare oder erfahrbare Singularitäten geben könnte, hatte mich schon immer fasziniert. Ein Physiker, den ich gut kannte, hatte einmal gesagt: »In gewisser Hinsicht ist die Singularität Gott.« Würde eine nackte Singularität zurückbleiben, wenn ein Schwarzes Loch verdampfte?

»Das fragen wir uns alle«, sagte Hawking. »Ich sehe es aber so, daß ein Schwarzes Loch völlig verdampft und nur leeren Raum zurückläßt. Die emittierten Teilchen gäbe es zwar noch, aber eine Singularität, die nur in der Zeit besteht, würde nicht übrigbleiben.« Offenbar merkte er mir die Enttäuschung an: »Das basiert nicht auf mathematischen Überlegungen. Wir sind noch nicht sicher, wie wir die Endstadien der Verdampfung behandeln sollen.«

Der kosmische Zensor war also immer noch am Werk?

Er runzelte die Stirn. »Es fragt sich, was kosmische Zensur im Bereich der Quanten bedeutet. Wenn ein Schwarzes Loch Teilchen emittiert, ist die kosmische Zensur in gewissem Sinn zusammengebrochen. Die Teilchen treten ja aus. Dennoch kann man quantitativ bestimmen, wie die kosmische Zensur zusammenbricht. Man kann sagen, daß man die Wahrscheinlichkeiten kennt. Die Zensur bricht nicht völlig willkürlich zusammen. In gewissem Sinn ist sie die größtmögliche Zufälligkeit.«

Er fuhr fort: »Ein Physiker muß glauben, daß das Universum sinnvoll aufgebaut ist, wenn er weiterarbeiten will. Alle oder vielleicht die meisten Physiker haben im Hinterkopf, daß sich das Universum mit einer einzigen, alles umfassenden Theorie beschreiben lassen muß. Wir ermitteln einzelne Teile dieser Theorie und versuchen sie zu einem Ganzen zusammenzufügen. Hoffentlich ist das Universum nicht zu launisch.«

Die Hawkings wohnten zehn Rollstuhlminuten vom River Cam entfernt im Erdgeschoß eines großen viktorianischen Hauses, das der Universität Cambridge gehörte. Ich besuchte sie an einem warmen Nachmittag und saß mit Jane bei einem Glas Orangensaft im Wohnzimmer. Die Schwarzen Löcher schienen weit entfernt. Ihre Tochter Lucy mit dem strohblonden Haar und den himmelblauen Augen spazierte zu uns herein und wieder hinaus. Abendlicht flutete durch die hohen Südfenster hinter dem Klavier.

Jane, eine Frau mit Sommersprossen, rotem Haar und fröhlicher Stimme, verbreitete den entschlossenen Optimismus, mit dem die Pioniere den amerikanischen Westen erobert hatten. »Wir haben Glück gehabt«, sagte sie. »Alles hat sich gut entwickelt. Jedesmal, wenn alles besonders schlimm aussah, gab es wieder einen Lichtblick. Irgendwie kamen die Dinge von selbst wieder ins Lot. Man muß einfach akzeptieren, daß Stephens Krankheit sich immer weiter verschlimmert. Zuletzt ist doch alles nicht so schlimm geworden, wie es zuerst aussah.«

Sie dachte einen Augenblick nach. »Als wir vor zwei Jahren zum Beispiel aus Kalifornien zurückkamen, stellten wir fest, daß Stephen nicht mehr mit dem dreirädrigen Wagen für Behinderte fahren konnte. Eigentlich machte das überhaupt nichts. Im nachhinein war es ein Segen, die Straßen zum Institut sind ziemlich gefährlich. Es machte nichts, weil wir uns den elektrischen Rollstuhl leisten konnten, mit dem sie ihn fahren sehen. Der Stuhl ist wirklich sehr viel besser für ihn. Niemand muß ihm hinein- und wieder hinaushelfen wie beim Auto. Im elektrischen Rollstuhl ist er völlig unabhängig. Irgendeinen Ausgleich, mit dem man die Verschlechterung der Krankheit lindern kann, gibt es immer. Andererseits konnten wir nach unserer Rückkehr aus Kalifornien natürlich auch nicht in unserem Haus wohnen bleiben. Es hat drei Stockwerke. Die Universität war sehr hilfsbereit und hat uns diese Erdgeschoßwohnung angeboten. Sie ist ganz wunderbar, wie Sie sehen.«

Sie breitete die Arme aus.»Sie ist herrlich für uns und die Kinder. Die Türöffnungen sind so breit, daß Stephen problemlos durchkommt. Wir haben einen wunderschönen Garten, ein Gärtner vom College kümmert sich darum. Sie sehen also, irgendwie lösen sich die Dinge immer von selbst. Wir gehen sehr oft aus, wir haben viele Freunde. Wir gehen oft ins Konzert. Zwei Häuser weiter sind wir schon in einer Konzerthalle. Wir gehen oft ins Theater. Stephen hat mit dem Theater am Ort verhandelt – ein ganz lebendiges Theater. Sie haben hinten zwischen die Sperrsitze einen Stuhl gestellt, der sich abmontieren läßt. Wenn wir kommen, nehmen sie ihn heraus. Stephen fährt in die Lücke und sieht sich die Vorstellung an.«

Jane, die Sprachwissenschaftlerin mit Spezialgebiet Mittelalter, nimmt nicht für sich in Anspruch, ihren Mann bei der Arbeit zu unterstützen. Als ein Computer im Haus aufgestellt werden sollte, hat sie sich widersetzt (angesichts eines Zehnjährigen in der Familie war ihr Widerstand aussichtslos).»Ich glaube, man muß sich ihr völlig verschreiben«, sagte sie über die Wissenschaft.»Meiner Ansicht nach bedeutet das, daß man sich nichts anderem mehr wirklich widmen kann. Wissen Sie, in gewissem Sinn gibt es eine ausgleichende Gerechtigkeit, was Stephens Krankheit betrifft. Trotz aller anfänglichen Tragik seiner Situation hat sie ihn immerhin in die Lage versetzt, daß er sich ganz seiner Arbeit widmen kann. Ihm bleibt einfach nichts anderes übrig.«

Ob dies ein Problem sei, fragte ich.»Nun, für mich ist das nichts Ungewöhnliches. Ich wußte, daß er nichts anderes würde tun können. Ich kann mir vorstellen, wie frustrierend es für die Frauen anderer Physiker ist, wenn sie von ihren kerngesunden Ehemännern Hilfe erwarten und nicht bekommen. Ich habe da keine Illusionen.«

Stephen habe ein bedeutendes Ziel erreicht, als er durch einen einzigen Schritt die Grenzen des menschlichen Wissens erweitert habe, meinte sie. »Nicht viele von uns können das. Wenn wir uns seine Leistungen vor Augen halten, finde ich das sehr befriedigend, obwohl ich nichts davon verstehe. Stephen selbst sagt, daß er deshalb solchen Erfolg hat, weil er seine Talente voll entfalten konnte. Er hat keines seiner Talente verloren, er hat sie sogar weiterentwickelt.«

In dem Moment fuhren Hawking und Don Page die Auffahrt herauf. Don Page war ein großer, fröhlicher Absolvent vom Caltech, der sich selbst als wiedergeborener Christ bezeichnete. Er lebte bei den Hawkings und kümmerte sich um Stephen.

Auf einem Spaziergang ging ich in die Kapelle des Kings College, einen grauen Steinbau mit fliehenden Stützpfeilern. Ich hörte dem Chor beim abendlichen Gottesdienst zu. Während es allmählich dunkel wurde und ich der Faszination der traurigen Gesänge erlag, die durch das alte Gewölbe aus Stein hallten, fühlte ich mich einsam und sterblich. Hawkings Universum erschien mir als ein unsicherer und unheimlicher Ort.

Hawking hatte mir Anfang der Woche gesagt, er wolle die Schwerkraft jetzt wirklich quantifizieren. Das war sein wichtigstes Ziel. In einem kürzlich veröffentlichten Artikel, der ziemliche Kontroversen ausgelöst hatte, hatten er und Gibbon den Begriff der Hawking-Strahlung hinter Schwarzen Löchern erläutert. Da nach Einstein die Schwerkraft dasselbe sei wie Beschleunigung, müsse jeder, der im leeren Raum einer Beschleunigung ausgesetzt sei, einen Strom von Strahlung und Teilchen auf sich zukommen sehen. Zudem müßten unterschiedlich beschleunigte Beobachter auch eine unterschiedliche Anzahl von Teilchen zählen und unterschiedliche Strahlungstemperaturen messen können.

Die beiden schlossen daraus, bedauerlich für Einsteins Andenken, daß sich die Wirklichkeit schon bei unterschiedlich beschleunigten Beobachtern oder in starken Gravitationsfeldern unterschiedlich zu verhalten beginnt. »Zwei verschiedene Beobachter könnten sogar zwei verschiedene Geschichten des Universums erleben«, hatten sie geschrieben. In einem Interview für eine Zeitschrift hatte Hawking angedeutet, selbst physikalische Gesetze könnten vom Beobachter abhängen.

Was war dann noch wirklich?

»Solche Fragen sollten Sie nicht stellen«, antwortete er. »Ich glaube nicht, daß es nur ein reales Universum gibt.« Wenn man die Quantenmechanik auf das gesamte Universum anwende, wie er es mit seinem Versuch zur Quantifizierung der Schwerkraft unternehme, dann gerate man in ernsthafte begriffliche Schwierigkeiten mit Bohrs Konzept einer zusammenbrechenden Wellenfunktion. Wer beispielsweise beobachtet das gesamte Universum? Wo befindet sich der Beobachter? Als Ergebnis hatte Hawking eine unorthodoxe Interpretation von Wheeler und seinem Studenten Hugh Everett übernommen. »Nach dem Ansatz von Everett und Wheeler«, erklärte er »enthält die Wellenfunktion für das Universum viele verschiedene Zweige, die alle verschiedenen Messungen entsprechen oder verschiedenen Ergebnissen einer bestimmten Messung. Es gibt verschiedene Zweige des Universums, und jeder Zweig entspricht einer anderen möglichen Messung.« Statt zusammenzubrechen, verzweigten sich die Wellenfunktionen folglich nur wie der Stamm einer riesigen Ulme.

Waren das so etwas wie parallele Universen?

»Das sind parallele Universen.«

In seiner Philosophie schien also jeder Augenblick ein schöpferisches Ereignis zu sein, ein Augenblick großartiger Erfindung, das in Erscheinung tretende Äußere einer Milliarde Milliarden Universen – Universen, in denen ein Ball nicht einfach geradeaus ins Tor fliegt. Es gab Milliarden Milliarden Universen für jeden der Milliarden Milliarden Wege, wie ein Ball vorher vom

Pfosten abprallen und dann ins Tor fliegen kann. Und doch waren all diese Milliarden Milliarden Universen Karten aus dem gleichen Spiel, dem Spiel des Urknalls, dem uranfänglichen Schöpfungsereignis. Wir können nur in einem Universum leben, einen Moment lang, zu einer bestimmten Zeit. Dieses Weltall, das aus unendlicher Dichte geboren ist, hat aberwitzige - oder gerade keine - Gesetze. Und es könnte ein Ende haben. Wenn Hawking und die allgemeine Relativitätstheorie recht hatten, könnte das gesamte Universum mit Singularitäten durchsetzt sein, kleinen Nachahmungen des »big crunch« oder des »big bang«, in denen Raum, Zeit und die physikalischen Gesetze, wie wir sie normalerweise verstehen und für gesichert halten, nicht gelten. In einem Zeitschriftenartikel habe ich Hawking einmal mit den Worten zitiert, dies sei eine »große Krise [›great crisis‹] für die Physik«. Durch einen Druckfehler wurde daraus ein »großer Zirkus [›great circus‹] für die Physik«. Ich war versucht, den Fehler stehenzulassen. Ein Zirkus schien mir zur Natur der Singularitäten besser zu passen als eine Krise: Alles war möglich, selbst wenn es einem wahrscheinlich das Leben kostete. In Gedanken sah ich sie farbig vor mir (in den lebhaften, leuchtenden Farben eines Zirkuszeltes), wie sie sich gegen die graue Vorhersagbarkeit der Wissenschaft abhoben, dieser gigantischen Rechenmaschine, die von Zwangsläufigkeit zu Zwangsläufigkeit ratterte. Ich hatte mein ganzes Leben einen Ausweg aus dem grauen Einerlei des gewöhnlichen Lebens gesucht. Singularitäten waren für mich wie Hippies - Burschen, die mit der Maske des Clowns durch die gediegene Schalterhalle einer amerikanischen Großbank laufen. Singularitäten waren Befreiung vom eintönigen Gesetz und zugleich auch Vollstrecker des letzten unerkennbaren Gesetzes der Gesetze, der greifbare Beweis für das denkbar größte Geheimnis, für eine Wahrheit, die man nicht überlebte, wenn man sie sah - wie das Antlitz Gottes, das einen am Ende der Welt erwartete.

Sie hatten etwas Magisches. Der Gedanke, daß die Gesetze der Physik - die nüchterne graue Realität - die Existenz der Singularitäten vorhersagte, war erstaunlich. Die Theoreme der Singularität schienen mir wie Beweise für ein Wunder, eine magische Kraft außerhalb der Physik. Ich wollte von Hawking wissen, ob solche Wunder, solche einzigartigen, schrecklichen Verwandlungen real seien. Wenn wir den Schöpfer schon nicht sehen können, können wir dann wenigstens wissen, daß es ihn gibt, wenn auch im Schmollwinkel eines Schwarzen Lochs oder am Ende der Zeit? Ich wollte von Hawking etwas über das Übernatürliche wissen.

Am nächsten Tag fuhr ich ihm hinterher nach London in die Royal Society, wo er eine Feier zu Einsteins hundertjährigem Geburtstag organisiert hatte. Hawking hatte wenig Interesse, seine Zeit mit mir zu vertun, er traf sich lieber mit Kollegen und Freunden aus der ganzen Welt. Zwei Tage versteckte er sich vor mir. Als das Spiel endlich vorbei und es mir gelungen war, ihn und Page auf den Stufen der Royal Society zu stellen, fragte ich ihn noch einmal dasselbe wie damals im Fahrstuhl. »Wenn wir eine wirkliche Quantentheorie der Gravitation haben, gibt es dann noch Singularitäten?«

»Ich glaube schon«, räumte er ein und sagte dann dasselbe wie zuvor. Es werde in der komplexen Mathematik, aus der er seine Theorie herleite, immer Singularitäten geben. »Man kann Wege finden, die Singularitäten zu umgehen, aber die Tatsache, daß es sie gibt, ist wichtig. Sie haben bedeutende physikalische Effekte.«

Ich verstand noch nicht. Man konnte sie also in mathematischer Hinsicht loswerden. »Aber physikalisch gibt es die Singularität?«

»Das führt zurück zu der Frage, ob es ein einziges Bild der Raumzeit gibt«, antwortete er gelangweilt. »Ich glaube, wenn man die Quantenmechanik ernst nimmt, kann man nicht mehr nur ein Bild von der Raumzeit haben.«

»Heißt das, daß es in einigen Fällen die Singularität nicht geben könnte?«

»Was heißt das schon, daß es die Singularität gibt?« fragte Hawking zurück. »Man kann allenfalls danach fragen, wie hoch die Wahrscheinlichkeit ist, daß man bestimmte Beobachtungen macht. Ich glaube nicht, daß man eine Singularität tatsächlich beobachten kann.«

Penrose hatte auf meine Frage hin das gleiche gesagt. Die Singularität liege wie der nächste Dienstag immer in der Zukunft.

»Sie liegt immer vor einem oder so«, brachte ich nicht sehr überzeugt hervor.

»Ja, aber ich bin auch dann nicht einmal sicher, ob sie einem begegnet. Wenn sie einem begegnet, kann man nicht wirklich danach fragen, ob es sie gibt.«

»Wenn sie einem begegnet, ist es zu spät.«

»Wenn man die Frage stellen kann«, fuhr Hawking fort, »dann heißt das offenkundig, daß die Antwort ›nein‹ lautet. Man ist nicht auf die Singularität gestoßen.«

»Das hilft mir nicht viel weiter«, gestand ich. Dafür, daß Hawking ein Biologiestudium zu unpräzise und vage gewesen war, verlief diese Unterhaltung seltsam. Vielleicht stellte ich die Frage falsch. Ich versuchte es anders. Wie sieht unser Schicksal aus? Was wird aus der Singularität am Ende der Zeit? »Schrumpft alles im ›big crunch‹ auf Null zusammen?«

»Die Frage, ob das Universum in sich zusammenstürzt, ist noch ungelöst.«

Ich kam nicht mehr ganz mit. Mir wurde schwindelig, wenn ich daran dachte, was er wohl als nächstes sagen würde. Trotzdem fragte ich weiter: Ein Elektron sei eine Sache, das Universum etwas völlig anderes. Das eine oder das andere müsse der Fall sein. Entweder sei man tot oder nicht. Das Universum existiere entweder oder nicht. Er wolle mir doch nicht weismachen, das Universum werde für einige Beobachter enden, für andere nicht! Hawking lächelte. »Doch«, sagte er, »genau das.«

7. Der Urknall

Der Schnee wirbelte in dichten Flocken über die Sawatch Range in Zentralcolorado. Er wälzte sich vom Independence-Paß wie ein weicher Gletscher das Roaring Fork Valley hinab und füllte die Nischen und Winkel zwischen den Viertausendern mit weißem Flaum. Baumwollflocken wirbelten durch die Murrays-Kiefern. Der Schnee verschluckte den Mount Aspen, das Eldorado der Skifahrer, der sich wie ein auf einem Bein kniender Riese über dem Zentrum der Stadt Aspen erhebt. Die Flocken bedeckten die viktorianischen Straßen der Stadt, dämpften den Lärm des Morgenverkehrs und die Fröhlichkeit der Wintersportler beim Frühstück. In diesem Winter hatte es noch kaum Niederschläge in den Rocky Mountains gegeben.

In dem Stadtteil auf der anderen Seites des Berges, wo sich hinter den Wohnhäusern Wiesen und schroffe Canyons erstrecken, sammelte sich der Schnee auf den Flachdächern kleiner Bauten aus Zedernholz, dem Aspen Center for Physics. Im größten Gebäude saßen zwei Dutzend Physiker und Astronomen in Skianzügen. Sie hörten sich in ihren Schulbänken mit stumpfem Blick Vorträge an und diskutierten über das Universum.

Ein großer, schlanker Mann mit langen Beinen, glattem dunklem Haar und feinen Gesichtszügen lümmelte träge mit spöttischem Blick in der vordersten Reihe. Sein Stuhl war zur Seite gewandt, sein Rücken zeigte zur Wand. Da er die Füße wie ein Paar Ski von sich streckte, mußte der Redner aufpassen, daß er nicht stolperte. Der Mann schrieb nicht mit. Immer wieder unterbrach er den Redner mit einem spöttischen Einwurf, einem Kommentar, einer kritischen Bemerkung oder einem Witz. »Ach, wie wahr und wie schön«, kommentierte er einen Gedanken wie beim zwanglosen Zwiegespräch im eigenen Wohnzimmer. Der Mann hieß Philip James Peebles, kurz Jim, und er fühlte sich mit gutem Grund wie im eigenen Wohnzimmer. Sein Name tauchte selten in Zeitungen auf, er war so etwas wie ein Übervater der Kosmologen. Sein Arbeitszimmer war überall dort, wo Kosmologen sich trafen. Auf ganz direkte Weise waren sie alle seine Schüler und Anhänger. Auf die meisten Fragen, die sie hier diskutierten – Warum gibt es Galaxien? Woraus besteht das Universum? Ist es homogen oder nicht? –, hatte er sie gebracht. Jetzt saß er neben ihnen und spottete gutmütig über ihre Antworten.

Das Fach Kosmologie war wie die gespaltene Kirche in mehrere Glaubensrichtungen geteilt. Leute wie Sandage betrieben die klassische Beobachtende Kosmologie. Er vermaß mit dem 5-Meter-Teleskop das Universum und suchte nach zwei Zahlen, die die Expansion bestimmten. Dagegen betrieb Hawking theoretische Forschung, wenn er in seinem Rollstuhl über die großen Prinzipien nachdachte, nach denen sich Schöpfung und Zerstörung des Kosmos vollzogen. Peebles war Begründer einer dritten Richtung, die nicht so bedeutend war, aber mutigere und ehrgeizigere Ziele hatte. Er und seine Anhänger nannten sich selbst physikalische Kosmologen, sie interessierte weniger das weitere Schicksal des Weltalls als vielmehr sein Ursprung. Sie wollten weg von der Beschreibung, *wie* das Universum ist, hin zur Erklärung *warum* es so ist – warum es Galaxien und Materie gibt. Kurz, das Universum war für sie ein physikalisches Problem. Spätestens in den achtziger Jahren waren die meisten, die sich Kosmologen nannten, physikalische Kosmologen.

Jim Peebles erinnerte sich an den Tag, als er die Kosmologie für sich entdeckt hatte. Es war an einem sehr heißen Sommertag im Jahre 1964. Princeton, durch dessen koloniale Gassen früher Einstein spaziert war und in dem jetzt Wheeler mit seiner faszinierenden Vision vom zusammenstürzenden Weltall das Sagen hatte, lag mit dürren Blättern im Dunst der Mittagshitze. In diesem Sommer machte die Bürgerrechtsbewegung in Missouri einen Vorstoß, und die Beatles eroberten die Hitlisten. Die Welt stand vor gewaltigen Neuerungen, eine davon bahnte sich in New Jersey an.

Peebles ahnte nicht, daß er vom Schicksal auserwählt war. Er saß wie jeden Freitagabend mit Bier und Pizza an seinem Platz, während auf einer Tafel physikalische Rätsel angeschrieben wurden. Der selbstbewußte junge Physiker hatte wie andere das ganze Frühjahr die Schwerkraft zu quantifizieren versucht – ohne irgendein Ergebnis. In nächsten Jahr lief sein Stipendium aus. Er mußte sich überlegen, wie es weitergehen sollte. Aber noch war das Leben leicht und schön.

Peebles war damals neunundzwanzig Jahre alt. Er und seine Frau Alison, eine College-Liebe, hatten zwei kleine Töchter. Peebles, alles andere als ein Stubenhocker, nahm die Dinge, wie sie kamen, und pflegte seine ungezwungenen Manieren. Er saß nicht, sondern lümmelte im Sessel. Ebenso zwanglos war seine Neugierde. Peebles dachte viel darüber nach, wie er die Arbeit am besten mit seinen Vorstellungen von einem amüsanten Leben vereinbaren konnte. Sein Riecher für interessante Gebiete, kombiniert mit einer gehörigen Portion Gleichgültigkeit gegenüber akribischer wissenschaftlicher Arbeit, brachten Peebles einen großen Triumph und eine sehr peinliche Niederlage ein.

Peebles war in der kanadischen Prärieprovinz Manitoba nahe Winnipeg geboren, jüngstes von drei Kindern und einziger Sohn. Als Jugendlicher interessierte er sich sehr für Technik. Er immatrikulierte sich an der Universität von Manitoba für ein Ingenieurstudium. An der Universität stellte er fest, daß Ingenieure ein langweiliger Haufen waren. Da sich Physiker besser amüsierten und größere Feste feierten, wechselte er zur Physik über. Er wurde ein glänzender Student. Rückblickend behauptete er später, die Qualität der Ausbildung sei gleichwertig gewesen wie die der Ivy League, der acht exklusivsten Universitäten im Nordosten der USA; dabei war das Spektrum in Manitoba nicht so breit. Den ersten Abschluß schaffte er, ohne einen Kurs in Quantenphysik belegt zu haben. Ein Professor, der in Princeton studiert hatte, schickte ihn für die höheren Fachsemester nach Süden. Es wurde eine unangenehme Erfahrung, der beste Student von Manitoba gehörte zu den schlechtesten von Princeton.

In diesen Tagen der Niederlage kam er zum ersten Mal oberflächlich und nicht sehr befriedigend mit der Kosmologie in Berührung. Er fand nichts daran, sie stieß ihn fast ab. Die erste richtige Begegnung ergab sich erst später, als er sich auf die Prüfungen zur Promotion vorbereitete. In Princeton waren keine bestimmten Pflichtkurse vorgeschrieben, die Kosmologie blieb jedem selbst überlassen. Die Studenten sollten sich heraussuchen, was sie interessierte. »Ein Thema im allgemeinen Teil der Prüfung ist die allgemeine Relativitätstheorie«, erinnerte sich Peebles. »Und bei Fragen zur allgemeinen Relativitätstheorie geht es meist um Kosmologie. Mir war der Gedanke zuwider, daß das Universum so einfach sein sollte, wie es im Standardmodell vom Urknall aussah.«

Um diese Zeit stieß Peebles auf Bob Dicke, einen der großen Alten der Physik in Princeton. Dicke, von Hause aus Atomphysiker, war eine Art Renaissancemensch. Während des Krieges hatte er sich mit Radar beschäftigt und Techniken entwickelt, die später als Grundlage zum Bau von Atomuhren und Lasergeräten dienten. Eine seiner Erfindungen war das Dicke-Radiometer, ein Empfänger für besonders kurze Radiowellen, sogenannte Mikrowellen. In den fünfziger Jahren hatte sich Dicke dann der Erforschung der Schwerkraft zugewandt. Er erstellte eine Alternative zur allgemeinen Relativitätstheorie, nach der sich die Gravitationskonstante mit der Zeit veränderte. Demnach wurde die Schwerkraft mit zunehmendem Alter des Universums gegenüber anderen Kräften immer schwächer.

Jeden Freitagabend leitete Dicke ein Seminar, wo physikalische Probleme auf breitester Basis diskutiert wurden. Die Veranstaltung fand regelmäßig bei Bier und Pizza statt. Ein Freund Peebles' gehörte zu Dickes Gruppe. »Ich ging mehr zufällig mit in eine Sitzung und war fasziniert, wie viele interessante Themen er anschnitt. Nach einem ganz kurzen Ausflug in die Teilchenphysik – ich habe nur ein Referat über Teilchenphysik geschrieben – blieb ich bei Dicke.« Jim und Alison erschienen regelmäßig am Freitagabend im Seminar und zählten sich, wie er mit verschmitztem Lächeln meinte, zu den stärkeren Teilnehmern.

Peebles gefiel es, daß man ein breitgefächertes physikalisches Wissen brauchte, wenn man Dickes Ideen überprüfen wollte. In seiner Dissertation errechnete er, ob sich die sogenannte Feinstrukturkonstante, die die Stärke elektromagnetischer Kräfte angibt, in kosmischer Zeit verändert hatte. Dazu studierte er den radioaktiven Zerfall in verschiedenen Meteoriten, die Milliarden von Jahren alt waren. Es kam heraus, daß sich die Konstante nicht veränderte.»Das bemerkenswerte ist, daß die Physik damals der heutigen sehr stark ähnelt«, meinte er.

Diese Art Arbeit führte Peebles schrittweise in die Astrophysik, seine Laufbahn als Experimentalphysiker war damit zu Ende. Als er Dicke einmal einen Ablaufplan für einen komplizierten Versuch zeigte, konnte dieser nichts damit anfangen. Dicke fragte ihn schließlich:»Haben Sie sich mit der theoretischen Seite auseinandergesetzt?«

Peebles erhielt den akademischen Grad und blieb als sogenannter *postdoctoral fellow* in Dickes Gruppe. Ein *postdoc* bekommt üblicherweise für drei Jahre ein Arbeitszimmer und Gehalt. Er hat keine anderen Aufgaben, als sich herumzutreiben und zu forschen. Diese Zeit ist in der Laufbahn eines Wissenschaftlers die wichtigste; er hat Gelegenheit, sich zu profilieren, bevor Verantwortung und Pflichten den jugendlichen Studieneifer erlahmen lassen.

Dicke sprach in seinen Vorlesungen oft von der Schönheit und den Rätseln des expandierenden Universums und von jenem schicksalhaften Freitag im Sommer, als er diese wieder ins Bewußtsein gerufen hatte. Wie vielen Wissenschaftlern gefiel allerdings auch ihm der Gedanke nicht, daß alles mit einer Singularität angefangen haben und das Universum aus dem Nichts entstanden sein sollte.

Dickes Lösung war ein oszillierendes Weltall. Nach seiner Hypothese war das Universum nicht am Tage Null aus dem Nichts hervorgegangen. Vielmehr flog oder schnellte es wieder auseinander, nachdem es bei einem vorangegangenen Kollaps, einem »big crunch«, zusammengequetscht worden war. Damit stellte sich – zumindest was das All innerhalb des Kreislaufs angeht – das Schöpfungsproblem nicht mehr. Freilich stieß man auf eine andere Schwierigkeit. Nach den Astronomen hatte sich die Materie des Universums nach dem Urknall in einer reinen und einfachen Form, als Wasserstoff, auszudehnen begonnen. Schwere Elemente waren erst später im Innern der Sterne entstanden. Nun mußte man die Frage beantworten, was mit den schweren Elementen aus den Sternen des vorigen Kosmos vor dem Urknall geschehen war.

Dicke kam zu dem Schluß, daß das Universum während der Kompressionsphase zwischen dem »big crunch« und dem Urknall so heiß geworden war, daß die Atomkerne zertrümmert und alle Spuren der vorangegangenen Ära in der Geschichte des Kosmos vernichtet worden waren. Dazu genügte nämlich schon eine Milliarde Grad. Nach den Gesetzen der Thermodynamik mußte derart heiße Materie Gammastrahlen aussenden. Wenn man davon ausging, daß das ganz junge Universum ein dichter Feuerball gewesen war, dann stellte sich die Frage, was mit der abgestrahlten Hitze passiert war. Das expandierende All ließ sich mit einer Schachtel mit verspiegelten Wänden vergleichen. Die Gammastrahlen im Innern konnten nicht entweichen, während die Schachtel sich ausdehnte. Folglich befand sich im jetzigen Universum die gleiche Anzahl von Photonen wie zu einem früheren Zeitpunkt, aber die Wellenlängen mußten sich mit dem Universum vergrößert haben. Tatsächlich mußte sich das All desto stärker abkühlen, je weiter es sich ausdehnte, wie das explodierende Gas in der Verbrennungskammer eines Motors. Dicke vermutete, daß die Temperatur zum gegenwärtigen Zeitpunkt, im Jahre 1964, wenige Grad über dem absoluten Nullpunkt (-273° Celsius) lag. Die Wellenlänge der noch vorhandenen thermischen Strahlung aus dem Feuerball am Anfang mußte dabei ans andere Ende des Spektrums gerückt und auf Längen im Bereich von Radiowellen auseinandergezogen worden sein. Es handelte sich nicht um beliebige Radiowellen. Da sich das Universum in alle Richtungen erstreckte, mußten sie von überall her gleichzeitig kommen, und ihr Spektrum – die Intensität der verschiedenen Wellenlängen – mußte die charakteristische Verteilung von Thermal- oder Schwarzkörperstrahlung haben. Das bedeutete, die Energie mußte über einen breiten Spektralbereich verteilt sein und einen Scheitelpunkt bei einer bestimmten Wellenlänge erreichen. Bei kürzeren oder längeren Wellenlängen würde die Intensität rasch nachlassen. Wenn man eine solche Strahlung empfinge, wäre sie leicht an ihrem Spektrum im Radiobereich erkennbar.

Dicke fragte in seiner Gruppe, ob nicht jemand spaßeshalber nach dieser Strahlung suchen wolle. Die beiden Radioastronomen Dave Wilkinson und Peter Roll sollten sich Gedanken machen, wie das zu bewerkstelligen wäre. Dann wandte er sich an Peebles:»Und Sie könnten sich doch die theoretischen Konsequenzen überlegen?«

»Eine sehr anregende Bemerkung«, erinnerte sich Peebles gequält.»Man mußte sehr viele Konsequenzen bedenken.« Welche Auswirkung hatte die Strahlung des Urknalls? Welche Wechselwirkungen gab es mit Materie? Wie ließ sich die Strahlung beschreiben?

Zu diesem Zeitpunkt im Sommer 1964 griffen Peebles, Dicke und der Rest der Mannschaft nach dem Nobelpreis, ohne daß sie das wußten. Sie waren dem Keim der Schöpfung auf der Spur – nicht irgendeiner subtilen Erscheinung, die sich in einem Schaubild mit galaktischen Geschwindigkeiten als gebogene oder gerade Linie ausdrückte. Vielmehr ging es um die Sache selbst, um den Urknall, der im Universum gefangen war und noch immer tönte und widerhallte.

Allerdings mußte Peebles für ein Laster teuer bezahlen. Er hielt nicht viel von akribischer Arbeit und schlug nur selten ein Buch auf. »Mit Büchern war ich nie gut, bis heute nicht. Mir muß immer erst selbst etwas auffallen, bevor ich die Leistungen von einem anderen in der Sache anerkenne. Ich denke sehr viel lieber selbständig über die Dinge nach, als fremde Artikel zu lesen.« Mit dem Auftrag, sich Gedanken über kosmische Strahlung zu machen, ging Peebles nicht in die Bibliothek. Er ging nach Hause und dachte nach.

Zunächst fiel ihm ein, daß das frühe Universum, wenn es sehr heiß gewesen war, wie ein Dampfkochtopf unter Druck gestanden haben mußte. In der Tat verhielt es sich wie bei einem Stern. »Und ich wußte vage, was nach den Voraussagen geschah, wenn ein Stern explodierte: Die Häufigkeit der Elemente veränderte sich in einer bestimmten, berechenbaren Weise.« Sterne verbrennen Wasserstoff zu Helium. Peebles errechnete, wieviel Helium im Urknall hätte entstehen müssen. Nach dem Ergebnis hätten etwa fünfundzwanzig Prozent des früheren Universums in Helium verwandelt werden müssen. Peebles hatte damit unbemerkt ein großes Rätsel der Kosmologie gelöst. Helium war das einzige Element, das die Modelle zur Kernsynthese von Hoyle, Fowler und den Burbidges nicht erklären konnten.

»Ich hatte keine Ahnung von Astronomie«, erzählte er später. »Das Helium war ein Problem. Es kam sehr häufig vor. Es macht etwa fünfundzwanzig Prozent der Masse unserer Sonne aus. In sehr alten Sternen kommt es offenbar ebenso häufig vor. Es war ein Rätsel: Wo kam das Helium her?«

Er sei ein fürchterlich schlechter Astronom, meinte er dann. »Ich habe riesige Wissenslücken. Ich hätte in den Zeitschriften sogar detailliert nachlesen können, warum es ein Rätsel war, daß das Helium so häufig und gleichmäßig vorkam. Aber das reizte mich nicht. Ich hatte keine Ahnung vom Helium. Ich stellte bloß die Berechnungen an und erhielt eine große Häufigkeit von Helium.« Er lachte. »Allerdings wußte ich nicht, ob das eine gute oder eine schlechte Antwort war. Ich verglich meine Ergebnisse mit dem Vorkommen von Helium auf dem Jupiter. Meine ersten astronomischen Artikel hatten die Struktur des Jupiter behandelt, deshalb wußte ich über das Heliumvorkommen Bescheid. Es gab keine Abweichung. In meiner Naivität glaubte ich, das wäre ein großer Erfolg.«

Die Temperatur der übriggebliebenen Strahlung im heutigen Universum schätzte er auf ungefähr zehn Kelvin (rund -263 Grad Celsius). Sie müßte ein Signal im Mikrowellenbereich des Radiospektrums hervorbringen und die charakteristische Schwarzkörperkurve in der Intensität der verschiedenen Wellenlängen zeigen. Peebles schrieb alles zusammen und schickte den Artikel im Frühjahr 1965 an die *Physical Review*. Der Herausgeber schickte ihn zurück.»Es wurde aus gutem Grund abgelehnt. Ich hatte mich nicht um die Geschichte des Themas gekümmert«, stöhnte Peebles.»Ich hätte wissen müssen, daß George Gamow, Alpher und Herman schon Jahre zuvor das ganze Gebiet sorgfältig bearbeitet hatten. Man teilte mir mit, ich solle doch erst einmal in alten Artikeln nachschlagen und prüfen, was neu an meinen Erkenntnissen sei.«

Wenn Peebles seine Hausaufgaben gemacht hätte, wäre er auf folgendes gestoßen: Er und Dicke hatten eine Überlegung zum kosmischen Feuerball wiederaufgegriffen, die George Gamow in den vierziger Jahren angestellt hatte. Bekanntlich hatten Gamow und seine Mitarbeiter an der Johns Hopkins University damals, als die Expansion des Universums noch umstritten war, versucht, die Entstehung der chemischen Elemente aus der Kernsynthese in einem urzeitlichen Feuerball zu erklären. Gamows Modell konnte das Vorkommen von Helium, nach Wasserstoff das zweiteinfachste Element, bestens erklären, nicht aber die Herkunft schwererer Elemente. Die Astronomen hatten sich deshalb der Hypothese von Hoyle und Fowler angeschlossen, die meinten, die Elemente seien in den Sternen entstanden. Sie schütteten das Kind mit dem Bade aus und ignorierten Gamows Theorie als Ganzes.

Gamows Gruppe war ebenfalls zu dem Schluß gekommen, daß der Urknall heiß und sehr strahlungsreich gewesen und die abgekühlte Reststrahlung immer noch vorhanden sein mußte. Im Jahre 1949 veröffentlichten seine beiden Schüler Ralph Alpher und Robert Herman einen Artikel in der Zeitschrift *Nature*. Sie rechneten darin vor, daß das gegenwärtige Universum eine Temperatur von fünf Kelvin haben müsse.

Aus unerklärlichen Gründen beachtete niemand ihre Voraussage, und in den sechziger Jahren war sie vergessen. Auch Dicke hatte diesen Teil von Gamows Theorie nicht mehr präsent. Und nicht nur das. Es war ihm sogar entfallen, daß er selbst schon im Zweiten Weltkrieg, während seiner Zeit am Massachusetts Institute of Technology (MIT), Messungen zu einer möglichen Hintergrundstrahlung am Himmel durchgeführt hatte. Er hatte nichts entdeckt. Sein Schluß damals lautete, daß die Hintergrundstrahlung, wenn sie überhaupt vorhanden war, weniger als zwanzig Kelvin betragen müsse.

Seit Dickes Zeit am MIT hatte sich viel getan im Bereich der Radio- und Mikrowellentechnik. Dicke wußte, daß es inzwischen vielleicht möglich war, die Reststrahlung des Urknalls mit ihren wenigen Kelvin zu empfangen. Wenn das gelänge, könnten Physiker die aktuelle Temperatur des Universums messen und seriöse Rechnungen zum heißen Urknall erstellen. Von Dicke gedrängt, stellten Wilkinson und Roll zu diesem Zweck ihre Apparatur auf einem Dach in Princeton auf.

Peebles und Dicke wußten nicht, daß die vermutete Reststrahlung des Urknalls längst aufgespürt war. Einige Kilometer weiter, in Holmdel, New Jersey, zerbrachen sich zwei Radioastronomen von den Bell-Laboratorien um dieselbe Zeit den Kopf darüber, warum aus der Radioantenne, die sie zur Eichung eines Nachrichtensatelliten benutzten, ein schwaches, aus allen Richtungen kommendes Rauschen drang. Tatsächlich waren schon seit Jahren in den Daten der Telefongesellschaft Störsignale im unteren Wellenbereich aufgetreten, so schwach, daß sie sich praktisch nicht auswirkten. »Jahrelang fanden sich die Leute von den Bell-Laboratorien mit dieser Störung ab. Sie nahmen vernünftigerweise an, es sei etwas in den Instrumenten, etwas, das sie sich nicht erklären konnten«, sagte Peebles. Als Peebles über eine mögliche Hintergrundstrahlung nachgrübelte, erfuhr er auf Umwegen, daß zwei Radioastronomen der Bell-Laboratorien ein seltsames Rauschen in ihren Antennen hatten. Es stellte sich als Nachhall des Urknalls heraus.

Bei der Entdeckung der kosmischen Hintergrundstrahlung hatte der Zufall eine große Rolle gespielt, aber sie war auch der Tatsache zu verdanken, daß die beiden jungen Radioastronomen mit Ehrgeiz und Ausdauer um die Lösung ihres Problems rangen. Die beiden gaben ein klassisches Duo ab: Arno Penzias war energisch, gesprächig und einfallsreich, Robert Wilson nachdenklich und gründlich. Man hatte sie in den frühen sechziger Jahren angeheuert, um eine hornförmige Spezialantenne umzubauen, die bis dahin vom Satelliten der Echoserie reflektierte Radiosignale empfangen hatte. Nach dem Umbau sollte sie Verbindung mit dem neuen Nachrichtensatelliten Telstar aufnehmen, um Telefongespräche und Fernsehsignale quer über den Atlantik zu schicken. Als Belohnung hatte man ihnen versprochen, daß sie nach erfolgreichem Abschluß der Arbeit die Antenne für radioastronomische Zwecke verwenden dürften.

Die Apparatur von Holmdel sah aus wie eine überdimensionale Posaune. Ihre sechs Quadratmeter große Öffnung fing die Mikrowellen auf und leitete sie an einen ganz neuartigen Empfänger und einen Verstärker mit einem Rubinkristall im Inneren weiter. Penzias und Wilson versuchten ihren Verstärker zu eichen, indem sie einen Funksender in einem Helikopter stationierten und den Helikopter dann auf dem Forschungsgelände fliegen ließen. Sie fingen die Signale mit ihrer Antenne auf und bestimmten aus dem Abstand zum Gerät den Verstärkungsfaktor. Dabei traten Schwierigkeiten auf: Sie empfingen ein konstantes Signal, das sie sich nicht erklären konnten - ein Rauschen oder Brummen, das zu jeder Zeit und in jeder Richtung gleichblieb, auch dann noch, als sie ihre Antenne in den leeren Raum richteten.

Das ungewöhnliche Signal hatte eine Temperatur* von etwa drei Grad über dem absoluten Nullpunkt. Es war schwach, aber konstant und lästig. Penzias und Wilson waren sich sicher, daß das Rauschen aus ihrer Apparatur kam. Keine bekannte kosmische Quelle sendete auf den empfangenen 7,35 Zentimetern (4080 Megahertz), und keine sendete so gleichförmig und konstant. Ein Jahr lang versuchten sie verzweifelt, das Rauschen zu beseitigen. Sie nahmen die Elektronik auseinander, verscheuchten Tauben aus dem Horn, entfernten den Mist und überklebten Nietenköpfe, alles ohne Erfolg. Im Frühjahr 1965 gaben Penzias und Wilson schließlich auf. Wenn das Signal tatsächlich existierte, woran sie immer noch zweifelten, mußten sie unbedingt herausfinden, woher es kam. Sie fürchteten, daß sie bei der Fehlersuche etwas übersehen hatten und sich lächerlich machen würden. Deshalb verfaßten sie einen zwanzigseitigen Artikel und berichteten trocken über ihre Vorgehensweise bei der Eichung der Antenne. Während sie schrieben, stolperte Penzias über Peebles' Artikel, der als Vorabdruck kursierte. Er bat Dicke telefonisch um eine Kopie. Als er den Artikel gelesen hatte, rief er Dicke ein zweites Mal an. Er solle herkommen und sich etwas ansehen. Dicke, Roll und Wilkinson fuhren nach Holmdel und ließen sich überzeugen, daß Penzias und Wilson erstklassige Astronomen waren: Offenbar hatten sie tatsächlich den schwachen Rest des Urknalls gefunden. Penzias und Wilson waren zufrieden: Sie hatten für das Störrauschen wenigstens eine Erklärung; so konnte man ihnen nicht vorwerfen, sie seien schlechte Techniker. Die kosmologischen Konsequenzen der Entdeckung waren ihnen zunächst nicht klar. Beide nahmen die Kosmologie nicht besonders ernst, Wilson war eher ein Freund der Steady-State-Theorie.

* Radioingenieure charakterisieren die Stärke eines Signals üblicherweise mit einem Temperaturwert. Dabei vergleichen sie seine Intensität mit der Intensität einiger Wellenlängen thermischer Strahlung, die ein idealer Schwarzkörper im gleichen Wellenbereich abstrahlen würde.

Peebles dagegen staunte. »Ich war ganz aufgeregt«, erinnerte er sich. »Ich hatte einige Zweifel, ob das Ergebnis wirklich stimmte. Daß man die Reststrahlung des Urknalls aufspüren konnte, war zunächst nur eine ganz vage Vermutung gewesen, reine Spekulation. Ich glaube, wir alle – oder ich zumindest – waren erleichtert, daß wir schließlich doch etwas gefunden hatten. Das ist ein äußerst spannendes Thema. Es kommt sehr selten vor, daß man eine gewagte Vermutung äußert und diese sich tatsächlich als richtig erweist, noch dazu, wenn sie von allem bisher Bekannten so weit weg ist. Aber es hat geklappt!«

Die Princetoner Gruppe verfaßte in aller Eile eine Kurzmitteilung. Darin wurden die theoretischen und kosmologischen Konsequenzen der Entdeckung der Mikrowellenstrahlung umrissen. Gleichzeitig schrieben Penzias und Wilson einen Bericht über ihre genauen Beobachtungen. Die beiden Berichte wurden nebeneinander in der Zeitschrift *Astrophysical Journal Letters* abgedruckt. Das Duo von den Bell-Laboratorien blieb bis zuletzt vorsichtig und beschränkte sich auf eine nüchterne Wiedergabe der radiotechnischen Daten ohne Interpretation. »Eine mögliche Erklärung für die beobachtete erhöhte Rauschtemperatur liefern Dicke, Peebles, Roll und Wilkinson (1965) in einer gemeinsamen Mitteilung in dieser Ausgabe.« Bevor die beiden ihren Aufsatz abschickten, unternahmen sie noch einen Test und fuhren mit einem tragbaren Radiosender um das Gelände von Holmdel.

Noch vor der Veröffentlichung bekam der Wissenschaftsjournalist Walter Sullivan Wind von der Sache: Auf der Titelseite der *New York Times* erschien daraufhin ein Bericht, in dem es hieß, Astronomen hätten die Explosion entdeckt, aus der das Universum entstanden sei. Als Penzias und Wilson die Meldung lasen, wurden sie sich der Konsequenzen ihrer Entdeckung endlich bewußt.

Gamow, damals schon im Ruhestand, las die Berichte in Colorado und erkannte sofort die Tragweite der Sache. Er war empört. Weder in der Mitteilung der Princetoner Gruppe noch in dem Aufsatz von Penzias und Wilson wurde erwähnt, daß die Reststrahlung des Urknalls von seiner Gruppe vorausgesagt worden war. In einem wütenden Brief an Dicke (der das Versäumnis eingestand) gab er mehrere Stellen an, wo man seine Voraussage nachlesen könne. Er ließ sich nicht beschwichtigen und fühlte sich bis zu seinem Tod als Betrogener. Alpher und Herman wandten sich erbittert von der Physik ab.

Der Wirbel um die Voraussage der kosmischen Hintergrundstrahlung war für den traditionell gepflegten Umgang unter den Kosmologen ein schwerer Schlag. Vielleicht erklärt sich daraus, warum Penzias und Wilson 1978 für ihre Entdeckung den Nobelpreis erhielten, aber keiner einen Preis für die Voraussage der Reststrahlung des Urknalls.

Peebles setzte sich gegen den Vorwurf zur Wehr, er und Dicke hätten einfach nur Gamows Arbeit rekapituliert. »Meiner Meinung nach ist niemand zuvor auf den Gedanken gekommen, daß man die Sache auch experimentell überprüfen kann«, argumentierte er. »In der Tat habe ich Gamow die klare Frage gestellt: Hat jemand bemerkt, daß es Möglichkeiten gibt, die Strahlung experimentell nachzuweisen? Er hat mit einem klaren Nein geantwortet. Sie sind eindeutig nicht auf den Gedanken gekommen, daß man die Strahlung aufspüren könnte.«

Im Sommer 1965 nahmen Wilkinson und Roll ihr Dicke-Radiometer in Betrieb. Sie konnten die Hintergrundstrahlung auf einer zweiten Wellenlänge empfangen mit ungefähr der gleichen Temperatur. Das Messen der Mikrowellenstrahlung wurde Routine, ein eigener Zweig der Radioastronomie. Da es immer mehr Beobachtungen und Daten gab, konnte man das Spektrum der kosmischen Hintergrundstrahlung im langwelligeren Bereich bestimmen. Es zeigte sich, daß die Strahlungsintensität mit abnehmender Wellenlänge zunahm, ganz wie bei einer Schwarzkörperkurve. Peebles war ermutigt. Der gegenwärtige Scheitelpunkt und der kurzwelligere Bereich der Strahlung jenseits davon waren wegen der Beeinträchtigung durch die Erdatmosphäre schwieriger zu messen. Neben anderen Techniken führte man Beobachtungen mit Raketensonden und Ballons über der Atmosphäre durch. Schließlich tauchte die charakteristische Schwarzkörperkurve auf. Sie zeigte für das heutige Universum eine Temperatur von 2,7 Grad über dem absoluten Nullpunkt.

Im Jahre 1977 brachte ein Team von Astronomen aus Berkeley mit einem Flugzeug vom Typ U 2 ein Radiometer in die Höhe und stellte eine winzige Unregelmäßigkeit im Mikrowellenhintergrund fest. Sie war allerdings so glatt und regelmäßig, daß sie nicht zufällig sein konnte. Der Himmel am südlichen Ende des Sternbildes Löwen, so fanden die Astronomen heraus, war um drei Tausendstel Grad wärmer, auf der entgegengesetzten Seite um den gleichen Wert kühler. Dieser Unterschied, meinten sie, entspreche genau dem Doppler-Effekt, der auch für die Rotverschiebungen von Galaxien verantwortlich ist. Er mußte sich ergeben, wenn die Erde, die Milchstraße und vermutlich unsere gesamte Lokale Gruppe von Galaxien durch ein völlig einheitliches Strahlenbad trieben. In der Richtung, auf die wir uns zubewegen, mußten die Mikrowellen in den Blaubereich verschoben sein, in der anderen, aus der wir kommen, in den Rotbereich. All diese Erkenntnisse zerstreuten allmählich Peebles' Vorbehalte gegen die Kosmologie; aber es dauerte lange, bis er ganz überzeugt war.

Peebles wurde eine Art Paläontologe, der mit Hilfe der Mikrowellenstrahlung erkunden wollte, wie das frühe Universum ausgesehen hatte. Das spannende an der Entdeckung der Mikrowellen war folgendes: Wenn man die Temperatur des heutigen Universums kannte, konnte man die Temperatur für jeden beliebigen vergangenen Zeitpunkt errechnen, selbst für ein Alter von einer Minute oder einer Sekunde, als Protonen mit Neutronen zu Heliumkernen verschmolzen. Die Strahlung (und das Universum) mußte sich verhalten wie ein Gas, das in einem Zylinder zusammengepreßt wird und sich erhitzt.
Es stehe ihm noch ein weiteres paläontologisches Werkzeug zur

Verfügung, bemerkte er: die Häufigkeit der leichten Elemente. Der Prozentsatz von Helium in alten Sternen, wie sie in Kugelhaufen vorkamen, war ein Relikt von Prozessen, die in den ersten Sekunden der Zeit abgelaufen waren. Da Peebles jetzt die damalige Temperatur errechnen konnte, konnte er auch die anderen Eigenschaften des frühen Universums bestimmen und die Zahlen so lange manipulieren, bis das heutige Vorkommen von Helium richtig herauskam. Folglich ließen sich Temperatur, Dichte und Druck ermitteln, sämtliche Größen, für die sich Physiker interessierten. Vor Entdeckung des Mikrowellenhintergrundes war die Kosmologie Astronomie gewesen, seit dem Herbst 1965 war sie Physik. Peebles überarbeitete und erweiterte seinen abgelehnten Artikel zur kosmischen Strahlung und zur Produktion von Helium.

Peebles ging es weniger darum, ein astrophysikalisches Problem zu lösen, er wollte vielmehr die Produktion von Helium benutzen, um kosmologische Ergebnisse zu überprüfen. Ein besonders empfindlicher »Test« für die Kosmologie, meinte Peebles, sei das Vorkommen von Deuterium, einem schweren Wasserstoffisotop, das eine wichtige Rolle beim Bau von Kernwaffen spielt. Normale Wasserstoffatome bestehen aus einem Proton und dem Elektron, das es umkreist. Ein Deuteriumkern besteht aus einem Proton und einem Neutron. Deuterium ist eine Zwischenstufe bei der Entstehung von Heliumkernen, die normalerweise aus zwei Protonen und zwei Neutronen bestehen. Je dichter das frühe Universum war, desto mehr Deuterium wurde bei der Heliumsynthese verbraucht und desto weniger war im thermonuklearen Schmelzofen des Urknalls übriggeblieben. Wie Peebles überlegte, mußten geringe Veränderungen in der Dichte oder der Expansionsrate des Universums zu gewaltigen Veränderungen bei der endgültigen Menge an Deuterium im Kosmos führen. Nur wußte leider keiner, wieviel Deuterium im Kosmos vorkam und wieviel später in Sternen verbrannt oder entstanden war.

Mit seiner Arbeit hatte Peebles eine Wissenschaft neuen Stils begründet: den immer weiteren Rückblick in immer frühere und heißere Zeiten des Universums. Dabei ging es darum, möglichst viele physikalische Erkenntnisse auf die damaligen Energie- und Dichteverhältnisse anzuwenden und deren Folgen für das heute beobachtbare Universum zu errechnen.

Die Aufgabe, genaue Berechnungen zur Kernsynthese des Urknalls anzustellen und die Ergebnisse mit der Wirklichkeit zu vergleichen, übernahmen Willy Fowler, seine Studenten und ein Stab von Kernphysikern am Caltech. Neuartige Techniken in der Raumfahrt ermöglichten feine astronomische Messungen. Innerhalb weniger Jahre kamen Fowler und seine Leute zu folgendem Ergebnis: Wenn sie die Parameter des Urknalls, Temperatur, Druck und Dichte, richtig festlegten, um auf richtige Mengen von Helium zu kommen, sagten die gleichen Berechnungen auch die richtige Häufigkeit von Deuterium und Lithium voraus – obwohl Helium fünfundzwanzig Prozent des Universums ausmachte und Lithium weniger als ein Milliardstel. Alles sprach dafür, daß es tatsächlich einen Urknall gegeben hatte.

Peebles, der alles von ferne beobachtete, war stolz. »Es sieht ganz so aus, als hätten wir einen Riesenerfolg. Man kann berechnen, was geschehen ist, als das Universum eine Sekunde alt war – das ist phantastisch! Wenn mir das jemand gesagt hätte, als ich noch Student war, hätte ich ihn ausgelacht. Das Universum ist zu kompliziert. Aber manchmal ist es erstaunlich einfach, so wie das Wasserstoffatom – dabei kann man sich kaum irren.« Er lachte.

Peebles selbst schlug eine andere Richtung ein und geriet in Schwierigkeiten. Er suchte nach dem Ursprung der Galaxien und fragte sich, wie im Universum aus dem homogenen Einerlei eines Feuerballs leuchtende Zusammenballungen von Materie, wie Galaxien und Sterne sie darstellen, hatten entstehen können. Peebles wurde ohne großes Aufsehen von einer Stufe zur nächsten befördert und 1972 zum ordentlichen Professor berufen. Er bezog ein großes Arbeitszimmer neben dem von Dicke und mußte nie fort aus Princeton.

8. Woher die Galaxien kommen

Warum gibt es Galaxien im Universum? Die Frage beschäftigt die Kosmologen seit Hubble, der gehofft hatte, sein stimmgabelförmiges Diagramm der Galaxientypen werde schließlich einen Anhaltspunkt für ihre Entstehung und Entwicklung liefern. Irgendwie waren aus der eleganten Einfachheit des Urknalls, dem glatten homogenen Feuerball, die glitzernden Pünktchen der Galaxien und Sterne ausgeflockt, die das heutige Universum durchziehen. Wann und wie war das passiert? Wie konnte man es physikalisch erklären, daß elliptische Riesengalaxien so gleichförmig waren, daß Sandage sie als Standardkerzen verwendet hatte? War die Materie im All sinnvoll und nach einem bestimmten Muster angeordnet, oder war alles nur zufälliges Chaos?

Als Peebles von Dicke an jenem Tag im Jahre 1964 den Auftrag bekam, sich Gedanken über die kosmische Hintergrundstrahlung zu machen, fielen ihm zwei Dinge ein. Zum einen war das Universum vergleichbar mit einem explodierenden Stern, in dem Elemente umgeschmolzen wurden. Von dieser Annahme ging ein florierender Wissenschaftszweig aus, der sich mit der Kernsynthese des Urknalls befaßte. Dagegen versuchte eine jüngere Generation von Astrophysikern, dem »big bang« anders auf die Spur zu kommen: Sie untersuchten die komplizierten Vorgänge bei der Kernsynthese und die Häufigkeit der Spurenelemente, die sich im interstellaren Staub und Gas verbargen. Peebles konzentrierte sich auf die zweite Frage. Vom Mikrokosmos wandte er sich dem Makrokosmos zu und forschte dort nach dem Ursprung der Galaxien.

Während er im Westen diesen Fragen nachging, tat im Osten

ein anderer dasselbe. Jeder entwickelte seine eigene Sicht der Welt, und ihre beiden Sichtweisen waren einander diametral entgegengesetzt. Sie begegneten sich wenige Jahre später, als sie sich mit dem Urknall und den größten und am besten sichtbaren Bestandteilen des Universums beschäftigten: mit den rotierenden Galaxien. In Aspen machte man sich fieberhaft Gedanken über ihre Entstehung.

Was später zu einem Hauptthema der physikalischen Kosmologen wurde, hatte mit einer einfachen Überlegung begonnen. Nach Peebles war das Universum im Anfangsstadium so heiß gewesen, daß sich keine Galaxien bilden konnten. Die Strahlung des Feuerballs hatte einen gewaltigen Druck, deshalb wurde Materie wie Staub in einem Schmelzofen auseinandergeblasen. Wenn Verdichtungen entstanden, lösten sie sich sofort wieder auf.

Urzeitliche Massenkonzentrationen hatten nach Peebles erst dann entstehen können, als das Universum sich so weit ausgedehnt hatte und so kalt geworden war, daß der Strahlungsdruck, der die Materieteilchen auseinandertrieb, kleiner geworden war als die Anziehungskräfte der Gravitation. Dieser Zeitraum ließ sich berechnen, und damit hatten die Theoretiker, die sich mit der Entstehung von Galaxien beschäftigten, zumindest ein Betätigungsfeld. Wenn schon keiner sagen konnte, wann die Galaxien entstanden waren, so wußte Peebles doch immerhin, wann sie *nicht* entstanden waren. Dieser Fortschritt spornte zu weiteren Überlegungen an.

Peebles Frage lautete, wie sich die Galaxien im glühendheißen Inferno des Universums hatten herausbilden können. Zuvor aber mußte er zeigen, daß dies überhaupt hatte passieren können. Nach bisheriger Auffassung war die Schwerkraft zu schwach und wirkte zu langsam, als daß sie in der Zeit seit dem Urknall Konglomerate in dieser Größenordnung hätte zustande bringen können. Peebles wies nach, daß sich das Problem gerade umgekehrt stellte: Was hinderte die wachsenden Welteninseln daran, größer zu werden, als die Astronomen sie zum gegenwärtigen Zeitpunkt sahen? Die Schwerkraft bewirkte, daß jede urzeitliche Masseverdichtung in der expandierenden Raumzeit immer größer wurde. Wenn das zutraf, waren die großen Nebel der Galaxien, die man heute am Himmel sieht, aus winzigen Keimen im ursprünglichen Feuerball hervorgegangen. Eine Untersuchung der Galaxien erbrachte vielleicht auch Aufschlüsse über den Ursprung des Universums.

Als das Universum sich ausdehnte und die Strahlung abkühlte, kondensierten die anfänglichen Wolken aus Gas und Teilchen allmählich unter ihrem eigenen Gewicht zu dichteren kleinen Klümpchen aus. Wie Peebles sich den Ablauf vorstellte, waren zuerst kleinere Objekte entstanden. Diese klumpten dann zusammen und bildeten der Reihe nach immer größere Ansammlungen von Materie. Je größer eine ursprüngliche Struktur war, desto länger brauchten ihre Bestandteile, um sich »zu spüren« und zusammenzustürzen. 1966 errechnete Peebles auf der Grundlage der Daten, die man über die kosmische Hintergrundstrahlung hatte, daß beim Zusammenspiel von Abkühlung und Expansion zuerst Materiewolken kollabierten, die eine Masse von ungefähr einer Million Sonnen besaßen.

Peebles berichtet, Dicke habe ihn eines Tages besucht und ihn einen schlechten Physiker genannt. Er habe ihn darauf aufmerksam gemacht, daß Masse und Dichte der Objekte, die er als Ergebnis ermittelt habe, denen von Kugelsternhaufen erstaunlich nahe kämen. Peebles wußte das nicht und horchte auf. Kugelsternhaufen waren besonders alte und ganz eigene Objekte, ihre Herkunft und ihre Rolle in der Milchstraße waren rätselhaft. Das brachte Peebles auf den Gedanken, es könne sich dabei um Bausteine von Galaxien handeln.

Dicke und er schrieben einen Artikel. »Wenn zunächst solche urzeitlichen Gaswolken entstanden waren«, meinte Peebles, »dann mußten wir erklären, warum nicht die meiste Masse des Universums in Kugelsternhaufen zusammengeballt ist. Wir führten an, die Wahrscheinlichkeit sei sehr hoch gewesen, daß die Gaswolken bei Kollisionen auseinandergerissen wurden, bevor sie sich zu solchen Haufen entwickeln konnten. Der Artikel löste bei den Astronomen nicht gerade Begeisterung aus.« Peebles formulierte seine Theorie weiter aus und verteidigte sie. Er nannte sie hierarchische Theorie oder »Bottom-up-Theorie« der Galaxienbildung. Ihr zufolge waren Galaxien aus kleinen Sternwolken entstanden und hatten sich dann zu kleinen Haufen zusammengeballt, die Haufen sammelten sich anschließend zu größeren Gruppen. Je mehr Zeit verging, desto größer wurden die großräumigen Strukturen im Universum. Es klang gut, aber war es richtig? War der Vorgang tatsächlich so abgelaufen, und gab es einen Weg, das festzustellen?

An dieser Stelle kam der Zufall ins Spiel. Als Peebles 1969 nach einem einjährigen Studienaufenthalt am Caltech nach Hause zurückfuhr, machte er einen einmonatigen Zwischenstop in den Los Alamos National Laboratories in Neumexiko, der Heimat der ersten Atombombe. Peebles wollte dort die Astrophysiker besuchen, hauptsächlich aber wollte er die lange Überlandfahrt durch eine Pause unterbrechen. »Los Alamos verfügt selbstverständlich über gewaltige Rechner«, erklärte er. »Man ist immer auf dem neuesten Stand der Technik. Nachdem ich einen Monat inmitten all dieser Computer verbracht hatte, erschien es mir vielversprechend, mit diesen Großrechnern Simulationen durchzuführen.«
Die Versuchsanordnung, die er sich ausgedacht hatte, hieß »Simulation von Vielkörperproblemen« und sollte in der Kosmologie noch eine bedeutende Rolle spielen. Bei den Simulationen ging es darum zu zeigen, wie Schwerkraft auf die Anordnung der Materie in einem expandierenden Universum einwirkt. Bei den Berechnungen trug Peebles zunächst zweitausend Punkte, von denen jeder für die Masse einer Galaxie stand, willkürlich in einen dreidimensionalen Raum ein, der einen Teil des Universums darstellte. Fütterte man den Computer mit Orts- und Geschwindigkeitsangaben, so errechnete er die Einwirkung der Schwerkraft der einzelnen Punkte aufein-

ander, spielte durch, wohin sie in ein paar Millionen Jahren unter dem Einfluß der Kräfte abtrieben, und wertete schließlich die Ergebnisse aus. Auf der Basis dieser neuen Verteilung der Teilchen wiederholte er den gesamten Vorgang und so fort. Wenn das Experiment glückte, erhielt Peebles am Ende eine Art Film, in dem galaktische Massenpunkte wanderten und sich langsam zu Haufen gruppierten. Mit etwas Glück sah die Verteilung der Punkte aus wie eine reale Karte der Galaxien am Himmel.

Die Sache funktionierte. Peebles erhielt Bilder von Tupfen, die sich langsam zu einer glatten, runden Wolke zusammenzogen. Zurück in Princeton führte Peebles mit dem graduierten Studenten Ed Groth weitere Simulationen durch. Groth hatte die groben Rechenverfahren des Computers beträchtlich verfeinert. Freilich widerstrebte es einem physikalisch orientierten Mann wie Peebles, sich bloß Bilder anzusehen und sie mit Karten zu vergleichen. Er brauchte Zahlen. Er suchte nach einem quantitativen Verfahren, die Verteilung von Galaxien, wie sie sich aus den Simulationen ergaben, mit denen im Universum zu vergleichen.

Auch hier brachte ihn wieder eine Reise auf den zündenden Gedanken. Als Peebles an der Universität von Toronto einen Gastvortrag über die kosmische Hintergrundstrahlung halten sollte, kam er mit Sidney van den Bergh ins Gespräch, dem kanadischen Sandage. Sie unterhielten sich darüber, ob die Galaxien, wie Hubble behauptet hatte und Sandage glaubte, tatsächlich gleichmäßig über das Universum verteilt waren. George Abell, ein graduierter Student vom Caltech (später Professor in Los Angeles und Verfasser eines berühmten Lehrbuchs), hatte jahrelang die großen Glasplatten des Palomar-Observatoriums nach Galaxienhaufen, Cluster genannt, durchsucht. Eine Karte der sogenannten Abellhaufen hing in van den Berghs Arbeitszimmer, die Haufen waren in Gruppen und langen Ketten angeordnet.

»Da, so tief im Raum sind noch Klumpen erkennbar«, meinte van den Bergh und deutete auf die Karte.

Peebles fragte ihn, woher er wisse, daß es sich nicht einfach um eine rein willkürliche Verteilung von Punkten handle. Waren es tatsächlich Haufen oder zufällige Anordnungen? »Weiß ich nicht«, entgegnete van den Bergh, »Ich sehe Haufen in der Anordnung. Warum gehen Sie der Sache nicht nach?« »Das werde ich tun«, antwortete Peebles. »Hört sich nach einem interessanten Projekt an.«

Auf dem Rückflug überlegte sich Peebles, wie sich die Verteilung von Galaxien statistisch auswerten ließ, und noch am selben Tag begann er eine Methode auszuarbeiten. Das Ergebnis ist als Korrelationsfunktion bekannt und wurde zu einem der wichtigsten Werkzeuge der Kosmologie. Die Korrelationsfunktion ist ein Maß für die Geselligkeit von Galaxien. Der Gedanke war einfach, die mathematische Durchführung schrecklich: Man suchte sich eine Galaxie am Himmel, zog einen kleinen Kreis um sie herum und fragte, wie groß die Aussicht war, in dem Kreis eine weitere Galaxie zu finden. Dann zog man einen größeren Kreis um die Galaxie und fragte wieder nach der Aussicht, im Ring zwischen den beiden Kreisen auf eine Galaxie zu stoßen. Die Korrelationsfunktion sagte folglich einfach etwas über die Wahrscheinlichkeit aus, daß man in einem bestimmten Bereich um eine Galaxie eine weitere finden würde. Peebles dachte daran, einen Computer die Kreise ziehen und die Berechnungen durchführen zu lassen. Das konnte er auf einer Simulation ebenso gut wie auf einer echten Himmelskarte. Mit den errechneten Zahlen konnte man Wirklichkeit und Hypothese vergleichen.

Zudem erwartete sich Peebles von der Korrelationsfunktion einen ersten Schritt zum Verständnis der physikalischen Verhältnisse, die in den urzeitlichen Masseverdichtungen im Feuerball geherrscht hatten. Auf ihrer Grundlage hatten sich die Cluster herausgebildet.

Er sah sich nach passenden Mustern von Galaxien um, mit denen er den Computer füttern konnte. Solche Muster waren schwer zu bekommen. Für eine tadellos durchgeführte Erhebung brauchte Peebles die Daten von Zehntausenden von Galaxien. So lange Listen aufzutreiben blieb für alle Zeit ein Problem in der Kosmologie, und damals waren nur die Positionen der paar hundert Galaxien verfügbar, für die Sandage die Rotverschiebung bestimmt hatte. Aber dann erfuhr Peebles – wie genau, wußte er nicht mehr – vom außergewöhnlichen Datenarchiv im Lick Observatory in Nordkalifornien. Donald Shane, der Direktor des Observatoriums, und der Student Carl Wirtanen hatten zwischen 1947 und 1954 den gesamten Nordhimmel durch den 91-Zentimeter-Crossley-Reflektor fotografiert und auf 1256 Glasplatten mit jeweils 43 Quadratzentimetern Fläche festgehalten. Sie hatten den Himmel in Areale von zehn Bogenminuten (einem Drittel des Vollmonddurchmessers) eingeteilt und darin alle sichtbaren Galaxien bis zur neunzehnten Größe gezählt. Sie waren auf über eine Million Galaxien gekommen. Nach Shanes und Wirtanens Schätzungen, die auf der Helligkeit beruhten, lagen die entferntesten eine Milliarde Lichtjahre weit weg.

Peebles fand über Dicke, der Shane kannte, heraus, daß dieser die ursprünglichen Verzeichnisse mit den Daten immer noch hatte. Er rief Shane an. »Er war sehr freundlich und lud mich nach Santa Cruz ein. Er hat dort in den Redwood-Wäldern außerhalb der Stadt ein Sommerhäuschen. Es war mir ein Vergnügen.« Peebles kehrte mit einem Mikrofilm mit den Verzeichnissen der Positionen zurück.

Als nächstes heuerte Peebles Kartenlocher an, die die Daten auf Lochkarten übertrugen. Am Schluß hatte er einen so großen Stapel, daß er ihn nicht tragen konnte. Graduierte und promovierte Studenten machten die Knochenarbeit, überprüften die Daten auf Genauigkeit, werteten sie aus und programmierten den Computer.

Belohnt wurde die Mühe erst, als Peebles und seine Leute im Jahre 1975 in der Lage waren, mit dem Rechner die Korrelationsfunktion zu erstellen. Im kleinen war die Korrelationsfunktion nur ein Maß für den Abstand, in Lichtjahren oder im Winkelabstand, in dem sich Galaxien gerne versammeln. Die Daten aus dem Lick Observatory zeigten, daß sich die Galaxien - bis zu einer gewissen Grenze - in *jeder* Größenordnung versammeln. Eine Galaxie fand man am wahrscheinlichsten direkt neben einer anderen, am nächstwahrscheinlichsten ein wenig weiter entfernt und so fort, die Wahrscheinlichkeit wurde mit zunehmender Entfernung allmählich immer geringer bis zu einer Entfernung von ungefähr fünfzig Millionen Lichtjahren. Hier brach die Kurve abrupt ab.

Was hatte das zu bedeuten? In kleineren Einheiten - kleiner als Galaxienhaufen - war das Universum konsequent wie ein Set chinesischer Schachteln strukturiert: Jeder Galaxienhaufen bestand offenkundig aus kleineren Haufen, und diese wiederum aus noch kleineren. Eine Fotografie oder Karte des Weltalls würde somit in jedem Maßstab gleich aussehen - bis zu einer bestimmten Größe.

Die Grenze war erreicht, wenn auf der Fotografie ein Ausschnitt aus dem All mit mehr als fünfzig Millionen Lichtjahren Durchmesser dargestellt wurde. Bei dieser Entfernung brach die Korrelationsfunktion plötzlich ab. Galaxien, deren Entfernung voneinander diese magische Schwelle überschritten, standen offenbar nicht mehr in physikalischer Beziehung zueinander.

Peebles glaubte, daß dieser Bruch die Nahtstelle bildete, an der die Schwerkraft die urzeitliche Materie des Universums nicht mehr organisieren konnte. Seine Konzeption von der Strukturierung des Kosmos erinnerte an alte Patentrezepte für politische und soziale Veränderungen: Das Individuum organisiert die Familie, die Familie den Häuserblock, der Block die Stadt, die Stadt den Staat und so weiter. Der Prozeß der Organisation zog sich über Generationen hin; anhand der Stufe, auf der man angekommen war, ließ sich die Zeit seit dem Anfang errechnen. In Peebles »Bottom-up-Theorie« der Haufenbildung wurde die ursprüngliche Verteilung der Materie im Urknall durch winzige zufällige Unregelmäßigkeiten bestimmt. Als sich das Universum mit der Zeit ausdehnte, kondensierten die Gaswolken um die dichteren Teile des Universums. Galaxien bildeten sich und sammelten sich zu Haufen und diese zu Superhaufen. Die Hierarchie bildete sich zeitlich von innen nach außen heraus. Der Bruch in der Korrelationsfunktion zeigte, bis zu welchem Grad die Haufenbildung oder der Prozeß der Organisation vorangeschritten war. Alles, was kleiner war als fünfzig Millionen Lichtjahre, war bereits neu geordnet, alles Größere blieb durch die ursprünglichen Verwerfungslinien getrennt.

Vielleicht war Peebles' Traum in Erfüllung gegangen, den physikalischen Verhältnissen der kosmischen Urzeit über die großräumige Struktur des Universums auf die Spur zu kommen. Gleichwohl hatte er von der Korrelationsfunktion eine eher intuitive Auffassung, die zu beweisen sich immer wieder als mühselige und tückische Aufgabe zeigte. Immerhin diente sie einstweilen als willkommenes signifikantes Merkmal für die Einschätzung von Computersimulationen. Das Schlagwort von der statistischen Kosmologie war geboren. Die Fachbereiche der Universitäten und die Literatur verzeichneten eine neue Wachstumsbranche. Die Korrelationsfunktion war etwas Objektives und leicht anzuwenden.

Während diese Funktion in die technischen Lexika Eingang fand, schaffte ein anderer Zweig der Kosmologie den Sprung in die Alltagskultur. Peebles und seine Kollegen verarbeiteten die vom Lick-Observatorium gesichteten Galaxien zu einer visuellen Himmelskarte, die in Areale von zehn Minuten eingeteilt war. Sie wurden je nach Anzahl der darin vorkommenden Galaxien von Weiß über verschiedene Grautöne bis Schwarz abgestuft. Stewart Brand, bekannt vom *Whole Earth Catalog*, veröffentlichte die Karte als Poster mit dem Titel *One Million Galaxies* (Eine Million Galaxien). Das Poster hing in Bibliotheken, Studentenheimen und in den Wohnungen von Hippiekommunen.

Peebles war so etwas wie der »Vater der physikalischen Kosmologie«. Allerdings machte ihm auf der anderen Seite des Globus ein Rivale den Titel streitig. Er arbeitete in einem schäbigen, barackenähnlichen Holzbau, der das »Institut für physikalische Probleme« beherbergte. Jakow Boris Seldowitsch war das genaue Gegenteil des schlaksigen Spötters Peebles. Er war klein und temperamentvoll und hatte nie eine Hochschule besucht. Anders als Peebles mit seinem scharfen analytischen Verstand ging Seldowitsch intuitiv vor. Peebles bekam zu hören, er kümmere sich nicht um seine Studenten und helfe ihnen nicht bei der Stellensuche; Seldowitsch dagegen bestimmte wie ein Gott über sie und lenkte ihre Karrieren. Für Peebles war das All von unten nach oben aufgebaut, für Seldowitsch von oben nach unten.

Ich sah Seldowitsch zum ersten Mal an einem Morgen im März 1986 in einem alten, getäfelten Hörsaal der staatlichen Moskauer Sternberg-Universität. An zwei Montagen pro Monat leitete er dort ein renommiertes Seminar. An diesem Tag war Carl Sagan, der sich wegen des Halleyschen Kometen in Moskau aufhielt, zu einem Gastvortrag über den nuklearen Winter eingeladen. Um die hundertzwanzig Wissenschaftler und Akademiemitglieder drängten sich in dem Saal, alle in Anzug und Krawatte. Nur Seldowitsch, ein Mann mit muskulöser Statur und Glatze, erschien in einem grauen Pullover mit rotem Sägezahnmuster. Seldowitsch war zweiundsiebzig Jahre alt und hatte soeben zum dritten Mal geheiratet. Er wirkte mindestens dreißig Jahre jünger. Überschwenglich begrüßte er Sagan und drückte sein Bedauern aus, daß Sagan seine Frau Ann nicht mitgebracht hatte. Als ich mich selbst vorzustellen versuchte, blickte er aus gleichgültigen graublauen Augen durch mich hindurch.

Sagans Vortrag dauerte drei Stunden – in der Sowjetunion ist ein Seminar ein ernsthaftes Unternehmen. Seldowitsch schien die meiste Zeit überhaupt nicht aufzupassen. Er saß wie ein Ringrichter in der ersten Reihe, flüsterte mit Kollegen, reichte Zettel weiter und blätterte in den Zeitschriftenartikeln, die ich ihm gegeben hatte. Manchmal sagte er etwas laut auf Russisch. Ich fand sein Benehmen unverschämt, doch wie sich später herausstellte, sprach er mit Sagans Dolmetscher. Als die Matinee halb vorüber war, schickte er den Dolmetscher mit einer Handbewegung fort, sprang aufs Podium und dolmetschte selbst.

Nach dem Vortrag gab er mir seine Visitenkarte, die auf der einen Seite in Russisch, auf der anderen in Englisch beschrieben war. Sie wies ihn als Leiter der Theoretischen Abteilung des Instituts für physikalische Probleme der Akademie der Wissenschaften der UdSSR aus. Seldowitsch war außerdem Mitglied der Academy of Sciences in den USA und der Britain's Royal Society sowie Held des sowjetischen Volkes. Er kritzelte seine Telefonnummer auf die Karte und sagte mir, ich solle ihn am nächsten Morgen um sechs Uhr anrufen. Später erfuhr ich, daß Seldowitsch oft Leute so früh am Morgen anrufen ließ, wenn es um Antworten auf kniffelige Fragen ging. Als ich ihn am nächsten Morgen in der Leitung hatte, war er verwirrt. Er antwortete auf Russisch und wußte meinen Namen nicht mehr. »Wer ist da? Wer?« fragte er. Ich geriet fast in Panik, fürchtete, mein lokkerer Kontakt zu dem Mann, den Sandage als den »Einstein unseres Fachs« bezeichnet hatte, könne wieder abreißen. Ich erklärte ihm vorsichtig, daß wir uns bei Sagans Vortrag kennengelernt hätten. Schweigen am anderen Ende.
»Sind Sie Sagan?« fragte er auf Englisch.
Schließlich hellte sich seine Stimme auf: »Ach, der Korrespondent.«
Ich atmete erleichtert auf. Ich folgte seinen Anweisungen und den englischen Angaben auf der Visitenkarte und stand vier Stunden später am Denkmal von Jurij Gagarin, dem ersten Menschen im Weltraum. Dem Mann auf dem hohen Sockel lag wie ein Fußball ein Globus zu Füßen. Vom weiteren Weg wußte ich nur, daß er durch das Verkehrsgewühl des Lenin-Prospekts ging. Dort packte mich ein Polizist wegen Unachtsamkeit am Schlafittchen. Er redete auf Russisch auf mich ein und reagierte nicht auf meinen Einwand, daß ich kein Wort verstünde. Ich gab ihm meinen Paß. Er nahm ihn und redete ungerührt weiter. Schließlich reichte ich ihm Seldowitschs zweisprachige Visiten-

karte. Der Polizist sperrte die Augen auf und lächelte. Er gab mir den Paß zurück und deutete auf einen Komplex flacher weißer Bauten weiter unten an der Straße.

Seldowitsch erwartete mich im Erdgeschoß in einem kleinen finsteren Arbeitszimmer hinter dem Treppenhaus. Er trug denselben Pullover mit Sägezahnmuster wie gestern bei dem Vortrag. Sein Arbeitszimmer hatte keine Fenster. Eine Lampe brannte, an einer Wand stand ein durchgesessenes Sofa. Eine gerahmte Fotografie an der Wand zeigte Seldowitsch lächelnd in einem T-Shirt mit dem Aufdruck »2,7 2,7 2,7 2,7 2,7 ...«: die Temperatur der kosmischen Hintergrundstrahlung. Er war bester Laune, sprühte geradezu. Kaum hatte ich mich auf dem Sofa niedergelassen, da erhob er den Zeigefinger und hielt mir eine Einführungsvorlesung in Physik.

»Ich glaube, der Wunsch, die Welt um uns herum zu durchschauen, ist tief im Menschen verankert«, verkündete er. »Das unterscheidet ihn am meisten vom Tier. Auf den ersten Blick steht man vor gewaltigen Schwierigkeiten. Man sieht ganz verschiedene Tiere, den Himmel und die Sterne. Alles ist ganz verschieden. Man stellt sich natürlich zwei Fragen. Wie ist die gegenwärtige Situation? Und wie ist sie entstanden?«

Seldowitsch hob den Zeigefinger noch ein bißchen höher und fuhr fort: »Da kommt die Mikrophysik und eröffnet uns ihre Sicht auf all die verschiedenen Formen. Wir begreifen, daß die verschiedenen Formen, die wir sehen, verschiedene Strukturen von Elementen sind. Mit einigen unterschiedlichen Bausteinen kann man sehr verschiedene Bauwerke errichten. So dachte man zunächst, alles sei aus hundert verschiedenen chemischen Elementen aufgebaut. Beim genaueren Hinsehen stellte man fest, daß die Elemente aus Atomen bestanden. Dann sah man noch genauer hin und fand, daß die Atome aus Kernen und Elektronen bestehen und die Kerne aus Protonen und Neutronen. Dann ging man noch weiter und bemerkte, daß selbst Protonen und Neutronen nicht elementar sind, sondern aus Quarks bestehen.«

Auf was Seldowitsch auch bestehen mochte, es war auf jeden Fall solides Material. Sein ganzes Leben hatte er Verstand und Können unter Beweis gestellt. Er ist 1914 in Minsk geboren. Seine Schulzeit wurde beeinträchtigt durch die Wirren in Rußland nach dem ersten Weltkrieg, als alle Schulen geschlossen wurden. Außerdem ist Seldowitsch Jude. Er erinnerte sich, daß er jahrelang zu Hause von einem Privatlehrer unterrichtet wurde. Mit zehn oder zwölf Jahren sei sein Interesse an der Wissenschaft erwacht. Er habe den Vater gefragt, was er tun solle. Sie seien zu dem Ergebnis gekommen, daß Mathematik nur eine Sache für Genies sei und daß es in der Physik nichts Bedeutendes mehr zu entdecken gebe. (Die Auffassung taucht in der Geschichte einer Wissenschaft regelmäßig immer dann auf, wenn die Praktiker sie für »abgeschlossen« erklären.)

Also entschied sich der junge Jakow Boris für die Chemie. Da er keine weiterführende Schule und keine Hochschule besuchen konnte, begann er als Laborassistent bei einer Einrichtung mit dem seltsamen Namen »Institut zur Verarbeitung von Nutzerzen«. Mit siebzehn wurde er auf einen Botengang ins Leningrader physikalisch-technische Institut geschickt, und dort verwickelte er die Chemiker in eine gelehrte Diskussion über Nitroglyzerin. Sie wollten die Diskussion gerne fortsetzen, und mittels eines trickreichen Budgetmanövers wurde er im Austausch gegen eine Vakuumpumpe an das Leningrader Institut geschickt.

Der kleine Assistent entwickelte sich rasch zum hellsten Mitarbeiter des Labors, der gierig Wissen in sich aufsog. Fünf Jahre später hatte er eine Dissertation verfaßt und die mündliche Prüfung bestanden. Damit war er »Kandidat der Wissenschaften«, so etwas wie ein Doktor im Westen.

Er spezialisierte sich auf das Verhalten von Gasen und auf Vorgänge bei der Verbrennung, und dieser Weg führte ihn zur Mitarbeit am Bau der Atombombe. Ein Artikel von ihm über Kettenreaktionen und Kernspaltungen im Uran erschien unmittelbar vor dem Zweiten Weltkrieg in der Fachpresse. Es war der letzte Artikel zu dem Thema, der nicht der Geheimhaltung unterlag.

Wenn Seldowitsch sein Leben in einem offiziellen Lebenslauf zusammenfaßt, bleibt in den vierziger und fünfziger Jahren ein weißer Fleck. Von »Arbeiten zur Kernspaltung« ist vage die Rede. Seldowitsch war von Anfang an am Bau der Atombombe beteiligt. Später arbeitete er auch an der Wasserstoffbombe mit, und in dieser Zeit wurde er ein enger Freund von Andrei Sacharow, dem später berühmten Dissidenten und Nobelpreisträger. Seldowitsch und Sacharow waren die beiden Väter der sowjetischen Wasserstoffbombe. Beide erhielten dreimal den Leninorden. Ende der fünfziger, Anfang der sechziger Jahre wurde Seldowitsch mit Auszeichnungen überhäuft. Sie erfolgten nach einer Serie gigantischer Nukleartests, darunter eine Explosion von 58 Megatonnen, noch immer die gewaltigste in der Geschichte.

Die Arbeit an der Entwicklung von Kernwaffen machte Seldowitsch schrittweise zum Physiker. Das Gebiet war durchaus nicht erschöpft. In den fünfziger Jahren schrieb er an dem geheimen Ort, an dem die Konstrukteure der Bombe isoliert lebten, Artikel zur Teilchenphysik. Das überaus arbeitsreiche Leben eines Physikers der Bombe, dem Chauffeur und Leibwache zustanden, ging in Routine über. »Als die Kernspaltung mehr Technik als Physik wurde«, sagte Seldowitsch, »durfte ich mich mit Astronomie beschäftigen«.

Das war in den frühen sechziger Jahren nach den gewaltigen Atomtests. In der Sowjetunion wird die Forschung von der Akademie der Wissenschaften der UdSSR über eine Reihe von Instituten geleitet, die meisten sitzen in Moskau. Seldowitsch zog nach Moskau und trat einen Posten am Institut für Angewandte Mathematik und am Institut für Raumforschung an.

In Moskau hielten Sacharow und Seldowitsch engen Kontakt. Sie waren unmittelbare Nachbarn und hatten auf dem Land zwei Datschen nebeneinander. Mehrmals täglich diskutierten sie miteinander und wetteiferten um die Lösung von grundlegenden und von banalen Problemen.

Als Sacharow öffentlich von Abrüstung und Menschenrechten sprach, schloß sich ihm der entschieden unpolitische Seldowitsch zunächst nicht an. Aber er unterstützte Sacharow im Kampf gegen einen Vorschlag von Chruschtschow, wonach jedermann, auch jeder Wissenschaftler, eine Zeitlang in einem landwirtschaftlichen Kollektiv arbeiten sollte. Und als Seldowitsch von einer Abordnung der Akademie der Wissenschaften gebeten wurde, ein kritisches Schreiben gegen Sacharow zu unterzeichnen, warf er sie aus dem Büro. Sacharow wurde wegen seiner ketzerischen Äußerungen schließlich nach Gorki verbannt. Vom Freund fühlte er sich allein gelassen. Ihr Verhältnis habe sich merklich abgekühlt, klagte Seldowitsch.

Seldowitsch nahm die Hypothese vom Urknall von Anfang an ernster als seine Kollegen im Westen. Er stellte sich das Universum wie ein gigantisches Experiment der Elementarteilchenphysik vor. Bei solchen Experimenten wurden Elementarteilchen auf gewaltige Geschwindigkeiten beschleunigt und aufeinander geschossen, so daß sie sich in einem mikroskopischen Feuerball gegenseitig vernichteten. In den auseinanderfliegenden Trümmern suchten die Physiker nach neuen und noch kleineren Teilchen. Seldowitsch ging von der Überlegung aus, die Wissenschaft könne Aufschlüsse über grundlegende Gesetze der Physik und die Entstehung des Universums erhalten, wenn sie sich mit den auseinanderfliegenden Überbleibseln des Urknalls wie Galaxien, Sternen oder interstellarem Staub befaßte. Auf der Suche nach derlei Hinweisen stieß er auf Gamows Artikel zur Kernsynthese des Urknalls aus den vierziger Jahren. Darin wurde vorausgesagt, daß heute noch immer Hitze von der Explosion übrig sein müsse. »Gamow machte sehr nützliche Fehler«, meinte Seldowitsch. Seldowitsch erkannte, daß man die urzeitliche Strahlung als Radiowellen empfangen können müßte. In den frühen sechziger Jahren schlug er sogar vor, für diese Aufgabe ein Radioteleskop einzusetzen, nämlich die hornförmige Antenne der Bell-Laboratorien in Holmdel. Weder Dikke und Peebles noch Penzias und Wilson lasen je seinen Artikel. Als er sich wenig später mit einer Tabelle zur Häufigkeit von kosmischen Elementen beschäftigte, täuschte er sich und meinte, Helium mache statt sechsundzwanzig Prozent nur zehn Prozent des Alls aus. Wenn beim Urknall nicht viel Helium entstanden war, konnte der Feuerball nicht sehr heiß gewesen sein. »Ein Jahr lang glaubte ich an einen kalten Urknall.« Inzwischen hatte man die Radiostrahlung dort entdeckt, wo Seldowitsch vorgeschlagen hatte, nach ihr zu suchen: in Holmdel. »Jetzt ist der heiße Urknall wie die Existenz des Atoms für immer bewiesen«, sagte er lächelnd.

Mitte der sechziger Jahre versammelte er eine Gruppe von Astrophysikern und allgemeinen Relativisten um sich. Sie rivalisierten mit Wheelers Gruppe in Princeton und der von Sciama in Cambridge. Wheelers Student Kip Thorne fuhr ebenso wie Hawking häufig nach Moskau. »Die Hälfte der zukunftsweisenden Ideen in der relativistischen Astrophysik in den sechziger und siebziger Jahren kam von dieser Gruppe«, sagte Thorne. Seitdem Moskau das Zentrum der russischen Wissenschaft war, wuchs der Kreis der Schüler um Seldowitsch von Jahr zu Jahr an, bis die Gruppe zu groß und schwerfällig für die Arbeit war. Wie Thorne berichtet, brach Seldowitsch dann regelmäßig mit irgend jemandem eine Fehde vom Zaun, damit er die Gruppe auflösen und in Ruhe weiterforschen konnte.

Die Physik war Seldowitschs Leben. Seine Frau war Physikerin, seine Kinder wurden Physiker und heirateten Physiker. In seinem Wohnzimmer hatte er eine große Schreibtafel aufgestellt. Er stand jeden Morgen um fünf Uhr auf, arbeitete allein und nahm Anrufe von Kollegen und Studenten entgegen. In seinem Wohnzimmer lagen überall Medizinbälle und Hanteln. Physiker, die ihn in der Wohnung besuchten, mußten mit ihm Gewichte stemmen. Bis zu seinem siebzigsten Lebensjahr spielte Seldowitsch regelmäßig Tennis.

Seine Schüler schildern ihn als eine Art Alexis Sorbas der Kosmologie, als Trinker und Tänzer, für den Wissenschaft und Leben nicht durch eine Grenze getrennt sind. Wenn Seldowitsch zu einem Gelage ging, heftete er sich gewöhnlich seine Orden an die Brust. So ließen ihn die Moskauer Polizisten in Ruhe, die für ihren harten Umgang mit Betrunkenen bekannt sind. Seldowitschs wunder Punkt war, daß er wegen seiner früheren Tätigkeit im Bereich der nationalen Sicherheit den Ostblock nicht verlassen durfte. In seinem Arbeitszimmer hing eine Weltkarte, und dort markierte er den Ort jeder Konferenz, zu der er eingeladen wurde und nicht gehen durfte, mit einer Stecknadel.

Auf die »Top-down-Theorie« der Galaxienbildung war Seldowitsch durch Joe Silk gekommen, einen Theoretiker aus Berkeley. Mit dieser Theorie trat er in Gegensatz zu Peebles, die Kosmologie im Osten und im Westen entwickelte sich auseinander. Silk hatte in seiner Dissertation die Auswirkungen der Strahlung des Feuerballs auf die Dichtefluktuationen während des Urknalls untersucht. Er führte Peebles Arbeit weiter, kam aber zu anderen Ergebnissen. Nach Silks Schlußfolgerungen mußte der gewaltige Strahlungsdruck dazu geführt haben, daß Unregelmäßigkeiten im Gas des Urknalls ausgebügelt und alle Merkmale einer kleinräumigen Struktur geglättet wurden. Als Ergebnis mußten sich sämtliche Verdichtungen von weniger als 10^{13} Sonnenmassen aufgelöst haben, diese Zahl entspricht der Masse von hundert Milchstraßen oder einem mittelgroßen Cluster. Das Universum war also nicht aus kleinen, sondern aus großen Bausteinen entstanden.

Im Jahre 1969 beschäftigte sich Seldowitsch mit der Frage, was in einer solchen Gaswolke vor sich ging, wenn das Universum expandierte und auskühlte. Wie wurden daraus Sterne? Es handelte sich um ein Problem der großräumigen Verbrennung. Seldowitsch nahm zunächst an, daß eine derartige Wolke wohl nicht vollkommen kugelförmig wäre, sondern eher die Gestalt einer Zigarre haben müßte, und wahrscheinlich würde sie rotieren. Bei der Abkühlung kollabierte sie asymmetrisch, das Gas zog sich an der kürzesten Ausdehnung am schnellsten zusammen. Die Wolke nahm die Form eines langgezogenen Pfannkuchens an. Beidseits des Pfannkuchens würde die Materie zusammenschwappen und eine Stoßwelle auslösen, die bei der Ausbreitung die dünne Gasschicht erhitzen und sie in Einzelteile zerreißen würde. Diese Teile, meinte Seldowitsch, kondensierten dann zu Galaxien aus.

Mit anderen Worten: Im Universum hatten sich zunächst die größten Strukturen herausgebildet. Sie waren dann zerrissen, und das hatte die kleineren Objekte gegeben.

Nach Seldowitsch mußte dieser »Top-down-Prozeß« oder »Pfannkuchen-Prozeß« beobachtbare Folgen haben. Die Galaxien und Galaxienhaufen mußten noch immer in der Formation eines Pfannkuchens auftreten, in der sie entstanden waren. Sämtliche Pfannkuchenwolken aus Galaxien mußten am Himmel ein Muster aus sich überschneidenden Schleifen und Fäden bilden, ähnlich der Struktur, wie sie die später entstandene »Millionen-Galaxien-Karte« des Lick-Observatoriums zeigte. Es müsse »wie ein Netz« aussehen, sagte Seldowitsch, »oder wie Lichtreflexe auf dem Boden eines Schwimmbades.«

Seldowitsch forderte sein Team auf, eine Versuchsanordnung zu bauen, in der Schleifenmuster hergestellt und untersucht werden konnten. Eine erfolgversprechende Methode bestand darin, auf der Oberfläche eines Materials willkürlich sanfte Wellen zu erzeugen. Die zufälligen Unebenheiten brachen das Licht und ergaben ein ähnliches Schleifenmuster wie das im Kosmos zu beobachtende. Bei einem Vortrag, als die Dias des Redners zu lange im Projektor blieben und sich auszubeulen begannen, sah Seldowowitsch das Muster wieder. Unter dem Eindruck der angeschmolzenen Dias schlug er seinem Schüler Sergei Schandarin vor, er solle Plastik auftreiben und es verbrennen.

Am nächsten Tag rief Seldowitsch Schandarin und fragte, ob die Aufgabe erledigt sei. Schandarin berichtete, das Material habe nicht gebrannt. Seldowitsch kam auf einen anderen Gedanken: Er solle einen Haufen Epoxydharz ausgießen und Wellen erzeugen. Das Epoxyd werde auseinanderlaufen und auf der Oberfläche ein Zufallsmuster aus sanften Wellen zurücklassen. Schandarin erinnerte Seldowitsch, daß Sonntag sei und er kein Epoxyd auftreiben könne. Er habe Leim im Haus, entgegnete Seldowitsch und bestellte den Schüler zu sich in die Wohnung. Schandarin fuhr mit dem Zug durch die Stadt, nahm den Leim in Empfang und ging wieder ins Labor. »Es funktionierte nicht.« Zwei Tage später heuerte Seldowitsch einen Handwerker an und ließ ihn mit einem Laser, Öl und Säure willkürlich Löcher in ein Glasstück ätzen. Und diesmal funktionierte es: Die Platte warf Schatten mit einem idealen Linienmuster. Seldowitsch war glücklich. »Die Wellen in einem Schwimmbecken verändern sich«, sagte Schandarin. »Jetzt hatte er etwas zum Vorzeigen und Untersuchen.«

Mitte der siebziger Jahre waren die Grenzlinien zwischen Peebles' »Bottom-up-Theorie« und Seldowitschs »Top-down-Theorie« gezogen. Nach Peebles hatten sich zuerst die Galaxien herausgebildet und dann allmählich zu Haufen geordnet. Nach Seldowitsch war der Vorgang genau umgekehrt abgelaufen: Zuerst hatten sich Haufen gebildet, dann waren sie auseinandergerissen worden und die Galaxien entstanden. Wie in der alten Streitfrage: Was war zuerst da, das Ei oder die Henne?
Hinter der Fassade beständig guter Laune ärgerte sich Peebles gewaltig über Seldowitsch. »Pfannkuchen hätte ich durchaus als eine Möglichkeit akzeptiert, aber auf keinen Fall als die einzige«, sagte er beschwichtigend. »Strittig war, in welcher Reihenfolge sich die Strukturen herausgebildet haben. Waren die Galaxien vor den Haufen da oder umgekehrt? Das Thema hat natürlich eine lange Vorgeschichte. Es gab bereits in den dreißiger Jahren Debatten darüber. Schon Hubble hat darüber geschrieben und auch Lemaître. Ich bin voreingenommen insofern, als sich meiner Vorstellung nach Kleines vor Großem bildet. Das paßte auch zu unseren statistischen Untersuchungen über Galaxien, zumin-

dest sahen wir es so. Und dann bekam man einzelne direkte Hinweise, die die Sache zwingend erscheinen ließen. So befinden wir uns beispielsweise an der Peripherie des Galaxienhaufens Virgo, der offenbar noch immer wächst und sich formt. Unsere Galaxie ist dagegen sicher sehr alt. Wie man sieht, sind Galaxien im großen und ganzen alt und ebenso die Sterne in ihnen. Die Sache liegt doch auf der Hand: Unsere Galaxien sind vor diesem speziellen Haufen entstanden. Und wenn dieser Haufen nach den Galaxien entstanden ist, warum soll das dann nicht für Haufen generell gelten?«

Dennoch sprachen die vagen Hinweise, die man zur großräumigen Struktur des Universums bis dahin hatte – die skurrile Karte des Lick-Observatoriums, die Fäden der Abellhaufen, die den Himmel durchziehen – für ein Muster wie Seldowitschs schleifenförmige Lichtspiele im Schwimmbecken.

Wie war es in der Natur tatsächlich? Wenn Peebles recht hatte, war der Himmel voller kleiner Lichtklümpchen, die sich zu größeren Einheiten sammelten; wenn Seldowitsch recht hatte, war er durchzogen von einem vielschichtigen Geflecht aus fadenförmig aneinandergereihten Galaxien mit Leerräumen dazwischen.

Wie einst die Streitfrage Steady State oder Urknall die klassische beobachtende Kosmologie belebt hatte, so eröffnete nun der Gegensatz zwischen der »Bottom-up-Theorie« und »Top-down-Theorie« der Galaxienbildung der jungen Disziplin der physikalischen Kosmologie ein Betätigungsfeld. Die Kontroverse befruchtete die Wissenschaft. Man konnte sich für eine Seite entscheiden und Theorie und Beobachtungen in Einklang bringen.

II.
Fermiland

9. Der lange Marsch

Während sich die Physiker mit dem Urknall befaßten, blieben die astronomischen Kosmologen nicht untätig. Sie suchten noch immer nach den beiden Zahlen, die für Allan Sandage das A und O der Kosmologie waren. Monat für Monat, Jahr für Jahr fuhr Sandage auf den Mount Palomar, legte den warmen Anzug an, rasselte mit dem Aufzug zum Beobachterkäfig hinauf und sammelte einsam Daten für seine kosmologische Sendung.

Der Weg, den Hubble 1938 gewiesen hatte, verlief auf zwei parallelen, aber unabhängigen Gleisen. Auf dem einen Gleis ging es um die Ermittlung des Bremsparameters q_0, diese Zahl gab Aufschluß über die Gestalt des Kosmos und die Krümmung der Raumzeit. Sie entschied darüber, ob das All geschlossen war und eines Tages im Großen Kollaps wieder in sich zusammenstürzen würde oder ob es offen war und die Galaxien bis in alle Ewigkeit weiter expandierten. Auf dem anderen Gleis ging es um eine neue Bestimmung der Hubble-Konstante. Sie gab Aufschluß darüber, mit welcher Geschwindigkeit das Universum expandierte, wie groß es war und wie alt. Dazu mußte ein Maßstab für Entfernungen aufgestellt werden, eine besonders langwierige und mühselige Arbeit, die erst in den späten sechziger Jahren Früchte trug.

Im expandierenden Weltall war die Hubble-Konstante H_0 das Verhältnis der Fluchtgeschwindigkeit einer Galaxie - die man aus der Rotverschiebung ermittelte - zu ihrer Entfernung. Theoretisch stellte die Bestimmung der Hubble-Konstante kein Problem dar: Man mußte nur die Entfernungen mehrerer Galaxien ermitteln und dann ihre Rotverschiebungen messen. In der astronomischen Praxis war das allerdings eine ungewöhnlich schwierige Aufgabe; ein gezeichnetes Hubble-Diagramm mutete an wie planloses Gekritzel. Die Kenntnis von Entfernungen im dreidimensionalen Raum hatte aus der Astronomie eine quantitative Wissenschaft gemacht, die über die Himmelskuppel hinausgeblickt und die moderne Kosmologie ermöglicht hatte. Ohne die Kenntnis von Entfernungen waren Galaxien und Sterne nur Lichtflecken am Firmament. Wie konnten Hubble oder Sandage Entfernungen von Lichtklecksen bestimmen, die weder in Reichweite waren noch (bei der Parallaxemethode) aus einem anderen Winkel beobachtet werden konnten?

Sehr dürftig, wie die Geschichte dieser Zahl belegt. Hubble hatte für die Hubble-Konstante ursprünglich einen Wert von fünfhundertdreißig Kilometern pro Sekunde pro Megaparsec ermittelt. Das bedeutet, daß eine Galaxie pro Megaparsec (ungefähr drei Millionen Lichtjahre), das sie weiter entfernt ist, mit fünfhundertdreißig Kilometern pro Sekunde schneller davonfliegt. Um 1956 hatten Sandage und Baade die Hubble-Konstante um ungefähr den Faktor drei auf hundertachtzig heruntterkorrigiert. Um fünfhundertdreißig Kilometer pro Sekunde schneller flog eine Galaxie also nur dann, wenn sie nicht drei Millionen, sondern *neun* Millionen Lichtjahre weiter entfernt war. Die Abstände zwischen den Galaxien waren damit dreimal so groß, das Universum dreimal so alt wie bisher angenommen. In den frühen sechziger Jahren lag der allgemein anerkannte Wert der Hubble-Konstante nur noch bei einhundert. Dann legte Sandage die Konstante in einem Artikel auf einen Wert von fünfundsiebzig fest. Er stützte sich dabei auf eine Untersuchung der scheinbaren Helligkeit von Kugelsternhaufen im Virgohaufen. Nach diesem Wert war das Universum dreizehn Milliarden Jahre alt.

Wir erinnern uns an Hubbles großartiges Beobachtungsprogramm in den zwanziger und dreißiger Jahren. Damals hatte er Cepheiden, Veränderliche Sterne, als Standardkerzen verwendet und mit ihrer Hilfe die Entfernungen anderer Galaxien in unserer Lokalen Gruppe ermittelt. Die Cepheiden, die nach Delta

Cephei benannt sind, dem ersten bekannten Stern ihrer Art, verändern ihre Helligkeit periodisch, die Lichtkurve eines solchen Sterns bildet eine Zickzacklinie. Daß Cepheiden genauestens ihre Entfernungen verraten, liegt daran, daß ihre absolute Größe und die Periode ihrer Helligkeitsveränderung proportional zueinander sind. An der gezackten Helligkeitskurve läßt sich deshalb ablesen, welche absolute Größe der Stern hat, und daraus läßt sich mit der scheinbaren Helligkeit ermitteln, wie weit er und seine zugehörige Sterngruppe oder Galaxie entfernt sind.

Als Sandage für Hubble zu arbeiten begann, bestand eine seiner ersten Aufgaben darin, nahe Galaxien zu fotografieren und sie nach veränderlichen Cepheiden abzusuchen. Diese Arbeit führte er noch jahrelang fort, und so ziemlich jeder, der in der Santa Barbara Street arbeitete, mußte sich früher oder später daran beteiligen. 1962 stapelten sich in Sandages Arbeitszimmer Hunderte von Platten, die darauf warteten, daß sie in mühseliger Kleinarbeit ausgewertet wurden. Milliarden Sterne mußten verglichen und daraufhin abgefragt werden, ob sie die signifikante Helligkeitsveränderung der Cepheiden aufwiesen. Bowen, der Direktor von Mount Wilson, bewilligte Sandage für diese Arbeit einen Assistenten. Der neue Mitarbeiter hieß Gustav Tammann.

Sandage hatte Tammann auf einem dreiwöchigen Sommerkurs kennengelernt. Das sind Veranstaltungen, bei denen berühmten Wissenschaftlern ein Aufenthalt in reizvoller Umgebung bezahlt wird, wenn sie im Gegenzug dafür vor wenigen Kollegen und sorgfältig ausgewählten Studenten der höheren Fachsemester Vorträge halten. Sandage hatte Tammann in den wissenschaftlichen Debatten genau beobachtet und einen positiven Eindruck gewonnen. Bei einem Kaffee fragte ihn Tammann um Rat wegen einer Stelle, die ihm angeboten worden war. Sandage antwortete mit einem Angebot für eine andere Stelle. Es ging um die Auswertung von Daten für einen Maßstab kosmischer Entfernungen.

Tammann und Sandage waren grundverschieden, aber als Team

perfekt. Sandage trieb Kosmologie mit religiösem Eifer. Wenn er schwärmerisch überschwenglich wurde oder sich in tiefsten Selbstzweifeln erging, behielt Tammann die ruhige Gelassenheit eines Aristokraten beim Sport. Tammann war charmant und witzig und fuchtelte oft mit einer langen goldenen Zigarettenspitze in der Luft herum. Trotz mancher dandyhafter Züge wirkte er anständig und kaum überheblich. Über sich selbst meinte Tammann, er sei ein schlechter Beobachter, verstehe aber etwas vom »schmutzigen Handwerk« der Fotometrie, wie er sie nannte.

Als sie sich kennenlernten, war Sandage bereits berühmt, und Tammann ordnete sich ihm völlig unter. Er sah es als seine Aufgabe an, Sandage den Mantel zu halten und ihm seine schicksalhafte Mission zu erleichtern. Tammann trat für Sandage vor die Kritiker und richtete ihn auf, wenn er niedergeschlagen war.

Tammann war in Göttingen geboren, sein Großvater war 1906 von Rußland nach Deutschland geflohen. Nach dem Tod seines Vaters zog seine Mutter, eine Schweizerin, mit ihren Kindern nach Basel. Gustav schrieb sich in Basel erst an der juristischen Fakultät ein und wechselte später zur Astronomie. Nach Pasadena kam er im Februar 1963, etwa zu jener Zeit, als Schmidt das Rätsel um die Quasare lüftete. Ihn erwartete eine Arbeit, die Jahre in Anspruch nehmen sollte.

Das schmutzige Handwerk, zu dem er sich vertraglich verpflichtet hatte, war bei weitem das umfangreichste und ernüchterndste Projekt der Kosmologie. »Wir verbrachten unser Leben damit, schwarze Markierungen auf einer Fotoplatte anzustarren«, seufzte Tammann. Das Instrument, mit dem die sterbenslangweilige Arbeit erledigt wurde, hieß Blinkkomparator. Das Gerät verglich zwei Platten mit dem gleichen Himmelsausschnitt zu verschiedenen Zeiten, beispielsweise eine Aufnahme der Galaxie M81 vom 12. Februar 1950 mit einer vom 18. März desselben Jahres. Beide Aufnahmen wurden abwechselnd rasch hintereinander deckungsgleich auf eine Leinwand projiziert. In dem Monat zwischen ihrer Entstehung konnte sich viel verändert haben in einer Galaxie mit hundert Milliarden Sternen: Doppelsterne waren weiterrotiert, andere Sterne explodiert oder heller geworden. Andere alte Sterne, Cepheiden, schwankten mit zunehmendem Alter in der Helligkeit und hoben sich rhythmisch stärker oder schwächer aus den umgebenden Sternen heraus. Dagegen blieben sich die meisten Objekte gleich und brannten in steter Ruhe dem thermonuklearen Tod entgegen. Abweichungen zwischen den beiden eingefrorenen Augenblicken wurden durch das Verfahren lebendig. Auf der Leinwand blinkten Sterne auf, die alle Delta-Cephei-Sterne sein konnten. Sie wurden mit einem Pfeil auf einem Arbeitsblatt markiert. Häufig handelte es sich jedoch um einen Asteroiden, einen Schaden in der Plattenemulsion oder eine andere Fehlerquelle. Man verglich weitere Platten des gleichen Feldes, entdeckte neue Kandidaten, und strich andere aus der Liste, bei denen es sich um eine einmalige Veränderung oder um einen Irrtum gehandelt hatte. Zum Schluß blieben die Wiederholungstäter übrig, echte Cepheiden, wiederkehrende Novae, Doppelsterne und unregelmäßige Veränderliche. Jetzt konnte die eigentliche Arbeit beginnen.

Tammann befaßte sich als erstes mit der Gruppe M 81-NGC 2403, einem Haufen aus insgesamt siebzehn Galaxien in, wie man vermutete, nächster Nachbarschaft zu unserer Lokalen Gruppe.

Hubble hatte selbst die Suche nach der neuen Hubble-Konstante eröffnet, als er am 9. November 1949 erstmals das 5-Meter-Teleskop benutzt und eine Platte von der Galaxie M 81 angefertigt hatte, einem Spiralnebel direkt an der Schnauze des Großen Bären. Auf Fotografien sah M 81 aus wie ein rotierendes Ei, das man in eine Suppe geschlagen hat: Der ganze Kernbereich war von einem glatten, trüben Nebelring umgeben. In der Nähe von M 81 gibt es eine weitere große Spirale, die als NGC 2403 bekannt ist und wie ein verschwommenes Z aussieht. Die Galaxie hat ein diffuses Zentrum und fleckige Striche als Arme. Seit Hubbles Zeit galt als gesichert, daß M 81 und NGC 2403 gleich weit entfernt waren. Wenn es gelänge, die Entfernung der einen zu ermitteln, hätte man zugleich auch die Entfernung der anderen und der gesamten Gruppe von Galaxien. 1954 hatte Sandage vergeblich nach Veränderlichen Sternen in M 81 gesucht. Er hatte zwar 41 Kandidaten gefunden, bei den Vergleichssternen aber einen Fehler gemacht. Sandage setzte Tammann deshalb als erstes auf M 81 an, und das stellte sich, wie Sandage später sagte, als ungeheuer schwierige Arbeit heraus. Tammann verglich die Platten immer und immer wieder. Es kamen keine Cepheiden zum Vorschein. Dann legte das Team die Galaxie M 81 beiseite und nahm sich NGC 2403 vor.

Auch als Tammann erste Ergebnisse bekam, war ihm der Blinkkomparator immer noch ein Greuel. Besondere Probleme entstanden aus der unterschiedlichen Beschaffenheit der Platten. Wenn eine Platte beispielsweise grobkörniger war, sah es so aus, als explodierte der Himmel. Durch unterschiedliches Seeing ergaben sich Veränderungen im Kontrast zwischen den Sternen und dem Hintergrund. Dann schienen sie fälschlicherweise aufzuglimmen.

Tammann arbeitete schließlich ohne Gerät weiter, indem er die Platten einfach ans Fenster hielt und sie Feld für Feld mit einer kleinen Lupe verglich. Sandage habe das wahrscheinlich nicht gefallen, meinte er amüsiert.

Vierzig Platten mußten ausgewertet werden. Nach eineinhalb Jahren Arbeit hatte Tammann ein paar Dutzend Sterne auf dem Arbeitsblatt mit einem Pfeil markiert.

Als nächster Schritt mußten die Veränderungen in der Helligkeit verdächtiger Sterne auf einer Karte eingezeichnet werden. Um jeden der numerierten Sterne hatte man eine Gruppe mutmaßlich stabiler Sterne gekennzeichnet. Ihre Größe reichte von Pünktchen, die kaum von der Körnung der Emulsion auf der Platte zu unterscheiden waren, bis zu großen schwarzen Klecksen. Sie waren der Maßstab, an dem die Veränderlichkeit des Cepheiden gemessen und seine Periode ermittelt wurde. Von den Vergleichssternen mußte Tammann nur wissen, daß sie wirklich stabil waren. Dann kam der nächste Schritt. Tammann ging die gesamte Serie der Platten durch, die man von der Galaxie in den letzten zwanzig Jahren angefertigt hatte. Er suchte den Vergleichsstern heraus, der dem Cepheiden an Helligkeit jeweils am nächsten kam. Als Ergebnis erhielt er die Geschichte der relativen Helligkeitsveränderung des Cepheiden.

»Es ist eine wunderbare Erfahrung, wenn man in einer Serie von fünfzig Platten einen Cepheiden entdeckt«, sagte Sandage mit melodiöser Stimme und tanzte mit den Fingern die Tischplatte entlang. »Man schätzt seine Helligkeit. Man braucht keine Zahlen. Es gibt drei Vergleichssterne *a, b, c.* Die Helligkeit des Cepheiden ist ein Drittel des Weges von *a* nach *b.* Wenn man dies abgeschätzt hat, nimmt man Platten von über zehn Jahren aus der Serie, vergleicht sie alle miteinander und erhält die Periode. Wenn man Glück hat, macht man im ganzen Set keine einzige von dem ersten Wert abweichende Beobachtung. Dann hat man die Periode ganz genau ermittelt, und sie entspricht der Wirklichkeit. Man hat die Periode, und man weiß, daß sie stimmt. Es gibt kein schöneres Gefühl auf der Welt.«

Schließlich mußte man die Helligkeiten der Vergleichssterne *a* und *b* bestimmen. Für Sandage war das ein kritischer Punkt, ein Gebiet, auf dem er einen regelrechten Guerillakrieg führen mußte. Wie Tammann im Fall der Cepheiden konnte man ihre Größen fotografisch messen, indem man die Punkte auf den Platten mit anderen Sternen auf Platten verglich, deren Größe bereits bekannt war. Diese Methode kam allerdings aus der Mode. Seit 1963 hieß die Alternative lichtelektrische Fotometrie. Das Fotometer ist ein ausgeklügelter Lichtmesser. Der fragliche Stern wird in der Blendenöffnung zentriert, und dann wird seine Helligkeit gemessen. Das Fotometer ist mit einem System von Standardfiltern ausgerüstet, das die verschiedenen Bereiche des Spektrums isoliert und nach den Anfangsbuchstaben der englischen Bezeichnungen von Ultraviolett, Blau, Gelb, Rot, Infrarot und dem darunterliegenden Bereich mit UBVRIJK abgekürzt wird. Mit diesen Messungen bestimmt man rasch das Spektrum und die scheinbare Helligkeit eines Sterns und vergleicht die Werte dann mit anderen Sternen.

Die lichtelektrische Messung wird direkt am Teleskop durchgeführt. Für jeden Veränderlichen Stern und jede Nova, die auf den Platten mit den Galaxien M 81 und NGC 2403 markiert waren, mußte Sandage einzeln die Sterne messen, mit denen er sie eichen wollte. Das war eine heikle Sache. Wenn man sich um eine halbe Größenklasse vertat, erschien das Universum im Ergebnis um ein Drittel größer oder kleiner. Bei der Eichung von Sternen waren selbst Hubble grobe Fehler unterlaufen.

Die Lichtkurven, die Sandage und Tammann schließlich für die Veränderlichen erhielten, sahen wie abgehackt aus, wie eine Reihe von Eisbergen. Der untere Teil lag unterhalb der Helligkeit des nebligen Hintergrundes, in einem Bereich – in Hubbles Schattenreich –, in dem die Abbilder von Sternen auf der Platte nicht mehr von zufälligen Verdichtungen der Emulsion zu unterscheiden waren. Sandage und Tammann hatten alle Mühe, die verstümmelten und verfälschten Daten richtig auszuwerten.

Wenn ein kosmischer Meilenstein schließlich fast fehlerfrei feststand, blieb nur eine einzige Fehlerquelle, die aber nicht völlig auszuschalten war. Die verunreinigte Luft über dem Mount Palomar und interstellarer Staub in der Milchstraße verröten und verdunkeln das Licht der Sterne, so daß sie mit ihren Heimatgalaxien ferner erscheinen, als sie tatsächlich sind. Sandage und Tammann standen Tabellen zur Verfügung, nach denen sie ihre Messungen der Standardsterne korrigieren konnten, was den Staub in der lokalen Erdatmosphäre und in der Milchstraße anging. Dagegen hatten sie keine Möglichkeit, die Schwächung des Lichtes der Sterne im Staub ihrer Heimatgalaxie abzuschätzen. Normalerweise analysierte man das Farbspektrum des Sterns – die Verteilung der Helligkeit in den verschiedenen Spektralbereichen – und untersuchte, ob er im Rotbereich auffällig stark leuchtete. War dies der Fall, dämpfte wahrscheinlich interstellarer Staub das Licht des Sternes in seiner Galaxie und verfälschte das Ergebnis bei der Bestimmung seiner Entfernung. Im Fall der Galaxie NGC 2403 waren die Daten allerdings so spärlich, daß Sandage es nicht wagte, anhand des Farbspektrums auf eine Verrötung zu schließen. Er ging davon aus, daß das Licht ungedämpft die Erde erreichte.

Schließlich konnten Sandage und Tammann eine Entfernung für die Galaxie NGC 2403 und ihre Gruppe veröffentlichen. Sie taten es 1967, fast zwanzig Jahre nachdem der inzwischen verstorbene Hubble die ersten Daten gesammelt hatte. In ihrem Artikel, der im Tenor an Hubbles herrischen Ton erinnert, heben sie die besonderen Schwierigkeiten der Arbeit hervor.

In der Arbeit von Sandage und Tammann deutete sich ein Trend an, der sich später bestätigen sollte: Die Galaxie NGC 2403 und ihre Gruppe waren 10,6 Millionen Lichtjahre entfernt, bedeutend weiter, als Hubble ursprünglich angenommen hatte. Wenn das Ergebnis sich bestätigen ließ, war das Universum größer und älter und die Hubble-Konstante niedriger, als man jemals gedacht hatte. Allerdings war NGC 2403 nur die erste und nächste Galaxie außerhalb unserer Lokalen Gruppe. Das Ergebnis war ein Einzelfaktor, das erste gesicherte Glied in einer Kette von Entfernungen, die zur Hubble-Konstante führen und Aufschluß über die Expansion des Weltraums geben würden.

Um diese Zeit kam der Kanadier Barry Madore nach Pasadena. Der große, schlaksige Madore war ein Schüler des beobachtenden Kosmologen Sidney van den Bergh von der Universität Toronto. Bei einer Überprüfung der Daten von Sandage und Tammann stellte er eine Abweichung zwischen den roten und den blauen Platten fest und schloß daraus, daß die Cepheiden der Galaxie NGC 2403 durch interstellaren Staub stark verrötet seien. Dies bedeutete, daß die Verringerung ihrer scheinbaren Helligkeit nicht nur durch die Entfernung verursacht wurde: Die Galaxie schien also näher zu sein als die 10,6 Millionen Lichtjahre, die Sandage und Tammann ermittelt hatten. Madore schätzte die Entfernung eher auf 7,1 Millionen Lichtjahre.

Sandage lud Madore nach Pasadena ein. Zwei Tage diskutierten sie miteinander. Sandage berief sich darauf, er und sein Assistent hätten in ihrem Artikel eingeräumt, daß die Farben der Cepheiden in der Galaxie NGC 2403 nicht einwandfrei seien. Madore insistierte: Wenn die Daten nicht gut genug seien, um die Verrötung zu bestimmen, dann seien sie zu gar nichts gut, dann könne man mit ihnen auch keine Entfernung bestimmen. Das sagte Madore am dritten Tag ihres Gesprächs. Sandage fiel daraufhin über ihn her: »Wenn Sie das veröffentlichen, antworten wir«, zischte er kalt und warf Madore hinaus.

»Ich war wie vor den Kopf geschlagen«, berichtete Madore Jahre später. Er hat trotzdem veröffentlicht. Statt ans *Astrophysical Journal,* in dem es hauptsächlich um Kosmologie geht, schickte er den Artikel an die kleine Zeitschrift *Monthly Notices of the Royal Astronomical Society.* Sandage und Tammann antworteten nicht. Auch wenn Sandage Madores Kritik vor der Öffentlichkeit ignorierte, lag sie ihm doch im Magen. Er war Hubbles Nachfolger, er hatte zwanzig Jahre im zugigen Beobachterkäfig zugebracht und mühselig Fotoplatten ausgewertet. Und nun wollte ihm ein Student im höheren Fachsemester ohne Erfahrung und ohne eigene Daten Fehler nachweisen.

Sandage nahm die Kritik persönlich. »Darauf war ich damals nicht gefaßt«, sagte er. »Das leistet die Ausbildung nicht. Wenn man ein Ergebnis hat, geht man stillschweigend davon aus, daß alle einverstanden sind und es glauben.«

Bei allem Ärger arbeiteten Sandage und Tammann unbeirrt weiter. Sie bestimmten die Entfernungen von Galaxien, die immer tiefer im Raum lagen. Je größer die Distanz war, desto schwieriger wurde die Suche nach Cepheiden. Obwohl diese Sterne sehr hell sind, waren sie tief im Reich der Galaxien nicht mehr zu finden. Ab einer Entfernung von zehn Millionen Lichtjahren hoben sie sich nicht mehr vom nebligen Hintergrund ihrer Heimatgalaxie mit den Milliarden von Sternen ab. Wenn Sandage den Raum bis zu den riesigen Galaxienhaufen und dahinter ausloten wollte, brauchte er lichtstärkere Standardkerzen. Und Sandage interessierte sich für Bereiche, in denen selbst Galaxien nur noch winzige Pünktchen auf der Platte waren, Bereiche, die sich zur Unendlichkeit hin öffneten.

Je weiter draußen Sandage die Entfernungen der Galaxien maß, desto genauer konnte er die Hubble-Konstante bestimmen: Örtliche Unregelmäßigkeiten bei einzelnen Galaxien beeinflußten die Daten dann immer weniger. Je tiefer im Raum er seine Messungen vornehmen konnte, desto sicherer konnte er sein, daß die Hubble-Expansion das oberste Gesetz und ein universeller Effekt war, der sich in allen Richtungen gleichmäßig vollzog. Sandage stellte sich das Projekt zur Ermittlung der Hubble-Konstante wie die Sprossen einer Leiter vor. Man stieß in konzentrischen Kreisen stufenweise immer tiefer ins All vor. Jede Stufe entsprach einer weiteren Entfernungsangabe, und ihre Richtigkeit hing davon ab, daß die Angaben, die man eine Stufe darunter gewonnen hatte, richtig waren.

Je weiter Sandage ins All vorstieß, desto heller und unzuverlässiger wurden die Standardkerzen, mit denen er sich begnügen mußte. Auf der untersten Stufe benutzte er die Cepheiden, auf der nächsten rote Flecken aus glühendem Wasserstoffgas, die die Arme von Spiralgalaxien durchsetzen. Als Hubble anfänglich Entfernungen geschätzt hatte, hatte er die Wasserstoffwolken irrtümlich für helle rote Sterne gehalten, tatsächlich handelte es sich um die Geburtsorte ganzer Sternhaufen. Diese Haufen brennen sich einen Weg aus den Wolken, aus denen sie durch Kondensation entstanden sind, ähnlich Küken, die sich aus der Schale hacken. In nahen Galaxien, deren Entfernungen durch Cepheiden geeicht sind, fanden Sandage und Tammann eine Korrelation zwischen den Größen der Wasserstoffwolken und der Helligkeit ihrer Muttergalaxie, eine ähnliche Beziehung fanden sie zwischen der Größe einer Galaxie und dem hellsten blauen Stern darin. Diese beiden Korrelationen bildeten zwei parallele Stufen, mit denen sie ihre Entfernungsmessungen auf Galaxien jenseits der Cepheiden ausdehnen konnten. Mit diesem Prinzip kam man weiter. Man mußte ein Objekt eichen, eine Entsprechung finden und damit wiederum etwas Helleres oder Größeres eichen. Auf der dritten Stufe dienten schließlich ganze Galaxien als Standardkerzen.

Ähnlich verfuhr man inzwischen auch innerhalb der Milchstraße. Die Cepheiden selbst mußten immer noch geeicht werden, und man brauchte ein unabhängiges Maß für ihre Entfernung. Schwierigkeiten bereitete die Tatsache, daß die meisten Cepheiden in der Großen Magellanschen Wolke oder in sehr weit entfernten Kugelsternhaufen lagen. Die Astronomen konnten die Entfernungen der Kugelsternhaufen nur dadurch schätzen, daß sie die Größenklassen und Farben ihrer Sterne mit denen in der sogenannten Hauptreihe verglichen. Man nahm also beispielsweise gelbe Sterne und ordnete ihnen die Leuchtkraft von einem gelben Stern in der Hauptreihe zu, etwa unserer Sonne. Dazu mußte natürlich auch die Hauptreihe geeicht werden.

Diese immer weiter zurückführende Kette von Abhängigkeiten endete schließlich bei den Hyaden, einer V-förmigen Sterngruppe nordwestlich des Orion. Die Hyaden bilden einen Hintergrund für Aldebaran, das rote Auge des Stiers. Diese Gruppe war der nächste Sternhaufen, dessen Entfernung unabhängig bestimmt werden konnte. Die Hyaden bewegen sich alle relativ zum Fixsternhintergrund über den Himmel. Seit es astronomische Aufzeichnungen gibt, waren ihre kartographierten Koordinaten im Durchschnitt um ein Dreihundertstel des Vollmonddurchmessers weitergewandert. Wäre der Haufen exakt quer zur Blickrichtung des Beobachters gewandert, hätten sich die Sterne auf parallelen Bahnen bewegt. Tatsächlich aber liefen die Bahnen zusammen, etwa wie eine Schar Gänse, die zum Horizont gen Süden fliegt, kleiner zu werden scheint. Dank der perspektivischen Verzerrung konnten die Astronomen die Entfernung der Gruppe auf ungefähr 135 Lichtjahre berechnen. Damit war der Grundstein zu einem Maßstab für Entfernungen gelegt, der allerdings noch unsicher war. Die Hyadensterne sind ungewöhnlich reich an schweren Metallen, und viele Astronomen zweifelten deshalb daran, ob sie sich für Vergleiche mit anderen Sternen eigneten. Einige Sternkundler fragten sich, ob die Hyaden überhaupt ein geschlossener Haufen waren. Sie konnten ebenso auseinanderdriften oder sich zusammenziehen, und damit wäre das gesamte geometrische Kalkül in sich zusammengestürzt. Jedesmal, wenn sich bei den Hyaden etwas Neues tat, hatte das Auswirkungen auf die Entfernung der Galaxien, das Universum war plötzlich größer oder kleiner. Und bei den Hyaden tat sich oft etwas.

Auf eine besonders große Schwierigkeit bei der Arbeit an ihrer Stufenleiter stießen Sandage und Tammann, als sie die Entfernung der riesigen Spiralgalaxie M 101 bestimmen wollten. Die Galaxie liegt über der Deichsel des Großen Wagens, sie wird manchmal auch Feuerrad genannt und ist eine der schönsten überhaupt. Mit ihren losen, fleckigen Spiralarmen, die mit rosafarbenen Wasserstoffwolken, ausgefransten Dunkelzonen, viel Staub und glühenden Wolken aus jungen blauen Sternen prachtvoll und reich verziert sind, gleicht sie einem exotischen Seestern. M 101 gehört zu den Spiralgalaxien vom Typ Sc der Riesenklasse. Neben den elliptischen Riesengalaxien, die im Zentrum großer Galaxienhaufen sitzen, sind Riesengalaxien vom Typ Sc die lichtstärksten »Normalgalaxien« des Universums. Die Einteilung von Galaxien nach ihrer Lichtstärke in Klassen geht auf den Kanadier van den Bergh zurück. Nach ihm sind Riesengalaxien vom Typ Sc so einheitlich, daß man sie als Standardkerzen verwenden kann.

M 101 war die nächste Riesengalaxie vom Typ Sc. Wenn Sandage ihre Entfernung und ihre tatsächliche Leuchtkraft ermitteln konnte, hatte er einen Maßstab für den gesamten Bereich, den man mit dem 5-Meter-Teleskop überblicken konnte. Die Hubble-Konstante zu bestimmen wäre dann ein leichtes. Sandage und Tammann forsteten die gesprenkelten Sterngirlanden nach veränderlichen Cepheiden durch. Da sie keine erkennen konnten, war die Galaxie offenbar mindestens so weit entfernt, daß sich die Cepheiden nicht mehr aus der Körnung der

Platte heraushoben. Als nächstes suchten sie die Galaxie M 101 nach Überriesen ab. Sie fanden kein ungewöhnlich helles Objekt, was wiederum auf eine große Entfernung hindeutete. In den Spiralarmen leuchteten überall helle Wasserstoffwolken. Aber Sandage und Tammann konnten das Verfahren zur Eichung der Wolken bei Galaxien von der Größe und Helligkeit von M 101 nicht mehr anwenden.

Da sich die Entfernung der Hauptgalaxie nicht direkt ermitteln ließ, wandten sie sich kleineren Galaxien in der Umgebung zu: runden Zwerggalaxien und irregulären Galaxien. Das Duo vermaß ihre Wasserstoffwolken und bestimmte daraus die Entfernung zur gesamten Gruppe einschließlich dem Feuerrad M 101 in der Mitte. Sie kamen auf 22 Millionen Lichtjahre. Das war mehr, als Hubble sich je hätte träumen lassen.

Das Objekt war damit so lichtstark wie hundert Milliarden Sterne. War es tatsächlich eine Standardkerze?

Sandage und Tammann machten weiter. Sie verglichen die Ausdehnung der Wasserstoffwolken in M 101 mit denen entfernterer Riesengalaxien vom Typ Sc, damit sie deren Entfernungen ermitteln konnten. Es stellte sich heraus, daß die Riesenspiralen tatsächlich ungefähr die gleichen Ausmaße hatten und ebenfalls so leuchtstark waren wie hundert Milliarden Sterne. Sie eigneten sich als Standardkerzen. Man kam dem Ziel näher.

Mit der wichtigen Galaxie M 101 wurde schon einiges klar. Sandage maß galaktische Entfernungen, die alle früheren Schätzungen übertrafen. Das Universum war folglich größer und älter als bisher vermutet. Die Hubble-Konstante lag nicht bei hundert oder nur fünfundsiebzig, sondern eher bei fünfzig Kilometern pro Sekunde pro Megaparsek. Das Universum konnte um zwanzig Milliarden Jahre alt sein. Das Ergebnis war beruhigend: Nach neuen Schätzungen, die auf der Altersbestimmung radioaktiver Elemente beruhten, waren die ältesten Sterne und Galaxien zwischen zehn und zwanzig Milliarden Jahre alt. Wenn Sandage und Tammann ihre Arbeit abgeschlossen hatten und die drei Uhren möglichst genau in Übereinstimmung gebracht waren, würde man sagen können, ob und wie sehr das Universum in seiner Expansion langsamer geworden war und ob es auf immer expandierte.

Im Jahre 1972 nutzten Sandage und Tammann den wachsenden Berg ihrer Daten und versuchten, eine vorläufige Antwort auf die Frage nach dem Schicksal des Universums zu geben. Wurde es ewig größer oder nicht? Die Antwort fiel anders aus, als Sandage je gedacht hätte. Sie kam als Reaktion auf eine Gruppe von Astronomen an der Universität von Texas, die eine ketzerische Meinung darüber vertreten hatten, wie die Galaxien im Universum verteilt waren. Ihrer Auffassung nach war das Universum strukturiert wie ein Set chinesischer Schachteln: Jede Gruppe von Galaxien war Teil einer größeren Gruppe, dieser wiederum einer noch größeren und so fort. Ihre Auffassung stand in Widerspruch zu einer allgemein anerkannten Annahme, die vor Sandage schon Hubble verfochten hatte: Die Galaxien seien mehr oder weniger gleichmäßig über den Raum verteilt, größere Cluster rein zufällig. Wenn die Annahme einer sogenannten hierarchischen Haufenbildung zutraf, hätte das eine wichtige Konsequenz: Mit zunehmender Entfernung hätte die Hubble-Konstante größer werden müssen, weil die Gravitation in der Nähe dicht bevölkerter hierarchischer Zentren die Galaxienflucht verzögern mußte.

Die Hypothese rief Sandage auf den Plan. »Das war eines der wenigen Male, bei denen ich mich aus irgendeinem Grund verpflichtet fühlte, Kritikern zu antworten«, sagte er. Tammann und Eduardo Hardy eilten in die Bibliothek auf dem Mount Wilson und zählten achtzehn Stunden lang alle Galaxien in Zwickys Katalog. Es waren um die dreißigtausend einzelne Einträge. Wie Sandage vermutet hatte, sprach die Statistik - die Anzahl der Galaxien in verschiedenen Größen - für Hubbles klassische Sicht von der Verteilung der Galaxien. »Ich brauchte zwei Tage für den Artikel. Es waren wieder einmal wunderbar aufregende zwei oder drei Tage«, erinnerte sich Sandage.

In der Woche fiel Sandage erstmals folgendes auf: Wenn es im Universum große Konzentrationen von Masse wie den riesigen Virgohaufen gab, dann mußte seine Schwerkraft auf die umliegenden Massen einwirken und dafür sorgen, daß sich das Universum asymmetrisch ausdehnte. Galaxien in der Nähe solcher großen Konglomerate mußten von diesen tendenziell angezogen werden. Die Sache gab Sandage ein Rätsel auf. Die gleichmäßige Expansion des Universums galt als gesichert, alle Daten sprachen dafür, daß die Hubble-Konstante in anderen Richtungen so groß war wie in Richtung auf den Virgohaufen, der keine Schwerkraft auszuüben schien. Hubbles Galaxienflucht verlief »störungsfrei«. Wie war das möglich? Die Antwort war einfach: Die Schwerkraft spielte im Universum vergleichsweise keine Rolle. Wenn die Galaxien friedlich, völlig unbeeinflußt und ohne von ihrem Kurs abzuweichen an großen Clustern wie dem Virgohaufen vorbeitreiben konnten, dann hieß das auch, daß die Gravitation im Universum nicht stark genug war, um die Galaxien abzubremsen und sie womöglich zur Umkehr zu bewegen. Der Raum war so flach und der Bremsparameter q_0 so gering, daß Cluster nichts ausrichteten und Galaxien gegenseitig keinen Einfluß ausübten. Sie waren frei. Das Universum schien sich in alle Ewigkeit weiter auszudehnen.

Und doch deuteten andere Untersuchungen auf ein geschlossenes Universum hin, vor allem wenn sie mit dem Hubble-Diagramm arbeiteten, Sandages liebstem Kind. Demnach war der Raum so stark gekrümmt, daß er am Ende der Zeit wie ein gigantisches Schwarzes Loch in sich selbst zusammenfallen würde. Die Daten gaben beiden Prognosen recht, die Natur offenbarte sich nicht in eindeutiger Weise. Sandage kam zu dem Schluß, daß es über das Schicksal der Schöpfung noch keine klare Auskunft gab, aber eine endgültige Antwort schien näher zu rücken.

10. Der lange Abschied

Wie das Schicksal des Universums aussah, war die große Preisfrage in der Kosmologie. Konnte man überhaupt von »Schicksal« reden? Was hieß dieses große Wort? Welche Vorstellung war absurder: daß sich das Universum ewig ausdehnte oder daß es eines Tages plötzlich innehielt? Der Gedanke, daß man die Zukunft aller Dinge und des Seins selbst voraussagen konnte, schien widersinnig und vermessen, vielleicht so widersinnig wie der Gedanke, daß das Universum einen Anfang hatte. Dennoch bewies die kosmische Hintergrundstrahlung, daß es aus einem Urknall hervorgegangen war. Die kosmologische Frage, wie Sandage sie nannte, hatte die Aufmerksamkeit der Astronomen und ihres Publikums gefesselt, seit Hubble die Expansion des Alls entdeckt und die Kosmologie begründet hatte. Würde der Kosmos immer weiter expandieren? Oder würde die Fluchtbewegung der Galaxien langsamer werden und sich schließlich umkehren? Würde alles im Kataklysmus enden und mit einem neuen Urknall von vorn beginnen? Würde das Sein am Ende der Zeit in einem Schwarzen Loch verschwinden und das Universum anschließend wie Phönix aus der Asche neu erstehen? Zwanzig Jahre lang tauchte mit jeder astronomischen Entdeckung, jedem Artikel und jeder Sonntagsbeilage die gleiche Frage auf: Was bedeutete es für das Schicksal des Universums?
Sandage hatte gehofft, das Hubble-Diagramm würde die Antwort geben. Man ermittelte aus Rotverschiebungen die Geschwindigkeiten von Galaxien in ganz unterschiedlichen Entfernungen, die als Standardkerzen dienten. Anhand von Vergleichen ermittelte man, ob und um welchen Wert sich die

kosmische Expansion verlangsamte. Das Hubble-Diagramm deutete darauf hin, daß das Universum geschlossen war und in ungefähr sechzig Milliarden Jahren wieder in sich zusammenstürzen würde. Sandage glaubte das Ergebnis gerne, hatte aber Zweifel, als bei der Erstellung des Hubble-Diagramms größere Schwierigkeiten auftraten. Das systematische Ausloten des Kosmos war eine langwierige und trockene Arbeit. Sandage verlor die Begeisterung, noch bevor ein Ende in Sicht war. In den frühen siebziger Jahren war es dann fast soweit. Aber während er seine ganze Arbeitskraft in das Hubble-Diagramm gesteckt und mit Tammann den langen Marsch durch den Kosmos fortgesetzt hatte, war eine neue Generation von Kosmologen herangewachsen. Sie dachten nicht daran, Jahrzehnte zu warten und die Lösung der kosmologischen Frage anderen zu überlassen.

Andererseits deuteten die Daten zur Ermittlung der Hubble-Konstante darauf hin, das sich das Universum überall gleichmäßig und einförmig ausdehnte, sowohl zu den gewaltigen Galaxienhaufen hin als auch von ihnen weg. Offenbar reichte die Schwerkraft im Universum nicht aus, um auf die Expansion einzuwirken. Die Galaxien schienen allein und frei davonzusegeln. Was stimmte nun? Die Antwort lag unter Irrtümern begraben.

Im Jahr 1967 war Sandage nach Texas gereist, wo er an der Universität einen Gastvortrag zur Kosmologie halten sollte. Noch bevor er etwas sagen konnte, stand eine junge Studentin in einem höheren Semester auf und warnte die Zuhörer: Alles, was sie jetzt zu hören bekommen würden, sei falsch. Sandage erzählte Tammann später diese Szene immer wieder, und jedesmal war er noch geschockt und empört. Die Beleidigung vergaß er nie. »Daß er die Situation später dramatisierte, ist typisch für ihn«, meinte Tammann. »Sie war Studentin in einem höheren Semester. Und Allan war schon Allan.«

Die Frau, die in Sandages Leben und damit in die Geschichte der Kosmologie getreten war, hieß Beatrice Tinsley. Von ihrem Temperament und ihrem Aussehen her erinnerte die kleine Frau

mit den dunklen Locken an Lucy aus den Peanuts. Sie sprach
laut aus, was viele dachten: daß die elliptischen Riesengalaxien,
die Sandage als Standardkerzen verwendete, in Wahrheit nicht
einheitlich genug seien, als daß sie Rückschlüsse auf das Schicksal des Universums erlaubten. Sie sollte sich mit Sandage die
nächsten zehn Jahre befehden.

Der Streit zwischen beiden drehte sich zum einen um die methodisch wichtige Frage, welche Sterne – Rote Riesen oder normale Sterne, die Wasserstoff zu Helium fusionieren – zum Licht
elliptischer Galaxien hauptsächlich beitragen. Zum anderen
ging es um das Schicksal des Universums.

Beatrice Tinsley war auf Umwegen, aber entschlossen zur Kosmologie gekommen. Einmal dabei, war sie nicht mehr zu übersehen. Sie war als Beatrice Hill, Tochter eines anglikanischen
Geistlichen, während der deutschen Luftangriffe im englischen
Cambridge zur Welt gekommen und in Neuseeland aufgewachsen, wo ihr Vater immer mehr mit Politik zu tun hatte. Schon
früh zeigte sich ihr resolutes Wesen. Ihr Vater schrieb später einmal über sie, sie sei ein Genie im newtonschen Sinn: zu ungeheuren Anstrengungen fähig.

Beatrice' Liebe galt zwei Dingen, der Musik und der Mathematik. An vier Abenden in der Woche spielte sie im Kammeror-
chester an der University of Canterbury in Christchurch. Bald
erlag sie dem Reiz der Physik, die für sie die verführerische Eleganz reiner Mathematik hatte und dabei auch noch praktisch
anwendbar war. Beatrice lernte nach eigenem Bekunden, »alles
zu hinterfragen«. 1962 machte sie einen Abschluß und heiratete
Brian Tinsley, einen Physiker, der sich mit atmosphärischen Erscheinungen wie dem Polarlicht befaßte. Brian trat eine Stelle
beim Southwest Center for Advanced Studies in Dallas an, und
Beatrice folgte ihm in die USA.

Sie brachte aus Neuseeland ein Stipendium mit. Mit Hilfe des
Stipendiums schleuste sich Beatrice, die in die Astrophysik wollte, bei einer Gruppe Mathematiker im Southwest Center ein. Sie
kam gerade rechtzeitig zum ersten Texas-Symposium, auf dem

Wheeler, Schmidt, Greenstein, Gold und Hoyle sich in Starauf-
tritten mit Quasaren und Singularitäten herumschlugen.

Da Nachwuchs ausblieb, immatrikulierte sich Beatrice für weitere Studien an der University of Texas im dreihundertzwanzig
Kilometer entfernten Austin. Der Fachbereich Astronomie dort
wurde tatkräftig aufgebaut von Harlan Smith. Unter anderen
hatte er den französischen Kosmologen Gérard de Vaucouleurs
angeworben. Beatrice Tinsley fuhr zweimal pro Woche nach
Austin und nahm eine Dissertation in Angriff. Sie spezialisierte
sich auf die Evolution der Galaxien, und auf diesem Gebiet
geriet sie dann mit Sandage aneinander.

Der Zankapfel war das Hubble-Diagramm, das für Sandage
auf ein geschlossenes Universum hindeutete. Die Richtigkeit
des Ergebnisses hing von einem Korrekturfaktor ab: Wenn die
elliptischen Galaxien älter wurden und ihre hellsten, am stärksten im Blaubereich strahlenden Sterne ausbrannten, verröteten
sie und leuchteten schwächer. Die Frage war nur, in welchem
Maße dies geschah, nach Sandage nicht stark genug, um die
gesamte Schlußfolgerung des Hubble-Diagramms zu Fall zu
bringen.

Sandages Ergebnis machte bei Beatrice Tinsley keinen Eindruck. Sie nahm an, wie etliche andere, daß es auf Grund falscher Voraussetzungen zustande gekommen war. Sie ging das
Problem theoretisch an und fragte in ihrer Dissertation, wie sich
verschiedene Anhäufungen von Sternen entwickelten und wie
sehr sich ihre gemeinsamen Eigenschaften mit zunehmendem
Alter verändern würden. Die Antwort lautete: immerhin so sehr,
daß das Hubble-Diagramm ein anderes Ergebnis brachte. Das
Universum war nicht geschlossen, sondern offen.

Beatrice Tinsleys Dissertation erschien 1968 nach langem
Kampf mit einem »anonymen Gutachter«. Der kosmologische
Teil war erheblich gekürzt. Freunde der Astronomin verweisen
darauf, daß Sandage ihre Schlußfolgerung abgelehnt habe, er
habe das Ergebnis einfach ignoriert. Die kämpferische Beatrice
fühlte sich durch die Reaktion verletzt, aber sie ließ sich nicht

unterkriegen. Sie arbeitete noch härter und kniete sich noch tiefer in das Problem der Entwicklung von Galaxien.

Beatrice und Brian adoptierten Kinder, und Beatrice blieb nach der Dissertation einige Jahre in Dallas zu Hause. Sie beschäftigte sich nebenbei noch mit der Kosmologie und engagierte sich gegen Krieg und Bevölkerungsexplosion. In der Kosmologie mischte sie immerhin noch soviel mit, daß sie Sandage lästig fiel. Einem Kollegen gestand er, er zittere jedesmal, wenn er einen neuen Artikel der Tinsley aufschlage.

Zu allem Überfluß tauchte Beatrice 1972 dann auch noch am Caltech und in den Sternwarten auf.

Ans Caltech geholt hatte sie Professor James Gunn, das zweite von später vier Mitgliedern einer jungen Gruppe von Kosmologen, die sich um diese Zeit zusammenfanden.

Gunn war ein drahtiger Mann mit ausgeprägter Stirnglatze und langen braunen Locken, die ihm in den Nacken fielen. Er hatte einen buschigen Bart und eine Brille mit viereckigem Drahtgestell. Nach Abschluß seines Physikstudiums in Rice war er 1961 zur Vorbereitung seiner Promotion ans Caltech gegangen. Dort lernte er Sandage kennen, während er an seiner Dissertation über die Hintergrundstrahlung im Universum schrieb. Es ging dabei um die Frage, ob die körnige Struktur der Hintergrundstrahlung Aufschluß geben konnte über die Richtigkeit der kosmologischen Weltmodelle. Gunn war von Sandage fasziniert, aber ihr Verhältnis blieb distanziert.

Die zweijährige Armeezeit verbrachte Gunn beim Jet Propulsion Laboratory des Caltech und baute Instrumente für die Raumfahrt. Dann ging er nach Princeton. 1970 war er wieder am Caltech und unterrichtete Robertsons alten Kurs. Ein kleines Spektroskop, das er für das Jet Propulsion Laboratory zur Untersuchung von Planeten gebaut hatte, eignete sich hervorragend zur Beobachtung lichtschwacher Galaxien. Mit seinem Spektroskop stand Gunn direkt an der Frontlinie der beobachtenden Kosmologie, Fortschritte hingen hier weitgehend von der Verbesserung der Instrumente ab. Das gigantische 5-Meter-Teleskop hatte eine Revolution ausgelöst, jetzt stand die nächste an dank der fotoelektrischen Empfänger, die empfindlicher und vielseitiger waren als Fotoplatten. Gunn liebte High-Tech, er entwarf, baute und benutzte Geräte auf dem neuesten Stand der Technik. Wenn es regnete, stellte er theoretische Berechnungen an. In einer Zeit hochgradiger Spezialisierung war er ein Universalastronom.

Auf die Frage, wer der beste Astronom der Welt sei, hatte Sandage einmal geantwortet:»Nun, der junge Jim Gunn ist ziemlich gut. Wenn er so weitermacht, wird er die Nummer zwei.«

Im Jahre 1970 räumte Gunn schonungslos mit Tabus in der Kosmologie und in Pasadena auf. Zusammen mit Beverly Oke, einem anderen Astronomen am Caltech, knöpfte er sich das schwer faßbare Hubble-Diagramm vor. Sie beantragten Zeit am 5-Meter-Teleskop, um aktuellere Beobachtungen an den hellen elliptischen Galaxien in Galaxienhaufen durchzuführen.»Sandage unternahm nichts in dieser Richtung«, erklärte Gunn.»Wir sahen darin keinen direkten Affront.«

Aber Sandage sah einen Affront darin, wie damals, als Greenstein sich in das Quasarproblem eingemischt hatte. Sandage war Mitglied des Time Allocation Committee (TAC), des Ausschusses, der die Beobachtungszeit am Teleskop verteilte. Er sprach sich dagegen aus, daß Gunn seine beantragte Zeit am Teleskop bewilligt würde. Das Projekt falle in den Forschungsbereich des Mount Wilson und damit in seinen eigenen. Arp, ebenfalls Mitglied des TAC, entgegnete, es sei beste wissenschaftliche Tradition, jede Arbeit zu überprüfen.

»Ja«, zischte Sandage,»aber nicht am selben Observatorium.«

Mit dem gegnerischen Projekt ging es unterdessen voran. Gunn hatte sich an Beatrice Tinsleys Arbeit gehalten. Er und Oke versuchten herauszubekommen, wie sich die Entwicklung der Galaxien auf ihre Messungen auswirkte. Da sie theoretische Grundlagen benötigten, sorgte Gunn dafür, daß Beatrice 1972 für mehrere Monate nach Pasadena kommen konnte. Nach einigen Jahren des Hausfrauendaseins begann sie ein neues Leben. Sie und Gunn kamen sich beruflich und persönlich näher. In Pasadena gab es damit zwei Gruppen von Kosmologen, die auf den Mount Palomar zogen. Der Kontakt zwischen ihnen beschränkte sich auf den Austausch bissiger sachverständiger Berichte und ebensolcher Kritiken. Sandage veröffentlichte eine Serie von acht Artikeln zum Hubble-Diagramm. Im Jahresreport der Hale Observatories gaben er und Beatrice Tinsley sich widersprechende Stellungnahmen zur notwendigen Korrektur des Diagramms im Hinblick auf die Entwicklung der Galaxien ab.

Im Jahre 1972 rekrutierte Gunn im englischen Cambrigde ein drittes Mitglied für sein Dissidententeam. Bei einem Sommeraufenthalt an Hoyles Institut ging er mit einem anderen Gast, David Schramm, wandern. Der stämmige, gesprächige Rothaarige, der die Ringer am Caltech trainierte, war Schüler von Fowler. Er hatte sich auf den Urknall spezialisiert und stellte detaillierte Berechnungen zur Kernsynthese im Urknall an, eine Forschungsrichtung, die Gamow und Peebles begründet hatten.

Schramm erläuterte Gunn, daß die relative Häufigkeit von Helium und dem schweren Wasserstoffisotop Deuterium, die beim Urknall entstanden waren, sehr viel über die Dichte der ionisierten Materie im frühen Universum aussagte. Nach jüngeren Messungen des interstellaren Deuteriums sei es möglich geworden zu schätzen, wie dicht die Masse des Universums wenige Minuten nach dem Urknall gewesen sei. Nach den Ergebnissen sah es ganz so aus, als besitze das Universum nur ein Zehntel der Masse und Schwerkraft, die nötig wären, um wieder in sich zusammenzustürzen. Der Kosmos schien sich auf ewig weiter auszudehnen. Schramm versuchte die kosmologische Frage begeistert mit Erkenntnissen aus der Forschung zur Kernsynthese zu lösen.

Gunn war beeindruckt. In einer Untersuchung, die er mit J. Richard Gott, einem Postdoktoranden vom Caltech, zur Bewegung von Galaxien und Galaxienhaufen durchgeführt hatte, kam er zu einem ähnlichen Schluß: Alle Galaxien zusammen hatten nicht genug Masse, um die Expansion des Raumes aufzuhalten.

Als Schramm und Beatrice Tinsley im Herbst an der University of Texas einen Artikel planten, kam Gott zum Kolloquium in die Stadt. Sie beschlossen, mit vereinten Kräften vorzugehen und in einem gemeinsamen Artikel aufzuzeigen, daß eine wachsende Fülle von Beweisen für ein offenes Universum und gegen Wheelers »big crunch« sprach, gegen den großen Kollaps, in dem alle physikalischen Gesetze aufgehoben würden. Die meisten Fakten waren nicht neu, viele waren nicht einmal von ihnen ermittelt worden, aber zum ersten Mal hatte jemand alle Indizien in der Sache zusammengetragen und es gewagt, sie entsprechend zu vertreten.

Das Quartett machte Eindruck. Gott, der aus Kentucky stammte, ein Vollmondgesicht hatte und schleppend sprach, war der jüngste und hatte vielleicht deshalb auch die kühnsten Gedanken. Er war ein reiner Theoretiker, ein Experte für die Relativitätstheorie und Einsteins Leben. Er hatte es zu einer Meisterschaft entwickelt, sich immer neue seltsame Universen auszudenken. Berühmtes Beispiel war eine Spekulation, nach der das Universum im Augenblick des Urknalls in drei Teile zerfallen sei: in ein Universum aus gewöhnlicher Materie, in dem die Zeit vorwärts laufe, in eines aus Antimaterie, das zeitlich rückwärts gehe, und in eines aus Tachyonen, aus hypothetischen Teilchen, die mit Überlichtgeschwindigkeit flögen. Und keines dieser Universen könnte jemals mit einem anderen in Verbindung treten.

Der Physiker Schramm repräsentierte eine neue Generation von Wissenschaftlern, die den Kosmos als physikalisches Problem betrachteten. Er war der offensivste der Gruppe. Gunn, in Sandages Sinn wohl noch am ehesten ein klassischer Astronom, war der vielseitigste. »Und Beatrice«, seufzte Gunn wehmütig und mit entrücktem Blick, »hielt das Team zusammen.«

Beatrice Tinsley und ihre Kollegen eröffneten der Kosmologie neue Wege. Statt zu fragen, wie die Raumzeit gekrümmt war –

was mit beängstigend viel Arbeit, mit mystisch unsicheren Vorannahmen und dem vertrackten Hubble-Diagramm verbunden war –, stellten sie die Frage, ob das Universum schwer genug war, daß es von selbst wieder zu einem Nichts zusammenschrumpfen würde.

Nach den Friedmannschen Gleichungen vom expandierenden Universum hatte das Universum eine kritische Größe für Masse- und Energiedichte, sie lag ungefähr bei einem Wasserstoffatom pro Kubikmeter. Wenn das All dichter war, würde die Raumexpansion eines Tages zum Stillstand kommen und das All kollabieren, wenn es weniger dicht war, würden die Galaxien ewig weiter auseinanderfliegen. Mathematisch wurde das Verhältnis der tatsächlichen Dichte des Alls zu dieser kritischen Dichte mit einem großen Omega bezeichnet, dem letzten Buchstaben im griechischen Alphabet, der auch das Symbol für die Ewigkeit ist. Der Wert von Omega entspricht mathematisch dem doppelten Wert des Bremsparameters q_0. Wenn Omega genau den Wert eins hatte, also der kritischen Dichte entsprach, dann dehnte sich das Universum mit einem Bremsparameter q_0 gleich einhalb aus: Der Raum war flach, das Universum stand genau auf der Kippe zwischen Kollaps und ewiger Expansion, die Galaxienflucht würde in der Unendlichkeit zum Stillstand kommen. Wenn Omega kleiner war als eins, würde sich das Weltall ewig ausdehnen, wenn es größer war, würde die Gravitation die Expansion in ferner Zukunft bis auf null herunterbremsen und dazu führen, daß das Universum zusammenstürzte und sich im »big crunch« schließlich selbst verschlang. Mit dem Artikel wurde Omega zum Gral der Kosmologie, den von nun an alle Kosmologen suchten. Omega ersetzte den seltsamen Bremsparameter q_0, der sich nur mit größten Mühen ermitteln ließ.

Um Omega zu messen, mußte ein Astronom nur ein möglichst großes, repräsentatives Stück Weltraum – das nicht bis zu den Quasaren reichen mußte – abstecken und die Masse darin addieren. Gott, Gunn, Schramm und Tinsley (in dieser Reihenfolge nannten sie sich selbst) zeigten, daß für Omega ein kläglicher

Wert herauskam, der weit unter eins lag. Wie man die Masse auch errechnete, sie war viel zu gering für ein geschlossenes Weltall.

Man konnte Omega auf verschiedene Weise bestimmen. Einmal konnte man das Licht aller Galaxien zusammenzählen: Alle leuchtenden Sterne zusammengenommen ergaben nur ein Hundertstel der kritischen Masse. Überzeugender ließen sich die Massen der Galaxien schätzen, indem man ihre Bewegungen und ihre Wechselwirkungen als Paare und Haufen untersuchte. Bei dieser Methode ging auch die Schwerkraft von Schwarzen Löchern, dunklen Sternen und anderem unsichtbarem Material in den Galaxien mit in die Rechnung ein, die mutmaßliche Masse der Galaxien erhöhte sich dabei auf das Zehnfache. (Offenbar leuchtete die meiste Materie im Weltall nicht.) Trotzdem, so der Schluß der vier, lagen Omega und die Dichte des Univerums noch immer bei einem Zehntel des Wertes, bei dem man es mit einem geschlossenen All zu tun hätte.

Schließlich ließ sich Omega auch dadurch schätzen, daß man das Vorkommen an Deuterium im All bestimmte. Schramms Beitrag war das Kernstück dieses Verfahrens. Das Deuterium hatte den schönen Vorteil, daß es für die Berechnungen keine Rolle spielte, in welcher Form die Materie heute vorlag – ob als Schwarzes Loch, Staub oder greller Stern; sie mußte nur im großen, thermonuklearen Glutofen des Urknalls ausgebrütet worden sein. Wenn sich die Astronomen einen repräsentativen Ausschnitt aus dem Kosmos vornahmen und den Anteil an Deuterium darin bestimmten, dann ermittelten sie direkt, welche Dichte die Materie – die gewöhnliche Materie, das heißt Neutronen und Protonen – gehabt hatte, als das Universum einige Minuten alt gewesen war. Bei diesem Verfahren kam dasselbe heraus wie beim vorigen: Omega betrug nur ein Zehntel.

Der Artikel war schneller geschrieben als veröffentlicht. Das Team schickte ihn 1973 zunächst an die Zeitschrift *Nature*, dort wurde er als »ungeeignet« abgelehnt. Im Dezember 1974 erschien er schließlich im *Astrophysical Journal*.

Wenn Beatrice Tinsley und ihre Freunde recht hatten und das Universum offen war, dann hatten sie Sandage den größten Fang in der Kosmologie vor der Nase weggeschnappt und Hubbles Arbeit zu Ende geführt. Allerdings hatten sie Sandage nur knapp überrundet. Das ganze Rennen war eigentlich viel Aufregung um nichts. Sandage suchte mit reiner Astronomie nach der Antwort, in klassischem hubbleschem Sinn. Er hatte 1961 eine Methode entdeckt, mit der man sich vor den Tücken des Hubble-Diagramms schützen konnte, er nannte sie »Timescale test« (Zeitskala-Test). Der Test sah so aus, daß man zwei unabhängige »Uhren« miteinander verglich und prüfte, wieviel langsamer die Expansion des Weltalls geworden war. Die erste »Uhr« gaben die Kugelsternhaufen ab, ihre Sterne waren in der Galaxis und vielleicht sogar im Universum die ältesten. Ihr Alter zu bestimmen war sein erster großer Erfolg gewesen. Sandage stellte folgende Überlegung an: Wenn man das Alter der ältesten Sterne kannte, kannte man auch das Mindestalter des Universums. Es konnte ja nicht jünger sein als die Sterne, die es bevölkerten.

Die zweite »Uhr« war die Expansion des Universums. Wenn man in Erfahrung brachte, wie schnell sich das Weltall ausdehnte, konnte man berechnen, wie lange die Galaxien gebraucht hatten, bis sie bei der augenblicklichen Geschwindigkeit ihre jetzigen Entfernungen erreicht hatten. Das war eine zweite Schätzung zum Alter des Universums. Das Universum war wie der Mensch in jüngeren Jahren sicher rascher gewachsen, also müßte die zweite Uhr, die sich nach der heutigen Expansionsgeschwindigkeit des Universums richtete, immer ein höheres Alter anzeigen als diejenige Uhr, die nach dem Alter der Kugelsternhaufen ging. Wenn man beide Uhren miteinander verglich, konnte man bestimmen, wie sehr die Schwerkraft die Expansion des Alls abgebremst hatte. Kam bei den Kugelsternhaufen beispielsweise ein Alter von fünf Milliarden Jahren heraus und für die sogenannte Hubble-Zeit ein Alter von zehn Milliarden Jahren, dann wußte man, daß sich die Expansion des Universums mindestens um die Hälfte verlangsamt hatte. Bei einem solchen Wert würde die Expansion sicher bald zum Stillstand kommen und sich dann umkehren.

Bei Untersuchungen zu den Spiralgalaxien ermittelten Sandage und Tammann für die Hubble-Konstante schließlich einen Wert von 57 Kilometern pro Sekunde und Megaparsek mit einer Toleranz von fünfzehn Prozent nach oben oder unten. Als kurz darauf der Sternhaufen der Hyaden durch eine Korrektur in der Sterntheorie in größere Entfernung rückte, war alles im Universum weiter entfernt, größer und heller. Die Hubble-Konstante wurde zur glatten Fünfzig.

Nach der Hubble-Konstante war das Universum, wenn es sich seit dem Urknall mit gleichbleibender Geschwindigkeit ohne Verzögerung ausgedehnt hatte, höchstens achtzehn Milliarden Jahre alt. Und wie alt war das Weltall mindestens? Es war sicher nicht jünger als die Sterne. Sandage hatte für die ältesten Kugelsternhaufen ein Alter von vierzehn Milliarden Jahren errechnet. Er addierte für die Bildung des Milchstraßensystems eine Milliarde Jahre hinzu und stellte fest, daß die Ergebnisse beider Altersschätzungen sehr nahe beieinanderlagen. Die Raumexpansion hatte sich seit dem Anfang kaum verlangsamt, und sie würde sich auch in Zukunft nicht verlangsamen.

Als das Ergebnis im März 1975 im *Astrophysical Journal* veröffentlicht wurde, war man im Lager von Beatrice Tinsley und Gunn bei aller Siegesgewißheit im stillen doch erleichtert, daß der große Alte zum gleichen Ergebnis gekommen war. »Eine gewaltige Überraschung«, teilte Sandage der Zeitschrift *Time* mit.

Was sollte man mit dem anderslautenden Ergebnis aus dem Hubble-Diagramm anfangen, nach dem das Universum geschlossen war? Beatrice Tinsley hatte das Rennen gemacht, das Hubble-Diagramm war geschlagen. Der neuralgische Punkt in ihrem Zwist war die technische Frage, aus welchen Sternen elliptische Galaxien hauptsächlich bestanden. Davon hing es ab, ob diese Galaxien, wie von Tinsley behauptet, im Alter dunkler wurden und das Hubble-Diagramm, das für ein geschlossenes Universum sprach, drastisch korrigiert werden mußte. Nach Sandage handelte es sich um normale Sterne, die Wasserstoff zu Helium fusionierten. Nach Beatrice Tinsley handelte es sich um Rote Riesen, Sterne in einem Entwicklungsstadium, in dem sie ihren Kernbrennstoff aufgezehrt hatten und deshalb außerhalb der Hauptreihe lagen.

Im Jahre 1974 führte der Astronom Jay Frogel bei elliptischen Galaxien Beobachtungen im Infrarotbereich durch, ihr Licht zeigte die unverkennbaren Merkmale von Roten Riesen. Beatrice Tinsley hatte recht gehabt.

Dennoch hatte Sandage seine Forschungsmission bestens erfüllt. Seine Enttäuschung wurde dadurch gelindert, daß dieses Ergebnis das astronomische System, für das er und Hubble sich fünfzig Jahre abgemüht hatten, in großem Maße bestätigte. Die Friedmannschen Gleichungen waren richtig, die zeitlichen Eckdaten paßten wie durch ein Wunder ineinander. Sandage war die Antwort weniger wichtig als die Tatsache, daß es überhaupt eine Antwort gab. Spielte es da eine Rolle, daß es nicht die Antwort war, die den Theoretikern am besten gefiel? Wir leben in einem Friedmannschen Universum. Das einfachste Modell funktionierte. Nur göttlich schien das nicht.

Die Apokalypse im offenen Universum sieht folgendermaßen aus: Zunächst verglühen die Sterne, das Licht der Galaxien verlöscht. In nur fünf Milliarden Jahren hat die Sonne ihren Wasserstoff verbraucht und bläht sich auf zum Roten Riesen. Sie versengt die Erde zu einem Haufen schwarzer Asche. In hundert Milliarden Jahren ist die Milchstraße ein Friedhof toter Sterne, bevölkert von Schwarzen Löchern, Neutronensternen und Weißen Zwergen. Sie vereinigen sich bis in einer Milliarde Milliarden (10^{18}) Jahren zu einem Schwarzen Riesenloch, das im Zentrum der heutigen Galaxis liegt. Bis in 10^{27} Jahren klumpen sich alle Galaxien eines Haufens zu einem einzigen supergalaktischen Schwarzen Loch zusammen, das Universum besteht aus

Schwarzen Löchern. Sie sind milliardenmal so massereich wie die Sonne und eilen durch den toten, kalten Raum davon. In 10^{100} Jahren verdampfen sie. Nichts bleibt außer schwachen, dünnen Wölkchen aus Teilchen und Strahlung, die Billionen Lichtjahre voneinander trennen.

Und wie sieht das Schicksal des Lebens in einem solchen Universum aus? Der einfallsreiche Freeman Dyson meinte, daß die Zivilisationen fast unbegrenzt überleben könnten, wenn sie die Energie aus rotierenden Schwarzen Löchern anzapfen würden. Allerdings würde das nicht viel nützen, wenn die Protonen in den Knochen der Mitglieder solcher Zivilisationen inzwischen zerfielen. Dennoch stand für Dyson dem weiteren Fortbestand des Lebens grundsätzlich nichts im Wege. Das Leben müsse sich nur an die unendlich langsamen Rhythmen in der fernen Zukunft anpassen.

Dem ewigen Propheten Wheeler widerstrebte die Sicht eines solchen Universums ästhetisch, gefühlsmäßig und intellektuell. Das Einweguniversum, dessen Verfall ewig dauerte, war einmal entstanden und ging nie richtig unter. Es war asymmetrisch. Es war, als sitze man im Fußballstadion bei einer nicht enden wollenden Niederlage der Heimmannschaft. Ein Universum, das nicht zerstört wurde, konnte nicht neu geschaffen werden. Die Schöpfung bekam keine zweite Chance. Hatte das Leben in diesem äußeren Rahmen noch Sinn? Wheeler bestand darauf: Eines Tages würde man die Masse finden, die für ein ausreichend großes Omega und ein geschlossenes Universum fehlte.

Wheeler war mit dieser Meinung nicht allein. Eine erdrückende Fülle von Beweisen sprach für das offene All, und doch . . . Als 1974 das Texas-Symposium stattfand, lud der Journalist Walter Sullivan von der *New York Times* ein paar Astrophysiker zum Essen ein. Er ließ sie geheim darüber abstimmen, ob sie das Universum für offen oder geschlossen hielten. Man habe einstimmig für ein geschlossenes Universum votiert, berichtete er. »Nur ein Universum mit Omega gleich eins macht Sinn«, erklärte mir Schramm stellvertretend für alle. Nach 1974 bestand ein besonders wichtiges Betätigungsfeld der Kosmologen darin, nach den fehlenden neunzig Prozent des Universums zu suchen.

Beatrice Tinsley war eine der wenigen in der Astronomie, der ein offenes Universum gefiel. Auch Sandage beteiligte sich nicht an der Suche nach der fehlenden Masse. »Geschlossen wäre mir das All eigentlich lieber«, gab er stockend zu. »Trotzdem glaube ich, daß es nur einmal entstanden ist. Das macht die Sache noch mysteriöser. Was vor der ersten Mikrosekunde passiert ist, liegt außerhalb des Bereichs der Wissenschaft. Warum und wie hat es sich dazu entwickelt? Natürlich ist das nicht mysteriöser als die gewaltige Komplexität des chemischen Gleichgewichts im menschlichen Körper. Wenn man sich in den Finger schneidet: Woher wissen die weißen Blutkörperchen, wohin sie wandern müssen, um die Wunde zu schließen? Das ist ein Wunder. Und ich glaube nicht, daß man das dem natürlichen Prozeß von Mutation und Auslese verdankt. Dazu ist der Mechanismus zu großartig. Ich weiß nicht, wie ich es ausdrücken soll. Ich möchte damit nicht sagen: Das deutet auf die Existenz Gottes hin, was auch immer Gott ist. In gewissem Sinn sind Newtons Gesetze Gott. Trotzdem ist alles ganz rational, erstaunlich schön und geheimnisvoll.«

Er wisse nicht, ob er sich als religiös bezeichnen solle, sagte Sandage, als er 1977 den merkwürdigen Berührungspunkt von Wissenschaft und Religion ansprach, auf den er bei der Sternbeobachtung gestoßen war.

»Ich glaube«, fuhr er fort, »die ganze Rationalität des Universums ist ein Mysterium. Daß Newtons und Einsteins Gleichungen stimmen, ist eines der gewaltigsten Mysterien der Welt. In diesem Sinne bin ich sehr religiös.«

Obwohl er ans Ende seiner fünfundzwanzig Jahre dauernden Suche gekommen war, gönnte sich Sandage noch immer keine Ruhe. Neue Projekte warteten: Für den Shapley-Ames-Katalog, in dem die 1300 hellsten Galaxien am Himmel verzeichnet sind, mußten noch Rotverschiebungen gemessen werden. Mit Hilfe

der Daten versuchten Sandage, Tammann und der junge israe-
lische Theoretiker Amos Yahil, die Bewegungen der Galaxien
um den Virgohaufen zu ermitteln. Sie wollten das »Gewicht«
des gesamten Virgosuperhaufens abschätzen und prüfen, ob er
die gleichförmige Flucht der Galaxien, den sogenannten
Hubble-Fluß, beeinträchtigte. Mit den jüngeren Astronomen
Jim Westphal und Jerome Kristian unternahm Sandage einen
weiteren Versuch, das Hubble-Diagramm zu erstellen. Er wagte
sich – was selten vorkam – in die Hochtechnologie und bestimmte die Helligkeit der elliptischen Galaxien diesmal mit einem neuartigen, empfindlichen Fernsehsystem.
Inzwischen verschärfte sich die Konkurrenz durch Astronomen
außerhalb von Pasadena, das Monopol des Mount Wilson war
gebrochen. 1974 wurde im Kitt Peak National Observatory nahe Tucson ein 4-Meter-Teleskop in Betrieb genommen, finan-
ziert vom Konsortium Associated Universities for Research in
Astronomy (AURA). Die AURA stellte wenige Jahre später ein
gleiches Teleskop, das den Südhimmel erforschen sollte, in
Chile auf. Die Europäer zogen nach. Freilich stammte die Idee,
im Andenstaat ein großes Teleskop aufzustellen, vom Mount
Wilson; Hale hatte von einem 5-Meter-Spiegel auf der Südhalbkugel geträumt. Carnegie, der Besitzer des Mount Wilson
Observatory, hatte das Rennen um die Stiftung des Teleskops
an die Ford Foundation verloren, als deren Leiter an die Spitze
der National Science Foundation trat, unter deren Dach auch
die AURA stand. Carnegie begnügte sich mit der Aufstellung
eines 2,5-Meter-Teleskops in Las Campanas in Chile. Die neu-
en Teleskope verfügten über fotoelektrische Empfänger wie
den *charge-couples device* (CCD), einen Siliziumchip, der auftreffendes Licht in elektrische Ladung umwandelt und zur Auswertung an einen Computer weiterleitet. Eine gute fotografische Emulsion, die durch auftreffendes Licht schwarz wird, hat
eine Quantenausbeute von bis zu fünf Prozent, ein CCD beutet
das verfügbare Licht zu fünfzig bis achtzig Prozent aus. Mit
diesem System wird ein normales Teleskop zum Giganten. Jetzt

konnte jedermann bis an den Rand des Universums blicken, bis in die vorgalaktische Ära, wo gewaltige Rotverschiebungen gemessen wurden und wo selbst Quasare selten waren.

Auch mit der neuen Ausrüstung konnten die Observatorien die wachsende Nachfrage nach Beobachtungszeit am Teleskop kaum befriedigen. Mit dem Raumfahrtprogramm und der Debatte um Quasare, Schwarze Löcher und den Urknall zog die Kosmologie immer mehr Interessenten an. Jedes Jahr eröffneten neue Fachbereiche für Astronomie, besetzt mit frischgebackenen Promovierten und Physikern, die die interdisziplinäre Schwelle überschritten und sich dem großen Werk anschlossen. Trotz des Ansturms konnte Sandage seine Beobachtungszeit noch ausweiten. Im Jahre 1977 verbrachte er 105 Nächte an den verschiedenen Observatorien.

Junge Astronomen und Physiker hatten es nicht leicht, wenn sie Sandage kennenlernen wollten. In der Santa Barbara Street war die Tür zu seinem Arbeitszimmer gewöhnlich geschlossen, auf Tagungen und Konferenzen ließ er sich praktisch nicht mehr blicken. Er saß in seinem Büro, wo sich das Erbe von Hubble, Baade und Humason türmte. Wenn er etwas gefragt wurde, zeigte er oft nur auf einen verschlossenen Aktenschrank und auf Behälter mit Platten. »Da ist die Antwort«, hieß es lakonisch.

In astronomischen Kreisen ging das Gerücht, Sandage habe Gunn aus Pasadena vertrieben. Gunn ging nach Princeton, wo er ordentlicher Professor wurde und Mittel aus der MacArthur-Stiftung bekam, einer Einrichtung, die Hochbegabte förderte. Gunn bestritt, daß Sandage etwas mit seinem Weggang zu tun habe. Pasadena habe er vor allem deshalb verlassen, weil er nicht immer habe Instrumente bauen wollen. (Er hatte sogar bei der Konstruktion einer Kamera für das Raumteleskop helfen sollen.) Außerdem habe er mehr theoretisch arbeiten wollen.

»Allan will keine Konkurrenz. Er hat die Disziplin der beobachtenden Kosmologie aufgebaut und meint, sie solle in seiner Hand bleiben. Ich glaube«, erklärte Gunn stirnrunzelnd, »er ist der Ansicht – was ich nachvollziehen kann –, daß viel Stuß und Schund gedruckt wird. Er meint es selten persönlich.«

Während das offene Universum die Gemüter erhitzte, stieg Beatrice Tinsleys Stern. Wie Schramm erzählte, veränderte sie sich 1976, als eine DC-10 mit einem Onkel von ihr an Bord kurz nach dem Start in Paris zerschellte und alle Passagiere in den Tod riß. Vorher sei sie wohl glücklich gewesen, meinte Schramm, danach sei sie zu ehrgeizig und perfektionistisch geworden.
Dallas wurde ihr schließlich zu klein. Yale und Chicago boten Professuren an. Zur gleichen Zeit versäumte es der Direktor der University of Texas in Dallas – dem vorigen Southwest Center –, einen Brief zu beantworten, in dem sie um Beförderung bat. Als ihre Kinder für eine Trennung alt genug waren, ließ sie sich scheiden. Sie ging nach Yale und zog dort mit Richard Larson zusammen, einem empfindsamen Astronomen, den sie in Pasadena kennengelernt hatte.
Sandage, meinte Larson, habe auf die Nachricht mit den Worten reagiert, er wisse nicht recht, was Beatrice Tinsley in New Haven anstellen werde, er wolle in fünf Jahren vorbeischauen und nachsehen, was sie angerichtet habe. Tatsächlich wurde sie in Yale ein Vorbild und Ideal für eine winzige, aber wachsende Gruppe von Astronominnen. Zeitlebens blieb Beatrice Tinsley ein streitbarer Charakter, es fiel ihr schwer zu glauben, daß man sie respektierte und ernst nahm. »Sie hatte immer das Gefühl, sie müsse gegen eine feindliche Welt ankämpfen«, erinnerte sich Larson.
Sie bekriegte noch immer das Hubble-Diagramm und bestritt in mehreren Artikeln seinen Nutzen für die Kosmologie. Das endgültige Aus drohte ihm, als Princetoner Theoretiker den Annahmen beider Seiten widersprachen: Nach deren Auffassung wurden elliptische Riesengalaxien mit zunehmendem Alter durchaus nicht lichtschwächer, wie allgemein angenommen. Unter Umständen konnten sie sogar heller werden, dann nämlich, wenn andere Galaxien zu nahe an sie herangerieten und

verschluckt wurden. Die Annahme eines galaktischen Kanni-
balismus wurde später durch Fotografien belegt, die elliptische
Riesengalaxien mit zwei oder mehreren hellen Flecken in der
Mitte zeigten; es waren vermutlich die halbverdauten Kernbereiche von Opfern.

Im Jahr 1977 organisierte Beatrice Tinsley in Yale ein größeres
Symposium zur Evolution von Sternen und Galaxien. Sandage
wurde eingeladen, erschien aber nicht. Im selben Jahr tauchte
eine Wucherung auf Beatrice' Oberschenkel auf, sie entpuppte
sich als Melanom. Ihre Jahre an der Universität Yale wurden
von einem Kampf überschattet, den sie nicht gewinnen konnte.
Obwohl der urspüngliche Tumor entfernt wurde, breitete sich
die Krankheit bis 1980 über den ganzen Körper aus. In ihrem
letzten Jahr unterzog sie sich im Krankenhaus Yale einer Strah-
len- und Chemotherapie und lebte nur noch zwischen Aufnahmen ins Krankenhaus und Entlassungen. Im Krankenzimmer
hielt sie Seminare ab. 1981, als das Ende nahte, schrieb sie ein
Gedicht über das Schicksal des Universums.

11. Fermiland

Das Hauptgebäude des Fermi National Accelerator Laboratory erhebt sich über der Ebene von Illinois knapp fünfzig Kilometer westlich von Chicago. Das Hochhaus sieht aus wie zwei Rücken an Rücken stehende Bögen aus Beton, zwischen die Glas gespannt ist. Über die Prärie rings um das einsame Hochhaus breitet sich ein Konglomerat aus Wällen, Schuppen und Straßen aus, dazwischen verlaufen etliche Schleifen und Spiralen. Die größte Schleife, der sogenannte Hauptring, besteht aus einem sechseinhalb Kilometer langen Vakuumrohr, in dem Protonen mit gewaltigen Energien bis fast auf Lichtgeschwindigkeit beschleunigt und aufeinandergeschossen werden. Dabei entstehen neue Formen von Materie.

In diese Umgebung ging David Schramm nach der Veröffentlichung des Artikels *An Unbound Universe?* (Ein offenes Universum?) Er verfolgte an vorderster Front eine Entwicklung, die mit Peebles und Seldowitsch ins Rollen gekommen war: die Ankoppelung der Kosmologie an die Teilchenphysik und umgekehrt. Schramm, der Kernphysiker des Quartetts um Beatrice Tinsley, hatte den Weg gewiesen: Die Häufigkeit von urzeitlichem Deuterium war ein Barometer für die Dichte und das weitere Schicksal des Universums. In dieser Richtung mußte man in Zukunft weiterforschen. Die Antwort, daß das Universum offen war und sich immer weiter ausdehnen würde, war dabei weniger wichtig als die Methode: Man befaßte sich mit den physikalischen Gegebenheiten im subatomaren Bereich während des frühen Urknalls und schloß auf die großräumigen Eigenschaften des Universums fünfzehn Milliarden Jahre später. Gleichwohl bekamen

Schramm und andere Theoretiker vor Ablauf eines Jahrzehnts eine neue Antwort auf die kosmologische Frage. Das Universum war vielleicht doch geschlossen; die Beweise dafür kamen nicht aus der Himmelsbeobachtung, sondern aus der Elementarteilchenphysik. In dieser Zeit sollten das riesige Hochhaus des Fermilab und der unterirdische Ring zum Symbol für die Vereinigung der subatomaren und der kosmologischen Forschung werden. Schramm, von Natur aus ein rühriger Mensch und Organisator, errichtete in diesem verschwommenen Grenzbereich der Disziplinen sein Imperium.

Dieser Physiker, der einszweiundneunzig groß war und 230 Pfund auf die Waage brachte, wog vielleicht zehn Kilo zuviel. Er trug Cowboystiefel im Stil der Ostküste, die Krawatte mit dem Bild von Saturn wirkte etwas verloren auf seiner Brust. Seine Stirn, in die gewelltes rotes Haar fiel, war braun gebrannt und zerfurcht. Helle Augenbrauen über den blauen Augen ließen ihn älter erscheinen. Er bewegte sich und sprach mit der übertriebenen Sanftmut eines Hünen, der die zerstörerische Wirkung seiner Körperkräfte kennt und immer ein wenig fürchtet. Schramm hatte eine Art, nachdrückliche oder womöglich gar unerhörte Behauptungen mit einem milden Glucksen abzuschwächen; der Kolumnist einer Chicagoer Zeitung nannte das einmal »kosmisches Gekicher«. Ich habe nie erlebt, daß er die Stimme erhoben hätte. Das mußte er auch nie. Anscheinend will es niemand so weit kommen lassen, daß er wütend wird.
Schramm stammte aus einer Mittelschichtfamilie aus St. Louis und wuchs als ältester von drei Söhnen auf. Die Mutter war Bibliothekarin. Die Karriere des Vaters als Pilot endete abrupt, so daß er es im Zweiten Weltkrieg nicht mehr zu Ruhm brachte. Der junge David übernahm vom Vater das Interesse für Flugzeuge, er verschlang Lexikonartikel über Luftfahrt und beschloß früh, in die Wissenschaft zu gehen. Allerdings fehlte es ihm an einem Vorbild. Hausaufgaben machte er nie. Naturwissenschaf-

ten und Mathematik fielen ihm leicht, aber er hatte Angst, er könne deshalb als sonderbar gelten. »Ich interessierte mich vor allem für Mädchen, Sport und Nichtstun«, sagte er. »Ich versuchte, in bestimmte Kreise zu kommen, indem ich Sportstar wurde.« Und er hatte Erfolg. Er war nicht nur ein mit allen Wassern gewaschener Footballer, im letzten Schuljahr gewann er auch noch die Meisterschaft im Ringen im Bundesstaat Missouri. Im Sommer nach dem Schulabschluß heiratete er seine Freundin Melinda, die er auf der High-School kennengelernt hatte. »Die Eltern waren nicht erfreut«, erinnerte sich Schramm. »Trotzdem unterstützten sie uns.«

Weltoffene Onkels hatten ihn inzwischen darauf gebracht, höhere Ziele anzustreben als eine halbwegs renommierte Universität im Mittleren Westen. Sie drängten ihn, sich für das Massachusetts Institute of Technology (MIT) zu bewerben. Dank hervorragender Zensuren bei den Eingangstests wurde Schramm angenommen. »Ich wußte nicht, daß ich auch nach Harvard oder Stanford hätte gehen können«, sagte er. »Ich habe mich dort erst gar nicht beworben.«

Das MIT, ein Labyrinth durchnumerierter Industriebauten aus grauem Stein in neoklassizistischem Stil, erstreckt sich entlang des Charles River in Cambridge, einige Meilen flußabwärts von Harvard. In den Simsen sind die Namen großer Wissenschaftler und Ingenieure eingemeißelt. Von der anderen Seite des Flusses, vom vornehmen Bostoner Stadtteil Back Bay aus betrachtet, sieht das MIT wie eine kleine, häßliche Stadt aus. Dazwischen erheben sich hohe Säulen und gewaltige Kuppeln, ähnlich dem römischen Pantheon. Als wichtigste Durchgangsstraße durchschneidet ein vierhundert Meter langer Korridor den Campus. Er verläuft mit einer Kurve von den Eingangssäulen an der Massachusetts Avenue zu einem kleinen kubischen Bau für Geisteswissenschaften, der wie ein Zeh vom krakenförmigen Gesamtkomplex absteht.

Eine interessante und vielsagende Kuriosität des MIT kann man

in der alten Cafeteria, dem sogenannten Walker Memorial, bewundern. Die Cafeteria liegt mit dem Säuleneingang zum Fluß hinter den Geisteswissenschaften. Innen sind die Wände mit Fresken bemalt, die klassische und biblische Szenen zeigen. Eine Darstellung direkt am Eingang fällt besonders auf. Sie zeigt einen großen weißhaarigen Mann im Laborkittel vor zwei rauchenden Gefäßen, ein Hund schleicht um den Sockel eines Gefäßes. Die Figuren im Vordergrund stellen die Industrie, die Regierung und das Militär dar. Sie blicken ehrfürchtig von ihrem Tisch auf. Durch den Hintergrund schweben Engel. Das Szenario von Macht und Verheißung überschreiben die Worte »ET ERITIS SICUT DEI SCIENTES BONUM ET MALUM« (Und ihr werdet sein wie Gott und wissen, was gut und böse ist).
Es sind Worte des Teufels.
Als Schramm 1964 dort ankam, drängten sich jede Stunde einmal zielstrebig und mit müden Augen Scharen von Studenten durch die grauen Mauern, vornehmlich Weiße männlichen Geschlechts. Das MIT nannte sich selbst ein Universum, das um die Wissenschaft polarisiert - manche sagten scherzhaft »paralysiert« - sei.
Schramm, verheiratet und bald Vater eines Sohnes, mußte sich zum ersten Mal in seinem Leben anstrengen. Hervorragende Zeugnisse belohnten die Mühe. Ganz nebenbei spielte er Rugby und gewann die Meisterschaften von Neuengland im Ringen in der Schwergewichtsklasse. »Ich wußte nicht, wie ein Wissenschaftler arbeitete«, verriet er. »Ich hatte keine Ahnung, daß man promovieren mußte. Ich dachte, man sitzt im Labor und lötet mit Studenten aus höheren Semestern. Ich wußte bloß, daß ich in die Physik wollte.« Nach einer einjährigen Tätigkeit in einem kernphysikalischen Labor und einem Seminar in Astrophysik bei dem begabten Philip Morrison hatte Schramm seinen Weg gefunden. Zudem hatte man soeben die Reststrahlung des Urknalls entdeckt. Am MIT war Astrophysik eine quantitative Disziplin, man befaßte sich nicht mit Sternbildern und Galaxientypen, sondern mit harten Berechnungen zu den thermonuklearen Vorgän-

gen im Inneren der Sterne und in der Frühzeit des Universums. Kurz, man trieb eine Kosmologie nach peeblesscher Art, das Universum war ein physikalisches Problem.

Zum Graduiertenstudium ging Schramm ans Caltech. Ehrgeizig kombinierte er Kernphysik mit Astrophysik. Er wurde ein Schüler von Willy Fowler und ein Experte für explodierende Sterne. Er befaßte sich mit den verschiedenen Kettenreaktionen und den Zerfallsprozessen bei den Explosionen, durch die exotische radioaktive Elemente in die Galaxis geschleudert wurden. Ein solches Element war Plutonium 244 mit einer Halbwertszeit von 82 Millionen Jahren. Schramms erste große Leistung als Graduierter hatte mit dem Plutonium zu tun: Er fand einen mathematischen Weg, wie man aus dem heute vorkommenden Plutonium und seiner Zerfallsprodukte die verschiedenen Generationen des Elementes ermitteln konnte. Das älteste Plutonium im Milchstraßensystem war bei der Explosion der ersten Sterne entstanden. Man konnte mit Schramms Methode also die Milchstraße datieren. Nach seiner Methode und anderen nuklearen Datierungsmethoden waren das Milchstraßensystem und das Universum mindestens zehn Milliarden Jahre alt. Das kam dem Ergebnis nahe, das Sandage und andere aus dem Alter der Kugelsternhaufen errechnet hatten. Schramm machte sich mit seiner Methode am Caltech einen Namen. Das war ihm wichtig, er war daran gewöhnt, daß man ihn auf dem Campus kannte. »Maarten Schmidt und Richard Feynman kannten mich«, berichtete er glücklich. »Sie stellten mir öfter Fragen zum Alter des Universums.«

Außer in Fowlers Labor arbeitete Schramm auch im sogenannten *Asyl für Ausgeflippte*. Das Labor, von Gerry Wasserburg geleitet, hatte man eigens zur Untersuchung von Mondgestein, das Astronauten zur Erde zurückbrachten, eingerichtet. Wasserburgs Gruppe war auf feinste Messungen spezialisiert; schon einzelne Silberatome, die sich aus den Zahnfüllungen der Mitarbeiter lösten, konnten ihre Daten verfälschen. Schramm langweilte das Leben des Experimentalphysikers.

252

»Man schuftet für Banalitäten. Trotzdem ist es für Theoretiker gut, wenn sie experimentieren. Sie lernen die Schwierigkeiten der Wissenschaft kennen und erfahren, wie unsicher Zahlen sind.«

Im Jahre 1972 lud Fowler Schramm ein, ihn zum jährlichen Sommertreffen mit Hoyle in Cambridge zu begleiten. Auf einer Wanderung durch das schottische Hochland kamen Schramm und Gunn über das Schicksal des Universums ins Gespräch. Das war der Grundstein für die Bildung des Quartetts um Beatrice Tinsley.

Der andere Anwendungsbereich der Kernphysik in der Astrophysik bestand natürlich darin, die Vorgänge während des Urknalls zu erhellen. Damals war das Universum so heiß gewesen, daß Wasserstoffkerne zu Heliumkernen und vielleicht auch zu Kernen anderer leichter Elemente verschmolzen. 1965 führte Peebles, der ähnliche Ideen wie Gamow hegte, Berechnungen in dieser Richtung durch. Als er sich dann von der Kernsynthese abwandte und sich mit der Bildung der Galaxien befaßte, beschäftigte sich bereits Fowler mit dem frühen Universum. Fowler benutzte dazu ein Computerprogramm, das ihm sein Schüler Robert Wagoner geschrieben hatte. Später stieß noch Hoyle zu dem Team.

Fowler wollte wissen, wie genau sich seine Berechnungen mit der Menge des Heliums deckten, das man im Universum fand. Er registrierte auch, daß seine Berechnungen zum Urknall außerdem Angaben über die winzigen Mengen an Deuterium (schwerem Wasserstoff), Lithium, Bor, Beryllium und dem Heliumisotop He_3* abwarfen. Fowler blieb auch diesen Elementen

---

* Die Identität eines Atoms - gleichgültig, um welches Element es sich handelt - wird festgelegt durch die Anzahl der Protonen in seinem Kern, seine Ordnungszahl. Wasserstoff mit einem Kern von einem einzigen Proton hat die Ordnungszahl eins, Helium mit zwei Protonen die Ordnungszahl zwei. Die verschiedenen Isotope eines bestimmten Elementes gibt man durch das Atomgewicht an, also durch die Zahl ihrer Protonen und Neutronen im Kern. Normales Helium hat einen Kern aus zwei Protonen und zwei Neutronen und somit das Atomgewicht vier. Der Kern von He_3 besteht aus zwei Protonen mit nur einem Neutron.

auf der Spur, aber eigentlich nur der Vollständigkeit halber; ihr Vorkommen im Kosmos schien ihm irrelevant. In den besten Urknall-Modellen hatte eines von 10 000 Wasserstoffatomen das zusätzliche Neutron im Kern, das es zum Deuterium machte. Im Meerwasser dagegen kommt ein Deuteriumatom schon auf 100 000 Wasserstoffatome. Man vermutete deshalb, daß das meiste Deuterium im Universum durch etwas anderes entstanden war, zum Beispiel durch die Vorgänge in Sternen oder durch die Kollision kosmischer Strahlung.

Im Jahre 1969 breiteten die Astronauten von Apollo 11 auf dem Mond eine Platinfolie aus, auf der Teilchen von der Sonne aufgefangen wurden. Die Ergebnisse sprachen dafür, daß auf der Sonne und vermutlich im Rest des Universums Wasserstoff und Deuterium eher in einem Verhältnis von 100 000 zu eins vorlagen, also in dem Bereich, den die Berechnungen zum Urknall vorhersagten. Das Verhältnis im Meerwasser war dagegen eine Unregelmäßigkeit, entstanden durch chemische Reaktionen. Jean Audouze, ein Forscher vom Französischen Institut für Astrophysik, erfuhr von entsprechenden Berechnungen des Schweizers Johannes Geiss. Bei einer Stippvisite am Caltech berichtete Audouze Schramm von den Ergebnissen, und Schramm nahm sie gierig auf.

»Wir waren alle aufgeregt«, sagte Schramm später. Ihm und Audouze war klargeworden, daß die Berechnungen zum Urknall tatsächlich die richtigen Mengen von Deuterium und Helium vorhersagten. Auch Deuterium war ein primordiales Element. Die Platinfolie hatte ein Relikt des jungen Universums aufgefangen, aus der Zeit, als es gerade einige Minuten alt gewesen war. Audouze und Schramm wußten bereits, was Peebles herausgefunden hatte: daß das Vorkommen von Deuterium aus dem Urknall sehr viel über die Dichte der Masse und Energie im primordialen Feuerball aussagte. Und das bedeutete, daß es etwas über *Omega* aussagte und damit über das Schicksal des Universums. Die Häufigkeit des Deuteriums, die man auf der Platinfolie von Apollo 11 gemessen hatte, paßte zu dem Modell eines

Feuerballs mit einem sehr geringen Wert für Omega. Omega hatte demnach nur ein Zehntel des Wertes, der für ein geschlossenes Universum notwendig war. Das Weltall war offen.

Im Jahre 1970 standen sie mit dieser Behauptung noch allein da. Schramm, Audouze, Fowler und Audouzes Chef Hubert Reeves veröffentlichten bald darauf einen Aufsatz darüber, daß Deuterium Aufschluß geben könne über das Schicksal des Universums. Reeves schrieb einen eigenen Artikel zum gleichen Thema, einen weiteren schrieb unabhängig von ihnen der Astrophysiker David Black.

Alle drei Artikel gingen in dieselbe Richtung: Bei der Produktion von Helium im Urknall war Deuterium eine Zwischenstufe. Je dichter das Universum, desto früher begann der Prozeß der Kernfusion, desto mehr Helium wurde produziert und desto weniger Deuterium blieb übrig. Das Univerum war folglich um so eher offen, je mehr Deuterium es gab. Die Auswertung der Platinfolie erbrachte, daß die Menge an Deuterium zehnmal so groß war, wie sie in einem geschlossenen Universum hätte sein müssen. Später wurde das Ergebnis von Beobachtungen im Ultraviolettbereich mit dem Satelliten Kopernikus untermauert. Der Satellit registrierte die Absorbtionslinien, die interstellares Deuterium im Spektrum ferner Sterne hervorrief. Demnach kamen auf 100 000 Wasserstoffatome zwei Deuteriumatome: der Beweis für ein offenes Universum.

Das Weltall war ein sehr einfacher Reaktor. Die Berechnungen bedeuteten weniger im mathematischen als im philosophischen Sinn einen Sprung nach vorn. Schramm beunruhigten die philosophischen Implikationen nicht, er machte sich selten Sorgen. Für ihn war die kosmologische Frage so gut wie gelöst. Man mußte nicht in die Fernen des Alls blicken und das Licht ferner Galaxien entziffern. Der Unknall hatte überall seine Spuren hinterlassen, in seinem Körper, in seinem Blut, in seinem Bart. Fowlers primitives Kernforschungslabor war ein genauso gutes Teleskop wie der 5-Meter-Spiegel, und es war klarer. Die Kernsynthese des Urknalls gab die Antwort.

In jenem Sommer teilte Schramm die Ergebnisse Gunn und vielen anderen mit. Im Herbst wechselte er an die University of Texas und lernte Beatrice Tinsley kennen. Der Artikel *An Unbound Universe?* entstand. Dann bestätigten Sandages eigene Messungen die Schlußfolgerung des Quartetts. Der Bremsparameter q_0 konnte vernachlässigt werden, das Universum dehnte sich offenkundig immer weiter aus. Schramms Zuversicht war berechtigt gewesen.

Der große weißhaarige Robert Wagoner erinnert etwas an die Figuren auf dem Fresko am MIT. Er ist heute als Theoretiker an der Stanford University tätig. Damals hatte er ein Computerprogramm ausgeklügelt, um mit Hoyle und Fowler Berechnungen zum Urknall durchzuführen. Das Programm war eine Art Kochbuch der Elemente, nach dessen Rezept Wasserstoff, Helium, Deuterium, Lithium, Bor und Beryllium entstanden. Dann wurden die Ergebnisse mit den Verhältnissen im realen Universum verglichen, eine anspruchsvolle Aufgabe für die Beobachter. Je mehr Daten dem Universum abgerungen wurden, desto besser deckten sich die Zahlen. Das einfachste Modell vom Urknall funktionierte. Die relative Häufigkeit sämtlicher Elemente paßte in ein konsistentes Modell. Zwar könne jeder Teil für sich angezweifelt werden, räumte Schramm ein, aber alle Beobachtungen zusammen fügten sich zu einem stimmigen Ganzen. »Wir sagen nur, daß die einfachste Erklärung funktioniert«, meinte Schramm selbstgefällig. Man konnte die Geschichte des Kosmos nachzeichnen, bis zurück zu einer hundertstel Sekunde, als das beobachtbare Universum ungefähr die Größe des Mondes hatte.

Im Prinzip war es einfach, ausgehend von den eisigen drei Kelvin heute, für jeden beliebigen vergangenen Zeitpunkt die Temperatur und Dichte des Universums zu extrapolieren, bis zurück zu einer millionstel oder einer milliardstel Sekunde nach Beginn der Zeit. Temperatur und Dichte hingen unmittelbar mit der Expansion des Kosmos zusammen. Theoretisch war das Universum im Augenblick der Schöpfung – der Singularität – ein energetischer Nadelstich von unendlich großer Temperatur und Dichte gewesen. Nach der Relativitätstheorie und der Quantenmechanik gab es Elementarteilchen, Elektronen und Quarks, die sich mit ihren jeweiligen Antiteilchen in diesem intensiven Energiefeld zu Paaren anordnen konnten. Zugleich trafen sich solche Paare aus Teilchen und Antiteilchen, vernichteten sich gegenseitig und lösten sich wieder im Strahlungsbad auf. Je heißer es war, desto massereichere Teilchen wurden geschaffen. In den ersten Sekunden nach dem Urknall war der Kosmos ein Glutofen aus Strahlung und Elementarteilchen, die entstanden und wieder vergingen.

Die Standardmodelle, die es 1974 gab, begannen mit einem Universum, daß eine hundertstel Sekunde alt und ungefähr hundert Milliarden Grad heiß war. (Über höhere Temperaturen wußten die Elementarteilchenphysiker nicht genug, um vorauszusagen, wie entstehende Teilchen miteinander in Wechselwirkung traten.) Das All war zu diesem Zeitpunkt viermilliardenmal so dicht wie das Wasser der Ozeane. Es war ein Meer von Elektronen, Positronen und seltsamen masselosen Teilchen, sogenannten Neutrinos. Die Teilchen stießen zusammen, vernichteten sich und bildeten sich neu. In sehr viel kleineren Mengen kamen auch Protonen und Neutronen vor, die aus einem früheren, heißeren Moment der Schöpfung und Vernichtung übriggeblieben waren. Es war noch immer zu heiß, als daß sich die Teilchen zu Atomkernen hätten zusammentun können.

Nach vierzehn Sekunden war die Temperatur des Universums auf drei Milliarden Grad gefallen. Das war bereits zu kühl, als daß sich aus der umgebenden Energie noch Elektronen und Positronen, die leichtesten bekannten Teilchen, hätten bilden können. Ihre Zahl fiel rapide ab, weil ihre Vernichtung nicht mehr durch die Entstehung neuer Teilchen ausgeglichen wurde. Durch die Vernichtung wurde der Kosmos unerbittlich von Teilchen gereinigt. Von den ursprünglich vorhandenen Elektronen und Positronen überlebte von einer Milliarde Teilchen nur eines die ersten paar Sekunden. Die gesamte Materie im heutigen Universum, die Kristallformen, leuchtenden Sterne und Superhaufen der Galaxien verdankt seine Existenz einem winzigen Rest, es ist ein verschwindend geringer Teil dessen, was einst vorhanden war und als Materie überlebte. In Termini der Masseenergie gesprochen, bestand das Universum im wesentlichen aus reiner Strahlung.

Sobald Protonen überleben konnten, gab es im All Wasserstoffkerne, die aus einem einzigen Proton bestanden. Nach drei Minuten war die Temperatur des Weltalls auf nur eine Milliarde Grad gefallen. Es war so kühl, daß sich Protonen und Neutronen zu Deuteriumkernen zusammenfügen konnten. Eine Orgie der Kernsynthese folgte. Während der nächsten halben Stunde verschlangen die Deuteriumkerne freie Neutronen und Protonen und bildeten Helium- und Lithiumkerne. Als es zu kühl wurde und die Fusion zum Stillstand kam, war ein Viertel der Masse des Universums in Heliumkerne umgewandelt worden, der Rest war Wasserstoff und eine verschwindend geringe Menge Lithium. Zu diesem Zeitpunkt betrug die Dichte des Universums ein Zehntel der Dichte von Meerwasser. Nackte Atomkerne und freie Elektronen schwirrten unabhängig durch den Raum.

In den nächsten 700 000 Jahren, während sich das Universum weiter ausdehnte, änderte sich nichts Wesentliches. Die Temperatur fiel auf etwa viertausend Grad, das ist die Temperatur auf der Oberfläche eines kühlen roten Sterns. Es war so kühl geworden, daß sich Atome bilden konnten: Elektronen gerieten in den Einflußbereich der Kerne. Sie wurden von ihnen eingefangen, und dadurch wurde das Universum schlagartig durchlässig für die kosmische Hintergrundstrahlung, deren Wellenlänge damals bei der des sichtbaren Lichts lag. Am ganzen Himmel glühte es wie in einem Schmelzofen. Die Materie war dem Strahlungsdruck nicht mehr unterworfen. Erst jetzt konnten eventuell vorhandene Verdichtungen in der urzeitlichen Suppe durch die Schwerkraft zu wachsen beginnen, darauf hatte Peebles in seinem ersten Artikel über den Urknall und die Bildung der Galaxien hingewiesen. Materie zog Materie an und setzte den unaufhaltsamen Prozeß der Galaxienbildung in Gang.

Das Universum dehnte sich weiter aus und kühlte weiter ab, die Wellenlänge der Hintergrundstrahlung wurde größer und geriet in den unsichtbaren Infrarotbereich. Für eine Milliarde Jahre herrschte Finsternis im Weltraum. In der Dunkelheit wuchsen Galaxien heran – wenn sich nicht nach der »Pfannkuchen-Theorie« zuerst Superhaufen bildeten. Gaswolken entstanden, formten Wirbel und kondensierten. Massenweise bildeten sich Sterne, explodierten, fielen zu rotierenden Masseklumpen zusammen und kollabierten noch einmal. Gigantische Schwarze Löcher siedelten, umgeben von Trümmern, entlang von Verwerfungslinien, die vielleicht schon in den ersten Mikrosekunden entstanden waren. Die lange Ära der Galaxiengeburt endete mit aufglimmenden Quasaren, als sich glitzernde Räder aus Sternen um Schwarze Löcher herum anordneten und den bei der Schöpfung angefallenen Schutt in eine Form brachten. Die Bühne war frei für eine langsamere chemische und für die biologische Evolution.

Ungefähr zu der Zeit, als der Artikel *An Unbound Universe?* erschien, ging Schramm, gerade achtundzwanzig, als Lehrbeauftragter an die University of Chicago. Seine Liebesaffäre mit der Teilchenphysik und dem seltsamen Neutrino, das im Leben der Kosmologen noch eine wichtige Rolle spielen sollte, begann. Im Zoo der Elementarteilchen, die man nach dem Krieg entdeckt hatte, stellten die Neutrinos eine besonders exotische Art dar. Sie entstanden bei radioaktivem Zerfall, hatten vermutlich weder Ladung noch Masse und flogen mit Lichtgeschwindigkeit davon. Ihre einzige Wechselwirkung mit der Welt erfolgte durch die sogenannte »schwache« Kraft, die für einige Arten des radioaktiven Zerfalls verantwortlich ist. Die schwache Kraft ist so schwach, daß ein einzelnes Neutrino theoretisch unbehelligt durch achtzig Milliarden Kilometer Wasser hindurchsausen kann. Sterne oder die Erde sind für Neutrinos durchlässig. In einem Stern wie unserer Sonne entstehen sie in jeder Sekunde zu Billionen; eine große Menge stammt noch aus dem Urknall, aber dieser konstante kosmische Regen bleibt unsichtbar. Neutrinos sind die Geisterreiter des Universums. Schramm kam mit Neutrinos in Berührung, als er sich mit der Explosion von Supernovae beschäftigte. Einigen Theorien zufolge waren Neutrinos dafür verantwortlich, daß die Sterne auseinanderflogen. Man stellte sich diesen Prozeß folgendermaßen vor: Der Ausbruch einer Supernova begann, wenn ein massereicher Stern seinen Brennstoff aufgezehrt hatte und sein Kern kollabierte. Er schrumpfte in ungefähr einer Sekunde von einer Kugel aus Eisen, so groß wie die Erde, auf die Größe einer mittleren Stadt zusammen. Die gesamte frei werdende Energie aus dieser Implosion wurde in Form von Neutrinos abgestrahlt. Wenn die Protonen und Neutronen in einem solchen schrumpfenden Stern zusammengedrängt wurden, entstanden Neutrinos in einer Größenordnung von 10^{53} Stück. Diese Menge hatte es in sich. Wenn die Neutrinos aus dem kompakten Zentrum ausströmten, übten sie trotz ihrer scheinbaren Gleichgültigkeit gegenüber anderer Materie so viel Druck auf die äußeren Schichten des Sterns aus, daß sie in einer gewaltigen Explosion in den Raum geschleudert wurden.

Der Erfolg dieses Szenarios hing von einer »schwachen« Wechselwirkung ab, den sogenannten neutralen Strömen. Sie wurden von neuen Theorien der schwachen Kraft behauptet, waren aber noch nie beobachtet worden. Ohne neutrale Ströme hatten Neutrinos nicht genug Schwung, um den Stern auseinanderzusprengen. Und die Theoretiker konnten die Explosion von Sternen ohne diese Ströme nicht befriedigend erklären.

Schramm vertiefte sich in die Erforschung der neutralen Ströme und der schwachen Kraft. »Wegen der neutralen Ströme kam ich in Kontakt mit Teilchenphysikern«, erzählte er. Bald pendelte er auf der Suche nach Informationen zwischen beiden Disziplinen hin und her. »Bei den Astronomen war ich der Experte für Teilchenphysik«, lachte er.

Die Leidenschaft für die Neutrinos und den Urknall führten Schramm zu einer Grundfrage der Physik: Wie viele Arten von Elementarteilchen existieren? Und er vermutete, daß er die Lösung in der Kosmologie finden würde. Neutrinos gaben Aufschluß über die sich rasch vermehrende Familie der Materieteilchen. Neutronen (die außerhalb des Atomkerns instabil sind) zerfallen normalerweise in ein Elektron und ein Proton. Mit dem Elektron geht auch ein Neutrino ab. Allerdings geschieht es bei jedem siebentausendsten Mal, daß beim Neutronenzerfall statt eines Elektrons ein Myon herauskommt. Das Myon ist wie das Elektron negativ geladen, hat aber zweihundertmal mehr Masse, weshalb es scherzhaft oft als Elektron mit Gewichtsproblemen bezeichnet wird. Myonen waren erstmals in kosmischer Strahlung entdeckt worden. Die Physiker staunten.»Wer hat denn die bestellt?« soll Nobelpreisträger Isidor Isaac Rabi von der Columbia University dazu bemerkt haben. Myonen hatten in der Schöpfung anscheinend nichts verloren, sie waren sozusagen Ausschuß.

Auch das Myon wird von einem Neutrino begleitet, allerdings von einer anderen Sorte als das Elektron. Als wolle dieses Neutrino daran erinnern, daß es mit einem Myon entstanden ist, verschmäht es bei folgenden Wechselwirkungen normale Materie und tritt ausschließlich mit Myonen in Wechselwirkung; man nannte es deshalb das Myon-Neutrino. Es bildet mit dem Myon offenbar eine zweite Art Materie. Als das Tau, ein noch schwereres elektronenartiges Teilchen, entdeckt wurde, nahmen die Physiker an, daß es von einem dritten Neutrino, dem Tau-Neutrino, begleitet würde.

Damit hatte man drei Arten von Teilchen. Eine Art bildete die Materie, wie wir sie kennen. Aber woraus bestanden die anderen? Nach kühneren physikalischen Theorien gab es einen Zusammenhang zwischen der Anzahl der Typen von Neutrinos und der Anzahl von Quarks, die als Bausteine der Protonen und Neutronen galten.

Im Frühjahr 1976 besuchte Jim Gunn Schramm in Chicago.

Gunn war ebenfalls fasziniert von den Neutrinos und hatte sich theoretisch mit ihnen befaßt. Die beiden kritzelten alle möglichen Gleichungen zum Urknall an die Tafel, und dabei fiel ihnen etwas auf: Aus den Gleichungen ergab sich ein Faktor für die Anzahl der Neutrinotypen. Je mehr Arten Neutrinos im Universum existierten, desto mehr Helium war entstanden. Schramm und Gunn kamen darauf, daß man die Gleichungen auch umkehren konnte. Wenn man wußte, wieviel Helium beim Urknall entstanden war, konnte man ausrechnen, wie viele Arten von Neutrinos und damit Familien von Elementarteilchen es gab. Wenn das Universum zu 25 Prozent aus Helium bestand, dann gab es höchstens sieben Arten. Und das bedeutete: Auch wenn die Physiker immer größere und leistungsfähigere Teilchenbeschleuniger bauten, eines Tages war ihre Suche nach neuen Teilchen doch zu Ende.

Eine scharfsinnige Überlegung. Im Urknall hatte es von Neutrinos und anderen Teilchen gewimmelt. Neutrinos waren von Natur aus etwas Besonderes und konnten an der Kernsynthese nicht direkt teilhaben, aber ihre Anzahl hatte eine indirekte Wirkung. Sie waren theoretisch masselos, bewegten sich aber mit Lichtgeschwindigkeit und hatten somit Energie. Sie trugen zur Dichte der Masseenergie des Universums bei. Je mehr Neutrinos es gab, desto größer war die Masseenergie und desto dichter das All. Je dichter das All war, desto mehr Helium entstand. Umgekehrt hieß dies, daß es um so weniger Arten von Neutrinos gab, je weniger Helium im Universum vorhanden war.

Schramm und Gunn schrieben die Rohfassung für einen Aufsatz. Sie zeigten, daß die Kosmologie die Königin der Naturwissenschaften, die Teilchenphysik, in ihre Schranken verweisen konnte. Der Zufall wollte es, daß Schramm zu einem Sommerseminar zur Kernsynthese des Urknalls nach Aspen eingeladen war. Dort ging er zu Gary Steigman, dem Organisator der Tagung, und zeigte ihm seinen Artikel zu den Neutrinos. Steigman zog daraufhin einen eigenen Artikel hervor. Er kam darin zum selben Schluß.

Steigman und Schramm waren verwandte Seelen. Der große sportliche Steigman, der gelocktes Haar hatte und wie ein Filmstar lächelte, war wie Schramm ein robustes Stadtkind. Er stammte aus der Bronx, war nahe dem *Yankee Stadium* aufgewachsen und hatte einmal auf die Aufnahmeprüfungen für die berühmte Bronx High School of Science verzichtet, weil er als »normal« gelten wollte. Dann hatte er doch studiert, und zwar Physik am City College of New York, an der Cornell University und an der New York University.

Zur Astrophysik war er gekommen, als ihm sein Professor an der New York University vorgeschlagen hatte, sich mit der Frage zu befassen, warum das Universum offenbar nur aus Materie und nicht aus Antimaterie besteht. Alle Gesetze der Physik lehrten, daß Materie und Antimaterie zur gleichen Zeit und in gleichen Mengen entstanden und zusammen untergingen. Folglich mußte es im Universum entweder riesige Mengen Antimaterie geben – vielleicht Galaxien aus Antimaterie –, oder sämtliche Materie und Antimaterie hatten sich beim Urknall wieder gegenseitig vernichtet. Da das Universum nicht aus nichts bestand, schied die zweite Möglichkeit eindeutig aus. Was war aus der Antimaterie geworden? Gab es einen Überschuß an Materie im Universum? Steigman löste das Problem nie, aber er dachte darüber nach und setzte sich theoretisch mit der Frage auseinander. Er wurde zu einem Experten auf dem Gebiet des Urknalls und einem frühen Verfechter des Gedankens, daß zwischen Teilchenphysik und Kosmologie ein Zusammenhang bestand.

Nach dem Studienabschluß 1968 verbrachte er einige Zeit an Hoyles Institut in Cambridge. Dort lernte er eines Abends Willy Fowler kennen. Bei einem Trinkgelage diskutierten sie leidenschaftlich über Physik. Am nächsten Tag war Fowler von Steigmans Meinung überzeugt. Er ließ Steigman zu sich rufen und lud ihn nachdrücklich ans Caltech ein. Steigman sagte zu. Er teilte das Arbeitszimmer mit dem fröhlichen Hünen David Schramm, Fowlers Schüler. Schramm war mit den einzelnen kernsynthetischen Reaktionen befaßt, die das Leben der Sterne ausmachten und einzelne Momente in der Entwicklung des Universums bestimmt hatten. Schramm und Steigman wurden Freunde, arbeiteten aber nicht zusammen. Nachdem Steigman Kalifornien den Rücken gekehrt hatte, führte er ein unstetes Leben. Fünf Jahre verbrachte er in Yale. Er unterlag bei der Vergabe einer festen Anstellung gegen Beatrice Tinsley und landete bei der Bartol Research Foundation an der University of Delaware. Jeden Sommer fuhr er ins Aspen Center for Physics, lange Zeit ein regelmäßiger Treffpunkt für die Theoretiker der Teilchenphysik des Caltech. Steigman lud Schramm mehrmals nach Aspen ein. Schramm erschien schließlich zu Steigmans Workshop zur Kernsynthese. Steigman war bei der Vorbereitung der Tagung, als er Berechnungen zum Urknall angestellt hatte, auf die erstaunliche Entdeckung gestoßen, daß man aus der Häufigkeit des Heliums im Universum auf die Anzahl der Arten von Neutrinos schließen konnte. Die Frage, wie viele Familien von Elementarteilchen es gab, schien dem »Halbastrophysiker«, wie ihn der renommierte theoretische Physiker Murray Gell-Mann nannte, ein lohnenswertes Rätsel. Steigman und Schramm schrieben gemeinsam einen Aufsatz und nannten Gunn als Mitautor. Sie schickten ihn an die *Physical Review Letters*. Die Herausgeber lehnten ihn mit der Begründung ab, er sei zwar korrekt, aber belanglos. Die Behauptung, es könne nicht mehr als sieben Familien von Elementarteilchen geben, mochte zutreffen, auf jeden Fall konnte man sie nicht widerlegen, da nur drei Familien bekannt waren. Der Artikel wurde 1978 in der Zeitschrift *Physics Letters* veröffentlicht. Schramm und Steigman betrachteten die Angelegenheit von Anfang an als mögliche Fahrkarte nach Stockholm und als einen Brückenkopf, über den Kosmologen in die Teilchenphysik kamen. Besonders Schramm versuchte in einem aggressiven Feldzug, die Welt von der Bedeutung ihrer Entdeckung zu überzeugen.

Der Titel »Dekan des Fachbereichs« klingt eindrucksvoll, ist aber mit viel lästiger Verwaltungsarbeit verbunden, so daß für Forschung und Lehre wenig Zeit bleibt. Wie an vielen Hochschulen teilten sich die Mitglieder der Fakultät an der University of Chicago das Amt nach einem Rotationssystem. Als 1977 ein alter Astrophysiker an die Reihe kam und das Amt ablehnte, wurde Schramm amtierender Dekan des Fachbereichs Astronomie.

Schramm erwies sich als energischer Interessenvertreter der Universität. Als erstes versuchte der neue Dekan einen dicken Coup bei der NASA zu landen. Die Raumfahrtsgesellschaft hatte 1976 Pläne zum Bau eines 2,4-Meter-Raumteleskops bewilligt. Das Teleskop sollte über der störenden Atmosphäre stationiert, mit der Technik von Spionagesatelliten ausgerüstet und von Astronauten im Raum bedient und gewartet werden. Es war das größte wissenschaftliche Projekt der NASA und das spektakulärste in der Astronomie seit dem Bau des 5-Meter-Teleskops. Betrieben werden sollte das Teleskop von einem Space Telescope Science Institute, das die Beobachtungszeit verteilte und Daten weitergab. Die NASA holte bei den Universitäten Vorschläge ein, wie ein solches Institut aufgebaut und ausgestattet werden könnte. Der Gewinner des Wettbewerbs würde für die nächsten zwanzig Jahre das Zentrum der Astrophysik sein. Schramm nahm die Herausforderung an. Weit draußen westlich der Stadt lag das Fermi National Accelerator Laboratory. Gemeinsam mit dem Leiter Leon Lederman, der meist im Hintergrund agierte, lancierte Schramm eine Kampagne für Chicago als Standort für das Institut zum Betrieb des Raumteleskops. Nach ihren Plänen sollte es auf den großen unbebauten Flächen des Fermilabs entstehen und damit die Verbindungen zwischen Kosmologie und Teilchenphysik symbolisch ausdrücken.

Schramms Erfahrungen mit der Politik waren ebenso interessant wie desillusionierend. »Das politische System funktioniert keineswegs so wie im Lehrbuch für Gemeinschaftskunde an der High-School«, sagte er später kopfschüttelnd. In Washington versuchte er, Kongreßabgeordnete aus Illinois für die Sache zu gewinnen. Wie Lederman und andere führende Wissenschaftler aus der Teilchenphysik kannte er sich im Räderwerk der Politmaschinerie von Chicago bald gut aus. Sie verloren das Rennen an die Johns Hopkins University. Schramm ließ sich etwas Neues einfallen. Bei einer Tagung im Sommer in Europa nahm er sich Zeit und ging mit Lederman in den italienischen Dolomiten auf Bergwanderung.»Wir hatten ausgemacht, uns um die Mittagszeit unter der Uhr am Bahnhof zu treffen. Wir erschienen mit Frau und Freundin.« An einer Felswand hörte Lederman Schramm zu, der über die Beziehungen der Teilchenphysik zur Kosmologie sprach.»Sollten wir nicht«, fragte Schramm,»auf Dauer eine Gruppe von Kosmologen ins Fermilab holen?«

Lederman fand die Idee ausgezeichnet. Noch am selben Tag machte Schramm der NASA schriftlich einen entsprechenden Vorschlag. 1982, ein Jahr später, zog er für zwei Jahre ins Fermilab und baute eine hauseigene Gruppe von Kosmologen auf. Er kaufte Land direkt am Reservat, hatte Pläne für ein großes Haus aus Glas und Stein und traf sich regelmäßig mit Ledermans Sekretärin Judy. Er und Judy heirateten schließlich in Aspen, dem Sommertreff der Kosmologen.

Eine Gruppe von Kosmologen im Fermilab unterzubringen war ein Glaubensakt. Der leistungsfähigste Teilchenbeschleuniger der Welt stand damals im Europäischen Kernforschungszentrum (CERN) bei Genf. Dort wurden Protonen und Antiprotonen mit Energien von zusammen zweihundert Milliarden Elektronenvolt aufeinandergeschossen. Um aufzuholen, rüstete man das Fermilab so um, daß es eine Höchstleistung von fast einer Billion Elektronenvolt erbringen konnte. Das war die Energie eines typischen Elementarteilchens im Universum, als es erst eine millionstel Millionstelsekunde alt war.

Was bei diesen planmäßig vorbereiteten Kollisionen von Materie und Antimaterie unter der Prärie geschah, war ein modernes Wunder. Ein Teilchen verhält sich zu seinem Antiteilchen wie ein Hügel zu einem Loch: Wenn man sie zusammenbringt, verschwinden beide, sie verwandeln sich in reine Energie. Diese Energie, die in einem kleinen, schnell wieder verschwindenden Feuerball besteht, kondensiert und nimmt sämtliche Formen an, die nach den Gesetzen der Physik zulässig sind, immer in Paaren, und jedes Paar addiert sich zu null. Carlo Rubbia, ein charismatischer italienischer Physiker, rasanter Autofahrer und Herr über die CERN-Ringe, beschrieb den ganzen Prozeß als Crash zweier Autos. Aber während im normalen Leben beim Zusammenprall viel wertloser Schrott herauskommt, erhielt man in der Teilchenpysik im Laufe der Zeit zwanzig neue Teilchen. Je mehr Energie man aufbrachte, desto massereichere Teilchen entstanden. Es waren Teilchen, wie es sie zuletzt im Universum bei entsprechend hohen Temperaturen gegeben hatte. Nach diesem Prinzip hatte der Teilchenbeschleuniger Gottes funktioniert, der Urknall.

Wenn zwei Teilchen, ein Proton und ein Antiproton zum Beispiel, in einem Augenblick von nicht mehr meßbarer Dauer kollidieren, gibt das einen Feuerball der reinen Wahrscheinlichkeit, ein Stück Urknall von ungefähr einer billionstel Sekunde. Welche Gesetze in dieser fernen Zeit geherrscht, welche Formen von Materie und Energie es damals gegeben hatte, dem wurde jetzt unter der Prärie von Illinois nachgespürt. Dabei kehrten Arten von Energie und Materie wieder, die weniger Spuren hinterlassen hatten als die Dinosaurier, aber mit ihrem kurzen Auftritt hatten sie doch das Universum geformt.

Auf solche Erscheinungen wartete Schramm, er hatte sie vorhergesagt. Im elften Stock des Fermilab-Hochhauses brachte er eine Gruppe von Kosmologen unter. Ihr draufgängerischer, sportlicher, lebenslustiger und respektloser Stil war ebenso unkonventionell wie ihr Fach. Steigman, der noch immer mit Schramm zusammenarbeitete, blieb in der Nähe wie eine Art Satellit.

Als einen der ersten holte Schramm den Stanford-Absolventen Michael Turner nach Chicago. Turner war der Sohn eines Kieferorthopäden aus Beverly Hills, zu seinem Lebensstil gehörten

Autofahren und Surfen. Er hatte zunächst am Caltech studiert und dann die höheren Semester an der Stanford University absolviert. Turner blickte sein Gegenüber aus eindringlichen, hervorquellenden Augen unter einer hohen, knochigen Stirn an, er hatte eine Nase wie Nixon und einen breiten, stets zum Lachen bereiten Mund. Seine braunen Haare wuchsen zuweilen bis auf Schulterlänge, manchmal trug er einen Vollbart oder Oberlippenbart. Er zog sich gern ausgefallen an. Mir saß er einmal in seinem Arbeitszimmer in Turnhemd, Shorts und Gesundheitssandalen gegenüber. Trotz seines Humors und seiner Gemütsruhe betrieb er die Physik mit großem Ernst.

Turner war ein Schüler von Wagoner. Schramm hatte ihn bei einem Besuch an der Stanford University kennengelernt und war beeindruckt gewesen von seiner Intelligenz. Turner steckte damals allerdings in einer Krise, er schwankte zwischen Teilchenphysik und Astrophysik. Seine Promotion zog sich über sieben Jahre hin, die Dissertation schrieb er über die allgemeine Relativitätstheorie. Er wußte nicht, ob er in der Forschung bleiben oder sich an einer kleinen Schule bewerben sollte. Schramm holte ihn nach der Promotion nach Chicago. Turner stürzte sich in die Forschung zur Kernsynthese und lebte auf. Den kalifornischen Lebensstil nahm er mit in den Mittleren Westen.

Im Jahre 1981 fand am Institute for Theoretical Physics auf dem Gelände der University of California in Santa Barbara ein sechsmonatiges Seminar zur Teilchenphysik und Kosmologie statt. Turner reiste hin, ließ sich einen Bart wachsen und lernte den Physiker und Kosmologen Edward »Rocky« Kolb aus Los Alamos kennen. Kolb, aufgewachsen in New Orleans, hatte den Spitznamen bekommen, weil er wegen Handgreiflichkeiten aus der Basketballmannschaft geflogen war. Mit seinem trockenen sarkastischen Humor paßte er zu Turner, sie verstanden sich auf Anhieb. Als Schramm am Ende des Seminars eine Woche in Santa Barbara zu Besuch war, kam auch er mit Kolb ins Gespräch. Kolb hatte sich im Graduiertenstudium mit Berechnungen zum Urknall beschäftigt. Zu der Zeit war Schramm noch in

Texas gewesen. Nun machte Schramm Kolb zum Leiter der entstehenden Kosmologengruppe im Fermilab. Turner, der inzwischen einen Lehrauftrag hatte, pendelte zwischen Universität und Fermilab hin und her.

Kolb und Turner wurden ein gutes Team. Dauernd saß der eine im Arbeitszimmer des anderen, in der Forschung waren sie genauso auf einer Wellenlänge, wie was ihren Humor betraf. Ausgefallene T-Shirts wurden bald ihr Markenzeichen auf den Kosmologenkongressen. Unter Kollegen galten Turner und Kolb als schnell, wenn nicht voreilig. Wenn eine vielversprechende neue Theorie auftauchte oder unverhofft eine Entdeckung vermeldet wurde, brachten sie als erste einen Aufsatz über die kosmologischen Konsequenzen heraus.

Jeden Montagnachmittag trafen sich die Kosmologen aus Chicago und vom Fermilab in Turners Haus neben dem Fermilab. Sie diskutierten physikalische Probleme im Hobbyraum im Untergeschoß und brieten Hamburger und Fisch in der Garage. Unter den graduierten Studenten in Chicago schien es mehr Frauen zu geben als anderswo. Ich hatte immer mehr den Eindruck, daß Chicago unter den Universitäten eine Vorreiterrolle in der Astrophysik spielte.

Manchmal benahmen sich die Mitarbeiter freilich wie Holzhakker. Astrophysik im Stil von Chicago wurde manchmal ebenso physisch wie geistig gelehrt. Ein typisches Beispiel bot das Texas-Symposium 1986. Das traditionelle Bankett fand im Tanzsaal des Holiday Inn in der City statt. Am Ende flog um den Tisch der Leute aus Chicago das kalte Büffet durch die Luft, belegte Brötchen sausten in hohem Bogen durch die festlich geschmückte Halle. Edward »Rocky« Kolb grinste hämisch und tat sich bei der Wurfaktion besonders hervor. Ein Geschoß pfiff an meinem Ohr vorbei, ein anderes riß Gary Steigman, der ungefähr dreißig Meter von mir entfernt saß, die Brille von der Nase.

Kurz darauf trat Steigman in der Eingangshalle an Kolb heran, packte ihn am Kragen und verlangte eine Entschuldigung. Kolb dachte nicht daran, er schien nicht zu merken, daß es Steigman ernst war, daß er den Vorfall als Beleidigung empfand. Plötzlich wurden die beiden Hünen handgreiflich, die Astronomen um sie herum stoben verschreckt auseinander. Mit Mühe trennte man die Kampfhähne und führte sie weg. Ein paar Minuten später schlenderte Schramm durch die Eingangshalle. Er hörte interessiert zu, als man ihm erzählte, was geschehen war, nickte mitfühlend und gluckste vor unterdrücktem Lachen.

Was hatte dieser chaotische Haufen zur Wissenschaft anderes beizutragen als seinen besonderen Stil? Schramm sagte über die Kosmologen im Fermilab, sie seien die Grenzpolizei zwischen Astronomie und Teilchenphysik. »Unsere wichtigste Aufgabe ist, daß wir die Bereiche in Einklang bringen. Wir haben uns der Sache rasch angenommen, aber nicht so rasch, daß dummes Zeug dabei herauskommt.«

Nach wie vor liegt ihre große Rolle darin, daß sie sich für die Berechnungen zur Kernsynthese im Urknall einsetzten. Dank der Berechnungen können die Kosmologen den Physikern sagen, wie viele Arten von Neutrinos es im Universum gibt. »Wir haben zu dem Thema viel geschrieben und uns sehr gut profiliert«, meinte Schramm. »Die Leute versuchen immer, uns eine Schlappe beizubringen. Aber bis jetzt hat das einfach nicht geklappt.«

Mitte der achtziger Jahre stellte sich dank ständig verfeinerter Beobachtungsmethoden heraus, daß primordiales Helium nur etwa 23 Prozent des Universums ausmacht. Nach den Modellen des Urknalls blieb damit nur Raum für drei – höchstens vier – Arten von Neutrinos. Schramm und Steigman wurden für den Nobelpreis nominiert.

Wenn sie recht hatten, waren die Physiker der Wahrheit schon sehr nahe gekommen. Drei Neutrinos, das Elektron-, Myon- und Tau-Neutrino, hatte man bereits entdeckt, es blieb höchstens noch eines übrig. Und es waren noch sehr viele – oder auch gar nicht so viele – Elementarteilchen zu entdecken.

Die Kosmologie florierte. Sie konnte die Entwicklung des Universums genau bis zurück zu einer hundertstel Sekunde nach dem Urknall beschreiben und das Verlöschen der Galaxien in einer Billion Jahren vorhersagen. Die Ergebnisse waren eindrucksvoll,»ein Triumph«, wie Peebles gerne sagte. Aber die Disziplin war nicht perfekt. Lange Zeit hatten Peebles und Dicke sich mit Problemen, fast Paradoxa des expandierenden Universums herumschlagen müssen, jener Art von Schwierigkeiten, über die Physiker beim Essen reden, über die sie aber nie schreiben. Peebles war von Dicke darauf gestoßen worden. »Diese Schwierigkeiten gehören zu meinen frühesten Erinnerungen«, meinte Peebles. »Ich kann mich kaum entsinnen, daß sie mir und Bob Dicke einmal nicht Kopfzerbrechen bereitet hätten.« Je weiter die Kosmologie fortschritt, desto augenfälliger wurden die Rätsel. Und noch immer fehlte die Lösung.

Als 1979 Albert Einsteins hundertster Geburtstag mit etlichen Seminaren und Publikationen gefeiert wurde, sahen Dicke und Peebles eine einmalige Chance und gingen an die Öffentlichkeit. Sie schrieben einen Artikel mit der Überschrift »Die Kosmologie des Urknalls – Rätsel und Patentrezepte«. Der Ton war ziemlich respektlos: »Die meisten der diskutierten Rätsel und Patentrezepte lassen sich auf irgendeine Art bis zu den lebhaften Diskussionen in den dreißiger Jahren zurückverfolgen, bevor die physikalische Kosmologie durch lauter Wahrheiten erdrückt wurde«, schrieben sie.

Das erste Rätsel gab die Gleichförmigkeit des Universums auf. Daß das Weltall gleichförmig war, stand außer Frage. Hubble hatte entdeckt, daß sich in alle Richtungen Galaxien wie Staub ausbreiteten, man mußte nur weit genug ins All hinausblicken. Die Galaxien bestanden aus denselben Atomen mit denselben Abmessungen, folgten denselben Gesetzen und bildeten auf höchster Ebene ein gleichförmiges, glattes Ganzes, das sich nach Sandage gleichmäßig ausdehnte. Noch auffälliger war, daß die kosmische Hintergrundstrahlung, das Echo des Urknalls, in alle Richtungen auf ein tausendstel Grad genau die gleiche Temperatur hatte.

Homogenität war schön, ohne sie wäre die Kosmologie nicht

möglich. Die Frage lautete, wieso das Universum so vollkommen homogen geworden war. Gewichtige Gründe sprachen nämlich dagegen, daß es schon homogen entstanden war: In der Natur fangen die Dinge normalerweise als Durcheinander an und kommen dann ins Gleichgewicht, wie Kaffee und Sahne zunächst heiß und schwarz beziehungsweise kalt und weiß sind und dann in einer Tasse zu einer warmen braunen Flüssigkeit werden. Der Prozeß des Ausgleichs hängt vom Austausch von Energie in heterogenen Körpern oder Gebieten ab: Die Hitze geht vom Heißen zum Kalten. Allerdings kann sich Hitze wie alles im Universum nicht schneller als mit Lichtgeschwindigkeit vorwärts bewegen. Und da lag das Problem.

Die Mikrowellen, die man von entgegengesetzten Seiten des Himmels empfing, kamen von so weit auseinanderliegenden Teilen des Universums, daß ein Signal seit dem Anfang des Universums nicht einmal bei Lichtgeschwindigkeit genug Zeit gehabt hätte, um von einem zum anderen zu fliegen und ihre Eigenschaften gleichzuschalten. Die Kosmologen mußten folglich annehmen, daß das Universum bereits von Anfang an vollkommen homogen gewesen war.

Das andere Rätsel hatte mit der ominösen Zahl Omega zu tun, dem Verhältnis der Dichte der Masse und Energie zur kritischen Dichte des Universums. Omega entschied, ob das Universum offen oder geschlossen war. Mathematisch, so erklärten Dicke und Peebles, stand das Universum auf des Messers Schneide zwischen Kollaps und endloser Expansion, zwischen zwei verschiedenen Arten der Krümmung. In der Mitte war die ideale Lösung mit Omega gleich eins und dem geometrisch flachen Raum. Nach den Friedmannschen Gleichungen hätte sich jede noch so leichte Abweichung von der vollkommenen Flachheit am Anfang der Zeit zu einem Monster ausgewachsen, das Universum hätte sich bis heute eingerollt wie ein dürres Blatt. Wenn Omega nur ein wenig kleiner gewesen war als eins, war es rasch unendlich klein geworden, wenn es ein wenig größer war, mußte es riesig groß geworden sein.

Nach ihren Beobachtungen hatten Sandage und Gunn das heutige Omega auf einen Wert von einem Zehntel geschätzt, und damit war man von einem flachen Universum offenbar sehr weit entfernt. Aber damit Omega heute immerhin noch so nah an eins war, errechneten Peebles und Dicke, mußte es am Anfang des Universums von eins praktisch nicht zu unterscheiden gewesen sein. Es mußte sich genau in der Schwebe zwischen Kollaps und Expansion befunden haben.

Der Unterschied zwischen diesem und einem völlig flachen Universum war bei der Entstehung des Weltalls so gering, daß viele Theoretiker, einschließlich Einstein, auf ein de facto flaches Universum geschlossen hatten. Omega war demnach trotz der zugegebenermaßen ungünstigen astronomischen Ergebnisse schon immer eins gewesen.

Dicke und Peebles wiesen darauf hin, daß dieses fragile Gleichgewicht nicht nur für das Universum als Ganzes gelten mußte, sondern auch für jedes seiner Teile. »Sonst«, schrieben sie, »liefe das Universum Amok ... Die Sache muß sehr sorgfälig reguliert sein, damit wir nicht auf der Südhalbkugel dem großräumigen Kollaps entgegengehen und auf der Nordhalbkugel einer allgemeinen weiteren Expansion.« Woher hatte das Universum sein perfektes, unwahrscheinliches Gleichgewicht? Peebles und Dicke nannten dies das Problem der Flachheit.

Beide waren etwas überrascht über die Aufmerksamkeit, die man ihrem Artikel entgegenbrachte. Bewußt oder unbewußt hatten die Kosmologen ihre Kollegen in Bedrängnis gebracht. Die offenkundigsten Fragen sind in der Wissenschaft immer die schwierigsten – zu entdecken und zu lösen. Warum ist das Universum so, wie es ist? Sie hatten einen neuen Anstoß gegeben, die Kollegen herausgefordert und daran erinnert, daß man keine Eigenschaft des Universums, wie offensichtlich sie auch war, als gegeben hinnehmen durfte. Es reichte nicht mehr zu beschreiben, wie das Universum war; die Kosmologie hatte die Aufgabe, nach dem Warum zu fragen.

Das Fermilab feierte seine neue Kosmologengruppe mit einem einwöchigen Arbeitstreffen zu dem Thema *Vom Atom ins Weltall*. Astronomen – darunter Tammann, nicht aber Sandage –, Kosmologen und Teilchenphysiker nahmen daran teil. Turner, der Sandalen, ein bedrucktes T-Shirt, ein Flanellhemd und eine Mütze des Baseballclubs von Chicago trug, läutete die einzelnen Sitzungen mit einer Kuhglocke ein.

Vor der Tagung hatten die Teilnehmer Material zugeschickt bekommen, Kolb und Turner hatten noch einen Führer durch das Fermilab beigefügt, der es als Erlebnispark Fermiland beschrieb. Eine Karte wies Attraktionen aus wie das (noch nicht existierende) Space Telescope Science Institute, Schramms nie gebautes Haus und eine tatsächlich vorhandene Büffelranch. Mir kam der Gedanke, daß die Karte einen tieferen Sinn hatte. Die Kosmologie war tatsächlich so etwas wie ein Erlebnispark. Zwar trafen sich die Tagungsteilnehmer in den physischen Grenzen des Fermilabs, doch ging es bei der Tagung um einen Raum, den man mit Fermiland umschreiben konnte. Das Fermilab war ein Laboratorium, in dem Physiker nach den Bestandteilen der Materie und den Gesetzen suchten, die sie beherrschten. Fermiland war ein Bewußtseinszustand, in dem man Antworten auf die bedeutendsten Fragen über das Universum finden konnte: Warum es Materie, Galaxien, das expandierende Dunkel und vielleicht überhaupt ein Universum gab. Man fand Antworten in der Beziehung von Quantenteilchen zu einer Zeit, als das Universum die Größe einer Grapefruit gehabt hatte und sein Inhalt vor unglaublichen und nicht mehr nachvollziehbaren Energiemengen strotzte.

Am ersten Freitag im Mai 1984 hielt nach einer Woche kühlem Regen der Frühling Einzug im Fermilab. Um Mittag strömten zweihundert Physiker und Astronomen, die Creme der amerikanischen Gemeinde der Kosmologen, aus dem Hochhaus auf das Forschungsgelände hinaus und rannten um die Wette. Schramm lief nicht mit. Mit jahrelangem Footballspielen und Ringkämpfen hatte er sich die Knie ruiniert. Er blickte mit altväterlichem Lächeln auf die lärmende Menschenmenge, die sich wie der expandierende Weltraum über das Gelände ausbreitete.

Als Turner die Kuhglocke schwang, gingen wir alle wieder hinein.

12. Der Triumph der Schönheit

Der großen Erkenntnis, der Erklärung, wie das Universum sich praktisch aus dem Nichts hatte entfalten und reibungslos und unvermeidlich zu jener Realität entwickeln können, wie die Astronomen sie heute sehen, kam im Jahr 1979 ein Mann näher als je ein anderer vor ihm. Der Name dieses Mannes war Allan Guth, ein damals zweiunddreißigjähriger promovierter Physiker, Absolvent der Cornell University, und jetzt als Forschungsassistent in Stanford tätig. Er war theoretischer Teilchenphysiker und hatte eine ausgesprochene Abneigung gegen die Kosmologie. Er führte eine Serie von Berechnungen durch, und die Ergebnisse brachten ihn in Konflikt mit der Kosmologie, ein Konflikt, in dessen Verlauf die Grenzen von Raum und Zeit bis an den Rand der Ewigkeit verschoben wurden. Die von ihm entwickelte Theorie hieß »Inflationstheorie« und besagte, daß das Universum in seiner Frühzeit eine Art hyperexplosive Blase gewesen war. Die Inflationstheorie erklärte, woher das Universum gekommen war, wie und warum es so beschaffen war – flach und von gleichmäßiger Temperatur, doch mit Galaxien übersät –, ja sie erklärte sogar, warum es sich wie ein Ballon ausdehnte und warum diese Frage im Leben der Astronomen nie eine Rolle spielen würde.

Sowohl für Guth als auch für die Kosmologie war das Jahr 1979 ein schicksalhaftes Datum. Wie sich herausstellte, war nicht einmal Sandage immun gegen die Auswirkungen der Inflationstheorie. Guth erging es wie einem Schauspieler, der zwanzig Jahre nur Nebenrollen gespielt und als Kellner gearbeitet hat, bis er über Nacht zum Superstar wird. Ohne sein im Grunde sonniges Gemüt hätte Guth vermutlich als Physiker gar nicht lange genug durchgehalten, um den Durchbruch zu erzielen.

Neun Jahre später saßen wir in Guth' geräumigem Büro am MIT, während draußen ein Schneesturm tobte. An einer Wand lehnte sein Fahrrad, er trug ausgebeulte Khakihosen und Wanderstiefel mit groben Profilsohlen. Guth erzählte, was damals passiert war, sein Redefluß wurde immer wieder von einem nervösen Lachen oder einem breiten Grinsen unterbrochen. Wenn es um Physik ging, legte er äußerste Präzision und Geduld an den Tag, doch sobald er auf sich selbst zu sprechen kam, wurde er sehr vage und einsilbig, als wäre ihm sein Leben viel zu unwichtig, um genauer darauf einzugehen. Wie viele begabte Physiker hat er ein ungemein gutes Gedächtnis; es gelang ihm immer sofort, sich Dinge in Erinnerung zu rufen.

Der Weg zu den Grenzen des Universums begann für Guth in New Jersey. »Guth« ist die Verkürzung eines russisch-jüdischen Namens. Er wurde 1947 in Brunswick als das zweitjüngste Kind in seiner Familie geboren, er hat noch zwei Schwestern. Brunswick liegt am südlichen Ende des ausgedehnten Vorstadtgebiets von New Jersey, das wie eine große Klette an New York City hängt. Mit einem Vollstipendium begann Guth im Herbst 1964 in Cambridge zu studieren, im selben Jahr wie Schramm. Sie hatten beide als Hauptfach Physik belegt und wandten sich beide später der Kosmologie zu, aber trotzdem dauerte es fünfzehn Jahre, bis sich ihre Wege kreuzten und sie einander beeinflußten.

»In meiner Vorstellung wimmelte es am MIT von schlauen Köpfen«, erinnerte sich Guth, »deshalb war ich mir sicher, daß ich in meinem Jahrgang wissenschaftlicher Durchschnitt sein würde. Aber ich rechnete mir gute Chancen aus, Star der Debattiermannschaft und bester Weitspringer zu werden. Na ja, in beiden Fällen habe ich mich getäuscht.«

Was das Studium anbetraf, hatte es Guth am MIT leichter als an der High-School. Alle Kurse waren völlig naturwissenschaftlich und mathematisch orientiert, er mußte nicht mehr so viel Englisch und Geschichte pauken wie an der High-School. Er grenzte seinen Schwerpunkt immer mehr ein: von Physik auf Teilchenphysik und dann auf Theoretische Teilchenphysik, das Studium der Gesetze, denen die Elementarteilchen unterliegen. In den Sommerferien kehrte er jedesmal nach New Jersey zurück und fand gute Jobs, keine Fließbandarbeit. In einem Jahr reduzierte er Daten für einen Soziologen an der Rutgers-Universität, und einen anderen Sommer arbeitete er für die Bell-Laboratorien an Lasern.

Seine erste Bekanntschaft mit echter Wissenschaft machte er bei einem Praktikum am Zyklotron des MIT, einem etwas altertümlichen Teilchenbeschleuniger, der mit Hilfe von Magnetfeldern Teilchen auf neunundneunzig Prozent der Lichtgeschwindigkeit beschleunigte und sie dann auf ein Ziel prallen ließ. Das Zyklotron des MIT paßte im Gegensatz zu den Geräten, die ein Jahrzehnt später Verbreitung fanden, in einen einzigen Raum und konnte von einer einzigen Person bedient werden. Guth untersuchte, wie die Teilchen durch das Ziel abgelenkt wurden; daraus konnte man Rückschlüsse auf die Struktur des Atomkerns ziehen, der sie abgelenkt hatte, und Aussagen über die Kräfte ableiten, die ihn zusammenhielten. »Das war sehr gut für mich. Wenn man noch kein Examen hat und nur Vorlesungen und Seminare besucht, fühlt man sich eben wie ein Student und nicht wie ein Wissenschaftler. Damals habe ich mich zum ersten Mal wie ein Wissenschaftler gefühlt.«

Gegen Ende seines Grundstudiums wechselte Guth in einen fünfjährigen Aufbaustudiengang über, der bis zur Promotion am MIT führte. Als er 1969 seinen Master hatte, erhielt er vom MIT ein Forschungsstipendium in Höhe von viertausend Dollar pro Jahr und einen bezahlten Lehrauftrag, davon konnte er nach den Maßstäben der damaligen Zeit ziemlich gut leben. Zusammen mit einem anderen Studenten mietete er sich eine Wohnung im nahegelegenen Summerville, einer Arbeitersiedlung mit soliden dreistöckigen Häusern.

Mitte der sechziger Jahre befand sich die Physik in einem Zustand, den man als triumphale Unordnung bezeichnen könnte. Einerseits erlebte sie großartige, geradezu hochmütige Kunststücke der Vereinfachungen. Man wußte inzwischen, daß sich die ganze Vielfalt der Natur – Sonnenuntergänge, Wasserfälle, Moskitos und die herrlichen Galaxien – auf das Wechselspiel – oder wie die Physiker es gerne nannten: die Wechselwirkungen – von vier Grundkräften reduzieren ließ.

Zwei dieser Kräfte waren den Menschen schon ein Begriff gewesen, bevor sich die Physik als Wissenschaft etabliert hatte: die Schwerkraft, die in Einsteins Relativitätstheorie als Folge der Raumzeit-Krümmung erklärt wird, und der Elektromagnetismus der für so unterschiedliche Phänomene wie die statische Aufladung bei Kämmen oder Teppichböden und die CBS-Abendnachrichten verantwortlich ist. Einstein hatte die zweite Hälfte seines Lebens damit verbracht, nach einer Theorie zu suchen, die diese beiden Kräfte erklären konnte. Während er sich noch damit herumschlug, hatte die Kernphysik des 20. Jahrhunderts zwei weitere Kräfte entdeckt: die sogenannte starke und die schwache Kernkraft. Die schwache Kraft war für den radioaktiven Zerfall verantwortlich, die starke hielt die Atomkerne zusammen.

Bei Physikern wie Turner klang es oft so, als wären diese Kräfte – oder »Wechselwirkungen« – Sprachen, in denen die Elementarteilchen miteinander kommunizieren. Ein Teil der Vielfalt und der Schwierigkeiten der Physik (und der Kosmologie) rührt daher, daß nicht jedes Teilchen auf jede Kraft reagiert. In der babylonischen Sprachverwirrung der Atome reden nicht alle Partikel in derselben »Sprache«. Das Proton versteht und reagiert auf alle Kräfte, andere, wie das schwer faßbare Neutrino, treten nur mittels der schwachen Kraft mit etwas anderem in Wechselwirkung; sie »sprechen« nicht mit den anderen Kräften und sind taub für die meisten Sprachen um sie herum. Die Teilchenphysiker hatten die Aufgabe herauszufinden, aus welchen Bestandteilen die Materie zusammengesetzt ist und welche Worte sie flüstern – und vielleicht als ehrgeizigstes Ziel, irgendwann einmal eine gemeinsame Basis der verschiedenen Sprachen zu finden.

In den frühen sechziger Jahren erschien der Gedanke, daß man einmal mit ein paar Gleichungen die ganze Physik würde erklären können, noch ziemlich abwegig. Jede der vier Kräfte war in Theorie und Praxis ein kleines Königreich für sich. Das spinnwebenbedeckte Königreich der Schwerkraft war am wenigsten erreichbar – die Effekte der allgemeinen Relativität traten in Größenordnungen auf, die im Labor nicht reproduziert werden konnten. Die anderen drei Kräfte hatten gemeinsam, daß sie innerhalb des Atoms auftraten. Und die Hausordnung im Atom war die Quantenmechanik.

Auch wenn die metaphysischen Grundlagen der Quantenmechanik der Generation ihrer Begründer sehr seltsam erschienen waren, hatte sich ihre Physik inzwischen zu einer reibungslos funktionierenden mathematischen Maschine entwickelt, und Studenten wie Guth lernten, wie man die Maschine bediente. Auf der Quantenebene ging es in der Physik der vier Grundkräfte zu wie bei einem großen, wilden Baseballspiel. Kräfte flogen in Form von kleinen Paketen gebündelter Energiewellen wie Basebälle zwischen den Teilchen hin und her. Die Welt bestand aus Materieteilchen namens Fermionen und aus Energie transportierenden Teilchen namens Bosonen. So war etwa das elektromagnetische Boson – der Träger der elektromagnetischen Strahlung, die wir normalerweise Licht nennen – ein Energiebündel namens Photon.

All dies gehörte zum Gebiet der Teilchenphysik, und das MIT war eine wahre Brutstätte von Teilchenphysikern; Teilchenbeschleuniger waren Seminarthema. Guth und seine Kommilitonen lernten, »wie man das Ding anwirft« und wie man Wellenfunktionen berechnet.

Guth machte seine ersten Erfahrungen als Forscher mit der starken Kraft. Die starke Kraft hält die Atomkerne zusammen, und das ist eine besonders schwere Aufgabe: Ein Atom besteht aus einer Wolke negativ geladener Elektronen, die eine kleine Kugel aus Protonen und Neutronen umgeben. Diese Kugel hat zwar nur ein Zehntel der Größe des Atoms, enthält aber fast seine gesamte Masse (sowohl Protonen als auch Neutronen haben die zweitausendfache Masse von Elektronen). Die starke Kraft muß die gewaltige elektrostatische Abstoßung überwinden, die innerhalb des kleinen, dichten Kerns zwischen den positiv geladenen Protonen besteht.

Einer neuen Theorie zufolge, die in dem Jahr entwickelt wurde, als Guth ans MIT kam, waren Protonen, Neutronen und einige weitere schwere Teilchen, die Mesonen (deren Zahl sich ungeheuer vermehrt hatte), eigentlich gar keine Elementarteilchen, sondern bestanden aus noch kleineren Einheiten. Einer der Väter dieser Theorie, Murray Gell-Mann vom Caltech, nannte sie Quarks nach einer Zeile aus *Finnegan's Wake* von James Joyce. Nach dieser Theorie bestanden die Protonen und Neutronen aus je drei Quarks und die Mesonen aus zwei Quarks. Die Quarks waren mathematisch eine sehr gute Idee, denn nur drei Typen von Quarks – die man auf die schrulligen Namen »up«, »down« und »strange« taufte – konnten einen ganzen Zoo von Elementarteilchen erklären. Die Theorie war jedoch insofern problematisch, als niemand jemals ein einzelnes Quark hatte durch die Welt schwirren sehen. Die Physiker fragten sich, ob die Quarks wirklich existierten oder nur eine bequeme Erfindung waren.

Eine mögliche Erklärung, die am MIT viele Anhänger hatte und die Guth für seine Doktorarbeit übernahm, besagte, daß Quarks eine riesige Masse hätten und durch eine ungeheuer große Kraft aneinandergebunden seien – eine so große Kraft, daß die derzeitigen Beschleuniger noch nicht die Energie hatten, ein Quark von einem Proton abzusprengen. Aber eines Tages ... Guth versuchte, die Struktur von Mesonen zu berechnen. Die Gleichungen konnten nur numerisch mit Näherungsmethoden gelöst werden, Guth mußte sie durch einen Rechner jagen.

Im Jahr 1971, während er noch mit dieser Arbeit beschäftigt war, heiratete er seine High-School-Liebe Susan, die am Douglas College Französisch und dann an der New York University Pädagogik studiert hatte. Im Herbst – Guths Doktorarbeit war noch nicht fertig – zog das junge Paar nach Princeton um, wo Guth ein dreijähriges Postdoc-Forschungsstipendium bekommen hatte. Guth' Promotion fiel genau mit Nixons Sparmaßnahmen zusammen. Die begehrtesten Jobs – Assistenzprofessuren, die in eine feste Anstellung münden konnten – waren damals nicht zu haben. Ein Forschungsstipendium nach der Promotion war eine Art Warteschleife. Man verdiente zwölftausend Dollar im Jahr und bekam ein Zimmer zum Forschen, man hatte also die Chance, in der Wissenschaft Fuß zu fassen und zu zeigen, was man konnte.

Guth ging es in dieser Zeit nicht schlecht. Zwölftausend Dollar waren für ihn eine fürstliche Summe, zusammen mit Susans Lehrergehalt hatten die Guths genug für ein gutbürgerliches Leben. Guth sagte später, das sei in finanzieller Hinsicht die sorgloseste Zeit seines Lebens gewesen. Sie wohnten in einem 2-Zimmer-Apartment, das der Universität gehörte. Und das Geld reichte sogar für einen neuen Buick Skylark.

In Princeton gab es viele große Theoretiker. Guth tat sich dort mit einem anderen promovierten Physiker zusammen, gemeinsam führten sie die Berechnungen zu den Quarks fort. Guth arbeitete anfangs ziemlich isoliert, ein Eigenbrötler, der seine Zeit zwischen seinem Lehrauftrag, dem Abschluß seiner Doktorarbeit und der Vorbereitung ihrer Publikation aufteilte. Wie sich zeigte, hatte diese Selbstisolierung sehr unerfreuliche Folgen.

»Genau in dem Moment, als ich meine Arbeit fertig hatte«, schilderte Guth mit einem wehmütigen Lächeln, »wurde eine neue Theorie über Quarks, die Quantenchromodynamik [abgekürzt QCD], entwickelt. Dabei handelte es sich um eine völlig andere Art, die Quarks zu betrachten, und meine Arbeit war damit sozusagen über Nacht veraltet.« Die QCD versah die Quarks mit einer neuen Eigenschaft, der sogenannten Farbe. Die Quarks konnten in drei »Farben« auftreten – rot, grün oder blau –, und die Farben zogen einander mit einer seltsamen Kraft an, die um so stärker wurde, je weiter die Quarks voneinander entfernt waren. Die Farbkraft wurde von Teilchen übertragen, die man Gluonen nannte. Damit war das Proton zu einem ziemlich betriebsamen Ort geworden: In seinem Inneren waren drei punktartige Quarks wie die Farben eines Regenbogens angeordnet und hüpften in einem Hagel von Gluonen herum wie Drittkläßler auf dem Schulhof.

Einzelne »freie« Quarks konnte man deshalb nicht beobachten, weil die Farbkraft zwischen ihnen sie wie eine Feder zusammenhielt. Wenn man an einem Quark zog, zogen auch die Gluonen immer stärker, bis man so viel Energie aufgebaut hatte, daß die Feder brach. Dabei tauchte ein neues Quark-Antiquark-Paar auf, dessen Enden wieder durch eine Feder verbunden waren. Wenn sie sich dicht beieinander befanden, zogen sich die Quarks überhaupt nicht an, wie ein Paar von Gefangenen, die in einer Zelle aneinandergekettet sind, die kleiner ist als die Länge der Kette.

Guth hätte sich am liebsten in den Hintern gebissen, als er von der QCD hörte, denn ein wichtiger Teil der Arbeit war von Leuten in Princeton geleistet worden, die er kannte. Er hatte nicht darauf geachtet, für ihn war es nur irgendeine weitere Theorie gewesen.

Als seine Zeit in Princeton vorüber war, wurde Guth klar, daß er nicht besonders gut dastand. Er hatte bis jetzt nur seine Doktorarbeit publiziert, und die basierte auf einer obsoleten Theorie über die Quarks. Er mußte wieder »Klinkenputzen« gehen, ein Ritual, das sich alle drei Jahre wiederholte: die Notizen an Schwarzen Brettern studieren, Briefe schreiben und Freunde in den physikalischen Fachbereichen anrufen, unzählige Verbindungen nach allen Richtungen knüpfen. Guth hatte es schwer. Schließlich, gegen Ende der Saison, vermittelte ihm der Leiter des physikalischen Fachbereichs in Princeton ein weiteres dreijähriges Forschungsstipendium an der Columbia University. Im Jahr 1974 holten die Guths tief Luft und zogen nach Manhattan. Damals konnte ein Paar mit relativ bescheidenen Mitteln dort in der West Seventy-sixth Street immerhin ein gerade noch bezahlbares 1-Zimmer-Apartment finden mit einem Zehntel der Wohnfläche eines Reihenhauses und einer Küche von der Größe eines Wandschranks. Heute ist die West Seventy-sixth Street das Königreich der Yuppies. Der Buick blieb in New Jersey. Susan verdiente jetzt weniger, da sie nur einen Teilzeitjob in einer Privatschule bekommen hatte. Trotzdem machte das Leben in New York viel Spaß, sie waren beide große Filmfans. Guth wurde sehr schnell klar, daß er viel aufholen mußte. Der Erfolg der QCD bedeutete, daß in der Quantenphysik eine Revolution stattgefunden hatte. Während die QCD zur herrschenden Theorie der starken Kraft wurde, hatten Theoretiker in Cambridge und anderswo eine neues Verständnis der schwachen Kraft entwickelt, das diese mit der elektromagnetischen vereinheitlichte. Es handelte sich dabei nicht bloß um neue Theorien, sondern um eine ganz neue *Art* von Theorien, die sogenannten Eichtheorien, die aus der anarchischen Ideenvielfalt der fünfziger und sechziger Jahre hervorgegangen waren. Auf einmal sah es so aus, als würde ihnen die Zukunft gehören. Diese Revolution hatte sich mehr oder weniger hinter Guth' Rücken vollzogen. Er hatte am MIT nichts über Eichtheorien gelernt und auch in Princeton hatte er sich nicht dafür interessiert, obwohl Princeton, wie er selber zugab, »die Hauptstadt der Eichtheorien« war. An der Columbia-Universität hatte Guth keinen Lehrauftrag, und er beschloß, sich die neue Art Physik lieber doch noch anzueignen.

Der neuen Physik lag ein uralter Gedanke zugrunde, nämlich das Konzept der Symmetrie. Wer immer einmal in einen Spiegel geblickt, die Form einer Vase bewundert oder an der sechseckigen Struktur einer Schneeflocke Freude gehabt hat, weiß um die Schönheit der Symmetrie. In der Kunst und in der Natur ist etwas symmetrisch, wenn es aus verschiedenen Blickwinkeln oder von verschiedenen Punkten aus gleich aussieht – wie eine Schneeflocke, die man um sechzig Grad dreht. Nun spielt das Prinzip der Symmetrie in der Mathematik und deshalb auch in der Physik eine wichtige Rolle: In der Mathematik ist eine Symmetrie ein Aspekt eines Systems, der gleichbleibt, wenn man das System verändert. So bleibt beispielsweise die Länge eines Pfeils gleich, wenn man ihn dreht oder mit einem Bogen abschießt. Einstein erkannte, daß die Suche nach einer universalen Wahrheit oder einem universalen Gesetz, das unter allen denkbaren Bedingungen und zu allen denkbaren Zeiten gilt – gleichgültig, ob hier oder auf dem Mars, gleichgültig, ob man nach oben oder nach unten blickt, ob man sich vorwärts bewegt, stillsteht oder sich im Kreise dreht, ob die Zeit sich vorwärts oder rückwärts bewegt –, immer auch die Suche nach einer Art Symmetrie ist. Das Gebot, daß die Gesetze der Physik für einen Beobachter, der sich bewegt, gleichermaßen gelten müssen wie für einen Beobachter, der sich nicht bewegt, war die Basis der Relativität.

Wie sich herausstellte, gab es in der Natur und in den Naturgesetzen Symmetrien im Überfluß. Die Sätze von der Erhaltung der Energie und der elektrischen Ladung drücken eine Symmetrie aus: Sie beschreiben Dinge, die bei Veränderungen in der Welt gleichbleiben. Anfang dieses Jahrhunderts vertiefte eine Frau, Emmi Nöther von der Universität Göttingen, diese Einsicht. Sie zeigte, daß überall da, wo in der Natur eine Symmetrie auftritt, etwas erhalten bleibt. Die Suche nach Lösungen für die Gleichungen der Physik war also die Suche nach den mathematischen Symmetrien, die sie verkörperten.

Dieser Gedanke wurde 1954 im Brookhaven National Laboratory auf Long Island am radikalsten formuliert. Zwei Theoretiker, Chen Ning Yang und Robert Mills, entwickelten dort, was man aus dunklen, historischen Gründen später Eichtheorien nennen sollte. Sie zogen den Schluß, daß sämtliche Kraftfelder nur daraus resultieren, daß die Natur bestrebt ist, an jedem Punkt im Raum Symmetrie herzustellen und aufrechtzuerhalten, ähnlich dem Wasser, das immer eine ebene Beschaffenheit annehmen will. Wenn eine rollende Kugel ihren Lauf verlangsamt und an Tempo verliert, so muß das bedeuten, daß eine Kraft –

beispielsweise die Schwerkraft auf einer Steigung – auf sie wirkt. Wenn man versuchte, eine Schneeflocke willkürlich zu verdrehen und zu strecken, dann würde die Natur mit den Kräften von Druck und Zug antworten, um das Gleichgewicht in der Summe aller Größen zu erhalten. Tatsächlich behaupteten Yang und Mills, daß es in der Natur gar nichts anderes gebe als Symmetrie. Für jede Eigenschaft oder Quantenzahl existiere eine Kraft, die diesen Zustand aufrechterhalte, und jede Kraft könne in einem bestimmten mathematischen Raum auf Symmetrie zurückgeführt werden. Letztlich ist Schönheit das Bauprinzip der Natur und die Quelle aller Physik.

Zwanzig Jahre lang war die Yang-Mills-Theorie nur eine unter vielen im Werkzeugkasten der Physiker, bis sie in den sechziger und siebziger Jahren dazu verwendet wurde, zwei der vier Naturkräfte in einer Theorie zu vereinheitlichen.

Diese Theorie wurde von drei Männern entwickelt, die unabhängig voneinander arbeiteten. Guth hatte von der Entwicklung kaum etwas mitbekommen, obwohl zwei der drei Männer – Sheldon Glashow und Steven Weinberg – die Arbeit in Harvard beziehungsweise am MIT geleistet hatten. Die Geschichte von Weinberg und Glashow ist interessant: Sie sind beide in New York aufgewachsen, waren befreundet und während ihrer Zeit an der Bronx High School of Science und an der Cornell University Mitglieder desselben Science-fiction-Clubs, bevor es sie als Graduierte an verschiedene Universitäten verschlug. Zehn Jahre später hatten sie beide eine Theorie ausgearbeitet, die einen Meilenstein in der Geschichte der Physik darstellte und ihnen den Nobelpreis einbrachte. Und sie waren beide in Harvard gelandet. Zwei gegensätzlichere Menschen als Glashow und Weinberg sind kaum vorstellbar: Glashow ist großgewachsen mit silberweißem Haar, redselig und extrovertiert. Er liebt schnelle Autos und Zigarren, die in seinem Mund auf und ab hopsen, wenn er Ideen verströmt wie ein Wasserfall. Weinberg ist rothaarig und introvertiert, hat eine tiefe Baßstimme und wirkt eher düster. Und er schwärmte schon früh für Kosmologie.

Die elektroschwache Theorie, wie sie später genannt wurde, begann 1961 mit Glashow. Vor dieser Zeit waren alle Versuche gescheitert, eine Theorie der schwachen Kraft zu entwickeln. Glashow meinte, daß dies gelingen könnte, wenn man die schwache und die elektromagnetische Kraft in einer Theorie kombinierte. Die Theorie des Elektromagnetismus folgte ihrem eigenen Symmetrieprinzip, aber wenn die elektromagnetische der schwachen Kraft gegenübergestellt wurde, ergab sich eine tiefere, natürliche Symmetrie. Die beiden Kräfte ergänzten einander, sie waren beide Manifestationen derselben zugrundeliegenden Kraft oder Symmetrie.

Die Theorie war brillant, aber sie hatte einen Haken: Glashow hatte die Photonen – die Bosonen, die das Licht transportieren – und die sogenannten W-Teilchen – die Bosonen, die die schwache Kraft vermitteln – zu Bruderteilchen gemacht. Die Schwierigkeit dabei war jedoch, daß die Photonen keine Masse hatten und sich mit Lichtgeschwindigkeit bewegten, während man von den W-Teilchen annahm, daß sie eine gewaltige Masse hatten, nämlich etwa hundert Milliarden Elektronenvolt.* Dieses Verhältnis wirkte alles andere als symmetrisch. Glashow hatte keine Erklärung dafür, was mit seiner wunderschönen Bruderschaft der elektroschwachen Bosonen nicht stimmte, warum die einen Masse hatten und die anderen nicht.

Aus diesem Grund führte Glashows Theorie fast ein Jahrzehnt lang ein Schattendasein, bis Glashow dessen alter Klassenkamerad Weinberg und ein pakistanischer Theoretiker namens Abdus Salam zu Hilfe kamen.

Weinberg und Salam fanden unabhängig voneinander eine Erklärung, warum die schönsten Theorien in der Wirklichkeit schlecht aussehen: den spontanen Symmetriebruch. Ihre Erklärung beruhte darauf, daß eine symmetrische Frage eine asym-

---

* Teilchenphysiker drücken die Masse von Teilchen in deren Energieäquivalent aus: Ein Elektronenvolt ist die Energie, die ein Elektron erhält, wenn es in einem Spannungsfeld von einem Volt beschleunigt wird. Die Masse eines Elektrons beträgt 10^{-27} Gramm oder 511 000 Elektronenvolt. Protonen und Neutronen wiegen etwa dasselbe: 10^{-24} Gramm oder 938 Millionen Elektronenvolt (MeV).

metrische Antwort haben kann. So kann man sich beispielsweise einen Bleistift vorstellen, der auf der Spitze steht. Einen Augenblick lang ist der Bleistift der Inbegriff von Symmetrie und Gleichgewicht, doch dieser Zustand ist nicht von Dauer, denn der Bleistift fällt bald um. In welche Richtung wird er fallen? Er kann in jede beliebige Richtung fallen, aber er wird mit Sicherheit nur in eine fallen – danach liegt er auf dem Tisch und zeigt in eine ganz bestimmte Richtung. Er ist also eine asymmetrische Antwort auf eine symmetrische Frage.

Der auf der Spitze stehende Bleistift entspricht Glashows Modell der perfekten Symmetrie zwischen der schwachen und der elektromagnetischen Kraft – der elektroschwachen Kraft, wie Gott sie geschaffen hat, der idealen Wahrheit Platos. In diesem Modell hatte keines der Bosonen eine Masse, und in diesem Zustand befand sich die Welt, als sie geboren wurde: Bei hohen Energien und hohen Temperaturen waren die elektromagnetischen und die schwachen Kräfte identisch. Der umgefallene Bleistift hingegen verkörpert den realen Ausdruck dieser idealen Wahrheit in der heutigen Welt – einige Bosonen haben eine Masse, andere keine. Was wir heute haben, ist der Zustand der gebrochenen Symmetrie. Die Welt basiert laut Weinberg und Salam auf Schönheit und Symmetrie, aber bei einem niedrigen Energieniveau sind Schönheit und Symmetrie verborgen und können nur mathematisch rekonstruiert werden.

Wie kam es nun zu dieser Symmetriebrechung? Zur Beantwortung dieser Frage postulierten Weinberg und Salam eine neues kosmisches Gebilde, das Higgs-Feld*, von dem sie annahmen, daß es wie eine unsichtbare Flüssigkeit den gesamten Raum ausfüllte und die Eigenschaften der Elementarteilchen bestimmte.

Wenn Weinberg erklären wollte, wie der Symmetriebruch funktionierte, verglich er das Higgs-Feld gerne mit einem unsichtba-

---

* Es ist nach dem schottischen Physiker Peter Higgs benannt, der zusammen mit Jeffrey Goldstone (heute am MIT) einige dieser Gedanken entwickelte, um das Phänomen der Supraleitung zu erklären.

Nach zwanzigjähriger Ent-
wicklung wird der 5-Meter-
Hale-Reflektor am 3. Juni
1948 auf dem Mount Palo-
mar eingeweiht.

Edwin Hubble blickt aus
dem Beobachterkäfig des
5-Meter-Teleskops. Hubble,
der Entdecker der Ausdeh-
nung des Universums, plan-
te eine großangelegte Beob-
achtungskampagne, die Aufschluß über die Größe und
das Schicksal des Alls geben sollte. Er starb, kurz
nachdem das Teleskop in
Betrieb genommen wurde.

Hubbles unvollendetes Lebenswerk ging auf seinen Beobachtungsassistenten, den jungen Allan Sandage vom Mount Wilson über. Sandage, der zudem als Graduierter am Caltech wirkte, wurde 1954 in der Zeitschrift *Fortune* als einer der vielversprechendsten jungen Wissenschaftler Amerikas hervorgehoben.

Fritz Zwicky, energischer Astronom am Caltech, griff Hubble und Sandage heftig an. Er entwickelte seine »morphologische Astronomie« und sagte voraus, daß neunzig Prozent der Masse in Galaxienhaufen möglicherweise unsichtbar seien.

Jesse Greenstein vom Caltech, Lehrer und »Ziehvater« einer ganzen Generation von Astronomen des Mount Palomar.

Maarten Schmidt knackte die Spektren der seltsamen Quasare; es waren hellstrahlende Leuchtfeuer in den Tiefen von Zeit und Raum.

Fred Hoyle gönnt sich im heimatlichen Lake Distrikt eine Atempause. Mit Thomas Gold und Hermann Bondi verfocht er unerschrocken eine Steady-State-Theorie, nach der das Universum weder Anfang noch Ende hat. Hoyle brachte Licht in die Serie der Kernreaktionen bei der Entstehung der Elemente in den Sternen.

Als Professor in Princeton und an der University of Texas führte John Archibald Wheeler mehrere Generationen von Physikern in die geheimnisvolle Raumkrümmung ein und prägte den Begriff des Schwarzen Loches. In der Verbindung von Quantentheorie und allgemeiner Relativitätstheorie suchte er das Prinzip, das das Universum zum »Fliegen« brachte.

Stephen Hawking mit dem Autor 1978 vor den Stufen der Royal Society. Hawking, der an ALS, einer unheilbaren Erkrankung des motorischen Sytems, leidet, beschäftigte sich mit urzeitlichen Schwarzen Löchern und kam zu bahnbrechenden Einsichten auf dem Gebiet der Physik.

Martin Rees, ebenfalls ein brillanter junger Theoretiker aus Cambridge, legte eine Theorie vor, nach der Schwarze Löcher die Energie für Quasare liefern.

Jim und Alison Peebles während der
Pause bei einem astronomischen Kongreß in München. Jim Peebles, ein lei-
denschaftlicher Theoretiker, der ausschließlich in Princeton lehrte, stellte
den größten Teil des mathematischen
Rüstzeugs bereit, mit dem Kosmologen
großräumige Strukturen im Universum
berechnen und debattieren.

Jim Gunn hat in dreifacher Hinsicht
Karriere gemacht: als genialer Erbauer
astronomischer Geräte, als erfolgreicher
Beobachter von Quasaren und Galaxien
sowie als begabter Theoretiker.

Beatrice Tinsley stand an der Spitze einer Gruppe junger Astronomen, zu der
Jim Gunn, J. Richard Gott und David
Schramm gehörten. Die Gruppe vertrat
in einem Manifest die ewige Ausdehnung des Universums.

David Schramm, ebenso draufgängerisch im Seminarraum wie auf der Ringermatte oder hier als Bergsteiger, vertrat die Auffassung, daß das Rätsel über das Schicksal des Universums in der Mikrophysik der ersten Sekunden liege.

Jakow Seldowitsch mit Judy Schramm in Chicago. Seldowitsch, ein temperamentvoller Autodidakt, wandte sich nach seiner Mitarbeit am Bau der Wasserstoffbombe in der Sowjetunion der Astrophysik zu. Er wurde der geniale Diktator der östlichen Kosmologie.

Leo Lederman, Direktor des Fermilabs, bei einer offiziellen Begegnung mit Michael Turner und Edward »Rocky« Kolb, den Leitern der Kosmologengruppe am Fermilab.

Gary Steigman entdeckte, daß der Anteil des im Urknall entstandenen Heliums den Physikern Aufschluß über die Anzahl der Familien von Elementarteilchen im Universum gibt.

Mit Witz und genialem Einfallsreichtum versuchte Mike Turner den Zusammenhängen zwischen Teilchenphysik und der Struktur des Universums auf die Spur zu kommen.

Alan Guth, Teilchenphysiker und Kosmologe wider Willen, entdeckte,
daß die Aufspaltung der primordialen großen vereinheitlichten Kraft
einen Bruch im Urknall hervorgerufen hat, der zu einer inflationären
Expansion des Universums führte. Aufbau und Geometrie des Alls wurden dabei verändert.

In Paul Steinhardts neue Inflationstheorie werden unter anderem Quantenfluktuationen im ersten Augenblick der Zeit für die Bildung der
Galaxien verantwortlich gemacht.

Nahe dem Zentrum des fünfzig Millionen Lichtjahre entfernten Virgohaufens drängen sich Galaxien wie Fliegen auf einem Fenster. Die Fotoplatte, die Allan Sandage mit dem 2,5-Meter-Teleskop in Las Campanas aufgenommen hat, zeigt im Negativ einen ungefähr 1,4 Grad breiten Himmelsausschnitt. Mühelos erkennt man Dutzende dieser Weltinseln; unten links steht die Galaxie M87, eine der hellsten und massereichsten bekannten elliptischen Riesengalaxien. Der Virgohaufen ist mit mehreren tausend Galaxien das größte Objekt in diesem Teil des Universums. Astronomen vermuten neuerdings, daß die große Masse die Ausdehnung des Weltalls noch bis zu unserer Galaxie hin verzögert.

Marc Aaronson, hier mit Frau Marianne
Kun und Kindern, entwickelte mit Je-
remy Mould (unten) und John Huchra
eine neue Methode zur Bestimmung der
Entfernung von Galaxien. Nach ihren
Ergebnissen liegt der Wert der Hubble-
Konstante über dem von Sandage und
Tammann ermittelten.

Enttäuscht über den Mangel an Zahlen-
material in der Kosmologie startete
Marc Davis am Harvard-Smithsonian
Center for Astrophysics eine Beobach-
tungskampagne und kartografierte 2400
Galaxien. Zur Bestimmung ihrer relativen Entfernung dienten die Rotverschiebungen.

Vera Rubin und Kent Ford befaßten sich mit galaktischen Rotationen. Nach ihren Ergebnissen sind Spiralgalaxien von Wolken unsichtbarer Materie umgeben, die zehnmal so massereich sind wie die sichtbaren Galaxien.

Als Davis von Havard nach Berkeley wechselte, betrieben Margaret Geller und John Huchra seine Studie zu den Rotverschiebungen in größerem Unfang weiter. Nach ihrer ersten Karte (unten) scheinen die Galaxien an den Wänden gigantischer Blasen mit Durchmessern von Millionen von Lichtjahren zu sitzen. In den Leerräumen dazwischen siedeln dagegen nur wenige. Ihre Ergebnisse bedeuten für Astronomen, die das Problem der Galaxien auf theoretischer Ebene angegangen sind, eine gewaltige Herausforderung.

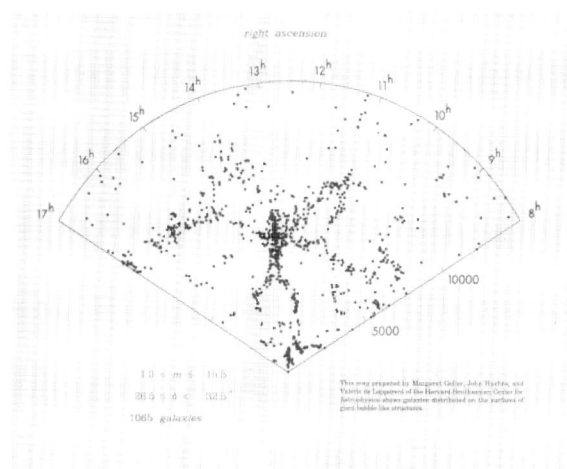

Alex Szalay in einer großräumigen Struktur in den Bergen um Aspen. Der Schüler des vorausschauenden Seldowitsch, ein begeisterter Physiker und Rockmusiker, hat sich auf das von Teilchen dunkler Materie beherrschte Universum spezialisiert.

Joel Primack vertrat mit die Hypothese, daß die Galaxien durch den gravitativen Einfluß unsichtbarer subatomarer Teilchen, durch die sogenannte kalte, dunkle Materie, entstanden sein könnten. Hier mit Frau Nancy Abrams, die kosmologische Tagungen mit Balladen- und Kabaretteinlagen auflockern half.

Alex Wilenkin vertrat
die Hypothese, das Uni-
versum könne aus dem
Nichts entstanden sein:
durch einen Quanten-
sprung aus der Ewigkeit
in die Zeit.

Murray Gell-Mann, Entdecker der Quarks, diskutiert mit Jakow Seldowitsch über die Quantenkosmologie.

John Schwarz arbeitete als wissenschaftlicher Mitarbeiter am Caltech im verborgenen jahrelang eine mathematisch elegante Theorie aus: die auf Superstrings basierende Theorie für Alles.

Begleitet von einer Krankenschwester führt Hawking bei einem Arbeitstreffen im Fermilab seinen computergesteuerten *Voice Synthesizer* vor.

Sandage vor dem 2,5-Meter-Hooker-Spiegel des Mount Wilson; Hubble
hatte mit dem Teleskop die Ausdehnung des Universums entdeckt.

Die Spiralgalaxie M101, »Pinwheel« (Feuerrad) in Ursa Major war für Sandage und andere, die die Geschwindigkeit der Ausdehnung des Alls zu ermitteln versuchten, von zentraler Bedeutung. Mit dem Streit um die Entfernung von M101 schwankte auch der Wert der Hubble-Konstante.

Die Teilnehmer der Konferenz von Kona im Januar 1986, bei der es vor allem um großräumige Bewegungen im Universums ging. Sandage und sein Erzrivale Gérard De Vaucouleurs (mit Sonnenbrille) vorn in der Mitte. Der Veranstalter der Konferenz Brent Tully mit breiten Streifen auf dem Hemd, erste Reihe links; Marc Aaronson, ebenfalls Sandages Widersacher, ganz rechts in der Reihe mit Notizblock.

Hunger ist der beste Koch. Maurice kochte für die Kosmologen in Aspen.

ren Ozean. Die Brechung der elektroschwachen Symmetrie war dem Gefrieren von Wasser vergleichbar. Ein Wassermolekül bildet mit seinen zwei Wasserstoffatomen und dem Sauerstoffatom eine Art flaches V. Oberhalb des Gefrierpunkts, also bei über null Grad Celsius, kann ein einzelnes Wassermolekül in jede beliebige Richtung zeigen – alle Richtungen sind gleichberechtigt –, der Raum ist für das Wassermolekül symmetrisch. Unterhalb des Gefrierpunkts verbinden sich dagegen die Moleküle zu der kristallinen Struktur von Eis, das Molekül ist nicht mehr frei – die Richtungen sind nicht mehr gleichberechtigt.

Den Wechsel von einer Flüssigkeit zu einem Feststoff oder von einem Gas zu einer Flüssigkeit nennt man einen Phasenübergang. Weinberg nahm an, daß das Universum Phasenübergänge durchlaufen hatte, als es von einem energiereichen in einen energiearmen Zustand überging. Nur war es in diesem Fall das Higgs-Feld, das »gefror«, und es ging nicht eine Symmetrie der Richtungen im Raum verloren, sondern die Symmetrie zwischen den Kräften und Massen der Elementarteilchen. Die Kräfte gerieten aus dem Gleichgewicht. Die Physik, die in einem Gleichgewichtszustand begonnen hatte, war wie der gefallene Bleistift aus dem Gleichgewicht geraten, korrumpiert von den Higgs-Bosonen. Ein Teil der Symmetrie und Schönheit der Physik war dadurch verdeckt worden.

Das »Gefrieren« und der Symmetriebruch der elektroschwachen Kraft geschah, wie Weinberg und Salam berechneten, bei einem Energieniveau von hundert Milliarden Elektronenvolt (eV) oder hundert Gigaelektronenvolt (GeV). Dies bedeutet, daß die Physiker das Higgs-Feld in einer mikroskopischen Explosion für kurze Zeit wieder »schmelzen« und die volle Symmetrie der elektroschwachen Kraft wiederherstellen könnten, wenn es ihnen gelänge, in ihren Teilchenbeschleunigern eine derartige Energie zu erzeugen.

Für die Anhänger der Theorie vom Urknall hatte das weitreichende Implikationen. Bei einer Energie von hundert GeV war das Universum eine Billionstelsekunde alt gewesen. Wenn Wein-

berg recht hatte, hatte das gesamte Universum zu diesem Zeitpunkt einen Phasenübergang durchgemacht, und vielleicht war
das nicht der einzige in seiner Geschichte. Es gab noch andere
Kräfte in der Natur, die möglicherweise nach noch mächtigeren
Symmetrieprinzipien mit der elektroschwachen Wechselwirkung
vereinheitlicht werden konnten. Vielleicht gab es sogar eine ganze Hierarchie von Symmetrien, die bei immer höheren Temperaturen zu immer früheren Zeitpunkten der Geschichte gebrochen
waren, so daß sich eine ganze Serie von Phasenübergängen –
»Gefrierungen« des Higgs-Felds – ereignet hatte.
Kurz gesagt, die physikalischen Gesetze haben sich in den frühesten und heißesten Stadien des Urknalls, während sich das
Universum ausdehnte und abkühlte, vielleicht erst herausgebildet, und zwar so, daß die Entwicklung von Einfachheit und
Schönheit in Richtung auf Komplexität und Häßlichkeit verlief: Eine Kraft nach der anderen scherte aus der ursprünglichen Einheit aus, wie antike Götter, die sich entzweien. Selbst
die Physik als solche war – so schien es – das Ergebnis der
Ereignisse während des Urknalls. Wenn das zutraf, dann hatte
das Higgs-Feld in der Entwicklung der Physik keine zweifel-
hafte Nebenrolle gespielt, sondern die Hauptrolle. Es war die
Essenz des Vakuums – der nackten, schlichten Raumzeit, die
die Gesetze der Physik enthält.
Zur damaligen Zeit, in den späten sechziger Jahren, nahmen jedoch nur wenige Physiker außer Weinberg die Urknall-Theorie
ernst. Glashow hatte nicht viel für die Kosmologie übrig. Seine
Reaktion auf die Idee des Symmetriebruchs war zwar geistreich,
aber ziemlich unfreundlich. Er hielt es für eine häßliche, wenn
auch notwendige Sache, einer schönen Theorie so etwas anzu-
tun. Er verglich die Idee vom Symmetriebruch mit einer Toilette: Man müsse eine solche Einrichtung zwar im Haus haben,
aber man gebe nicht damit an. Als Weinberg und Glashow 1979
bei einer Flasche Champagner saßen, um den Nobelpreis zu feiern, den sie gemeinsam mit Salam gewonnen hatten, war außer
der Symmetrie auch ihre alte Freundschaft zerbrochen. Wein-

berg verließ Harvard bald darauf und nahm einen lukrativen Posten an der Universität von Texas an.

Für Guth war Weinberg am MIT eine Art Held gewesen, obwohl er über Weinbergs Arbeit damals noch nicht viel gewußt hatte.

Eines der Nebenprodukte der Weinberg-Salam-Glashow-Theorie war die Vorhersage der sogenannten neutralen Ströme bei der schwachen Wechselwirkung, die Schramm so in Aufregung versetzt hatten. Als diese 1976 von Physikern im CERN und im Fermilab entdeckt wurden, setzte sich die Weinberg-Salam-Glashow-Theorie bei den Physikern durch. Man hatte eine neue Kraft gefunden, und zwar genau da, wo sie aus Gründen der Symmetrie hatte auftreten müssen.

Als Guth an die Columbia University kam, hielt er es für unerläßlich, sich auf den neuesten Stand der Theorie zu bringen. »O ja, sie ist hübsch«, erzählte er, »und ich glaube, ich wußte das damals zu schätzen. Es war nicht ganz so, daß ich die Teilchenphysik völlig neu hätte lernen müssen. Es war eher eine Weiterentwicklung der Art von Techniken, die ich im Promotionsstudium bei der Quantenfeldtheorie kennengelernt hatte.« Er machte eine Pause. »Ich denke, man muß fairerweise sagen, daß meine Ausbildung am MIT auch bei der traditionellen Quantenfeldtheorie einiges zu wünschen übrigließ.« Jedenfalls hatte sich Guth die von Yang und Mills vertretene Sicht der Realität schnell angeeignet. Er schloß sich einer kleinen Gruppe von Theoretikern an der Columbia University an, die versuchten, sich in die Eichtheorie einzuarbeiten, indem sie sich mathematische und technische Probleme stellten, die mit dem Symmetriebruch und den Higgs-Feldern zu tun hatten, und sie lösten. Das Modell, das sie für die elektroschwache Kraft verwendeten, war nicht das von Glashow, sondern eine einfachere Variante, mit der man leichter rechnen konnte. Sie hofften, daß sich auf diese Weise die Grundprinzipien, wenn auch nicht die genauen phänomenologischen Resultate, der Physik würden veranschaulichen lassen. Guth nannte diese Variante eine »Spielzeugtheorie«. Tatsächlich kannte er damals das Weinberg-Salam-Glashow-Modell immer noch nicht, das auf einer etwas anspruchsvolleren Symmetrie basierte.

Eines der imaginären Probleme, das Guth und seine Kollegen auf diese Weise untersuchten, war die seltsame Idee, daß der Prozeß des Symmetriebruchs Narben im Universum hinterlassen haben könnte. Das Higgs-Feld war, wie sich herausstellte, nicht nur eine metaphysische Abstraktion: Nach den Berechnungen konnten sich in dem Feld Energieknoten bilden, die nicht mehr verschwanden. Dieses bizarr klingende Ergebnis sollte die Kosmologie revolutionieren. Es war eine Konsequenz der Tatsache, daß der metaphorische Bleistift, der das Higgs-Feld repräsentierte, in alle Richtungen fallen konnte. Hatte man nicht einen Bleistift vor sich, sondern einen ganzen Wald davon, würden manche Stifte an einem Ort des Waldes in die eine und andere Stifte an einem anderen Ort in eine ganz andere Richtung fallen müssen wie Haare, die vom Wind zerzaust werden.

An jedem Punkt im Raum konnten bei der Abkühlung des Universums die Symmetriegesetze der Physik auf eine etwas andere Weise brechen, genau wie sich in verschiedenen Teilen desselben gefrierenden Teiches Eiskristalle mit verschiedenen Ausrichtungen bilden können. An Stellen, wo die verschiedenen Bereiche bei ihrem Wachstum aneinanderstießen, mußten Sprünge - Brüche in der Homogenität - auftreten, sowohl im Eis als auch im Vakuum, dem Sitz der Physik. Je nach Art der gebrochenen Symmetrie und der Gesetze der Teilchenphysik konnte es sich bei den Brüchen, Sprüngen oder Narben um Punkte, Linien oder Wände in der Raumzeit handeln. Und jeder dieser Sprünge würde von der mysteriösen Higgs-Energie nur so strotzen.

Als Seldowitsch in Moskau von diesen Ergebnissen hörte, geriet er in Panik. Von den drei möglichen Arten von Sprüngen im Higgs-Feld hätte man die Wände am leichtesten registrieren können. Sie müßten sich, ausgestattet mit einer ungeheuren

Energie beziehungsweise Masse, durch das Universum ziehen, mit Lichtgeschwindigkeit dahinrasen und alles vernichten, was auf ihrem Weg läge. Mitte der siebziger Jahre entwickelten Physiker am CERN Pläne für einen Beschleuniger, in dem Protonen und Antiprotonen schnell genug aufeinander prallen sollten, um das Higgs-Feld wieder zu schmelzen und die ursprüngliche, vereinheitlichte elektroschwache Kraft wiedererstehen zu lassen – die Wiedergeburt eines urzeitlichen Gottes. Aus Angst, daß eines dieser Experimente zur Bildung einer Wand führen könnte, die losrasen und das Universum zerstören würde, rechnete Seldowitsch mehrere Monate lang fieberhaft, bis er zu dem Schluß kam, daß solche Wände nicht wirklich existierten. Wenn doch, hätte das Universum nicht so gleichförmig sein dürfen, wie es sich darstellte; alle Galaxien müßten sich irgendwo auf einem Haufen befinden, und der Mikrowellenstrahlungshintergrund wäre nicht gleichmäßig, sondern einseitig.

Die Spielzeugmodelle von Guth und seinen Kollegen produzierten punktartige Verwerfungen – kleine Kernpunkte der ungebrochenen Symmetrie, winzige Regionen, in denen die alten Gesetze immer noch galten. Solche Kernpunkte mußten die Eigenschaften der schon lange gesuchten hypothetischen Partikel haben, die man magnetische Monopole nannte. In der Natur, wie wir sie kennen, haben Magneten immer zwei Pole – einen Nord- und einen Südpol –, die anscheinend genauso unteilbar miteinander verbunden sind wie die beiden Enden eines Seils oder ein Paar von Quarks. Ein sogenannter Monopol wäre ein magnetischer Nord- oder Südpol, der nicht mit seinem Gegenstück verbunden ist.

Der Monopol war das Einhorn der Teilchenphysik – eine phantastische Vorstellung, aber leider selten in der Realität zu finden. Es gab jedoch kein Gesetz, das seine Existenz ausgeschlossen hätte, und deshalb hatten Physiker in Mondgestein, in Sedimentgestein vom Meeresgrund und in der kosmischen Strahlung danach gesucht – und nichts gefunden. Die Monopole waren, obwohl es sich nur um eine Unregelmäßigkeit in einem imaginären Feld handelte, ein begehrenswerter Schatz. In der Tat sogar ein nobelpreiswürdiger Schatz.

Guth stellte fest, daß der Monopol, auch wenn er keine direkte Beziehung zu der in den Beschleunigern entstehenden Teilchenparade hatte, die Art von Problem war, die ihm gefiel und die ihm am meisten lag. Er lachte in sich hinein, als er das später erzählte.»Es gefiel mir, wenn die Dinge präzise waren. Mir gefielen solche Probleme am besten, die mathematisch klar definiert waren, mit einer klar definierten Antwort und einem begrenzten Randbedingungen. Ich wollte formulieren können, was ich lösen wollte, alle relevanten Gleichungen hinschreiben, und dann war es nur noch ein mathematisches Problem, die Antwort zu finden. Formuliere die Ausgangsgleichungen, und los geht's.« So funktionierte die Kosmologie natürlich nicht.

Guth und seine Freunde wußten, daß sie nicht auf dem Weg zum Nobelpreis waren – sie arbeiteten ja nicht einmal mit einer realistischen Theorie. Die Unregelmäßigkeiten in der Raumzeit waren nur ein mathematisches Übungsfeld für sie. Guth beschäftigte sich mit den Monopolen, um sich mit der haarigen neuen Eichtheorie vertraut zu machen, ohne dabei von vornherein auf die traditionellen Techniken verzichten zu müssen, die er am MIT so gut gelernt hatte.»Wäre ich mutiger gewesen«, gluckste er,»hätte ich diesen Schritt vielleicht übersprungen und mich Hals über Kopf in die neue Physik gestürzt. Aber dann wäre ich kein Experte für Monopole geworden.«

Und die Geschichte der Kosmologie hätte vielleicht eine andere Wendung genommen.

13. Kosmologe wider Willen

Während der drei Jahre in New York entwickelte sich Guth zu einem Experten für Symmetriebrüche. Er wurde ein Meister im Berechnen der mathematischen Verzerrungen des Higgs-Feldes während des Gefrierprozesses und der Entzerrungsvorgänge danach. Als 1977 seine Zeit an der Columbia-Universität zu Ende ging, hatte er das Gefühl, daß er inzwischen besser dastand. Die Gruppe, der er angehörte, hatte mehrere Arbeiten veröffentlicht. Die Rockefeller University bot ihm ein weiteres Postdoktorandenstipendium an, aber er lehnte ab. Harvard stellte etliche Wissenschaftler der Cornell University ein, dadurch wurde in Cornell eine Stelle frei. Guth bekam ein dreijähriges Postdoktorandenstipendium an der Cornell University angeboten.

Wie üblich funktionierte Guth' Instinkt, sich von den heißen Themen in der Physik fernzuhalten, perfekt. Weinberg, Glashow und Salam standen damals kurz vor dem Nobelpreis in theoretischer Physik für die Theorie der elektroschwachen Kraft, und Guth, der in eine vereinfachte Version der Theorie gerade erst hineingeschnuppert hatte, wollte das Thema schon wieder aufgeben. Zwar hatte er sich von der Columbia-Universität noch etwas Arbeit mitgebracht, aber eigentlich wollte sich Guth wieder mit Quarks befassen.

Diesmal wurde Guth jedoch vor sich selbst gerettet. In seinem zweiten Jahr an der Cornell University erschien Henry Tye auf der Bildfläche. Tye war in Hongkong geboren und hatte zwei Jahrgänge nach Guth am MIT studiert. Er hatte nach der Promotion am Linearbeschleuniger in Stanford (SLAC) und im Fermilab einige Zeit auf dem Gebiet gearbeitet und versucht, die

Ergebnisse der Hochenergie-Kollisionen von Elementarteilchen vorauszusagen. Nach Cornell hatte man ihn geholt, weil dort eine Maschine gebaut wurde, mit der man Elektronen und Positronen kollidieren lassen konnte. Doch als er 1978 dort ankam, war der Apparat noch nicht fertig, und Tye wollte endlich einmal an etwas Grundlegendem arbeiten – beispielsweise in der Kosmologie. Dafür brauchte er einen Partner.

Tye hatte Guth als einen hellen Kopf in Erinnerung, mit dem man hervorragend Ideen ausbrüten konnte. Er freute sich, daß Guth sich inzwischen nicht verändert und sich seine kindliche Begeisterung für Physik bewahrt hatte nach all den Jahren in der Tretmühle mit befristeten Postdoktorandenverträgen. Überall um ihn herum verfielen die Leute in Depressionen, hatten Angst, es nie zu schaffen, und flohen in die Industrie. Tye meinte, daß auch Guth allen Grund für Depressionen gehabt hätte, aber statt dessen strahlte dieser gute Laune und Kompetenz aus. Das lag zu einem großen Teil sicher an seiner Frau Susan, denn sie hielt unerschütterlich zu ihm.

Auch Tye interessierte sich für magnetische Monopole, aber auf einem viel höheren Niveau als Guth' Kollegen von der Columbia. Er wußte zwar nicht, was an der Columbia geforscht wurde, aber er wußte, wo er es herausfinden konnte. Eines Tages fragte er Guth, ob im Rahmen der »Großen Vereinheitlichten Theorien« Monopole entstünden.

Guth fragte unschuldig zurück: »Was ist eine ›Große Vereinheitlichte Theorie‹?«

Natürlich waren die Großen Vereinheitlichten Theorien (GUTs genannt) damals die heißeste Sache in der Physik. Tye erklärte, daß die GUTs einen Versuch darstellten, alle drei Quantenkräfte – die elektromagnetische, die schwache und die starke – zu vereinheitlichen, so wie die elektroschwache Theorie die elektromagnetische und die schwache Kraft vereinheitlicht habe. In den GUTs gab es zwei Symmetriebrüche: Zuerst trennten sich die starke und die elektroschwache Kraft und wurden unterscheidbar, und dann trennte sich, wie oben bereits beschrieben, die elektromagnetische von der schwachen Kraft. Nach den GUTs hatte es also im ersten flüchtigen Moment der Geschichte mindestens zwei Gelegenheiten gegeben, bei dem sich im Higgs-Feld Knoten hatten bilden können. Guth nickte. Tye begann, ihm GUTs beizubringen – nicht die ganzen Theorien, nur so viel, daß sie mit dem Monopolproblem weiterkamen.

Die erste Große Vereinheitlichte Theorie war das geistige Kind des ideenreichen Glashow und seines Harvard-Kollegen Howard Georgi. Es war der nächste logische Schritt, nachdem der Erfolg der elektroschwachen Vereinheitlichung die Physiker ganz wild auf die sogenannten Eichtheorien gemacht hatte. Das Prinzip war dasselbe. Wie schon erwähnt, entspricht in diesen Theorien jede der sogenannten Grundkräfte einer Symmetrie. Glashow hatte erkannt, daß die Symmetrien der elektroschwachen und der starken Kraft nur Fragmente einer noch allgemeineren Symmetrie der Natur waren.

Es war wie eine »lange Adresse«, die ein Physiker so ausdrücken würde: Ich wohne in der West Fourth Street auf Manhattan Island, in der Stadt New York, im Staat New York, in den USA, auf dem Kontinent Nordamerika der Erde, im Sonnensystem, in der Milchstraße, in der Lokalen Gruppe, im Virgosuperhaufen und so weiter. Die schwache Kraft war ein Teil der elektroschwachen Kraft, diese wiederum Teil der Großen Vereinheitlichten oder »superschwachen« Kraft, und diese gehörte zu der ursprünglichen Großen Vereinheitlichten Superkraft (falls man eines Tages auch noch die Gravitation integrieren wird). Im Prinzip konnten Glashow und Georgi immer noch eine weitere Elementarkraft in ihr Vereinheitlichungsschema einbeziehen, indem sie ein noch allgemeineres und mächtigeres Prinzip heranzogen.

Der französische Mathematiker Elie Cartan hatte einen Großteil seines Lebens damit verbracht, verschiedene mögliche Formen der Symmetrie aufzulisten und zu klassifizieren. Sie reichten von einfachen Spiegelungen bis zu Rotationssymmetrien in 496 Dimensionen. Der Elektromagnetismus hing mit einem der einfacheren Fälle zusammen – den Rotationen eines Kreises. Die schwache und die starke Kraft konnten durch zwei- und dreidimensionale Rotationen dargestellt werden. Georgi und Glashow entwickelten ihre Theorie mit Hilfe einer Liste von Cartans Symmetrien. Die einfachste, die die elektromagnetische, die schwache und die starke Kraft einschließen kann, trug die Bezeichnung SU (5). Dabei handelt es sich um Rotationen in einem fünfdimensionalen mathematischen Raum. Die so entwickelte Theorie machte auch die Quarks, aus denen die schweren Teilchen wie die Protonen und Neutronen bestehen, und die leichteren Teilchen wie Elektronen und Neutrinos – die sogenannten Leptonen – zu Bruderteilchen. Bis dahin hatten Quarks und Leptonen unterschiedlichen Klassen von Teilchen angehört, nach dieser Theorie konnten sie sich in das jeweils andere verwandeln, indem sie ein extrem masse- bzw. energiereiches Teilchen namens X-Boson austauschten. Dies bedeutete, daß es genauso viele Arten von Neutrinos und Elektronen geben mußte, wie es Arten von Quarks gab. Die Arbeiten von Schramm und Steigman über die Anzahl der Neutrinoarten hatten sich damit als äußerst wichtig erwiesen.

Die Austauschbarkeit von Quarks und anderen leichten Teilchen hatte zwei wichtige Konsequenzen, die eine betraf die Vergangenheit des Universums, die andere die Zukunft. Wenn man die Austauschbarkeit für das sich ausdehnende Universum annahm, konnte man erklären, wie sich im jungen Universum das Ungleichgewicht zwischen Materie und Antimaterie entwickelt hatte. Bei den extrem hohen Energien der Großen Vereinheitlichung konnten Materie und Antimaterie unabhängig voneinander entstehen oder zerstört werden: Ein Proton mußte nicht auf ein Antiproton treffen, damit es zerstört wurde – es konnte einfach von selbst auseinanderfallen. Auf lange Sicht war dies das Todesurteil für das Universum, das aus normaler Materie bestand, für das Universum der Sterne, der Äpfel und der schnellen Autos. Es bedeutete, daß die Protonen, diese scheinbar unverwüstlichen Granitblöcke der Materie, letztlich instabil waren und radioaktiv zerfielen. Am Ende, so in etwa 10^{30} Jahren, würden sie sich, falls das Universum so lange Bestand hatte, durch Emission von X-Bosonen alle aufgelöst haben. Die Materie wäre dann nur ein Moment, ein flüchtiger Gedanke, im ewigen Wandel des Universums gewesen; kein materieller Kunstgegenstand würde überleben, kein Michelangelo und auch kein Bach. Die Atome in der Tinte aller Dokumente dieser Welt würden sich auflösen zusammen mit dem Papier, und auch die Speicher der Computer würden verschwinden.

Den Berechnungen zufolge erforderte die Große Vereinheitlichung der Kräfte eine Temperatur von 10^{27} Grad beziehungsweise eine Energie von 10^{16} GeV, damit ihre überwältigende Symmetrie wiederhergestellt und direkt beobachtbar wäre. Dies waren zehn Billionen mal mehr Energie, als die geplanten Verbesserungen am Fermilab bringen sollten. Spaßvögel weisen gern darauf hin, daß man einen mehrere Lichtjahre langen Teilchenbeschleuniger benötigen würde, um solche Energien zu erzeugen. Die einzige Hoffnung der Physiker auf einen Test der GUTs lag im Beschleuniger des kleinen Mannes – dem Universum.

Eine Temperatur von 10^{16} GeV hatte im Universum geherrscht, als es erst 10^{-35} Sekunden alt war und der gesamte beobachtbare Kosmos noch die Größe einer Grapefruit hatte. Die Großen Vereinheitlichten Theorien erschlossen der kosmologischen Spekulation Zeiträume, neben denen die elektroschwache Ära und die Ära der Kernsynthese alt erschienen. Wenn die Großen Vereinheitlichten Theorien verläßlich waren, dann konnte man den Film von der Expansion des Universums jetzt bis zu einem Bruchteil der ersten Sekunde der Zeit zurücklaufen lassen, zu einem Zeitpunkt, als die Existenz nur ein heißer Funke war, ein hübscher Kürbiskern komprimierter Möglichkeiten.
Die Unschärferelation der Quantenmechanik bestimmte, wie nahe man in der Zeit an den mutmaßlichen Anfang – die Sin-

gularität - herankommen konnte. Zehn Millionstel eines Billionstels eines Billionstels einer Billionstelsekunde oder 10^{-43} Sekunden nach dem Urknall, in der als Planck-Zeit bezeichneten Ära des Universums, war die Unschärfe in der Geometrie der Raumzeit so groß wie das Universum. Dies bedeutete, daß Raum und Zeit, wenn man sie in noch kürzeren Zeitabschnitten betrachtete, schlicht keinen Sinn mehr ergaben. Sie lagen in demselben ungewissen Bereich der Wahrscheinlichkeit, in dem das Elektron gelegen hatte, bevor man seinen Ort oder seine Bewegung gemessen hatte.

Als Ende der siebziger Jahre die GUTs auf der Bildfläche erschienen, wurde die Schwerkraft zum großen Außenseiter. Sie war die einzige Kraft, die man nicht als ein Baseballspiel mit Quanten erklären konnte. Das Gesetz der Gesetze, von Wheeler Prägeometrie genannt, das Prinzip, das die Expansion des Universums bewirkte, hatte man zwar noch immer nicht gefunden, aber der Gedanke, daß es ein solches Gesetz gab, erschien nicht mehr ganz so verrückt. Man konnte die Hoffnung hegen, daß eine noch allgemeinere und mächtigere Symmetrie auch die Schwerkraft in die mathematische Umarmung der Vereinheitlichten Theorien einbeziehen würde. Manche bezeichneten eine solche Theorie als »Theorie über alles«, und das war nur halb scherzhaft gemeint. Die Geschichte des Universums hatte im Fermiland der strahlenden Symmetrie begonnen, und danach war es abwärtsgegangen. Die allgemeine Relativitätstheorie und die Quantentheorie hatten vor der Planck-Zeit vielleicht dieselbe vergessene Sprache gesprochen und von da an verschiedene Sprachen.

Mit der Expansion und Abkühlung des Universums nahmen die Energien in seinen inneren Bereichen - einem dichten Inferno von Strahlung und Partikeln - ab. Jedesmal wenn die Energie unter einen bestimmten kritischen Wert sank, kam es zu einem jener Phasenübergänge, in dem sich die Kräfte aufspalteten. Die Gesetze der Physik wurden schrittweise weniger symmetrisch.

Die Schwerkraft schied vermutlich aus der urtümlichen Einheit der Kräfte aus, als das Universum 10^{-43} Sekunden alt und 10^{30} Grad heiß war. Das war die erste Trennung. Danach galten im Universum zwei Regeln: die der Schwerkraft und die der GUTs. Als nächstes spaltete sich die starke Kraft ab, und schließlich fielen auch die schwache und die elektromagnetische Kraft auseinander. Als das Universum eine milliardstel Sekunde alt war, tummelten sich gemäß der SU-(5)-Theorie vier Kräfte und siebzehn Arten von Elementarteilchen im erblühenden Universum. Nach diesem Programm zerfiel bei der zweiten Trennung die Große Vereinheitlichte Kraft in die starke und die elektroschwache Kraft, und zwar als das Universum 10^{-35} Sekunden alt und so groß wie eine Grapefruit war. Tye vermutete nun, daß das Higgs-Feld in diesem Stadium Monopole gebildet haben könnte.

Er und Guth sprachen jeden Tag miteinander, anschließend ging Guth nach Hause und rechnete am Küchentisch. Guth hatte bereits einen festen Arbeitsrhythmus entwickelt. Er war ein Nachtmensch. Er wühlte sich bis tief in die Nacht durch die Gleichungen und trug sie mit seiner sauberen Handschrift in ein gebundenes Notizbuch ein. Am nächsten Tag verglich er im Büro seine Aufzeichnungen mit denen von Tye. Nebenher klingelte das Telefon, Besucher kamen und gingen, er mußte zu Seminaren. Fragen und Widersprüche tauchten auf. Guth war ein eifriger Student der Vereinheitlichung.

Nach ein paar Wochen hatte er genug gelernt, um Tyes Frage beantworten zu können. Ja, im Verlauf des SU-(5)-Symmetriebruchs mußten Monopole entstanden sein. Aber, so Guth weiter, sie waren außerordentlich schwer für Elementarteilchen. Ein Monopol hätte demnach ein Masseenergie-Äquivalent von 10^{16} GeV, also die Masse von sechzehntausend Billionen Protonen, die Masse eines kleinen Bakteriums – eines Lebewesens.

Guth zog daraus den Schluß, daß die Monopole uninteressant waren, genau wie die anderen verrückten, schweren Partikel, die die Großen Vereinheitlichten Theorien voraussagten. Normalerweise war es in der Physik wichtig, daß eine Theorie Voraussagen für die relativ niedrigen Energiebereiche machte, die ein Teilchenbeschleuniger erreichen konnte – dann konnte man Experimente machen und Ideen überprüfen.

Tye ließ sich nicht abschrecken. »Warum versuchen wir nicht herauszufinden, wie viele solcher magnetischer Monopole während des Urknalls entstanden sind?«

Guth machte einen Rückzieher. »Anfangs«, erzählte er später, «hegte ich tiefes Mißtrauen gegen ein solches Projekt. Es unterschied sich vollkommen von allem, was ich bisher getan hatte, weil es ein so uferloses Problem war. Ich stellte zwar den Urknall keineswegs in Frage, aber ich war ganz entschieden der Ansicht, daß wir über Details erst sehr, sehr wenig wußten und daß es fast unmöglich sein würde, Fragen wie die nach der Anzahl der entstandenen Monopole zu beantworten.« Tye versuchte ihn den ganzen Winter 1978/1979 hindurch immer wieder anzustacheln, doch er erreichte nicht viel.

Erst als Steven Weinberg im Frühling die Cornell University besuchte, änderte Guth langsam seine Meinung. Weinberg hatte die Kosmologie zu seinem Anliegen gemacht und ermutigte alle, die sich damit befaßten. Während seines Besuchs hielt er eine Vorlesungsreihe darüber, wie die Großen Vereinheitlichten Theorien das Ungleichgewicht zwischen Materie und Antimaterie im Universum erklären konnten. Weinberg und viele andere Wissenschaftler, darunter auch Turner und Kolb, arbeiteten an dem Problem des Ursprungs der Elementarteilchen, mit dem Ziel, darüber eine Theorie zu entwickeln, wie sie Schramm und Fowler über den Ursprung und die Vielzahl der Elemente ausgearbeitet hatten. Die Berechnungen stimmten ungefähr mit den Schlüssen überein, die man aus dem Mikrowellenstrahlungshintergrund gezogen hatte: Auf jedes Proton im Universum kamen etwa eine Milliarde Photonen. Und keine Antiprotonen – überhaupt keine Antimaterie. Dies war ein großer Triumph der Physik, und er beeindruckte Tye. »Sobald man sich dafür entschied«, sagte er »daß die Vorherrschaft der Materie gegenüber der Antimaterie im Universum ins Reich der Physik und nicht ins Reich der Theologie gehörte, mußte man eine Art Große Vereinheitlichte Theorie haben.« Sogar Guth war beeindruckt.

Während des Besuchs kamen Weinberg, Guth und ein paar andere einmal in eine Diskussion über Symmetriebrüche und das Higgs-Feld. Was passierte mit den Higgs-Feldern in der Kosmologie? Würden sie überall im Raum in die gleiche Richtung fallen oder konnte es Trennwände zwischen verschiedenen Regionen geben? Die Gruppe fand diese Frage interessant und hätte gern eine Antwort darauf gewußt.

Einen weiteren indirekten Einfluß auf Guth hatte eine Vorlesung, die Robert Dicke schon 1978 an der Cornell University gehalten hatte. Dicke beschrieb die Rätsel und Paradoxa, über die er zusammen mit Peebles schrieb, und besonders das sogenannte Flachheitsproblem. Guth hörte genau zu, aber Bedeutung gewann das Gehörte erst viel später für ihn.

»Ich hatte damals noch nicht einmal in Erwägung gezogen, kosmologisch zu arbeiten«, sagte Guth über Dickes Vorlesung. »Für mich war das Problem damals nur eine seltsame Tatsache, die mit meiner Forschungsarbeit nichts zu tun hatte, aber ich war davon beeindruckt. Dicke formulierte das Problem so, daß die Expansionsrate des Universums eine Sekunde nach dem Urknall mit einer Genauigkeit von 1 zu 10^{14} abgestimmt hatte sein müssen. Wäre die Expansionsrate nur um 1 zu 10^{14} höher gewesen, hätte sich das Universum ausgedehnt, ohne daß sich Galaxien gebildet hätten. Wäre die Rate dagegen 1 zu 10^{14} niedriger gewesen, dann wäre das Universum schon vor langer Zeit kollabiert.« Für Guth war das nur ein weiteres seltsames Faktum aus der sogenannten Wissenschaft der Kosmologie, und er speicherte es in seinem Gehirn ab.

Eines Tages gab er Tyes Drängen dann doch nach. Sie zogen und schoben einander durch die Berechnungen. Anfang des Sommers hatten sie ihre ersten groben Schätzungen verfeinert und waren allmählich zu der Überzeugung gelangt, daß es nach den GUTs im Universum ebenso viele Monopole wie Protonen geben müßte.

Das klang nicht gut. Wenn es tatsächlich so viele Monopole gab, dann waren sie experimentell erstaunlich schlecht nachzuweisen. Außerdem hatte jeder der postulierten Monopole eine Masse, die der von zehntausend Billionen Protonen entsprach, und bei einer solchen Masse hätte in Anbetracht der großen Zahl von Monopolen das Universum schon vor Milliarden von Jahren wieder in sich zusammenstürzen müssen. Tatsächlich betrug die geschätzte Lebensdauer eines so dicht mit Monopolen besetzten Universums nur etwa sechstausend Jahre.

Das waren wichtige Neuigkeiten – wenn sie stimmten, waren die GUTs dem Untergang geweiht. Sie sagten Monopole voraus, und es gab keine. Der Teilchenbeschleuniger des armen Mannes hatte gesprochen.

Während Guth und Tye noch dabei waren, die Bedeutung ihrer Entdeckung zu verdauen, erfuhren sie, daß man sie ausgestochen hatte. John Preskill, ein Schüler von Weinberg, hatte dieselben Berechnungen angestellt, und die beiden luden ihn fairerweise nach Cornell ein. Preskill war zum selben Ergebnis gelangt wie Tye und Guth, und wie sie fand er, daß die Großen Vereinheitlichten Theorien damit erledigt waren. Eine solche Vielzahl von Monopolen konnte es in einem fünfzehn Milliarden Jahre alten Universum nicht geben. Er fuhr wieder nach Hause und veröffentlichte einen Aufsatz, der sofort zu einem kosmologischen Klassiker wurde.

Guth und Tye ärgerten sich. Waren sie zu vorsichtig gewesen? »Warum wir nicht früher veröffentlicht haben?« lachte Guth später. »Ich fand, daß wir bei der Sache noch nicht klar genug sahen. Als der Aufsatz dann vor uns lag, fanden wir beide, daß wir etwas sagen müßten, was noch nicht gesagt worden war. Also widmeten wir unsere weitere Arbeit der Frage, wie man um die Überproduktion von Monopolen herumkommen könnte.« Tye und Guth wollten keinen Aufsatz schreiben, der nur ein Dilemma formulierte. Statt auf dem Grab der SU (5) zu tanzen, beschlossen sie, das Monopolproblem zu lösen. Sie bedienten sich eines Tricks. Er beruhte auf einer weiteren Ähnlichkeit zwischen den physikalischen Gesetzen im Higgs-Feld und in einem Glas Wasser, und zwar bei einem Vorgang namens Unterkühlung. Der Physiker weiß, daß er, wenn er vorsichtig genug ist, ein Glas Wasser unter null Grad Celsius abkühlen kann, ohne daß es gefriert, sofern das Wasser keinen Erschütterungen ausgesetzt ist. Wenn man an das Glas klopft oder es schüttelt, ist der Bann gebrochen und das Wasser gefriert, verspätet zwar, aber augenblicklich. Soweit die normale Unterkühlung. Guth und Tye argumentierten nun, daß es auch eine Art kosmische Unterkühlung des Higgs-Felds geben könne.

Angenommen, das Higgs-Feld war nicht sofort gefroren, als die Temperatur im Universum unter den kritischen Wert von 10^{27} Kelvin sank, sondern noch eine Zeitlang in seinem symmetrischen Zustand verharrte. Während dieser Verzögerung hätte dann im Universum noch immer die einfache Physik der großen Vereinheitlichung gegolten, obwohl es sich weiter ausdehnte und abkühlte. Auch wenn dieser Zeitraum nur den Bruchteil einer milliardstel Sekunde dauerte, hätte das Universum doch länger Zeit gehabt sich auszurichten, bis das Higgs-Feld schließlich doch gefror, wobei es sich quasi in Monopole verknotete. Durch die Verzögerung hätten sich weniger Knoten gebildet – vielleicht sogar so wenige, daß dies den Mangel an Monopolen in unserer Welt erklärte.

Guth und Tye waren nicht völlig allein mit ihren Forschungen. Auch andere Teilchenphysiker, darunter besonders Sydney Coleman, ein Kollege von Glashow in Harvard, hatten die Möglichkeit untersucht, daß es im Prozeß des Symmetriebruchs eine »Verzögerung« gegeben haben könnte, eine verspätete Reaktion auf die Abkühlung des Universums. Coleman hatte das Stadium, in dem das Universum noch in Symmetrie verharrte, das »falsche Vakuum« genannt.

Guth kannte Coleman noch aus seiner Zeit in Cambridge und

war mit dem Gedanken des falschen Vakuums vertraut. Er und Tye vermuteten, daß das Zwischenspiel des falschen Vakuums die Entstehung der Monopole so lange hatte verzögern können, daß sie sich harmlos im Raum zerstreut hatten. Die vorbereitenden Berechnungen sahen vielversprechend aus, und als der Herbst näher rückte, wurde Guth immer aufgeregter. Er wußte, daß er dabei war, einen wichtigen Beitrag zur Physik zu leisten. Diese Berechnungen waren nicht mehr technische Übungen mit Hilfe von Spielzeugmodellen oder überholten Theorien, sondern sie erforschten die Konsequenzen der ehrgeizigsten Theorien unserer Zeit. Guth hatte die Spur eines nichtexistenten Teilchens verfolgt und war dabei in unbekannte Gewässer geraten. Er erfuhr Dinge, die kein Mensch vor ihm gewußt hatte. Und daß er nun plötzlich führend in der Kosmologie tätig war – nun ja, es war gar nicht so schlimm und nicht so verschwommen, wie er erwartet hatte. Tye hatte recht mit seiner Ansicht, daß die Kosmologie erstaunlich rigide war, wenn man sich wirklich darauf einließ und Berechnungen durchführte. Es war gar nicht so leicht, allen Beobachtungen gerecht zu werden.

Etwa um diese Zeit sagte sich Tye, daß man Guth noch stärker motivieren müsse. Aus verschiedenen Gründen sah es so aus, als würde das nächste Jahr an der Cornell University – Guth' drittes – langweilig werden. Tye überredete ihn, sich in Cornell beurlauben zu lassen. Er argumentierte, daß Guth längst das Recht auf ein freies Jahr erworben hätte, wenn er sofort nach seinem ersten Weggang vom MIT eine feste akademische Stelle angetreten hätte. Guth rief also beim SLAC an, und dort war man damit einverstanden, daß er für ein Jahr in den Westen übersiedelte – es war seine vierte Postdoktorandenstelle. An der Stanford University wimmelte es von Anhängern der Großen Vereinheitlichten Theorien, darunter auch Coleman, der damals ein Semester lang dort zu Gast war. Guth telefonierte viel mit Tye. Er war nervös. Sie werkelten den ganzen Herbst herum, verbesserten und überarbeiteten.

Bis Anfang Dezember waren sie beinahe mit einem Aufsatz fertig, der erklärte, warum es in unserem Universum keine Monopole gibt. Nach dieser Theorie hatte sich der Phasenübergang am Ende der Großen Vereinheitlichten Ära, als das Universum 10^{-35} Sekunden alt war, um den Bruchteil einer Sekunde verzögert. Es hatte einen Augenblick des falschen Vakuums beziehungsweise der verlängerten Symmetrie gegeben, und das Higgs-Feld hatte dadurch mehr Zeit gehabt, sich auszurichten, was zu einer geringeren Knotenbildung geführt hatte. Guth und Tye waren Helden, sie hatten die Große Vereinheitlichte Theorie gerettet.

Sie hatten ihre Lektion gelernt, als Preskill ihnen zuvorgekommen war, und nun brannten sie darauf, ihren Aufsatz so schnell wie möglich fertigzustellen und zu publizieren. Als der Dezember näher rückte, arbeiteten sie fieberhaft, denn Tye wollte über Weihnachten für sechs Wochen nach China fahren. Sechs Wochen erschienen damals wie eine kosmologische Epoche. Die Aussicht auf einen so langen Aufschub war entmutigend. Sie telefonierten stundenlang von Küste zu Küste. Bei einem Gespräch erwähnte Tye ein Problem, das ihn schon seit einiger Zeit quälte, nämlich, ob nicht der Unterkühlungsprozeß selbst einen Einfluß auf die Expansion des Universums hatte. Guth solle das doch überprüfen, schlug er vor.

Tyes Besorgnis war aus einem weiteren Aspekt der Analogie zwischen Wasser und dem Higgs-Feld entstanden. Wenn Wasser gefriert und seine Moleküle ihre rastlose Bewegung einstellen und kristalline Strukturen bilden, wird eine überraschend hohe Energiemenge in Form von Wärme abgegeben. Die Energie, die beim Gefrieren eines großen Schwimmbeckens frei wird, würde, wenn man sie nutzen könnte, ein Haus mehrere Jahre lang heizen. Wenn Wasser unterkühlt wird, bleibt die Kondensationswärme verborgen oder latent. Tye und Guth waren sich darüber im klaren, daß Energie frei geworden war, als das Higgs-Feld gefror und die Symmetrie brach, genau wie Energie frei wird, wenn ein Bleistift umfällt und auf dem Tisch aufschlägt oder wenn ein Ball einen Hügel hinunterrollt und dabei an Geschwindigkeit gewinnt. Unter normalen Umständen hätte diese Energie die Masse der Partikel erhöhen müssen, etwa die der Bosonen der schwachen Kraft, die zuvor masselos gewesen waren. Wenn jedoch das Universum einer Unterkühlung ausgesetzt war, durfte all diese Energie nicht frei werden, sondern mußte latent bleiben und eine Zeitlang den Raum durchfluten. Das unterkühlte Universum war ein energieschwangeres Universum.

Das bereitete Tye Kopfschmerzen. Nach Einstein wurde die Dynamik der Raumzeit von der Dichte der Materie und der Energie im Universum bestimmt. Die Energie des falschen Vakuums war reale Energie, sie konnte die Struktur des Universums beeinflussen und den Urknall unterbrechen.

Während er diese logische Kette verfolgte, wurde Tye plötzlich bewußt, daß er und Guth sich auf einen gefährlichen Flirt eingelassen hatten. Er war bestürzt. Das Thema der Vakuum-Energie war seit Einstein immer ein schwieriges physikalisches Problem gewesen. Nach der Quantentheorie mußte sogar das gewöhnliche, »echte« Vakuum eine ungeheure – ja unendliche – Energie enthalten – wegen der sogenannten Vakuum-Fluktuationen, die den wechselhaften, dichten Tanz der virtuellen Teilchen produzierten. Diese Energie konnte laut kosmologischer Gleichungen eine abstoßende Kraft erzeugen, ähnlich der berühmt-berüchtigten kosmologischen Konstante, die Einstein 1918 erfunden hatte, um das Universum vor dem Kollaps zu bewahren. Einstein hatte die Konstante aufgegeben, als man feststellte, daß die Expansion des Universums fast genau mit seinen unverfälschten Gleichungen übereinstimmte. Aber die kosmologische Konstante hatte sich als zählebig erwiesen, sie war in der Quantentheorie in Form der Vakuum-Fluktuationen wieder eingeführt worden. Die ordentlich gemessene Expansionsgeschwindigkeit des Universums ließ stark vermuten, daß die kosmologische Konstante gleich null war, aber nach der Quantentheorie hätte sie unendlich sein müssen. Nicht einmal Hawking behauptete, daß er das Problem der kosmologischen Konstante verstand. Was war mit der Quantenenergie des Vakuums passiert – wie hatte sie sich abgeschwächt? Das Problem war eine Falltür tief im Herzen der Teilchenphysik.

Tye hatte Angst, daß er und Guth durch diese Tür fallen könnten. Wenn sie das frühe Universum, und sei es auch nur für einen Augenblick, von der latenten Higgs-Energie durchfluten ließen, bekamen sie es mit der kosmologischen Konstante zu tun. Vielleicht sollten sie doch nicht veröffentlichen? Die Frage raubte Tye den Schlaf.

Guth wollte publizieren. Tye berichtet, daß Guth ihm riet: »Wenn du nicht schlafen kannst, dann mußt du eben feiern.« Sie müßten, sagte Guth vergnügt, die kosmologische Konstante ja nicht verstehen, um herauszufinden, wie sie wirkte. Und er erklärte sich bereit, die Wirkung des Higgs-Felds auf die Expansion und Evolution des Universums zu überprüfen.

Nun konnte sie beginnen, Allan Guth' nächtliche Wanderung durch das Reich der Kosmologie.

Wie üblich hatte er die Arbeit bis nach dem Abendessen verschoben. Um elf Uhr lagen Larry und Susan im Bett. Alles war ruhig. Um diese Zeit konnte Guth am besten arbeiten. Er setzte sich in das zweite Schlafzimmer, wo er sein Büro eingerichtet hatte, schlug sein Notizbuch auf und schrieb in seiner kleinen, klaren Handschrift oben auf die Seite:

DIE EVOLUTION DES UNIVERSUMS
Ich will die Auswirkungen von
(1) einer kosmologischen Konstante und
(2) dem Gefrieren von Freiheitsgraden
    auf die Evolution des Universums
    untersuchen.

Darunter schrieb er die Standardgleichungen für ein expandierendes Universum. Ohne das Vorhandensein irgendeiner seltsamen Energie expandierte das Universum gleichmäßig, wie die Splitter einer Granate im freien Flug: Seine Größe verhielt sich proportional zu seinem Alter; jedesmal, wenn sich das Alter verdoppelte, verdoppelte sich auch der Durchmesser des Universums beziehungsweise die Entfernung zwischen jedem beliebigen Paar von Galaxien, und die Temperatur sank entsprechend.

Als die Große Vereinheitlichte Symmetrie brach, hatte das Gebiet, das wir heute das beobachtbare Universum nennen – ein kugelförmiger Raum mit einem Radius von etwa zehn Milliarden Lichtjahren –, etwa die Größe einer Grapefruit und die unvorstellbare Hitze von 10^{27} Grad.

Guth brauchte drei Seiten sauberer algebraischer Rechnungen und zwei Stunden Zeit, um die gebundene Higgs-Energie – das falsche Vakuum – in diese heiße kleine Grapefruit hineinzustecken. Als er fertig war, erlebte er eine Überraschung: Das Universum blähte sich auf.

Das Universum hatte sich natürlich auch vorher schon aufgebläht. Nach der normalen Hubble-Expansion wuchs das Universum (oder die Entfernung zwischen zwei Punkten im Universum) gleichmäßig mit der Zeit. Wenn das Universum im Alter von einer Sekunde einen Durchmesser von dreißig Zentimetern gehabt hatte, dann maß es nach zwei Sekunden sechzig Zentimeter und nach zehn Sekunden drei Meter. Ein Universum, das ein falsches Vakuum enthielt, expandierte jedoch nicht auf diese Weise, seine Expansion verlief exponentiell. Mit jedem Ticken der kosmischen Uhr (ein Ticken steht in diesem Fall für 10^{-34} Sekunden) verdoppelte sich die Größe des Universums. Wenn es mit dreißig Zentimetern Durchmesser begann, maß es beim zweiten Ticken sechzig Zentimeter, beim dritten einen Meter zwanzig und beim vierten zwei Meter vierzig im Durchmesser. Und beim zehnten Ticken hatte es bereits einen Durchmesser von 153,6 Metern.

Es ist unschwer zu erkennen, daß das Universum bei einer solchen Wachstumsrate anschwellen mußte wie ein Monster. Je größer es wurde, um so schneller mußte es wachsen, damit es sich bei jedem Ticken verdoppelte. In kürzester Zeit – dem Millionstel eines Billionstels einer Billionstelsekunde – würde sich die Größe des Universums hundertmal verdoppeln, es würde eine Billion billionenmal größer werden. Guth hatte es mit einem hyperexplosiven Universum zu tun. Den Urknall unterbrechen? Von wegen! Wenn das Higgs-Feld unterkühlt wurde und sich ein falsches Vakuum entwickelte, wirkte das in etwa so, wie wenn man im Explosionszentrum einer Handgranate eine Atombombe zündete.

Dieses Phänomen der exponentiellen Verdoppelung bezeichnete Guth später als Inflation, um es von der bloßen Hubbleschen Expansion zu unterscheiden. Doch vorerst dauerte es noch einige Monate, bis ihm diese Bezeichnung einfiel.

Nach der Mathematik der allgemeinen Relativitätstheorie hätte das falsche Vakuum einen Unterdruck erzeugen müssen, das heißt, in einem Ballon hätte es dazu führen müssen, daß der Ballon schrumpfte. Das Universum verhielt sich jedoch anders, in ihm gab es nichts, worauf der Unterdruck hätte wirken können. Der negative Druck erzeugte, weil er eine Form von Energie war, eine negative Gravitation, die stärker war als alle anderen Kräfte im Universum. Deshalb ist das falsche Vakuum eine kosmische Bombe: Es verhält sich wie eine universale Abstoßungskraft und sprengt das Universum auseinander.

Es würde eine Art Rückkopplungseffekt eintreten. Während sich das Universum exponentiell ausdehnte, mußte auch das Volumen der unterkühlten symmetrischen Raumzeit expandieren. Je größer das Universum wurde, um so mehr falsches Vakuum mußte entstehen. Anstatt sich durch die Expansion zu verringern, mußte die Gesamtmenge des falschen Vakuums deshalb zunehmen. Wenn sich der Durchmesser des Universums verdoppelte, verachtfachte sich sein Volumen, und auch die Energie des falschen Vakuums verachtfachte sich. Und natürlich dehnte sich das Universum um so schneller aus, je mehr solcher Energie es enthielt. Es war einem Prozeß der exponentiellen Expansion ausgesetzt.

Die kosmologischen Konsequenzen der Beschleunigung der Expansion sollten sich als immens erweisen, aber Guth brauchte lange, bis er daraufkam, nicht zuletzt deshalb, weil er so wenig von Kosmologie verstand.

Die wichtigste Neuigkeit bestand darin, daß das Universum, wenn Guth recht hatte, unglaublich viel größer war, als die Astronomen je zu träumen gewagt hatten. Es war während seiner exponentiellen Verdoppelung so schnell gewachsen, daß das gesamte Reich, das man heute mit Teleskopen sehen kann, aus einem Stück des Feuerballs entstanden sein konnte, das nicht größer war als ein Proton. Aus diesem Grund würde man künftig zwischen dem *beobachtbaren* und dem *wirklichen* Universum unterscheiden müssen. Ersteres war nur ein unbedeutender, vielleicht nicht einmal repräsentativer, Teil des letzteren. Wer hätte je gedacht, daß das kleine Detail der Symmetriebrüche, das die Teilchenphysiker auf ihrer Suche nach der versteckten Schönheit der Physik so leichtfertig beschworen hatten, einen derart folgenschweren Effekt auf den Kosmos haben würde? Jedenfalls war damit das Problem der Monopole gelöst, nach einer solchen Hyperexpansion würden sie Billionen von Lichtjahren weit weg verstreut sein.

Guth' Gedanken überschlugen sich. Als er ins Bett wollte und sich die Zähne putzte, fiel ihm die seltsame Vorlesung wieder ein, die Dicke 1978 an der Cornell University gehalten hatte, noch bevor Guth sich der Kosmologie zugewandt hatte. Dicke hatte sich auf das Problem bezogen, daß die Dichte des Universums so nahe bei dem magischen Wert 1,0 lag, daß man nicht einfach so an einen Zufall glauben konnte. Geometrisch gestellt hatte die Frage gelautet, warum die Raumzeit so flach geblieben war, wenn sie bei jeder Abweichung von diesem Gleichgewicht zusammenschrumpeln oder sich krümmen mußte. Guth, den Kopf voller Gleichungen über das expandierende Universum, ahnte plötzlich vage, daß die gewaltige Aufblähung in der mikroskopischen Urgeschichte des Universums eine Antwort auf diese Frage geben konnte.

Am nächsten Morgen radelte er in Rekordzeit durch die frische Luft der Halbinsel zu seinem Büro, klappte sein Notizbuch auf und schrieb auf eine neue Seite: »SPEKTAKULÄRE ERKENNT-NIS: Diese Art von Unterkühlung kann erklären, warum das

Universum heute so unglaublich flach ist – sie kann also das Paradoxon der Feinabstimmung erklären, wie es Dicke in seinen Vorlesungen am Einstein-Tag formuliert hat.« Dann umrahmte er die Überschrift mit einem doppelten Kasten und begann wieder zu rechnen.

Es handelte sich wieder einmal um einen der Ausnahmefälle, in denen bildhaftes Denken nicht unbedingt hilfreich war. Man stelle sich das Universum als einen Ballon vor, auf dessen Oberfläche Galaxien gemalt sind. Sandage, Gunn und andere waren so eingebildet gewesen anzunehmen, daß wir mit unseren Teleskopen einen substantiellen Teil des Ballons sehen können – wie erwähnt, kann der »Ballon« konkav oder konvex sein oder irgendeine andere Form haben –, aber diese Annahme war falsch. Der Ballon Universum war durch die gewaltige Energie des falschen Vakuums zu gigantischen Ausmaßen aufgebläht worden. Was wir sahen, schloß Guth, war in Wirklichkeit ein verschwindend kleines Fleckchen des Universums, ein Stückchen, das die Ausmaße eines Atoms gehabt hatte, als die GUT-Symmetrie zum ersten Mal brach oder Anstalten machte zu brechen. Es *mußte* flach aussehen, weil jede gekrümmte Oberfläche flach aussieht, wenn man ein hinreichend kleines Stück davon aus nächster Nähe betrachtet. Fußballspieler müssen die Krümmung der Erdoberfläche nicht berücksichtigen, wenn sie einen weiten Paß schlagen oder einen Fernschuß wagen. Guth kam zu dem Ergebnis, daß das Universum deshalb so aussah, wie es aussah, weil es so groß war.

Natürlich hielten auch Leute wie Sandage und Gunn das Universum nicht für flach. Sie hatten immerhin dreißig Jahre an ihren Teleskopen verbracht, um festzustellen, daß das Universum anscheinend konkav war und nur zehn Prozent der Massendichte aufwies, bei der es hätte flach sein müssen, ganz zu schweigen von dem zusätzlichen Quentchen Masse, bei dem es geschlossen gewesen wäre. Einerseits lag ein Faktor von zehn, wie Peebles und Dicke argumentiert hatten, so erstaunlich nahe an dem Wert für ein flaches Universum, daß er nur auf eine zu vernachlässigende Differenz während des Urknalls schließen ließ und theoretische Haarspaltereien überflüssig waren. Andererseits sagte Guth' Theorie voraus, daß Omega heutzutage exakt gleich eins sein mußte, und damit war jener fehlende Faktor zehn eine unübersehbare Anomalie. Ab 1979 sahen die Theoretiker die Aufgabe der Beobachter immer mehr darin, die Omega-Lücke zu schließen, indem sie die fehlende Massenenergie ausfindig machten und so das Universum mit der Theorie in Einklang brachten. Dagegen diagnostizierten die Beobachter bei den Theoretikern einen wachsenden Realitätsverlust.

Guth rief Tye an und erzählte ihm aufgeregt von der merkwürdigen Expansion, die er entdeckt hatte. Tye war skeptisch. Er wollte die Veröffentlichung ihres gemeinsamen Aufsatzes nicht so lange verschieben, daß Guth' Entdeckung darin noch diskutiert werden konnte. Und Guth fragte Tye, ob es ihm etwas ausmache, wenn er die Sache alleine weiterverfolge.

Guth wußte, daß es riskant war, ihren gemeinsamen Aufsatz über die Unterkühlung zu publizieren, ohne darin die Auswirkungen auf die Expansionsrate des Universums zu beschreiben. Jeder erfahrene Kosmologe, der den Aufsatz las, konnte dieselben Berechnungen durchführen, die er angestellt hatte. Und Guth und Tye kannten tatsächlich mindestens eine andere Forschungsgruppe, die ihnen dicht auf den Fersen war.

Als nächsten Schritt suchte Guth Coleman auf. Coleman eröffnete ihm, daß er die klassische kosmologische Konstante neu erfunden habe. Coleman schien sich für Guth' Ergebnisse zu interessieren, und das war ermutigend. Zwei Tage später machte Guth einen Rechenfehler, und schloß daraus, die ganze Sache sei ein Fehler gewesen. Er brauchte zwei Wochen, um sich davon zu erholen.

Inzwischen widmete er seine ganze Zeit der Inflation, wie er seine Entdeckung nunmehr nannte. Anfang Januar fand er heraus, daß er noch ein weiteres astronomisches Rätsel lösen konnte, das sogenannte Horizontproblem: Warum war das Universum so gleichförmig geworden, wie es die Gleichförmigkeit der kosmischen Hintergrundstrahlung anzeigte? Einmal entstand beim Mittagessen in der Cafeteria des SLAC darüber eine Diskussion. Guth ließ sich das Problem von den anderen Physikern erklären, und seine Aufregung wuchs. Inzwischen war ihm klargeworden, daß diese Art von Paradoxa, die mit der Größe des Universums zu tun hatten, vielleicht durch die Inflationstheorie gelöst werden konnten. Er ging nach Hause in sein Arbeitszimmer und überzeugte sich, daß die Horizonte tatsächlich ein Problem waren. Und er merkte, daß die Inflation tatsächlich eine Erklärung dafür bot.

Der Grund für das Horizontproblem und andere Paradoxa des Urknalls lag darin, wie Guth jetzt sah, daß die herkömmliche Urknall-Theorie, wenn sie die Größe des Universums in die Vergangenheit zurückextrapolierte, eine immer gleichbleibende Expansionsrate angenommen hatte. Die Inflation hatte jedoch der Expansion einen zusätzlichen Schub gegeben. Wenn seine Theorie stimmte, hatte sich das beobachtbare Universum – das die Astronomen bisher als *das Universum* betrachtet hatten – aus einem viel kleineren Stäubchen des ursprünglichen Feuerballs entwickelt, als sie sich je vorgestellt hatten.

Guth erkannte, daß sich daraus gewaltige kosmologische und astronomische Konsequenzen ergaben. Das ursprüngliche Stäubchen wäre so klein gewesen, daß irgendwelche Unregelmäßigkeiten keine Rolle gespielt hätten. Es hätte beispielsweise bereits eine einheitliche Temperatur gehabt, und irgendwelche lokalen Dellen oder Windungen wären durch den enormen Expansionsfaktor geglättet worden wie die Falten bei einem dicken Menschen. Die daraus resultierende Raumzeit mußte so eigenschaftslos und eben erscheinen wie ein Tennisplatz. Die Monopole wären so weit verteilt, daß durchschnittlich nur noch einer pro beobachtbarem Universum auftreten würde. Kurz gesagt, es war fast gleichgültig, in welchem Zustand sich das Universum ursprünglich befunden hatte, dank der Inflation mußte es, wie Guth sich ausdrückte, »langweilig« geworden sein.

Die Inflationstheorie war ein Triumph der Grundprinzipien. In der Wissenschaft waren die Fragen, die auf der Hand lagen, am schwersten zu erkennen, zu formulieren – und zu beantworten. Innerhalb eines knappen Monats der Theoriebildung in den Randbereichen der Teilchenphysik hatte Guth drei Fragen im Prinzip beantwortet, die die Kosmologen bislang nicht gestellt hatten, weil es ihnen an Mut und Einsicht gefehlt hatte.

Als Tye aus China zurückkehrte, stellte er fest, daß Guth inzwischen zur Kosmologie bekehrt war und im SLAC herumsauste wie ein Kind, das ein neues Spielzeug entdeckt hat. Guth' Frau Susan hatte schon seit einiger Zeit bemerkt, daß er immer aufgeregter wurde, je länger er mit Tye an dem neuen Thema arbeitete, aber sie hatte nicht gewußt, warum. Erst viel später wurde ihr bewußt, daß es um Großes ging. Guth war nicht der Typ, der nach Hause oder ins Nachbarzimmer stürzte und berichtete, daß etwas unglaublich Wunderbares passiert war. Er hatte seiner Frau nicht erzählt, daß er das Universum auf den Kopf gestellt hatte.

Ende Januar aber war er bereit, es der Welt zu erzählen.

14. Ein freies Mittagessen

Die Teilchenphysik und die Kosmologie waren immer näher zusammengerückt, seit Gamow versucht hatte, den Urknall durch Kernreaktionen zu erklären. Die Astrophysiker hatten gelernt, den Kosmos mit Hilfe immer kleinerer und seltsamerer Objekte zu beschreiben. Atome, Mikrowellenphotonen, Quarks und Neutrinos hatten alle irgendwann einmal im Mittelpunkt des Interesses gestanden, als die Theoretiker sich immer näher an den Beginn des Universums herantasteten. Die Wissenschaftler, die Ende Januar 1980 in den Seminarraum des SLAC schlurften, hatten keine Ahnung, daß sie nun dem Vollzug dieser so eigentümlich langsamen Vermählung der Ideen über das ganz Große und das ganz Kleine beiwohnen würden. Sie wußten nicht, daß dieser Postdoktorand mit dem nervösen Grinsen dabei war, das Universum neu zu erfinden, und zwar nicht aus subatomaren Teilchen oder Kräften, sondern aus dem Vakuum, in dem diese herumschwirrten. Kurz gesagt, aus dem Nichts selbst.

Das von Guth beschriebene Szenario begann kurz nach der Planck-Zeit. Das Universum, anfangs ein Feuerball perfekter Energie oder das reine Chaos, dehnt sich jetzt aus und kühlt ab. Die Schwerkraft ist bereits eine separate Kraft, aber die starke, die schwache und die elektromagnetische Kraft sind immer noch in ihrer großen Einheit verbunden. Irgendwo in dem brodelnden Chaos, das die urtümliche Raumzeit gewesen sein könnte, sinkt die Temperatur unter 10^{26} Grad, und die Große Vereinheitlichte Symmetrie sollte nun eigentlich brechen. Statt dessen bleibt das Higgs-Feld in seinem Zustand stecken, und ein kleines Stückchen Raum, etwa von der Größe eines Protons, wird unterkühlt.

Die Symmetrie hängt quasi in der Luft, wie drückendes Schweigen.

Innerhalb dieser kleinen Zone befindet sich das Äquivalent von etwa neun Kilogramm falschen Vakuums, die latente Higgs-Energie. Von dieser hyperexplosiven Kraft getrieben, beginnt sich die Zone zu verdoppeln wie eine wildgewordene Amöbe in einem Science-fiction-Film aus den fünfziger Jahren. Alle 10^{-34} Sekunden wird die Blase doppelt so groß, die darin enthaltene Energie verachtfacht sich jeweils. Etwa zu dem Zeitpunkt, als die anfangs protonengroße Blase zur Größe einer Grapefruit angeschwollen ist, bricht die Symmetrie – es ist kaum ein Augenblick vergangen –, das Higgs-Feld gefriert, und es entstehen kleine Stellen »echten Vakuums« wie Blasen in kochendem Wasser. Die Phasenübergänge breiten sich, nachdem sie einmal entstanden sind, aus wie die Pest. Die Stellen echten Vakuums explodieren in dem aufgeblähten Universum und vereinigen sich. In ihrem Inneren bricht die Symmetrie, das falsche Vakuum verwandelt sich in ein echtes, und die Higgs-Energie kondensiert zu wirklicher Materie und Strahlung. Aus dieser Materie und dieser Energie werden eines Tages Wasserstoff und Helium entstehen, Galaxien, Blumen und Menschen.

Wo kommt nun all die Higgs-Energie her, die das Universum füllt, während es sich aufbläht? Sie war, wie Guth erklärte, die Folge einer jener wunderbaren Eigenheiten der allgemeinen Relativität. In jedem kosmologischen Modell gibt es zwei Komponenten von Energie. Die eine ist die Massenenergie, die der Materie und der Strahlung im Universum eigen ist, die andere ist die Energie des Gravitationsfelds, durch die all diese Dinge sich gegenseitig anziehen. Mathematisch repräsentiert das Gravitationsfeld die negative Energie: Beim Start einer Rakete muß normale Energie aufgewendet werden, um die negative Energie zu überwinden.

»In vielen kosmologischen Modellen«, erklärte Guth, »hebt die negative Gravitationsenergie exakt die positive Energie auf, aus der die Materie entstand. Mit anderen Worten, die Gesamtener-

gie des Universums ist gleich null. Wenn sich das Universum aufbläht, entsteht darin positive Energie in Form der Higgs-Energie
des falschen Vakuums. Am Ende der Inflationsphase, wenn die
Energie zu Materie kondensiert, hat die Masse des Higgs-Felds
und damit die des Universums, phantastisch zugenommen, nämlich um das 10^{100}fache der ursprünglichen neun Kilogramm.
Gleichzeitig wird jedoch, während sich alles ausdehnt, auch die
Gravitationsenergie negativer. Die Energiebilanz des Universums bleibt also ausgeglichen. Unter dem Strich kommt immer
Null heraus.«
Er machte eine Pause, sammelte sich und sagte mit einem triumphalen Grinsen: »Man sagt immer, daß es nichts umsonst
gibt. Aber das Universum ist vielleicht das freie Mittagessen par
excellence.«
Wenn die Inflationsphase zu Ende ist, beträgt das Alter des Universums etwa 10^{-20} Sekunden. Die Expansion normalisiert sich.
Das künftige beobachtbare Universum ist jetzt ein sich gleichmäßig ausdehnender Feuerball. Die Einsteinsche Raumzeitgeo-
metrie des Feuerballs ist durch den schnellen, inflationären Prozeß glattgebügelt, in diesem frühen Universum ist Omega genau
gleich null. Jetzt kann sich die gesamte »Standard«-Geschichte
des Universums entfalten, die von Leuten wie Schramm, Turner
und Peebles so mühevoll rekonstruiert wurde.

Guth schien es gelungen, ein Universum aus wenig mehr als
Grundprinzipien abzuleiten. Es war jedoch kein gewöhnliches
Universum - auf seine Art war es ein höchst ungewöhnliches
Universum, glattgebügelt und homogen. Guth beschloß, eine
Reihe von Gastvorlesungen zu halten, einerseits um die Inflationstheorie bekannt zu machen, andererseits um vielleicht doch
noch eine feste Anstellung zu bekommen. Inzwischen arbeitete
er weiter an den Details der Inflationstheorie, und er stieß dabei
auf ein Problem. Der rasende Inflationsprozeß endete nicht so
elegant, wie er es idealerweise erhofft hatte. Er war davon ausgegangen, daß sich mitten im falschen Vakuum eine Blase re-

gulärer Raumzeit bilden würde, wie eine Dampfblase in einem Topf mit kochendem Wasser, daß sie sich in aller Ruhe ausbreiten und Galaxien, Staub, Sterne und menschliche Wesen hervorbringen würde. Unglücklicherweise ergab sich jedoch bei diesem Teil der Berechnungen, daß die Blasen in Guth' Theorie zu klein waren - viel zu klein -, um eine dem heutigen Universum ähnliche Struktur zu bilden. Guth mußte einen Weg finden, wie die Blasen miteinander hatten verschmelzen können. Er mußte ungefähr 10^{80} einzelne Blasen miteinander verbinden, um zu einem Universum zu gelangen. Konnten sie in dem kochenden Wassertopf des Urknalls tatsächlich aufeinandertreffen und miteinander verschmelzen?

Die Antwort lag in einem äußerst schwierigen Teilbereich der Mathematik, der als Perkolationstheorie bezeichnet wird und sogar für den mathematisch begabten Guth zu schwierig war. Er versuchte, während seiner Vorlesungsreise Mathematiker zu finden, die in der Lage waren zu klären, ob seine Theorie einen grundsätzlichen Fehler enthielt. Inzwischen hielt er sich bedeckt. Er war sicher, daß seine Theorie irgendwie überleben würde, sie paßte zu gut und konnte einfach nicht weggewischt werden.

Schließlich fand Guth an der Cornell University einen Mathematiker, der ihm zeigte, wie er das Perkolationsproblem lösen konnte. Es funktionierte nicht. Die Blasen hätten, wenn sie aufeinandertrafen, die schöne Uniformität zerstört, die durch die Inflation entstanden war, und ein alptraumhaftes, asymmetrisches Universum hinterlassen. Guth schien in eine Sackgasse geraten zu sein, nach diesen Berechnungen hätte sein Universum endlos inflationär expandieren müssen.

Die Vorlesungsreise hatte Guth wenigstens Stellenangebote aus Minnesota, aus Pennsylvania und von einigen anderen Hochschulen eingebracht. Er hatte inzwischen eine beträchtliche Kühnheit entwickelt, und so rief er einfach einen Freund im MIT an und schlug vor, daß ihn seine alte Alma mater wiederaufnehmen könne. »Ich hatte die Zusage vom MIT«, sagte

Guth, »bevor bekannt wurde, daß mein Modell nicht funktionierte.«

Die Inflationstheorie hatte sich mittlerweile für ihn zu einer regelrechten Sucht entwickelt. Sie sah zu vielversprechend aus, als daß er bereit gewesen wäre, sie aufzugeben. Natürlich stellte die Theorie keine Lösung für die Probleme des Universums dar, sondern nur einen Lösungsansatz, aber er hoffte, daß eine Variante der Theorie doch noch funktionieren würde – irgendwie.

Im August schickte er seinen Aufsatz an die *Physical Review*. Er beschrieb dort sein Blasenproblem und bat um Lösungsvorschläge.

Er trat die Stelle am MIT an und unternahm weitere Vorlesungsreisen, um für seine Theorie zu werben. Während der nächsten paar Jahre schlug Guth kaum eine Einladung zu einem Vortrag aus.

Er konnte bereits einige frühe Anhänger seiner Theorie vorweisen. Einer der ersten war Schramm, der 1978 erklärte, daß ein flaches Universum die einzige ästhetische Lösung der Einsteinschen Gleichungen sei. Die Inflationstheorie verlangte und behauptete ein flaches Universum, und deshalb gefiel sie Schramm. Im Herbst 1978 hatte Schramm Cornell besucht und mit Tye gesprochen, seine ermutigenden Worte kamen auch Guth in Kalifornien zu Ohren. Aus einem Artikel in *Physics Today* wußte er, wer Schramm war (allerdings nicht, daß dieser zu seinem College-Jahrgang gehört hatte).

Trotzdem stand Guth 1980 und besonders bei dem Symposium in Baltimore in Texas, wo ich ihn kennenlernte, im Schatten anderer Entdeckungen. Seine Theorie war noch zu unausgegoren und unfertig. Und er war so damit beschäftigt, sie anzupreisen, daß er keine Zeit fand, sie in Ordnung zu bringen.

Da erfuhr Guth, daß er krank war. Während seines ersten Jahres am MIT litt er an Verdauungsstörungen. Die Sache wurde nicht besser, und schließlich fanden die Ärzte einen Tumor in seinem Dickdarm. Im Sommer 1981 wurde er operiert und der Dickdarm entfernt. Wie üblich hatte er Glück. Es gab keine

Anzeichen für Metastasen, er bekam weder eine Chemotherapie noch eine Strahlenbehandlung. Aber das tägliche Leben
war für Guth ähnlich wie für Hawking etwas schwieriger geworden als für gesunde Menschen.

Eine neue Inflationstheorie, die Guth' Probleme mit seiner Inflationstheorie lösten, kam im Dezember 1981 mit der Post ins
Haus. Absender war Andrei Linde, ein theoretischer Physiker
aus Moskau und natürlich ein Schüler von Seldowitsch. Guth
und sein alter Kollege von der Columbia, Erick Weinberg, arbeiteten gerade an einem Aufsatz über das Perkolationsproblem,
in dem sie erklären wollten, warum die während der Inflationsphase entstehenden Blasen zu klein waren, um ein ganzes Universum zu bilden. Als der Vorabdruck von Lindes Artikel eintraf, überflog Guth die Inhaltsangabe, sah, daß ein aus einer
einzigen Blase bestehendes Universum erwähnt wurde – also genau die Sache, deren Unmöglichkeit er und Weinberg gerade
beweisen wollten – und murmelte: »Was für ein Unsinn.«
Er wollte den Artikel schon weglegen, aber dann las er doch
weiter und wurde ganz aufgeregt. Linde hatte das Problem gelöst!
Der Schlüssel zur Lösung lag in der Art, wie das Higgs-Feld gefror, wenn die Symmetrie brach. In der ursprünglichen, von
Guth, Coleman und anderen angewandten Theorie geschah der
Phasenübergang, wenn es endlich dazu kam, fast augenblicklich:
Das Higgs-Feld gefror schlagartig. Dagegen schlug Linde vor, eine andere Version des Higgs-Felds anzunehmen, in der sich das
Gefrieren langsamer und sanfter vollzog. Sobald das Universum
in das Unterkühlungsstadium eintrat, baute sich nach dieser
Theorie die Higgs-Energie allmählich ab, wie wenn eine Kugel
einen langen, flachen Hügel hinunterrollt. In der gesamten Zeit,
die dieser Prozeß in Anspruch nahm, befand sich das Universum
im Zustand des falschen Vakuums, war voller Energie und dehnte sich inflationär aus. Das Ergebnis war ein langsamer Erstar-
rungsprozeß anstatt eines plötzlichen Gefrierens.

Die Inflation hörte von selbst auf, sobald das fallende Energieniveau auf null gesunken war. Zu diesem Zeitpunkt breitete sich dann eine Welle des echten, energielosen Vakuums, also der asymmetrischen Raumzeit, mit Lichtgeschwindigkeit im Universum aus. Vorher aber hatte die Inflation eine Blase geschaffen, mehr als groß genug, um das Universum zu bilden.

Der Einfall war genial, und Guth sah sofort, daß er funktionierte. Er vermutete, Linde hätte die Inflation selbst entdeckt, wenn er ihm nicht zuvorgekommen wäre.

In der Zwischenzeit hatten sich zwei Physiker namens Paul Steinhardt und Andreas Albrecht an der University of Pennsylvania mit denselben Ideen beschäftigt. Der Vorabdruck ihres Aufsatzes landete kurz nach dem von Linde auf Guth' Schreibtisch. Steinhardt hatte Guth ein Jahr zuvor kennengelernt, als er ein junger Dozent in Harvard war. Die Idee der Inflation gefiel Steinhardt zu gut, um sie einfach aufzugeben, und so hatte er alles darangesetzt, sie zu retten.

Guth hatte nichts dagegen, aber wie sich herausstellte, hatte Stephen Hawking einiges dagegen. Es entstand ein gewaltiges Gerangel mit Hawking auf der einen und den meisten amerikanischen Kosmologen auf der anderen Seite.

Hawking unterhielt gute Verbindungen zur Moskauer Schule, er hatte Linde 1981 in Moskau besucht, während dieser an der neuen Inflationstheorie arbeitete. Im Herbst desselben Jahres reiste Hawking in die Vereinigten Staaten, um eine Medaille des Franklin Institute in Philadelphia entgegenzunehmen. Später behauptete er, er habe Lindes Ideen in seiner Vorlesung erwähnt und Steinhardt habe die Idee für seine Veröffentlichung aus dieser Vorlesung entnommen. Kurz gesagt, Hawking hatte die Befürchtung, die Theorie seines Freundes Linde ausgeplaudert zu haben.

Steinhardt war am Boden zerstört, als er von der Beschuldigung erfuhr. Er war nur ein junger Professor in Pennsylvania, Hawking hingegen war der Nachfolger von Newton und Dirac auf dem Lukasischen Lehrstuhl für Mathematik in Cambridge.

Steinhardt konnte sich nicht daran erinnern, daß Hawking über Lindes Theorie gesprochen hatte, und anderen amerikanischen Physikern, die Hawking während seiner Vortragsreise gehört hatten, ging es ebenso. Aber Hawking war wie immer dickköpfig.

Und dann hörte Steinhardt auch noch, daß ich von der Kontroverse über die neue Inflationstheorie wußte. Er meinte, wenn ich darüber schriebe, würde das seiner Karriere noch mehr schaden. Doch als Hawking dann die Beschuldigung in seinem Bestseller *Eine kurze Geschichte der Zeit* wiederholte, wurde Steinhardt aktiv. Er machte sich auf die Suche und förderte ein Videoband von Hawkings Vorlesung in Philadelphia zutage. Das Band bewies, daß Hawking Lindes neue Inflationstheorie in seiner Vorlesung nicht erwähnt hatte. Steinhardt schickte eine Kopie an Hawking. Da endlich ließ Hawking wissen, er werde den beleidigenden Abschnitt in künftigen Auflagen seines Buches streichen. Bei dieser Episode zeigte sich die Schattenseite von Hawkings legendärer Dickköpfigkeit.

Inzwischen hatte sich Hawking selbst mit der Inflationstheorie befaßt und ein weiteres Problem gelöst – nämlich daß die Inflationstheorie ein zu gleichförmiges Universum voraussagte. Ein völlig ebenes, gleichförmiges Universum wäre steril gewesen – darin hätten niemals Galaxien entstehen können.

Hawking wies darauf hin, daß die Inflationstheoretiker die Quantenmechanik außer acht gelassen hatten. Das Prinzip der Unschärfe, argumentierte er, bedeute, daß das Higgs-Feld nicht völlig gleichmäßig im Raum verteilt, sondern willkürlichen Quantenfluktuationen ausgesetzt sei. Wenn das Higgs-Feld am Ende der Inflationsphase zu Materie und Strahlung kondensierte, mußten die Fluktuationen zu kleinen Unregelmäßigkeiten in der Dichte der Materie und der Energie führen. Äonen später bildeten sich aus den Unregelmäßigkeiten Galaxien und Sternhaufen.

Das war vielleicht die zweithöchste Vollendung des Traumes von Fermiland: die Existenz ganzer Galaxien, dieser majestätischen Feuerräder aus hundert Milliarden Sonnen, dieser größten Einzelobjekte im Kosmos, zurückgeführt auf eine Quantenfluktuation in einem halbmetaphysischen Kraftfeld, das kein Mensch je gesehen hatte, zu einer Zeit, als das Universum ein Billionstel eines Billionstels einer Billionstelsekunde alt war. Die höchste Vollendung hätte darin bestanden, das ganze Universum als eine Art Quanteneffekt zu beschreiben.

Hawkings Berechnungen waren umstritten. Zufällig hatte er für den Sommer 1982 in Cambridge einen Sommerworkshop über das frühe Universum organisiert. Um die Teilnahme der talentierten jungen Russen zu sichern, hatte er ein älteres Mitglied der sowjetischen Akademie der Wissenschaften eingeladen, einen Mann, der zwar wissenschaftlich nichts beitragen konnte, aber Einfluß hatte und versprach, einige seiner jüngeren Kollegen mitzubringen. So gelang es auch Linde und einigen anderen, nach Cambridge zu kommen. Auch Steinhardt kam, Hawking verhielt sich ihm gegenüber kühl.

Als der Workshop stattfand, hatte sich die Inflationstheorie bereits wie ein Lauffeuer in der Kosmologie verbreitet. Guth und ein halbes Dutzend anderer Wissenschaftler waren entschlossen, in Cambridge herauszufinden, ob Hawking wirklich recht hatte und der ganze Inhalt, die Größe und die Struktur des Universums die Folge von Quantenfluktuationen waren.

Guth sagte, es sei fast wie früher in der Schule gewesen. Der Workshop dauerte drei Wochen. Die Wissenschaftler waren in Studentenwohnheimen untergebracht, es gab nicht einmal Telefone. Jeden Morgen traf man sich in Hawkings Reich, der Abteilung für Angewandte Mathematik und Theoretische Physik, und hörte Vorlesungen. Die übrige Zeit des Tages blieb der Arbeit und Gesprächen vorbehalten.

Nach drei Wochen wilden Rechnens waren sich alle einig, daß beide, Hawking und die Inflationstheorie, zugleich recht und unrecht hatten. Die Dichtefluktuationen, die durch das Higgs-Feld während der Inflationsphase hervorgerufen wurden, hatten tatsächlich die Form und waren so verteilt, wie es physikalische

Kosmologen wie Peebles und Seldowitsch als idealen Zustand beschrieben hatten. Aber sie waren zehntausendmal zu dicht. Wenn das Universum nach diesem Szenario entstanden wäre, müßten heute alle Galaxien Schwarze Löcher sein.

Der erste Teil der Antwort wurde als ein großer Sieg der Inflationstheorie betrachtet und als ein Zeichen, daß sich die Kosmologie auf dem richtigen Weg befand. Der zweite Teil, das überwältigende Ausmaß der Dichtefluktuationen, wurde auf einen Fehler der zugrundeliegenden Teilchenphysik zurückgeführt, nämlich auf das von Glashow und Georgi entwickelte SU-(5)-Modell. Ein sehr selbstbewußter Kosmologe hätte die Gelegenheit beim Schopf packen und erklären können, SU (5) sei einfach nicht die richtige Große Vereinheitlichte Theorie, weil sie keine Galaxien produziere – das wäre eine kühne Anwendung des Teilchenbeschleunigers des armen Mannes gewesen.

Glücklicherweise war das, wie Guth erzählte, nicht nötig. SU (5), die einfachste GUT, war bei den Physikern bereits in Ungnade gefallen, weil sie behauptete, daß Protonen nach 10^{30} Jahren zerfallen müßten. Im Jahr 1982 hatte man unterirdische Experimente durchgeführt, um den Zerfall nachzuweisen, aber man hatte nicht die Spur davon gefunden. Dies bedeutete, daß die Lebenszeit von Protonen mindestens 10^{32} Jahre betragen mußte, und das paßte nicht zur Theorie von Glashow und Georgi.

Die einfachste Große Vereinheitlichte Theorie war damit gestorben, aber es warteten schon anspruchsvollere und kompliziertere Modelle auf ihre Stunde. Die populärsten Modelle wiesen alle eine Eigenschaft namens Supersymmetrie auf. Sie postulierten noch eine weitere Bruderschaft von Partikeln, diesmal zwischen den Grundbausteinen der Materie, den Quarks, Elektronen und Neutrinos, und zwischen den kräftetragenden Teilchen, den Bosonen, Photonen, Gluonen und W-Bosonen. Solche Theorien hatten für die Kosmologie zwei interessante Konsequenzen: erstens, daß ganze Familien neuer Teilchen mit exotischen Namen wie Photinos, Gluinos, Gravitinos, Winos,

Squarks und Sneutrinos auf ihre Entdeckung warteten; wenn diese Teilchen im Feuerball des Urknalls existiert hatten und im Universum existierten, dann würden sie vielleicht beobachtbare Wirkungen haben. Und zweitens wäre mit dem Bruch der Supersymmetrie in der Frühgeschichte des Universums eine weitere Gelegenheit gegeben, bei der das Higgs-Feld einen Phasenübergang durchlaufen und »gefrieren« konnte, mit anderen Worten, hier hatte es vielleicht eine weitere Inflationsphase gegeben.

Wie der Teilchenphysiker Heinz Pagels richtig bemerkte, kam niemand mehr an der Inflationstheorie vorbei. Nachdem sie einmal entwickelt war, fand man überall Gelegenheiten für inflationäre Prozesse. Man konnte sie nicht mehr aus dem Universum heraushalten. Da waren all diese Symmetriebrüche, bei jedem gab es ein Higgs-Feld und einen Phasenübergang. War eine Inflation aufgetreten, als die elektroschwache Symmetrie brach, als die Quarks sich abtrennten oder als die Schwerkraft als separate Kraft entstand? Linde entwickelte eine Theorie, die er chaotische Inflationstheorie nannte. Zufällige Quantenfluktuationen hatten, so argumentierte er, in den Feldern, die das Universum ausfüllten, die Energiedichte des Vakuums regional erhöht und bei dem betroffenen Teil des Universums einen starken Inflationsprozeß ausgelöst. Andere Wissenschaftler entwickelten Modelle, nach denen sich das Universum zweimal inflationär ausgedehnt hatte.

All diese Theorien hatten den Aspekt gemeinsam, daß sich das Universum inflationär ausdehnte. In gewissem Sinne war die Inflationsphase der Beginn der sinnvollen Physik. Was zuvor passiert war, spielte bei dem, was danach kam, so gut wie keine Rolle mehr.

Im Dezember 1982, als in Austin das zehnte Texas-Symposium zusammentrat, wurde Guth die höchste Ehre zuteil, die einem Kosmologen in Fermiland zuteil werden kann. Er durfte gleich nach der Begrüßungsansprache des Bürgermeisters von Austin die Eröffnungsvorlesung halten, vor einem ganzen Ballsaal voller Astrophysiker, Astronomen, Theoretiker der allgemeinen Relativitätstheorie und Physiker.

Inspiriert durch die chaotische Inflationstheorie, entwickelte Guth das »Universum im Keller«. Seit er das Universum mit einem freien Mittagessen verglichen hatte, liebte er Theorien über das Nichts. Angesichts der Tatsache, daß man nur neun Kilogramm falsches Vakuum brauchte, um ein Universum zu schaffen, überlegte Guth, was wohl passieren würde, wenn man eine Handvoll Materie zu einer so ungeheuren Dichte und Temperatur komprimieren könnte, daß die Temperatur der großen Vereinheitlichung wieder erreicht würde und ein falsches Vakuum entstünde.

Würde die Versuchsanordnung mit exponentieller Kraft explodieren und das lokale Universum auslöschen?

Die Antwort, so fand Guth zu seinem Vergnügen heraus, lautete ja und nein zugleich. Wenn man neun Kilogramm Materie zu einem Klumpen von 10^{-24} Zentimetern Durchmesser komprimieren könnte, hätte er eine Masse, die ungefähr 1075 mal so dicht wäre wie Wasser. Wenn außerdem bestimmte andere Bedingungen erfüllt wären, würde sich eine Blase falschen Vakuums bilden oder ein »child universe« (ein Ableger des Universums; A. d. Ü.), wie Guth es nannte. Von außen betrachtet würde es wie ein Schwarzes Loch aussehen, von innen her aber wie ein Universum, das sich inflationär ausdehnte. »Das Experiment wäre ungefährlich«, erklärte Guth. Das »child universe« würde sich parallel zu unserem Universum entwickeln und sich in seiner eigenen Raumzeit ausdehnen.

Das Schwarze Loch, seine Nabelschnur, wäre innerhalb von 10^{-34} Sekunden verschwunden, und damit wäre jede Verbindung zwischen dem »child universe« und unserem Universum gekappt. Obwohl das neue Universum von außen wie ein sich auflösender Schwarzer Punkt aussehen würde, wäre es von innen ein richtiges Universum, das sich Milliarden von Lichtjahren ausdehnen und Galaxien bilden könnte.

Außer der Energie, die man bräuchte, um Materie so zu komprimieren, daß ein falsches Vakuum entstünde, stießen Guth und sein Mitarbeiter Ed Fahri nur noch auf ein weiteres Hindernis, das die Entstehung ihres »Kelleruniversums« verhindert hätte. Damit der dichte kleine Punkt kein hundsgewöhnliches Schwarzes Loch würde, mußte er auf eine bereits existierende Singularität geheftet sein – und die fand man in einem Durchschnittskeller vermutlich nicht.

Es gab jedoch einen Ausweg, wie Guth kichernd erklärte. Der Quantentheorie zufolge müßten im Raum viele solcher Singularitäten in Form virtueller Schwarzer Löcher existieren. Ihr brodelnder Kollaps und ihr ständiges Verschwinden würden ständig kleinste Teile von Raum und Zeit aus dem Gleichgewicht bringen – und vielleicht die Grundlage für neue Universen liefern. Die Quantenfluktuationen könnten also buchstäblich unter unseren Händen permanent unendlich viele Universen ausbrüten. Es könnte eine unendliche Kette von Universen geben, die wiederum neue Universen gebären würden. Die Energie, die man für den Beginn eines neuen Universums bräuchte, war zwar mit den gegenwärtigen technischen Möglichkeiten nicht zu erzeugen, aber das bedeutete nicht, daß das für alle Zukunft so bleiben mußte. Vielleicht gab es irgendwo draußen im Meta-Universum eine überlegene Rasse, die dazu in der Lage wäre.

»Tatsächlich«, schloß Guth, »könnte jemand das Universum, in dem wir leben, in seinem Keller gestartet haben.« Und dabei lachte er in sich hinein.

III.
Das Schattenuniversum

15. Die Hubble-Kriege

Allan Sandage genoß in der Astronomie geradezu unermeßliches Prestige. Mitte der siebziger Jahre war er seit fünfundzwanzig Jahren »Mr. Cosmology« oder der »Super-Hubble«, wie manche ihn nannten. Generationen von Astronomen waren herangewachsen, die Hubble nie gekannt und nie etwas anderes erlebt hatten, als daß Sandage schnaufend zum 5-Meter-Teleskop hinaufstieg und am laufenden Band Aufsätze über die Hubble-Konstante, den Bremsparameter und unzählige andere Themen produzierte. Er war eine Naturgewalt, ein Meilenstein, wie eine jener riesigen elliptischen Galaxien in den Zentren der Galaxienhaufen.

Im Jahr 1975 erzählte Jesse Greenstein dem Wissenschaftsautor Timothy Ferris folgendes: »Vieles von dem, was Sandage macht, hat er schon so lange gemacht, daß jeder, der auch nur aufholen wollte, Jahre dazu brauchen würde. Ohnehin käme niemand auf den Gedanken, seine Arbeit nachzuvollziehen, weil er als ein Mann von absoluter Integrität gilt. Ich kenne kein anderes Gebiet auf der Welt, wo man das von einem Menschen sagen kann, daß er absolut integer ist.«

Ein Jahr später geschah das Undenkbare: Sandage wurde beschuldigt, er habe die Messung der Hubble-Konstante durch eine lange, verwirrende Kette von fragwürdigen Annahmen, Zirkelschlüssen und vielleicht auch durch Wunschdenken verfälscht. Die Beschuldigung wurde nicht in irgendeiner obskuren Zeitschrift erhoben, sondern im französischen Grenoble, auf dem Podium der alle drei Jahre stattfindenden Konferenz der Internationalen Astronomischen Union, der weltweit größten Versammlung von Astronomen. Die wirkliche Hubble-Konstante, so der Kritiker, betrage nicht fünfzig, sondern hundert. Das bedeutete, daß das Universum nicht zwanzig Milliarden Jahre alt war, sondern höchstens zehn. Sandage wankte unter diesem Angriff und unter denen, die ihm folgten. Sein Kampfgeist erlahmte. In den nächsten zehn Jahren sah er sich von den Fachleuten eines Wissenschaftsbereichs angegriffen, den er selbst mitbegründet hatte, ausgerechnet von jener Handvoll Leute, die seine Arbeit wirklich verstanden.

Sein Herausforderer, Gérard de Vaucouleurs, ein Franzose, der sich in Texas niedergelassen hatte, war stolz auf sein gallisches Erbe, trug aber trotzdem bevorzugt Cowboystiefel und einen Stetson. Er war ein schlanker, eleganter Mann mit glatt zurückgekämmten Haaren und steifen Manieren. Sandage kannte ihn schon lange: Seit zwanzig Jahren gerieten sie sich in der Kosmologie immer wieder in die Haare.

Gérard de Vaucouleurs war in Paris aufgewachsen und hatte an der Sorbonne Astronomie studiert. Er hatte Hubbles Arbeit im fernen Kalifornien mit großem Neid verfolgt. Er wollte ebenfalls Galaxien erforschen, aber in Europa gab es keine extragalaktische Astronomie. Die französische Astronomie war im Sonnensystem steckengeblieben. Frankreichs ganzer Stolz war das Observatorium auf dem Pic du Midi, wo dank der atmosphärischen Bedingungen die klarsten Aufnahmen der Planeten gemacht werden konnten. Auch de Vaucouleurs mußte deshalb natürlich zunächst über die Planeten arbeiten. Er maß dabei unter anderem die Rotationsrate des Planeten Mars mit einer Genauigkeit, die erst übertroffen wurde, als Raumfahrzeuge zum Mars geschickt wurden. Nach dem Examen bekam er ein Stipendium, um am Mount Stromlo Observatory in Australien planetarische Forschungen zu treiben.

Kaum war er dort, richtete er auch schon das Teleskop auf den südlichen Himmel und suchte nach Galaxien. Er betrat damit ein weitgehend unerforschtes Gebiet, denn die Mehrheit der Astronomen und großen Teleskope befand sich in der nördlichen Hemisphäre. Den Details des südlichen Himmels hatte die Astronomie noch wenig Aufmerksamkeit geschenkt; ein Großteil war noch nie genau durchmustert worden, viele seiner Galaxien waren noch nicht katalogisiert oder klassifiziert. De Vaucouleurs wollte sie klassifizieren, dabei stützte er sich auf sein Wissen über Hubbles Arbeit. Aber seine Beobachtungen ergaben für ihn keinen Sinn, und so wandte er sich hilfesuchend an Sandage.

Sandage stellte damals gerade den *Hubble-Atlas* zusammen, einen Bildband mit verschiedenen Typen von Galaxien. Der Atlas, eine Art außergalaktisches Bestiarium, hatte Hubble sehr am Herzen gelegen. Sandage fühlte sich zunächst persönlich verpflichtet, all die unvollendeten Mount-Wilson-Projekte zu Ende zu führen, und neben das Pflichtgefühl war mit der Zeit fast unmerklich auch der Stolz getreten.

Die Klassifizierung von Galaxien war ein Mittelding zwischen Kunst und Wissenschaft. Nach der ersten Veröffentlichung seines Klassifikationsschemas im Jahr 1936 hatte Hubble einige technische Korrekturen vorgenommen und eine Menge Galaxien neu klassifiziert. Sämtliche Daten zur Erklärung und Untermauerung dieser Arbeit lagen jetzt auf Sandages Schreibtisch. Er wollte sie im *Hubble-Atlas* zusammenstellen und so seinem Mentor ein Denkmal setzen. Die Galaxien waren Hubble besonders wichtig gewesen, jetzt gehörten sie Sandage.

Als de Vaucouleurs 1955 in den USA eintraf, begab er sich geradewegs in die Santa Barbara Street, wo er von Sandage wie ein lange vermißter Bruder begrüßt wurde. »Die Arbeit mit Galaxien ist ein einsames Geschäft«, stöhnte Sandage und machte de Vaucouleurs unverzüglich Hubbles Material zugänglich, einschließlich der Platten, die zwischen 1936 und 1950 aufgenommen worden waren.

Mit der Originalquelle vor Augen begriff de Vaucouleurs das Klassifikationsschema für Galaxien schnell. Er fuhr zurück in den Süden, klassifizierte die südlichen Galaxien und schrieb einen Aufsatz darüber.

Inzwischen war Sandage gebeten worden, für eine deutsche Enzyklopädie mit dem Titel *Handbuch der Physik* einen Artikel über die Klassifizierung von Galaxien zu schreiben. Er war zu beschäftigt und schlug den Herausgebern vor, bei de Vaucouleurs anzufragen. De Vaucouleurs bekam den Auftrag, und als er 1958 an Sandage schrieb und um Illustrationen für sein Projekt bat, schickte ihm dieser Probeabzüge für den *Hubble-Atlas* in der Annahme, de Vaucouleurs werde sie als Basis für Zeichnungen oder Diagramme nutzen. Doch de Vaucouleurs kopierte das Material einfach, und es wurde unverändert im *Handbuch* abgedruckt. Hubble und Sandage waren von einem kleinen Außenseiter mit ihrem eigenen Material ausgestochen worden.

»Ich war ziemlich wütend«, erzählte Sandage später. »Er hatte mich nicht um Erlaubnis gefragt, und so hat unsere Feindschaft wohl begonnen. Das war zwei Jahre bevor der *Hubble-Atlas* erschien. Sein Verhalten hat mich sehr verletzt.«

Obwohl sie später wieder versöhnliche Briefe austauschten, herrschte von da an zwischen den beiden Männern eine gewisse Rivalität. Tonlage und Thema der Auseinandersetzung waren damit angeschlagen: Sandage, der arrogante Hüter der Tradition und Hüter der Daten, spielte die Rolle des belagerten Erben, de Vaucouleurs war der Außenseiter, der an das Erbe heranwill.

In den folgenden Jahren fand de Vaucouleurs seine eigene Nische als Kosmologe und Experte für Galaxien und landete an der University of Texas (die Universität hatte ein 2-Meter- und ein 2,5-Meter-Teleskop in ihren eigenen Observatorien in den dunklen, wilden Davis Mountains.) Dort leitete er eine kleine Forschungsgruppe von Doktoranden und Postdoktoranden, die ihn »GDV« nannten. Im Laufe der Zeit veröffentlichte er einige Aufsätze über die Hubble-Konstante. Zusammen mit seiner Frau, die ebenfalls Astronomin war, hatte er einen Katalog der hellsten Galaxien erstellt, der ein Standardwerk wurde. Überdies galt er weltweit immer noch als der Experte für die Rotation des Mars. De Vaucouleurs hatte an den meisten der auf Mount Wilson und Mount Palomar traditionell gehegten Ansichten über das Universum etwas auszusetzen. Über die Homogenität des Universums vertrat er eine völlig andere Meinung als Sandage. Nach der traditionellen Sichtweise waren die Galaxien und Haufen relativ gleichmäßig im Raum verteilt. Dagegen war de Vaucouleurs schon Ende der fünfziger Jahre davon überzeugt, daß das Universum im Gegenteil häßlich und asymmetrisch war. Die Haufen, so argumentierte er, waren nicht die glatten Kugeln von Galaxien, als die Leute wie Peebles und Sandage sie gesehen hatten, sondern unschöne, asymmetrische Anhäufungen. Obendrein meinte er, die Haufen seien ihrerseits Bestandteile der von ihm so genannten Superhaufen mit einer Ausdehnung von Dutzenden oder Hunderten von Millionen Lichtjahren. Es gab riesige Gebiete im Universum, die reich an Galaxien waren, und andere, in denen es kaum welche gab. Wir leben, wie er sagte, am Rand eines dieser gigantischen Superhaufen. In gewisser Weise nahm er damit das »Pfannkuchen-Modell« vorweg, das Seldowitsch in den siebziger Jahren entwickelte, aber de Vaucouleurs hatte kein Interesse an Theorie.

Sandage und Tammann hatten von der sogenannten Superhaufenstruktur keine Spur finden können. Sie hatten eine raffinierte Skala von Entfernungsindikatoren benutzt, die aus sogenannten Standardkerzen bestand, mit den veränderlichen Delta-Cephei-Sternen begann und mit gigantischen Spiralgalaxien endete. Mit dieser Methode waren sie zu dem Schluß gekommen, daß sich die Galaxien in alle Richtungen gleichmäßig voneinander entfernten, und zwar mit einer Geschwindigkeit, die einer Hubble-Konstante von etwa fünfzig Kilometern pro Sekunde pro Million Parsek Entfernung entsprach. Als die beiden ihre vorläufigen Resultate diskutierten, tauchte de Vaucouleurs auf und behauptete, ihnen sei ein Irrtum unterlaufen: Durch die Schwerkraft des Virgohaufens verlaufe die Expansion in dieser Region des Raums verlangsamt. Und wenn sie die Expansionsrate von Galaxien weit außerhalb des lokalen Superhaufens messen würden, dann würde sich, so wiederholte er beharrlich, die »Hubble-Zahl« vergrößern.

Im Sommer 1976 verbrachte de Vaucouleurs, wie er mir später erzählte, ein Forschungssemester am Observatorium von Edinburgh in Schottland. Die britischen und europäischen Astronomen bereiteten sich damals gerade auf eine große photographische Durchmusterung des vergleichsweise unerforschten südlichen Himmels vor. Malcolm Smith, einer der Astronomen vor Ort, erhielt den Auftrag, die Arbeiten von Sandage und Tammann über die Hubble-Konstante zu rezensieren, besonders soweit sie die südliche Hemisphäre betrafen. De Vaucouleurs behauptete, er habe sich noch nicht wirklich intensiv mit den Veröffentlichungen der beiden Astronomen befaßt, und bot seine Hilfe an. Er machte sich daran, die gesamte Reihe von sechs Aufsätzen mit dem Titel *Steps to the Hubble Constant* noch einmal zu lesen.

Je tiefer er in die Materie eindrang und versuchte, die Argumente nachzuvollziehen, mit denen Sandage und Tammann die kosmische Entfernungsskala konstruiert hatten, desto weniger gefielen sie ihm, wie er sagte. Die Aufsätze verwirrten und ärgerten ihn. Die Argumentation erschien ihm wackelig und voller Zirkelschlüsse.

De Vaucouleurs unterzog alle sechs Aufsätze einer systematischen Kritik und behauptete, er habe zwölf »Schnitzer« gefunden, die alle die angenommene Größe des Universums und sein Alter erhöhten.

»Ich fühlte mich dazu verpflichtet, etwas zu korrigieren«, sagte de Vaucouleurs feierlich, »das bereits Eingang in die Lehrbücher fand.« Zufällig bot sich ihm wenig später eine ideale Gelegenheit, um »Alarm zu schlagen«. Im September versammelten sich in Grenoble etwa fünftausend Astronomen der Internationalen Astronomischen Union zu ihrer alle drei Jahre stattfindenden Konferenz. De Vaucouleurs war eingeladen, eines der prestigeträchtigen »Gastreferate« vor der gesamten Versammlung zu halten. In Grenoble verkündete er seinen Zuhörern – Sandage war nicht darunter –, daß Sandage und Tammann sich geirrt hätten, und er bot seine eigene Schätzung der Hubble-Konstante an, die auf der Helligkeit der Kugelhaufen in den Galaxien des Virgo-, des Fornax- und des Hydrahaufens beruhte – eine Methode, die Sandage selbst im Jahr 1968 benutzt hatte. De Vaucouleurs war dabei zu dem Schluß gekommen, daß das Universum nur halb so groß sei, wie Sandage angenommen hatte.

Als nächsten Schritt schrieb de Vaucouleurs seinen Vortrag nieder und versuchte, ihn in *Nature* zu publizieren. Er sagte, Sandage habe ihm davon mit dem Argument abgeraten, daß es ohnehin nur sechs Leute auf der Welt gebe, die seine Argumente verstünden. De Vaucouleurs antwortete darauf, er würde in Pension gehen, wenn er so viele Fehler gemacht hätte wie Sandage.

De Vaucouleurs sah sich als David, der Goliath geschlagen hat, und es erforderte tatsächlich Mut, sich mit Sandage und der Orthodoxie anzulegen. Viele Astronomen hatten Angst. Ältere Kollegen in Texas baten ihn, wie er berichtete, Ruhe zu geben, weil sie negative Auswirkungen auf ihren Fachbereich fürchteten. De Vaucouleurs blieb standhaft. »Man kann nicht um einer Freundschaft willen den falschen Weg einschlagen oder die falschen Schlüsse ziehen. Es tut mir leid, daß ich das sagen muß.« Die erste Reaktion war, daß er im Kollegenkreis geächtet wurde. Die Gutachter für seinen Artikel in *Nature* machten Ausflüchte und hielten ihn hin. Irgendwann gingen den Herausgebern sogar die Gutachter aus, und sie baten de Vaucouleurs, einige europäische Astronomen zu benennen, die seinen Aufsatz lesen sollten.

De Vaucouleurs entwickelte nun in Konkurrenz zu Sandage ein völlig neues System zur Entfernungsbestimmung. Er führte eine Unmenge neuer Entfernungsindikatoren ein, wie etwa die Durchmesser der sogenannten Ringgalaxien, der hellsten Sternhaufen, und eine Methode, die er den Helligkeitsindex nannte, um damit die klassischen, vielfach erprobten Methoden zu ergänzen und zu ersetzen, die auf Hubble und Shapley zurückgingen. Einige seiner Methoden benutzte er, um Entfernungen festzustellen, andere, um seine Entfernungsindikatoren zu überprüfen. Verglichen mit seinem System wirkte das von Sandage und Tammann simpel. Das Diagramm, mit dem er sein System darstellte, sah aus wie der Eiffelturm: Mehrere Hierarchien von Messungen stiegen zu einem Gipfel der Wahrheit auf, elegant verstrebt durch Gegenkontrollen, nachträgliche Vergleiche, Eichungen, und Prüfungen der Linearität. In einer Beziehung war seine Methode einfach: Er traute keiner Intuition und keinem Prinzip mehr als den anderen und benutzte jede Möglichkeit, die ihm einfiel – gleichgültig, wie unausgegoren sie sein mochte –, um Entfernungen zu messen. Dann zog er den Mittelwert aus sämtlichen Resultaten. Die verschlagene Mutter Natur würde einen derart wilden Angriff sicher nicht parieren und ihre Geheimnisse preisgeben müssen. Er nannte das »die Risiken streuen«.

Bei seiner neuen Kampagne hatte de Vaucouleurs vor allem die riesige Menge von bereits publizierten Daten nochmals analysiert und war zu dem unausweichlichen Schluß gekommen, daß die Hubble-Konstante noch größer war – sie stieg auf über hundert. Sein Universum war also nur halb so groß und nur halb so alt wie das von Sandage und Tammann.

De Vaucouleurs ging auf Reisen und verkaufte seine neue Hubble-Konstante wie ein Autohändler, indem er die Vorzüge seines neuen Luxusmodells gegenüber dem beklagenswert primitiven Angebot der Konkurrenz begeistert pries.

Im Jahr 1980 hatte er einen Starauftritt beim Texas-Symposium, Sandage und Tammann reagierten nicht. Anschließend erklärte er sich bereit, bei einem Bier und ohne Bandaufzeichnung über die Kontroverse um die Hubble-Konstante zu sprechen. Er kam elegant gekleidet, mit feierlicher Miene, und vermittelte den Eindruck, als wären die Verstöße, die er Sandage vorwarf, ein so gravierender Schandfleck für die Wissenschaft, daß man sie nicht aus den Reihen der Eingeweihten hinausdringen lassen dürfe. Außerdem gab er sich den Anschein, als könne er es nicht mit seiner Ehre vereinbaren, Kollegen zu kritisieren. Er gebärdete sich wie ein Mann, der widerstrebend seine einstigen Idole geschlachtet hat und nicht darüber sprechen will – die Wissenschaft sollte für sich selbst sprechen.

Hinter dieser europäisch geprägten Zurückhaltung lagen die verletzten Gefühle eines Mannes, der meinte, die Großen seines Fachs hätten ihm nie ganz den Respekt gezollt, den er verdiente. De Vaucouleurs behauptet von sich, außer Briefmarkensammeln habe er keine anderen Interessen als die Wissenschaft. Bei seiner Vorlesung und während unseres Gesprächs kam er immer wieder auf seine ziemlich rigiden Vorstellungen über akzeptable und nichtakzeptable Methoden zur Erstellung einer Entfernungsskala zurück, so etwa auf die Notwendigkeit, Extrapolationen zu vermeiden. Schließlich gewann sein Bedürfnis, sich zu verteidigen, doch noch die Oberhand, und er füllte mein ganzes Notizbuch mit Diagrammen.

Sandage und Tammann, begann er, hätten zuviel Vertrauen in die Natur. Sie hielten das Universum für gleichförmig, er hingegen nehme an, daß es vielleicht nicht gleichförmig sei. Die beiden verließen sich nur auf einige ausgewählte Entfernungsindikatoren, die Cepheiden oder die Größe von Gaswolken, für jede Stufe der Entfernung, und dies bedeute, daß jeder Irrtum, der ihnen dabei unterlaufe, die gesamte Hubblesche Berechnung verfälschen würde.

Sandage lasse sich zu sehr von seiner Intuition leiten. Wenn er in der Ferne einen Indianer stehen sehe, brummte de Vaucouleurs, dann würde Sandage annehmen, dieser sei so groß wie er selbst, er jedoch werde immer in Betracht ziehen, daß es sich um einen Pygmäen handeln könnte. De Vaucouleurs hielt alles für einen Trick. Er glaube nicht, daß es irgendwo in der Natur Widerspruchsfreiheit geben könne. In de Vaucouleurs Universum paßte nichts zusammen, nichts addierte sich zu einem größeren Ganzen, für ihn schien das Universum tatsächlich weniger zu sein als seine Teile. Für ihn gab es keine alles überspannende Sicht, keine Theorie. Die Kosmologie war wertlos. De Vaucouleurs stand für Anarchie, er war kein Gentleman der Mount-Wilson-Schule.

Besonders empörte ihn, daß Sandage und Tammann nicht berücksichtigt hatten, daß sie all ihre Galaxien aus dem Inneren einer staubigen Galaxis betrachteten, der Milchstraße. Wie jedermann weiß, schwächt unser eigener interstellarer Staub die Helligkeit der dahinterliegenden Galaxien und ihrer Cepheiden ab, und sie erscheinen dadurch weiter entfernt. Obwohl die Auswirkungen gering waren – sie waren nur zu einem Prozent verantwortlich dafür, daß die beiden Hubble-Konstanten um den Faktor zwei differierten – zeigte dies für de Vaucouleurs, wie weitgehend Sandage und Tammann ihre Daten manipuliert hätten: Sie wären arrogant genug anzunehmen, daß Gott ihnen ein kleines, staubfreies Loch gelassen hatte, durch das sie aus ihrer Galaxis hinausblicken konnten.

Am verdammungswürdigsten und unhaltbarsten erschien de Vaucouleurs jedoch die Art, wie Sandage und Tammann M 101 benutzt hatten, die gigantische Spiralgalaxie, die beim Aufstellen ihrer Entfernungsskala eine zentrale Rolle gespielt hatte. Sandage und Tammann hatten, so argumentierte de Vaucouleurs, die Eigenschaften der weniger hellen und kleineren Galaxien – beispielsweise die Helligkeit ihrer hellsten Sterne und ihrer Wasserstoffwolken – bis hinauf zur Klasse der Riesenspiralgalaxien, zu der M101 gehörte, extrapoliert. Dann waren sie von der Richtigkeit ihrer Extrapolation ausgegangen und hatten diese benutzt, um zu »beweisen«, daß M 101 und andere Spiralgalaxien Standardkerzen waren, und so hatten sie ihre Entfernungen abgeleitet und die Hubble-Konstante bestimmt. Dabei waren sie wiederum intuitiv von der Gleichförmigkeit der Natur ausgegangen. Für de Vaucouleurs war eine Extrapolation nur eine Schätzung. »Nachdem sie sich für eine mögliche Extrapolation entschieden hatten«, sagte er, »war sie auf einmal eine Tatsache.«

Die Entfernungsskala von Sandage und Tammann, scherzte er, müsse mit einem Beipackzettel versehen sein, daß der Hersteller jede Verantwortung für ihre Anwendung ablehne.

Sandage kochte vor Wut über diesen Angriff, aber es war nicht sein Stil, mit einer Gegenkritik zu antworten, zumindest nicht in der Fachliteratur. Er bezeichnete de Vaucouleurs' Entfernungsindikatoren verächtlich als »Spielereien«: »Wenn man seine Indikatoren genau betrachtet, merkt man, daß sie alle darauf hinauslaufen, daß man den Mittelwert von etwas nimmt, das eine große Ausdehnung hat. Das ist schön und gut, aber das Problem bei allem, das wie die linearen Durchmesser von Spiralgalaxien eine große Ausdehnung hat, besteht darin, daß man zwar einen Mittelwert bekommt, aber im Einzelfall gewaltige Fehler auftreten.« Diese Fehler führten immer dazu, daß sich die Entfernungsskala so verzerre, daß die wirkliche Leuchtkraft und Entfernung weit entfernter Objekte unterschätzt würden. Das geschieht deshalb, weil Galaxien mit geringer Leuchtkraft bei großen Entfernungen nicht mehr sichtbar sind; je weiter wir blicken, desto weniger Galaxien mit unterdurchschnittlicher Leuchtkraft können wir sehen und desto stärker konzentriert sich unsere Aufmerksamkeit auf die helleren. Wenn also ein Mann wie de Vaucouleurs »durchschnittliche« Galaxien miteinander verglich, dann verglich er unwissentlich durchschnittliche Galaxien in der Nähe mit überdurchschnittlichen Galaxien in der Ferne. In diesem Fall wird die Leuchtkraft der weit entfernten Galaxien systematisch unterschätzt und damit auch ihre Entfernung. Astronomen nennen dieses Phänomen die Malmquist-Abweichung, und sie ist seit eh und je ein schwieriges Problem der Kosmologie.

De Vaucouleurs, schloß Sandage, sei der Malmquist-Abweichung aufgesessen, aber: »Er versteht das nicht. Er versteht es einfach nicht.«

Bei dieser Fehde ging es um mehr als nur verletzten Stolz. Sandage und de Vaucouleurs kannten kein Pardon. Nur ein Waschlappen hätte sich, so Tammann, auf den offensichtlichen Kompromiß eines Werts von 75 eingelassen. Der eigentliche Grund ihrer Unnachgiebigkeit war die Kosmologie oder was de Vaucouleurs das »Heilige Buch der Friedmann-Kosmologie« nannte.

In den Friedmannschen Gleichungen ist das Alter des Universums genau der Kehrwert der Hubble-Konstante. Sandage und Tammann hatten das Weltalter auf zwanzig Milliarden Jahre angesetzt, bevor sie es wegen einer möglichen Abbremsung der Expansion durch die Schwerkraft korrigierten. Experten der Sternentwicklung – auch Sandage – schätzten jedoch, daß die ältesten Sterne in den Kugelsternhaufen heute siebzehn Milliarden Jahre alt sind. Die Milchstraße war laut Fowler zwischen acht und fünfundzwanzig Milliarden Jahre alt, und das Universum mußte ungefähr eine Milliarde Jahre älter sein.

Wenn Sandage recht hatte, stimmte das Alter der Sterne, der Milchstraße und des Universums ungefähr überein und die einfache Friedmann-Gleichung funktionierte. Wenn dagegen de Vaucouleurs recht hatte, waren die Sterne anscheinend älter als das Universum. War das nicht ein starkes Argument zugunsten Sandages? De Vaucouleurs hielt das für religiösen Unsinn, und mit »Religion« meinte er Friedmanns Theorie von einem expandierenden Universum.

Sandage habe sein gesamtes Projekt zur Bestimmung der Hubble-Konstante erst unternommen, schrieb de Vaucouleurs in *Sky & Telescope,* als festgestellt wurde, daß die Kugelhaufen älter waren als angenommen, und der alte, akzeptierte Wert von hundert für die Hubble-Konstante den Friedmann-Theologen unbequem geworden war. Sandage bestritt diese Behauptung vehement. Als ich ihm aus de Vaucouleurs' Artikel vorlas, beugte er sich vor und sprach in das Mikrophon meines Rekorders: »Du weißt doch selbst, daß das nicht stimmt, Gérard, es ging doch nur darum, eine unabhängige Schätzung vorzunehmen.«

Leider blieb de Vaucouleurs nicht der einzige Kritiker, es erhoben sich weitere und stärkere Einwände gegen Sandages Kosmos. Es begann 1972 mit zwei Studenten namens Brent Tully und Richard Fisher an der Universität von Maryland. Bei der gemeinsamen Examensvorbereitung hatten die beiden einen neuen Weg entdeckt, wie man die wahre Leuchtkraft von Spiralgalaxien und auf diese Weise auch ihre Entfernungen messen konnte – also eine Art neuen »Maßstab«. Die beiden spekulierten, daß es einen Zusammenhang zwischen der Rotationsgeschwindigkeit einer Galaxie und ihrer Leuchtkraft geben müsse. Ihre Überlegungen waren einfach und an den Newtonschen Gesetzen orientiert: Je schneller sich eine Galaxie dreht, desto mehr Masse muß sie enthalten, damit die erforderliche Zentripetalkraft vorhanden ist, mehr Masse bedeutet aber auch mehr Sterne und deshalb eine größere Leuchtkraft.

Die beiden Studenten waren Radioastronomen, und sie kannten eine einfache und empfindliche Methode, um Rotationsgeschwindigkeiten zu messen. Wasserstoffatome zeigen im interstellaren Raum (und anderswo) eine Instabilität, auf Grund derer ihre Kerne in langen Zeitabständen ihren Energiezustand wechseln und dabei ein kleines Radiosignal emittieren, dessen Wellenlänge genau 21 Zentimeter beträgt, was einer Frequenz von etwa 14 Megahertz entspricht. Aus diesem Grund war das Radiobild der Nebel im Raum und besonders die Spiralgalaxien von der sogenannten 21-Zentimeter-Strahlung überflutet. Wenn eine Galaxie rotierte, dann mußte, wie Fisher und Tully herausfanden, die Wellenlänge dieser Strahlung, wie man sie in einem Radioteleskop sieht, eine gewisse Verbreiterung haben, statt genau bei 21 Zentimetern zu liegen. Da sich die eine Seite der rotierenden Galaxie von uns weg bewegte, mußte die Wellenlänge ihrer 21-Zentimeter-Strahlung wegen des Doppler-Effekts vergrößert sein – es handelt sich dabei um denselben Effekt der Rotverschiebung, wie er beim sichtbaren Licht sich entfernender Galaxien auftritt. Bei der Seite, die sich auf uns zu bewegte, mußte die Wellenlänge dagegen verkürzt sein. Je schneller eine

Galaxis rotierte, um so größer mußte die im Radioteleskop beobachtete Gesamtstreubreite der Wellenlänge ausfallen. Die Radioastronomen folgen dem Sprachgebrauch der optischen Spektroskopie des 19. Jahrhunderts und nennen das 21-Zentimeter-Signal eine »Linie«. Je breiter diese Linie war, so Tully und Fisher, desto schneller rotierte eine Galaxie und desto größer war vermutlich ihre Masse.

Wenn Tully und Fisher recht hatten, dann mußten leuchtkräftigere Galaxien breitere 21-Zentimeter-Linien aufweisen. Diese Hypothese konnte man überprüfen, indem man eine Reihe von Galaxien betrachtete, die alle gleich weit entfernt zum Beispiel im Virgohaufen liegen, und überprüfte, ob die helleren wirklich schneller rotieren. Nach Abschluß seines Studiums begab sich Fisher zum National Radio Astronomy Observatory in Green Bank in Westvirginia und tat genau dies.

Tully, der sich zu einem weiteren Bilderstürmer der Kosmologie entwickeln sollte, wollte Französisch lernen und nahm nach der Promotion eine Stelle an der Universität von Marseille an. Tully ist groß, fast weißblond, trägt Jeans und Samthemden und gibt sich zwanglos bis zur Nachlässigkeit. Er scheint überhaupt keine Ecken und Kanten zu haben und strahlt eine gewisse Gleichmütigkeit aus. Er reiste um die ganze Welt herum nach Frankreich und brauchte ein Jahr, bis er dort war. Als er endlich eingetroffen war, warteten Fishers »wundervolle« radioastronomische Daten bereits auf ihn. Tully verglich die Breiten der Linien mit der Blauhelligkeit der Galaxien und stellte einen Zusammenhang fest – ihre Vermutung hatte sich bestätigt. Sie hatten eine neue Standardkerze gefunden. Eine einfache radioastronomische Messung konnte über die absolute Leuchtkraft und daher über die Distanz einer Galaxie Auskunft geben.

Tully und Fisher schrieben ihre Entdeckungen nieder. Einer ihrer vorläufigen Schlüsse lautete, daß die Entfernungen kürzer sein müßten als die von Sandage errechneten und die Hubble-Konstante deshalb näher bei de Vaucouleurs' Wert liege. Sie brauchten zwei Jahre, um jemanden zu finden, der ihre Arbeit druckte. Sie ging zweimal an die anonymen Gutachter zurück. Als die Arbeit von Tully und Fisher erschien, hatten Sandage und Tammann bereits ihre eigene Reaktion darauf und auf den impliziten Angriff gegen ihre Version der Hubble-Konstante publiziert. Sandage traute der Tully-Fisher-Relation nicht. Er hegte den Verdacht, daß auch Tully und Fisher der Malmquist-Abweichung aufgesessen waren und die Entfernung der Galaxien unterschätzt hatten, und zwar um so mehr, je weiter entfernt diese waren. Außerdem mußte die Tully-Fisher-Relation nach Spiralgalaxien mit bekannter Entfernung und Leuchtkraft geeicht werden. Davon gab es nur wenige, und ihre Werte waren mit denselben alten Unsicherheiten behaftet, über die er mit de Vaucouleurs und Madore schon seit Jahren stritt.

In ihrem neuen Aufsatz warfen Sandage und Tammann fast die gesamte Arbeit der letzten zwanzig Jahre über Bord und begannen mit der Messung der Hubble-Konstante noch einmal ganz von vorn. Sie analysierten selbst Fishers und Tullys Daten, leiteten ihre eigene Version der Tully-Fisher-Relation daraus ab und verglichen sie mit ihren eigenen Eichgalaxien, den nahegelegenen Spiralen M 81 und NGC 2403, deren Entfernungen sie mühsam mittels Cepheiden und anderen Indikatoren ermittelt hatten. Sie wandten die Tully-Fisher-Relation auf die Spiralen im Virgohaufen an, um die Entfernung des Haufens zu ermitteln und die Helligkeit der Galaxie M 87, der nächstgelegenen der riesigen elliptischen Galaxien, zu eichen. Sandage hatte Jahre damit verbracht zu zeigen, daß die elliptischen Riesensysteme Standardkerzen waren, und hatte sie im Hubble-Diagramm verwendet, als er nach Anzeichen für eine Verlangsamung der Expansion des Universums suchte. Da er zumindest die absolute Helligkeit dieser Standardkerze M 87 kannte, konnte er sie dazu verwenden, die Hubble-Konstante für große Entfernungen zu messen.

Die neue Antwort fiel genauso aus wie die alte: Die Hubble-Konstante lag bei etwa fünfzig, wie Sandage und Tammann in einem siebten Aufsatz der Serie *Steps to the Hubble Constant* verkündeten – der Serie, die nicht enden wollte. »Dieser Artikel«, schrieb der Astronom Paul Hodge von der University of Washington einige Jahre später, »sollte als das wichtigste Ergebnis ihres Forschungsprogramms betrachtet werden.« Er erschien ein Jahr vor dem Aufsatz von Tully und Fisher. Als ob sie ihr Mißtrauen gegen Tully-Fisher noch unterstreichen wollten, publizierten Sandage und Tammann ihren Aufsatz diesmal nicht im *Astrophysical Journal,* wo die anderen sechs erschienen waren, sondern in *Nature.* Weder der Inhalt noch der Zeitpunkt, zu dem der Aufsatz erschien, erhöhte ihre Glaubwürdigkeit bei der wachsenden Schar von Vermessern der Hubble-Konstante. Sandages Mißtrauen gegen Tully-Fisher hatte jedoch eine handfeste Grundlage. Zunächst einmal kam das von Astronomen gemessene sichtbare Licht hauptsächlich von hellen blauen, massereichen Sternen, die Masse von Galaxien bestand jedoch zum Großteil aus leuchtschwachen kleinen roten Sternen. Zweitens waren sogar die nichtrepräsentativen blauen Sterne nicht leicht zu sehen, weil sich in den flachen Scheiben der Spiralgalaxien viel Staub ansammelt. Man konnte die rotationsbedingte Verbreiterung der 21-Zentimeter-Linie am besten bei Galaxien erkennen, die man von der Seite sah, nur dann rotierte der Wasserstoff direkt auf den Betrachter zu beziehungsweise von ihm weg. Doch gerade bei diesen Galaxien war die Sicht durch besonders viel Staub getrübt. Auf den Fotografien wiesen viele ein dickes schwarzes Band auf, das ausgerechnet den hellsten Teil der Galaxie verdeckte.

Als die Arbeit von Tully und Fisher veröffentlicht wurde, studierte Marc Aaronson, der nächste wichtige Mitstreiter in dieser Geschichte, noch in Harvard. Er war in Los Angeles geboren und aufgewachsen und hatte das für die Westküste typische lässige Auftreten. Er trug Bluejeans und fast ausschließlich Sandalen, war klein, hatte lockige schwarze Haare und wirkte auf den ersten Blick ernst, was jedoch durch das schelmische Blitzen in seinen Augen Lügen gestraft wurde. Sein Interesse für Naturwissenschaft stammte aus der Zeit, als ihn seine Eltern in Science-fiction-Filme geschleppt hatten. Er war noch immer ein eingefleischter Filmfan. Aaronson hatte zunächst am Caltech studiert. Als er nach Harvard wechselte, war er bereits ein geschulter und geschickter Beobachter, der mit großen Teleskopen gut umgehen konnte.

In Cambridge hatte er angefangen, sich für Infrarotastronomie zu interessieren, ein Gebiet, das durch die Welle neuer Technologien in den siebziger Jahren aufgeblüht war. Infrarot, manchmal auch Wärmestrahlung genannt, hat längere Wellenlängen als das Licht und liegt im elektromagnetischen Spektrum zwischen dem sichtbaren Licht und den Mikrowellen der Radioastronomie. Fast alles im Universum, vom warmen Körper bis zum kalten Stern, strahlt im Infrarotbereich, aber die Infrarotphotonen sind zu schwach, um auf herkömmlichen fotografischen Emulsionen Spuren zu hinterlassen, und ihre Frequenzen sind so hoch, daß sie radiotechnisch nicht empfangen werden können. Infrarotsensoren wurden zuerst für das Militär entwickelt, damit man feindliche Soldaten in der Dunkelheit erkennen und das Aufglühen von Raketenspitzen beim Wiedereintritt in die Atmosphäre beobachten konnte. Die allmähliche Freigabe eines Teils dieser Technologien nach dem Ende des Vietnamkrieges löste ein großes Interesse an der Infrarotastronomie aus.

Aaronson schrieb seine Doktorarbeit über die Eigenschaften von Galaxien im Infrarotbereich. Wegen eines Streits mit der Bürokratie verließ Aaronsons Doktorvater das Institut, als Aaronson noch ein Jahr zu arbeiten hatte, Aaronson wurde eine Art Waise. Er war mit einem jungen Assistenzprofessor namens John Huchra befreundet, einem optischen Astronomen, der erst kürzlich vom Caltech gekommen war. Die beiden vereinbarten, sich gegenseitig ihre jeweiligen Spezialkenntnisse beizubringen. Im Rahmen seiner Doktorarbeit hatte Aaronson ein Infrarotfotometer auf Indium-Antimonid-Basis gebaut, eine Technologie, die gerade erst aus dem militärischen in den wissenschaftlichen Bereich gesickert war. Der Detektor hatte zwei besondere Eigenschaften: Er war tragbar, man konnte ihn also leicht von einem Teleskop zum anderen transportieren, und er hatte ein großes Blickfeld, weshalb er sich für das Studium von Galaxien hervorragend eignete. Als Aaronson 1977 von Harvard an die University of Arizona wechselte, nahm er das Gerät mit. Damals arbeitete im Innenstadtbüro des Kitt Peak National Observatory, gegenüber dem universitätseigenen Steward Observatory, ein Australier namens Jeremy Mould, der sich ebenfalls sehr für Infrarot interessierte.

Aaronson und Mould wurden Freunde und arbeiteten zusammen. Sie befaßten sich mit der umstrittenen Tully-Fisher-Relation und kamen zu dem Schluß, daß eine Menge Probleme der Methode gelöst werden konnten, wenn man die Leuchtkraft der Galaxien im Infrarot statt im Blau maß. Denn erstens war Staub – sowohl in unserer eigenen als auch in fremden Galaxien – für Infrarot praktisch transparent, so daß man nicht mehr mit Schätzungen der Absorption hantieren mußte. Und zweitens war es eine unbestreitbare Tatsache, daß die meisten Sterne einer Galaxie eine geringe Masse aufwiesen und sehr rot waren. Es machte nicht viel Sinn, die Blauhelligkeit eines überwiegend roten Objekts zu messen, im Infrarotbereich würde man den ganzen Hund erfassen und nicht nur seinen Schwanz.

Aaronson bekam vier Tage Beobachtungszeit an einem 90-Zentimeter-Teleskop des Kitt Peak Observatory. Er nahm seinen kleinen Infrarotdetektor mit und maß die Infrarotstrahlung einer Reihe von Spiralgalaxien im Virgo- und im Ursa-Major-Haufen. Die gleichen Haufen hatten auch Tully und Fisher benutzt. Als er das Teleskop verließ, ging er geradewegs zur Kitt Peak Library und verglich seine Resultate mit den radioastronomischen Daten. Und siehe da, die Tully-Fisher-Relation bewährte sich hervorragend, die Streubreiten der Wasserstofflinien wuchsen parallel zur Infrarothelligkeit. Je größer die Masse und die Helligkeit einer Galaxie, desto schneller rotierte sie.

Die Streubreite der Wasserstofflinie der Galaxie war ein Schlüssel zu ihrer Leuchtkraft im Infrarotbereich. Aaronson und Mould erkannten, daß sie, mit diesem Wissen bewaffnet, die Entfernungen von Galaxien auf eine Art messen konnten, die frei war von jeglichem astronomischem Hokuspokus – sie hatten eine rein physikalische Methode gefunden. Und sie beschlossen, daß es auf der Welt genug Platz für eine weitere Gruppe gab, die sich mit der Erforschung der Hubble-Konstante befaßte.

Zur Abrundung ihres Teams rekrutierten sie Huchra. Huchra hatte nicht mehr viel Haare auf dem Kopf, dafür einen struppigen Vollbart und trug Kleidung wie von der Heilsarmee, aber er stand den beiden anderen an Zuversicht und Beobachtungseifer in nichts nach. Er hatte einen trockenen, zynischen Humor, der an Barschheit grenzte, und ließ sich von den älteren Kollegen nicht im mindesten einschüchtern.

Die nun folgende Beobachtungsserie verlief bemerkenswert glücklich. Man verwendete eine Vielzahl von Teleskopen, und die Bürokratie verhielt sich ausgesprochen wohlwollend. Die vorläufigen Resultate waren beunruhigend für Sandage und Tammann. Wie üblich hingen die konkreten Zahlen von der Eichung einiger naher Galaxien ab, und diese war, wie Aaronson, Mould und Huchra zugaben, so grob und umstritten wie immer. Sie erhoben nicht den Anspruch, die endgültige Hubble-Konstante gemessen zu haben, aber das Muster, das sie entdeckt hatten, sprach gegen die Version von Sandage und Tammann. Bis zum Virgohaufen stimmte Aaronsons Gruppe im großen und ganzen mit Sandage und Tammann überein – ihre Hubble-Konstante für den Virgohaufen betrug sechzig. Wenn sie jedoch weiter hinausblickten, auf die Spiralgalaxien im Pegasus-, Krebs- und Perseushaufen, wobei sie radioastronomische Daten benutzen, die sie von George Bothun von der University of Washington erhalten hatten, dann lagen die Galaxien näher als erwartet. Für die Tiefen des Raumes errechneten sie eine Hubble-Konstante von neunzig, wenn man die Eichungen von Sandage und Tammann zugrunde legte. Mit den Daten von de Vaucouleurs lagen die Werte eher zwischen achtzig und hundertzehn.

Dies war natürlich genau das Expansionsmuster, das de Vaucouleurs schon die ganze Zeit vorausgesagt hatte: Die Schwerkraft des Virgohaufens und seiner Nachbarn bremste die Fluchtgeschwindigkeit der Galaxien in der Nähe, deshalb hatte die lokale Hubble-Konstante einen kleineren Wert als die »kosmische«. Bezogen auf die Gesamtexpansion fielen die Milchstraße und die Galaxien der Lokalen Gruppe tatsächlich mit einer Geschwindigkeit von 350 Kilometern pro Sekunde dem Virgohaufen entgegen.

Im Jahr 1979 hielt Huchra, während die Gruppe noch mit der Auswertung ihrer Resultate beschäftigt war, ein Seminar am Smithsonian Center for Astrophysics in Harvard. Unter den Zuhörern saß auch ein Reporter von der Harvard-Zeitschrift *Crimson* und schrieb mit. Seine Geschichte wurde von den Nachrichtenagenturen aufgegriffen, und schon bald verkündeten die Schlagzeilen der Zeitungen, daß man einen Fehler bei der Berechnung der Größe des Universums korrigiert habe und daß es jetzt nur noch zehn Milliarden Jahre alt sei.

De Vaucouleurs war verletzt, daß er von dieser Arbeit aus den Zeitungen statt aus den Fachzeitschriften erfahren hatte und daß sein Beitrag nicht erwähnt wurde. Er verschickte einen sarkastischen offenen Brief an das astronomische Establishment, in dem er Aaronson, Mould und Huchra dazu gratulierte, daß sie endlich auf die Wahrheit gestoßen seien, und sie tadelte, weil sie dieses wichtige Resultat in der *Crimson* veröffentlicht hatten. Dann erinnerte er daran, wie oft er ihre Ergebnisse vorausgesagt hatte.

Sandage hatte sich im Lauf der Jahre immer mehr isoliert. Jetzt erreichte seine Schwermut einen neuen Tiefpunkt, Tammann hatte ihn noch nie so deprimiert gesehen. Er hielt seine Tür verschlossen und äußerte sich praktisch nicht mehr außerhalb wissenschaftlicher Publikationen. Je schlechter er sich fühlte, desto steifer und defensiver verhielt er sich in der Öffentlichkeit. Als er von der Zeitschrift *Science* um einen Kommentar zur Kontroverse um die Hubble-Konstante gebeten wurde, lehnte er ab. »Wir werden die Antwort bekommen«, sagte er, »wenn sich verantwortungsbewußte Leute ans Teleskop setzen.«

Er und Tammann hatten den Verdacht, daß die Diskrepanz zwischen den Werten für die Hubble-Konstante auch diesmal etwas mit der gefürchteten und so schwer faßbaren Malmquist-Abweichung zu tun hatte. Eine Hubble-Konstante, die mit der Entfernung wuchs, deutete auf diesen Effekt hin, aber sie konnten es nicht beweisen. Ihre wiederholten Versuche zu beweisen, daß die Daten von Aaronson, Mould und Huchra eine versteckte Abweichung enthielten, trugen ihnen im gegnerischen Lager den bitteren Vorwurf ein, fremde Daten zu mißbrauchen.

Einmal wurde Sandage bei einer Konferenz über Kosmologie und Teilchenphysik in Europa von einem Physiker direkt gefragt, ob er sich zu der berühmten Diskrepanz um den Faktor zwei nicht kritisch äußern könne. Sandage antwortete steif: »Sie verlangen von uns, daß wir unser eigenes Forschungsprogramm kritisieren, und das können wir nicht tun. Wir können einfach nicht erkennen, wo wir einen Fehler gemacht haben. Wir glauben zu wissen, wo die andere Forschergruppe sich geirrt hat.«

Etwa zum selben Zeitpunkt, als Sandage diese Antwort gab, verwarfen er und Tammann ihre Entfernungsskala noch einmal und begannen mit einer weiteren Standardkerze noch einmal von vorn. Diesmal handelte es sich um eine Supernova-Explosion. Eine gute Wahl - eine Supernova kann für kurze Zeit die meisten Quasare überstrahlen. Ihre enorme Helligkeit und die Tatsache, daß man sie durch das halbe Universum sehen kann, hatten Zwicky dazu veranlaßt, dieses letzte Aufstrahlen sterbender Sterne als den idealen Entfernungsindikator zu empfehlen. Aber waren Supernovae wirklich Standards? Die Astronomen hatten zwei Typen definiert. Bei Typ II, dem gewaltigeren und weniger berechenbaren, handelt es sich um die Explosion von Sternen mit sehr großer Masse. Supernovae vom Typ I sind ein bißchen weniger gewaltig, aber dafür anscheinend sehr gleich-förmig. Die beiden Typen entstehen auf unterschiedliche Weise. Typ I beginnt in einem Doppelsternsystem, in dem ein Weißer Zwerg, der zusammengeschrumpfte, unglaublich dichte, ausge-brannte Rest eines normalen Sterns, um einen anderen Stern kreist. Mit der Zeit hat auch der zweite Stern seinen Brennstoff verbraucht und schwillt zu einem Roten Riesen an. Das Material des expandierten Sterns wird nun von dem Weißen Zwerg an-gezogen und sammelt sich auf ihm an, wobei sich die Masse des kleinen, ausgebrannten Sterns erhöht. Solange diese Masse das 1,4fache der Sonnenmasse – die sogenannte Chandrasekhar-Grenze – nicht erreicht, passiert nicht viel, aber wenn sie die Grenze überschreitet, bricht der Weiße Zwerg unter seinem ei-genen Gewicht zusammen, und es kommt zu einer Supernova-Explosion.

Tammann beschäftigte sich als Ausgleich für die Hubble-Arbeit schon lange mit Supernovae. Er hatte entdeckt, daß diese wie die riesigen elliptischen Galaxien auf einer geraden Linie im Hubble-Diagramm liegen. Der Grund für diese Gesetzmäßig-keit ist die Chandrasekhar-Grenze, die gewährleistet, daß jede dieser Bomben unter identischen Bedingungen losgeht, wenn sie eine bestimmte Masse erreicht hat.

Im Jahr 1982 veröffentlichten Sandage und Tammann Aufsatz Nummer acht zum Thema *Steps to the Hubble Constant*. Die Hubble-Konstante hatte darin einen etwas niedrigeren Wert, blieb aber in derselben Größenordnung wie vorher. Die Antwort lautete jetzt 42.

Es dauerte gar nicht lange, bis die berühmte Abweichung um den Faktor zwei wieder geltend gemacht wurde. De Vaucouleurs startete einen erneuten Angriff und behauptete, Supernovae hät-ten nur ein Viertel der von Sandage und Tammann angenom-menen absoluten Helligkeit und seien deshalb nur halb so weit entfernt.

Das Problem mit den Supernovae bestand darin, daß sie nur in unregelmäßigen Abständen aufleuchteten, wo und wann es der Natur gerade einfiel. Die meisten befanden sich weit entfernt in sogenannten anonymen Galaxien. Um die Supernova als Standardkerze zu eichen, hatten Sandage und Tammann Galaxien mit Supernovae finden müssen, deren Entfernung bereits unabhängig und mit unangreifbaren Mitteln festgestellt war. Zufällig hatte es Supernovae vom Typ I in zwei Galaxien gegeben, die der Lokalen Gruppe nahe genug waren, daß die hellsten Sterne dieser Galaxien identifiziert werden konnten. Aus der absoluten Helligkeit dieser Sterne hatten Sandage und Tammann die Entfernung ihrer Galaxien ableiten und so die Supernovae eichen können.

Als Sandage jedoch die von ihm festgestellten Entfernungen verteidigte, fand er sich unversehens im dritten Akt der Hubble-Kontroverse wieder.

Sandages Entfernungsbestimmung basierte auf der Annahme, daß die Roten Riesen in keiner Galaxie eine absolute Helligkeit von -8 überschritten. Dies war eines der wichtigsten Ergebnisse des Aufsatzes von Sandage und Tammann gewesen, in dem sie 1974 die Schlüsselentfernung der Galaxie M 101 bestimmt hatten. Dieses Ergebnis wurde jetzt zum Gegenstand einer Kontroverse, und im Streit um die Hubble-Konstante konnten Auseinandersetzungen über einzelne, in obskuren Galaxien gelegene Sterne nicht nur im ganzen Kosmos Wellen schlagen, sondern auch in den Egos der Wissenschaftler, die sich bei seiner Vermessung verzehrt hatten.

Die Idee, daß es eine maximale Helligkeit für Sterne geben könnte, hatte Roberta Humphreys, eine Expertin für Sternentwicklung an der University of Minnesota, zu Forschungen angeregt. Sie und ihr Ehemann Kris Davidson hatten die Eigenschaften von extrem massereichen Sternen erforscht, und sie hielt es für plausibel und wahrscheinlich, daß für die Leuchtkraft Roter Überriesen mit physikalischen Methoden eine Obergrenze ermittelt werden könnte: Oberhalb einer bestimmten Masse - beispielsweise der von fünfzig Sonnen - wurden sie vermutlich instabil, oszillierten und stießen ihre äußeren Schichten in den Raum ab, bevor sie in einen stetigen Verbrennungsprozeß eintreten konnten. Humphreys nannte dieses Phänomen den »Guillotine-Effekt«.

Der Gedanke war verführerisch, aber leider wußte man selbst über die Sterne in den nahegelegensten Galaxien nur sehr wenig. Die Andromedaspiralgalaxie M 31 war nie nach Roten Überriesen durchforscht worden, und das einzige Bestandsverzeichnis ihrer Nachbargalaxie M 33 war in den fünfziger Jahren von Humason erstellt worden. In der Hoffnung, den Guillotine-Effekt beweisen zu können, bat Roberta Humphreys Sandage, ihr Humasons Daten auszuleihen, was damit endete, daß sie in Zusammenarbeit mit Sandage den Bestand der Galaxie neu analysierte.

Anfangs fanden Roberta Humphreys und Sandage bestätigt, daß die Helligkeit der hellsten Sterne in der Galaxie M 33 ungefähr -8 betrug, alles schien in Ordnung zu sein. Doch dann kam es zum Streit über die Entfernung von M 33. Die damals allgemein angenommene Entfernung betrug etwas über zwei Millionen Lichtjahre, aber die Schätzung stand tatsächlich auf schwachen Füßen. »Die Entfernungsbestimmung beruhte auf Hubbles Feststellung«, beschwerte sich Humphreys, »daß die Cepheiden in M 33 um eine zehntel Größenklasse heller waren als die in M 31. Jedesmal, wenn sich M 31 veränderte, veränderte sich auch M 33.«

Im Jahr 1983 kam ein Lehrer namens George Carlson auf der Suche nach einem sinnvollen Zeitvertreib für die Sommerferien in die Santa Barbara Street. Sandage ließ ihn Platten vergleichen und die Daten über die Cepheiden von M 33 reduzieren. Nach Carlsons Untersuchung war die Entfernung von M 33 auf 3,5 Millionen Lichtjahre angewachsen - und die absolute Helligkeit der hellsten Sterne der Galaxie war entsprechend größer geworden. Die Helligkeit der Roten Riesen war damit nicht mehr auf -8 begrenzt. Sandage änderte daraufhin seine Meinung und nahm keine absolute Grenze mehr für ihre Helligkeit an. Die maximalen Helligkeiten waren für ihn zu rein statistischen Größen geworden – je größer die Galaxie, desto heller ihre hellsten Sterne.

»Das hat uns alle nicht wenig schockiert«, sagte Humphreys. Sie stürzte sich auf Sandages Argumentation wie ein Lehrer auf einen ungezogenen Schüler. Ihrer Ansicht nach hatte er den Effekt des Staubs in M 33 ignoriert, der die Cepheiden röter und weniger hell erscheinen lassen mußte, so daß sie weiter entfernt wirkten. »Wir hatten beide bereits festgestellt, daß sowohl die Roten als auch die Blauen Überriesen in M 33 gerötet waren«, erzählte sie. »Einige Monate zuvor hatte er mich darauf hingewiesen, daß die Cepheiden in M 33 gerötet seien. Wir hatten gemeinsam die Staubstreifen kartographiert.« Ihre Kritik ging in dieselbe Richtung wie die Einwände, die Madore 1969 gegen die Cepheiden-Messungen in NGC 2403 erhoben hatte.

Sandage antwortete, daß die durchschnittliche Rötung bei den Cepheiden und den anderen Sternen ungefähr dieselbe sein müsse und daß man nicht berücksichtigt habe, daß zwar die Cepheiden in dichten Staubstreifen lägen, aber nicht notwendigerweise die Roten Riesen. Die Auseinandersetzung spitzte sich zu. Eines Tages knallte Sandage Roberta Humphreys einen Stapel Papier auf den Tisch. »Ich habe die Arbeit bereits gemacht«, erklärte er. »Sie können es sich sparen, diese Sterne erneut zu untersuchen.«

Am nächsten Tag entschuldigte er sich. »Jetzt haben Sie auch meine andere Seite kennengelernt.«

»Allan«, antwortete Roberta Humphreys sanft, »ich habe nie daran gezweifelt, daß es eine andere Seite gibt.«

Sandage und Humphreys sahen sich beide als Sieger in dem Streit. Das Ergebnis der ganzen Kontroverse sei gewesen, so Roberta Humphreys, daß M 33 wieder am alten Platz stehe und die Roten Überriesen wieder auf eine Helligkeit von –8 geeicht seien. Sandage fuhr jedoch fort, die Entfernung zu zitieren, die er mit Carlson erhalten hatte und nach der M 33 und ihre Standardkerzen heller waren und weiter entfernt lagen.

Inzwischen hatte Humphreys ihr Augenmerk weiter hinaus in den Raum gerichtet, auf M 101, eine größere und hellere Galaxie. M 101 war für beide Parteien in der Kontroverse der Schlüssel zur Arbeit an der Hubble-Konstante. Sandage und Tammann hatten M 101 einen eigenen, heiß umstrittenen Aufsatz gewidmet, und laut Humphreys waren sechs von neun Methoden, die Aaronson und seine Gruppe zur Berechnung der Entfernung des Virgohaufens verwendet hatten, von M 101 abhängig.

Humphreys träumte davon, diese Entfernungsskala auf dem Fels der Stellarphysik neu zu gründen: den hellsten Sternen. Wenn die Helligkeit der Sterne in der Riesengalaxie M 101 durch den Guillotine-Effekt auf –8 begrenzt war, dann würde man mit Hilfe des Hubble-Raumteleskops – dem 2,4-Meter-Teleskop, das die NASA 1986 mit dem Spaceshuttle in eine Erdumlaufbahn bringen wollte, dessen Start sich aber verzögerte – die Hubble-Kontroverse endgültig entscheiden können. Dank der Auflösungskraft dieses Teleskops würde man in der Lage sein, die hellsten Einzelsterne in Galaxien von der Entfernung des Virgohaufens zu erkennen.

Humphreys tat sich mit Stephen Strom zusammen, einem jungen Astronomen vom Kitt Peak Observatory, und die beiden durchforsteten M 101 nach Roten Überriesen. Sie belichteten fotografische Platten und bedienten sich einer der von Sandage verabscheuten modernen Technologien: Zur Analyse ihrer Platten benutzten sie einen sogenannten *plate density scanner,* ein Densitometer, das die Schwärzung des Bildes auf der Platte Punkt für Punkt mißt und die Werte in Form eines Blocks von fünf Millionen Zahlen pro Platte angibt. Die Zahlen werden in einen Computer eingegeben.

Strom und Humphreys verkündeten, sie hätten hellere Rote Überriesen gefunden als die von Sandage und Tammann in ihrer zehn Jahre zuvor erschienenen Arbeit beschriebenen. Dieser Befund stellte sie vor die Wahl: Entweder sie akzeptierten die von Sandage und Tammann errechnete Entfernung von M 101, dann waren die Überriesen in dieser Galaxie eine halbe Grö-

ßenklasse heller als die in den anderen Galaxien, und dann gab
es keinen Guillotine-Effekt, den man zur Entfernungsbestimmung verwenden konnte. Oder sie nahmen die von de Vaucouleurs und anderen vertretene kürzere Entfernung an, dann hatten die Roten Überriesen die richtige Helligkeit.

Humphreys und Strom entschieden sich für die Physik und
nicht für die klassische Astronomie. Die Roten Überriesen, erklärten sie, hatten in jeder Galaxie dieselbe Helligkeitsgrenze.
Der Kosmos wurde kleiner, M 101 rückte näher heran und damit auch der Virgohaufen, was laut Humphreys wiederum bedeutete, daß die Hubble-Konstante in Wirklichkeit bei etwa
neunzig lag. Die Wissenschaftler zogen das Universum auseinander und wieder zusammen wie ein Akkordeon.

»An diesem Punkt hatte ich meinen entscheidenden Zusammenstoß mit Allan«, berichtete Roberta Humphreys. Er versuchte, so Humphreys, ihren Aufsatz abzuschießen, und schlug
vor, die Sache privat zu klären. Sandage wandte ein, daß die
Aufnahmen von Strom und Humphreys durch Vordergrundster-
ne verfälscht seien. Diese Sterne seien so zahlreich, daß sie und
Strom darauf zurückgreifen mußten, sie mit statistischen Mitteln
zu eliminieren.

Verstimmt begab sich Sandage wieder zu seinen eigenen Platten
und unterzog sie einer erneuten Analyse, er fahndete nach Roten
Überriesen. Er fand einige, die eine halbe Größenklasse heller
waren als die von Humphreys. Die absolute Helligkeit der lichtstärksten Riesen in M 101 betrug nach seinem Befund nicht −8,
sondern −9.

»Wie konnte sich das Ergebnis so plötzlich ändern?« fragte
Humphreys ungläubig.

Unter den Fachleuten herrschte allgemein die Ansicht, daß Sandage wunderbarerweise Sterne entdeckt habe, die ihm und Tammann zuvor entgangen seien, und dies ausgerechnet zu dem
Zeitpunkt, da er sie dringend gebraucht habe, um den Eckstein
seiner Argumentation für eine niedrige Hubble-Konstante zu
retten. Sandage dagegen wies darauf hin, daß er und Tammann

in ihrem ursprünglichen Aufsatz über M 101 sich nur mit Blauen Überriesen befaßt hätten und nicht mit Roten, sie hätten noch nie zuvor eigens nach Roten Überriesen gesucht.

Sandage befand sich jetzt in der Situation, daß er gegen etwas argumentierte, was er in der Vergangenheit selbst (über die hellsten Sterne) gesagt hatte, während alle anderen seine frühere Argumentation für richtig hielten. Er fand eine Art märtyrerhaftes Vergnügen daran. Tammann und er hatten ihre eigene Position aufgegeben, im Namen der Wissenschaft. »Wir haben uns in dieser Sache selbst die Kehle durchgeschnitten«, sagte Sandage. »Alle wollen einfach nur beweisen, daß Gustav und ich unrecht hatten«, brummte er. Er machte das Raumteleskop dafür verantwortlich, daß die Astronomen die hellsten Sterne als verläßliche Entfernungsindikatoren etablieren wollten. Alle drängten sich danach, es benutzen zu dürfen. »Jetzt sind wir also endlich bei den Details gelandet«, murmelte er, »um die es in der Wissenschaft eigentlich geht. Und um was für Details handelt es sich? Wo sind die Cepheiden in M 81? Welches sind die Roten Riesen in M 101? Welche Forschergruppe hat sie übersehen? Welche Gruppe hat die scheinbare Helligkeit richtig gemessen? Und so weiter.«

Seine Stimme wurde lauter und bekam einen schneidenden Klang. »Ich kann nicht genau erklären, warum ich wütend war. Jedenfalls hatten Strom und Humphreys ihre Hausaufgaben nicht richtig gemacht. Genaugenommen haben sie überhaupt keine Hausaufgaben gemacht. Sie haben sich auf automatische Methoden verlassen, ohne den menschlichen Verstand einzusetzen, der schon immer die beste Versicherung gegen technische Mängel, fehlerhafte Platten und Sterne vor Galaxien war. Um ins Detail zu gehen: Wenn man sich ihre Platten ansah, waren dreißig Prozent der Objekte, die sie als Rote Riesen bezeichnet, Hintergrundgalaxien. Man kann doch ein Ergebnis nicht durchgehen lassen, wenn schon die einfache Betrachtung zeigt, daß etwas mit seinem Alogarithmus nicht stimmt.«

Sandage hielt kurz inne und fuhr dann fort: »Sie haben eine ge-

ringere Entfernung ermittelt, und dann sind sie aufs Ganze gegangen, haben vier oder fünf Schritte übersprungen und sind bei
der Hubble-Konstante gelandet. Jeder macht nach einer gegebenen Beobachtung vier oder fünf Schritte zuviel und setzt dann
zum großen Sprung an: ›Wenn, wenn, wenn - dann.‹«
Er klang müde. »Aber natürlich hat jeder ein Recht darauf, einmal im Leben einen Aufsatz über die Hubble-Konstante zu
schreiben.«
Humphreys fühlte sich nicht im geringsten besiegt, sondern fand,
daß sich die Geschichte und die Hubble-Konstante von Sandages Position entfernten. Anscheinend hegte sie keinen besonderen Groll gegen ihn. Sie sah ihn als eine charismatische und
schwierige Persönlichkeit. Nachdem er jahrelang uneinge-
schränkte Autorität besessen hatte, war er nun in die Defensive
geraten und verletzt, daß man überhaupt auf den Gedanken kam,
sein Werk einer Prüfung zu unterziehen. Er war für sie ein wi-
derspenstiger Großvater, der von einer jüngeren, stärkeren Generation ins Abseits manövriert wurde, was einer gewissen Tragik nicht entbehrte und leider nicht immer sanft vonstatten ging.
Sandage ließ sich einen alttestamentarischen, buschigen Vollbart wachsen. Seine Rede, in die er schon früher von Zeit zu
Zeit hatte Bibelzitate einfließen lassen, wurde wieder fromm.
Es ging das Gerücht, er sei konvertiert und ein wiedergeborener Baptistenprediger geworden. Sandage gab den Gerüchten
Nahrung und spielte mit ihnen. Es paßte zu seiner schillernden
Persönlichkeit, daß er die Gerüchte schürte. Er war nie greifbar, und ohnehin zu respektgebietend, als daß ihn jemand di-
rekt danach gefragt hätte.
Er machte sich über de Vaucouleurs lustig und sagte, Gott per-
sönlich habe ihm enthüllt, daß die Hubble-Konstante den
Wert 50 habe. De Vaucouleurs erzählte diese Geschichte mit
unbewegter Miene.

16. Die z-Maschine

Manche Leute sagen, daß es im Harvard College Observatory spukt. Das Harvard-Smithsonian-Zentrum für Astrophysik, zu dem es jetzt gehört, liegt auf einem flachen Hügel zwischen Kastanien- und Ahornbäumen, fünfzehn Minuten westlich des Harvard Square, jenseits der Tory-Unterkünfte und des Radcliffe-Studentenwohnheims. Der älteste Teil des Gebäudekomplexes, das ursprüngliche Observatorium, ist ein dreistöckiger Ziegelbau in Form eines Hufeisens auf dem Scheitel des Hügels. An seiner Rückseite zieht sich ein moderner Anbau aus Glas und Stein, ausgelegt mit grauem Teppichboden, den Hügel hinunter. Ein Flügel des alten Gebäudes beherbergt eine Bibliothek, in der jeden Donnerstagnachmittag Kolloquien stattfinden. Im anderen Flügel führt eine Vorhalle, die mit staubigen astronomischen Fotografien dekoriert ist, zu einem kleinen Planetarium. Im ersten Stock befindet sich eine Antiquitätengalerie, und dort steht in einsamem Messingglanz der historische, 1947 gebaute 38-Zentimeter-Refraktor von Mertz and Mahler. Er wurde trotz eines halbherzigen und umstrittenen Modernisierungsversuchs in den fünfziger Jahren nicht wieder in Betrieb genommen.

Sein Nachfolger, ein 220-Millimeter-Refraktor, der von den berühmten Teleskopherstellern Alvan Clark and Sons gebaut wurde, steht in einer weißen Kuppel von der Größe eines kleinen Zimmers auf dem Dach des Observatoriums. An einem Donnerstagabend im Monat ist das Teleskop der Öffentlichkeit zugänglich. Ansonsten wird es von den Hilfskräften des Observatoriums – College-Studenten und Amateurastronomen aus der

Gegend - benutzt, wenn sie einmal einen schnellen Blick zum Himmel werfen wollen.

In den dunklen Nächten ist das alte, knarrende Gebäude ein Labyrinth von Schatten und geheimnisvollen Luftzügen. Es kann leicht passieren, daß man eine Gestalt in einem Smoking im Stil des 19. Jahrhunderts neben dem Teleskop zu sehen glaubt.

Besonders häufig tauchte laut Stephen O'Meara, einem Redaktionsmitglied von *Sky and Telescope* und regelmäßigen Besucher des Observatoriums, der Geist von George Bond auf, dem Sohn vom Henry Cranch Bond, der das Observatorium begründet hatte. George Bond, der Nachfolger seines Vaters als Direktor des Observatoriums, war ein einsamer Mensch. 1865 starb er an Schwindsucht und Lungenentzündung, nachdem er einen Winter lang in der ungeheizten Kuppel Fotos vom Orion gemacht hatte. Bond war einer der Väter der astronomischen Fotografie, aber er hinterließ nicht ein einziges Foto von sich selbst. Die Aura des Geheimnisvollen, die ihn umgab, wurde noch dadurch verstärkt, daß er angeblich eine Rolle in einem Selbstmord gespielt hatte. Der Legende nach zog er die Aufmerksamkeit eines schwulen Kommilitonen namens Edward Bromfield Philips auf sich, und dieser beging Selbstmord, als Bond ihn zurückwies. Natürlich hatte der enttäuschte Liebhaber sein gesamtes Vermögen der Harvard University hinterlassen.

In dieser Umgebung tauchte 1974 Marc Davis auf. Er hatte gerade seinen Doktor in Princeton gemacht und brachte einen Auftrag von James Peebles mit. Der kühle, schlaksige Peebles schärfte seinen Studenten ein, daß es über das Universum viel mehr zu lernen gab als nur zwei Zahlen. Da gab es zum Beispiel die Frage, wie die Materie im Universum wirklich verteilt war und wo seine leuchtenden Bewohner, die Galaxien, herkamen. Der Auftrag des frischgebackenen Kosmologen Davis lautete, den Mustern des Himmels eine Art quantitative Disziplin aufzuzwingen; er sollte irgendeinen quantitativen Maßstab finden, der Bilder wie das vom »Pfannkuchen« ersetzen konnte. In Harvard und an ein paar anderen Orten reifte in den späten siebziger Jahren ein neuer Stil der beobachtenden Kosmologie.

Davis, der Peebles analytischen Eifer übernommen hatte, war ausersehen, das größte und erfolgreichste dieser Projekte zu starten, ein Projekt, das nicht nur ein Paradigma der neuen Kosmologie werden, sondern auch der Astronomie in Harvard über die Schwelle des späten zwanzigsten Jahrhunderts helfen würde. Wenn Davis dabei nur mit Geistern zu kämpfen gehabt hätte, wäre die Sache leicht gewesen.

Davis war ein großer, rotbackiger Mann mit einem eleganten kleinen Schnurrbart. Seine braunen Augen verengten sich zu Schlitzen, wenn er lachte. Er gehörte wie Humphreys und Strom zu den jungen Wissenschaftlern, die man als »Generation der Automatisierung« bezeichnen könnte. Er war in Ohio aufgewachsen, hatte nie etwas anderes werden wollen als Naturwissenschaftler und schrieb diese Neigung Büchern und einem Chemiekasten zu, den er als Kind besessen hatte.

Mit Peebles war er in Kontakt gekommen, weil er sich nicht richtig entscheiden konnte. Er hatte »zwei rechte Hände«, wie Peebles es ausdrückte. Im einen Jahr arbeitete er als Theoretiker und im nächsten experimentell. Genaugenommen war er nicht einmal Peebles' Schüler. Er hatte bei David Wilkinson promoviert, einem Kollegen von Peebles. Für seinen Doktortitel hatte er einen Infrarot-Detektor gebaut und damit den Himmel nach der Wärmestrahlung entstehender Galaxien abgesucht.

Gegen Ende seiner Zeit in Princeton fand er Gefallen an der theoretischen Kosmologie. Er nahm zweimal an Peebles' Kurs teil, machte sich Notizen, schaute bei ihm vorbei und diskutierte mit ihm. Peebles' Suche nach quantitativen Maßstäben für das Universum weckte sein Interesse. Er hatte wie Peebles eine entspannte, aber ernsthafte Art und mißtraute wie er qualitativen Aussagen. Eines Tages im Herbst 1974 schaute er wieder einmal in Peebles' Büro herein. Er ging demnächst als Assistenzprofessor nach Harvard und wollte sozusagen eine Hausaufgabe mitnehmen.

Peebles suchte damals nach einer Anwendungsmöglichkeit für seine Korrelationsfunktion, mit der man messen konnte, wie weit Galaxien vermutlich voneinander entfernt waren. Welche Physik steckte hinter dem Wachstum der Materieklumpen im Universum und hinter ihren Wechselbeziehungen? Peebles hatte zufällig gerade einen Aufsatz über eine obskure und komplizierte Theorie namens BBGKY-Hierarchie gelesen, bei der es um das Wachstum von Perturbationen und Stoßwellen in Gasen ging, aus denen das frühe Universum vermutlich bestanden hatte. Er schlug Davis vor, er solle sich den Aufsatz einmal ansehen. Die beiden beschlossen, die Theorie auf das frühe Universum anzuwenden und zu versuchen, ob sie die Galaxien-Statistik damit reproduzieren könnten. Davis nahm die Arbeit mit nach Cambridge.

BBGKY steht für die Namen von fünf Physikern: Born, Bogoljubow, Green, Kirkwood und Yvone. Die Anwendung der Theorie war eine fürchterliche Arbeit. Die BBGKY-Hierarchie besteht aus einer unendlichen Zahl von Gleichungen. Sie war das schwierigste mathematische Problem, mit dem Peebles und Davis je zu tun gehabt hatten.

Mit Hilfe einer Menge verdächtig kühner Annahmen schaffte es Davis schließlich, eine Antwort zu finden, die eine statistische Ähnlichkeit mit Peebles' Korrelationsfunktion aufwies, aber er war nicht damit zufrieden. Sie waren in eine Sackgasse geraten: Die Theorie würde niemals besser werden, solange sich die Physiker damit begnügen mußten, ein zweidimensionales Universum zu analysieren, bei dem alle Galaxien gewissermaßen an die Himmelskuppel geklebt waren.

Die Grundvorstellung vom Universum hatte sich seit Hubbles Zeiten nicht geändert: Es bestand aus Galaxienhaufen, in denen elliptische Galaxien vorherrschend waren, und aus zumeist spiralförmigen »Feld«-Galaxien, die dazwischen verstreut lagen. Der Gedanke, daß es noch größere Gruppen geben könnte, sogenannte Superhaufen, kam einer Häresie gleich. Was physikalische Kosmologen wie Peebles und Davis brauchten, um die Muster am Himmel zu interpretieren, war eine dritte Dimension für die Entfernungen der Galaxien.

Glücklicherweise hatten die Kosmologen mit dem Hubbleschen Gesetz ein perfektes Mittel zur Hand, um eine systematische Geographie des Universums zu entwickeln. Da die Entfernung der Galaxien von der Erde proportional zu deren Rotverschiebung war, konnte man ein perfektes dreidimensionales, maßstabsgetreues Modell des Kosmos aufstellen, wenn man eine Reihe von Galaxien am Himmel identifizierte, ihre Koordinaten auf der zweidimensionalen Himmelskarte ermittelte und ihre Rotverschiebung maß. Selbst wenn man den genauen Wert der Hubble-Konstante nicht kannte, konnte man immer noch das Muster ableiten, das die Galaxien im Verhältnis zueinander bildeten. Die Rotverschiebung war der Schlüssel zu Entfernung und Struktur.

Die Expansion des Universums und die Hubble-Konstante hatten viel Interesse auf sich gezogen, doch der Schlüssel Rotverschiebung hatte nur wenige Türen geöffnet. Anfang der siebziger Jahre waren mittels der Rotverschiebung erst die Geschwindigkeiten von etwa 250 Galaxien ermittelt und publiziert - sie waren bereits 1956 von Humason, Mayall und Sandage zusammengestellt worden. Das war noch nicht einmal ein Tropfen auf dem heißen Stein. Sandage hatte jahrelang daran gearbeitet, die Rotverschiebungen einer von Shapley und Ames erstellten Liste der 1300 hellsten Galaxien zu ermitteln. Niemand wußte, wann er seine Daten endlich veröffentlichen würde. Aber auch das wäre noch immer nur ein Tropfen.

Der Grund, warum man auf diesem Gebiet so langsam vorankam, war der, daß die Ermittlung der Rotverschiebung sehr viel Teleskop-Zeit kostete. Um die Rotverschiebung einer Galaxie zu messen, mußte man ihr Licht in die einzelnen Wellenlängen zerlegen und ihr Spektrum aufzeichnen. Selbst am 5-Meter-Teleskop konnte es Stunden oder die ganz Nacht dauern, bis die

fotografische Emulsion so viele Photonen aufgefangen hatte,
daß sich ein auswertbares Spektrum ergab.

Dieser gewaltige Mangel an Daten hatte zur Folge, daß die
Astronomen praktisch keine Ahnung hatten, wie die Materie des
Universums angeordnet war. Nur weil die entsprechenden Daten fehlten, hatte es einen Streit geben können, wie ihn de Vaucouleurs und Sandage darüber ausgetragen hatten, ob die Galaxien in Superhaufen gegliedert seien und den Hubble-Fluß
störten oder ob sie einsam in einem gleichförmigen Feld schwebten.

Ein estnischer Astronom namens Jaan Einasto versuchte die Verteilung der Galaxien auf der Basis der wenigen hundert – zumeist
in de Vaucouleurs Katalog – veröffentlichten Rotverschiebungen
zu analysieren. Er kam zu dem Schluß, daß die Galaxien groß-
räumig in einer Netz- oder Zellenstruktur organisiert sind: miteinander verbundene Strings (»Fäden« A. d. Ü.) von Galaxien,
die riesige leere Raumregionen umschließen. Einasto trug seine
Forschungsergebnisse auf der IAU-Konferenz von 1976 vor, auf
der de Vaucouleurs seinen Angriff gegen Sandage gestartet hatte,
aber nur wenige Zuhörer schenkten ihm Glauben.

Inzwischen war es wenigstens leichter geworden, Rotverschiebungen zu messen. In den siebziger Jahren wurden elektronische
Lichtdetektoren entwickelt, die schneller und empfindlicher waren als fotografische Emulsionen und noch weitere Vorteile boten. Sie ermöglichten es, Spektren viel schneller aufzuzeichnen,
und einige Astronomen begannen mit Hilfe der neuen Technologie den Kosmos zu kartographieren.

Zu den ersten amerikanischen Pionieren auf diesem Gebiet gehörten Laird Thompson und Stephen Gregory, die Anfang der
siebziger Jahre bei William G. Tifft an der University of Arizona
studierten. Thompson und Gregory zeichneten mit der neuen
Technologie Rotverschiebungen auf und ermittelten die Verteilung von Galaxien in kleinen Sektoren des Himmels.

Sie konzentrierten ihre Untersuchung auf große Haufen wie

Herkules und Coma, dabei begannen sie in den Zentren und arbeiteten sich von dort nach außen vor. Sie fanden heraus, daß die Haufen nicht isoliert waren, dichte Gebiete in einem homogenen Meer von Galaxien, sondern daß sie eher Knoten in einem Spitzentaschentuch glichen. Thompson und Gregory stellten fest, daß es von einem Haufen zum anderen Brücken von Galaxien gab. Auf ihren Karten trat das Phänomen einer isolierten Galaxie praktisch nie auf; die Haufen schienen alle miteinander zusammenzuhängen, schienen Teil irgendeiner Struktur, einer Kette oder einer Faser zu sein. Und vor und hinter ihnen, überall um sie herum, waren Löcher, leere Gebiete im Raum. Genau wie Einasto vorhergesagt hatte.

Es war nicht klar, was das bedeutete. Peebles traute ihren Ergebnissen nicht, vor allem weil sie die falsche Antwort gaben: Nach seiner »Bottom-up«-Theorie, bei der sich die Galaxien zuerst bildeten und dann zu Haufen zusammenschlossen, hätten derart große Anhäufungen im kosmischen Maßstab nicht existieren dürfen. Außerdem traute Peebles dem menschlichen Auge nicht, das leicht Muster sah, wo keine waren. Die Kosmologie brauchte Zahlen.

Davis teilte diese Ansicht. Er mühte sich nicht gerne mit inadäquaten Daten ab. Wenn er den Zustand der Kosmologie und ihren Mangel an Fakten betrachtete, dann schienen ihm die Aussichten schlecht, daß man einmal eine sinnvolle Theorie der Makrostrukturen des Universums würde entwickeln können. Er befand, daß er zu voreingenommen sei, um sich weiterhin als Theoretiker zu betätigen. Als Beobachter hingegen könnte er einen Beitrag dazu leisten, den Mangel an Fakten zu beseitigen. Als er sich jedoch die Einrichtungen in Harvard ansah, kam er zu dem Schluß, daß ernsthafte Forschungen unter diesen Umständen keine Chance hatten.

Seit das Harvard Observatory 1837 von dem Vater des ruhelosen Bond gegründet worden war, hatte es Höhen und Tiefen erlebt. Unter Edward Pickering und seinen weiblichen »Computerinnen« hatte es bei der Klassifizierung von Sternen zu Beginn des

Jahrhunderts eine Pionierrolle gespielt. Unter Harlow Shapley, Hubbles altem Rivalen, der den Mount Wilson verlassen hatte, um in Harvard Direktor zu werden, kurz bevor Hubble seine ersten Entdeckungen machte, war das Observatorium ein großes Ausbildungszentrum für Astrophysik gewesen. Shapley hatte es mehr als dreißig Jahre geleitet. Er hatte einmal geschätzt, daß über die Hälfte der Astronomen in den Vereinigten Staaten bei ihm promoviert hatten.

Anfang der siebziger Jahre herrschte jedoch in astronomischen Kreisen die Meinung, daß Harvard nicht mehr erstklassig sei. Der Name zog zwar noch begabte Studenten an, aber die Fakultät siechte dahin.

Was es noch an Forschungseifer in der Garden Street gab, kam vom anderen Benutzer des Gebäudes, dem Smithsonian Astrophysical Observatory. Es war um die Jahrhundertwende in Washington D. C. gegründet worden. In den fünfziger Jahren zog es unter der Leitung von Fred Whipple, einem Harvard-Professor und Experten für Kometen, nach Harvard um.

Anfang der siebziger Jahre beschlossen Harvard und das Smithsonian Observatory, ihre Arbeit zu koordinieren, da sie im selben Gebäude den gleichen Fragen nachgingen. Die Bücher in der Bibliothek und die Beobachtungseinrichtungen wurden gemeinsam verwaltet, aber beide Institutionen bezahlten ihre Angestellten weiterhin selbst und machten ihre eigene Personalpolitik. George Field, ein hochaufgeschossener sanfter Theoretiker, wurde der erste Direktor des neuen Center for Astrophysics (CFA). Obwohl das Smithsonian Astrophysical Observatory ausgesprochen wohlhabend war, ging es der optischen Astronomie am CFA gerade besonders schlecht, als Davis ankam und nach möglichen Beobachtungsprojekten Ausschau hielt. Die Observationseinrichtungen des CFA bestanden aus einem 1,5-Meter-Teleskop in einem zylindrischen Blechschuppen am Rand der Bostoner Vorstädte und aus dem 1,5-Meter-Spiegelteleskop auf dem Mount Hopkins.

Davis ließ den Kopf hängen. Er kam auf keinen grünen Zweig,

wie er selbst zugab: »Ich bin eine Zeitlang nicht gerade produktiv gewesen.«

Während er das Thema seiner Doktorarbeit, frühe Galaxien, weiterverfolgte, schloß er Freundschaft mit David Latham, einem Astronomen des Smithsonian Observatory. Latham hatte in Harvard studiert und die Universität nie verlassen, er war ein Motorradrennfahrer von Weltklasse. Außerdem interessierte er sich für die Spektroskopie ungewöhnlicher Sterne, hatte jedoch eine Menge Zeit mit dem Bau von Teleskopen verbracht, weil die Beobachtungseinrichtungen so erbärmlich schlecht waren.

Wenn sie nicht über Galaxien sprachen, tauschten Davis und Latham ihre Tagträume über große Observationsprojekte aus. Was schrie danach, angepackt zu werden? Sie hatten viele Ideen, aber Davis sprach immer wieder von dem Vorhaben, Rotverschiebungen zu messen.

Seit Davis das Rotverschiebungsprojekt im Kopf hatte, war er ziemlich missionarisch geworden. Für ihn war das Projekt der logische nächste Schritt in der Kosmologie. An anderen Universitäten waren bereits einige Gruppen dabei, Rotverschiebungen elektronisch aufzuzeichnen, meist mit dem Ziel, die Ausdehnung großer Haufen zu kartographieren. Ihre Ergebnisse erweckten den Eindruck, daß sich die Haufen wie Schlangen durch den Weltraum wanden, daß sie größer waren, als man bisher für möglich gehalten hatte, und daß es zwischen ihnen Millionen von Lichtjahren weit nichts, das heißt keine Galaxien, gab.

Davis war skeptisch, wenn derart weitgehende Schlüsse aus so wenigen Daten gezogen wurden. Er betonte immer wieder, daß Superhaufen nicht das Universum seien. Davis war entschlossen, den ganzen Himmel zu vermessen – Hunderte oder gar Tausende von Rotverschiebungen, genug, um die Verteilung der Galaxien zu verstehen. Man würde ein ganz neuartiges Spektroskopiergerät für das verhaßte 1,5-Meter-Teleskop bauen müssen, aber das war technisch machbar.

Eines Tages setzte sich Davis an einen Tisch und rechnete aus, daß sie für ungefähr eine Viertelmillion Dollar einen elektronischen Detektor für das 1,5-Meter-Teleskop bauen könnten, um damit auf dem Mount Hopkins eine Untersuchung über die Rotverschiebung von Galaxien durchzuführen. Er sah sich nach Finanzmitteln für sein Projekt um, und dabei stieß er auf ein gravierendes Problem: Es gab kein Geld.

Erst im Herbst 1976 nahmen Field und Herb Gursky, einer seiner beigeordneten Direktoren, Davis auf Betreiben von Latham unter ihre Fittiche. Field intervenierte bei der National Science Foundation und besorgte Davis ein kleines Stipendium von 40 000 Dollar. Gursky stellte Davis und Latham Ressourcen des Smithsonian Observatory zur Verfügung: Techniker, Programmierer und kleine, aber regelmäßig ausbezahlte Geldsummen. Schließlich gab auch Latham nach und unterzeichnete einen Arbeitsvertrag über das Rotverschiebungsprojekt. Kosmologie war eigentlich nicht sein Fach, aber Latham sah in dem Projekt eine Chance, erstklassige Instrumente für den Mount Hopkins zu entwickeln und die Astronomie in Harvard und am Smithsonian Observatory aus dem finsteren Mittelalter herauszuführen.

Okay, wir werden etwas bauen, sagte sich Davis fröhlich, aber was? Er hatte den Ehrgeiz, die Rotverschiebungen und damit die relativen Orte der zweitausend hellsten Galaxien in Zwickys Katalog zu messen, also sämtliche Galaxien am nördlichen Himmel, deren Helligkeit größer war als Größenklasse 14,5. Das bedeutete, daß man eine Menge Daten ermitteln und verwalten mußte.

Davis nannte das hypothetische Instrument, mit dem er all diese Informationen vom Himmel pflücken und die geheime Ordnung der Galaxien enträtseln wollte, die z-Maschine; z ist das mathematische Symbol der Astronomen für die Rotverschiebung. Nach dem ursprünglichen Plan sollte die z-Maschine ein sogenanntes Digicon enthalten, das auf den berühmt-berüchtigten Boro-Spotz-Spektrografen montiert werden sollte. Das Digicon war eine spezielle elektronische Röhre, die Licht in digitale elektrische Signale umwandeln sollte, aber Davis bekam es nie geliefert.

Da betrat der dritte wichtige Mann des Rotverschiebungsteams die Szene: John Huchra. Er hatte gerade am Caltech seinen Doktor gemacht, später arbeitete er mit Aaronson und Mould über die Hubble-Konstante. Huchra war ein unersättlicher Beobachter mit einer Spürnase für große Projekte. »Es gibt eine Menge Dinge, die ich mir gern ansähe«, sagte er. Er kam im Herbst 1976 nach Harvard und fühlte sich dank seiner Spürnase sofort zu Latham und Davis hingezogen.

Huchra spricht über Teleskope und andere Instrumente, als ob es sich um lebende Wesen handelte. Im Gegensatz zu Davis war ihm das Teleskop förmlich in die Wiege gelegt worden. Er war in New Jersey mit Science-fiction-Literatur und den populärwissenschaftlichen Werken von George Gamow und Fred Hoyle aufgewachsen. Er war wie Davis ein Veteran der physikalischen Fakultät des MIT, wo er 1970, ein Jahr nach Davis, sein Examen abgelegt hatte.

Huchra hatte am Caltech eigentlich Theoretiker werden wollen. »Aber es gab keine Theoretiker im Fachbereich für Astrophysik am Caltech, klar?« In Pasadena besserte Huchra sein kleines Stipendium mit einem Job auf dem Mount Palomar auf. Er fotografierte den Himmel durch das 45-Zentimeter-Schmidt-Teleskop auf der Suche nach Supernovae. Er sagt, er habe sich damals für den dümmsten Studenten am Caltech gehalten – und für den am besten bezahlten.

Für seinen Job mußte er in den dunkelsten Nächten auf dem Mount Palomar sein. Er hatte guten Kontakt zu Leuten wie Sandage, die andere graduierte Studenten nie zu Gesicht bekamen. »Ich glaube, wir waren ziemlich gute Freunde«, sagte Huchra über Sandage und meinte damit die Zeit, bevor er sich Aaronson und Mould angeschlossen hatte, um das Universum neu zu vermessen. »Ja, wir hatten wirklich ein gutes Verhältnis.« Außerdem wurde er dank seines Jobs ein versierter und geschickter Beobachter. »Ich lernte, wie man Teleskope zum Tanzen bringt.«

Am Ende seiner Zeit am Caltech war Huchra an einem Projekt beteiligt, bei dem die Rotverschiebungen heller Galaxien gemessen wurden. Er hatte bereits am 1,5-Meter-Teleskop auf dem Mount Palomar derartige Beobachtungen durchgeführt und wollte sie in Cambridge fortsetzen.

Nach seiner Ankunft machte er den obligatorischen Ausflug zum Mount Hopkins, versuchte dort das 1,5-Meter-Teleskop zu benutzen und gab auf. »Der Spektrograph warf tote Bären aus«, wie Huchra in seiner farbigen Sprache es ausdrückte.

Als Postdoktorand hatte Huchra nur drei Jahre Zeit, um sich durch gute Forschungsarbeit für eine Anschlußstelle zu qualifizieren. Deshalb konnte er sich nicht am Auftreiben von Finanzmitteln oder an größeren Konstruktionsprojekten beteiligen. Er stieg erst bei Davis ein, als das Projekt in Gang gekommen schien. Schließlich war er der einzige der Beteiligten, der je das Spektrum einer Galaxie aufgenommen hatte.

Außerdem hatte er exzellente Verbindungen, und die ließ er spielen, als es mit Davis' Digicon nichts wurde. Er rief Steve Shectman an, einen der Pioniere der elektronischen Astronomie, mit dem er gut befreundet war. Shectman hatte ein Gerät für die University of Michigan gebaut, das ähnlich funktionierte wie das von Davis gewünschte, und bot Huchra und seinen Freunden an, das Instrument nachzubauen.

Er schickte eine Liste der Bauteile an Davis, und dieser flog im Sommer mit einer Tasche voller elektronischer Bauteile und den leeren Leiterplatten, auf denen er die Schaltungen aufbauen wollte, nach Los Angeles. Er blieb einen ganzen Monat in Pasadena, nahm Shectmans Elektronik auseinander und kopierte sie Platte um Platte.

Inzwischen ging es in Cambridge wirklich heiß her. John Tonry, ein graduierter Student, den Davis von Princeton her kannte, war angekommen, und Gursky organisierte alle Beteiligten in sogenannten »tiger teams«, ein Verfahren, das in der NASA bei Schwierigkeiten oder hohem Druck angewandt wurde. Latham, der von seiten des Smithsonian Observatory ranghöchste Mitarbeiter des Rotverschiebungsprojekts, wurde der De-facto-

Manager. Er und Huchra nahmen den Spektrographen auseinander, kauften neue Teile dafür und setzten ihn neu zusammen, während Tonry die Computerprogramme für einen *Data General Nova* schrieb, der die *z*-Maschine steuern, die Daten speichern und die Rotverschiebungen der Spektren der Galaxien automatisch messen sollte.

Das Herzstück der Schöpfung von Shectman und Davis war eine dreistufige Bildröhre, und anstatt eines fotografischen Films ein Reticon, eine Reihe von Dioden, die sich bei Einwirkung von Licht elektrisch aufladen.

Latham erklärte, wie das Gerät arbeiten sollte: Das Licht einer Galaxie, das von Milliarden Sonnen herrührt, wird von dem 1,5-Meter-Spiegel des Teleskops aufgefangen und auf ein Beugungsgitter gebündelt, das das Licht in die Regenbogenfarben auffächert. Der Regenbogen ist so schwach, daß er nicht vom menschlichen Auge wahrgenommen werden kann und selbst auf fotografischem Film keine Spuren hinterlassen würde. Er fällt auf das Ende der dreistufigen Röhre, die als Bildverstärker wirkt, und regt eine spezielle, lichtempfindliche Beschichtung zu einem Elektronenausstoß an. Diese Elektronen werden durch eine hohe Spannung beschleunigt, fliegen durch die Röhre und prallen auf eine zweite Barriere. Deren empfindliche Beschichtung stößt wiederum einen Elektronenstrom aus, der in der zweiten Stufe der Röhre beschleunigt wird. Dieser Prozeß wird dreimal wiederholt. Am Ende wird das Muster des ursprünglichen Spektrums einemillionmal heller auf einem Phosphorbildschirm am Ende der Bildröhre reproduziert.

Das verstärkte Spektrum wird nun auf das Reticon gebündelt, das auf Licht reagiert, indem es sich elektrisch auflädt – je mehr Licht, desto höher die elektrische Ladung.

Weil das Licht der Galaxien, die Davis beobachten wollte, im Durchschnitt so schwach war, wenn es gebrochen wurde, und weil die Bildröhre und das Reticon so schnell arbeiteten, wurde das Licht, das in den Spektrographen eintrat, Photon für Photon aufgezeichnet. Jedesmal, wenn ein Photon auf das vordere Ende des Bildverstärkers prallte, trafen ungefähr eine Million Elektronen auf den Phosphorschirm am hinteren Ende und ließen dort einen Lichtfleck entstehen. Etwa ein halbes Dutzend Dioden des Reticons luden sich auf. Der Rechner las sie ab, rechnete aus, wo sich das Zentrum des Lichtflecks befand, und ordnete der Diode (die einer bestimmten Wellenlänge entspricht) ein Photon zu. Das Reticon wurde etwa tausendmal in der Sekunde abgelesen. Der Computer zählte jedes einzelne Photon, das durch den Spektrographen ging, registrierte seine Wellenlänge und setzte aus diesen Daten allmählich Photon für Photon ein Spektrum zusammen, das vom tiefsten Blau zum wärmsten Rot reichte und auf dem sich Schwankungen der Lichtintensität deutlich abzeichneten. Auf einem in der Nähe befindlichen Oszilloskop konnte man die Entstehung des Spektrums beobachten und den Vorgang abbrechen, sobald das Spektrum deutlich genug war, um die Rotverschiebung zu messen.

Bei der Analyse eines Sterns oder einer Galaxie stellen normalerweise die Stellen mit geringer Lichtintensität - die dunklen Stellen im Regenbogen - die wichtigste Eigenschaft des Spektrums dar. Jede dieser Stellen ist der Fingerabdruck eines bestimmten chemischen Elements, das Licht von einer bestimmten Wellenlänge absorbiert. Wie schon erwähnt hinterläßt das Element Kalzium bei den meisten Sternen einschließlich der Sonne zwei eng nebeneinanderstehende dunkle Linien im blauen Bereich des Spektrums. Wenn sich die Galaxien nicht bewegten, müßten sich die dunklen Stellen - die Absorptionslinien - ihrer Spektren alle decken, da alle Galaxien praktisch aus der gleichen Materie bestehen. Bei einer Galaxie, die sich entfernt, verschiebt jedoch der Doppler-Effekt das ganze Muster nach Rot. Je schneller sich eine Galaxie entfernt, um so näher liegen die Kalziumlinien am roten Bereich.

Auf ihrer Einkaufstour kauften Huchra und Latham einen kompletten Bildverstärker, der zur Verbesserung der Nachtsicht für das Militär entwickelt worden war. Das Reticon, das sie fanden, wies eine Extrareihe Dioden auf. Man konnte es mit einem Vergleichsspektrum bestrahlen, und der Computer konnte dann ohne menschliches Eingreifen entscheiden, bei welchen Wellenlängen die Absorptionslinien eines Spektrums lagen, er konnte ausrechnen, wie weit sie im Vergleich zu einem normalen Spektrum nach Rot verschoben waren und daraus auf die Fluchtgeschwindigkeit der Galaxie schließen.

Die Spektren wurden auf 50-Megabyte-Festplatten aufgezeichnet und automatisch mittels der von Tonry geschriebenen Software analysiert. Keines Menschen Hand oder Auge sollte die Objektivität der Studie beeinträchtigen. Dies war Astronomie, wie ein Physiker sie betreiben würde.

Das Programm nahm in Davis' Kopf Gestalt an. Wenn sie alle Galaxien der nördlichen Hemisphäre einbezogen, deren Helligkeit größer war als Größenklasse 14,5, dann würde die Untersuchung schätzungsweise eine Raumtiefe von 300 Millionen Lichtjahren erreichen, und das war vielleicht gerade weit genug, um einen repräsentativen Ausschnitt des Universums zu erfassen. War dies der Fall, dann würde die Untersuchung die Datenbasis für eine neue, statistisch-quantitative Kosmologie liefern. Anhand eines solchen maßstabsgetreuen Modells des Kosmos würde man vielleicht endlich den Wert Omega verläßlich schätzen können und herausfinden, nach welchen Gesetzen die Haufen im Universum nun eigentlich strukturiert waren.

Hätte Davis bei seinem Bestreben, den Kosmos zu kartographieren, noch einen weiteren Antrieb gebraucht, so hätte er ihn im Sommer 1977 auf einer kosmologischen Tagung in der estnischen Stadt Tallinn bekommen. Das Symposium in der mittelalterlichen Stadt an der Ostseeküste wurde von der Internationalen Astronomischen Union veranstaltet und hatte die Makrostruktur des Universums zum Thema. Der estnische Astronom Einasto schockierte die Versammlung mit seiner Analyse der Verteilung der Galaxien. Das Universum, so Einasto, hat eine zelluläre Struktur, die Galaxien und Haufen sind in den Zellwänden konzentriert und umschließen große leere Hohlräume. Einastos

Theorie stand im Gegensatz zu der Theorie über die Entstehung der Galaxien, an der Peebles seit zehn Jahren arbeitete. Sie klang ähnlich wie Seldowitschs »Pfannkuchen-Modell«, wonach die Materie große flache Einheiten bildet, die dann zu Galaxien zerfallen.

Sowohl Peebles als auch Seldowitsch waren in Tallinn anwesend. Davis traf mit Seldowitsch zusammen und erzählte ihm, daß er eine umfassende Untersuchung der Rotverschiebungen plane. Seldowitsch zeigte überraschend wenig Begeisterung, so als hielte er ein solches Projekt für eine niedere Tätigkeit und könnte nicht verstehen, warum ein erstklassiger Wissenschaftler sich ihr widmete. Davis zog daraus den Schluß, daß die Sowjets die experimentelle Wissenschaft nicht schätzten.

Davis wurde im Herbst 1977 von seinen Lehrverpflichtungen befreit, damit er sich ganz der z-Maschine widmen konnte. Im Februar 1978 fegte eine Serie gewaltiger Blizzards über den Nordwesten der Vereinigten Staaten hinweg. Der zweite Blizzard begrub New England unter einer sechzig Zentimeter hohen Schneedecke. Solange die Schneeräumung dauerte, sperrte der Gouverneur von Massachusetts die Straßen im Großraum Boston für den gesamten Verkehr mit Ausnahme von Polizeifahrzeugen und Krankenwagen. In Cambridge bewegte sich die Bevölkerung auf Langlaufskiern, zwei Wochen lang glich Harvard einem alpinen Dorf. Viele Betriebe und Schulen schlossen ihre Pforten, aber das Rotverschiebungsteam des CFA hatte keine andere Wahl, als seine Vorbereitungen fortzusetzen, denn der Beginn der Untersuchung war auf März terminiert. Die ausgeliehene Elektronik arbeitete noch immer nicht.

Davis fuhr jeden Tag mit den Skiern zum Observatorium. Latham, der flußaufwärts von Cambridge in Watertown wohnte, hatte es da schwerer. Er fuhr mit dem Auto und hatte die schwarze Arzttasche seiner Frau neben sich auf dem Sitz liegen. Wenn er von der Polizei angehalten wurde, behauptete er, er sei Arzt, und man ließ ihn fahren. Am Tag bevor die z-Maschine nach Arizona verschickt wurde, ging Latham den ganzen Weg von Watertown aus zu Fuß durch die verschneiten, leeren Straßen.

Tonry, der Software-Experte, und Davis reisten dem Instrument zum Mount Hopkins nach. Der Frühling hatte gerade begonnen. Die Milchstraße stand nicht mehr im Zenit des Winterhimmels, und man hatte einen guten Blick auf die tintenschwarzen intergalaktischen Räume, das Reich der weiter entfernten Nebel. »Ich war natürlich kein ausgebildeter Astronom«, sagte Davis, als er sich an die ersten Versuche mit dem neuen Gerät erinnerte. In der ersten Nacht hatten sie den Spektrographen in Betrieb gesetzt und ihn auf verschiedene Himmelsobjekte gerichtet, unter anderem auf den Orionnebel. Als Davis und Tonry in das Oszilloskop blickten, waren sie völlig verblüfft. Der Orionnebel zeigte auf bestimmten seltsamen Wellenlängen Emissionslinien anstatt Absorptionslinien. Was ihnen so seltsam erschien, war tatsächlich das Spektrum des Orionnebels, einer heißen Gaswolke, die den zweiten »Stern« im Schwertgehänge des Orion bildet und für die moderne Astrophysik ein wichtiger Orientierungspunkt ist.

Danach lernten sie schnell. Latham hatte vorausgesagt, daß sie einen Monat brauchen würden, um die z-Maschine in Betrieb zu setzen, sie konnten jedoch schon nach drei Tagen und Nächten die ersten Daten sammeln. Nicht schlecht für zwei Grünschnäbel, dachte Davis.

Später flog Huchra nach Arizona und übernahm die Leitung. Das Rotverschiebungsprojekt lief.

Es war rund ein Jahr vergangen, seit sie grünes Licht erhalten hatten. Kein anderes Observatorium wäre so schnell gewesen, dachte Latham später, und hätte in nur einem Jahr ein derart wichtiges Projekt auf die Beine stellen können. Nicht einmal sie selbst, das wußte er, würden so etwas ein zweites Mal schaffen. Jedenfalls würde das Harvard-Smithsonian Observatory nie mehr so völlig ohne andere Instrumente und Projekte dastehen, mit denen man den Betrieb aufrechterhalten konnte. Für Latham war dies der erfreulichste Aspekt ihres Unternehmens. Sie hatten das Observatorium aus dem finsteren Mittelalter gerettet.

378

Der 1,5-Meter-Tillinghast-Reflektor erwies sich als wahres Arbeitstier. In den hellen Zeiten des Monats, wenn man wegen des Mondlichts die Galaxien nicht sehen konnte, setzten die Astronomen das System zum Studium von Einzelsternen ein. Der Mount Hopkins blühte auf.

Davis verbrachte den ganzen Frühling in Arizona, aber er hatte eine schlechte Beobachtungssaison. Es regnete und schneite. Auf dem Mount Hopkins gab es nicht wie auf dem Mount Palomar oder dem Kitt Peak Speisesäle, Bibliotheken, geteerte Straßen und Privatzimmer. Eine halbe Meile unterhalb des Gipfels befand sich eine kleine Unterkunft mit Etagenbetten und einer Küche, wo sich die Astronomen etwas zu essen machen konnten. Auf dem Mount Hopkins ging es eher zu wie bei einem Campingausflug als wie in einer akademischen Einrichtung.

Mit der Straße, die von Amado herausführte, einer kleinen Stadt in der Nähe von Tucson, wo sich die Verwaltung des Mount Hopkins befand, hatte es seine besondere Bewandtnis. Die Astronomen durften sie nicht mit ihren eigenen Autos befahren, sondern mußten in die allradgetriebenen Fahrzeuge des Observatoriums umsteigen. Während der schlimmen Wüstenunwetter wurde die Brücke über den Amado-Fluß überflutet, und die Beobachter saßen abgeschnitten auf dem Berggipfel.

Über den Umfang der Rotverschiebungsstudie war nach praktischen Gesichtspunkten entschieden worden. Davis' Stelle war auf vier Jahre befristet, Huchra hatte einen Vierjahresvertrag am Smithsonian. Tonry brauchte Material für seine Doktorarbeit. Die Untersuchung durfte deshalb nicht länger als zwei oder drei Jahre dauern, und sie konnten nicht alle 30 000 Galaxien aus Zwickys Katalog berücksichtigen, sondern nur etwa 2400.

Die Aufgabe, die eigentliche Beobachtungsarbeit zu organisieren, fiel Huchra zu. Bevor man überhaupt eine Galaxie beobachten konnte, mußte man eine Suchkarte haben, eine Art Straßenkarte durch die Sterne, nach der der Astronom das Teleskop und den Spektrographen ausrichten kann. Die Suchkarte bestand aus Karteikarten, in der Regel eine pro Galaxie, auf denen die hellsten Sterne in der Nähe der Galaxie vermerkt waren sowie ihre Koordinaten und andere Daten aus den verschiedenen Katalogen. Der eigentliche Beobachtungsprozeß war mühselig und beschwerlich für Huchra. Der Kontrollraum, wo die Astronomen beobachten konnten, wie die z-Maschine die Spektren aufbaute, lag im Erdgeschoß der Kuppel des 1,5-Meter-Teleskops. Da sich das Teleskop oben befand, wußte man unten im Kontrollraum nicht, worauf es gerichtet war. Jedesmal, wenn man eine neue Galaxie finden wollte, mußte man die Treppe hinaufrennen, das Licht einschalten, die Kuppel von Hand so drehen, daß der Schlitz den richtigen Teil des Himmels freigab, das Teleskop so lange bewegen, bis die *nixies* – kleine Markierungen auf der Montierung – anzeigten, daß es in die richtige Richtung schaute, sodann das Licht wieder löschen und die Treppe hinunterrennen.

Bei einer durchschnittlichen Galaxie dauerte es eine halbe Stunde, bis sich das Spektrum auf dem Reticon abgebildet hatte. Das CFA-Team konnte etwa zehn bis fünfzehn Rotverschiebungen pro Nacht abhaken, wenn alles gut lief und jemand ständig die Treppe in der Kuppel hinauf- und hinunterrannte.

Nach einem Jahr gab es eine neue Finanzspritze von Gursky und vom NSF, genügend Geld, um zwei Mitarbeiter anstellen zu können. Sie hatten früher bei der Satellitenüberwachung gearbeitet und konnten mit gelegentlicher Hilfe aus dem Osten die Daten aufnehmen und das Teleskop bedienen. Außerdem wurde 1979 das Mehrspiegelteleskop eingeweiht, die erste wirkliche Neuerung in der Konstruktion von Teleskopen, seit Newton den Reflektor erfunden hatte, und der Mount Hopkins wurde in Whipple Observatory umgetauft.

Die Rotverschiebungsforscher des CFA rannten die Treppe zum Tillinghast-Teleskop hinauf und hinunter, fraßen sich durch den Himmel und erfaßten bienenfleißig einen verschwommenen Nebel nach dem anderen. Das Reticon zählte tausendmal in der Sekunde die Photonen, die nach einer Reise von hundert Millionen Lichtjahren in der Bildröhre gelandet waren. Auf dem Oszilloskop wiederholte sich immer wieder dasselbe Lied, jedesmal in einer leicht veränderten Tonart. Der Computer maß die Verschiebung, errechnete daraus die Fluchtgeschwindigkeit und speicherte sie. Allmählich entstand daraus die dreidimensionale Struktur des Universums. Das Muster der Galaxien mußte nur noch gelesen und entschlüsselt werden.

Doch während sich die Struktur aufbaute, veränderte sich ihre Bedeutung, und das Rotverschiebungsprojekt des CFA, das die Antwort auf eine bestimmte Frage bringen sollte – nämlich wie die Galaxien geformt und im Raum verteilt sind – weitete sich plötzlich in eine viel tiefere und grundsätzlichere, fast philosophische Dimension.

In der Zeit zwischen dem Tag, als Davis und Peebles in einem Wäldchen bei Princeton die Idee für das Rotverschiebungsprojekt entwickelt hatten, und dem Tag, als der CFA-Computer die ersten Ergebnisse ausspuckte, war in der Astronomie eine dunkle, drängende Frage in den Vordergrund getreten, die schon über ein halbes Jahrhundert im Hinterkopf einiger Astronomen gelauert hatte. Das Problem war von so überraschender, aber offensichtlicher Wichtigkeit, daß all die anderen Fragen – wie etwa, ob das Universum endlich oder unendlich war, oder die Frage nach dem Ursprung der Galaxien und Haufen und die Kontroverse, was von beiden zuerst dagewesen war – dahinter zurücktraten. Wenn man diese eine Frage beantworten könnte, so dachten Leute wie Schramm und Peebles, dann würden sich die anderen vielleicht ganz von selber lösen.

Diese Frage hieß: Woraus besteht nun eigentlich das Universum?

17. Der Neutrino-Frühling

Außer der Frage, warum überhaupt etwas existiert, ist die Frage nach der Beschaffenheit dessen, was da ist, vielleicht die grundlegendste Frage der Wissenschaft. Und vielleicht hatten die Astronomen schon geglaubt, sie hätten diese Frage längst beantwortet. Seit Hubble war es allgemein akzeptiert, daß das Universum aus Sternen und Galaxien bestand, aus Staub und Gas, aus schmutzigen runden Steinen, die man Planeten nannte, sowie aus Orchideen, Algen und Menschen. Eine Frau belehrte die Allgemeinheit eines Besseren und wies nach, daß die Astronomen in Wahrheit keine Ahnung hatten, woraus der größte Teil des Universums bestand. Er bestand nicht aus Sternen und Galaxien, der größte Teil des Universums war vielmehr unsichtbar.

Vera Rubin war auf der Flucht, als sie die dunkle Materie entdeckte. Schwierigkeiten und Kontroversen hatten ihren Weg bestimmt, teils weil sie eine Frau war, teils weil sie gut war. Eigentlich wollte sie nur in Ruhe ihre Galaxien beobachten, doch sie schien ein unwiderstehliches Talent zu haben, auf beunruhigende Entdeckungen zu stoßen.

Vera Rubin sieht nicht aus wie eine Unruhestifterin. Sie ist klein, hat ein rundes Gesicht, kurzgeschnittene weiße Haare, ist bereits Großmutter und spricht in einer sehr offenen Art. Sie besuchte das Vassar College und gehörte jenem Jahrgang 1948 an, den Mary McCarthy durch ihren berühmten Roman *Die Clique* unsterblich gemacht hat. Maria Mitchell, eine frühere Vassar-Absolventin, hatte als erste Amerikanerin einen Kometen entdeckt. Es gab also durchaus eine astronomische Tradition im Vassar College.

Schwierigkeiten bekam Vera Rubin erstmals im Hauptstudium an der Cornell University: Im Rahmen ihrer Diplomarbeit über Spiralgalaxien stieß sie auf eine Unregelmäßigkeit in der Expansion des Universums. Spiralen von derselben Helligkeit und deshalb vermutlich in derselben Entfernung schienen sich in einer Richtung des Himmels schneller zu entfernen als in anderen Richtungen. Diese Feststellung sei, sagte Rubin und zog dabei eine Grimasse, von führenden Mitgliedern der astronomischen Gemeinschaft »sehr schlecht aufgenommen« worden. Sie habe dann das Thema fallengelassen.

Nach dem Diplom heiratete sie und bekam ein Kind, das verzögerte ihre Doktorarbeit. Während Rubin an der Georgetown University mit halber Kraft für ihre Doktorarbeit forschte, weil sie ihr Baby versorgen mußte, erfuhr sie, was es heißt, eine Frau in der Astronomie zu sein. Eines Tages rief sie der große George Gamow an und fragte, ob sie nicht im Johns Hopkins Applied Physics Laboratory vorbeikommen und mit ihm über ihre Forschungen sprechen wolle. Sie nahm die Einladung begeistert an. Gamow erklärte ihr, daß sie sich unten in der Lobby unterhalten müßten, da Frauen keinen Zutritt zu den Büros hätten.

Schließlich erhielt sie doch noch ihren Doktortitel und trat eine Stelle in einer Abteilung der Carnegie Institution in Washington D. C. an, die den schönen Namen Department of Terrestrial Magnetism trug. Sie war damit eine Art transkontinentale Kollegin von Sandage und seiner Mannschaft in der Santa Barbara Street geworden. In den sechziger Jahren beschloß sie zusammen mit Kent Ford, einem Kollegen von der Carnegie Institution, sich der elektronischen Revolution anzuschließen. Sie bauten einen der ersten Spektrographen mit integrierter Bildröhre - er wog fast hundertfünfzig Kilogramm - und schleppten ihn auf den Kitt Peak, um mit den neuen Teleskopen, die dort gebaut wurden, Quasare zu studieren. Sie kamen gerade rechtzeitig, um sich an den wilden Debatten über die Rotverschiebung zu beteiligen. Sandage und Arp befehdeten sich in den Zeitschriften, von den Korridoren auf dem Mount Wilson gar nicht zu reden. Vera Rubin hatte beim Konflikt um ihre Diplomarbeit einen kleinen Vorgeschmack von solchen Kontroversen bekommen und keine Lust, sich an einem Religionskrieg zu beteiligen. »Ich wollte mich einem Problem widmen«, so Rubin, »bei dem man mich in Ruhe lassen würde.« Sie und Ford sahen sich nach einer sicheren Sache um, bei der sie ihren tollen Spektrographen würden einsetzen können und beschlossen, *normale* Spiralgalaxien zu erforschen. Das Prinzip, das ihrer Arbeit zugrunde lag, war dasselbe wie bei Tully und Fisher: Die Masse einer Galaxie sollte mittels ihrer Rotationsgeschwindigkeit ermittelt werden. Anstatt jedoch wie die beiden Radioastronomen die Bewegung der ganzen Galaxie zu messen, konnten Rubin und Ford mit Hilfe ihres empfindlichen Spektrographen die Rot- und Blauverschiebungen einzelner Sterne messen, die in den verschiedenen Teilen der Galaxie um das Zentrum rotierten. Indem sie die Rotationsgeschwindigkeiten der einzelnen Sektoren einer Galaxie unabhängig voneinander maßen, konnten sie eine sogenannte Rotationskurve ermitteln. Das bedeutete, sie konnten nicht nur die Gesamtmasse einer Galaxie bestimmen, sondern auch feststellen, wie die Masse in der Galaxie verteilt war. Je schneller sich die Sterne in beliebiger Entfernung vom Zentrum auf ihrer Bahn bewegten, desto mehr Masse mußte sich innerhalb des Orbits der Sterne befinden. Rubin und Ford hatten mit ihrem Spektrographen ein Skalpell, mit dem sie eine Galaxie im wahrsten Sinne des Wortes sezieren konnten.

»Wenn man versucht, irgendeine Einzelheit herauszupicken«, zitierte Rubin den Naturforscher John Muir, »entdeckt man, daß jede Einzelheit mit allen anderen Dingen im Universum in einem Zusammenhang steht.« Der bei weitem dichteste und hellste Teil einer Galaxie ist ihr Kern. Vielleicht etwas naiv erwarteten Rubin und Ford, daß die Masse einer Galaxie ebenso verteilt wäre wie ihr Licht und sich deshalb ihr Löwenanteil im Zentrum befinden müßte.

In diesem Fall hätte die Rotationskurve eine klassische Form haben müssen. Sie wäre, wenn man vom Zentrum nach außen geht, zunächst steil angestiegen, weil die Kreisbahnen der Sterne immer mehr dichte Masse umschlossen hätten. Außerhalb des Kerns wäre sie langsamer angestiegen, und in den mittleren Bereichen der Scheibe, wo die Sterne nicht mehr so dicht beieinander liegen, wäre die Kurve nur noch ganz allmählich oder überhaupt nicht mehr angestiegen. Am Rand der Galaxie schließlich hätten die Geschwindigkeiten der Sterne abnehmen müssen, weil ihre vergrößerten Kreisbahnen nicht mehr viel zusätzliche Masse einschließen. Dies trifft für das Sonnensystem zu, wo die Sonne bei weitem den größten Anteil der Masse stellt. Merkur, der kleinste Planet, saust in 88 Tagen einmal um die Sonne, dagegen bewegt sich der weit entfernte Pluto so langsam, daß er sich kaum von dem Punkt weg bewegt hat, an dem er vor sechzig Jahren entdeckt wurde.

Der Andromedanebel, das große Feuerrad, die Schwestergalaxie der Milchstraße, liegt fast zu nahe, als daß man ihn bequem beobachten könnte. Er erstreckt sich über fünf Grad am Himmel, vorausgesetzt man kann das Licht seiner Sterne in so großer Entfernung von ihrem leuchtenden Zentrum noch erkennen. Aber beim Andromedanebel oder M 31 beginnen alle kosmischen Expeditionen, und er war das Objekt, für das Rubin, Ford, Norbert Thonnard und der Student David Burstein ihre erste Rotationskurve aufstellten. Der Andromedanebel war so groß, daß sie ihn nicht auf einmal mit dem Spektrographen erfassen konnten; sie mußten die Galaxie in vielen Beobachtungsnächten Sternfeld für Sternfeld durchgehen.

Als sie ihre Untersuchung beendet hatten, passierte etwas Seltsames: Vera Rubin verpaßte ihre erste Gelegenheit, in die Unsterblichkeit einzugehen. Sie und Ford fügten alle ihre Beobachtungsergebnisse methodisch zu einem langen wellenförmigen Diagramm zusammen, und dabei übersahen sie, daß sich die Geschwindigkeiten der Sterne in den äußeren Regionen der Andromedagalaxie nicht verlangsamten. Astronomisch ausgedrückt: Die Rotationskurve war flach. Dies bedeutete, daß in der nächstgelegenen, bestbeobachteten Galaxie des Universums etwas vorging, das niemand erklären konnte.

Inzwischen benutzten Rubin und Ford ihren wunderbaren Bildröhren-Spektrographen, um die Rotverschiebungen von Spiralgalaxien zu messen. Natürlich stießen sie dabei sofort wieder auf die ungleiche Expansion des Universums, die Rubin unglücklicherweise schon als Studentin entdeckt hatte. Diesmal erhielt das Phänomen einen Namen: Rubin-Ford-Effekt. Die einfachste Erklärung für den Effekt bestand darin, daß ein beträchtlicher Teil des lokalen Universums nicht nur der normalen Expansion unterlag, sondern von etwas angezogen wurde und sich ungefähr in Richtung Pegasus bewegte. Die meisten »führenden Astronomen« nahmen diese Entdeckung nicht ernst. Sandage hatte die Gleichförmigkeit der Expansion des Universums zu seiner eigenen Zufriedenheit bewiesen und vermutete, Rubins Auswahl von Galaxien sei nicht repräsentativ.

Während sich über ihren Köpfen ein Sturm zusammenbraute, setzten Rubin und Ford ihre Untersuchung über die Dynamik von Spiralgalaxien fort. Die verwirrende Rotationskurve von M 31 lag wie eine Zeitbombe unter ihren Unterlagen. Sie wollten die verschiedenen Typen von Spiralgalaxien systematisch untersuchen, bei den hellsten anfangen, Spektrogramme erstellen und die Bewegungen der Sterne analysieren. Wenn sich der Aufnahmeschlitz des Spektrographen in einer Linie mit der langen Achse einer Galaxie befand, dann verbogen sich alle Spektrallinien zu S-Kurven, bedingt durch das blauverschobene Licht der Sterne, die sich am einen Ende der Galaxie auf die Erde zu bewegten, und die Rotverschiebung der Sterne, die sich am anderem Ende von der Erde weg bewegten. Die Rotationskurve der Galaxie konnte von einem einzigen Spektrogramm abgelesen werden.

Als Rubin und Ford die gerade entwickelten Spektrogramme in der Dunkelkammer hochhielten und die S-förmigen Spektrallinien betrachteten, bemerkten sie sofort, daß etwas nicht stimmte. Die Rotationskurven fielen nicht ab, wie erwartet, sondern waren flach wie die von M 31. Die Sterne bewegten sich in den

Randbereichen der Galaxie nicht langsamer, wie man hätte erwarten müssen, wenn die Masse dort abnahm. Sie schienen sich im Gegenteil eher noch schneller zu bewegen, so als wäre um so mehr zusätzliche Masse vorhanden, je weiter am Rand sich ein Stern in einer Galaxie befand, und als würde er deshalb immer schneller und schneller um seine Kreisbahn geschleudert. In den Randbereichen nahm jedoch das Licht rapide ab. Was *war* dann die zusätzliche Masse, die die Sterne in den Außenbereichen so schnell machte? »Diesmal«, sagte Rubin, »wußten wir sofort, daß wir einer Sensation auf der Spur waren.«

Für das Verhalten der Sterne waren nur zwei Erklärungen denkbar: Entweder stimmten die Newtonschen Gesetze nicht, oder es gab etwas Fremdartiges in der Galaxie – etwas, das nicht leuchtete und nicht wie die Sterne im Zentrum der Galaxie konzentriert war. Rubin berechnete, wieviel von dieser zusätzlichen »dunklen« Masse vorhanden sein mußte, damit die Sterne sich mit den festgestellten Geschwindigkeiten bewegten und damit die Rotationskurven anstiegen, anstatt zu fallen. Die Antwort war erstaunlich: Die Galaxie mußte zwei- bis zehnmal mehr Masse haben, als nach ihrem sichtbaren Licht zu urteilen existierte.

Die »fehlende Masse« war ein Begriff, den der reizbare Fritz Zwicky geprägt hatte, um die Folgen einer beunruhigenden Beobachtung aus den dreißiger Jahren beschreiben, die verantwortungsbewußten Astronomen seither stets Kopfzerbrechen bereitet hatte.

Zwicky hatte die Rotverschiebungen einer Anzahl von Galaxien im Comahaufen gemessen, hatte berechnet, wie schnell sie sich relativ zueinander bewegten und bestimmt, wie groß die Schwerkraft sein mußte, die den Haufen daran hinderte auseinanderzufliegen. Dann berechnete er die Schwerkraft, die sich aus der leuchtenden Masse des Haufens ergab, indem er einfach die Helligkeit aller Sterne addierte, und verglich sie mit der Gesamtschwerkraft, die den Haufen zusammenhielt. Zu seiner Überraschung betrug die Gravitationsmasse das Zehnfache der leuchtenden Masse. Dies ließ nur einen Schluß zu: Wenn der Comahaufen nicht nur eine vorübergehende optische Illusion war, dann waren neunzig Prozent der Comahaufens und, wie sich herausstellen sollte, auch anderer Haufen unsichtbar. Diese unsichtbaren neunzig Prozent hatte Zwicky die fehlende Masse genannt.

Wie die meisten Astronomen hatten auch Rubin und Ford im Studium Zwickys Berechnungen nachvollzogen und geschlossen, daß es da etwas gab, das man noch nicht verstand. Seit Zwicky hatten auch andere Astronomen Beispiele für Ansammlungen von Galaxien gefunden, die mehr zu wiegen schienen als die Summe der Einzelgalaxien. Je größer das untersuchte System war, desto größer schien im allgemeinen auch die Diskrepanz zwischen der sichtbaren und der unsichtbaren Masse zu sein - desto mehr Masse fehlte also. Einige Astronomen klammerten sich an die Hoffnung, daß man genug fehlende Masse finden würde, um die Theorie vom geschlossenen Universum zu retten.

Peebles spielte eine wichtige Rolle dabei, daß sich immer mehr Astronomen für die fehlende Masse interessierten. Im Jahr 1974 faszinierte ihn die numerische Simulation auf Computern. Er und ein Kollege aus Princeton namens Jeremiah Ostriker hatten versucht, die Struktur einer Spiralgalaxie auf einem Computer zu simulieren. Sie versuchten es immer wieder, scheiterten aber jedesmal. Es hatte den Anschein, als wäre die Scheibe der Galaxie instabil; die Anziehungskräfte zwischen den Sternen in der Scheibe hätten sie auseinanderreißen müssen. Wie kam es, daß trotzdem Galaxien existierten? Peebles und Ostriker fanden schließlich heraus, daß die Scheibe stabil wäre, wenn sie von einem sphärischen Halo aus anderer Materie umgeben wäre, etwa wie das Fleisch eines Hamburgers von dem runden Brötchen. Peebles erkannte, daß er den Galaxien tatsächlich genügend unsichtbare Masse für ein geschlossenes Universum zuschreiben konnte, wenn er dunkle Halos von ausreichender

Größe und Masse annahm. Er und Ostriker konnten allerdings nicht beweisen, daß tatsächlich soviel Masse vorhanden war, und sie hatten sich davor gehütet, den Galaxien in ihren Veröffentlichungen zuviel dunkle Masse zuzuschreiben.

Wie sich herausstellte, hätte die Existenz sphärischer Halos aus dunkler Materie sehr gut zu Rubins Beobachtungen gepaßt. Sie und ihr Team verbrachten die nächsten Jahre damit, an Teleskopen in Arizona und Chile ihre Sammlung von Galaxien zu vervollständigen: leuchtschwache Galaxien, helle Galaxien, lokkere Spiralen mit anämischen Kernen, enge Spiralen mit Armen, Balkenspiralen, spindelförmige Galaxien. Sie sammelten eine große Bandbreite von Rotationskurven, und Vera Rubin wurde zur Expertin im Aufspüren der Feinheiten.

Sie kam zu dem Schluß, daß es sich bei den Galaxien der Astronomen in Wirklichkeit nur um die leuchtenden Kerne viel größerer, dunklerer und massereicherer Wolken handelte. Sie stellte ihre Beobachtungen unter dem Titel zusammen: »Aus welchem Stoff sind die Spiralgalaxien gemacht?« Der sichtbare Teil einer Galaxie war, wie sie sagte, von dunkler Materie durchdrungen und umgeben. Innerhalb der sichtbaren Grenzen einer typischen Spiralgalaxie bestand ihrer Schätzung nach ungefähr die Hälfte der Masse aus dunkler Materie. Es sprach jedoch alles dafür, daß sich die dunkle Wolke auch über die sichtbare Grenze der Galaxie hinaus erstreckte; welche Dimensionen sie letztlich hatte, war nicht zu ermitteln. Dunkle Materie konnte, wie Zwickys Entdeckungen schon früher hatten vermuten lassen, die helle Materie um das Zehn- oder sogar Hundertfache übertreffen.

Rubin kam es vor allem auf die philosophische Bedeutung ihrer Entdeckung an: Seit dreihundert Jahren hatten die Astronomen angenommen, das Universum sei das, was sie sähen, und sie hatten ihre Zeit damit verbracht, Klumpen zu sortieren. Aus Atomen entstanden Sterne, aus Sternen Galaxien, aus Galaxien Haufen und aus Haufen - vielleicht - Superhaufen. Und nun kam diese Frau daher und behauptete, der Kosmos sei das, was die Astronomen *nicht* sähen.

Bis Vera Rubin mit ihren Rotationkurven die Runde machte, hatten die herrschenden Herren der Astronomie die fehlende Masse als eine Anomalie ignorieren können, die auf fehlerhaften oder falsch interpretierten Daten beruhte. Nun jedoch brummte Sandage: »Ich habe Veras Rotationskurven lange bekämpft, aber ich muß davor kapitulieren.«

Manche Astronomen überlegten, wie sie sich die Existenz von dunkler Materie bei der Lösung kosmologischer Probleme zu Nutzen machen könnten. Einer der ersten war Simon White, ein Postdoktorand an der Cambridge University. Ihn faszinierte die Physik der dunklen Materie. White, ein schlaksiger Ire mit widerspenstigen blonden Haaren, hatte über numerische Simulationen von Galaxienhaufen bei Martin Rees promoviert, einem schnell sprechenden und noch schneller denkenden ehemaligen Studenten von Sciama. Im Jahr 1976 brachte White Rees dazu, ihm bei einer Arbeit über die Rolle der dunklen Materie bei dem schwierigen Problem der Galaxienentstehung zu helfen.

Wenn der größte Teil des Universums tatsächlich aus dunkler Materie bestand, überlegte White, dann war es die dunkle Materie, die Größe und Art der Strukturen im Universum bestimmte. Aus dunkler Materie waren die Galaxien und Superhaufen entstanden, die leuchtende Materie war nur Staub im Wind. Dunkle Materie – das, was er und Rees »schwarze Objekte« nannten, – war der eigentliche Urschlamm.

Für die Erforschung des Universums schien es eine wenig vielversprechende Entdeckung zu sein, daß ein unbekannter unsichtbarer Stoff überall am Werke war. Rees und White bemerkten jedoch, daß sie keine Details der »schwarzen Objekte« kennen mußten, um abzuleiten, wie sich die Objekte *en masse* verhalten würden. Es spielte keine Rolle, ob es sich um leuchtschwache Sterne, Felsbrocken, Schwarze Löcher oder um Legionen von exotischen Elementarteilchen handelte, die noch vom Urknall übriggeblieben waren. Hinsichtlich der Schwerkraft würden sich all diese Dinge gleich verhalten.

Im frühen Universum mußten nach Rees und White sowohl

die dunkle als auch die leuchtende Materie dank der Gewalt des Urknalls sehr heiß gewesen sein. Die schwarzen Objekte waren wie die Atome in einem Gas umhergesaust und hatten sich zu großen, diffusen Wolken zusammengeballt. Diese Wolken hatten als Gravitationsfallen für die Spuren normaler Materie funktioniert – in diesem Stadium größtenteils Wasserstoff und Helium –, die sich in dem dunklen Urschlamm befanden. Die normale Materie mußte von den schwarzen Wolken einfach mitgeführt worden sein.

Sobald sich jedoch eine Wolke gebildet hatte, trennten sich die normale und die dunkle Materie voneinander wie in einem Butterfaß. Die normale, bald schon leuchtende Materie war abgekühlt, indem sie ihre Energie abstrahlte. Beim Abkühlen hatte sich die Bewegung der Helium- und Wasserstoffatome verlangsamt, und sie waren in das Zentrum der Wolke gesunken, wo sie sich zu Sternen und Galaxien verdichten konnten. Äonen später hatte sich dann eine Pfütze aus leuchtender Materie gebildet, umgeben von einer schwarzen Wolke.

Das Rees-White-Szenario war eine Art schwarze Kehrseite von Peebles ursprünglicher Idee, die großen Dinge im Universum hätten sich von unten nach oben aus kleinen Dingen gebildet. Je größer der ursprüngliche Materieklumpen, so Rees und White, desto länger hatten die Atome gebraucht, um abzukühlen, sich zu verdichten und aufzuleuchten. Zuerst waren dabei Kugelhaufen entstanden und dann Galaxien. Beim Abkühlen hatten die Wolken aus dunkler Materie einander angezogen und größere Wolken gebildet, die wiederum das Bestreben hatten, zu noch größeren Wolken zu verschmelzen, wobei sie ihre leuchtenden Kerne mitgeschleppt hatten, wie man seine Kinder zu einem sonntäglichen Mittagessen bei den Großeltern mitschleppt. Mit der Zeit, sagten Rees und White voraus, würden sich die Verschmelzungsprozesse auf immer höherer Ebene wiederholen. Ihr Universum war organisiert wie ein chinesisches Puzzle, mit Klumpen innerhalb von Klumpen innerhalb von Klumpen.

Wenn Rees und White recht hatten, dann waren die Astronomen während der letzten Jahrhunderte im dunkeln getappt. Das sichtbare Universum war wie der Schnee auf einem Berggipfel nur eine Kulisse, es wurde von Einflüssen kontrolliert, die jenseits ihres Gesichtsfelds lagen. Die Geschichte des Universums, der Galaxien, der Haufen und Superhaufen wurde im dunkeln geschrieben.

Rees und White waren ihren westlichen Kollegen voraus, als sie dem dunklen Stoff so große Wichtigkeit zuschrieben, hatten jedoch, was dunkle Materie und die Struktur des Universums betraf, gegenüber Seldowitsch, dem intuitiv begabten Russen, einiges aufzuholen. Im Osten hatte die dunkle Materie ein anderes Gesicht und bildete laut Seldowitsch ein anderes Universum, ein Top-down-Universum. Ihr Gesicht bestand aus jenen Geisterpartikeln, die man als Neutrinos bezeichnete.

Als Seldowitsch das »Pfannkuchen-Modell« entwickelt hatte, nach dem sich die Galaxien *top down,* vom Großen zum Kleinen, gebildet hatten, war er davon ausgegangen, daß das Universum aus normaler Materie bestand. Aber er hatte schon immer den Hintergedanken gehegt, daß es im Universum noch etwas anderes geben könnte. Nach den üblichen Berechnungen des Urknalls gab es beispielsweise im heutigen Universum eine Milliarde Neutrinos pro Kubikzentimeter. Sie galten bei den Physikern als masselos – sie hatten kein Gewicht und bewegten sich mit Lichtgeschwindigkeit. Das war jedoch lediglich eine Annahme. Die Teilchenphysik verfügte über keine Methode, die fein genug gewesen wäre, um das Gewicht von Teilchen festzustellen, die leichter waren als Elektronen. Seldowitsch wußte, daß kein Gesetz *verlangte,* daß die Neutrinos absolut masselos sein mußten; und tatsächlich ließen einige der neuen Vereinheitlichungstheorien der Teilchenphysik sogar vermuten, daß sie eine geringe Masse hatten. Angenommen, das stimmte?

Schon 1960 hatte Seldowitsch bemerkt, daß er das gesamte Universum als eine Waage betrachten konnte, auf der er die Neutrinos wiegen und ihre Masse genauer bestimmen konnte als in den Laboratorien. Wenn Neutrinos auch nur ein wenig Masse hatten, überlegte Seldowitsch, dann würden die Billionen und Aberbillionen von Neutrinos ein beträchtliches Gewicht im Universum haben. Ihre kollektive Schwerkraft mußte dazu beitragen, daß sich die Expansion des Kosmos verlangsamte. Wären die Neutrinos zu schwer gewesen, dann hätte ihr Gewicht den Kosmos bereits zusammenstürzen lassen.

Die Tatsache, daß die Neutrinos das Universum noch nicht hatten kollabieren lassen, bedeutete, wie Seldowitsch und ein Student namens Gerstein ausrechneten, daß sie nicht mehr Masse haben konnten als etwa dreißig Elektronenvolt – weniger als ein Zehntausendstel der Masse eines Elektrons.

Im Westen wurde Seldowitschs Idee als ein typisches Phantasieprodukt angesehen: von Irrtümern befrachtet und nicht durch Daten gestützt. Dagegen wurden »massive Neutrinos« im Osten als eine reale Möglichkeit betrachtet. Welche Wirkung würde ihr Vorhandensein auf andere Gebiete der Astrophysik haben? Seldowitsch verschenkte immer leichtfertig seine besten Ideen. Von Seldowitsch angeregt, begann sich ein Professor an der ungarischen Eötvös-Universität in Budapest für Neutrino-Universen zu interessieren. Er hatte einen gescheiten jungen Studenten namens Alex Szalay und schlug ihm 1972 vor, sich Gedanken über die Konsequenzen der Existenz massiver Neutrinos zu machen.

Für Szalay kam die Anregung, massive Neutrinos zu erforschen, einer Einladung gleich, in den Familienbetrieb einzusteigen. Schon sein Großvater war Physiker gewesen, aber er hatte die Forschung für eine sichere Lehrerstelle an einer höheren Schule aufgegeben. Sein Vater Alexander Szalay hatte am Rutherford Laboratory in Cambridge Nuklearphysik studiert, einer wahren Brutstätte für Nobelpreisträger. Er war mit seiner Frau, die zugleich seine Assistentin war, nach Debreczin gezogen, einer beschaulichen, von Ackerland umgebenen Universitätsstadt in der Nähe der rumänischen Grenze, hatte dort ein Forschungsinstitut für Nuklearphysik gegründet und war in die ungarische Akademie der Wissenschaften gewählt worden.

Die Kernphysik war damals eine Pionierwissenschaft, und die Kernphysiker waren gerade dem Neutrino auf der Spur. Szalay hatte 1940 einen Weg gefunden, das Neutrino nachzuweisen und damit seine Existenz zu bestätigen, aber sein Labor wurde im Krieg vollkommen zerstört. In seiner Isolation brauchte er lange, um das Labor wieder aufzubauen. Er konnte seine Experimente erst 1955 wieder aufnehmen, und zu diesem Zeitpunkt hatten zwei Amerikaner bereits Neutrinos nachgewiesen, die aus einem Kernreaktor entwichen.

Beim Wettlauf um das Neutrino kam Szalay nur als Zweiter ins Ziel, aber ein Foto, das er von Bahnspuren in einer Nebelkammer gemacht hatte, ging als das klassische Neutrino-Porträt um die Welt. Es wurde in vielen Lehrbüchern abgedruckt. Das Foto zeigt die Spur eines Heliumkerns. Er fliegt auf einer langen flachen Kurve, bis er ein Neutrino emittiert und durch den Rückstoß plötzlich die Richtung wechselt. Das eigentliche Neutrino ist unsichtbar.

Alex Szalay wurde 1949 geboren und wuchs mit seinem jüngeren Bruder Andrew auf dem Gelände des Instituts auf. Er ist mager, hat rotblonde Haare, trägt unauffällige Kleidung und wirkt mehr wie ein Mann aus dem Westen als aus dem Ostblock. Wie es sich für die Söhne von Physikern gehört, die ihre eigenen Instrumente gebaut haben, entwickelten er und sein Bruder großes Geschick im Umgang mit technischen Geräten, besonders mit elektronischen. Alex machte seinen ersten Abschluß in Physik an der Universität von Debreczin und studierte dann in Budapest an der Eötvös-Universität weiter.

Er hatte noch keine Ahnung von Astrophysik, als er aufgefordert wurde, sich zum Experten für Neutrino-Universen zu bilden. Er arbeitete die Bücher von Peebles, Weinberg und Seldowitsch durch und ließ sich zu Konferenzen und speziellen Sommer- und Winterschulungen an Orten wie Erice auf Sizilien schicken, wo Fachleute wie Sandage und Hawking Vorlesungen hielten. Auf einer Neutrino-Konferenz am Plattensee, einem Erholungsgebiet in Westungarn, traf er mit Seldowitsch zusammen. Ungarn war das erste Land, das Seldowitsch hatte besuchen können, nachdem er nicht mehr in der Rüstung tätig war, und dorthin kehrte er immer wieder zurück.

Szalay begann seine Forschungen, indem er Seldowitschs Berechnungen über die Neutrinos nachrechnete. Dann versuchte er zu berechnen, welche Wirkung die Neutrinos als dunkle Materie auf die Bildung von Galaxien hatten. Dabei ergaben sich eine Menge Gleichungen, die er nicht lösen konnte, und er arbeitete mehr intuitiv weiter.

Wenn man den Neutrinos eine geringe Masse von etwa 30 Elektronenvolt gab, stellten sie die dominierende Masse im Universum dar. Außerdem waren sie dann langsamer als das Licht, aber, wie Szalay vermutete, nur geringfügig langsamer. Die urzeitlichen Neutrinos bewegten sich *fast* mit Lichtgeschwindigkeit und so, als wäre der Rest des Universums unsichtbar. Diese beiden Eigenschaften verliehen ihnen eine Art schlüpfrige Beschaffenheit; sie konnten sich nicht zu kleinen Gruppen zusammenschließen. Der Größe der Klumpen, die sich im Neutrino-Universum dauerhaft bilden konnten, waren Grenzen gesetzt. Diese Maximalgröße hatte nach Szalays Berechnungen die Masse von tausend Billionen Sonnen, das heißt die Masse eines großen Haufens von Galaxien. Dies war die Masse der ersten Objekte, die in dem heißen Gas des frühen expandierenden Universums hatten kondensieren und aus denen Seldowitschs Pfannkuchen hatten entstehen können.

Mit anderen Worten: Ein Neutrino-Universum würde auf Seldowitschs Art Galaxien bilden, indem sich pfannkuchenförmige Haufen in einzelne Galaxien auflösten. Ich fragte, ob sich Seldowitsch über dieses Ergebnis gefreut habe. Es sei Seldowitschs Stil, erklärte Szalay unentschieden, mit einer Menge Ideen zu jonglieren, diese an Untergebene weiterzureichen und sie dann hart zu kritisieren. »Er hat schon gesehen, daß es eine gute Idee war«, erinnerte sich Szalay.

Durch Seldowitschs Reaktion ermutigt, arbeitete Szalay die nächsten paar Jahre weiter an Neutrino-dominierten Universen.

Das große Ereignis in ihrer Beziehung trug sich 1975 zu, als Seldowitsch im Rahmen einer Rundreise durch verschiedene Forschungsinstitute Budapest einen dreiwöchigen Besuch abstattete. Szalay war Seldowitschs Führer und Laufbursche. Seldowitsch mochte den jungen Mann auf Anhieb. Er stellte ihm ein physikalisches Problem und sagte, Szalay solle ihn am nächsten Morgen um fünf Uhr dreißig anrufen und die Lösung mitteilen. Szalay hielt das für einen Scherz. Daraufhin schrie ihn Seldowitsch am nächsten Morgen an und nannte ihn einen Faulpelz. »Er schien genau zu wissen, wieviel jemand verstehen konnte«, sagte Szalay wehmütig, »und gab einem dann zwanzig Prozent mehr zu knacken.«

Szalay hatte versucht, mittels einzelner Ideen und Fakten die Astrophysik neu zu erfinden oder, wie er selbst es ausdrückte, »von unten nach oben«. Seldowitsch stellte ihm Aufgaben, durch die sich die einzelnen Fragmente miteinander verbanden, und Szalay gewann dadurch einen besseren Überblick über die Kosmologie und die Astrophysik. Plötzlich paßte alles zusammen. Inzwischen hatten sich Seldowitsch und Szalays Vater, beide Physiker und Angehörige der gleichen Generation, angefreundet.

Seldowitsch ermutigte seinen neuen Schützling, die Arbeit mit den Neutrinos und der Pfannkuchentheorie fortzusetzen. Er lud Szalay ein, bei ihm in Moskau zu arbeiten, aber Szalay hatte die Neutrinos satt.

Er versuchte Seldowitsch zu entrinnen. Er bewarb sich um eine Anstellung als *postdoc* in den Vereinigten Staaten und Westeuropa, aber seine Bewerbungen wurden abgelehnt. Die Geschichte mit den Neutrinos zählte in der Fachwelt nicht viel. Szalay beschloß daraufhin, Teilchenphysiker zu werden. Er arbeitete zwei Jahre auf diesem Gebiet, bis er merkte, daß es ihn nicht wirklich interessierte. Im Jahr 1977 besuchte er eine Konferenz über unterirdische Neutrino-Detektoren im Kaukasus, traf dort Seldowitsch und fragte ihn, ob seine Einladung noch gelte.

Es dauerte ein Jahr, bis die schwerfällige Bürokratie die notwendigen Genehmigungen ausgespuckt hatte, die Szalay brauchte, um an sowjetischen Universitäten und Forschungsinstituten arbeiten zu können. Inzwischen hatte er das IAU-Symposium über die Makrostruktur des Universums in Tallinn verpaßt, wo Davis Seldowitsch die Rotverschiebungsuntersuchung des CFA erklärt und Einasto seine Theorie vorgestellt hatte, nach der die Pfannkuchen im Universum sich zu einer zellularen Struktur verbunden hätten.

Szalay ging immer nur einen Monat nach Moskau und wohnte dort zeitweilig bei Seldowitsch und dessen zweiter Frau Anjelica, einer Wirtschaftswissenschaftlerin. (Seldowitschs erste Frau war an einem Herzanfall beim Schwimmen gestorben.) Sie lebten in einer Dreizimmerwohnung in den Moskauer Leninbergen, in der Nähe des Instituts für Physikalische Probleme. Die Wohnung war nach Szalays Erinnerung vollgestopft mit Medizinbällen und Gewichten. Im Wohnzimmer befand sich eine große Tafel. Seldowitsch stand jeden Morgen um fünf Uhr auf und rief seine Studenten an.

»Ich beschloß, nicht länger als einen Monat zu bleiben«, erklärte Szalay. »Ich finde, ein Monat ohne Computer, das geht in Ordnung. Man spricht mit allen Leuten. Und dann, nach einer Weile - ich war schon immer computerorientiert, deshalb gibt es bei mir gewisse Grenzen, was ich einen Monat lang ohne Computer anfangen kann.«

Natürlich gab es auch in Moskau Computer, aber Ausländer durften sie nicht benutzen. Szalay verbrachte seine Zeit damit, Seldowitschs Kurse und Seminare zu besuchen. Szalay erinnerte sich noch lebhaft an seine Zeit in Moskau: »Manchmal hatte man in diesen Seminaren den Eindruck, daß er gleich einschlafen würde. Seine Augen sind geschlossen, er schnarcht schon fast, und dann öffnet er ein Auge einen Spalt und stellt dem Sprecher die allerpeinlichsten Fragen. Er hat überhaupt nicht geschlafen. Er hat nur nachgedacht! Und normalerweise bringt er das Problem genau auf den Punkt.«

Szalays Augen werden feucht, und seine Stimme wird ganz leise, wenn er sich jene Zeit ins Gedächtnis zurückruft. Seldowitsch war ihm zu einem zweiten Vater geworden.
Wenn Seldowitsch über Dinge sprechen wollte, die niemand hören sollte, machten sie einen Spaziergang um den Block. Auf einem dieser Spaziergänge gestand er Szalay, daß er am gleichen Problem gearbeitet hatte, das Teller und Ulam gelöst hatten – an der Zündung einer Wasserstoffbombe. Ein anderes Mal schätzte Seldowitsch die Sprengkraft eines westlichen Atomtests nach dem Bild des Atompilzes in der Zeitung.
Szalay vergaß, daß er sich als eine Art Massiver-Neutrino-Sonderling nicht wohl gefühlt hatte. Angeleitet von dem dynamischen kleinen Seldowitsch drang er jetzt tief in die reguläre Pfannkuchentheorie ein – nach der sich die Makrostruktur des Universums vom Großen zum Kleinen entwickelt hatte. Er analysierte Korrelationsfunktionen, simulierte Universen und lernte den Kosmos wie ein Physiker zu betrachten: Galaxien waren nicht spinnwebartige Ansammlungen von Licht, sondern vielmehr Perturbationen der Dichte, Klumpen in der Ursoße.
Die meisten ihrer Arbeiten wurden nie publiziert, aber sie brachten sich in Position. Die Geschichte war, ohne daß sie es gewußt hätten, auf ihrer Seite. Als 1980 ihre wildesten Träume Realität wurden, waren sie bereit.

In Szalays und Seldowitschs wildesten Träumen hatten Neutrinos eine geringe, aber signifikante Masse. Wenn sich das bestätigen ließ, dann hatte all ihre theoretische Arbeit über die kosmologischen Effekte massiver Neutrinos einen Sinn gehabt.
Konnte Vera Rubins dunkle Materie aus massiven Neutrinos bestehen? Im Westen erschienen mehrere Aufsätze zu dem Thema, und darin wurde die Frage verneint: Seldowitsch und Szalay hatten erklärt, daß Neutrinos nicht mehr als 30 Elektronenvolt wiegen könnten, sonst wäre das Universum bereits im Kollaps begriffen. Mit einer so kleinen Masse wären die Neutrinos jedoch zu schnell und zu schlüpfrig, um Halos zu bilden,

die nach der Theorie so klein sind, daß sie einzelne Galaxien einschließen können.

Etwa zu diesem Zeitpunkt wurden Schramm und Steigman, alte Freunde der Neutrinos und des Urknalls, aktiv. Schramm war mit der Zeit zu dem Schluß gekommen, daß Omega den Wert 1 haben mußte – das war die einzige ästhetische Lösung der kosmologischen Gleichungen. Im Frühjahr 1980 reiste Guth von Institut zu Institut, verkaufte seine Inflationstheorie und suchte eine Stelle. Schramm hörte als einer der ersten von der Inflationstheorie und reagierte sofort. Er lud Guth kurzfristig zu einem Treffen der Royal Society in London ein. Die Inflationstheorie, erkannte Schramm, war eine brillante Anwendung der GUTs auf die Kosmologie. Noch nie war jemand einer Lösung so nahe gekommen, die *alles erklärte*.

Die Inflationstheorie machte eine herausragende, experimentell überprüfbare Voraussage: Die Dichte der Masse im Universum ist gleich der kritischen Dichte, Omega hat also tatsächlich den Wert eins. Da Männer wie Sandage und Gunn nach sorgfältigster Beobachtungsarbeit zu dem Schluß gekommen waren, daß der Wert von Omega kleiner als ein Zehntel sein müsse, hatte sich durch Guth' Theorie ein echtes Problem der fehlenden Materie ergeben. Schramm und Steigman vermuteten, die Antwort könnten massive Neutrinos sein, die Wolken in der Größe von Superhaufen gebildet hätten.

Wieviel Masse müßten die Neutrinos haben, um das Universum zu »schließen«? Schramm und Steigman kamen zu dem Schluß, daß es gar nicht viel sein mußte. Im Prinzip vollzogen sie die Überlegungen nach, die Seldowitsch bereits vor einem Jahrzehnt angestellt hatte, mit dem einzigen Unterschied, daß inzwischen drei Familien von Neutrinos berücksichtigt werden mußten: normale Elektron-Neutrinos sowie Myon- und Tau-Neutrinos – und jedes konnte eine andere Masse haben. Es hatte nach dem Urknall schätzungsweise einhundertfünfzig Neutrinos pro Kubikzentimeter des Universums gegeben. Die durchschnittliche Masse eines Neutrinos mußte nur 33 Elektronenvolt betragen, plus oder minus einen Faktor zwei (wegen der unklaren Hubble-Konstante), und das Universum war geschlossen. Schramm und Steigman hatten die gleiche Antwort gefunden wie Seldowitsch, nur mit modernen Methoden.

Aber was hatte es mit Vera Rubins Halos auf sich? In dieser Frage ließen sich Schramm und Steigman von der diffizilen Zahlenmystik der im Urknall entstandenen Elemente leiten. Die leuchtende Materie - die Galaxien - hatte etwa ein Prozent der Masse, die notwendig war, um das Universum zu schließen. Die Halos hatten zehnmal soviel Masse wie die leuchtenden Galaxien; das bedeutete, daß Omega nur 0,1 betrug - das Universum hätte also nur zehn Prozent der Masse, die notwendig wäre, um die Expansion eines Tages zum Stillstand zu bringen. Es ergab sich, daß ein Omegawert von 0,1 zu den Urknallmodellen der Kernsynthese paßte. Ein Feuerball, in dem die Dichte der normalen, sogenannten baryonischen Materie zehn Prozent der kritischen Dichte erreicht hatte, würde etwa 24 Prozent Helium, 75 Prozent Wasserstoff, ein hundertstel Prozent Deuterium produzieren - genau die Werte, die von den Astronomen gemessen wurden.

Mit anderen Worten: Sowohl die leuchtenden Galaxien als auch ihre Halos konnten aus normaler Materie bestehen, aus schwach leuchtenden Sternen und allen möglichen Trümmern, ohne daß es Schwierigkeiten gab, den Überschuß an Deuterium und Helium zu erklären. Wenn jedoch der Rest des mutmaßlichen Universums - die geschätzten neunzig Prozent, die nicht durch die Galaxien und ihre Halos abgedeckt waren - ebenfalls aus normaler Materie bestehen würden, dann wären die Deuterium- und Heliumberechnungen unrettbar widerlegt. Wenn Omega wirklich gleich eins war, wie es Guth' Theorie verlangte, dann mußte es sich bei den fehlenden neunzig Prozent um eine exotische Form von Materie handeln, die im nuklearen Urfeuer keinerlei Wechselwirkung unterlegen hatte. Schramm und Steigman vertraten die Ansicht, daß Neutrinos mit einer geringen Masse diese Rolle ideal ausfüllen würden.

Ihr Rezept für den perfekten Kosmos lautete demzufolge: ein

Prozent sichtbare normale Materie, neun Prozent dunkle normale Materie und neunzig Prozent massive Neutrinos; normale Materie in den Halos und massive Neutrinowolken, um die Superhaufen der Galaxien zusammenzuschweißen und das Universum zu schließen. Auf diese Weise konnte man die Inflationstheorie vervollständigen. Als Schramm und Steigman ihre Arbeit schrieben, handelte es sich um bloße Spekulation, geleitet von einem Bedürfnis nach Schönheit. »Alles, was wir vor zehn Jahren behauptet haben«, sagte mir Schramm, »stimmt auch heute noch. Bevor es die Inflationstheorie gab, waren die einzigen Gründe dafür, daß Omega den Wert eins haben sollte, philosophischer und theologischer Natur. Jetzt jedoch sprechen starke theoretische Argumente dafür. Und ich ziehe daraus den Schluß, daß es Materie außerhalb des normalen Bereichs geben muß.«

Schramm und Steigman schickten ihren Aufsatz an die Gravity Foundation, die jedes Jahr einen Wettbewerb für den besten Artikel zur Gravitationsforschung ausschreibt – ihre Arbeit handelte in diesem Zusammenhang von der im gesamten Universum vorhandenen Gravitation. Während der Artikel noch unterwegs war, ereigneten sich Dinge, die ich den Neutrino-Frühling nennen möchte.

Im Mai 1980 traten zwei Forschergruppen aus entgegengesetzten Regionen des Erdballs mit Beweisen an die Öffentlichkeit, daß die Neutrinos in Wirklichkeit *nicht* ganz die Geisterteilchen waren, als die sie in der Vergangenheit gegolten hatten, sondern daß sie tatsächlich eine Masse hatten. Gewiß, die Beweise waren kompliziert, hart erarbeitet und extrem strittig, aber sie lagen auf dem Tisch.

Die erste Gruppe unter Leitung eines gewissen V. A. Lubimow arbeitete am Sowjetischen Institut für Experimentelle und Theoretische Physik in Moskau. Lubimow behauptete, die Masse des Neutrinos mittels eines teuflisch empfindlichen Experiments direkt gemessen zu haben; dabei hatte der radioaktive Zerfall von Tritium eine Rolle gespielt. Lubimow berichtete, der wahrscheinlichste Wert für die Masse liege zwischen 18 und 45 Elektronenvolt – genau da, wo Seldowitsch ihn angesetzt hatte. Die Durchführung des Experiments hatte Jahre in Anspruch genommen, und es gab viele mögliche Fehlerquellen. Einige westliche Physiker behaupteten, die ermittelten Daten seien auch mit der Annahme völlig masseloser Neutrinos vereinbar.

Die andere Gruppe arbeitete an der University of California in Irvine und wurde von Fred Reines geleitet, dem Mann, der das Neutrino 1957 entdeckt hatte. Reines behauptete, er habe ein Phänomen namens Neutrino-Oszillation gefunden. Er hatte dafür einen mobilen Neutrinodetektor – er sah einem mit Putzmitteln gefüllten Eimer auf Rädern ziemlich ähnlich – vor dem Savannah-River-Reaktor hin und her bewegt. Einer bestimmten Sorte von Theorien zufolge waren die Neutrinotypen instabil: Ein Elektron-Neutrino konnte sich in ein Myon-Neutrino verwandeln, aus dem wiederum ein Tau-Neutrino werden konnte; es handelte sich also um ein Teilchen mit drei verschiedenen Masken, die es rhythmisch wechselte.

Bei Reines' Experiment war der entscheidende Punkt, daß die Neutrino-Oszillationen nur dann stattfinden konnten, wenn die drei Typen von Neutrinos verschiedene Massen hatten. Reines hatte bewiesen, daß sie Masse haben mußten, aber er konnte nicht sagen, wieviel Masse.

Reines oder Mr. Neutrino gab seine Ergebnisse im Mai auf einer Konferenz der American Physical Society in Washington D. C. bekannt. Er wirkte sehr nervös. Wenn er überhaupt ei-nen Ton herausbrachte, dann so gespreizt, als könne er keine Worte finden, die groß und doch präzise genug waren, um zu erklären, was er erst seit ein paar Wochen zu wissen glaubte: daß die Neutrinos, diese vielgestaltigen Geisterreiter des Universums, eine Masse hatten und in Wirklichkeit die Herren des Universums waren.

Auf einer schweißtreibenden Pressekonferenz zeichnete Reines eine Katze an die Tafel, die sich in einen Hund verwandelte, um die Feinheiten der Neutrino-Oszillation zu erklären. Dann trat er vor die zweitausend versammelten Physiker und sagte mit zitternder Stimme: »Wenn das stimmt, dann ist das Universum anders, als wir immer gedacht haben.«

Inzwischen hatte Lubimow seine ersten Resultate auf einer Konferenz über kosmische Strahlung in Budapest vorgetragen. Seldowitsch stürzte sich sofort darauf. Er wiederholte die alten Berechnungen aus Szalays Doktorarbeit, wandte dabei, wie Szalay es ausdrückte, »professionellere Methoden« an und kam zu denselben Ergebnissen. Ein Universum, das aus solchen massiven Neutrinos bestand, würde Pfannkuchen produzieren. Die ersten Hinweise auf diese Art von Pfannkuchenstruktur bei der Anordnung der Galaxien waren in Einastos Arbeit und bei den begrenzten Himmelsdurchmusterungen von Gregory und Thompson aufgetaucht. Die Vision von Seldowitsch und Szalay schien wahr zu werden.

Bei Szalay ging jetzt alles sehr schnell. Plötzlich war er auf Konferenzen und bei Sommerakademien ein gefragter Gast. Im Frühjahr erneuerte er auf der Konferenz über kosmische Strahlen in Genf seine bisher flüchtige Bekanntschaft mit Schramm. Ein mit Schramm befreundeter Experte für kosmische Strahlen drängte diesen, Szalay nach Chicago zu holen. Inzwischen hatte Szalay auf einer anderen Sommerakademie Joe Silk, den britischen Theoretiker aus Berkeley, kennengelernt. In derselben Woche trafen Briefe von Schramm und Silk in Budapest ein, in denen Szalay nach Amerika eingeladen wurde. Seldowitsch trieb mehrere Empfehlungsschreiben auf.

Szalay kam im Dezember 1980 in den Vereinigten Staaten an, gerade rechtzeitig zum Texas-Symposium, das in jenem Jahr in Baltimore stattfand. Er wurde eingeladen, einen Gastvortrag über die kosmologischen Konsequenzen der Existenz massiver Neutrinos zu halten. Inzwischen war die Pfannkuchentheorie in aller Munde. Szalay hielt einen Vortrag über den Ursprung der Strukturen im Universum und beschrieb die massiven Neutrinos als einen Bandfilter, der alle kleinräumigen Strukturen aus dem frühen Universum herausgefiltert und nur die großen Klumpen der Proto-Superhaufen übriggelassen hatte.

Von da an führte Szalay das Wanderleben eines Kosmologen. Nach dem Symposium ging er für drei Monate nach Berkeley. In Santa Barbara hatte gerade ein sechsmonatiger kosmologischer Workshop stattgefunden, und Turner überredete Szalay zu einer Fahrt die Küste hinunter. Inzwischen war es Sommer geworden. Von Santa Barbara aus fuhren sie alle – Turner, Szalay und seine Frau Katje – nach Aspen. Während des Sommers flogen sie zu einer Konferenz nach Hawaii. Szalay und Katje beendeten ihre Reise mit einem langen Aufenthalt in Chicago. Im Laufe dieser Monate hatte er vor allem mit Turner eine feste Freundschaft geschlossen.

Der Neutrino-Frühling von 1980 war einer jener besonderen Momente in der Wissenschaftsgeschichte, in denen sich eine völlig neue Art zu denken herausbildet. Vera Rubin verkündete bereits seit einem halben Jahrzehnt, daß es dunkle Materie einfach geben mußte. Und nun wurde die dunkle Materie auf einmal von den Physikern erfunden. Guth war mit einer Inflationstheorie auf Tournee gegangen, die den Schluß nahelegte, daß das Universum zu 99 Prozent aus dunkler Materie bestand. Die Inflationstheorie ließ den Kurswert der dunklen Materie steigen, damit war sie keine empirische Kuriosität mehr, sondern der Angelpunkt der heiligen Verbindung zwischen Kosmologie und Teilchenphysik. Das Universum machte mit dunkler Materie und Inflation mehr Sinn als ohne diese beiden Phänomene. Zu Anfang hatten die Kosmologen das Universum gewogen, um herauszufinden, ob es enden würde; jetzt wogen sie es und fanden heraus, daß es schön war.

Was war die dunkle Materie? Ende 1980 waren die massiven Neutrinos vielleicht keine optimale Hypothese, aber bei weitem nicht die schlechteste. Es gab jedoch auch noch andere Möglichkeiten, einschließlich der, daß das Ganze nur ein Irrtum war. Der Gedanke, daß der Hauptbestandteil des Universums nach Jahrtausenden der Astronomie und Jahrhunderten der Physik noch immer unbekannt war, wurde von Szalays Generation als erfrischend empfunden, von Sandages Generation als niederschmetternd. Die Frage, woraus die dunkle Materie bestand, war für die Fermiland-Generation viel schwerwiegender als die Auseinandersetzungen über den Bremsparameter q_0 und die Hubble-Konstante, diese zwei ewig umstrittenen Zahlen. Vielleicht würden Unternehmungen wie die Rotverschiebungsuntersuchung des CFA die Probe aufs Exempel bringen. Sie könnten enthüllen, wie der sichtbare Bruchteil des Universums zusammengesetzt war, und das würde möglicherweise Rückschlüsse auf die unsichtbare Landschaft hinter der Kulisse erlauben. Die dunkle Materie konnte der Physik neue Erkenntnisse bringen, und vielleicht würde man irgendwo am Ende des Weges in schwarzer Schrift auch die beiden umstrittenen Zahlen geschrieben finden.

18. Zwickys Rache

Im Mai 1981 stand auf dem Gang vor dem Büro von Marc Davis in dem neuen Flügel des Harvard-Smithsonian Center for Astrophysics ein Würfel aus Plexiglas auf einem Podest. Der Würfel war ein kleines kosmisches Diorama, hatte etwa einen Meter Seitenlänge und wurde von einer Schwarzlichtlampe angestrahlt. In seinem Inneren hingen an Nylonschnüren 2400 Holundermarkkügelchen. Jedes Kügelchen repräsentierte eine Galaxie – rote Kügelchen für elliptische Galaxien, blaue für Spiralgalaxien. Im Zentrum des Würfels war unsere Galaxis durch eine weiße Perle markiert. Daneben hing – wie ein Hai, der einen kleinen Fisch verschlingen will – eine Wolke von Kügelchen, die den Virgohaufen darstellten. Jenseits des Virgohaufens befand sich ein leerer Raum, daran anschließend eine noch größere Ansammlung von Kügelchen: der Comahaufen. In diesen Wolken aus geduldig aufgereihten Kügelchen lag möglicherweise die Antwort auf die Frage, ob es sich bei der unsichtbaren Kraft, die für die Organisation und Struktur des Universums verantwortlich war, um massive Neutrinos oder um eine andere exotische Form von Materie handelte. Sie waren die anschaulichste Darstellung der Ergebnisse eines zweijährigen Projekts, bei dem man die Rotverschiebung von etwa 2400 Galaxien ermittelt hatte, um die lokale Umgebung der Milchstraße zu kartographieren. Die erste Rotverschiebungsstudie des CFA war endlich abgeschlossen.

Im Jahr 1980 sah man Licht am Ende des Tunnels. Davis' Skiausflüge in den Südwesten endeten abrupt, als Latham ihn von der Beobachtungsarbeit abzog. Die Daten von tausend Rotverschiebungen hatten sich angehäuft und mußten analysiert werden. »Du hast den wissenschaftlichen Durchblick«, sagte Latham. »Es wird Zeit, daß du anfängst zu schreiben.«

Wie wird man mit 2400 Galaxien fertig? Es war eine nervenaufreibende Arbeit, Davis mußte Statistiken, Sternkarten und Diagramme wälzen, um die dreidimensionale Struktur des Universums zu erschließen. Er und Peebles konnten jetzt endlich die dreidimensionale Korrelationsfunktion der Galaxien messen und überprüfen, ob das Ergebnis den komplizierten Berechnungen entsprach, mit denen sie sich fünf Jahre zuvor abgemüht hatten. Sie konnten genau analysieren, wie sich die Galaxien und Haufen relativ zueinander bewegten, und herausfinden, ob es Superhaufen gab und ob deren Schwerkraft, wie von de Vaucouleurs behauptet, die gleichmäßige Expansion des Universums störte. Sie konnten die Masse ganzer Superhaufen feststellen und aus der Dynamik, mit der die Haufen einander beeinflußten, Omega ermitteln. Und sie konnten im Arrangement der leuchtenden Materie nach Hinweisen auf die dunkle Materie suchen. Vielleicht würde man dank ihrer Ergebnisse sogar die Kontroverse zwischen den Vertretern der »Top-down-Pfannkuchen-Theorien« und der hierarchischen »Bottom-up-Theorien« entscheiden können.

Bis Davis, Huchra und ihre Assistenten die Rotverschiebungen gemessen, zusammengestellt und kartographiert hatten, waren die Neutrino-Universen so populär geworden, daß sie als eine der ersten Möglichkeiten geprüft werden mußten. Wie würde ein Neutrino-Universum aussehen? Szalay und Seldowitsch hatten eine grobe Beschreibung geliefert: Riesige flache Wolken von Galaxien umschlossen leere Räume wie Wände in einem unmöblierten Haus. Große Zusammenballungen und große Leerräume, Korrelationen, die sich über Hunderte von Millionen Lichtjahren erstreckten, bildeten in einem gigantischen Maßstab eine Ordnung. Die größten Strukturen im Universum waren die ältesten. Einander überlappende Flächen von Galaxien bildeten eine Art zellularer Struktur. Die Galaxien befanden sich an den Wänden und besonders in den Ecken der Zellen, und dazwischen war leerer Raum.

In einem Gespräch fragte ich Davis, ob das Universum dunkle Materie enthalte, ob es massive Neutrinos gebe und ob pfannkuchenartige Strukturen existierten.

Davis war nicht der Ansicht, daß es so aussah. Er meinte, das Universum gleiche keiner uns bekannten Struktur.

Er zählte auf, warum die Theorien von Seldowitsch und Peebles nicht mit seinen Ergebnissen übereinstimmten: Die von der Pfannkuchentheorie vorausgesagten Löcher seien tatsächlich vorhanden, aber er habe nichts finden können, das Pfannkuchen geglichen habe. Dagegen waren laut Davis für die traditionelle Theorie von Peebles, wonach zuerst die Galaxien entstanden waren und sich dann zu Haufen gruppiert hatten, die Löcher zu groß. Eines hatte einen Durchmesser von hundert Millionen Lichtjahren, und die Galaxien bewegten sich zu langsam, als daß sie seit dem Beginn der Zeit solche Räume hätten durchmessen können. »Natürlich«, sagte Davis mit einem schiefen Lächeln, »können wir nicht wissen, ob die Löcher leer sind oder nur dunkel.« Sie könnten, erklärte er, tatsächlich sehr lichtschwache Galaxien enthalten oder Gaswolken, die nie zu Sternen kondensiert waren oder auch nur Schwärme seltsamer Partikel. »Ich bin mir nicht sicher, ob irgendeine Theorie in ihrer gegenwärtigen Form den Ergebnissen standhält.«

Das war Davis' Ansicht. Offensichtlich sah jeder Betrachter etwas anderes. Als die ersten Daten der CFA-Studie veröffentlicht wurden, musterte Seldowitsch die Rotverschiebungskarten, auf denen sich Klumpen von Galaxien um leere Räume rollten wie die Kämme sich überschlagender Wellen, und erkannte darin die Zellen Einastos. Er und seine Mannschaft publizierten einen triumphierenden Artikel in *Nature*. Darin wiesen sie darauf hin, daß nach ihrer eigenen Analyse der Harvard-Daten neunzig Prozent der Galaxien in Strings und Klumpen angeordnet seien. Etwa zehn Prozent des gesamten Raums würden von Superhaufen eingenommen. Sie kamen zu dem Schluß, dies sei ein Triumph der Pfannkuchentheorie.

Ein Großteil der Astrophysiker schien diese Meinung zu teilen. Das Ergebnis der Rotverschiebungsstudie deutete eher auf ein Pfannkuchen-Universum hin als auf ein hierarchisches Peebles-Modell. Zugegeben, die Topographie war unordentlich und nicht so eindeutig zellular, wie es Einasto vorausgesagt hatte, aber es kam vor allem auf die Größenverhältnisse an: Die Leerräume und Ballungen waren riesig – Hunderte von Millionen Lichtjahren, und das sprach für die Existenz massiver Neutrinos. Die Vermutung, daß die dunkle Materie aus massiven Neutrinos bestand, erhielt neue Nahrung, als andere Gruppen von Astronomen Beispiele für gewaltige kosmische Strukturen anführten – oder, im berühmtesten Fall, für eine Art kosmischer Antistruktur, den Bootes-Leerraum. Vier Astronomen aus vier verschiedenen Institutionen – Robert Kirshner, Augustus Oemler, Paul Schechter und Steve Shectman (der Davis mit seinem elektronischen Fachwissen geholfen hatte) – hatten ihre eigene Version einer Rotverschiebungsstudie durchgeführt. Ihre Technik stellte eine Ergänzung zu dem Vorgehen des CFA-Teams dar: Anstatt den ganzen Himmel bis zu einer einheitlichen Tiefe abzusuchen, hatten sie einige ausgewählte Regionen herausgepickt und sie intensiv untersucht mit dem Ziel, Galaxien in größtmöglicher Entfernung zu erfassen und deren Rotverschiebung zu messen, ähnlich wie Geologen Probebohrungen vornehmen. Eines ihrer Testfelder lag im Sternbild Bootes.

Im Jahr 1981 gaben sie bekannt, daß sie auf ein Gebiet in dem Sternbild gestoßen waren, das eine große Zahl von Galaxien enthielt. Aus den Rotverschiebungen der Galaxien ergab sich, daß sie alle entweder relativ nahe oder sehr weit entfernt waren. Zwischen den beiden Ballungen erstreckte sich ein Leerraum mit einer Tiefe von dreihundert Millionen Lichtjahren[*], in dem sich keine Galaxien befanden. Dieser sogenannte

---

[*] Aus Gründen der Einheitlichkeit basieren alle in diesem Buch genannten Entfernungen auf einer Hubble-Konstante von 50.

Bootes-Leerraum war dreimal so groß wie die in der CFA-Studie beschriebenen Leerräume. Er hatte einer Schätzung zufolge das halbe Volumen des gesamten von der CFA-Studie erfaßten Gebiets, war jedoch nicht vollständig ausgelotet. Das Gebiet im Bootes war so riesig, daß die Gesichtsfelder der Teleskope es nicht voll erfassen konnten. Kirshner und seine Mitarbeiter verglichen ihre Untersuchung damit, daß man sich Bleistifte durch eine Wassermelone steckt. Vielleicht hatten sie die Kerne nur zufällig verfehlt.

Die Entdeckung des Bootes-Leerraums heizte das Pfannkuchen-Neutrino-Fieber noch weiter an. Nur Wolken von massiven Neutrinos hatten, wie es schien, derart riesige Strukturen im Universum schaffen können. Das von Seldowitsch entwickkelte »Top-bottom-Modell« der Galaxienentstehung eroberte das Universum der Kosmologen.

Eine Zeitlang stand Peebles fast allein mit seiner Abneigung gegen Pfannkuchen. Er erklärte in einer langen, sehr mathematisch orientierten Arbeit, daß sich die Galaxien erst vor sehr kurzer Zeit gebildet haben konnten, wenn sie nach den Haufen entstanden waren. Der Superhaufen wirkte jedoch eher jung: Er hatte noch keine sphärische Form angenommen, sondern war noch unregelmäßig strukturiert, so als befände er sich noch im Prozeß der Entstehung. Im Unterschied dazu wirkten die Galaxien alt. Sie enthielten siebzehn Milliarden alte Kugelhaufen und Quasare, neugeborene Galaxien, aus deren Rotverschiebungen sich ablesen ließ, daß sie im ersten Viertel der Geschichte des Universums entstanden waren. Für Peebles machte es noch immer mehr Sinn, daß sich das Universum vom Kleinen zum Großen gebildet hatte.

Er vertrat weiterhin die Ansicht, daß die dunkle Materie aus dunklen Sternen bestehe, aber seine Meinung schien irrelevant, als wäre die Geschichte über ihn hinweggegangen. Die massiven Neutrinos waren eben der letzte Schrei.

Peebles meinte, die Astronomen arbeiteten allmählich wie die Teilchenphysiker: Sie stürzten sich alle gleichzeitig auf ein einziges Problem und redeten es zu Tode. »Die Mehrheit neigt dazu, einer Mode zu folgen, aber es mangelt nie an Rebellen, die eine Mode bekämpfen, egal ob sie nun verrückt oder gut begründet ist. Man kann in der Astronomie jederzeit Rufer in der Wüste finden, und zwar viele.«

Im Jahr 1981 war Peebles, einer der Begründer der physikalischen Kosmologie, ein Rufer in der Wüste.

Im Mai jenes Jahres veranstalteten Harvard und das Smithsonian Observatory im Zusammenhang mit den ersten Ergebnissen ihrer Rotverschiebungsstudie in Cambridge eine zweitägige Konferenz über dunkle Materie. Sie wurde von Kosmologen aus dem Nordosten besucht, und die Stimmung war gedrückt. Apokalyptische Ansichten wie die, daß keine der vorhandenen Theorien funktioniere oder daß das Licht kein verläßlicher Indikator für irgendwelche Phänomene im Universum sei, wurden laut ausgesprochen. Auch Vera Rubin kam zu der Konferenz, sie sah ziemlich niedergeschlagen aus. »Warum sollte Helligkeit«, fragte sie, »eine Vorbedingung für das Vorhandensein von Materie sein? Niemand hat jemals behauptet, daß alle Materie strahlt. Wir haben das nur angenommen. Ich frage mich, ob da nicht etwas Seltsames vor sich geht, und wir sind einfach zu blöd, um es zu merken.«

»Zu blöd« - das war typisch Rubin. Sie spricht wie eine Großmutter, nicht wie eine Physikerin. Sie berichtete auf der Konferenz über ihre Arbeit mit der Galaxie NGC 3067. Das Licht der hinter der Galaxie liegenden Quasare konnte dazu benutzt werden, die Bewegungen der Gase im Halo der Galaxie in einem Bereich weit außerhalb der äußersten Sterne zu verfolgen. Laut Rubin bestand NGC 3067 zu fünfundneunzig Prozent aus dunkler Materie.

Am nächsten Morgen frühstückten wir zusammen, und ich fragte sie, warum sich der sichtbare Teil der Galaxien überhaupt gebildet habe, wenn er so unbedeutend sei.

»Gute Frage«, sagte sie kauend. Dann erklärte sie, die Daten von NGC 3067 ließen vermuten, daß die dunklen Halos und die fehlende Masse aus Gas bestünden. Ich wandte ein, soviel Gas würde die Grenzen überschreiten, die durch die Kernsynthese für die Menge normaler Materie im Universum gesetzt seien. Sie antwortete kurz angebunden: »Wenn wir die Halos finden, dann wird sich die Theorie schon ändern.« Damit meinte sie, die Theoretiker würden schon einen Weg finden, um die Existenz einer beliebig großen Menge normaler Materie zu rechtfertigen.

»Wir wissen sehr wenig über das Universum«, fuhr sie fort. »Ich persönlich glaube nicht, daß es einheitlich und überall gleich ist. Das ist, wie wenn man sagt, die Erde sei flach.«

Die Gleichförmigkeit des Universums war auch nach so vielen Jahren noch ein großes Thema. Davis hielt das Universum für gleichförmig. Es verletzte ihn, wenn ihm Kritiker vorwarfen, daß die CFA-Studie nicht weitreichend genug gewesen sei und deshalb nicht als Beweis für die Gleichförmigkeit zitiert werden könne. Er war überzeugt davon, daß die Rotverschiebungsstudie einen genügend großen Teil des Universums erfaßt hatte, um auf die durchschnittliche Häufigkeit lokaler Verrücktheiten wie der Leerräume und der Superhaufen zu schließen. Er ging die Statistiken sorgfältig durch, und sie schienen ihn zu bestätigen: Die durchschnittliche Dichte der Galaxien war mit einer Abweichung von zehn Prozent überall die gleiche.

Davis wußte, daß die Rotverschiebungsstudie nichts Spektakuläres zu bieten hatte außer einer Topologie, die einem Schweizerkäse glich und über die Reporter viel schrieben, die von den Arbeiten Einastos oder von Gregory und Thompson noch nie etwas gehört hatten. Was die Studie wirklich zu bieten hatte, waren statistische Daten, die definitive Messung der Korrelationsfunktion, Geschwindigkeitsfelder und Dichten. Es handelte sich um eine physikalische Untersuchung, um eine statistische Goldgrube für die physikalische Kosmologie.

Davis und seine Mitarbeiter taten deshalb genau das, was offensichtlich jeder Kosmologe mit einer neuen Sammlung von

Daten tut: Sie wandten sich der ganz großen Frage zu, der Sandage-Frage. Sie versuchten, Omega zu bestimmen und herauszufinden, welches Schicksal dem Universum beschieden war. Die Methode, die sie auf ihren Raum-Würfel voller Galaxien anwandten, hatte Sandage als »Hinterhof-Kosmologie« bezeichnet. Die späte Entdeckung, daß die Milchstraße und die Lokale Gruppe unter dem Einfluß des Virgohaufens stehen, war schnell zu einem weiteren Instrument geworden, um Aufschluß über das Schicksal des Universums zu gewinnen. Im wesentlichen handelte es sich dabei um ein Verfahren, mit dem man ein Stück des Universums mit einem Durchmesser von ungefähr 100 Millionen Lichtjahren auf eine Waage legen und wiegen konnte. Wenn das Universum klumpig war, mit großen Massekonzentrationen wie den Superhaufen, dann mußten die Klumpen einander anziehen. Je dichter das Universum und je größer die Klumpen, desto stärker mußte die Anziehungskraft die ansonsten gleichmäßige Expansion stören.

Im Jahr 1972 hatte Sandage keinen Beweis dafür finden können, daß der Hubble-Fluß durch sogenannte Pekuliargeschwindigkeiten verzerrt wurde, und daraus geschlossen, daß die Gravitation auf kosmologischer Ebene unwirksam war und nie ein Zusammenstürzen des Universums verursachen würde. Aaronson, Mould und Huchra hatten jedoch in den späten siebziger Jahren eine andere Antwort gefunden: Sie vertraten die Ansicht, daß die Lokale Gruppe tatsächlich dem Virgohaufen entgegenfalle, und zwar (wenn man die Expansion des Universums berücksichtigte) mit einer Geschwindigkeit von 260 Kilometern in der Sekunde. Mit anderen Worten: Der Virgohaufen bewegte sich nicht so schnell von uns weg, wie es nach dem Hubbleschen Gesetz seiner Entfernung entsprochen hätte. Aaronson rechnete aus, daß die Milchstraße in etwa hundert Milliarden Jahren mitten durch das Zentrum des Virgohaufens fallen würde.

Nachdem die Forschungsergebnisse der Aaronson-Gruppe bekanntgeworden waren, wandten viele beobachtende Kosmologen ihre Aufmerksamkeit dem Virgohaufen zu. Fielen wir wirklich in den Haufen hinein, und wenn ja, wie schnell? Wie groß war dann Omega? Sandage und Tammann beteiligten sich an der Jagd auf Virgo zusammen mit einem Newcomer namens Amos Yahil, einem theoretischen Physiker an der State University of New York in Stony Brook. Er hatte an Sandage geschrieben und einen Teil seiner statistischen Arbeit in *Steps to the Hubble Constant* kritisiert.

Sandage und Yahil wurden Freunde, vielleicht weil Yahil sich zuerst an Sandage und nicht an die Fachzeitschriften gewandt hatte. Yahil wurde an einem Projekt beteiligt, das die erneute Kartographierung des gesamten Virgohaufens und seiner Umgebung zum Ziel hatte. Yahil fand Sandage faszinierend und irritierend, hart und eigenwillig, aber fair.

Yahil, Sohn des israelischen Botschafters in Schweden, war ein großgewachsener Mann mit hoher Stirn und förmlichem Benehmen. Er schwärmte für technische Perfektion und war süchtig nach langen Gleichungen, die von Integralzeichen nur so wimmelten – Eigenschaften, bei denen Sandage schließlich der Kragen platzte. »Er hat nicht die Spur von Intuition«, beschwerte er sich. Die beiden hatten ursprünglich sechs Aufsätze veröffentlichen wollen, aber Sandage stellte nach den ersten drei die Zusammenarbeit ein. Laut Tammann geschah dies, weil Yahil nicht mit Sandage hatte Schritt halten können. Das Verhältnis zwischen den beiden Wissenschaftlern blieb jedoch freundlich. Diesmal fand Sandage heraus, daß der Virgohaufen tatsächlich einen Einfluß auf die Expansionsrate des lokalen Universums hatte und im Prinzip wirklich die Milchstraße anzog. Von allen Forschungsgruppen, die die Fallgeschwindigkeit der Milchstraße Richtung Virgo maßen, erhielt Sandage den niedrigsten Wert, nämlich etwa 175 Kilometer in der Sekunde.

Davis und Tonry fanden, als sie ihre Rotverschiebungsstatistiken durcharbeiteten, den höchsten Wert aller Gruppen, nämlich eine Fallgeschwindigkeit von 470 Kilometern pro Sekunde. Die Verwirrung und die Vielzahl unterschiedlicher Ergebnisse rührten, wie Davis erklärte, zum Teil daher, daß sich die Astronomen nicht einigen konnten, welchen Wert man für die Rotverschiebungsgeschwindigkeit des Virgohaufens nehmen sollte. Galt die Rotverschiebung von M87, der Riesengalaxie nahe dem Zentrum des Haufens? Galt der Durchschnitt der in der Nähe des Zentrums gelegenen Galaxien? Oder sollte man mit dem Durchschnitt aller Galaxien des Haufens arbeiten? Und wenn ja, wie konnte man entscheiden, welche Galaxien zu dem Haufen gehörten und welche nicht? Enthielt der Virgohaufen tausend oder fünftausend Galaxien? Solche Streitfragen waren es, die den pflichtbewußten Sandage für weitere zehn Jahre an das Teleskop trieben. Und er hatte sich tatsächlich darangemacht, ein komplettes Inventar der Virgo-Galaxien zu erstellen. Es gab laut Davis noch eine weitere Unwägbarkeit, die den Versuch erschwerte, Omega aus der Fallgeschwindigkeit Richtung Virgo zu errechnen: die Massendichte des Universums. Der errechnete Omegawert hing nicht nur von der Fallgeschwindigkeit ab - je schneller sich die Milchstraße Virgo näherte, desto höher war Omega -, sondern auch davon, wie groß der Unterschied in der Massendichte zwischen dem Virgohaufen und dem Rest des Universums war.

Davis war frustriert. Sie hatten fünf Jahre gearbeitet, Hunderttausende von Dollar ausgegeben und den Himmel methodisch und systematisch abgesucht. Die Studie war so neutral und objektiv durchgeführt worden, wie es mit Hilfe modernster Detektoren und Computer möglich war, die bis auf das Einstellen des Teleskops und das Schreiben der abschließenden Forschungsberichte alle Arbeit leisteten. Sie hatten die Werte von über zweitausend Galaxien, ein Stück des Universums mit einem Durchmesser von 300 Millionen Lichtjahren, in ihrem Computer gespeichert und hatten meisterhafte Algorithmen entwickelt, um die Eigenschaften dieses Universums zu berechnen. Und doch waren sie in gewisser Weise über das Betrachten von Bildern noch immer nicht hinausgekommen.

Sobald man zu den Fragen vorstieß, die wirklich zählten - Welchen Wert hat Omega? Ist das Universum offen oder geschlossen? Hat es eine Pfannkuchenstruktur? –, war all diese methodische Strenge seltsam irrelevant. Es zeigte sich immer wieder, daß die Antworten nach wie vor auf den gleichen alten Glaubenssätzen, Annahmen und Vorurteilen beruhten, die noch aus der Zeit stammten, als die Menschen am Lagerfeuer gesessen und in den Himmel gestarrt hatten.

Nach Davis' Zählung war die Galaxien-Dichte im Virgo-Superhaufen nur etwa doppelt so groß wie im restlichen Raum, ein überraschend schwacher Kontrast. Daß ein solcher relativ wenig konzentrierter Haufen eine derart hohe Fallgeschwindigkeit der Milchstraße verursachen konnte, ließ auf einen Omegawert von 0,5 schließen, und das war ein erstaunlich hoher Wert.

Wenn das stimmte, dann hatte das Universum die Hälfte der kritischen Massendichte, die es nach der Inflationstheorie haben mußte und die notwendig wäre, um die Raumzeit flach und das Universum genau in der Schwebe zwischen Expansion und Kontraktion zu halten. Davis' Wert war der höchste, den man jemals *gemessen* hatte, und er hielt es nicht für Zufall, daß seine Messung auf dem größten Stück Kosmos basierte, das man jemals »gewogen« hatte. Je größer der Teil des Universums, den man berücksichtigte, desto mehr dunkle Materie schien man vorzufinden. Davis folgerte daraus, man müsse vielleicht nur einen hinreichend großen Teil des Universums »wiegen«, um festzustellen, daß Omega null betrug und das Universum geschlossen war.

»Der allgemeine Trend ist unübersehbar«, schrieben Davis, Huchra und Latham 1980. »Die Masse-Licht-Differenz ist um so größer, je mehr Raum man erfaßt und je kleiner der Dichtekontrast ist ... Woraus besteht die dunkle Materie, die die Dynamik von Systemen bestimmt, die größer sind als hundert Kiloparsek? Anscheinend ballt sie sich nicht so stark, wie es die leuchtende Komponente des Universums tut. Wenn die unsichtbare Materie die sichtbare der Galaxien so sehr überwiegt, dann gibt es keinen Grund, warum das Verhältnis zwischen Masse und Licht konstant sein sollte, und es könnten sehr wohl massive Systeme existieren, die praktisch kein Licht abgeben.«

416

Daß die Masse im Hintergrund aus Neutrinos bestehen könnte, war allgemein der erste Gedanke. »Die gewöhnliche Materie«, erklärte Davis, »läßt sich nur durch ihre Fähigkeit, Energie abzugeben, Hitze abzustrahlen und dadurch weniger zu werden, von Neutrinos unterscheiden.« Davis' Forschungsergebnisse schienen zwar für die Neutrino-Hypothese zu sprechen, aber er kannte Peebles' Analyse und blieb vorsichtig. Er stimmte mit Peebles darin überein, daß die Neutrino-Theorie die Bildung einzelner Galaxien nicht besonders gut erklären konnte, und suchte nach Wegen, sie einem eindeutigeren kosmologischen Test zu unterziehen.

Just als die Rotverschiebungsstudie in der Fachwelt als beispielhaft anerkannt war, kam es in den Beziehungen zwischen Davis und Harvard zum Bruch. Während er an der Studie arbeitete, stand seine Beförderung auf eine feste Stelle an, und Davis mußte für sein Engagement bei der Untersuchung einen hohen Preis bezahlen. Da er nur wenige Veröffentlichungen vorweisen konnte und kaum Kontakt zur regulären Fakultät gehabt hatte, fielen die Referenzen aus seinem eigenen Fachbereich schlecht aus. Unterstützung bekam er nur von außerhalb, von Leuten wie Peebles und Gunn.

Schließlich wurde Davis zwar befördert, aber nicht auf eine feste Stelle. Er fühlte sich schlecht behandelt und sah sich nach einem neuen Arbeitsplatz um. Als er hörte, daß es an der University of California in Berkeley offene Stellen gab, bewarb er sich zusammen mit einem anderen jungen Harvard-Professor. Er hatte Berkeley bereits 1979 auf seiner ersten Beobachtungsreise in den Westen einen Besuch abgestattet. Berkeley reizte ihn nicht zuletzt deshalb, weil Simon White dort arbeitete, jener irische Theoretiker und Experte für Computersimulationen, der mit Martin Rees über die Rolle der dunklen Materie bei der Entstehung von Galaxien geforscht hatte. Davis und White hatten sich auf einer Sommerakademie getroffen, sich sympathisch gefunden und eine künftige Zusammenarbeit nicht ausgeschlossen. Computersimulationen des Universums (auch an der Entwicklung dieser

Methode war Peebles selbstverständlich beteiligt gewesen) konnten vielleicht die Verwirrung über die Neutrino-Universen klären helfen.

Im Herbst 1980 informierte Davis seine Universität, daß er eine andere Stelle in Aussicht habe. In Harvard ignorierte man diese Mitteilung leider. Im Rahmen seiner Bestrebungen, das Observatorium neu aufzubauen, hatte es Field für notwendig befunden, einen renommierten beobachtenden Astronomen anzustellen, einen zweiten Sandage oder Gunn. Wichtige akademische Stellen werden traditionell besetzt, indem man eine Berufungskommission aus Universitätsangehörigen und universitätsfremden Wissenschaftlern ernennt, die Kandidaten unter die Lupe nimmt und gegebenenfalls der Fakultät zur Anstellung empfiehlt. Field und seine Kommission hatten bei ihrer Brautschau kein großes Glück. Der Name Harvard hatte viel von seiner Anziehungskraft verloren, und die Beobachtungseinrichtungen der Universität ließen sehr zu wünschen übrig. Das moderne Mehrspiegelteleskop – es verfügte über die drittgrößte Lichtstärke aller Teleskope der Welt –, zu dem die Harvard University im Rahmen ihrer Verbindung mit dem Smithsonian Observatory Zugang hatte, befand sich noch im Erprobungsstadium.

Einer der Bewerber auf der kurzen Kandidatenliste für den Lehrstuhl war Vera Rubin, aber sie erlebte eine der üblichen Enttäuschungen. Sie reiste aus Cambridge an, stellte sich der Berufungskommission vor und wurde der Fakultät empfohlen, erhielt jedoch bei der Abstimmung in der Fakultät keine Mehrheit. Field war entgeistert. Wie Rubin (und ich ebenfalls) von verschiedenen Leuten erfuhr, hatte man sie abgelehnt, weil sie eine Frau war.

Danach gab Field die Hoffnung auf, einen Star von draußen zu bekommen. Er griff den lange verschobenen Fall Davis wieder auf und stimmte für eine feste Anstellung. Inzwischen hatte man Davis jedoch eine vergleichbare Stelle in Berkeley angeboten, und er hatte bereits zugesagt, für Field ein doppeltes Desaster.

Das Rotverschiebungsteam brach also auf dem Höhepunkt seines Ruhms auseinander. Davis hatte das Gefühl, daß man ihn nicht mehr brauchte. Die Rotverschiebungsgruppe des CFA hatte sich nicht darauf einigen können, was sie als nächstes tun sollte. Sie hatte zwar beschlossen, die Studie auf mehr als 2400 Galaxien auszudehnen, aber man konnte sich nicht auf eine Vorgehensweise einigen. Huchra hatte sich nach dem Abschluß der ersten Studie einer Hornhauttransplantation unterziehen müssen und sechs Monate lang nur am Schreibtisch arbeiten können. Jetzt aber brannte er darauf, ein neues Projekt zu beginnen. Er und Davis wollten die Untersuchung auf geringere Helligkeiten ausdehnen, um auch schwächere und fernere Galaxien zu erfassen. Allerdings wollte Huchra in den Kernen dichter Haufen beginnen und sich von dort allmählich zu den Rändern vorarbeiten. Davis hingegen wollte den ganzen Himmel untersuchen. Auch er wollte tiefer in den Raum vordringen – zu noch geringeren Helligkeiten –, dabei jedoch nur etwa jede fünfte Galaxie berücksichtigen; er hatte wie immer die Statistik im Auge. Da er Harvard verließ, konnte er sich nicht mehr durchsetzen. Kaum war er weg, kehrte Margaret Geller, eine weitere ehemalige Studentin von Peebles, nach zwei Jahren in Cambridge in England an die Harvard University zurück. Sie hatte in Harvard kurze Zeit an einem Kosmologieseminar von Davis teilgenommen und rückte jetzt auf Davis' Stelle bei der Rotverschiebungsstudie des CFA nach. Davis und Huchra arbeiteten auch weiterhin bei anderen Projekten zusammen, aber die CFA-Rotverschiebungsstudie blieb Huchra und Geller überlassen.

In Berkeley erlebte Davis eine Enttäuschung. Im Fachbereich Physik wollte man nicht zu viele Kosmologen haben. Und da Joe Silk dort bereits eine Stelle hatte, wurde Davis' Anstellung White zum Verhängnis. Er wurde abgelehnt und ging an die University of Arizona.

Davis arbeitete trotzdem weiter mit White zusammen. Er wollte numerische Simulationen durchführen, und White war für ihn der Experte auf diesem Gebiet. Er stellte Carlos Frenk, der bei White studiert hatte, als *postdoc* ein, und die drei machten sich daran, die Dynamik von Neutrino-Universen zu simulieren.

Im Prinzip hatte sich die Arbeit mit Computer-Universen nicht verändert, seit Peebles zehn Jahre zuvor damit begonnen hatte. In der Praxis war die Astrophysik jedoch komplizierter geworden. Man mußte die Inflationstheorie und die dunkle Materie berücksichtigen (im Fall der Neutrino-Universen standen all die kleinen Punkte auf den Computerkarten für die dunkle Materie und nicht für die leuchtende). Bei den Computer-Simulationen traten nicht selten tückische Probleme auf. Wie sollte man beispielsweise die Partikel am Bildschirmrand behandeln? Das reale Universum hat keine Ränder.

Die ersten Neutrino-Universen wurden von Adrian Mellott von der University of Chicago und Joan Centrella aus Texas auf einer Cray 1 simuliert, dem Cadillac unter den Hochleistungscomputern. Sie stellten ihre Ergebnisse mit phantastischen Computergraphiken dar, auf denen die Wolken von Galaxien wie modernistische Bilder von Rhinozerossen wirkten. Auch ihre Computergraphiken zeigten eindrucksvolle Löcher und Ketten, die gleichen ungeordneten, schaumartigen Strukturen wie bei dem Würfelmodell der Harvard-Daten.

Davis, White und Frenk hatten nur einen VAX zur Verfügung, einen von der Digital Equipment Corporation hergestellten Kleincomputer, das Arbeitstier der Wissenschaft. Vergleichbare Rechnungen nahmen bei nur 32 000 Massepunkten vierzig Stunden Computerzeit in Anspruch. Davis und White wiederholten die Rechnungen immer wieder unter unterschiedlichen Bedingungen, mit unterschiedlichen Neutrino-Massen und Expansionsraten. Eine sehr wichtige Entscheidung war die, welche Dichte sie ihrem imaginären Universum geben sollten, also führten sie jede Berechnung zweimal durch: einmal für ein Universum mit geringer Dichte und einem Omega-Wert von 0,2 – der höchste Omega-Wert, der von den meisten seriösen beobachten-

420

den Astronomen für möglich gehalten wurde – und einmal für ein Universum mit dem Omega-Wert 1,0, dem kritischen Wert für eine flache Raumzeit, wie sie die Inflationstheorie voraussagte.

Auf Davis' Schreibtisch stapelten sich schon bald die Computerkarten synthetischer Neutrino-Universen. Die Karten hatten die Form von Fächern, damit sie den CFA-Karten des wirklichen Universums glichen; sie bekamen den Spitznamen »Kuchenkarten«. Auf den Karten befand sich die Erde am Scheitelpunkt eines Himmelskeils, der sich nach außen verbreiterte. »Meine Partner dachten, daß es funktionieren würde«, sagte Davis wehmütig, »ich nicht.« Auf den ersten Blick glich das Muster der Punkte auf den Karten der Kombination von fadenartigen Strukturen und Leerräumen auf den Karten der Rotverschiebungsstudie. Das Muster war an einigen Stellen dicht, bildete Ketten und wirkte an anderen Stellen ausgedünnt. Außerdem stimmten die Korrelationsfunktionen des realen Universums und der synthetischen Neutrino-Universen überein. Aber, erzählte Davis, es gab ein Problem. Die Neutrino-Universen bildeten einfach nicht schnell genug Galaxien. Sie entstanden in der beschleunigten kosmischen Zeit des Computers nicht früh genug, daß sie so alt sein konnten, wie sie heute aussehen. Es wurde nach und nach klar, daß die dunkle Materie nicht aus Neutrinos bestehen konnte. Bei den Neutrino-Universen waren nämlich die Galaxien oder wenigstens die Ansammlungen von Punkten, die Galaxien repräsentierten, »erst gestern entstanden«, wie Davis es ausdrückte. Die Beobachtungen der Astronomen ließen jedoch, das hatte Peebles immer betont, darauf schließen, daß die Galaxien spätestens vorgestern entstanden sein mußten.

»Wir sehen bei diesen Simulationen die Neutrinos, nicht die Galaxien«, erklärte Davis. Es konnte passieren, daß im letzten Bild der Simulation ein Klumpen von Neutrinos erschien, der genügend Masse für eine Galaxie aufwies. Die leuchtende Galaxie, die zu diesem Klumpen gehört hätte, konnte jedoch nicht die Eigenschaften der Galaxien haben, wie sie die Astronomen seit sechzig Jahren studierten - Galaxien mit 15 Milliarden Jahre alten Sternen und mit interstellarem Staub, angereichert mit den schweren Elementen aus Generationen von Supernova-Explosionen. Es war möglich, die Bildung von Galaxien zu beschleunigen, indem man die Dichte des Universums von dem niedrigen Omega-Wert 0,2 auf den Idealwert von 1,0 erhöhte - je dichter das Universum war, desto schneller entwickelte es sich. Bei einer Dichte von 1,0 verlief der Prozeß der Zusammenballung jedoch sehr ausgeprägt. Auf den »Kuchenkarten« dieses Universums war alles so dicht zusammengeballt, daß es nur noch aus festen Knoten bestand: Alle Galaxien waren schwarze Löcher. Die Leerräume waren gigantisch und sogar noch leerer als im realen Universum. Es gab Möglichkeiten, das Bild zu retuschieren, aber sie waren häßlich. Es funktionierte einfach nicht mit Neutrinos.

Obwohl Peebles auf dem Texas-Symposium von 1982 noch einsam seine Kreise zog, war die Neutrino-Euphorie dort bereits ziemlich verflogen. Bisher waren alle Versuche gescheitert, die Experimente der Sowjets oder das von Reines zu wiederholen, die zunächst einen schwachen Beweis für die Existenz massiver Neutrinos geliefert hatten. Westliche Wissenschaftler befanden übereinstimmend, daß die russischen Daten nicht präzise genug waren. Und sie mußten zugeben, daß auch amerikanische Experimente vielleicht nie genau genug sein würden, um eine Masse von zwanzig oder dreißig Elektronenvolt zu messen.

Für einige Astronomen wurde der Theorie von den massiven Neutrinos durch eine kleine Zwerggalaxie namens Draco der Todesstoß versetzt, einen amorphen Fleck von Sternen im gleichnamigen Sternbild. Draco ist einer von mehreren Zwergsatelliten der Milchstraße, hat weniger als ein Tausendstel der Helligkeit unserer Galaxis und umkreist sie in einer Entfernung von ungefähr einer Viertelmillion Lichtjahren - ein seltsamer Angelpunkt für die Erforschung des Kosmos.

Tatsächlich stellten diese blassen Wolken jedoch exzellente

stellare Laboratorien dar. Aaronson und Mould benutzten sie als Fenster für die Chemie einer anderen Galaxie. Aaronson mit seiner Spürnase für schwierige, aber vielversprechende Probleme, nahm durch das Mehrspiegelteleskop die Spektren der Kohlenstoffsterne in Draco und anderen Zwerggalaxien mit einem Spektrographen auf, der ähnlich wie der von Davis die Photonen zählte. Allein die Aufnahmen waren ein aufregendes Erlebnis: Die Helligkeit der Sterne war so gering, daß Aaronson zusehen konnte, wie sich das Signal in seinem Spektrographen Photon für Photon aufbaute.

Am Ende kam er zu dem Ergebnis, daß sich die Sterne in Draco zu schnell bewegten – genau wie die Galaxien im Comahaufen zu schnell gewesen waren und die äußeren Sterne der Spiralgalaxien zu schnell rotiert hatten. Die dunkle Materie hatte wieder zugeschlagen. Selbst Draco, eine kleine Zwerggalaxie, hatte einen eigenen Halo aus dunkler Materie. Aaronson schloß daraus, daß sich Draco unter einem unsichtbaren Joch um die Milchstraße herumschleppte. Aber woraus bestand das Joch?

Jedenfalls nicht aus Neutrinos, das war mit ihren Ballungseigenschaften nicht zu vereinbaren. Neutrinos, die irgendeine kosmologisch relevante Masse aufgewiesen hätten, wären offensichtlich und völlig unbestritten zu schnell und »glitschig« gewesen – zu »heiß« in der Sprache der Astrophysiker –, als daß sie sich um einen so wenig anziehenden Gegenstand wie eine Zwerggalaxie versammelt hätten.

Wenn Aaronson recht hatte, so argumentierten die Kritiker der massiven Neutrinos und des mit ihnen verbundenen Übels der Pfannkuchentheorie, dann konnte die dunkle Materie nicht aus massiven Neutrinos bestehen.

Es gab nur wenige Wissenschaftler, die von sich behaupteten oder von denen behauptet wurde, daß sie alle Feinheiten der Inflationstheorie, der Nukleosynthese und der dunklen Materie verstünden. Schramm, ein Befürworter der Neutrino-Hypothese, nahm für sich in Anspruch, den Überblick zu besitzen. Ihm gefiel die Neutrino-Hypothese, weil sie das Universum »schließen« und Omega den Idealwert null geben konnte, wie es der Inflationstheorie entsprach. Wenn man auch nur die geringste Ahnung von den Großen Vereinheitlichten Theorien und der Inflationstheorie habe, so Schramm, dann sei einem klar, daß Omega gleich eins sein müsse. Ein echter Physiker könne gar nicht anders denken, die Eins sei paradigmatisch. Es sei die Aufgabe der Kosmologen, die Beobachtungen mit dieser Zahl in Einklang zu bringen.

Wir sprachen vor seinem Büro mit einer seiner Studentinnen. Sie stellte numerische Simulationen des Universums her. Schramm lobte ihre Arbeit sehr, fragte sie jedoch, warum sie bei ihren Simulationen mit einem Omega-Wert von 0,2 arbeite.

Sie antwortete, Davis und White hätten es auch so gemacht.

»Die können Sie vergessen«, sagte Schramm. »Sie denken wie eine Astronomin und nicht wie eine Physikerin«, schnaubte er verächtlich. »Simon White«, fügte er hinzu, »hat die Inflationstheorie nie verstanden.«

Die Kosmologie war mit der Frage, auf welcher Basis man die Existenz massiver Neutrinos anerkennen oder verwerfen müsse, in eine Sackgasse geraten. Trotz aller Anstrengungen, die Statistik durch quantitative Messungen zu verbessern, wurde die Kosmologie immer wieder auf subjektive Urteile zurückgeworfen. In den Augen der meisten Kosmologen waren die massiven Neutrinos als mögliche Substanz der dunklen Materie ausgeschieden, weil sie keine Galaxien bilden konnten.

Schramm begeisterte sich auch weiterhin für die massiven Neutrinos als Hauptkomponente des Kosmos, aber unter seinen Kollegen stand er weitgehend allein. Viele Astronomen fanden es häßlich oder unwahrscheinlich, daß es zwei Erklärungen für die dunkle Materie geben sollte, selbst wenn sie nach der einen aus gewöhnlicher Materie bestand. In der Wissenschaft gilt das Prinzip der Einfachheit, das man als »Occam's razor« (»Occams Rasiermesser« A. d. Ü.) bezeichnet. Nach diesem Prinzip hat die am wenigsten komplizierte Antwort immer als die beste zu gel-

ten. Oder wie Turner es einmal in einem Aufsatz formulierte:
»Man kann die gute Fee nicht zweimal rufen.«
Die Verwirrung in der physikalischen Kosmologie hatte gerade
erst begonnen. Wenn die Neutrinos nicht die gute Fee waren,
was dann?

19. Der Fluch des Astrologen

Das Scheitern der Neutrino-Hypothese beflügelte die Phantasie der Kosmologen. Sie hatten sich in die wunderbare Welt der Geisterteilchen und der dunklen Materie hineinlocken lassen in der Hoffnung, ein geschlossenes, schönes und rationales Universum zu finden, und jetzt hatten sie sich verirrt. Ihnen blieb fast nichts anderes übrig, als noch abenteuerlustiger zu werden. Sie waren jetzt so weit, die Möglichkeit in Betracht zu ziehen, daß die dunkle Materie aus Teilchen bestand, die noch gar nicht existierten, aber eines Tages vielleicht existieren würden. Diesmal blies Peebles zum Angriff.

Er war schon lange der Ansicht gewesen, daß massive Neutrinos einfach keine ordentlichen Galaxien bilden konnten und spekulierte über andere Möglichkeiten dunkler Materie. »Ich bin kein Teilchen-Theoretiker. Das heißt, ich wußte nur, daß diese Teilchenphysiker alle Arten von seltsamen Teilchen auftrieben und daß viele davon durchaus passende Eigenschaften hatten und sich wie Staub verhielten. Es gab zahllose Spekulationen über verschiedene Klassen von Teilchen mit schwacher Wechselwirkung in der Luft. Zuerst ging es, wie wir gesehen haben, um die massiven Neutrinos, aber dann merkten die Leute, daß es auch Teilchen mit anderen Massen geben konnte.«

Peebels fuhr fort: »Ich hatte früher nie Lust gehabt, mich mit Teilchenphysik zu befassen. Ich hatte in meiner Einfalt nur das blinde Vertrauen, daß die Teilchenphysiker, falls sich die Teilchen als nützlich erweisen sollten, schon einige Kandidaten präsentieren würden. Ich hatte nicht vorausgesehen, wie viele es sein würden.«

Es waren sehr viele. Ein Großteil der neuen Partikel, die nun als Basis für die dunkle Materie vorgeschlagen wurden, waren die vorhersehbare Konsequenz einer Flut von Vereinheitlichungstheorien, die die Physik überschwemmten, vor allem Supersymmetrie- und Supergravitationstheorien. Letztere postulierten, wie schon erwähnt, daß Fermionen (die Teilchen, aus denen die Materie besteht) und Bosonen (die Teilchen, die Kräfte übertragen) austauschbar waren, und das bedeutete, daß jedes gegenwärtig bekannte Teilchen einen noch unentdeckten supersymmetrischen »Zwilling« hatte: Für jedes Fermion gab es ein neues Boson und umgekehrt. Die Tatsache, daß man noch keines dieser supersymmetrischen Teilchen entdeckt hatte, ließ vermuten, daß auf die experimentellen Teilchenphysiker noch ein Schatz wartete. Außerdem bedeutete es, daß die Kosmologen ihre Phantasie sehr frei schweifen lassen konnten. Wie die Neutrinos mußten auch die supersymmetrischen Teilchen während des Urknalls entstanden sein, und wie die Neutrinos traten auch sie nur mit der Schwerkraft und mit der schwachen Kraft in Wechselwirkung. Auch die primordialen Photinos, Gluinos oder Squarks – um nur einige mutmaßliche Arten zu nennen – gingen wie die Neutrinos permanent durch uns hindurch.

Im Gegensatz zu den Neutrinos konnten solche supersymmetrische Teilchen jedoch beträchtliche Massen aufweisen. Sie konnten so schwer sein wie Elektronen und Protonen oder sogar noch viel schwerer. Die Theorien legten keine bestimmten Massen für die Teilchen fest. Eine Theorie besagte sogar, daß man sie noch nicht entdeckt hatte, weil ihre Masse jenseits der Spitzenenergie heutiger Teilchenbeschleuniger lag. Je massiver sie waren, desto mehr Energie würde man brauchen, um sie zu erzeugen. (Ein anderer möglicher Grund bestand darin, daß die Theorie von der Supersymmetrie vielleicht falsch war, aber diese Möglichkeit klammerte man erst einmal aus.)

Wenn die Teilchen tatsächlich große Massen hatten, mußte das, wie Peebles erkannte, enormen Einfluß auf die Galaxienbildung haben, falls die dunkle Materie tatsächlich aus solchen Teilchen bestand. Die Neutrinos hatten den Test nicht bestanden, weil sie zu leicht waren und höchstens ein paar Dutzend Elektronenvolt wogen. Wegen ihrer geringen Masse bewegten sie sich so schnell, daß sie sich nicht dicht genug ballen konnten, um Galaxien zu bilden; sie waren zu »heiß«, in der Sprache der Astrophysik. Supersymmetrische Teilchen – beispielsweise Photinos – konnten dagegen tausendmal oder millionenmal schwerer sein und viel langsamer aus dem Urknall hervorgehen. Sie wären »kalt« und würden sich zusammenballen wie nasser Schnee. Ein Universum, in dem diese Teilchen vorherrschten, wäre fein gekräuselt und getüpfelt, die Galaxienbildung wäre in einem solchen Universum kein Problem.

Peebles begann 1982 bei den Sommer-Seminaren Vorlesungen über die sogenannte kalte dunkle Materie und deren wundersame Eigenschaften zu halten. Er war nicht der erste, dem das kosmologische Potential der neuen Teilchen auffiel. Das Thema wurde von drei Seiten zugleich aufgegriffen. Szalay, Mike Turner und Dick Bond, ein junger kanadischer Theoretiker, mit dem Szalay in Berkeley Freundschaft geschlossen hatte, veröffentlichten eine Arbeit über ein hypothetisches Teilchen, das sie Axion nannten. Das Teilchen war notwendig, um ein obskures, aber wichtiges Problem der Theorie über die Quarks zu lösen. Ein Trio von Physikern, Joel Primack, Heinz Pagels und George Blumenthal, die am Linearbeschleuniger in Stanford arbeiteten, schrieb einen ähnlichen Aufsatz.

Von diesen drei frühen Arbeiten drang diejenige von Peebles am tiefsten in das Problem der kalten dunklen Materie ein. Er entdeckte, daß sich in einem Universum aus diesen neuen Teilchen, die sich so wunderbar zusammenballen konnten, die kleinsten kosmischen Strukturen wie etwa Kugelhaufen zuerst bilden würden und dann, wegen der Anziehungskraft ihrer massiven dunklen Halos, zu immer größeren Strukturen zusammenwachsen mußten. Er hatte wieder auf seine alte Idee von der hierarchischen Haufenbildung zurückgegriffen, der »Bot-

tom-up«-Entstehung des Universums, aber er hatte sie in der
faszinierenden neuen Sprache der Teilchenphysik der Eichtheorien formuliert.

Peebles konnte sein Entzücken kaum verbergen. Im Jahr 1984
sagte er in einem Interview: »Ich habe mich erst kürzlich wieder
in einem Aufsatz im *Astrophysical Journal* mit der ursprünglichen Haufenbildung befaßt und der Sache einen neuen Dreh
gegeben. Ich habe ein Universum aus Inos konstruiert, diesem
neuen magischen Patentrezept gegen all unsere Probleme in der
Kosmologie.«

»Aus *was?*« fragte der Interviewer.

»Aus Inos. Sie wissen schon, ich meine diese supersymmetrischen Partner der gewöhnlichen Teilchen oder vielleicht auch
die Axionen... Eine mögliche Konsequenz wäre unter einer
ziemlichen Variationsbreite von Bedingungen wiederum die
Bildung von Gaswolken, diesmal jedoch mit dem Unterschied,
daß sie von einem Halo aus dunkler Materie umgeben wären.
Das hat, glaube ich, ein paar von meinen astronomischen
Freunden wieder mal ein wenig nervös gemacht. Nun ja, es
war ihnen einfach zuviel, daß jemand unter jedem Bett dunkle
Halos findet, und daß Kugelhaufen dunkle Halos haben sollen, ist schon seltsam. Es gibt tatsächlich kaum Beweise, daß
Kugelhaufen dunkle Halos haben, aber es ist auch sehr schwierig, die Möglichkeit gänzlich auszuschließen, daß sie welche
haben.«

Eine Zwerggalaxie ist nicht viel größer und hat auch nicht mehr
Masse als ein Kugelhaufen, und etwa um diese Zeit gelang es
Aaronson zu beweisen, daß die Zwerggalaxie im Sternbild Draco etwa zehnmal massiver war, als sie aussah. Hatten Zwerggalaxien etwa dunkle Halos?

Der Vorschlag von Peebles und anderen unterschied sich nur
wenig von dem Szenario, das Rees und White 1976 zur dunklen Materie entwickelt hatten. Nach ihrem Modell hatten Wolken sogenannter dunkler Objekte durch ihre Schwerkraft normale Materie eingefangen. An einigen Instituten, besonders im

englischen Cambridge, gelten Rees und White als die Entdek-
ker der dunklen Materie.

Der Kernpunkt ihres Modells war, wie erwähnt, daß die dunklen Objekte sich verhielten, als seien sie Massepunkte ohne andere Eigenschaften. Es spielte keine Rolle, was die dunklen Objekte waren – Schwarze Löcher, Felsbrocken oder seltsame
Teilchen –, solange sie nur massiver und langsamer waren als die
Neutrinos. Die Astronomen mußten also nicht warten, bis die
Physiker eines der Teilchen entdeckt hatten, damit sie deren Auswirkungen auf das Universum berechnen konnten. Tatsächlich
konnten die Astronomen sie vielleicht sogar zuerst entdecken,
wenn sie sich geschickt anstellten.

Die Kosmologen erfanden eine Unzahl von Namen für diese so
wunderbar geheimnisvollen Teilchen: Darkons, Darkinos, kalte
dunkle Materie, die fehlende Masse, Kosmionen. Schließlich
setzte sich die Bezeichnung WIMPs durch, die Abkürzung von
Weakly Interacting Massive Particles (schwach wechselwirken-
de massive Teilchen).

Eine Zeitlang, 1984 und 1985, hatte es den Anschein, als seien
die WIMPs mehr als nur Phantasieprodukte. Aus dem CERN,
wo sich der große europäische Ringbeschleuniger befindet,
drangen Berichte, daß Carlo Rubbia bei hochenergetischen Kollisionen Beweise für ein neues Teilchen gefunden habe. Der ita-
lienische Physiker hatte mit seinem hundertsiebenundfünfzig
Köpfe zählenden Team bereits die W- und Z-Bosonen entdeckt
und damit sowohl den Nobelpreis gewonnen als auch die elektroschwache Vereinheitlichungstheorie gerettet. Diesmal beruhte das Ergebnis jedoch lediglich auf einem statistisch erklärba-
ren Zufall, aber etwa ein Jahr lang hatte die Möglichkeit, daß
Rubbia eines der gesuchten supersymmetrischen Teilchen (ein
populärer Kandidat war das Photino) entdeckt hatte, Physiker
und Kosmologen in Atem gehalten.

Im Sommer 1984 fand am Institute for Theoretical Physics in
Santa Barbara ein Seminar über Galaxienbildung statt. Die

Veranstaltung zog eine Menge Fans der dunklen Materie an, darunter Davis, White, Bond, Szalay, Turner, Peebles und ein Kontingent von Wissenschaftlern aus Cambridge in England, die alle mit Hilfe der modischen neuen Teilchen das Problem der Galaxienbildung und der anderen Stukturen des Universums in Angriff nehmen wollten. Das Ergebnis war ein Dokument, »das Manifest der dunklen Materie«, wie Martin Rees es nannte. Es enthielt viele komplizierte Graphiken, und vier Astrophysiker behaupteten darin, daß es ihnen endlich gelungen sei, die Existenz und die Eigenschaften der Galaxien aus den Naturgesetzen und dem kalten dunklen Etwas zu erklären – ein Triumph der neuen Kosmologie.

Die wichtigsten Autoren des Manifests der dunklen Materie waren zwei Physiker, Joel Primack und George Blumenthal von der University of California in Santa Cruz. An einem milden, feuchten Wintertag fuhr ich von San Francisco nach Santa Cruz hinunter, um mir ihre Berechnungen über die Entstehung einer Galaxie erklären zu lassen. Der rotblonde, bärtige, schlaksige Blumenthal erwartete mich in seinem Büro. Ursprünglich war sein Spezialgebiet Mathematik gewesen. Nun schilderte er, wie er und Primack die Entstehung der Galaxien radikal neu erfunden hatten.

»Es gibt Beweise für die Existenz dunkler Materie«, begann er in professoralem Ton, während er vor einer großen Tafel auf und ab schritt, die bald ins Zentrum der Aufmerksamkeit rükken sollte. »Sie haben sich in den vergangenen Jahren erhärtet. Inzwischen funktionieren herkömmliche Urknall-Kosmologien ohne dunkle Materie einfach nicht mehr, was die Galaxienbildung betrifft.« Er referierte die alte Peeblessche Theorie der Galaxienbildung, nach der kleine Mengen gewöhnlicher Materie – meist Wolken von Wasserstoffgas – aufeinandertrafen und sich, während das Universum expandierte, zu immer größeren Klumpen zusammenballten. In einem solchen Universum müßten sich schließlich Klumpen jeder Größe bilden – angefangen bei einigen wenigen Sonnen bis hin zu Billionen und Aberbillionen von Sternen. Jeder Astronom, der etwas tauge, wisse heute, daß das nicht stimmen könne. Galaxien, Haufen und andere kosmische Strukturen kämen anscheinend nur in bestimmten, auf mysteriöse Weise vorbestimmten Größenordnungen vor. So wiesen etwa normale Galaxien Massen auf, die sich zwischen 10^{10} und 10^{12} Sonnenmassen bewegten, Kugelhaufen und Zwerggalaxien hätten üblicherweise 10^5 Sonnenmassen, und ein großer Galaxienhaufen habe etwa 10^{15} Sonnenmassen, nie jedoch 10^{16}. Mit anderen Worten, obwohl es unzählige Möglichkeiten und denkbare Ergebnisse gebe, habe sich die Natur für einige wenige magische Zahlen entschieden. Primack und Blumenthal und andere Erforscher der Galaxienbildung mußten sich also die Frage stellen, warum die Natur so wählerisch zu Werke ging.

Die Antwort, so schlossen sie, mußte etwas mit den Details der Dynamik und der Wechselwirkung zwischen der leuchtenden und der dunklen Materie im Universum zu tun haben. Wenn das stimmte, mußte der erste Schritt so aussehen, daß man bestimmte, wieviel von den beiden Materiearten überhaupt vorhanden war.

Um das Masse-Leuchtkraft-Verhältnis* verschiedener Galaxien und Haufen neu zu bestimmen, hatte die Forschergruppe von Santa Cruz laut Blumenthal alle vorhandenden Daten über fehlende Masse und dunkle Materie durchforstet und neu analysiert – die Rotationskurven der Galaxien, die Rotverschiebungen der Haufen und die Geschwindigkeit, mit der sich die Lokale Gruppe dem Virgohaufen näherte. Zur Berechnung der leuchtenden Materie maßen sie diesmal nicht nur das Sternenlicht, sondern auch andere Arten von Strahlung, so die infrarote Wärmestrahlung von Gaswolken und die Röntgenstrahlen und Radiowellen, die von heißen Gaswolken im intergalaktischen

---

* Das Masse-Leuchtkraft-Verhältnis ist gleich der in Sonnenmassen angegebenen Masse eines Objekts, geteilt durch seine Helligkeit in Einheiten der Sonnenleuchtkraft. Das Masse-Leuchtkraft-Verhältnis der Sonne ist gleich eins. Das Masse-Leuchtkraft-Verhältnis der Milchstraße beträgt etwa fünfzig.

Raum emittiert werden. Sie kamen zu einem anderen Ergebnis als Davis und Tonry: Der Wert des Masse-Leuchtkraft-Verhältnisses nahm mit der Größe einer Struktur nicht zu.

Dies galt für Strukturen jeder Größenordnung, für die verläßliche Daten vorlagen – von den lokalen Bereichen der Milchstraße bis zu den dichtesten Galaxienhaufen. Sie schlossen daraus, daß das Verhältnis zwischen leuchtender und dunkler Materie überall gleich war, nämlich ungefähr zehn zu eins. Wenn es sich bei der dunklen Materie tatsächlich um irgendein exotisches Elementarteilchen handelte, dann mußte es sich bei dem Verhältnis von zehn WIMPs auf ein normales Proton um eine universale Konstante handeln, um eine Hinterlassenschaft des Urknalls. »Die Teilchenphysik«, sagte Blumenthal würdevoll, »wird eine Erklärung für die Zahlen finden müssen.«

Just in diesem Moment stürzte Primack herein, und was als gemütliche Lehrstunde begonnen hatte, wurde zu einem physikalischen Feuerwerk in Stereo. Primack war ziemlich stämmig, etwa einsachtzig groß, hatte ein glattes Gesicht und dichte braune Haare. Es wurde sofort deutlich, daß die zündende Idee für diese extravagante Theorie von ihm gekommen war. Wenn er über Physik sprach, lächelte er breit wie eine gut gefütterte Katze, und die Augen hinter seinen Brillengläsern verengten sich zu Schlitzen. Er sprach mit der Selbstsicherheit eines Kindes, das immer gewußt hat, daß es das hellste in seiner Klasse ist – und das war er in der Tat auch immer gewesen.

Den ersten Schritt zu ihrer Theorie hatten sie mit der Bestimmung eines geeigneten Rezepts für die physikalische Zusammensetzung des Universums getan: Demnach bestand es zu zehn Prozent aus normaler Materie und zu neunzig Prozent aus WIMPs oder einer anderen Form kalter dunkler Materie.

Danach hatten sie die Frage gestellt, wie diese Ursuppe mit dem Mischungsverhältnis neunzig zu zehn in dem heißen, schnell expandierenden Raum verteilt gewesen war. Sie kamen wie Peebles und andere bereits Jahre zuvor zu dem Schluß, daß die Verteilung von Materie und Energie nicht völlig gleichmäßig gewesen sein konnte, sonst würde es heute keine Galaxien geben. Es mußte im frühen Universum kleine - winzige - Klumpen und Dellen gegeben haben. Der Unterschied zwischen der Theorie der achtziger Jahre und der alten Rees-White-Theorie der dunklen Materie aus den siebziger Jahren bestand darin, daß verschiedene Ursachen für die Klumpigkeit angenommen wurden. Nach der modernen Version der Inflationstheorie waren die Klumpen durch Quantenfluktuationen in dem geheimnisvollen Higgs-Feld entstanden, und zwar in der sehr frühen Periode der inflatorischen Ausdehnung des Universums. Am Ende der Inflationsperiode, als sich die Higgs-Energie in normale Materie und Strahlung umwandelte, hinterließen die Quantenfluktuationen im Universum eine Struktur winziger Klumpen - sogenannte heiße Stellen oder Dichtefluktuationen. Diese klumpige Struktur hatte die spezifische Eigenschaft, daß sie überall gleich aussah, unabhängig davon, welche Größenordnung untersucht wurde. Jede Karte oder Fotografie des frühen Universums mußte unabhängig von der Größe des erfaßten Raums ähnliche Eigenschaften aufweisen - Regionen hoher und niedriger Dichte, die wiederum Gebiete noch größerer oder noch kleinerer Dichte enthielten, in denen es wiederum Regionen größerer oder kleinerer Dichte gab und so weiter. Klumpen innerhalb von Klumpen innerhalb von Klumpen.

Diese Körnung war außerordentlich gleichmäßig verteilt und durch sehr geringe Dichteunterschiede gekennzeichnet. Die offensichtliche Gleichförmigkeit des Mikrowellenhintergrunds ließ darauf schließen, daß die dichtesten Teile des Universums, als es erst einige hunderttausend Jahre alt gewesen war, nur um ein Hunderttausendstel dichter waren als die Räume mit der geringsten Dichte.

Primack und Blumenthal sagten nun, daß während der Expansion und Abkühlung des Universums jeder Klumpen widerstreitenden Kräften ausgesetzt war: Die eigene schwache Schwerkraft wirkte komprimierend, andere Kräfte drückten ihn auseinander. Anfänglich waren die Klumpen durch die Inflation auseinandergetrieben worden, und die Strahlung während der Urknallperiode hatte sie auseinandergehalten. Langsam hatte sich jedoch die Schwerkraft bemerkbar gemacht. Je dichter ein Klumpen war, um so mehr Widerstand leistete er den expandierenden Kräften. Schließlich erreichten alle Klumpen, gleichgültig wie groß, einen Punkt, an dem sie sich nicht mehr weiter ausdehnten und begannen, sich zusammenzuziehen.

Bewaffnet mit einem detaillierten statistischen Wissen über die Quantenfluktuationen, mit denen alles begonnen hatte, konnten Primack und Blumenthal die Geschichte der ganzen Gesellschaft von Klumpen verfolgen, aus der das Universum bestand, und den Tanz von leuchtender und dunkler Materie erklären, auf dem die sichtbare Struktur des Kosmos beruhte.

Kalte dunkle Materie bildete auf Grund der Schwerkraft viel leichter Wolken und ballte sich viel stärker zusammen als Neutrinos, aber über einen bestimmten Punkt hinaus konnte sie sich nicht abkühlen und verdichten. Die Teilchen der dunklen Materie waren gewissermaßen mit Energie aufgeladen, die noch aus dem Urknall stammte. Dies galt nicht für die normale Materie, die ihre Energie hatte abstrahlen können. Die normale Materie konnte im Fallen abkühlen und fiel, wenn sich ein Klumpen in der Ursuppe schließlich zu verdichten begann, etwas schneller nach innen als die dunkle Materie. Die normale Materie regnete ins Zentrum des Klumpens.

Das Ergebnis eines solchen Gravitationskollapses hing laut Blumenthal und Primack davon ab, ob die dunkle Materie schneller fiel, als die normale Materie abkühlen und sich im Zentrum der Wolke niederlassen konnte. Dies wiederum war von der Masse der Wolke abhängig. Kleine Wolken verdichteten sich so schnell, daß der dunklen und der leuchtenden Materie keine Zeit blieb, sich zu trennen; sie wurden später von größeren Wolken geschluckt. Eine sehr massive Wolke brauchte dagegen lange, bis sie sich verdichtet hatte; in der Zwischenzeit kühlte die normale Materie ab, verdichtete sich zu lokalen Konzentrationen, bildete Sterne und leuchtete auf. Aus diesem Grund entstanden aus einer Menge von 10^{15} Sonnen tausend getrennte Ansammlungen von Sternenlicht – ein Galaxienhaufen – und nicht eine einzige riesige Supergalaxie.

Als Primack und Blumenthal ihre Theorie der Abkühlungs- und Verdichtungsprozesse auf das klumpige, expandierende Universum anwandten, stellte sich heraus, daß die ersten Klumpen, in denen sich normale Materie gesammelt hatte und aufgeleuchtet war, zwischen hundert Millionen und einer Billion Sonnenmassen besaßen – was der Masse von Galaxien entspricht. Die Galaxien lagen innerhalb der von Primack und Blumenthal so genannten Abkühlungskurve. Das ist ein Schaubild mit so vielen Informationen, daß sie es mir fast einen Morgen lang erklären mußten, bis ich es lesen konnte. In dieser Epoche der Geschichte des Kosmos schwammen also die Galaxien wie Eisberge durch das Universum. Sie waren zu neunzig Prozent unsichtbar, kleine Lichtseen, umgeben von Dunkelheit. »Die mögliche Spannweite für die Masse von Galaxien ergab sich von selbst«, erklärte Blumenthal aufgeregt, »wir haben sie nicht eingegeben.«

Als sie tiefer bohrten und weitere Berechnungen anstellten, entdeckten sie eine weitere Eigenschaft ihres mathematischen Universums der kalten dunklen Materie, die dem wirklichen Universum zu gleichen schien. Die dichtesten Klumpen hatten die Tendenz, sich in Regionen, wo die Dichte ohnehin bereits hoch war, sehr eng zu gruppieren – Höcker auf größeren, längeren Höckern – wie hohe Berge, die sich nebeneinander auf einer Hochebene erheben. Galaxien, die unter diesen Bedingungen entstanden, waren dicht, glatt und sehr hell, und sie hatten keinen Spin. Die Ursache für die letztgenannte Eigenschaft war einfach zu erklären: In den Ballungsregionen bestand eine ständige Reibung zwischen den kollabierenden Wolken, ähnlich wie bei Menschen, die so dichtgedrängt in einem Aufzug stehen, daß sie sich nicht umdrehen können. Dies entsprach genau den Eigenschaften der elliptischen Galaxien, die sich, wie die Astronomen seit Hubble wissen, im Zentrum großer Galaxienhaufen befinden.

Klumpen der zweitdichtesten Klasse fanden sich weiter verstreut, sie verhielten sich wie Vorberge oder Gipfel auf den Flanken der Hochebene. Die Berechnungen ergaben, daß sie die gleichen Spins hatten wie Spiralgalaxien und sich genau dort befanden, wo sich die Spiralgalaxien in der Realität befinden: in den Randbezirken der großen Haufen.

Im Herbst 1984 waren Blumenthal und Primack wegen ihrer Ergebnisse etwa eine Woche lang in Hochstimmung. Es handelte sich um einen spektakulären Sieg der theoretischen Astrophysik und der Kosmologie der kalten dunklen Materie. Wie sie erklärten, hatte es den Anschein, als seien die Galaxien die natürlichen Produkte der von ihnen postulierten dunklen Materie. Die Theorie der kalten dunklen Materie konnte nicht nur die Herkunft der Galaxien erklären, sondern auch, warum sie so aussahen, wie sie aussahen. Sie erklärte sogar, warum es dichte Haufen von Galaxien gab. Probleme habe es erst gegeben, sagte Primack mit etwas gedämpfter Begeisterung, als sie versucht hätten, größere Strukturen im Universum zu erklären.

Nach der Theorie der kalten dunklen Materie hätte es noch keine Superhaufen geben dürfen. Seit dem Beginn des Universums war noch nicht genügend Zeit vergangen, daß sich derart große Formationen zu noch größeren Strukturen hätten zusammenschließen können - Haufen von Haufen, vergleichbar Völkerstämmen, die sich zu Nationen zusammenschließen. Die Kehrseite dieser Medaille waren die riesigen Leerräume. Trotzdem wurden solche Phänomene ständig entdeckt. Da gab es beispielsweise die Pisces-Perseus-Galaxienkette, die sich, wie Radioastronomen der Cornell University festgestellt hatten, über eine Entfernung von 500 Millionen Lichtjahren durch den Kosmos erstreckte, und leider war da auch der Bootes-Leerraum - mehr Nichts, als man je zuvor entdeckt hatte. Existierten diese Phänomene wirklich? Und eine noch wichtigere Frage: Waren sie repräsentativ oder nur statistische Anomalitäten?

»Nach unserem Modell«, sagte Primack, »müßten sich im ganzen Universum Galaxien bilden, auch in den Leerräumen. Es dürfte nicht schwierig sein, auch dort Galaxien zu finden. Wir sehen uns gezwungen zu behaupten, daß es Galaxien in den Leerräumen gibt.«

Jenseits der Bucht in Berkeley, wo es sonnig und warm war, fand ich Davis in seinem neuen Büro voller Computerausdrucke von simulierten Universen – Haufen und Wirbeln von Punkten –, und er grollte wie ein Schneider, dessen Kunde verschieden lange Beine hat und sich einfach nicht gerade hinstellen will. Da stapelten sich Neutrino-Universen für niedrige und hohe Omega-Werte mit ihren zu dichten Knoten und ihren sauberen Leerräumen und Universen mit kalter dunkler Materie, die aussahen wie Schrotsalven.

Sobald Davis und White das Verfahren beherrschten, Universen mit leicht massiven Neutrinos zu simulieren, waren sie darangegangen, ihre Techniken auch auf Universen mit kalter dunkler Materie anzuwenden. Das Prinzip war das gleiche: Man wirft 32 000 imaginäre Massepunkte in einen Kasten, der das Universum darstellt, und sieht dann zu, wie sie sich gruppieren, während man die Äonen der Geschichte des Universums simuliert. Auch diesmal führten sie ihre Simulationen wieder für Universen mit hohen und mit niedrigen Omega-Werten durch. Diesmal zeigte das Anfangsmuster jedoch das überlegene Vermögen der kalten dunklen Materie, sich auf kleinem Raum zusammenzuballen.

Die Simulationen ergaben eine gute und eine schlechte Neuigkeit. Die gute Neuigkeit lautete, daß auch die kalte dunkle Materie die schaumähnliche, Strings bildende Verteilung der Galaxien produzierte, die Seldowitsch für seine Pfannkuchen postuliert hatte und die man bei der Durchforschung des Weltalls tatsächlich gefunden hatte. Die schlechte Neuigkeit war die, daß keines der simulierten Universen dem wirklichen ähnlich genug war, um den quantitativen Kriterien des Physikers Davis zu genügen. »Die Beobachter weisen gerne auf immer größere Strukturen hin«, beschwerte er sich. »Es fehlt an genauen Zahlen in diesem Bereich. Wir brauchen Zahlen, statt daß man mit dem Finger auf Riesenfilamente zeigt.«

Die Zahlen, fuhr er fort, erschütterten das Modell der kalten dunklen Materie. Bei der Simulation eines Universums mit dem Omega-Wert eins – dem Kandidaten für den ersten Preis in Wahrheit und Schönheit – war die Unterteilung der Leerräume zu stark und die Punkte, die die Galaxien repräsentierten, gruppierten sich mit zuviel Energie; im Ergebnis war das Computer-Universum turbulenter als das wirkliche, obwohl beide ähnlich aussahen, wenn man sie nur in einem bestimmten Augenblick ihrer Entwicklung betrachtete. Im offenen Universum gruppierten sich die Punkte dagegen einfach nicht schnell genug zu Haufen und Leerräumen. Er zeigte mir ein Diagramm: Wo die Haufen hätten sein müssen, befanden sich verwischte und verschwommene Strukturen, und die Leerräume waren nicht leer, sondern mit Punkten geringer Dichte gesprenkelt.

Ich fragte, was das zu bedeuten habe.

»Wenn sich an den Galaxien die vorhandene Masse ablesen läßt«, schloß Davis nüchtern, »dann können die Simulationen nicht ganz stimmen.« Die Simulationen mit kalter dunkler Materie, die den Bewegungen der Galaxien im beobachtbaren Universum am meisten glichen, bestätigten, was mir Primack in Santa Cruz bereits gesagt hatte: Es hätten sich im ganzen Raum Galaxien bilden müssen, auch dort, wo die Astronomen im wirklichen Universum sogenannte Leerräume gefunden hatten. Den Simulationen zufolge gab es keine Leerräume, sondern nur Regionen geringer Dichte. Mit anderen Worten: Wenn die Theorie der kalten dunklen Materie stimmte, dann waren die von den Astronomen beobachteten »Leerräume« nicht wirklich leer, sondern nur dunkel. Das bedeutete, daß die Struktur des Universums, wie sie durch das Sternenlicht gezeichnet wurde, in gewissem Sinne eine Illusion war.

Davis entwarf ein Bild der Raumzeit, das einer gewellten, bergigen Landschaft aus dunkler Materie entsprach. Da gab es große und kleine Berge und Berge auf den Bergen. Überall Berge.

Es gab Berge sowohl in den Tälern als auch auf den Plateaus, aber nur auf den höchsten Gipfeln gab es Schnee. Nur die dichtesten Materieklumpen in den dichtesten Regionen leuchteten auf und wurden als Galaxien erkannt. Hinter ihnen und um sie herum befand sich ein Hintergrund von dunklen Wolken, die es nicht geschafft hatten, Galaxien zu werden. Die Astronomen sahen nur den Schnee und nahmen den Großteil der Masse des Universums nicht wahr, der aus dunklen oder unentwickelten Galaxien bestand.

Davis' Idee, daß Galaxien nur in bestimmten Regionen mit hoher Dichte zu leuchten begannen, wurde verzögerte Galaxienbildung genannt. Mit Hilfe dieser Vorstellung konnten Davis und White diejenigen Punkte aus ihren Karten tilgen, die vielleicht nicht aufleuchten würden, und auf diese Weise die großräumigen Strukturen nachbilden, die im realen Universum beobachtet wurden. Außerdem erhielt das Universum durch die unsichtbaren Galaxien eine zusätzliche Hintergrundmasse.

»Es herrscht allgemein Einigkeit darüber«, schloß Davis, »daß das Universum offen sein muß, wenn das Licht die vorhandene Masse nachzeichnet, aber wenn das nicht so ist, dann können wir ziemlich sicher einen Omega-Wert von eins annehmen.«

Er stand von seinem hoffnungslos überfüllten grauen Schreibtisch auf und stützte sich mit den Händen auf die Computerausdrucke. »Wir müssen nicht wissen, was die kalten dunklen Teilchen sind. So sieht die Sache für uns Astronomen aus. Ich fühle mich überhaupt nicht wohl dabei, wenn ich einem Physiker erzähle, das Photino müsse eine Energie von 10 GeV haben. Sollen das die Physiker entscheiden.« Er grinste.

»Die Kosmologie kann einfache Entscheidungen treffen, zum Beispiel ob die Materie heiß ist oder kalt und ähnliches. Das Modell der kalten dunklen Materie ist einfach; es könnte falsch sein oder komplexer. Es könnte noch mehr Parameter haben. Das Modell der heißen dunklen Materie (der Neutrinos) kam ohne Parameter aus – es war eine falsifizierbare Theorie, und es erwies sich als falsch.«

Ende 1984 erschien den Kosmologen die kalte dunkle Materie geeignet, die Bildung der Galaxien und anderen Strukturen im Universum zu erklären. Es überraschte nicht, daß die Theorie Kritiker hatte, aber daß Peebles dazu zählte, war doch eine Überraschung. Es entwickelte sich langsam zu seinem Stil, Ideen in die Welt zu setzen und dann die Leute abzuschießen, die sie weiterverfolgten. Er hatte sich bereits in seiner ersten Veröffentlichung zu dem Thema (in obskurer Sprache) davon distanziert und bezweifelt, daß die kalte dunkle Materie großräumige Strukturen produzieren könne, und er hielt nichts von dem Gedanken der verzögerten Galaxienbildung. »Wie soll das funktionieren?« fragte er ständig. Wie kann eine Galaxie an dem einen Ort einer anderen an einem anderen Ort das Spiel verderben?

Um diese Zeit begannen Huchra und Margaret Geller mit einer gewaltigen Erweiterung der Rotverschiebungsstudie des CFA. Margaret Geller ist eine gutaussehende Frau mit kastanienbraunen Locken und einem fröhlichen Lachen, sie blickt leicht zerstreut durch eine übergroße Brille, die auf ihrer Nasenspitze ruht. Sie war im Herbst 1974 mit einem Postdoktorandenstipendium nach Harvard gekommen, fühlte sich damals jedoch unbehaglich in der Astronomie und fragte sich, ob sie das richtige Fach gewählt hatte. Harvard beeindruckte sie nicht besonders. Als Davis kurz danach kam, hielten die beiden gemeinsam ein Seminar über extragalaktische Astronomie, und das blieb auch für die Zukunft ihr Thema in der Lehre. Davis arbeitete mit Peebles an der komplizierten BBKGY-Theorie. Margaret Geller überlegte, ob sie zur beobachtenden Astronomie wechseln sollte. Als Davis und die anderen die Rotverschiebungsstudie organisierten, hielt sie sich heraus und beschränkte sich darauf, ihre Kollegen zu ermutigen. »Ich habe der Sache nicht viel Beachtung geschenkt«, erklärte sie. »Ich spielte mit dem Gedanken, das Fachgebiet zu wechseln. Meine Arbeit war nicht interessant. Andere Leute bekamen bessere Stellen. Es ging mir nicht gut.«
Im Jahr 1979 ging sie nach Cambridge in England. Zwei Jahre

lang las sie viel und erforschte ihre Seele. Sie kehrte in genau dem Augenblick als Assistenzprofessorin nach Harvard zurück, als die ersten Ergebnisse der Rotverschiebungsstudie herauskamen.

»Die Ergebnisse der ersten Untersuchung waren nicht sonderlich spektakulär«, erzählte sie mir, ein Urteil, mit dem sie sich bei Davis anscheinend nicht gerade beliebt gemacht hat. »Sie stimmten mit dem überein, was die Leute sich ohnehin gedacht hatten. Niemand mußte seine Ansichten grundsätzlich revidieren. Niemand sah sich die Sache an und rief aus: ›Mein Gott! Peebles hatte also recht gehabt mit der Korrelationsfunktion. Ein großer Wurf!‹«

Im Jahr 1984 beschlossen sie und Huchra nach harten Debatten in der Rotverschiebungsgruppe (darunter auch Davis), die Studie zu erweitern. Davis, der Begründer der Studie, verließ die Gruppe und ging nach Berkeley. In den Jahren zuvor, als die Gruppe diskutiert hatte, was sie als nächstes tun wollte, hatte Margaret Geller Davis' Platz eingenommen.

Bei der ursprünglichen Studie waren, der Leser wird sich erinnern, alle Galaxien des nördlichen Himmels erfaßt worden, die heller waren als die Größenklasse 14,5. Man hatte ein dreidimensionales Modell des lokalen Universums angefertigt, indem man ihre Rotverschiebungen als Indikatoren der relativen Entfernung verwendete. Geller und Huchra schlugen vor, die Studie um eine Größenklasse zu erweitern, nämlich auf alle Galaxien, die heller waren als Größe 15,5. Das hört sich nach einem nur kleinen Sprung an, aber es steigerte die Anzahl der Untersuchungsobjekte von 2300 in der ersten Studie auf etwa 15 000 in der neuen, und es bedeutete, daß Galaxien bis zu einer Raumtiefe von 600 Millionen Lichtjahren erfaßt werden würden, anstatt bis zu 300 Millionen Lichtjahren in der ersten Studie.

Bei der ersten Studie hatte man sich auf Zwickys dicken Galaxienkatalog gestützt, aber bei den nun vorgesehenen Raumtiefen war selbst Zwickys Sammlung nicht mehr zuverlässig.

Geller und Huchra mußten Teile des Himmels fotografieren und die Platten nach verschwommenen Nebeln durchforsten. Sie benutzten ein PDS-Gerät – einen jener automatischen Abtaster, die Sandage so verachtete. Das Gerät stand in Yale, und Geller hatte schwer unter dem Terminplan für die Belegung des Geräts zu leiden.

Das PDS-Gerät hätte, wie sie sagte, eigentlich der ganzen Region zur Verfügung stehen sollen. Aber die Gruppe des Harvard-Smithsonian-Center durfte es nur an den Wochenenden benutzen. Einen Herbst lang, beschwerte sie sich, habe man sie nur an den Wochenenden an das Gerät gelassen, an denen Yale Football-Heimspiele hatte; da habe man nicht einmal in New Haven ein Hotelzimmer bekommen können.

Bei der Vorbereitung der Untersuchung teilten Geller und Huchra den Himmel wie eine Grapefruit in etwa sechs Grad breite Nord-Süd-Streifen ein. Sie vermuteten, daß jeder Schnitz so viele Galaxien enthalten würde, wie sie in einer Beobachtungssaison auf dem Mount Hopkins erfassen konnten.

Die CFA-Gruppe beherrschte die Techniken der eigentlichen Beobachtung im Schlaf. Latham und die anderen hatten den Spektrographen weiter verbessert. Der erste Schnitz mit dem Virgo- und dem Comahaufen im Zentrum wurde im Frühjahr 1985 aufgenommen. Im Spätherbst spuckten die Rechner unter den wachsamen Blicken Gellers und ihrer Studentin Valerie de Lapparent die ersten Karten aus. Das bekannte Universum, der Teil, der bereits verläßlich kartographiert worden war, war plötzlich doppelt so groß und mit neuen Punkten aufgefüllt; was bislang eine anschauliche, aber vage Skizze gewesen war, hatte sich zu einem Porträt entwickelt. Das Porträt zeigte, wie das Universum aufgebaut war, und vielleicht würde es auch enthüllen, aus welchem geheimnisvollen Stoff es bestand.

Die beiden Haufen lagen wie vorgesehen im Zentrum der Karte, sie sahen aus wie ein kleines Strichmännchen. In seiner Umgebung befanden sich dicht mit Galaxien besetzte Bögen, Kreise und verdrehte Flächen, die Blasen von Nichts mit

Durchmessern von teilweise mehr als fünfzig Millionen Lichtjahren umspannten. Was einige andere Beobachter als Fila-
mente bezeichnet hatten, waren tatsächlich Schnitte dieser Flächen. Als Geller die Karte sah, fiel ihr sofort Seifenschaum ein.
Sie erzählte später der Zeitschrift *Time*, daß sie die Struktur des
Lokalen Universums mit einem Becken voll Spülwasser verglichen habe.

Margaret Geller glaubte, sie habe endlich ihr »Mein Gott!« gefunden. Soweit sie wußte, waren ihre Daten mit keiner der
Standardtheorien über die Galaxienbildung vereinbar. Die großen verdrehten Flächen unterschieden sich von Seldowitschs
Pfannkuchen: Die Wände waren dünner und runder, als von
der Pfannkuchentheorie vorhergesagt. Die Leerräume und Flächen waren größer - sie sprengten in einigen Fällen fast den
Maßstab der Untersuchung -, als daß sie durch kalte dunkle
Materie hätten entstanden sein können. Mit anderen Worten,
keine Erklärung paßte mehr.

Als Geller, Huchra und Valerie de Lapparent, die in Paris promovieren wollte, ihren ersten Bericht fertig hatten, war auch der
Publicity-Apparat bereit. Harvard und das Smithsonian-Center
zogen alle Register. Die Ergebnisse wurden im Januar 1986 in
Houston auf einem Treffen der American Astronomical Society
vor 1500 Astronomen zum ersten Mal vorgetragen, veranschau-
licht durch einen Film, der die Bögen der Galaxien aus verschiedenen Perspektiven zeigte. Geller trat im Morgenprogramm des
Fernsehens auf. Morgens um fünf Uhr holte sie ein Wagen ab,
damit sie vor ihrem Auftritt geschminkt wurde, was, wie sie behauptete, zum ersten Mal geschah.

Zufällig überschnitt sich die Konferenz in Houston mit einem
Ski- und Arbeitstreffen der Kosmologen in Aspen, so daß die
Leute, für die Gellers Ergebnisse am interessantesten waren, die
Karte mit dem kleinen Virgo-Coma-Strichmännchen in der Mit-
te erst in der Zeitschrift *Time* zu Gesicht bekamen.

Als der zweite sechs Grad breite Himmelsausschnitt analysiert
war, fuhr ich nach Harvard und besuchte Geller. Wir saßen mit

Paul Kurtz, einem bärtigen, Sandalen tragenden Programmierer in einem Computer-Raum im Keller und betrachteten dreidimensionale Computer-Bilder von ihren Ausschnitten des Universums. Sie sahen aus wie Schnitze von durchsichtigen Grapefruits mit den Galaxien als Samen darin. Geller und Kurtz veränderten die Bilder auf dem Schirm und betrachteten sie, wie Juweliere einen besonders schönen Kristall bewundern. Langsam rotierten die Leerräume und Flächen vorbei, präsentierten sich dem Betrachter, reihten sich auf und verloren sich wieder vor dem Hintergrund des Galaxienstaubs. »Es ist wie eine Droge«, seufzte Geller.

Sie wies darauf hin, daß noch vor zehn Jahren, als sie für Peebles gearbeitet hatte, die Rotverschiebungen von weniger als tausend Galaxien bekannt gewesen seien, während man jetzt über dreißigtausend kenne. »Dieser Forschungsbereich ist immer arm an Daten gewesen. Jetzt wird er reich an Daten. Ich finde es bemerkenswert, wie wenig wir immer noch über das Universum bei niedriger Rotverschiebung wissen. Der Forschungsbereich ist jung, aber so jung auch wieder nicht. Wenn man in derart kurzer Zeit so viele Entdeckungen über die Nachbarwelten im Universum machen kann, dann zeigt das, daß wir überhaupt nichts wissen.«

Und sie fügte hinzu: »Es ist eine der beunruhigendsten Tatsachen, daß die größten Dinge, die wir mit unserer Untersuchung erfaßt haben, genau so groß waren, wie man sie mit einer Untersuchung dieser Art erfassen *konnte*.« Für Geller war das gesamte Problem der Isotropie und Homogenität des Universums möglicherweise noch offen. »Extrapolationen des Universums«, sagte sie, »gleichen dem Versuch, die Erde nach einer Karte von Long Island zu erklären.«

Falls noch Kosmologen bezweifelten, daß es im Universum wirkliche oder scheinbare Großstrukturen und Gliederungen in großem Maßstab gab, so wurden deren Zweifel durch die neuen CFA-Ergebnisse ausgeräumt. Jahre danach gab es keine kosmologische Konferenz, auf der nicht bei irgendeinem Vortrag die Karte mit dem kleinen Virgo-Coma-Strichmännchen gezeigt wurde. Für wie revolutionär man die Ergebnisse hielt, hing davon ab, wie fest man vorher schon an Leerräume und Superhaufen geglaubt hatte. Nur wenige Kosmologen teilten Gellers Ansicht, daß ihre Gruppe alle bisherigen Theorien der Galaxienbildung über den Haufen geworfen habe. Davis sah nichts Besonderes in den neuen Daten. Turner warnte, man dürfe nicht zu weitreichende Schlüsse aus der Betrachtung von Bildern ziehen, dies sei schließlich schon immer die Krankheit der Astronomen gewesen. Die Kosmologie brauche Zahlen, damit sie Physik sein konnte.

Peebles dagegen fand viel Bewundernswertes an den neuen Rotverschiebungsdaten. Er hatte sich immer zu den Leuten gezählt, die nicht an die Leerräume glaubten. Auch die scharfe Begrenzung der Flächen überraschte ihn und natürlich die Tatsache, daß sie verdreht waren. Wenn es Pfannkuchen gab, dann waren sie alle verbogen.

Ein Modell, das durch die CFA-Resultate an Popularität gewann, war die Theorie, daß die Galaxienflächen und die Leerräume durch primordiale Explosionen entstanden seien. Jeremiah Ostriker von der Princeton University und Len Cowie, der später an die Universität von Hawaii wechselte, hatten sie 1981 unter Rückgriff auf Theorien der Sternentstehung entwikkelt. Danach entstanden Sterne, wenn Wolken von Gas und Staub unter dem Einfluß einer nahegelegenen Supernova-Explosion kollabierten. Ostriker und Cowie vermuteten, daß das gleiche auch auf galaktischer Ebene passieren konnte. Angenommen, es hatte in der ersten Galaxie, die sich in einer bestimmten Region des Raums gebildet hatte, eine Anzahl von Supernova-Explosionen gegeben. Diese Explosionen konnten alles noch nicht verdichtete Gas aus der Galaxie hinauskatapultieren, sie praktisch noch in der Wiege töten und eine Blase in dem urtümlichen intergalaktischen Gas der Umgebung bilden. Auf der Oberfläche der Blase und vor allem dort, wo sie

446

mit benachbarten Blasen kollidierte, würde sich das Gas verdichten und zu Galaxien zerfallen.

Eine angenehme Eigenschaft des von Ostriker und Cowie postulierten Mechanismus bestand darin, daß er eine Erklärung bot, wie sich die normale von der dunklen Materie auf natürliche Weise getrennt haben konnte. Eine Explosion, bei der Atome in extreme Bewegung versetzt werden und aufeinanderprallen, ist ein elektromagnetischer Vorgang. Sie hätte keine Auswirkungen auf dunkle WIMPs gleich welcher Art, die mit dem Wasserstoff und dem Helium im Raum vermischt waren.

Wie Ostriker fröhlich eingestand, gab es da lediglich ein einziges Problem: Seine Explosionen konnten nur Blasen mit einem Durchmesser von zehn oder zwanzig Millionen Lichtjahren erzeugen - nicht mit dem Durchmesser 100 oder 200 Millionen, den die typischen CFA-Blasen hatten.

Kosmische Strings kamen als nächstes in Mode. Die Strings waren, wie man sich erinnert, eine der möglichen Formen von Narben, die nach dem primordialen Symmetriebruch der Kräfte und dem Gefrieren des Higgs-Felds - neben Monopolen und den Nähten zwischen den Domänen im Universum zurückbleiben konnten.

Die kosmischen Strings waren in Wirklichkeit dünne Röhren falschen Vakuums mit Massen von achtzig Tonnen pro Zentimeter. Ursprünglich von unendlicher Länge, schlängelten sie sich durch das Universum wie Gummibänder, durchschnitten einander und bildeten Schleifen, die schließlich durch die Abstrahlung von Gravitationswellen an Energie verloren und verschwanden.

Die Strings waren faszinierende Spekulationsobjekte, und es lag schon viel Forschungsmaterial über sie vor, bevor man irgendeinen praktischen Nutzen fand. Möglicherweise hatten massive Strings die primordiale Materie zu Klumpen strukturiert, aus denen sich später Haufen und Galaxien bildeten. Der wichtigste Vertreter der Stringtheorie der Galaxienbildung war ein junger Engländer namens Neil Turok. Er war in meinen Augen eine Art gesundes Ebenbild von Hawking. Er war groß und sah gut aus, hatte dunkle, lockige Haare und legte eine Verachtung für Mode an den Tag, die schon wieder Stil hatte. Er trug Turnschuhe und ein Frackhemd mit zugeknöpften Ärmeln und offenem Kragen. Turok hatte am Imperial College in London studiert und war dann an das theoretische Institut in Santa Barbara gekommen. Er strahlte wissenschaftliches Selbstvertrauen aus.

In Santa Barbara simulierte Turok Computeruniversen, die auf der Stringtheorie basierten, und maß die Korrelationsfunktion der Schleifen, wie es Peebles zehn Jahre zuvor bei den Galaxien getan hatte. Er erhielt die richtige Antwort: Die Schleifen und die Galaxien hatten dieselbe Korrelationsfunktion. Und sie hatten auch die zentrale Eigenschaft, daß sie in jeder Größenordnung gleich aussahen.

Dies war ziemlich verblüffend, denn es gab, wie Turok triumphierend erklärte, in der Physik der kosmischen Strings keine Faktoren, mit denen man das Universum hätte zurechtfrisieren können. »Man kann an der Stringtheorie nicht herumfummeln«, behauptete er. »Sie ist entweder richtig oder falsch.«

Einer der Anhänger der Stringtheorie war Schramm, der seine Liebe zu den Neutrinos - die man heute als heiße dunkle Materie bezeichnet - nie überwunden hatte. Schramm vermutete, daß ein Neutrino-Universum mit Hilfe der kosmischen Strings vielleicht doch noch realistische Galaxien hervorbringen könnte.

Die Theoretiker der kalten dunklen Materie, vor allem Davis und White, vertraten weiterhin ihre Theorie. Die kalte dunkle Materie funktionierte in kleinen Größenordnungen so gut, daß man sie nicht einfach beiseite legen konnte. Was die großen Maßstäbe betraf, so verdiente sie es nicht, daß man sie nur wegen eines Stapels von Bildern aufgab. »Man kann Bilder zeigen, bis einem die Luft ausgeht«, argumentierte Davis, »aber man muß trotzdem quantitative Statistiken erstellen - Dichten und Korrelationsfunktionen.«

Bis Anfang 1986 hatten sich die Kosmologen in so viele Parteien gespalten, daß das Fach allmählich dem italienischen Parlament glich. Keine der vielen Mischtheorien konnte sagen, wie die Entstehung der Galaxien, Haufen und Leerräume wirklich erfolgt war, und alle Theorien waren reich an Widersprüchen. Bei einem Sommer-Workshop über Galaxien schrieb Dick Bond, der respektlose junge kanadische Theoretiker, vierzehn verschiedene Modelle an die Tafel, und dann schoß er eines nach dem anderen ab.

Peebles, der große Lehrmeister, schien weder mit den Strings noch mit irgendeiner anderen Theorie glücklich zu sein. In Aspen saßen die Stringtheoretiker um ihn herum auf dem Rasen, und er gab ihnen praktisch Hausaufgaben auf. Sie taten so, als seien sie dankbar, daß er ihnen soviel Aufmerksamkeit schenkte, aber als er außer Hörweite war, sagte Turok, Peebles Einwände seien so schwerwiegend auch wieder nicht, und dann gingen sie Volleyballspielen.

Peebles legte keine eigene Theorie vor. Er setzte Papiere in Umlauf, die er selbst »Tiraden« nannte und in denen er das sogenannte kosmologische Standardmodell abschoß.

Schon bevor die neuen CFA-Ergebnisse bekannt wurden, hatte Peebles gespürt, daß es Verwirrung geben würde. Während einer Konferenz in Tucson sprach ich mit ihm über den Verfall der kosmologischen Modelle. Er bezweifelte mittlerweile sogar die Grundannahme aller Annahmen, die besagte, daß wir im mathematisch einfachsten und schönsten Universum leben.

Als ich mein Unbehagen ausdrückte, lächelte Peebles schwach: »Man muß sich eingestehen, daß man die letzte Wahrheit niemals kennen wird«, seufzte er. »Letzte Wahrheiten sind um die Jahrhundertwende aus der Mode gekommen. Statt dessen müssen wir mit kleinen Fortschritten zufrieden sein. Wir können die endgültige Antwort nicht finden.«

Mit einem Schulterzucken fuhr er fort: »Mich stört das nicht. Ich habe es gelernt, mit der jeweils letzten Feststellung zu leben. Sehen wir den Tatsachen ins Auge, die Astronomie ist keine Astrologie, aber wir machen Fortschritte.« Er hielt kurz inne und senkte den Blick. »Am schwierigsten ist es zu zeigen, daß wir Fortschritte machen. Es gibt genug definitive Antworten. Nur ist es eben so, daß sie kein widerspruchsfreies Gewebe bilden.«

20. Traumzeit

Die Suche nach den Grundprinzipien – den Modellen, die erklären könnten, wie das Universum funktioniert – ging genauso energisch und krampfhaft weiter wie die Suche nach der Identität der dunklen Teilchen, die ein wesentlicher Bestandteil des Universums sind.

Im Jahr 1980 erhielt Stephen Hawking die vermutlich größte Auszeichnung, die einem Physiker außer dem Nobelpreis zuteil werden kann. Er wurde auf den Lukasischen Lehrstuhl für Mathematik in Cambridge berufen, den vor ihm unter anderem Newton und Dirac innegehabt hatten. Als Antrittsvorlesung hielt er einen Vortrag über den Zustand der Physik und überlegte laut, ob nicht das Ende der theoretischen Physik in Sicht sei.

Obwohl er sich der Tatsache bewußt war, daß solche Vorhersagen schon früher gemacht worden waren, kam er zu dem Schluß, daß die Antwort sehr wohl ja lauten könnte. Es sei denkbar, daß die Physiker bis zum Ende des Jahrhunderts über die endgültige Theorie der Natur verfügen würden, eine Theorie, die sämtliche Kräfte und Teilchen beschreiben und ohne Tricks erklären könne, warum das Universum so sei, wie es sei.

Außerdem vermutete er, die Physiker könnten durch ihre Computer ersetzt werden, und das noch ehe die notwendigen Berechnungen den letzten Schliff erhalten hätten.

Schon ganz zu Anfang der achtziger Jahre hatten die Teilchenphysiker sich bis auf eine Milliardstelsekunde an den Beginn der Zeit herangekämpft. Die Kosmologen waren durch die Betrachtung von Strings und supersymmetrischen Phänomenen im Rahmen der Anordnung der Galaxien sogar einemilliardemilliardenmal näher herangekommen. Die Schicht über dem Geheimnis der Existenz war sehr, sehr dünn geworden. Aber genau in diesem letzten Bruchteil der Zeit, als der Raum ins Chaos übergeschäumt war, als in den Sphären ungeahnte Harmonien erklungen waren und sich komplexere Symmetrien entfaltet hatten als bei der Blüte einer Rose, an diesem Ort, wo nichts passierte und alles möglich war, lag das Geheimnis der Schwerkraft und der Existenz.

Wenn es eine Antwort auf die Frage gab, vor der Sandage am meisten Respekt hatte, der Frage, warum überhaupt etwas existierte und nicht nichts war, dann hofften sie die Physiker in der schwer faßbaren, sagenumwobenen Quantengravitation zu finden, die endlich die allgemeine Relativitätstheorie und die Quantentheorie vereinigen sollte. Wenn es überhaupt eine Antwort gab, dann würde man sie bei jener völlig vereinheitlichten und symmetrischen Kraft finden, die im ersten Augenblick der Zeit aufgetreten war - einem unerreichbaren Eldorado der Eleganz.

Anfang der achtziger Jahre hatte man keine solche Theorie. Hawking und einige andere hofften, daß die Supersymmetrie und ihr Vetter Supergravitation sie nach Eldorado führen würden oder, wie er es einmal formulierte, zum »Geist Gottes«, aber sie mußten den Beweis schuldig bleiben. (Tatsächlich scheiterte die Theorie der Superschwerkraft schon bald darauf.) Man hatte nicht einmal eine Idee, auf welchem Prinzip diese letzte aller Theorien, wenn es sie geben sollte, basieren würde, da das physikalische Beweismaterial aus jener Ära größtenteils durch die Magie der Inflation vernichtet worden war. Physiker, die versuchten, dem Ursprung des Universums auf die Spur zu kommen, glichen Gestalten, die durch einen Traum taumeln und keine Antworten kennen, ja nicht einmal wissen, welche Fragen sie stellen müßten. Seltsame Ideen schwebten vorüber, paradoxe und verrückte Ideen aus dem unbewußten Fundament der Physik, die es zu packen und zu reiten galt in der Hoffnung, eines Tages zur bewußten Oberfläche der beobachtbaren Realität hinaufzuschweben.

Nur einige wenige wilde Männer der Physik wagten sich in dieses Reich jenseits der überprüfbaren Theorien. Sie kümmerten sich nicht mehr um ihren wissenschaftlichen Ruf und tasteten, wie John Wheeler es formulierte, »nach der Idee einer Idee«.

Der erste wilde Mann war John Wheeler, der Erfinder der Schwarzen Löcher. Als er 1978 in Princeton nach 38 Jahren emeritiert wurde, stellte er seine Teetasse ab und setzte sich einen Stetson auf, informierte sich über das Leben von General Sam Houston, dem ersten Präsidenten der Republik Texas, und ging an die University of Texas nach Austin, wo er weiter lehren durfte. Er bekam ein riesiges Büro mit Blumen auf dem Schreibtisch und suchte sich ein neues Haus auf den Austin Hills mit einem Swimmingpool im Keller, in dem er täglich seine Runden drehte. Tagsüber rannte er auf seinen kurzen durchtrainierten Beinen treppauf, treppab in die Zimmer seiner Doktoranden und Postdoktoranden. Er war immer vor mir an der Tür, aber ich konnte ihn nie dazu bringen, vor mir hineinzugehen.

»Wenn es in der Physik eine Sache gibt«, erklärte er mir, »für die ich mich im Rahmen des Systems verantwortlich fühle, dann für den Überblick, für die Frage, wie alles zusammenpaßt. Die meisten Leute müssen sich auf das eine oder andere Gebiet spezialisieren, und besonders jüngere Kollegen können an dieser Front nicht arbeiten. Nur ein alter Knochen wie ich«, lachte er, »kann es sich erlauben, sich zum Narren zu machen.«

Ich fragte ihn, wie seine Arbeit aussah. Er fuchtelte mit der Faust in der Luft herum. »Das zentrale Problem besteht darin, den Plan der Schöpfung zu entdecken. Punktum!« Dann malte er das Bild einer mit einer kunstvollen Manschette versehenen Hand an die Tafel, die sechs Bälle jonglierte, auf denen mysteriöse Gleichungen standen; jede Gleichung stand für ein wichtiges physikalisches Prinzip. »Was ich tue, läuft darauf hinaus, daß ich ständig ein halbes Dutzend Bälle in die Luft werfe und beobachte, wie sie in neuen Mustern wieder herunterkommen. Ich muß mich ständig mit diesen Grundgedanken befassen«, sagte er und besserte an der Manschette herum. Er runzelte die Stirn und starrte vor sich hin. »Ich muß überprüfen, ob ich irgendwelche Hinweise übersehen habe.«

Für Wheeler waren die Schwarzen Löcher, die er jetzt *Tore der Zeit* nannte, noch immer der wichtigste Anhaltspunkt. Er interessierte sich inzwischen nicht mehr für die Schwärze ihrer Oberfläche, sondern für das Vergessen in ihrem Zentrum, dem Ende von Raum und Zeit. Es sei die Lehre der allgemeinen Relativitätstheorie, hatte er immer gepredigt, daß es kein »Zuvor« vor dem Urknall gegeben habe und nach dem Großen Kollaps kein »Danach« geben werde. Raum und Zeit waren vom Universum geschaffen und in ihm enthalten und nicht umgekehrt. Raum und Zeit hatten nicht das Universum geschaffen, und sie enthielten es nicht.

Folgte daraus, daß das Universum auch die Gesetze der Physik geschaffen hatte, die auf Raum und Zeit basieren? Oder hatten die physikalischen Gesetze das Universum geschaffen? Existierte irgendwo das Gesetz der Gesetze, unabhängig von Raum und Zeit, ja sogar unabhängig vom Universum selbst?

»Die Tore der Zeit sind der Beweis dafür«, sagte Wheeler, »daß die Physik auf der Grundlage der Nicht-Physik entstanden sein muß.« Wie war das möglich?

Als jugendlicher Verfechter der allgemeinen Relativitätstheorie hatte Wheeler einst die Hoffnung geteilt, daß sich die Physik am Ende als gekrümmter Raum würde erklären lassen, das heißt als Geometrie. Aber nachdem er ein Leben lang Probleme gewälzt hatte, hegte er nun den Verdacht, daß der Schlüssel zu dem nicht reduzierbaren Geheimnis vom Ursprung der Gesetze und des Universums statt dessen in der Quantentheorie lag. Warum gab es die Unschärferelation?

Gewisse Eigenschaften der Materie oder jedes Systems - wie etwa Wellen- oder Teilchencharakter, Ort oder Bewegung - bleiben so lange undefiniert, sozusagen in einer Vorhölle der Möglichkeiten, bis jemand sie gemessen hat. Eine der seltsamen Konsequenzen dieser Tatsache ist die, daß man nichts im Uni-

454

versum als wirklich leer betrachten kann - aus Quantenfluktuationen im leeren Raum können Teilchen entstehen (und wie wir gesehen haben, so überhand nehmen, daß sie Galaxien bilden). In der bis jetzt noch unentdeckten Quantengravitation hatten zufällige Fluktuationen in einem primordialen Nichts vielleicht die Raumzeit selbst entstehen lassen.

Wheeler hatte einen Namen für dieses primordiale Potential: Es war der Superraum, eine Art mathematisches Ensemble von allen möglichen Universen und allen möglichen Formen von Physik. Im Superraum gab es unglaublich dichte Universen, die innerhalb von fünf Minuten kollabierten, Universen, in denen alle Sterne blau oder Eisklumpen waren, Universen, in denen alle Sterne Eisenklumpen waren, und Universen ohne Sterne. Es gab Universen mit Einhörnern und Monopolen. Jede Möglichkeit war vertreten. In den meisten dieser Universen gab es kein Leben; sie waren, wie Wheeler es ausdrückte, »totgeboren«.

Das zentrale Rätsel der Quantenmechanik, das Geheimnis der Wellenfunktion kam im Superraum voll zur Geltung. Genau wie die Wellenfunktion des Elektrons im ganzen Raum verteilt war, bevor es durch eine Messung festgelegt wurde, war die Wellenfunktion des Universums im ganzen Superraum verteilt. Sie umgriff alle denkbaren Universen, bevor sie durch eine Messung irgendwie »kollabierte«. Es gab keine Beobachter, die zu Beginn der Zeit ein Experiment hätten durchführen können; Sandage wurde erst Milliarden Jahre später geboren. Wie oder was ließ also die Wellenfunktion im Superraum kollabieren? Wie hatte Gott unser Universum ausgewählt? Oder hatte er - wie Einstein überlegte - überhaupt eine Wahl?

Einen Ausweg aus dem Paradoxon bot die von Everett und Wheeler entwickelte Theorie der vielen Welten, die auch Hawking übernahm. Gott hatte gar keine Wahl getroffen; es gab Milliarden und Abermilliarden paralleler Universen. Alle Möglichkeiten waren real.

Eine andere Idee, die eine Zeitlang sehr diskutiert wurde, war das sogenannte anthropische Prinzip. Es war von der großen

Zahl von Zufällen abgeleitet, die Eddington, Dirac und Dicke so fasziniert hatten. Die Vertreter dieser Idee, unter anderen Dicke und Brandon Carter, argumentierten, daß die Eigenschaften des Universums – besonders die Werte mehrerer physikalischer Konstanten – genau so sein mußten, wie sie waren, andernfalls wäre Leben, wie wir es kennen, unmöglich gewesen. Dieser Ansatz betrachtete die Physik ausschließlich im Rückblick. Wheeler verfolgte eine Weile diese Richtung, aber schließlich wurde er zum Anhänger eines weit radikaleren Prinzips, das er Schöpfung durch Beobachtung nannte.

Durch die Unschärferelation war der Beobachter praktisch an der Schaffung der physikalischen Realität beteiligt. »In gewissem Sinne«, sagte Wheeler, »bedeutet das Quantenprinzip für uns, daß wir es mit einem partizipatorischen Universum zu tun haben.« Wie weit konnte man dieses Prinzip treiben? Er dachte laut darüber nach, ob es ein Rezept für die Schaffung der physikalischen Gesetze aus dem Nichts bieten könnte – eine Art Schöpfungsbefehl, der das zerstörerische Prinzip der Schwarzen Löcher konterkarieren würde. Warum sonst sollte etwas so Seltsames wie die Unschärferelation überhaupt in der Natur vorkommen?

Als ein Beispiel für die eigentümliche Macht der Quantentheorie beschrieb er ein berühmtes Gedankenexperiment, das als verzögertes Doppelspaltexperiment bekannt war. Dabei kann ein Experimentator durch eine Wahl, die er in der Gegenwart trifft, offensichtlich beeinflussen, was in der Vergangenheit geschehen ist: Ein Elektron fliegt durch eine sehr lange Röhre auf einen Schirm zu, der mit zwei Schlitzen versehen ist. Weit jenseits dieses Schirms – Lichtjahre entfernt, wenn man so will – lauert der Physiker und hat die Wahl, eines von zwei sich gegenseitig ausschließenden Experimenten zu vollziehen. Er kann entweder die Geschwindigkeit des Elektrons messen und entscheiden, durch welchen Schlitz es geflogen sein muß, oder er kann seine Wellenlänge messen und ein Interferenzmuster aufzeichnen, das dadurch entstanden ist, daß das Elektron beide Schlitze passiert hat (eine Welle kann das). Im Prinzip könnte der Physiker also im letzten Augenblick entscheiden, was er messen will, lange nachdem das Elektron den Schirm passiert hat, und damit hätte er rückwirkend entschieden, ob es nur durch einen oder durch beide Schlitze geflogen ist.

In diesem Ergebnis sah Wheeler einen kleinen Hoffnungsschimmer für den Urknall. Ohne einen Beobachter konnte es keine Physik geben, aber mit Beobachter konnte es im Prinzip sogar eine rückwirkende Physik geben. Nach dem Prinzip der Schöpfung durch Beobachtung war das Universum ein durch sich selbst angeregter Kreislauf.

Im Jahr 1981 schrieb Wheeler: »Die Vergangenheit ist Theorie. Sie existiert nur in den Berichten der Gegenwart. Auf mikroskopischem Niveau sind wir an der Gestaltung der Vergangenheit, der Gegenwart und der Zukunft beteiligt.«

Es gab nur wenige Physiker, die Wheelers Position verstanden, und noch weniger, die sie teilten. Der Gedanke, daß das Quantenprinzip etwas mit der Schaffung des Universums zu tun haben könnte, wurde jedoch eine der Lieblingsideen der Theoretiker, die sich in spekulative Bereiche vorgewagt hatten, besonders nachdem die Inflationstheorie gezeigt hatte, daß das gesamte sichtbare Universum praktisch aus dem Nichts entstanden sein konnte: aus einem unendlich kleinen Fleck falschen Vakuums.

Plötzlich schien es vom Nichts zu dem Etwas, aus dem das Universum hatte werden können, nicht mehr ein großer Sprung zu sein, sondern nur noch ein kleiner Quantensprung. Wenn alle Eigenschaften des Universums, wie etwa Ladung und Bewegung, ausbalanciert waren, wie es Guth, ein Bewunderer und Lehrer der Theorien des Nichts, mir gegenüber vertrat, dann gab es kein Gesetz, das eine spontane Entstehung des Universums - oder eines Quantums davon - hätte verbieten können. »Es ist ein verführerischer Gedanke«, sagte Guth, »das Universum praktisch aus dem Nichts zu schaffen. Solche Ideen sind natürlich Spekulation im Quadrat, aber auf einer bestimmten Ebene sind sie wahrscheinlich richtig.«

An einem Donnerstagnachmittag im April, als ich am MIT zu Besuch war, verkündete Guth, daß wir ein Seminar an der Harvard University besuchen müßten. Dort werde ein russischer Emigrant namens Alex Wilenkin von der Tufts University eine neue Theorie über den Ursprung des Universums vortragen, wonach dieses wie ein Maulwurf aus dem Nichts aufgetaucht sei. Ich fuhr mit dem Wagen, Guth mit dem Fahrrad, und wir trafen uns am späten Nachmittag vor der Lyman Hall, dem alten roten Ziegelbau des Fachbereichs Physik unmittelbar neben dem Harvard Square.

In einem staubigen Hörsaal saßen bereits etliche neugierige Physiker. Durch die Fenster fiel grünes Licht herein. Wilenkin trug einen dunklen Anzug. Er war groß und schlank, hatte schwarze, gewellte Haare und rote Wangen, die ihn viel jünger wirken ließen als seine fünfunddreißig Jahre. Er legte eine reservierte Förmlichkeit an den Tag, die jeden Gedanken, man habe es mit einem Abenteurer zu tun, Lügen strafte.

Wilenkins Version des frühen Universums, die er mit Kreidezeichnungen von gekrümmten Raumzeit-Flächen und Wurmlöchern illustrierte, war eine Art metaphysischer Maulwurf. Wilenkin vertrat die Ansicht, daß sich eine Blase Universum, eine Blase Raumzeit, in einen Wheelerschen Superraum möglicher Raumzeiten hineingetunnelt und dann wieder in die »reale« Raumzeit hinausgetunnelt habe. Das Tunneln ist ein bekannter Quantenprozeß, durch den Wellenfunktionen, die für Teilchen oder für ganze Systeme - oder für das Universum - stehen, normalerweise undurchdringliche Hindernisse durchdringen können, einem Baseball vergleichbar, der durch eine Mauer hindurchfliegt.

Und woher hatte sich das Universum in dieses Reich der Existenz hineingetunnelt? Wilenkins Antwort lautete: »Aus dem Nichts.« Sobald Wilenkins kleine Blase, die ein geschlossenes Universum war, weil ein solches bei der Entstehung am wenigsten Energie verbraucht, in die reale Raumzeit eingetreten war, machte sie den

normalen Inflationsprozeß durch und vollzog die für den Urknall typische Expansion und Evolution.
Wilenkins Vortrag hinterließ ein verwirrtes Auditorium. Nach
dem Vortrag saß er mit Guth und Sidney Coleman zusammen,
und sie führten ein Gespräch über das Nichts, das Lewis Carroll
sicher gefallen hätte. Guth und Coleman hatten zum ersten Mal
von der Maulwurftheorie der Schöpfung gehört.
Coleman, blaß und bärtig, grübelte darüber nach, was er gehört
hatte. »Was ist das Nichts?« fragte er. Dabei preßte er die Fin-
gerspitzen gegeneinander und starrte dazwischen hindurch.
»Das Nichts«, antwortete Wilenkin bedächtig, »ist die Abwe-
senheit von Raum und Zeit.«
Coleman brütete eine Zeitlang über dieser Aussage. »Es gibt
eine Epoche ohne Zeit«, sagte er schließlich, als draußen die
Schatten schon länger wurden. »Die Ewigkeit. Wir machen also einen Quantensprung von der Ewigkeit in die Zeit.«
Dann begaben sie sich, wie das bei guten Physikern üblich ist,
in ein chinesisches Restaurant.
Ich fuhr später noch einmal zur Tufts University, um mehr über
Wilenkin und seine Theorien zu erfahren. Sein Leben war, wie
sich herausstellte, ebenso abenteuerlich gewesen, wie seine Ideen
klangen.
Er war in der Sowjetunion geboren, hatte an der Universität
von Charkow Physik studiert und sein Studium erfolgreich abgeschlossen. Weil er Jude war, hatte er nach dem Examen nicht
weitermachen dürfen, obwohl sich sein Professor für ihn ein-
gesetzt hatte.
Also hatte er fünf Jahre lang auf eigene Faust weiterstudiert und
publiziert. Dann wurde er zur Armee eingezogen, wo er als Laborassistent arbeitete. Nach seiner Entlassung fand er keine Arbeit und wurde Nachtwächter in einem Zoo. Man drückte ihm
ein Gewehr in die Hand, aber er wußte nicht einmal, wie man
es abfeuerte. Die wichtigste Qualifikation für den Job bestand
darin, daß er kein Alkoholiker war.
Im Jahr 1976 gelang es ihm, nach Italien zu emigrieren, von dort

wollte er weiter in die Vereinigten Staaten. Während er auf sein Visum wartete, kam ihm eine Stellenanzeige der State University of New York in Buffalo in die Hände. Er bewarb sich und trat die Stelle an, eine Entscheidung, die er heute etwas übereilt findet. Ein Jahr später hatte er einen Doktortitel in Biophysik. Tufts stellte ihn als Feststoffphysiker ein. »Es störte niemanden, als ich zur Kosmologie überwechselte.«

Wilenkin arbeitete eine Zeitlang über kosmische Strings und wandte sich dann der Grundfrage zu. Während seiner Wanderschaft in der Zeit vor der Emigration, als er in Charkow als Feststoffphysiker arbeitete, lernte er einen frustrierten Wissenschaftler namens Piotr Fomin kennen, der wie der Amerikaner Ed Tryon die Ansicht vertrat, daß das Universum spontan aufgetaucht sein könnte, ohne daß irgendwelche Erhaltungsgesetze verletzt worden wären. Fomin versuchte Seldowitsch und dessen Kollegen von seiner Theorie zu überzeugen, aber sie hielten ihn für verrückt. Er publizierte 1975 einen Aufsatz, der genausowenig beachtet wurde wie die Arbeiten von Tryon.

Nach Wilenkins eher intuitiver Ansicht hatte das potentielle Universum quasi als eine kleine Seifenblase in einem Meer von Nichts erscheinen können, eine Art virtuelles Universum. Die meisten Blasen kollabierten sofort wieder ins Nichts, aber mit etwas Glück konnten einige davon klassische Raumzeit-Strukturen werden.

Wilenkin war der Ansicht, daß die physikalischen Gesetze nicht nur beschreiben sollten, was mit der Blase nach ihrem Erscheinen passierte, sondern auch irgendwie erklären müßten, wie und warum sie überhaupt erschienen war. »Die Blase beginnt in Übereinstimmung mit den Gesetzen der Physik zu existieren«, sagte Wilenkin an einem Regentag in seinem Büro in Tufts. »Die physikalischen Gesetze sind vorher schon da.«

»Wo?« fragte ich.

»Im Geist Gottes.«

Ich überlegte, ob das wohl dasselbe war wie das berühmte Nichts, das Coleman die Ewigkeit genannt hatte. Wilenkin ist geradezu unglaublich verschlossen und beherrscht und läßt sich nicht zu irgendwelchen verrückten Aussagen hinreißen. »Unsere Gesetze haben keine Bedeutung, die über sie selbst hinausweisen«, fuhr er fort, »sie sind alle in Raum, Zeit, Entropie, Energie, Bewegung tief verwurzelt, und ohne Raum und Zeit haben sie keine Bedeutung.«

Ich fragte ihn, ob das Nichts die totale Symmetrie darstelle. »Wenn man über diese Dinge nachdenkt«, antwortete er, »entwickelt man geistige Bilder. Wir sind noch nicht so weit, daß solche Worte irgendeine Bedeutung haben.« Er gab zu, daß sich die Leute an die Idee des Nichts erst gewöhnen müßten. »Die erste Reaktion bestand darin, sie als unwissenschaftlich abzulehnen.« Er wies darauf hin, daß der heilige Augustinus in einer berühmten Textpassage die Frage gestellt und beantwortet habe, was Gott vor der Erschaffung der Welt getan habe. »Die Antwort ist einfach«, zitierte Wilenkin Augustinus. »Bevor Gott das Universum schuf, gab es keine Zeit. Die Frage hat keinen Sinn.«

Ich ging nach Hause und schlug das Zitat nach. Augustinus hatte zunächst geantwortet, Gott sei eifrig damit beschäftigt gewesen, für Leute, die solche Fragen stellten, die Hölle zu erschaffen.

Hawking hatte keine Angst vor der Hölle. In den achtziger Jahren nahm er die Frage des Augustinus frontal in Angriff. Er wurde in den Medien oft als »der größte Physiker seit Einstein« gefeiert, was gegenüber den Genies, die solche Wunder wie die Quantenchromodynamik, die Großen Vereinheitlichten Theorien und erst kürzlich die neue Disziplin der Chaosphysik geschaffen hatten, ein bißchen unfair war. Aber in einer bestimmten Hinsicht galt Hawking mit Recht als der legitime Nachfolger des Genies mit den widerspenstigen Haaren. Seit Einstein hatte niemand mehr den Mut gehabt anzunehmen und zu vertreten, daß das Universum durchschaubar war - also von Gesetzen beherrscht, die der Mensch entdecken und verstehen konnte. Als sich Hawking mit der Möglichkeit einer endgültigen Großen Vereinheitlichten Theorie befaßte, war er bald ein wenig verstimmt. Um den Zustand des Universums oder den irgendeines anderen Systems zu jedem gegebenen Zeitpunkt erklären zu können, genügte es nicht, die Gesetze der Physik zu kennen, sondern man mußte auch den Anfangszustand kennen, das, was die Physiker die Randbedingungen nennen. Man stelle sich beispielsweise einen Billardtisch voller Kugeln vor. Newtons Bewegungs- und Energiegesetze würden genügen, um zu beschreiben, wie die Kugeln zusammenstoßen, rollen und von der Bande abprallen. Aber wenn man voraussagen wollte, wo sie sich am Ende befinden würden, mußte man wissen, wo sie sich zu Beginn des Spiels befunden hatten: Sie waren in einem Dreieck angeordnet mit den Bällen Nr. 1, 2 und 3 an den Ecken und der Nr. 8 genau in der Mitte, und die weiße Kugel war aus einer bestimmten Richtung mit einer bestimmten Geschwindigkeit und vielleicht mit einem leichten Spin über den grünen Filz gerollt. Das waren die Randbedingungen eines Poolbillardspiels.

In der Kosmologie war die Randbedingung des Universums, wie Hawking wußte, die Urknall-Singularität, wo die Schwerkraft so groß gewesen war, daß Raum, Zeit und physikalische Gesetze nicht mehr existierten - Wheelers Ansicht nach ein Chaos von Unmeßbarem, das nur auf das Stichwort wartete, um davonzufliegen. Hawking hatte sich den größten Teil seines Lebens als Erwachsener mit Singularitäten und der Zerstörungskraft beschäftigt, die sie im Zentrum Schwarzer Löcher entfalteten. Auch ansonsten nüchterne Physiker entwickelten Ideen wie das anthropische Prinzip, wenn sie versuchten, Ordnung in die anarchischen Möglichkeiten zu bringen, die dieses kosmische Freilos zu Beginn der Zeit in sich geborgen hatte. Hawking hatte das anthropische Prinzip einmal »einen Ratschluß der Verzweiflung« genannt.

Er war der Ansicht, daß eine Theorie des Universums, die keine Erklärung für den Urzustand - den Rahmen mit den Billardkugeln, wenn man so will - enthielt, keine vollständige Theorie war. Sie lief auf die Aussage hinaus, daß »das Universum so ist, wie es ist, weil es so war, wie es war«.

Hawking hatte die Wahl zwischen zwei Aussagen: Er konnte entweder sagen, das Universum ist so, wie es ist, weil Gott oder die Singularität es so gemacht hat – eine zufällige, willkürliche Eigenschaft der Existenz. Das wäre das Ende der Physik. Oder er konnte es wagen, über eine bloße Beschreibung hinauszugehen, und versuchen zu erklären, *warum* das Universum so war, wie es zu Beginn gewesen war. Hawking entschied sich für die zweite Option; er war noch nie mit einer rein deskriptiven Physik zufrieden gewesen, die bloße Außenansicht hatte für ihn keinen Reiz. Dies bedeutete, daß er nach einem Gesetz oder Prinzip suchen mußte, das selbst den Punkt mit einschloß, an dem die Gesetze enden. Es bedeutete die Annahme, daß sogar der Beginn der Zeit einem größeren Gesetz unterworfen war.

Wenn Hawking das Unvorhersehbare (und Gott) im Universum loswerden wollte, dann mußte er die Singularitäten loswerden. Mit Vergnügen machte er sich an die Arbeit. Selbst eine relativ gutartige Singularität, wie es der Urknall gewesen zu sein schien, war seiner Ansicht nach zuviel für ein Universum, das eigentlich Gesetzen unterworfen sein sollte. Wenn die physikalischen Gesetze am Beginn der Zeit einmal hatten zusammenbrechen können, dann konnten sie jederzeit und überall wieder zusammenbrechen.

Stand das nicht im Widerspruch zu allem, woran er in den letzten zwanzig Jahren gearbeitet hatte? Ja und nein. Hawking stellte folgende Überlegungen an: Singularitäten waren eine Konsequenz der klassischen allgemeinen Relativitätstheorie, nach der zuviel Masse an einem Ort sich unendlich dicht komprimieren konnte. Nach der bisher noch nicht entwickelten Theorie der Quantengravitation, die, wie jedermann hoffte, eines Tages die allgemeine Relativitätstheorie überwinden würde, war es möglich, daß die Existenz von Singularitäten durch Quanteneffekte ausgeschlossen wurde. In diesem Fall würde es keinen Ort mehr geben, nicht einmal den Beginn der Zeit, an dem die Gesetze der Physik – wie immer sie auch lauteten – nicht galten.

Hawking nannte dies die »Keine-Grenzen-Bedingung«: Die

Grenze des Universums würde, wie auch immer die endgültige Theorie aussehen mochte, darin bestehen, daß es keine Grenzen hatte, also keinen Ort, an dem die Raumzeit und die Gesetze der Physik verschwinden würden. Nach Hawkings Vorschlag war das Universum an jedem Ort und zu jeder Zeit Regeln und Gesetzen unterworfen; es gab keine Stelle mehr, in die Gott seine Nase hätte hineinstecken können.

Gar kein dummer Gedanke. Was war eigentlich diese sogenannte Urknall-Singularität für ein amoklaufender Dämon? Ein ziemlich zahmer Dämon, dachte Hawking, als er die Situation neu analysierte. Wie jeder Fermiland-Kosmologe bestätigen konnte, schien das Universum immer glatter, einfacher und eleganter zu werden, je weiter man seine Geschichte in die Vergangenheit zurückverfolgte – es wurde nicht häßlicher und wilder. Das Universum hatte sanft und mild begonnen wie der Mikrowellenhintergrund; alle Kräfte waren vereinheitlicht gewesen, und die Teilchen hatten keine Masse gehabt. Das Universum schien so einfach wie möglich begonnen zu haben. Nach Hawkings Vorschlag hatte es keine andere Wahl, die absolute Ordnung herrschte. Bedeutete die Keine-Grenzen-Bedingung, daß das Universum eigentlich gar keinen Anfang *hatte?* Ja und nein. Eine Möglichkeit, dieses Rätsel zu lösen, bestand darin, daß man sich die Zeit kreisförmig vorstellte. Man konnte an jedem beliebigen Ort beginnen, und wenn man weit genug zurückging, dann kam man zurück zu *dem Anfang*.

Im Jahr 1982 erwähnte Hawking seine Keine-Grenzen-Idee auf einer kosmologischen Konferenz im Vatikan, wo die Urknall-Theorie bereits in den frühen fünfziger Jahren abgesegnet worden war. Danach traf er mit dem Papst zusammen. Hawking zeigte sich beeindruckt, daß der Papst sich sehr für den Urknall interessierte und der modernen Kosmologie seine Zustimmung gab – solange die Kosmologen nicht versuchten, hinter den Urknall zurück zu sehen.

Später im selben Jahr besuchte Hawking einen Kosmologie-Workshop in Santa Barbara und begann mit James Hartle zusammenzuarbeiten. Hartle ist ein breiter, rundlicher, etwas weicher Mann mit schütterem Haar. Er sieht aus wie ein schüchterner Gelehrter. Er hatte in Cambridge bereits früher mit Hawking Singularitätstheoreme entwickelt. Auch Hartle hatte sich schon über die Rolle der Quantenmechanik im frühen Universum Gedanken gemacht. Während Wheeler und Wilenkin über das Universum als Quantenfluktuation nur redeten, beschlossen Hawking und Hartle, die Wellenfunktion des Universums tatsächlich zu berechnen, ähnlich wie Bohr und seine Mitarbeiter sechzig Jahre zuvor die Wellenfunktion des Wasserstoffatoms berechnet hatten.

Mathematisch glich Hawkings Keine-Grenzen-Bedingung bei oberflächlicher Betrachtung der Lösung, die Einstein für das Problem der Grenze des Universums gefunden hatte. Einstein hatte erklärt, der Raum sei in sich selbst gekrümmt und habe deshalb keine Grenzen. Hawking sagte etwas Ähnliches. Sein Modell des Universums war eine vierdimensionale Kugel, die die Zeit als eine Dimension einschloß. Dies hatte zur Folge, daß die Raumzeit endlich – und beliebig klein – sein konnte, aber trotzdem keine Grenzen haben mußte. Hawking begann seine Vorlesungen gerne damit, daß er seinen Dolmetscher bat, eine vierdimensionale Kugel an die Tafel zu zeichnen.

Hawking und Hartle gingen in ihrer Quantenkosmologie von einem geschlossenen Universum aus, das jedoch unendlich lange Zeit benötigen konnte, bis es sich schloß, ähnlich wie das inflationäre Universum geschlossen, aber unbegrenzt sein konnte. Man kann sich Hawkings Raumzeit analog zur Erde vorstellen, wobei die Strecke vom Nordpol bis zu einem südlicheren Punkt der Zeit entspricht, und die entlang eines Breitengrades gemessene Strecke dem Umfang des Universums. Wenn man sich von Norden nach Süden bewegt, expandiert das Universum, und am Äquator beginnt es zu kontrahieren.

Am Nordpol, einem Punkt ohne Breite, ist die Zeit gleich null, aber genau wie am geographischen Nordpol passiert dort nichts Verrücktes, er ist ein Punkt wie jeder andere. Das Gesetz herrscht überall. Zu fragen, was vor dem Urknall gewesen war, kam laut Hawking der Frage gleich, welcher Ort sich eine Meile nördlich des Nordpols befinde – dort gab es nichts mehr.

Man kann sich diese Idee der Nicht-Singularität auch analog zum Atom vorstellen: Nach der klassischen Theorie kreisen die Elektronen in immer engeren Spiralen um den Kern und müßten irgendwann auf dem Kern aufprallen. Alle Atome der Welt müßten auf diese Weise kollabieren. Aber das geschieht nicht, Atome sind stabil. Der Grund dafür ist die Unschärferelation. Sie verwischt die Position des Elektrons, so daß man es sich nie näher am Kern vorstellen darf als mit einer bestimmten kleinen Distanz. Auf ähnliche Weise könnte durch die Unschärferelation auch das verdichtete oder kollabierte Universum verschwimmen und nie eine unendliche Dichte erreichen. Als es sehr klein war, waren die Eigenschaften des Universums nicht exakter zu bestimmen als die eines Elektrons. Null dagegen ist eine exakte Zahl, und aus der Unschärferelation folgt, daß die Größe des Universums nie genau Null hatte betragen können, sondern nur sehr, sehr nahe an Null herangekommen war.

Die Einfachheit und Glätte des Urknalls ließen Hartle und Hawking vermuten, daß das Universum etwa genau so nahe Null entstanden war, wie es die Unschärferelation erlaubte – ein Stadium, das die Physiker als Anfangszustand bezeichnen.

Die Antwort von Hawking und Hartle auf die Frage, warum es etwas gab und nicht nichts, lautete also, daß wir aus etwas entstanden sind, das so nahe am Nichts liegt wie möglich. Das frühe Universum war nur ein Raunen in den weißen Wolken der Ewigkeit, ein Kuß, so sanft, daß er die Oberfläche einer Seifenblase nicht hätte kräuseln können. Das Universum war in einem gleichmäßigen und ungekräuselten Zustand geboren und dann immer klumpiger und ungeordneter geworden, seine gesamte Komplexität war ein Ergebnis seiner Geschichte und der im Lauf der Zeit gewachsenen Unordnung.

Hawking und Hartle entwickelten eine ganze Quantenmechanik für das Universum analog zu der Quantenmechanik, die für den Physiker in submikroskopischen Systemen Gültigkeit besitzt. In der klassischen Quantenmechanik repräsentiert die Wellenfunktion alle möglichen Zustände eines Elektrons, beispielweise für die Zeit, in der es sich von A nach B bewegt. Die Beschreibung der Wellenfunktion des Universums ist eine Beschreibung seiner Evolution. Sie stellt eine Kombination aller möglichen Wege dar, auf denen sich das Universum entwickeln *konnte*, aller möglichen Geometrien, die es im Lauf der Zeit annehmen konnte. Hawking hatte nie aufgehört, ein Anhänger der Viele-Welten-Interpretation der Quantentheorie zu sein. Für ihn existierten all diese Geometrien tatsächlich in dem einen oder anderen Universum, sie waren alle da draußen - wo immer dieses »Draußen« auch sein mochte. Unser spezielles Universum war wie alle Universen nur ein Quanteneffekt unter vielen.

Als Hawking begann, sich mit Quantenkosmologie zu befassen, hatte er als Basis der Teilchentheorie die sogenannte Supergravitation ins Auge gefaßt, eine Erweiterung der Supersymmetrie. Die Supergravitation fiel jedoch schon bald dem gleichen mathematischen Minenfeld von Unendlichkeiten und Absurditäten zum Opfer, auf dem schon andere Versuche einer Quantentheorie der Gravitation untergegangen waren. Im Jahr 1984 tauchte jedoch eine seltsame neue Theorie - neu war sie den meisten Physikern - aus zwanzigjähriger Versenkung auf, die wunderbarerweise offensichtlich frei von diesen Dämonen war. Sie brauste wie ein Präriefeuer durch die theoretische Physik. Einige Spaßvögel und die meisten Journalisten bezeichneten sie als die »Theorie für alles«.
Es handelte sich um die Superstring-Theorie. Danach waren die Elementarteilchen nicht punktförmig, sondern unglaublich kleine vibrierende Schleifen von *string*.
Der relativ kleine Sprung von Punkten zu Strings (Fäden) brachte der Physik eine reichhaltige und überaus ästhetische neue Mathematik, verführerisch wie eine singende Sirene auf den Felsen

der Spekulation. Die Begründer der Superstring-Theorie suchten nach einer Erklärung, warum Quarks in der Natur nie allein auftreten, und verfielen auf den Gedanken, daß die Quarks an den Enden von Strings haften: Wenn man einen String durchschneidet, erhält man zwei neue Enden und zwei neue Quarks. Als sich in den siebziger Jahren die Quantenchromodynamik als die neue Theorie der Quarks durchsetzte, weigerte sich John Schwarz, damals Forschungsassistent am Caltech, das faszinierende Reich der Strings zu verlassen. In Zusammenarbeit mit einer Reihe von Mitarbeitern – der jüngste ist Michael Green vom Imperial College in London – entwickelte er die Theorie weiter, so daß sie nicht mehr nur für Nukleonen, sondern für alle Elementarteilchen galt.

Ed Witten, Physiker aus Princeton, wurde bald einer der führenden Köpfe der Superstring-Revolution. Er nannte die Superstrings ein Stück Physik des 21. Jahrhunderts, das ins 20. Jahrhundert gefallen sei und das man vermutlich erst mit der Mathematik des 22. Jahrhunderts werde verstehen können. Das 21. Jahrhundert hatte folgende Aussage über das Universum zu machen: Die Raumzeit besitzt zehn Dimensionen, auch wenn man sein Auto leider nur in drei davon parken kann. Die Welt besteht aus kleinen Schleifen von *string* – wenn das Wort klein auf Einheiten anwendbar ist, die kleiner sind als die Maßstäbe der Geometrie. Sie hüpfen und winden sich wie eine Forelle auf dem Boden eines Fischerboots. Daß der Name das Wort »super« enthielt, rührte von der Tatsache her, daß sich die Supersymmetrie und damit alle Teilchen, die die Physiker lieben, natürlicherweise aus der Theorie ergaben – wenigstens im Prinzip. In der Praxis war es schwierig, mittels der Superstring-Theorie überhaupt eine Berechnung über die normale Welt anzustellen. Im Gegensatz zu den kosmischen Strings, die man sich als dünne Röhren vorstellen kann, die mit der Energie des primordialen falschen Vakuums gefüllt sind, haben die Superstrings keine innere Struktur. Sie sind nicht reduzierbar, wie ein geometrischer Punkt nicht reduzierbar ist. Sie sind weder Materie noch Energie, noch Geometrie – sie sind die Elemente, aus denen all diese Dinge bestehen.

Die Superstring-Kosmologie, die vielleicht eines Tages die Chance eröffnet zu berechnen, was in der sogenannten Singularität tatsächlich geschah, schien ebenfalls ein Thema für das nächste Jahrhundert zu sein. Das erste Aufscheinen einer Physik der Superstrings hatte für die Kosmologie zwei Folgen: Die erste, vielleicht triviale Folge (die aber Spaß machte) war, daß es nach der populärsten Spielart der Theorie möglicherweise noch eine weitere Form von Materie geben konnte, die sogenannte »Schattenmaterie«. Sie besteht demnach aus eigenen Teilchen und Kräften und existiert neben unserer normalen Materie im Universum. Mit dem normalen Universum steht die Schattenmaterie nur über die Schwerkraft in Wechselwirkung. *Die Dunkle Materie konnte Schattenmaterie sein!* Kolb und Turner schrieben zusammen mit dem Postdoktoranden David Seckel vom Fermilab einen schelmischen Aufsatz, in dem sie den Begriff prägten. Sie hatten den Aufsatz in etwa drei Stunden an Kolbs Tafel entworfen, versahen ihn mit der Überschrift »Hüte dich vor der dunklen Seite« und schickten ihn an Schwarz.

Die zweite Folge der Superstring-Theorie waren all die neuen Dimensionen. Mitte der achtziger Jahre waren neue Dimensionen in der Physik ohnehin bereits ziemlich in Mode gekommen, die neueste Version der Supergravitation hatte elf Dimensionen. Daß wir sie nicht bemerkten, kam angeblich daher, daß sie zu kleinen Kugeln zusammengerollt waren, deren Durchmesser nur eine Plancksche Elementarlänge betrug, also 10^{-33} Zentimeter, eine Idee, die schon vor dem Zweiten Weltkrieg von Theodor Kaluza und Oskar Klein entwickelt worden war. Man kann sich diese Dimensionen auch so vorstellen, als befände sich an jedem Punkt der Raumzeit ein riesiges Bürogebäude. Wenn man den Punkt ermittelt hatte, stand man erst am Haupteingang; um jemanden innerhalb des Gebäudes zu finden, brauchte man völlig neue Koordinaten wie etwa Flügel, Stockwerk, Zimmernummer, dritter Tisch hinter dem Wasserspender.

Eines der haarigsten physikalischen Probleme, das sicherlich gut ins 21. Jahrhundert passen würde, bestand darin, wie die Raumzeit diese aufgerollte Qualität angenommen hatte. Nach der reinen Theorie waren infolge der überwältigenden Symmetrie zu einem bestimmten sehr frühen Zeitpunkt alle Dimensionen gleich (und wahrscheinlich sehr klein, weil auch das Universum klein war). Die Superstring-Theorie fügte der Vorgeschichte des Universums, in der sich nacheinander die Symmetrien entfaltet hatten, noch eine weitere Eigenschaft hinzu: daß sich die meisten Dimensionen der Raumzeit unendlich dicht zusammengerollt hatten.

Schwarz, inzwischen Professor, ging jeden Morgen in der Sporthalle des Caltech schwimmen und blätterte dann lächelnd und mit gesunder Gesichtsfarbe in seinem Büro die Aufsätze über Superstrings durch, die mit der Post gekommen waren. Große Namen tauchten auf – Gell-Mann, Weinberg, Salam –, und Schwarz war zu lange Außenseiter gewesen, um nicht jetzt jeden Namen sorgfältig zu registrieren.

Ein Name, der auf Schwarz' Liste der Konvertiten fehlte, war der von Sheldon Glashow, dem geistreichen Harvard-Theoretiker, einem der Väter der Großen Vereinheitlichten Theorien. Da sie sich so weit vom Reich der experimentellen Physik entfernt hatten und sich nur noch an der Ästhetik orientierten, waren die Superstring-Theoretiker nach Glashows Ansicht unwissenschaftlich geworden. Was sie praktizierten, habe mehr mit mittelalterlicher Scholastik zu tun als mit Wissenschaft.

Glashow machte sich bei Vorträgen und in der Zeitschrift *Physics Today* unter dem Titel »Desperately Seeking Superstrings« (Auf verzweifelter Suche nach Superstrings) über die neue Theorie lustig und sagte ständig den unmittelbar bevorstehenden Untergang des Gebiets voraus. Schwarz wartete die jeweiligen Termine ab, sah die Zeitschriften auf seinem Schreibtisch durch und stellte jedesmal fest, daß sein Sachgebiet noch immer höchst lebendig war.

Auf einen Namen warteten alle besonders gespannt: Stephen Hawking. Alle wollten wissen, ob Hawking auf den Superstring-Zug aufspringen würde, aber er ließ nicht viel von sich hören. Hawking war eben Hawking, und er beschäftigte sich damals mit einem älteren Geheimnis, mit der Zeit.

Das Phänomen Zeit – es hatte Hawking nie Ruhe gelassen. Die Zeit war anders als die anderen Dimensionen, auch wenn Einstein versucht hatte, sie mit ihnen zu einem hübschen flexiblen Paket zu verschnüren. Man konnte einen Berg hinauf- oder hinuntersteigen, aber in der Zeit gab es nur eine Richtung. Die Sekunden addieren sich, sie werden nicht weniger. Warum, fragte Hawking, erinnern wir uns an die Vergangenheit, aber nicht an die Zukunft? Das war die älteste und tiefgründigste Frage der Wissenschaft. Und nur Hawking wagte es, sie zu beantworten.

Tatsächlich gibt es zwei Arten von Zeit. Die eine ist das *t*, das in den Gleichungen der Physiker erscheint, die Zeit der Uhr, mit der man die Ereignisse verfolgt: Nenne mir den Zeitpunkt, und ich sage dir, wie groß das Universum ist oder an welchem Punkt ihrer Bahn sich die Billardkugel befindet. Bei dieser Art von Zeit gibt es keine Richtungsunterschiede. Das Universum expandiert oder kontrahiert, die Kugel rollt vorwärts oder rückwärts. Ohne eines der quasigöttlichen Gesetze der allgemeinen Relativität oder der Elektrodynamik zu verletzen, konnte der große und exzentrische Caltech-Physiker Richard Feynman – auch er ein Student Wheelers – die Antimaterie definieren als normale Teilchen, die sich in der Zeit rückwärts bewegen.

Die zweite Art von Zeit ist die Erfahrung der Vergänglichkeit, an die Heraklit dachte, als er sagte, man könne nie zweimal in denselben Fluß steigen. Sie meint die Erfahrung, *in* der Zeit zu sein. Das Universum ist im Fluß. Der Traum fließt weiter; wir reiten vorne auf der ersten Welle, mit der Nase voran.

Was die Zeit zur Einbahnstraße machte, war, wie Hawking wußte, die Entropie, die Tendenz der Dinge, den kleinsten gemeinsamen Nenner anzustreben. Der Zeitpfeil zeigt Richtung Unordnung. Teetassen fallen vom Tisch und zerbrechen, sie wachsen nicht wieder zusammen und springen auf den Tisch zurück. »Später« heißt in der Zeit, daß die Tasse zerbrochen ist, daß die zuvor perfekt geordneten Billardkugeln zerstreut und die Schwarzen Löcher gewachsen sind.

Es war gewiß kein Zufall, überlegte Hawking weiter, daß auch der psychologische Zeitpfeil in unserem Geist Richtung Unordnung zeigt und die Vergangenheit, aber nicht die Zukunft kennt oder erinnert. Es kostet Energie, die als Wärme abgegeben wird, eine Erinnerung oder eine Information zu speichern, gleichgültig ob in einem Gehirn oder auf einem Mikrochip. Die dadurch verursachte Unordnung ist immer größer als die durch die Speicherung hergestellte Ordnung. Der Preis der Erinnerung ist die Entropie; durch sie ist die Vergangenheit als eine Zeit geringerer Unordnung definiert, wie es dem zweiten Hauptsatz der Thermodynamik entspricht. Die Unordnung wächst mit der Zeit, weil wir die Zeit in Richtung der Unordnung messen.

Aber da gab es immer noch eine zweite Frage: Was hatte dies alles mit dem größten aller Zeitpfeile zu tun, dem kosmologischen, in dessen Richtung die Expansion des Universums verläuft? Nimmt die Entropie mit der Zeit zu, weil das Universum mit der Zeit wächst? Und was passiert, wenn das Universum kontrahiert? An diesem Punkt kam die Quantenkosmologie ins Spiel. Hawking dachte zunächst, er habe jetzt endlich etwas gegen das alte Gesetz der Thermodynamik in der Hand. Die Dinge verschlechterten sich, so befand er, weil das Universum größer wurde.

Bei seinen Überlegungen zu dem Problem hatte er sich vom Phänomen der kosmologischen Wellenfunktion inspirieren lassen. Nach den Berechnungen von Hawking, Hartle und Hawkings Studenten John Halliwell begann die Zeit an jenem gleichmäßigsten aller Punkte, dem Nordpol der Raumzeit. Danach hatte sich die Wellenfunktion allmählich gekräuselt und war durch neue Kräfte, Galaxien und Wechselwirkungen zwischen Galaxien bis heute immer häßlicher geworden. Mit der

Zeit wird die Wellenfunktion immer komplizierter; was früher eine einfache Spitze war, ist heute in Wellenpakete verschiedener Längen und Amplituden zerfallen. Die Wellen werden durch das Wachstum des Universums aufgebläht, sie oszillieren, produzieren Materie, und das Leben wird kompliziert. Das Wachstum und die Dispersion der Wellen seien, so Hawking und Hartle, praktisch die Entropie. Sie begännen auf einem niedrigen Niveau und nähmen immer mehr zu. Die Galaxien geraten in Aufruhr, die Schwerkraft verschlingt uns.

Was geschieht nun am anderen Pol der Zeit, dem wir uns nach Hawkings Modell unaufhaltsam nähern, sobald wir, wenn auch vielleicht nach einer fast unendlich langen Zeitspanne, den Äquator überschritten haben? Hawking meinte, der Südpol müsse genau wie der Nordpol ungekräuselt sein, das Universum werde zu seinem mysteriösen »Grundzustand« zurückkehren. Dies bedeute, daß all die Häßlichkeit, all die Komplexität, all die wuchernde, ungezogene Unordnung sich wieder zu einem hübschen, unaufdringlichen kleinen Fleck zusammenziehen werde. Dem Fleck am Ende der Zeit.

Kurz gesagt, sobald wir den Äquator passiert hätten und es mit dem Universum wieder bergab gehe, werde die Entropie abnehmen. Das war etwa so, als stellte man die Behauptung auf, am Ende eines Poolbillardspiels müßten die Kugeln wieder zu einem Dreieck geordnet auf dem Punkt liegen, das heißt sie würden ab einem bestimmten Zeitpunkt des Spiels wieder aus den Löchern auf den Tisch hüpfen. Das Motto der Physikstudenten im kontrahierenden Universum könnte dann lauten: »Alles wird besser.«

An dieser Stelle aber tritt der psychologische Zeitpfeil in Aktion. Den Physikstudenten würde es, wie Hawking sagte, vielleicht tatsächlich besser gehen, aber sie würden es nicht wissen. Computer (und Menschen) verlieren immer mehr gespeicherte Informationen (oder Gedächtnis), während sie der Raumluft Wärme entziehen, die in ihren Schaltkreisen verschwindet. In einem kontrahierenden Universum würden wir uns an die Zukunft erinnern und uns deshalb im Lauf der Zeit an immer weniger erinnern können.

Im Sommer 1985 unternahm Hawking eine Weltreise, gewissermaßen machte er sich auf seine private Suche nach der Singularität. Er unterbrach die Reise für eine Woche im Fermilab. Der wissenschaftliche Höhepunkt seines Besuchs war eine technische Vorlesung vor den Fermilab-Mitarbeitern. Zum vereinbarten Zeitpunkt hatte sich die Crème de la crème der amerikanischen Teilchenphysiker im unterirdischen Hörsaal des Fermilab versammelt. Alle warteten auf Hawking, aber er war matt gesetzt, weil es keinen Aufzug und keine Rampe auf die Bühne gab.

Turner und Kolb warfen einander einen Blick zu, dann hoben sie Hawking aus dem Rollstuhl und trugen ihn den Gang hinunter. Plötzlich war es sehr still. Turner wunderte sich, wie leicht Hawking war. Auf halben Wege erfaßte ihn Panik, weil ihm einfiel, wie Hawking es haßte, wenn seine Behinderung Aufmerksamkeit erregte.

Kolb erzählte später einem Reporter, daß nur etwa zwanzig Personen Hawkings Vortrag verstanden hätten. Doch am nächsten Tag fuhr Hawking weiter nach Chicago und hielt einen öffentlichen Vortrag. Er wurde wie ein Rockstar empfangen. Schließlich war er der berühmteste Physiker der Welt, sein Bild hatte die Titelseiten der Zeitschriften geziert. Überall verfolgten ihn Menschentrauben. Vietnamveteranen, die selber im Rollstuhl saßen, grüßten mit geballter Faust und riefen »Weiter so!«, wenn er auf der Straße oder auf dem Campus vorüberbrauste. Die Menge fand nur stehend Platz und staute sich durch die Tür bis hinaus in den Regen.

Schramm stellte Hawking als den Inhaber des Lukasischen Lehrstuhls für Mathematik vor und machte dann eine anzügliche Bemerkung über Hawkings Kinder, indem er sagte, Hawking sei offensichtlich nicht nur als Physiker produktiv gewesen. Hawking wurde rot.

»Man sagt, ich säße auf Newtons Stuhl«, witzelte Hawking, als er an der Reihe war, »aber er ist offensichtlich inzwischen verändert worden.« Im Scheinwerferlicht sah er aus der Ferne klein und verwundbar aus, als er geschickt über die Bühne rollte. »Warum«, wandte er sich ans Publikum, »können wir uns an Ereignisse aus der Vergangenheit erinnern und nicht an Ereignisse aus der Zukunft?«

Hawking schloß seinen Vortrag mit dem Hinweis, daß die Zeit, wenn sie sich tatsächlich umkehre, während das Universum kollabiere, auch im Inneren eines Schwarzen Lochs rückwärts verlaufen müsse. »Wenn also jemand wirklich wissen will, ob ich recht habe«, sagte er, »dann braucht er nur in ein Schwarzes Loch zu springen.« Tosendes Gelächter.

Die Umkehr der Zeit war ein noch besseres Thema als explodierende Schwarze Löcher. Und ein noch mehr umstrittenes Thema. Wie bei den besten Arbeiten Hawkings üblich, war die Umkehr der Zeit in rätselhafte und gewagte Berechnungen gekleidet, die in Bereiche vorstießen, wohin die meisten Physiker Hawking nicht folgen wollten oder nicht zu folgen wagten.

Der Gedanke, daß sich die Zeit umkehren würde, wenn das Universum kontrahierte, erschien Don Page falsch. Er war ein alter Freund von Hawking, hatte sich in der Zeit der explodierenden Schwarzen Löcher als *postdoc* in Cambridge aufgehalten und Hawking bei alltäglichen Verrichtungen geholfen. Der hochgewachsene Page mit dem runden Gesicht arbeitete inzwischen an der Pennsylvania State University. Wie alle Leute, die Hawking gut kannten, behandelte Page weder ihn noch seine Ideen mit übertriebener Ehrfurcht. Er verbrachte den Sommer in Cambridge und stritt mit Hawking über Zeit und Entropie.

Es stimme, so Page, daß die einzelnen Wellenpakete, aus denen alles Interessante im Universum bestehe, sich am Ende wieder vereinigen würden. Aber sie würden bei der Vereinigung energiereicher sein als zu Beginn, erhitzt durch die Inflation und die allgemeine Reibung der Dinge im Universum. Page räumte ein, daß jedes bestimmte Wellenpaket, dessen

Geschichte man verfolge, zuerst groß sein werde und dann wieder klein, aber im Verlauf der Geschichte entstünden immer mehr und immer energiereichere Wellenpakete.

»Es ist, als ob man in immer schnellerer Folge Pfeile in die Luft schießen würde«, erklärte mir Page. »Wenn das Universum kollabiert, kommen die Pfeile zwar wieder herunter, aber es werden noch immer mehr abgeschossen, als herunterkommen. Es handelt sich um einen tückischen Vorgang, und man versteht ihn nicht, wenn man nur einen einzigen Pfeil verfolgt.«

Das Ende, schloß er, sei nicht dasselbe wie der Anfang. Auch in der Endzeit des Kosmos werde die Unordnung weiter zunehmen. Man könne sagen, daß wir uns auch weiterhin an die Vergangenheit erinnern und die Größe des expandierten Kosmos beweinen würden, während wir uns auf unsere letzte Ruhestätte zubewegten.

Die Sache endete damit, daß Page und Hawking gegensätzliche Aufsätze für die *Physical Review* schrieben. Hawking half Page bei dessen Arbeit, und Page war zuerst fertig. Page zögerte die Veröffentlichung seines Artikels hinaus, so daß er gemeinsam mit Hawkings Artikel erscheinen konnte. Hawkings Aufsatz war als erster der beiden abgedruckt. Hawking schrieb am Ende seines Artikels, Page habe einige interessante Argumente gegen seine Thesen, und er habe wahrscheinlich recht.

Im August fuhr Hawking zum CERN. Dort bekam er eine Lungenentzündung, die gefährlichste Krankheit für Menschen mit amyotrophischer Lateralsklerose. Die Ärzte nahmen einen Luftröhrenschnitt vor und legten eine Kanüle durch das Loch im Hals direkt in die Luftröhre, damit der Patient künstlich beatmet werden konnte. In der physikalischen Welt verbreitete sich wie ein Lauffeuer die Nachricht, daß es mit Hawking zu Ende gehe.

Aber Hawking schaffte es. Am Ende heilte seine Lunge wieder. Allerdings konnte er nach dem Luftröhrenschnitt endgültig nicht mehr sprechen. Eine Zeitlang konnte er sich nur noch durch Blinzeln verständigen. Er wurde depressiv. Page meinte, damals habe Hawking zum ersten Mal seinen Durchhaltewillen verloren.

Noch ein paar Jahre zuvor wäre seine Karriere und vielleicht auch sein Leben damit zu Ende gewesen. Inzwischen stellte eine Firma in San Diego einen computergesteuerten *Voice Synthesizer* her, der genau auf Menschen mit Hawkings Krankheit zugeschnitten war. Im Januar bekam er das Gerät. Es wurde in seinen Rollstuhl eingebaut, er konnte es mit zwei Fingern bedienen. Hawking war IBM-kompatibel geworden.

Im Frühjahr 1986 lud die Schwedische Akademie der Wissenschaften einige herausragende Physiker zu einem Symposium über Superstrings ein. Hawking fuhr hin und sprach natürlich über Quantenkosmologie. Seinen Vortrag eröffnete er mit den Worten: »Bitte entschuldigen Sie meinen amerikanischen Akzent.«

Im Dezember reiste er nach Chicago und besuchte die Chicagoer Version des Texas-Symposiums, jene Veranstaltung, die unter dem Vorsitz des umtriebigen Schramm mit einer Schlacht am Büffet geendet hatte. Hawking reiste notwendigerweise mit einem immer größeren Troß: Er hatte drei Krankenschwestern und einen Pfleger dabei, die ihn rund um die Uhr betreuten.

Die Organisatoren der Konferenz hatten ihn mit einer Abendvorlesung besonders herausgestellt, als Reprise seiner erstaunlichen Vorlesung über die Zeit, die er im Jahr zuvor gehalten hatte. Als Hawking 1974 bewiesen hatte, daß Bekenstein sogar noch richtiger lag, als er gedacht hatte, hatte Hawking seine Vorlesungen eine Zeitlang damit belebt, daß er den Satz »Ich hatte unrecht« an die Wand projizierte. In Chicago schwenkte er abermals die Flagge des Irrtums. Er widerrief den Gedanken, daß sich die Zeit, während das Universum kollabierte, umkehren und die Unordnung abnehmen würde.

Statt dessen fragte er, warum die Unordnung mit der Expansion des Universums zunimmt, was, wie er sagte, der Frage gleichkam, warum wir in der Expansionsphase des Universums leben, in der all diese Pfeile in dieselben Richtung zeigen, und nicht in der Kontraktionsphase. Er beantwortete seine Frage selbst unter Rückgriff auf das gute alte anthropische Prinzip, die Idee, daß das Universum deshalb so ist, wie es ist, weil in ihm Leben entstehen soll.

Da das Universum nach der Inflationstheorie ungeheuer groß sein mußte, würde es nach Hawkings Ansicht Billionen und Aberbillionen von Jahren dauern, bis es seinen Wendepunkt erreicht hatte und sich zu kontrahieren begann. Bis dahin wären alle Sterne ausgebrannt, alle Schwarzen Löcher möglicherweise verschwunden und alle Protonen zerfallen. Es würde kaum mehr Rohmaterial für das Leben geben.

Das anthropische Prinzip war nicht populär, und die Art, wie Hawking es einsetzte, war für mehrere führende Kosmologen auf der Konferenz ein Ärgernis. Sie wollten jedoch nicht namentlich genannt werden.

Als ich Hawking später in seinem Hotelzimmer darauf ansprach, verteidigte er sich nicht. »Ich wollte immer wissen, woher das Universum kommt«, meinte er. »Das wollen wohl die meisten Leute. Aber man kommt nur weiter, wenn man neue Vorstöße wagt.«

Es war eine kurze Unterhaltung. Ich stellte meine Fragen und wartete dann das ein- oder zweiminütige Geklapper bis zur Antwort ab, die jedesmal unerwartet kurz ausfiel. Alles, was Hawking tippte, erschien fehlerfrei auf den Bildschirm. Er mußte nichts korrigieren. Wer schon mit einem Textverarbeitungsprogramm umgegangen ist, kennt die Schwierigkeiten. Hawking wirkte entspannter als bei früheren Unterhaltungen, vielleicht, weil er jetzt nicht mehr beim mühseligen Sprechen angestrengt das Gesicht verzog. Andererseits war er offenbar auch weniger zu Späßen aufgelegt als früher.

Ich fragte ihn, warum er seiner frühere Theorie in der gleichen Stadt, in der er sie vorgestellt hatte, öffentlich widerrufen habe. »Das sollte es öfter geben«, antwortete er. »Ich glaube, viele Leute hätten den Artikel in der *Physical Review* sonst nie gelesen. Ich habe ihn auch nicht gelesen.«

Zum Abschluß fragte ich Hawking, was ich von ihm schon immer wissen wollte: Wohin kommen wir, wenn wir sterben. Ob es die Singularität wirklich gebe, ob es einen Beweis für dieses Wunder gebe, für diese geometrischen Absonderlichkeit, die Hintertür aus der Alltäglichkeit und Gesetzmäßigkeit, die für uns mit dem Tod endet. Zwanzig Jahre zuvor hatten wir die Singularität als das zerstörerische Element fürchten gelernt. Jetzt schien Hawking sie auszuschließen: Was unserer unvollkommenen Wissenschaft als Singularität erschienen sei, sei nur ein Näherungswert gewesen. Es gebe nur noch Gesetz, meinte er, das Universum selbst sei der kosmische Zensor. Ich fragte möglichst neutral und emotionslos: Was geschieht also wenn der Radius des Universums *a,* auf Null zusammenschrumpft oder wir von einem Schwarzen Loch verschluckt werden? Wo und was sind wir dann? Lauerte in der Zukunft nicht doch die rätselhafte Apokalypse?
Meine Bedürfnis nach Gewißheit wurde jedesmal enttäuscht. Ja und nein. »Es gibt keine Singularitäten in der einfachen Mathematik.« Hawking antwortete in schneidigen russischem Akzent. »Aber es gibt Singularitäten in den klassischen Lösungen, die den Wellenfunktionen entsprechen.« In gewisser Hinsicht fühlte ich mich, als führe er mir wieder wie im Aufzug über die Zehen. Wenn der klassische Raum-Zeit-Begriff zusammengebrochen sei, wollte er damit sagen, so heiße das nicht, daß auch die Physik zusammenbreche. Die Antwort lag offenbar noch immer im dunklen Bereich der Quantengravitation, in den bisher weder die Physik noch Hawking vorgestoßen waren.

Bis zum folgenden Frühjahr hatte sich die Quantenkosmologie so weit durchgesetzt, daß ihr im Fermilab ein eigener Workshop gewidmet wurde. Für ein langes Wochenende flogen in bunter Mischung Superstring-Theoretiker und Kosmologen ein, darunter auch Hawking und Seldowitsch.
Seldowitsch verdankte seine Anwesenheit Glasnost und der Atom-Katastrophe von Tschernobyl, die einen besonders üblen

Vorgesetzten die Stellung gekostet hatte. Seldowitsch kam also endlich doch in die Vereinigten Staaten. Er machte Zwischenstation bei der National Academy of Sciences in Washington D. C., wo er offiziell als Mitglied aufgenommen wurde und eine Medaille entgegennahm.

Die Hälfte aller Kosmologen an der Ostküste erschien zu Seldowitschs Rede und versammelte sich danach in einem Zirkuszelt auf dem Grundstück der Akademie zu einem feierlichen Mittagessen. Wheeler war aus Texas angereist, Schramm mit seinem eigenen Flugzeug aus Chicago eingeflogen und Thorn war aus Kalifornien gekommen. Seldowitsch kannte einige Wissenschaftler von Treffen in Moskau, andere waren ihm unbekannt.

Als Margaret Geller, die durch die Rotverschiebungsstudie des CFA bekanntgeworden war, sich Seldowitsch vorstellte, sah er mit jenem eisigen, leeren Blick durch sie hindurch, mit dem er Leuten begegnete, die er nicht kannte. Geller war verdutzt.

Ostriker, Gellers alter Professor von der Princeton University, bemerkte, was sich abspielte. Er hatte zufällig ein Exemplar von Gellers berühmter Rotverschiebungskarte mit dem Virgo-Coma-Strichmännchen im Zentrum in der Aktentasche, zog sie heraus und deutete abwechselnd auf den Namen M. Geller unten auf der Karte und auf Margaret Geller neben ihm.

Schließlich dämmerte es Seldowitsch, und er schlug sich entsetzt und entzückt die Hand vor die Stirn.

Vera Rubin, die in der Nähe gestanden hatte, kommentierte den Vorfall mit der Bemerkung, Seldowitschs Verwirrung rühre wohl daher, daß es ihm nie in den Sinn gekommen sei, daß Geller eine Frau sein könnte.

Auf dem Chicagoer Workshop über Quantenkosmologie war die Kluft zwischen den Superstring-Theoretikern und den astrophysikalisch orientierten Kosmologen so groß, daß es sogar Folgen für die Mahlzeiten hatte. Eines Abends aßen die Physiker alle bei Chris Hill und die Astrophysiker, einschließlich Hawking und Seldowitsch, bei Kolb.

Die wissenschaftlichen Sitzungen frustrierten Seldowitsch, weil es abstrakte, fast schon theologische Diskussionen über die Gesetze der Quantenmechanik und die Mikrophysik der Planck-Ära waren, die sich jeder experimentellen Überprüfung hoffnungslos entzogen. Wie Wheeler schon vor Jahren vorausgesagt hatte, war die Quantentheorie für Kosmologen tatsächlich obligatorisch geworden: eine Einladung, das Universum zu schaffen. Durch die Unschärferelation war die Existenz des Nichts ausgeschlossen, darüber schienen sich die Kosmologen einig zu sein. Alles andere jedoch – wie es sich entwickelt hatte, ob es festen Gesetzen unterworfen war oder ob die Gesetze wechselten wie das Wetter – war nach wie vor umstritten. Einige Berichte über das Treffen erweckten den Eindruck, als hätte der Workshop auf Lateinisch stattgefunden. Seldowitsch sprach nicht nur für sich selbst, sondern für all die praktischen Wissenschaftler, die Zahlen und Fakten wollten, als er immer wieder fragte: »Aber was kann ich denn messen?«

IV.
Der letzte Gentleman

21. Sandage im Exil

Wie viele andere hatte Sandage wenig übrig für die Vorstellung vom Universum als Quantenfluktuation, ebensowenig wie für die elegante Idee der Inflation, die seine Kollegen so bestechend fanden.

»Was ist ein Superstring?« fragte er mich eines Tages. »Können Sie mir sagen, was ein Superstring ist? Können Sie die gebrochene Symmetrie erklären?« Sandage klang verächtlich.

»Glauben Sie an Große Vereinheitlichte Theorien?« fragte er weiter. »Warum wohl? Weil Ihnen jeder, vor dem Sie Respekt haben, davon erzählt. Sie bestechen durch Schönheit. Weil sie so schön sind, müssen sie stimmen. Also ist man auf dem richtigen Weg, das hat schon Einstein gesagt. Aber warum sollte an diesen Theorien mehr wahr sein als an der Theorie von der Existenz Gottes? Das ist ebenfalls eine schöne Theorie, die vieles erklärt. Sie ist eine Hypothese und in ihren Konsequenzen überprüfbar. Trotzdem verwirft man die schöne Hypothese.«

Ich wandte ein, ich wisse nicht, was er in diesem Zusammenhang mit der Existenz Gottes meine.

Sandage antwortete mit einem treuherzigen Blick: »Und ich weiß nicht, was die Leute mit der Großen Vereinheitlichung und der gebrochenen Symmetrie meinen. Was ist eine gebrochene Symmetrie?«

Vorsichtig wies ich darauf hin, es sei die unvollkommene Verwirklichung eines vollkommenen Prinzips.

»Wie eine Liebesaffäre«, murmelte er ernst. »Sehen Sie mich nicht so herablassend an.«

Wir saßen im fast menschenleeren Sea Lion, einem Restaurant am Pazifik nördlich von San Diego. Sandage, der am Fenster Platz genommen hatte, beugte sich mit einem rötlichen Drink in der Hand lässig über den Tisch. Er trug einen Pullover, Blue Jeans und frisch gewienerte Halbschuhe. Eine lange graue Strähne fiel ihm in die Stirn. »Man muß wissen, wann es Zeit ist aufzuhören.«

Jahrelang hatten ihn Angriffe auf seine Arbeit an der Hubble-Konstanten bedrückt und verbittert. Und neuerdings gab es einen weiteren Anlaß zur Sorge. Der Mount Wilson, meinte Sandage, das alte Walhalla, die Hallen der Giganten, wo man niemals mehr als einen halben Meter von einem Gentleman entfernt war, sei dem Untergang geweiht.

Seit den frühen sechziger Jahren war die Zusammenarbeit von Caltech und Mount Wilson in Schwierigkeiten geraten. Die Carnegie Institution, die Besitzerin der Sternwarte, interessierte sich für den relativ unerforschten Südhimmel. Sie schlug den Bau eines Observatoriums in Las Campanas in Chile vor, in den trockenen ruhigen dunklen Ausläufern der Anden. Das Caltech fürchtete, man könne in die südamerikanische Politik verwickelt werden, und lehnte den Vorschlag ab. Carnegie zog das Vorhaben im Alleingang durch; 1977 wurde das 2,5-Meter-du-Pont-Teleskop eingeweiht, ein besonderer Reflektor mit ungewöhnlich weitem Blickfeld. Chiles Diktator Augusto Pinochet nahm an der Einweihungsfeier teil.

Durch das neue Observatorium wurde die ohnehin schwerfällige Zusammenarbeit zwischen Carnegie und Caltech laut Maarten Schmidt nahezu vollkommen unmöglich. Schmidt war Leiter der Hale Observatories geworden, wie man das Konglomerat 1979 getauft hatte. Er blieb gerade lange genug, um die Ehe wieder zu scheiden. Das Caltech behielt das Observatorium auf dem Mount Palomar und das Big Bear Solar Observatory, Carnegie bekam die Observatorien auf dem Mount Wilson und in Las Campanas. Mount Wilson schickte weiterhin einen Vertreter in das Komitee zur Vergabe der Beobachtungszeit am 5-Meter-Spiegel; man teilte sich die wissenschaftliche Verwaltung des Teleskops, nicht aber den Besitz.

Erstmals seit einem Dreivierteljahrhundert hatte Mount Wilson keinerlei Anteil am damals größten Teleskop der Welt. »Allan Sandage wird nie mehr ein Wort mit mir reden«, sagte mir Schmidt in einer Nacht auf dem Berg. Er sollte recht behalten. Sandage schwor, er werde auf den Mount Palomar keinen Fuß mehr setzen. Das Observatorium sei aus seinem Gedächtnis gestrichen.

Die Trennung hatte für Mount Wilson wohl den Vorteil gehabt, daß Gelder frei wurden, die man für Projekte in Las Campanas verwenden konnte. Allerdings schmolz dieser Etat in der Rezession in den frühen sechziger Jahren zusammen. Dem Observatorium auf dem Mount Wilson drohte die Schließung. Es hieß, seine Instrumente seien veraltet und abgenutzt, eine Umrüstung kostspielig. Außerdem mache das Streulicht über Los Angeles die Beobachtung des Himmels in tieferen Bereichen unmöglich. Inzwischen wurden in den Observatorien der ganzen Welt Teleskope gebaut, die über neue Technologien wie über eine rechnergesteuerte Nachführung verfügten und den 5-Meter-Spiegel in den Schatten stellten. Die University of California trieb Geld für einen 10-Meter-Reflektor* mit einem Facettenspiegel auf. Allerdings lag der Standard für ein Teleskop mit großer Öffnung bei acht Metern. Das war der größte Spiegel, der an einem Stück in dem experimentellen rotierenden Glutofen der University of Arizona geschmolzen werden konnte. Mitte der achtziger Jahre standen alle Observatorien, die etwas auf sich hielten, allein oder in Zusammenarbeit mit anderen Schlange für ein 8-Meter-Teleskop.

Ein weiteres Zeichen für den neuen Wind in der Astronomie war das Hubble-Weltraum-Teleskop, das 1990 durch die NASA in eine Umlaufbahn gebracht wurde. Das Ereignis wurde von

---

* Nach einem bürokratischen Hindernislauf wird dieses sogenannte Keck-Teleskop jetzt von der University of California mit dem Caltech auf der Spitze des Mauna Kea auf Hawaii errichtet.

den Astronomen so sehnsüchtig erwartet wie zuletzt die Einweihung des Riesenteleskops auf dem Mount Palomar. Obwohl der Spiegel des Hubble-Teleskops nur einen Durchmesser von 2,4 Metern hat und verglichen mit den geplanten Teleskopen am Boden ein Zwerg ist, verfügt das Gerät in seiner Umlaufbahn über der störenden Atmosphäre über ein bislang ungekanntes Auflösungsvermögen. Mit dem Hubble-Teleskop kann man noch Sterne und Galaxien erkennen, die fünfzigmal lichtschwächer sind als die Objekte, die man im 5-Meter-Teleskop unterscheiden konnte. Mit dem Weltraumteleskop will man in Kernbereiche ferner Galaxien blicken, Bilder von Planeten mit der Schärfe von Fotos aus einer Raumfähre aufnehmen und Cepheiden ermitteln, die so fern liegen wie der Virgohaufen. Das Weltraumteleskop, das ursprünglich schon 1986 vom Space Shuttle ausgesetzt werden sollte, hat eine Milliarde Dollar gekostet. Für seinen Betrieb waren um die zehn Millionen Software-Programme erforderlich. Im neuen Space Telescope Science Institute auf dem Gelände der Johns Hopkins University scharte Riccardo Giacconi, früher Röntgenastronom in Harvard, eine Bedienungsmannschaft von zweihundertfünfzig Personen um sich, während man zugleich an der Johns Hopkins University den Stab der Astrophysiker verdoppelte.

Neid auf das große Teleskop gab es vor allem in der jüngeren Generation auf dem Mount Wilson, bei Leuten wie dem Instrumentenbauer Shectman oder dem akribischen Alan Dressler, einem ehemaligen Schüler von Faber in Santa Cruz. Die Astronomen vom Mount Wilson brauchten ein eigenes Riesenteleskop, wenn sie weiter nach primordialen Galaxien suchen und Rotverschiebungen tief im All messen wollten, um die großräumigen Strukturen des Universums auszuloten.

Dressler war eine Zeitlang Sandages neuer Schützling gewesen. Als sie eines Nachts vom Observatorium zurückfuhren, kam das Gespräch auf die Misere von Carnegie. Sie fragten sich, was zu tun sei.

Dressler dachte laut darüber nach, wie man Mount Wilson

stillegen könne. Damit waren die Unterhaltung und die Freundschaft zu Ende. Jüngere Mitglieder in der Belegschaft hätten in der Sache keine Stimme, zischte Sandage, das sei unglaublich anmaßend. Die restliche Heimfahrt herrschte eisiges Schweigen.

Sandage war verbittert über das Gerede, die Sternwarte auf Mount Wilson sei veraltet. Ein Ausschuß der American Astronomical Society (AAS) war zu dem Schluß gekommen, daß der Ort zur Sternbeobachtung noch immer hervorragend geeignet sei. Dank der Inversionsschicht, die für die Smogglocke über Los Angeles verantwortlich war, hatte man eine besonders scharfe und klare Sicht. Sandage meinte, das Observatorium sei nur deshalb in Verruf gekommen, weil sich jetzt jeder mit Kosmologie beschäftigen wolle. Es gebe keine Stellarastronomen mehr. Es herrsche eine unselige Jagd nach neuen kosmologischen Sensationen. Dafür errichte man auf der Südhalbkugel gewaltige Spiegel und nur deshalb sei die neue Generation bereit, das Mount Wilson Observatory stillzulegen, das Observatorium des 2,5-Meter-Hooker-Teleskops, dem man letztlich die Urknalltheorie verdankte.

Zum Teil als Verzögerungstaktik hatte Sandage das Teleskop dazu benutzt, Sterne der Halopopulation des Milchstraßensystems zu untersuchen. Trotz des Aufschreis unter Astronomen, der Leitartikel in der *Los Angeles Times,* der engagierten, aber mißglückten Anstrengungen von Amateurastronomen, das Hooker-Teleskop zur Beobachtung des Halleyschen Kometen der Öffentlichkeit zugänglich zu machen und trotz des Berichtes der AAS fand man keine befriedigende Lösung, wie der Betrieb des Teleskops einer anderen Institution übergeben werden könnte. Im Juli 1985 wurde das Observatorium geschlossen. Gleichzeitig wurde bekannt, daß Carnegie die Gelder beschafft hatte, um im Verein mit der Johns Hopkins University in Chile ein 8-Meter-Teleskop zu errichten.

Als sich Sandage lautstark um den Erhalt des Oberservatoriums auf dem Mount Wilson bemühte, kam er in Konflikt mit jüngeren Astronomen wie Dressler und Shectman. Auch mit der Leitung von Carnegie geriet er aneinander. Er hatte weitere Einschränkungen hinzunehmen. Aus einem Aktenvermerk erfuhr er, daß sein Beobachtungsassistent entlassen werden sollte. Sein Fotoassistent, unentbehrlich für die Arbeit an der langerwarteten aktualisierten Fassung des Hubble-Atlas, verstand den Wink und wechselte zum Space Telescope Science Institute über. Sandage war damit in der Santa Barbara Street und innerhalb der Carnegie Institution fast vollkommen isoliert.

Und dann verlor Sandage noch den einzigen Freund auf dem Mount Wilson: Chip Arp, mit dem er seit dem Streit um die Quasare nicht mehr sprach.

Sandage berichtet, er habe Arp einmal gesagt, er sei der einzige Mensch, mit dem er bei der Arbeit reden könne. Beide waren sich einig, daß sie, obwohl sie nicht mehr miteinander gesprochen hatten, Freunde geblieben waren.

Seit den sechziger Jahren hatte Arp skurrile und unerklärliche Galaxien und Quasare gesammelt, die ihrer Anordnung nach offenbar eine andere Entfernung hatten, als durch ihre Rotverschiebungen ausgewiesen war. Nach Arps Ansicht hatte er genug solche von ihm so benannte anomale Rotverschiebungen gesammelt, um die Ergebnisse der konventionellen Kosmologie zu widerlegen. Freilich wurde er mit Ausnahme des stets gleich kleinen Kreises von Anhängern ignoriert.

Früher hatte ein altgedienter Mitarbeiter der Observatorien Mount Palomar/Mount Wilson damit rechnen können, daß man ihm im Jahr eine bestimmte Anzahl von Nächten am 5-Meter-Teleskop reservierte. Daß diese Ära vorüber war, bekam Arp als erster zu spüren. Die Zeit am Teleskop war zu kostbar, um sie mit einer irrigen Theorie zu vergeuden. Als Arp pro forma Beobachtungszeit beim Time Allocation Committee beantragte, das noch immer aus Astronomen vom Mount Palomar und Wilson bestand, bekam er einen abschlägigen Bescheid. Im Protokoll des TAC, das irgend jemand der Presse zugespielt hatte, hieß es, seine Forschungen seien fruchtlos und unproduktiv. Immerhin genehmigte man ihm Zeit am 5-Meter-Spiegel in Las Campanas. Arp setzte die Arbeit verbittert in Chile fort.

Im nächsten Jahr lehnte er es ab, einen Antrag zu stellen; es sei ja doch nur eine Formalität. Jeder wisse, in welche Richtung er forsche, meinte er. Das kam einem wissenschaftlichen Selbstmord gleich. Er bekam natürlich keine Zeit am Teleskop. Im folgenden Streit nahm nur Sandage Partei für ihn.

Arp ließ sich für ein Jahr beurlauben und floh ans Max-Planck-Institut für Astrophysik bei München, wo seine Ideen eher toleriert wurden. Vor die Wahl gestellt, nach zwei Jahren zurückzukommen oder auf die Stellung auf dem Mount Wilson zu verzichten, entschied er sich für den Vorruhestand und das kosmologische Exil.

»Ich bin noch immer ziemlich verärgert über die ganze Episode«, sagte er in München. »Der einzige Vorzug der Carnegie-Institution bestand darin, daß sie neue Ideen gefördert und ausprobiert hat. Sie ist immer ein schützender Hafen gewesen.« Seine Stimme wurde leiser. Trotz seiner sechzig Jahre sah Arp mit dem Schnurrbart noch immer so schneidig aus wie ein Fechter. Aber er hatte das Kämpfen satt. Er rasselte verschiedene kosmologische Anomalien herunter – verdächtige Strukturen bei Rotverschiebungen von Quasaren, offenkundig miteinander verbundene Galaxien mit verschiedenen Rotverschiebungen und andere anomale Ergebnisse, die von den Kollegen unter Verschluß gehalten würden und nur durch Gerüchte bekannt seien. Arp war zu dem Schluß gelangt, daß Quasare die Kerne neuer Galaxien waren. Sie entstünden in den Zentren alter Galaxien und würden dann ausgestoßen. Diese Theorie, nach der sich die Galaxien wie Amöben fortpflanzen, war eine Variante dessen, was der Ukrainer Armbartsumian vor langer Zeit vorgebracht hatte. Arp sah sich als Opfer einer Verschwörung. Seine Arbeit stoße auf eine Mauer der Gleichgültigkeit. Die Beweise für seine Annahmen lägen unbeachtet in den Aktenschränken der Astronomen herum.

»Ich könnte aus der Haut fahren, wie leichtfertig mir die Kollegen Irrtümer unterstellen. Das ist ein Skandal«, klagte er.

Für die meisten Astronomen war Chip Arp das Opfer seines eigenen Starrsinns. Einige Menschen müssen sich vor das Rad des Fortschritts werfen, damit es weiterrollt. Auf jeden Schwarz und Green, die schließlich etwas in der Physik in Bewegung brachten, gab es Hunderte Wissenschaftler wie Arp, der jetzt in einer Münchner Wohnung saß und wie Archimedes verzweifelt nach dem Punkt suchte, von dem aus er die Welt aus den Angeln heben könnte. In optimistischen Momenten war er sich nach wie vor sicher, daß »es bald zum fundamentalen Durchbruch« in der Astronomie kommen werde. Wann es soweit sein werde, wisse er nicht, aber der Durchbruch werde auf jeden Fall kommen.

Als ich in seiner spärlich möblierten Münchner Wohnung abends mit ihm Kuchen aß, äußerte er sich skeptisch über den Sinn weiterer Forschungen. Interessierte sich jemand dafür? »Ob sie wollen, daß ich weitermache?« fragte er. Ihm schwante, daß sich die etablierten Astronomen möglicherweise nie überzeugen lassen würden, daß sie auf dem Holzweg waren. »Vielleicht«, meinte er, »hat jedes Fach seine Blütezeit und geht dann nieder. Die Astronomie ist gerade ziemlich unten.« Hundert Jahre hatte es gedauert, bis sich Kopernikus' Einsicht, daß sich die Erde um die Sonne dreht, (gegen die Kirche) durchsetzte. Jetzt brauchte die Astronomie womöglich weitere hundert Jahre, um ihre gegenwärtigen Irrtümer einzusehen. Und er wäre bis dahin vielleicht vergessen.

An einem Nachmittag im Sommer 1985 stand Sandage auf dem weichen Asphalt eines Parkplatzes hinter dem Bürohaus in der Santa Barbara Street. Mit zwei anderen Astronomen beobachtete er schweigend Arbeiter, die aus dem Untergeschoß Aktenschränke herausschleppten und auf Laster luden, um sie zum University College von Los Angeles zu fahren. In den Aktenschränken stapelten sich lange, gelbe, teils zerrissene Umschläge, eine umfangreiche Sammlung, die die Geschichte des Mount

Wilson dokumentierte: Glasplatten mit Fotografien und Spektren der Sonne. Hale, der Gründer des Observatoriums, war Solarastronom, das erste fest installierte Teleskop auf dem Berg ein Solarteleskop gewesen. Die Solarastronomie war das Herzstück des Wissenschaftsbetriebs auf dem Mount Wilson gewesen, jetzt wurde dieses Erbe fortgeschafft. Als George Preston, der Leiter des Mount Wilson Observatory, während des deprimierenden Rituals auf einen Regenbogen am Himmel aufmerksam machte, reagierte Sandage beleidigt.

Während sich Sandage immer mehr mit seiner Belegschaft zerstritten hatte, sah man ihn sporadisch wieder auf Tagungen. Er kehrte in die Welt zurück und klopfte alten Kameraden und Gegnern auf die Schultern. Manche Astronomen kannten ihn nicht, obwohl seine Arbeit zu ihrem Leben gehörte wie die Sternbilder. Anfang 1985 saß Sandage bei einer Tagung in Tucson in einem langatmigen Vortrag von Marc Aaronson. Da hörte er, wie drei Astronomen in der Reihe vor ihm über ihn redeten.

»Haben Sie schon das von Sandage gehört?«

»Nein, was denn?«

»Er hat sich einen riesigen Vollbart wachsen lassen und ist ein wiedergeborener Baptistenprediger geworden.«

Sandage bereitete es sichtlich Vergnügen, wenn er die Geschichte erzählte.

Sandage hatte sich für ein Jahr beurlauben lassen und Ende August 1985 ein Haus am Strand von La Jolla nahe dem Gelände der Universität von San Diego gemietet. Die Woche über war er allein und arbeitete in einem Büro, das ihm die Universität zur Verfügung gestellt hatte. Er aß im Restaurant Sea Lion zu Mittag und fuhr an den Wochenenden nach Pasadena zu seiner Frau zurück.

Inzwischen hatte er schon vergessen, daß er je Kosmologe gewesen war. Er sei Stellarastronom, behauptete er, die Kosmologie habe ihn nie gekümmert. Er habe sich gezwungenermaßen damit befaßt, wegen der Projekte auf dem Mount Wilson. Als Galaxien und Sterne immer mehr zu toten Zahlen geworden seien, sei ihm das kindliche Staunen über den Kosmos vergangen.

Sandage, noch immer der bedeutendste Außenseiter in seinem Fach, erzählte mir, wie er als kleiner Junge seinen Vater nach dem Sinn des Lebens gefragt habe. Es habe ihn verwirrt, daß er keine Antwort bekommen habe. Später sei die Frage erneut aufgebrochen. Dann habe ihm jemand gesagt, daß der Sinn des Lebens darin bestehe, Gott zu loben.

Das habe ihm eingeleuchtet, meinte Sandage. Um 1980 habe er zum christlichen Glauben gefunden, weiter wolle er nicht ins Detail gehen. Er habe eben kein Nihilist sein wollen. Das Leben sei nicht bloß ein trister Zufall. Nein, das sei es nicht, wiederholte er.

Sandage zeichnete seinen schrittweisen Rückzug aus der Öffentlichkeit und der Astronomie nach. Angefangen hatte es 1965 mit dem Debakel seines Artikels über die blauen Galaxien, in dem er versucht hatte, tausend neue Quasare zu identifizieren. Der Artikel war ohne vorheriges Gutachten gedruckt worden. Das Debakel kreidete er wiederum dem gnadenlosen Wettbewerb in Pasadena an. »Sodom und Gomorrha« nannte er die Zustände dort manchmal. Vor den Medien habe er sich seither in acht genommen.

Schließlich habe er gelernt, die »Welt herzugeben«. Er habe versucht, so gut wie möglich weiterzuforschen und die Urteile zu ignorieren - wie ein Schauspieler, der keine Kritiken liest. »So kann ich mich wenigstens ungestört der Astronomie widmen«, sagte Sandage. »De Vaucouleurs kann mich nicht hindern zu veröffentlichen. Das Geheimnis des Friedens liegt darin, daß man die Welt hergibt.«

Er stockte und blickte mich scharf an. »Ich weiß nicht, warum ich jetzt mit Ihnen spreche, außer ... Ich sage es Ihnen.« Seine Stimme wurde kalt und ernst, seine Augen funkelten. »Leute wie Sie sind oberflächlich, verglichen mit dem, was ich versuche.«

Es lief mir kalt den Rücken hinunter.

»Das klingt jetzt vielleicht besonders anmaßend, aber das macht nichts«, fuhr er fort. »Da ich die Welt hergegeben habe, kann ich mich wieder aus der Isolation befreien. Ich habe mich zurückgezogen, weil die Welt zu kompliziert war. Fünfzehn Jahre Isolation sind zu Ende, weil Leute wie Sie mir jetzt völlig egal sind.«

Wir gingen zum Essen ins Sea Lion. Er zeigte mir, wie man Galaxien in einer Kaffeetasse erzeugt: Man rührt den Kaffee um und gießt genau in die Mitte einen Klecks Sahne. Nach Sandage funktionierte die Sache mit richtiger Sahne am besten, die im Sea Lion war leider nicht fett genug. Unsere Galaxien bekamen Risse. Trotzdem rief Sandage kurz darauf ihre Katalognummern aus.

Während die theoretischen Physiker den Kosmos aus geheimnisvollen Quanten zu rekonstruieren versuchten, beschäftigte sich Sandage weiter mit handfesten Berechnungen zur Expansion des Raumes.

An einem Montag schilderte er mir, daß er jetzt wußte, wie er das Problem mathematisch angehen mußte. Seine Augen leuchteten, und mit den Händen malte er Figuren in die Luft. »Letzte Nacht habe ich sehr gut geschlafen. Ich weiß noch nicht genau, wie ich es lösen werde, aber ich weiß, daß es eine Lösung gibt, und damit sind neun Zehntel der Arbeit geleistet.« Er federte auf seinem Stuhl auf und ab.

Eine beachtliche Leistung für einen Mann, der kein Kosmologe war.

An meinem letzten Tag in La Jolla nahm mich Sandage mit in das Büro, das man ihm zur Verfügung gestellt hatte. »Ich zeige Ihnen alle meine besten Stücke.« Er war in Hochstimmung, denn seine Berechnungen schienen aufzugehen.

Wir fuhren mit dem Aufzug nach oben. Der Flur wirkte wie ausgestorben. Auf den Tischen und an den Wänden sah man überall Ausdrucke mit Galaxien, M 81 und NGC 300, mit Cepheiden und anderen Veränderlichen. Mit Tinte waren Eichungen markiert. In der Ecke an der Tür stand das Gerät, mit dem er früher Helligkeiten gemessen hatte, an der Vorderseite hing der Ichabod-Crane-Verstärker. Die Maschine war mit Aufklebern bepflastert. »Du hast immer nur wahre Freunde um dich«, hieß es auf einem. Auf einem anderen: »Klar der Beste.«

»So etwas ersetzt ein CCD, ein PDS und einen VAX«, triumphierte Sandage. Auf den Regalen an der anderen Wand standen in länglichen Schachteln in der Größe von Karteikästen die Fotoplatten von Hubble, Baade und Humason – das gesamte expandierende Universum.

Sandage holte eine große Fotografie der Spiralgalaxie NGC 300 hervor, die ungefähr viermal so weit entfernt ist wie die Galaxie M 31. »Ist die nicht sensationell? So ist das. So bringen wir alle unsere Zeit zu: Wir schauen uns schwarze Flecken auf einer Fotoplatte an.« Er zog ein Stück Glas von der Größe einer Spielkarte aus einem steifen gelben Umschlag. »Damit hat alles angefangen, mit der M 81«, sagte er und las die Aufschrift. »Die Platte hat Milton Humason mit dem 5-Meter-Spiegel angefertigt, am 12. Februar 1950. Die Platten sind jetzt alle geordnet. Die letzten zehn von 1959 stammen von Arp, eine Platte von 1974 von mir. Hier ist M 81 persönlich. Sie war in allen Büchern abgedruckt, das hier ist das Original. Der rote Pfeil deutet auf eine von siebenundzwanzig Novae.« Die Vorderseite der Galaxie wies dunkle Streifen auf, die an der Innenseite leuchteten. »Streifen aus interstellarem Staub«, seufzte er. »Ganz fein. Sie führen ins Zentrum.«

Er ging zum Schreibtisch, griff nach dem Notizbuch zur Galaxie M 81 und blätterte es durch. Es enthielt Listen mit Eichungen, Perioden relativer Helligkeit, Veränderlichen und Vergleichssternen. Er las: »N 1 wurde entdeckt auf Platte 109mh. Das Objekt hat auf der Platte vom 18. März eine relative Helligkeit von 21,9. Auf den Platten vom 20. und 21. hat es die Helligkeit nicht verändert, aber als Humason wieder ans Teleskop kam, war es nicht mehr zu sehen. Das ist die Platte von Humason. 1950 hat mehrere Monate hauptsächlich er beobachtet. Hier kommt eine Platte von Hubble, eine von Baade, Humason, Baade, Baade.

Im November 1951 geht es dann mit mir los, und dann kommen wieder Humason, Baade und die anderen.«

Gespenster bevölkerten den Raum. Ich spürte den Hauch des Nirvana. Die Messier 81 war 1954 als zu schwierig aufgegeben und von NGC 2403 abgelöst worden, jetzt beschäftigte man sich wieder mit ihr. Sandage hatte in der unregelmäßigen Spirale, die, wie man inzwischen wußte, weiter entfernt war als ihr vermeintlicher Partner, die Lichtkurven von zwei Cepheiden aufgezeichnet. Diese Kurve müsse man bestimmen, rief er aus. »Wie man das macht? Man geht eben ans Teleskop. Sie bewegt sich zwischen 22,0 und 23,2. Das eine ist gerade an der Grenzgröße, das andere eine Klasse heller. Sehen Sie sich die Platten der fünf Jahre von 1950 und 1954 an, sie sind entsprechend angefertigt worden.« Die Punkte, die die Leuchtkraft darstellten, bildeten eine sanfte Zickzackkurve. »Das ist die beste Helligkeitskurve. Das haut bestimmt hin.« Sandage behauptete, seine Messungen mit dem alten Gerät zur Helligkeitsbestimmung, die letztlich auf Schätzungen mit bloßem Auge beruhten, stimmten auf zwei Zehntel der Größenklasse genau, auf zehn Prozent der Leuchtkraft. »In solchen dicht bevölkerten Bereichen muß man so vorgehen. Leute, die nichts von der Sache verstehen, meinen, sie kämen bei der Messung zu einem objektiven Ergebnis, wenn sie die Platte in die PDS-Maschine stecken, sie abscannen und den Hintergrund vernachlässigen. Sie kriegen jedesmal eine falsche Antwort. Das Auge ist ein unglaublich feines Meßinstrument: Man kann mit ihm fast bei jedem Hintergrund feststellen, ob ein bestimmter Stern ein Veränderlicher ist.« Man müsse sich bloß den richtigen Vergleichsstern suchen.

Auf dieses Verfahren sei er schon früh im Studium getrimmt worden, sagte Sandage. »Ich konnte das, als ich hierher kam und Hubble einen Mitarbeiter suchte. Hubble hat das begriffen. Deshalb bin ich im Sommer 1950 sein Assistent geworden. Als er im November seinen Herzanfall hatte, war ich schon dabei. Ich hatte einfach unglaubliches Glück. Ich konnte es und kann es noch immer. Wenn die Leute dann mit ihren Automaten kommen und sich wichtig machen, wenn sie Galaxien statt Sterne erwischen, dann ...« Er verstummte kopfschüttelnd.

Er nahm ein Foto zur Hand, auf dem einzelne Sterne mit Tinte markiert waren. M 81 in natura. »Die Markierungen sind alle von Hubble. Das ist Hubbles Markierungskarte. Wir haben Hubble die Platten zwischen 1950 und 1952 heruntergebracht, und er hat sie markiert. Es sind Novae und unregelmäßige blaue Veränderliche dabei ... Ich habe alles auf eine Arbeitskarte übertragen. Um 1954 habe ich wohl damit angefangen. Ich mußte es vervollständigen. Für das Raumteleskop ist das ein Kinderspiel.« Seine Stimme wurde leiser.

Dann kam wieder Leben in ihn. »Jetzt zeige ich Ihnen etwas ganz Besonderes. Sämtliche Galaxien, für die ich hier Entfernungen eingezeichnet habe, sind wie diese hier Testobjekte.« Sandage hatte die Zeit, wenn wir nicht im Sea Lion bei ein paar Gläsern gesessen hatten, dazu genutzt, die Entfernungen und Geschwindigkeiten aller Galaxien bis zu einer Distanz von sechzehn Millionen Lichtjahren – bis hinter M 81 – relativ zur Milchstraße in eine Karte einzuzeichnen. Das war der Gipfelpunkt von dreißig Jahren Arbeit, in denen er schwarze Flecken auf Fotoplatten angestarrt und nachts vierzehn Stunden mit eiserner Harnblase im Beobachterkäfig des 5-Meter-Teleskops zugebracht hatte.

Es wurde spät in La Jolla an diesem trostlosen Nachmittag Anfang November. Ich hatte eine Grippe und deswegen einen Kloß im Hals. Sandage sprach immer schneller. »Da, ich sage Ihnen, was das ist: IC 1613, Mitglied der Lokalen Gruppe; Andromedanebel; 6822, Mitglied der Lokalen Gruppe; M 33, John Grahams NGC 300, die Sie gerade gesehen haben, mit Entfernungsangabe eines Cepheiden.« Sein Finger fuhr über mehrere Punkte mit Zahlenangaben. »Bitte, eine Cepheidenentfernung, Cepheidenentfernung, Cepheid, Cepheid, Cepheid, Cepheid, Cepheid. Diese Entfernungen hier und dort habe ich bestimmt«, sagte er abschließend und zeigte auf zwei Punkte am Rande. »Die meisten Punkte, die wir beobachten, liegen ganz vereinzelt.«

Er reichte mir die Graphik. Hier, ganz nahe bei uns, hob sich aus dem Wust der zufälligen Bewegungen, die die Zwerggalaxien in unserer Lokalen Gruppe machten, die Trendlinie von Geschwindigkeit und Entfernung heraus, das Hubble-Gesetz, die Expansion des Universums, das Zeichen für die Endlichkeit und das kosmische Rätsel. »Hier fängt die Expansion an«, sagte Sandage, zeigte mit dem Finger auf etwas und hob erregt die Stimme. »Da ist es, hier fängt es an, ganz in unserer Nähe. Wie nahe? Sehen Sie, eine Megaparsek, so weit ist gerade der Andromedanebel von uns entfernt.« Sein Finger fuhr weiter. »Zwei Megaparsek. So driftet der Virgohaufen von uns weg. *Ist das nicht phantastisch?*« Ich antwortete mit Schweigen. Mein entzündeter Hals hinderte mich am Sprechen.
Er flüsterte: »Und ob es das ist.«

Ich fuhr nach Hause. Einen Monat später, ungefähr eine Woche vor Weihnachten, telefonierte ich mit Sandage. Es ging um die prächtige Galaxie Messier 101, das Feuerrad. Die Entfernung dieser Galaxie war zugleich ein Stützpfeiler und das unsicherste Element in einer ganzen Kette von Beobachtungen und Annahmen, die Sandage und Tammann zur Ermittlung der Hubble-Konstante benutzt hatten. Die Entfernung, die Sandage für M 101 ermittelt hatte, basierte nur auf Schlußfolgerungen. Nun hatte Aaronson die Entfernung der Galaxie neulich mit Hilfe von CCDs, den hochempfindlichen elektronischen Detektoren, direkt anhand ihrer Cepheiden bestimmt. Sandage wußte von Aaronsons Entfernungsmessung, kannte aber das Ergebnis nicht. Er fürchtete das Schlimmste. Vielleicht war M 101 näher, als er und Tammann geschlossen hatten.
Sandage wußte, daß ich bei Aaronson gewesen war. Er fragte mich, ob ich sein Ergebnis kenne. Ich kannte es, hatte mich aber zur Verschwiegenheit verpflichtet. Sandage reagierte verbittert, als ich ihm das sagte.
»So ist das«, meinte er mit kraftloser Stimme. Dann riet er eine zu geringe Entfernung. »Und Sandage und Tammann sind dann

geplatzt«, fuhr er fort. Ich schwieg betreten. »Schön. Danke und auf Wiedersehen«, verabschiedete er sich. Eine Pause entstand. Er hatte nicht aufgelegt.

Er fragte, ob sie ihre Koffer packen und verschwinden müßten. Ich sagte, ich hoffte, daß sie das nicht tun würden.

»Jetzt fühle ich mich viel schlechter als vor Ihrem Anruf«, jammerte er. Er versuchte weiter, mich aus der Reserve zu locken, mir Schuldgefühle zu machen. Aber schließlich konnte ich nichts dafür, daß ich mit Aaronson gesprochen hatte und er nicht. »Wissen Sie, man nutzt Sie doch bloß aus«, sagte er trocken und verglich die Geheimniskrämerei mit Watergate. »Sie sind darauf aus, Tammann und mich zu vernichten. Wir sollen nicht mehr wissenschaftlich arbeiten. De Vauc ist die Antwort egal. Hauptsache, sie lautet anders als die von Tammann und mir. Das meine ich ganz ernst.«

Dann stimmte er – wie immer am Ende seiner Tiraden – versöhnlichere Töne an und nahm Aaronsons Gemeinschaftsprojekt aus der Verschwörung aus. Zumindest hätten sie etwas geleistet und neue Informationen geliefert. »Erst wenn man eine Suchkarte, Sterngrößen und eine Periode veröffentlicht hat, hat man sich richtig exponiert«, erklärte er.

Er fragte mich, wann Aaronson sein Geheimnis lüften werde, jetzt kämen doch die Tagungen im Winter. Ob Aaronson Tammann und ihn auf dem nächsten Kongreß der American Astronomical Society in Houston öffentlich fertigmachen wolle? Oder auf dieser merkwürdigen Tagung der beobachtenden Kosmologen in Kona? Sandage fragte mich, welchen Eindruck Aaronson mache.

»Einen selbstbewußten«, antwortete ich.

Seine Stimme klang immer kraftloser und matter. Er schien erschöpft, isoliert und niedergeschlagen. Die Kritiker hatten ihm arg zugesetzt. »Ich denke, man muß wissen, wenn es Zeit ist abzutreten«, seufzte er. Er könne seinem Schicksal nicht entrinnen. Er werde das Gefühl nicht los, daß sich ein paar Schritte vor ihm ein Abgrund auftue. Tammann werde nach Kona fahren, er auch. Ich solle mitkommen, meinte er. Vielleicht würden dort Köpfe rollen, seiner zum Beispiel.

Am Ende der Unterhaltung seufzte er plötzlich tief. Es war, als habe er sich nach einem erbitterten Kampf ergeben. »Man muß das Leben bei den Schultern packen und schütteln, Dennis.« Ich änderte meine Pläne und fuhr nach Kona.

22. Der Tag, an dem die Expansion des Universums zum Stillstand kam

Einen Monat später, Mitte Januar 1986, standen Sandage und ich unter Palmen auf einer Lavazunge bei Kona. Die graubraune Landschaft der Hauptinsel – aufgeschäumte, erstarrte Lava mit Spitzen und Graten – wurde unterbrochen von schmalen Grünstreifen, vereinzelten Einkaufszentren und Hochhäusern, die sich wie Dominosteine die Küste entlang reihten; jedes hatte einen eigenen Verkehrsring, Pool und Geschenkshop.

Fast am Ende der Kette, sechzehn Kilometer vor der Stadt, lag das Keauhou Beach Hotel. Der Geruch der Bodenspekulation lag über dem Ort wie der Salzgeruch eines großen Brechers. Auf den Telefonen in den Zimmern stand nicht die Nummer des Hotels, als seien sie nur auf Widerruf für eine Woche geborgt. In der Cafeteria, die nach dem Frühstück schloß, gab es keinen Orangensaft. Ein Mittagessen fand man im eineinhalb Kilometer entfernten Einkaufszentrum, es sei denn, man begnügte sich mit den schmierigen Sandwiches an der Bar am Swimmingpool. Auf der Karte im Speisesaal standen vier Gerichte, und der Speisesaal schloß um neun Uhr, kurz vor der Bar. Aber wenn die Sonne untergegangen war, konnte man vollkommen einsam auf dem Balkon über dem Salzwassertümpel sitzen, der bei Ebbe zurückblieb. Im Flutlicht sah man dann Kugelfische zwischen den Felsen hin und her schwimmen.

Trotz dieser Reize schien das Keauhou Beach Hotel kein geschichtsträchtiger Ort. Nichts deutete darauf hin, daß hier für eine Woche Lärm und Aufregung herrschen würden, daß kosmologische Theorien ins Wanken geraten und Kosmologen in ernsthafte Zweifel gestürzt würden.

Ich war nach Kona gekommen, weil ich Sandage zittern und schließlich erlöst sehen wollte. Soweit ich wußte, würde Marc Aaronson die Ergebnisse der Messungen verkünden, mit denen er anhand von Veränderlichen die Entfernung der Galaxie M 101 bestimmt hatte. Sie deckten sich mit denen von Sandage und Tammann von vor über einem Jahrzehnt. Es war seltsam, daß die Entfernung einer Galaxie, wenngleich einer ganz besonderen, über Laufbahnen entscheiden konnte, auch wenn sie der Stützpfeiler für widersprüchliche Hypothesen zum Alter und zur Größe des Universums war. Was hatte eine Entfernungsmessung mit dem Sinn des Lebens zu tun? Oder anders ausgedrückt: Was trug sie zum Ruhm Gottes und zur Ganzheit der letzten Symmetrie bei?

Die Konferenz von Kona war von Brent Tully organisiert worden, dem Radioastronomen, der mit der Tully-Fisher-Relation berühmt geworden war. Tully hatte inzwischen einen bequemen Lehrauftrag an der Universität von Hawaii. Der offizielle Titel der Tagung lautete: »Entfernungen naher Galaxien und Abweichungen vom Hubble-Fluß.« Die Insider sprachen allerdings nur von »Tullys Tagung«.

Als ich am Spätnachmittag des Sonntags Sandage begegnete, hielt er in der einen Hand einen Drink, in der anderen das Programm der Tagung. Er tigerte stirnrunzelnd an der Kaimauer auf und ab. Der löchrige Lavahang hinter der Mauer lag im tropischen Dämmerlicht, die Salzwassertümpel glänzten in Zinnoberrot und Silber. Aus einem strohgedeckten Pavillon vor Sandage brandete der Lärm von etwa vierzig Astronomen und Physikern, die in Gedanken den Kosmos durchstreiften, sich die Köpfe um Galaxien heißredeten und Eiswürfel in ihren Cocktailgläsern klingeln ließen.

»Das wird ein Spießrutenlaufen«, brummte Sandage.

Jetzt, da Sandage in den Pavillon starrte, aus dem die anderen hinausstarrten, wurde Tullys Spiel offensichtlich. Der Raum war voller Feinde. Er hatte alle Widersacher zusammengetrommelt, alle extragalaktischen Barone, die nie mit einem anderen sprachen, ohne über einen dritten herzuziehen. Alle diese Leute, die die Listen der Redner überflogen und dann absagten, standen jetzt, tropische Drinks kippend, wie gierige Haie in kleinen Schwärmen herum und warfen sich vielsagende Blicke zu.

Aaronson und sein alter Freund vom Caltech, Jeremy Mould, ein rothaariger Australier mit der Haltung eines Gockels; Gérard de Vaucouleurs, Sandages erbittertster und lautester Kritiker; und der kanadische Kosmologe Sidney Vandenbergh, der ebensowenig zum Lager der Hubble-Konstante gehörte und deshalb oft beauftragt wurde, Artikel darüber zu schreiben. Vandenbergh, ein Mann mit braungebrannter Spiegelglatze und einem weiten weißen Hawaii-Hemd, erinnerte an einen indischen Jogi. Viele der jungen Kosmologen unter Dreißig hatten Allan Sandage, den Pionier auf ihrem Gebiet, noch nie gesehen oder gar mit ihm gesprochen. Und kaum einer hatte ihn zusammen mit de Vaucouleurs gesehen.

Dann ging ein Raunen durch die Menge: *Sandage ist da. Sandage.*

»Nun«, meinte er achselzuckend und zeichnete mit den Fingern eine Schachtel in die Luft, »wir sind alle in dieser Gamowschen Kiste. Die Frage ist, ob wir uns einen Tunnel hinaus graben können...«, rechts und links wurde gewinkt, »...oder ob wir uns gegenseitig fertigmachen.« Er holte tief Luft und tauchte in der Menge unter. Die Leute wichen auseinander.

Sandage schritt auf de Vaucouleurs zu und legte ihm den Arm um die Schultern. »Tragen wir es aus wie ehrbare Männer«, schlug er trocken vor.

De Vaucouleurs war wachsbleich im Gesicht. In seinem Mantel, mit der Krawatte, der dunklen Brille, dem graumelierten Haar und der Aktentasche, mit der er verwachsen schien, wirkte er wie ein kleiner Mafioso, der bei der Verhaftung seine Unschuld beteuert. Er machte sich sofort aus Sandages Umarmung frei und beklagte sich, daß er von ihm und Tammann kürzlich in einem Artikel kritisiert worden sei.

Er belehrte Sandage darüber, daß man seine Kritik so zu veröffentlichen habe, daß man darauf reagieren könne. Dann sagte er vorwurfsvoll, er, Sandage, habe ihm schließlich selbst vorgeschlagen, zu einer Streitfrage nichtöffentlich Stellung zu beziehen, denn sie beide seien die einzigen, die sie verstünden. Sandage erinnerte de Vaucouleurs daran, daß er ihm empfohlen habe, in Rente zu gehen.

»Sie haben vielleicht Bedeutendes zum Fach beigetragen, jedoch : ..«, konterte de Vaucouleurs mit gezwungenem Lächeln. »Wir sind immer so freundlich miteinander, wenn wir uns begegnen, aber Sie wollen es ja nicht anders.«

Sandage lachte. »Ich will es schon anders. Aber ich sage nur die Wahrheit.«

»Sie meinen, Sie kennen die Wahrheit. In Lausanne haben Sie das auch schon gesagt.«

»Es war nur Spaß«, sagte Sandage beschwichtigend und klopfte dem kleineren Mann auf die Schulter. »Sie wissen nicht, wann Sie mich ernst nehmen sollen. Sie sind ein ernster Mann, Gérard«, fügte er mit tief dröhnender Stimme hinzu. »Sich selbst nehmen Sie sehr ernst.«

Sandage schlenderte wieder zurück an die Kaimauer. »Unsere Unterhaltungen sind immer so freundlich«, klagte de Vaucouleurs, als Sandage gegangen war, »aber wir reden nie über konkrete Dinge.«

Draußen schwand alle Leutseligkeit aus Sandages Miene. Finster zischte er: »Wenn ich gewußt hätte, daß all diese Leute kommen, hätte ich mich nicht blicken lassen. Ich hasse solche Konfrontationen.«

Später, beim Abendessen auf dem Balkon über dem Salzwassertümpel, setzten wir uns zu Aaronson und Tully. Tully schien trotz seiner Verantwortung als Organisator die Ruhe selbst. Offenbar leitete er die Konferenz mit dem kleinen Finger. Er hörte provozierend einsilbig zu, wie Sandage und Aaronson einen nervösen Schlagabtausch führten. »Sie sind doch ein netter Kerl«, sagte Sandage. »Warum also die Bosheiten gegen uns?«

Ich sprach mit Tully über die Tagung. Für Tully war Sandage nur eine Episode am Rande. »Die Hubble-Konstante ist als Frage nicht so ergiebig wie der Ursprung und die Struktur des Universums«, erklärte Tully und beugte sich über die Brüstung des Balkons.

Er prophezeite, daß das Interesse an der kalten dunklen Materie bald abflauen werde. Nach dieser Theorie bestehen neunzig Prozent des Universums aus Wolken langsamer, exotischer Elementarteilchen, die aus dem Urknall stammen. Durch ihre Schwerkraft sollen die sichtbaren Galaxien und Galaxienhaufen ihre Form erhalten haben. Anfang 1986 beherrschte die Theorie von der kalten dunklen Materie die kosmologischen Diskussionen, aber langsam schälten sich Schwierigkeiten heraus.

Erst zwei Wochen zuvor hatte Margaret Geller in der Zeitschrift *Time* und auf der Wintertagung der American Astronomical Society neue Untersuchungsergebnisse veröffentlicht. Demnach gab es im Universum, das man sich wie Seifenlauge vorstellen konnte, bei der Verteilung der Galaxien Blasen mit einem Durchmesser von hundertfünfzig Millionen Lichtjahren. Die Verfechter der kalten dunklen Materie mußten sich fragen lassen, ob sich ihre Photinos zu derart riesigen Strukturen sammeln konnten. Tully glaubte es nicht.

Freilich war ein Blick auf Himmelskarten wie ein Blick auf ein Gemälde. Hartgesottene Theoretiker trauten der Sache nicht. Wer konnte schon sagen, ob die Leerräume wirklich leer und ob die glitzernden Schollen aus Galaxien nicht nur Augentrug waren? Dort, erklärte Tully, habe der zweite Teil des Kongreßmottos seinen Platz: »Abweichungen vom Hubble-Fluß.« Wenn die Knoten und Schichten aus Galaxien real und nicht eingebildet waren und das Universum so dicht war, wie von den Theoretikern postuliert, dann mußten sich diese riesigen Strukturen schwerkraftmäßig beeinflussen und die Hubble-Expansion verzerren.

Je größer die Klumpen im Universum, desto heftiger und rasanter mußte die Bewegung der Galaxien sein. Das bedeutete, daß die Kosmologen nur die sogenannten Pekuliarbewegungen von Galaxien und Haufen kartographieren mußten, um die Konzentrationen der Masse im Universum genau bestimmen und abwiegen zu können. Sie erhielten dann Zahlen (für Geschwindigkeiten und Massen), nicht nur schöne Bilder.

Das Phänomen hieß »Streaming«. Es gab auch schon offenkundige Anzeichen des Streamings im Universum. Bei der Verzerrung der Hubble-Expansion, die Vera Rubin festgestellt hatte, konnte möglicherweise ein Streaming vorliegen. Die eindeutigsten Daten kamen von der kosmischen Hintergrundstrahlung, die »Pole« aufwies, an denen sie um ein Tausendstel Grad wärmer oder kühler war als im Durchschnitt. Das Muster deutete darauf hin, daß die Lokale Gruppe und vielleicht der Virgohaufen durch die Mikrowellen schwammen wie Goldfische durchs Aquarium. Interessanterweise verlief das Streaming, auf das Vera Rubins Daten und die Mikrowellenstrahlung hindeuteten, in verschiedene Richtungen. Ein Jahr zuvor hatten Aaronson, Huchra und Mould die Daten zum Mikrowellenhintergrund durch eigene Beobachtungen ergänzt und geschlossen, daß der Virgohaufen als Ganzes mit ungefähr sechshundert Kilometern pro Sekunde in Richtung Hydra und Centaurus fliegt.

Seither zerbrach man sich natürlich den Kopf, wovon der Haufen angezogen wird. Es gab entlang der Grenze zwischen Hydra und Centaurus in einem Abstand von ungefähr hundert Millionen Lichtjahren einen Galaxienhaufen, der durch den Staub in der Milchstraße hindurch nicht gut erkennbar war. Trotzdem schien er nicht genug Schwerkraft auszuüben, um allein den Virgohaufen zu sich herüberzuziehen - wenn er nicht gigantische Mengen an dunkler Materie beherbergte.

Im Programm der Tagung war ein gewaltiger Informationsaustausch vorgesehen. Nach Tully sollten vier straffe Tage lang, nur aufgelockert durch zweistündige Pausen zum Mittagessen und Schwimmen, Beobachtungsergebnisse vorgestellt werden.

»Normalerweise sind Tagungen langweilig«, meinte er. »Jeder weiß schon vorher, was alle sagen. Diesmal weiß ich von niemandem, was er sagen wird.« Er zuckte mit den Schultern und blickte auf einen Fisch hinab. Das hätte mich stutzig machen müssen.

Als wir uns am nächsten Morgen wieder im Pavillon versammelten, stand die Hubble-Konstante auf dem Programm. Direkt neben uns, einen Felsgrat vom Hotel entfernt, lag eine kleine Sandbucht. Den ganzen Tag über, während das Mikrophon ein- und abgeschaltet wurde und die Lichtreflexe der Brandung den Einsatz des Overheadprojektors verhinderten, schlenderten Frauen in modischen Badeanzügen an einer nahen Mauer entlang zum Strand und wieder zurück. Immer wieder blickten einige kurz zu den blassen, schweißgebadeten Kosmologen herein.
Der Tag der Wahrheit begann mit einem schlechten Omen. Sandage kam spät, ich merkte ihm an, daß er kein Frühstück mehr bekommen hatte. Immerhin traf er noch rechtzeitig zu seinem Vortrag über nahe Galaxien ein, bei dem er die Ergebnisse seiner Berechnungen in San Diego vorstellen wollte. Heiter und selbstsicher näherte er sich seinem extragalaktischen Thema. Er erinnerte die Kollegen daran, welche unsägliche Mühe das Messen von Entfernungen im Universum bereite. Er werde unter anderem Ergebnisse vortragen, die die Frucht von dreißig Jahren Arbeit seien; einige Astronomen, die erste Messungen zu den fraglichen Galaxien vorgenommen hätten, seien inzwischen nicht mehr am Leben. Dann brachte Sandage seine Hauptthese vor: Das Universum dehne sich gleichmäßig aus, die Galaxien direkt neben der Lokalen Gruppe flögen mit militärischer Gleichförmigkeit davon, ihre Geschwindigkeiten seien vollkommen proportional zu ihren Entfernungen, die er jahrelang gemessen, korrigiert und immer wieder durchgecheckt habe. Die Hubble-Konstante liege nach wie vor bei fünfundfünfzig. Außerdem sei bei den Bewegungen der Galaxien nahe der Lokalen Gruppe keine spürbare Verzögerung zu verzeichnen. Die Grup-

pe sei also nicht so massereich, daß in ihr kalte dunkle Materie in größeren Mengen vorliegen könne.

In der Diskussion fielen die Kollegen über Sandage her. Wie könne die Lokale Gruppe weniger wiegen als der Wert, den manche allein für den Andromedanebel oder das Milchstraßensystem ermittelt hätten? Als seine Zeit vorüber war, trat Sandage mit einem verkniffenen Lächeln vom Podium ab.

Allerdings hatte er offenbar vergessen zu erklären, warum die Galaxie M 31 und unser Milchstraßensystem umeinander rotieren. In der Kaffeepause sah ich, wie er von Jeremiah Ostriker bedrängt wurde. Der kleinwüchsige Theoretiker aus Princeton, sonst eher eine biedere Erscheinung und jetzt mit einem lächerlichen braunen Filzhut auf dem Kopf, erklärte ihm eilig mit sanfter Stimme, in welchen Punkten er sich geirrt habe. Sandage sah aus wie ein trotziger Schuljunge, den man in die Ecke gestellt hat. Er stand mit gesenktem Kopf, herabhängenden Schultern und heruntergezogenen Mundwinkeln neben Ostriker und machte einen zerknirschten Eindruck. Er legte die Hand auf den Kopf und fischte von oben nach der Haarsträhne, die ihm in die Stirn fiel. Auf seiner Miene war größte Betroffenheit zu lesen. Sein Selbstbewußtsein schwand rapide.

Um die Mittagszeit ging ich mit Aaronson zur nahen Bucht zum Schnorcheln. Statt zu essen, nahm Sandage am Pool einen Drink zu sich.

Dann kam de Vaucouleurs' Auftritt. Er trug noch immer Mantel und Krawatte und hielt seinen Vortrag auf englisch mit deutlichem französischem Akzent. Nach seiner Auffassung, die er seit dreißig Jahren vertrat, war das Universum nicht so schön und gleichmäßig, wie von Sandage behauptet. Es gab große Konzentrationen von Galaxien, die die Hubble-Expansion durch ihre Schwerkraft verzerrten. Zudem glaubte er nicht an eine Neigung der Natur zur Gleichförmigkeit und auch nicht an die Veränderlichen, die Sandage und andere so gerne zur Eichung von Entfernungen verwandten. »Ich bin durchaus für primäre Entfernungsindikatoren«, erklärte er, »mit einem gesunden Mißtrauen jedem einzelnen gegenüber.« De Vaucouleurs hatte seine eigene Trickkiste bemüht und die Entfernung zu einem Galaxienhaufen im Sternbild Herkules bestimmt. Er war zu dem Schluß gekommen, daß der Wert der Hubble-Konstante zwischen neunzig und hundert liegen müsse.

Jemand bemerkte, daß sich der Raum bei diesem Wert der Hubble-Konstante seit zehn Milliarden Jahren ausgedehnt habe. Stehe das nicht im Widerspruch dazu, daß man als Alter der Kugelsternhaufen vierzehn Milliarden Jahre festgestellt habe?

De Vaucouleurs verneinte entschieden. »Ich weigere mich, Glauben und Kosmologie zu vermischen. Das Alter ist eine Sache, die Entfernung eine andere. Sprechen wir nicht über Glaubensdinge. Wenn wir die Antwort wüßten, was bliebe dann den Astronomen des 21. Jahrhunderts noch zu tun?«

Tammann bezeichnete de Vaucouleurs Entfernungsindikatoren als Unfug. De Vaucouleurs konterte, die Arbeit, in der Sandage und er ihn kürzlich kritisiert hätten, habe von Fehlern gewimmelt. Er bitte darum, sich am nächsten Tag zehn Minuten lang verteidigen zu dürfen. Ich hörte mir den Schlagabtausch über Leuchtkraftindices und tertiäre Indikatoren an und fragte mich, ob sich Hubble nicht geschämt hätte für Kollegen, die sich auf so kleinliche Weise in die Haare gerieten.

Als sich Aaronson erhob und zum Podium ging, stand die Sonne im Westen über dem Ozean. Der Pazifik glitzerte im Sonnenlicht und tupfte das Podium mit Lichtreflexen. Ungewohnte Tropenhitze erfüllte unseren Pavillon. Wie ein Revolverheld schritt Aaronson langsam, lässig und leise nach vorn. Er strotzte vor Selbstbewußtsein. Die Zuhörer rutschten auf den Plastikstühlen hin und her. Ich sah mich um. Sandage hatte sich hereingeschlichen und saß ganz hinten.

Aaronson nahm anders als andere nicht für sich in Anspruch, die Hubble-Konstante zu kennen. Er meinte nur, man werde sie eines Tages, wenn das Raumteleskop erst einmal in Betrieb sei, bestimmen können. Er hob hervor, daß die von seiner Gruppe verwendete Tully-Fisher-Methode nichts Magisches habe und auf der einfachen Physik Newtons beruhe. Seine Gruppe führe mit niemandem eine Privatfehde und habe am Ergebnis keinerlei gefühlsmäßiges oder philosophisches Interesse. »Wenn sich alle Nachprüfungen decken«, schloß er, »dann können wir hoffen, die Hubble-Konstante bis in fünf Jahren auf zehn Prozent genau zu bestimmen. Dann haben wir Ruhe.«

Er spannte die Menge auf die Folter. Jeder wußte, daß er Wichtigeres zu sagen hatte. Schließlich und fast beiläufig kam er zum Punkt: Sie hätten in Messier 101 Cepheiden ausgemacht, in jener umstrittenen Galaxie, deren Entfernung ein Kernstück in Sandages kosmologischer Hypothese sei. Er machte eine Pause und kniff die Augen zusammen. »Wenn es sein muß, kann ich eine Entfernung nennen«, sagte er.

In Gedanken sah ich vor mir, wie Sandage hinten im Raum aufstand – ein Angeklagter bei der Urteilsverkündung.

Aaronson gab die Entfernung denkbar umständlich an, relativ zur Entfernung der Großen Magellanschen Wolke, der Satellitengalaxie der Milchstraße, die von der Südhalbkugel ebenfalls sichtbar ist und am meisten Informationen zu Cepheiden liefert. Trotz der umständlichen Formulierung wußte jeder sofort, was gemeint war: Die Galaxie M 101 war 22 Millionen Lichtjahre entfernt, praktisch so weit, wie Sandage und Tammann behauptet hatten.

Das war's, dachte ich, eine sechzehn Jahre alte Schlußfolgerung, die auf viel Mut und Intuition beruhte, hatte sich schließlich teilweise bestätigt. Nicht alle Geschichten nehmen ein schlimmes Ende, nicht jede Galaxie führt die Astronomen an der Nase herum, und nicht jeder Astronom ist darauf aus, einen Kollegen zur Strecke zu bringen. Manchmal ist doch die Wissenschaft das Wichtigste.

Kaum hatte Aaronson seinen Vortrag beendet, war Sandage verschwunden. Ich sah ihn erst am nächsten Morgen wieder, als er sich über eine Erkältung beklagte. Er sei bei eingeschalteter Klimaanlage eingeschlafen. Aber ihm war sichtlich wohler. Er schien völlig vergessen zu haben, daß man einmal an seiner Entfernungsangabe zur Galaxie M 101 gezweifelt hatte. Das Schlimmste war überstanden. Man komme sich im Fach wahrhaftig näher, strahlte Sandage. »Brent Tully ist ein meisterhafter Psychologe. Es ist doch herrlich, daß hier alle miteinander reden. Und keiner will den anderen fertigmachen.« Sandages gute Laune war rasch in aller Munde. Keiner hatte ihn je glücklicher gesehen. Aber dann verschwand er wieder von der Bildfläche, steckte zusammen mit seinem kosmologischen Erbfeind de Vaucouleurs. Beide verbrachten den Rest der Zeit mit kleinen Sticheleien. Wo immer man sie sah, man ertappte sie beim Austausch kleiner Bosheiten wie ein altes Ehepaar, das ein Festessen am Abend zu sprengen droht.

Am Mittwoch gerieten sie erneut aneinander. Für diesen Tag hatte de Vaucouleurs darum gebeten, in zehn Minuten Sandages Kritik entkräften zu dürfen. Der Zufall wollte es, daß am betreffenden Morgen ausgerechnet Sandage den Vorsitz führte. De Vaucouleurs wollte in den zehn Minuten einen Artikel widerlegen, in dem Sandage und Tammann den von ihm so benannten Lambda-Index kritisiert hatten. Der Lambda-Index sollte ein Indikator für die Entfernung von Spiralgalaxien sein. Die Autoren hatten im Artikel mehrere Galaxien offenbar falsch identifiziert. De Vaucouleurs ging mit ihnen zehn Minuten lang schonungslos ins Gericht und illustrierte seinen Vortrag mit vergrößerten Passagen aus dem Artikel: mit Listen von Galaxien, die Druckfehler und unhaltbare Klassifikationen aufwiesen. Eine Galaxie wurde sogar zweimal und als jeweils verschiedener Typ klassifiziert. »Ein Meisterstück der Verwirrung«, höhnte de Vaucouleurs. Noch nie habe er so viele Fehler in einer Tabelle entdeckt, die von so wenigen Leuten erstellt worden sei.

Sandage verfolgte den Auftritt mit bissigem Lächeln aus einer Entfernung von fünfzehn Metern. Wie er mir anvertraute, habe er sich selbst gewundert, daß er nicht geplatzt sei. Offenbar habe ihm das Prinzip, »die Welt herzugeben«, tatsächlich geholfen. Ich konnte kaum glauben, daß wir erst seit drei Tagen hier waren. Jeder Satz war geschichtsträchtig, ein Scherz oder eine Beleidigung schien den Lauf der Kosmologie zu verändern. Der Schwerpunkt verlagerte sich. Hatte die Vergangenheit Sandage gehört, so gehörte die Zukunft offenbar Aaronson, der sich still, leise und ehrfurchtslos zwischen orientierungslosen Astronomen bewegte, Behauptungen durch Beobachtungen belegte, kleine Kritiken anbrachte und Bundesgenossen sammelte. Aaronson war auf dem besten Weg, zur zentralen Figur bei der Bestimmung der Hubble-Konstante zu werden. Er stellte die Mitarbeiter für das Raumteleskop zusammen, das Team, das mit allgemein verständlichen Methoden die wirkliche Größe des Kosmos bestimmen würde. Im Spaß sagten er und Mould, sie wollten Sandage betrunken machen und dann vertraglich verpflichten. »Ich will eben möglichst das Beste bieten«, erklärte Aaronson mit unbewegter Miene.

Inzwischen braute sich etwas zusammen unter den wirklichen Kosmologen, den Kartographen der großräumigen Strukturen und den Theoretikern der kalten dunklen Materie. Eine Handvoll Kosmologen, die Tully eingeladen hatte, kam direkt vom Seminar in Aspen, das eine Woche zuvor stattgefunden hatte. Sie sollten den letzten Tag des Kongresses bestreiten. Um Geld von der NATO zu bekommen, hatte Tully einen bestimmten Prozentsatz an ausländischen Wissenschaftlern einladen müssen. Anwesend waren der Ungar Alex Szalay, der nochmals zwei Jahre in den USA verbracht hatte, der schwergewichtige Israeli Avishai Dekel, der in Santa Cruz zu Gast war und dem immer das Hemd aus der Hose hing, und Amos Yahil, der alte Freund von Sandage und Tammann, ebenfalls Israeli, ein gutaussehender, großer, dunkelhaariger Mann mit breiten Schultern und förmlicher Miene, der früher Teilchenphysiker gewesen war. Der gewandte Joel Primack aus Santa Cruz tauchte im weißen Panamaanzug mit breitkrempigem Hut auf. Szalay trug die Uniform der Kosmologen: ein T-Shirt mit dem Aufdruck des Space Telescope Science Institute, Jeans und schmutzige Turnschuhe. Szalay und seine Kameraden, der extrovertierte Brite Nick Kaiser mit einer Vorliebe für Hawaii-Hemden, und der Kanadier

Bond, der damals an der Stanford University lehrte, freuten sich nach eigenem Bekunden vor allem aufs Baden und die Ausflüge.

Abseits von Strand und Swimmingpool waren die Theoretiker über den Streit zwischen Sandage und de Vaucouleurs verwirrt, aber nicht sonderlich beunruhigt. Mehr Kopfzerbrechen bereitete Szalay und seinen Freunden der bevorstehende Konflikt um die kalte dunkle Materie und die großräumigen Struktur des Universums, der durch Margaret Gellers neue Untersuchungen zu Rotverschiebungen heraufbeschworen wurde. Wie leer waren die Leerräume wirklich? Wie real waren die Blasen? Wie neu war das alles? Welche Rolle spielte das Auge des Betrachters? Setzten sich erst dort die Tintenkleckse am Himmel zu einem Bild zusammen? Und hatte das etwas damit zu tun, daß sich die Beobachter nicht auf eine Hubble-Konstante einigen konnten?

Dann betrat David Burstein die Bühne. Der blutjunge Astronom von der Arizona State University erweckte kaum den Eindruck eines Mannes, der zum Helden (oder Schurken) der Stunde wird. Er war stämmig und hatte einen schmalen Kinnbart, der sein breites Gesicht mit der unglaublich breiten Oberlippe betonte. Fast schon die ganze Woche war sie zum selbstgefälligen Grinsen verzogen gewesen. »Was ich zu sagen habe, bringt in sämtliche Vorträge der beiden vorangegangenen Tage Sinn«, eröffnete er mir gewichtig. Ich konnte mir sein ungeheures Selbstbewußtsein nicht erklären. Burstein hatte bei Vera Rubin studiert und gehörte als *postdoc* in Santa Cruz zu einem großen Team von Wissenschaftlern, das von Sandra Faber geleitet wurde und später als »die Sieben Samurai« bekannt wurde.[*] Bursteins Selbstbewußtsein hing damit zusammen, daß die Sieben Samurai auf das gleiche Problem gestoßen waren wie Vera Ru-

---

[*] Zur Erinnerung: Die Sieben Samurai waren Sandra Faber, Burstein, Alan Dressler, Donald Lynden-Bell, Roger Davies, Roberto Terlevich und Gary Wegner.

bin, die sich mit der Entdeckung einer mutmaßlichen Unregelmäßigkeit in der Hubble-Expansion den Argwohn der Kollegen zugezogen hatte.

Im Jahre 1980 hatte die Gruppe mit einer ehrgeizigen Studie zu elliptischen Galaxien begonnen, an der schließlich zehn Teleskope auf vier Kontinenten beteiligt waren. Sie bestimmten die Entfernungen der Galaxien mit der sogenannten Faber-Jackson-Relation, einer als sekundärer Entfernungsindikator für Galaxien dienenden Methode, bei der die Leuchtkraft einer elliptischen Galaxie mit der mittleren Geschwindigkeit der Sterne innerhalb der Galaxie verknüpft wird. Die Geschwindigkeiten werden aus der Verbreiterung ihrer Spektrallinien ermittelt: Je breiter die Linien verschmiert sind, desto höher ist die Geschwindigkeit und desto massereicher und heller die Galaxie. Burstein und seine Kollegen kartographierten in den folgenden Jahren die Positionen von dreihundertzweiundzwanzig Galaxien, die über eine halbe Milliarde Lichtjahre im Weltraum verteilt waren.

Was konnte die Gruppe mit den Entfernungen von dreihundertzweiundzwanzig elliptischen Galaxien anfangen? Sie konnte beispielsweise ihre Geschwindigkeiten ermitteln und mit denen vergleichen, die sie nach dem Hubble-Gesetz haben mußten. Der Vergleich ergab sogenannte Pekuliarbewegungen, die durch zufällige Einwirkung von Schwerkraft zustande kamen. Burstein ging von folgender Überlegung aus: Wenn man nur einen hinreichend großen Teil des Weltalls beobachten würde, müßte sich ein zufälliges Muster von Bewegungen ergeben, einige Galaxien würden auf den Betrachter zu fliegen, andere von ihm weg. Doch als 1985 die Daten ausgewertet wurden, kam ein anderes Ergebnis heraus.

Es sah eher so aus, als bewege sich die gesamte beobachtete Region, vom Perseushaufen rund dreihundert Millionen Lichtjahre im Norden bis zum Hydra-Centaurus-Superhaufen im entlegenen Süden, als Ganzes mit hunderttausend Galaxien und tausend Billionen Sonnen weiter nach Süden, an Hydra-Centaurus vorbei, und das mit einer Geschwindigkeit von siebenhundert Kilometern pro Sekunde - ungefähr zweieinhalb Millionen Kilometern pro Stunde!

Es handelte sich dabei nicht mehr um eine großräumige, sondern um eine hypergroßräumige Struktur. Und man hatte eine Zahl, nicht nur ein Bild. Die Untersuchung der Sieben Samurai umfaßte das gesamte Lokale Universum. Es war, als treibe der größte Teil des bekannten Alls wie auf einer Eisscholle in einer unbekannten Strömung dahin. Die Richtung der Strömung war ungefähr dieselbe wie beim berühmt-berüchtigten Rubin-Ford-Effekt. Sandra Faber und Burstein, beide frühere Mitarbeiter und Bewunderer von Vera Rubin, informierten sie sofort telefonisch von der Neuigkeit.

Ansonsten hielten sie ihre Entdeckung geheim. Während die Harvard-Universität Filme drehte und Talkshows organisierte, verzichteten die Sieben Samurai auf jede Pressemitteilung. Sie setzten sich an den Computer und werteten weiter Daten aus. Eine Woche vor der Tagung in Kona gab Sandra Faber den Mitarbeitern vom Lick Observatory erste Ergebnisse bekannt. Dann schwärmten die Samurai zu den verschiedenen Tagungen im Winter aus. Primack erzählte mir später, er sei vom Ergebnis - daß das halbe Lokale Universum abdriftete - und von der perfekten Geheimhaltung gleichermaßen überrascht gewesen.

Als der schlaue Burstein in Kona seinen Vortrag begann, wußte er, daß er die Kosmologie in ihren Grundfesten erschüttern würde. Sein Vortrag sollte einschlagen wie eine Bombe. Normalerweise werden Neuigkeiten sehr schnell durch Gerüchte bekannt und sind dann auf Tagungen keine Überraschung mehr. Burstein genoß lächelnd die Spannung.

Er berichtete zunächst über den Ablauf der Untersuchungen und sprach dann von den alten umstrittenen Strömungsbewegungen, der Abdrift in Richtung auf den Hydra-Centaurus-Superhaufen. Er erinnerte daran, daß nach den einfachsten Modellen die Anziehung der Massen gegenseitig verlaufen und Hydra-Centaurus

516

zu uns hergezogen werden müßte. Er hielt kurz inne und blickte Amos Yahil in der vordersten Reihe an. Dann sprach er deutlich leiser weiter. »Hydra-Centaurus kommt nicht auf uns zu. Der Haufen bewegt sich mit siebenhundert Kilometern pro Sekunde von uns weg.«

Yahil wurde weiß.

»Wir sehen die Bewegung einer geschlossenen Masse«, schloß Burstein. »Es fragt sich, wohin sie sich bewegt. Aber zu diesem Punkt dürfen Sie hier keine Antwort erwarten.«

Der Nachmittag ging mit tumultartigen Zwischenrufen zu Ende. Es war, als stünden vierzig Vulkane kurz vor dem Ausbruch. Der Vorsitzende de Vaucouleurs mahnte Burstein, daß seine Redezeit um sei. Die Menge verlangte, daß man ihn den Vortrag fortführen lasse.

Als Burstein schließlich gehen durfte, tänzelte Sandage strahlend auf mich zu und klopfte mir auf die Schulter. »Das entwickelt sich zur besten wissenschaftlichen Tagung aller Zeiten.« Er schlenderte die Kaimauer entlang davon.

Wenn Burstein und seine Kollegen recht hatten und unsere gesamte Umgebung mit der genannten Geschwindigkeit auf Centaurus zu raste, dann waren die Leerräume und die Ketten der Superhaufen nicht nur Illusion, dann war das Universum tatsächlich ungleichförmig, chaotisch und an einigen Stellen von Blasen durchsetzt. Damit hatte sich die kalte dunkle Materie, die fast zwei Jahre in Fermiland nahezu als Standardmodell gegolten hatte, möglicherweise als Illusion entpuppt. Kalte dunkle Materie besaß nicht genug Kraft, um ganze Abschnitte des Universums zu bewegen oder die Bildung von Strukturen mit mehreren Billionen Sonnen zu veranlassen. Wenn die Sieben Samurai recht hatten, würde Kona als der Ort in Erinnerung bleiben, an dem diese Theorie zu Grabe getragen worden war.

Am nächsten Morgen sah es ganz so aus. Mehrere Astronomen schlugen in die gleiche Kerbe und berichteten von weiteren Strömungen mit abdriftenden Galaxien im Weltraum. Mit bis zu tausend Kilometern pro Sekunde sollten diese kosmischen Eisschollen durch das All treiben. Vor meinem geistigen Auge stand ein chaotisches, unberechenbares, Klumpen bildendes Universum.

Ich fragte mich, wo die gleichförmige und glatte Hubble-Expansion geblieben war, mit der sich Sandage in den fünfziger und sechziger Jahren beschäftigt hatte. Hatte er nicht weit genug in den Raum hinaus gesehen? Hatten sich alle Beobachtungen bis heute womöglich auf eine einzige, vielleicht untypische »Eisscholle« beschränkt? War die Hubble-Konstante hinter dieser Eisscholle größer? Hatte de Vaucouleurs recht? Und war damit das Ende der Friedmannschen Standardkosmologie gekommen? Ein Lehrgebäude geriet ins Wanken. Ausgerechnet jetzt, wo ich Primacks und Blumenthals Abkühlungskurven zu verstehen begann.

Ich wandte mich wegen der kalten dunklen Materie an Yahil, einen Experten auf dem Gebiet. Er räumte ein, daß er nach dem Vortag immer noch unter Schock stehe. »Die kalte dunkle Materie ist nur ein kluger Gedanke«, sagte er. »Sie dürfen die Behauptungen der Elementarteilchenphysiker nicht als Glaubenssätze nehmen. Sie sind die besten Theologen der Welt. Kaum stürzt ein Gedankengebäude zusammen, fällt ihnen sofort etwas Neues ein. Ich komme zum Glück aus der Teilchenphysik und weiß, wie einfach das ist.«

Am Abend aßen alle Sushi in Hilo. Dort hatten die am kanadisch-französischen Gemeinschaftsprojekt zur Errichtung des Hawaii-Teleskops Beteiligten ihr wissenschaftliches Hauptquartier aufgeschlagen. Da das Klima gerade besonders freundlich war, wollten Aaronson und die Kollegen noch einmal versuchen, Sandage für das Team des Raumteleskops anzuwerben. Da kam Sandage selbst zu ihnen herüber und teilte mit, daß Tammann und er ein kleines Projekt für das Raumteleskop vorschlagen wollten. Es gehe darum, nahe Galaxien, in denen eine Supernova aufgetreten sei, nach Cepheiden abzusuchen. Er hob hervor, daß sie dem Programm der Betreiber keine Konkurrenz machen wollten. Aaronson sagte Sandage, daß sein Angebot, ihn in sein Team aufzunehmen, noch immer stehe.

Sandage zögerte. Er schüttelte den Kopf und klopfte Aaronson auf die Schulter. »Auf einer bestimmten Ebene kommen wir gut miteinander aus«, sagte er müde. »Es ist etwas anderes, ob man unter einem Dach schlafen muß oder sich nur vom Grüßen kennt. Sie sind ein netter Kerl, ich bin ein altes Ekel.« Damit schlenderte er davon.

Als ich Sandage zögernd folgte, traf ich Szalays Blick. Szalay lehnte mit einem Zahnstocher im Mund und den Daumen im Gürtel lässig an der Wand. »Sind Sie bereit für den Tod der kalten dunklen Materie?« fragte er spöttisch.

Ich war noch nicht soweit. Allein und verwirrt fuhr ich in einem rumpelnden Bus zum Hotel zurück. In den drei Tagen war fast keiner am Strand gewesen. Die Atmosphäre der Ungewißheit steckte an. Langsam ähnelte die Tagung einer verfassunggebenden Versammlung, auf der alles möglich war. Keiner hatte die Fäden noch in der Hand. Ich wäre nicht überrascht gewesen, wenn jemand aufgesprungen wäre und die Steady-State-Theorie wieder eingeführt hätte. Ich wußte auf einmal überhaupt nichts mehr. Die Astronomen um mich herum murmelten aufgeregt durcheinander. Ich verstand kein Wort.

Am Morgen erhob sich Sandage und bat um fünf Minuten Redezeit. »Angesichts dessen, was gesagt worden ist«, begann er, »könnte man sich fragen, ob es so etwas wie die Hubble-Konstante überhaupt gibt.« Er deutete auf das klassische, umstrittene und kosmologisch nichtssagende Hubble-Diagramm, Rotverschiebungen elliptischer Riesengalaxien, denen man jahrelang nachts im Beobachterkäfig des Observatoriums auf dem Mount Palomar nachgejagt war. Das Diagramm zeigte eine Gerade. Sandage wies darauf hin, daß die Galaxien in den äußersten Bereichen Pekuliargeschwindigkeiten von bis zu 4500 Kilometern pro Sekunde erreichen könnten. Die Graphik werde dadurch aber nicht beeinträchtigt.

»Ich möchte betonen, daß es eine Hubble-Konstante gibt!« sagte er mit lauter Stimme.

Die Kosmologen standen auf und klatschten Beifall. Ein kritischer Moment war überstanden. »Die Astronomen auf der Konferenz in Kona«, erläuterte mir Tammann später, »hätten die Expansion des Universums über Bord geworfen, wenn Sandage nicht dagewesen wäre.« Der Umsturz der bisherigen Kosmologie ging weiter.

Tully persönlich, der Organisator der Tagung, der sich bisher sehr zurückgehalten hatte, meldete sich schließlich mit einem Beitrag zu Wort, der nach einer Woche der unglaublichsten Behauptungen das Faß zum Überlaufen brachte. Beim Kartographieren habe er eine erstaunliche Entdeckung gemacht: Fast sämtliche bekannten Galaxien und Haufen lägen in einem Pfannkuchen aus vier Schichten mit einem Durchmesser von 1,5 Milliarden Lichtjahren, verkündete er, die Hände in den Hosentaschen. Tully, der weder zu Prahlerei noch zu falscher Bescheidenheit neigt, bezeichnete seine neue Arbeit als »die wichtigste Neuerung in der beobachtenden Kosmologie seit der Entdeckung der kosmischen Hintergrundstrahlung«.

»Vorwärts, Brent«, feuerte ihn eine Stimme an.

Tullys Pfannkuchen war tausendmal so gewaltig wie der Pfannkuchen aus Neutrinos, aus dem Seldowisch und Szalay vor nur fünf Jahren das Universum zu konstruieren versucht hatten. Er war selbst für Neutrinos zu groß, und er war ein zu großer Happen für die Teilnehmer der Konferenz von Kona, die schon allerhand erstaunliche und widersprüchliche Beobachtungen hatten schlucken müssen. Diesmal überwog die Skepsis.

De Vaucouleurs triumphierte. Er hatte es schon immer gewußt und gesagt: Das Universum war häßlich und klumpig, keine Spielwiese für Theoretiker. »Ich höre wohl Stimmen aus der Vergangenheit«, platzte er heraus. »Allan wollte nie an den lokalen Superhaufen glauben.«

»Das habe nicht ich gesagt, das war McCray«, erwiderte Sandage.

»Aber Sie haben mir die Botschaft übermittelt«, konterte de Vaucouleurs.

Vor und zwischen den Sitzungen saß de Vaucouleurs, die Aktentasche offen auf dem Kaffeetisch vor sich, in der Empfangshalle des Hotels. Während wir die Leute beobachteten, die durch die spitzen Lavabrocken zum Strand gingen, meinte er nachdenklich: »Ist das nicht eine Bestätigung?« Er schien lockerer als zu Anfang der Woche und trug inzwischen statt der Krawatte einen Cowboy-Hut. »Das mußte sich Brent natürlich selbst erst einmal klarmachen. Seine Generation ist im Glauben an ein homogenes und isotropes Universum aufgewachsen. Für einen lokalen Superhaufen ist da kein Platz.«

Und so wurden letztlich beide, de Vaucouleurs und Sandage, bestätigt. Beide kehrten mit einem Sieg in der Tasche, aber ungebräunt nach Hause zurück. Ich wartete noch auf eine Erklärung, wie die beiden Siege zusammenpaßten, aber ich wurde enttäuscht.

Die Theoretiker wirkten entmutigt. Nachdem sie eine großräumige Struktur überrascht hatte, von der sie nichts geahnt hatten, beschränkten sie sich bei ihren Vorträgen am Nachmittag darauf, allgemeine Prinzipien zu erörtern. Kaiser sagte noch etwas darüber, wie leicht man sich bei der Interpretation von Rotverschiebungen irren könne. Die Theoretiker fühlten sich kollektiv als Verlierer. Tully hatte sie geschlagen.

Am letzten Abend ging ich mit Szalay, Bond und Kaiser in ein vietnamesisches Restaurant. Von dort aus brachten wir das Ehepaar Szalay, das die Heimreise nach Ungarn antrat, später zum Flughafen. »Wenn die beobachtenden Kosmologen bloß gewußt hätten, wie wichtig uns diese Messungen waren, die Geschwindigkeiten«, beklagte sich Bond. »Aber denen ist die Theorie nicht wichtig. Sie haben es nicht gern, wenn ihnen ein Theoretiker sagt, was sie messen sollen. Es ist eine sehr ungleiche Situation. Manche versuchen beides zu machen, aber viel kommt nicht dabei heraus.«

Am Morgen tauchte zum letzten Mal Sandage bei mir auf. »Sie

dürfen sich glücklich schätzen, daß Sie mitten unter berühmten Astronomen sind. Ich weiß nicht, ob Sie die Aufregung gespürt haben. Unser Fach ist doch am aufregendsten.« Er machte ein ernstes Gesicht. »Brent Tully hat es geschafft. Wir haben auf der Tagung vieles an Spannungen abgebaut.«
Ob das für beide Seiten gelte, fragte ich. Er bejahte.

23. Die andere Seite

Seit jeher beschäftigt die Menschen der geheimnisvolle Ursprung und das Schicksal des Universums, dennoch ist die Kosmologie keine alte Wissenschaft. Erst 1917 entwickelte Albert Einstein die Konzeption vom All als gekrümmtem Raum, der expandieren, zusammenfallen oder stationär sein könnte. Zehn Jahre vergingen, bis Hubble entdeckte, daß es sich bei den nahen Nebeln um davonfliegende Galaxien handelt. Zur Zeit der Konferenz von Kona war die Kosmologie erst sechzig oder siebzig Jahre alt – je nachdem, welches Datum man als ihre Geburtsstunde ansetzte –, die Lebensspanne eines Menschen wie Sandage. Sandage hatte recht, wenn er sagte, er fange in seinem Fach gerade erst an. Wir fingen alle an.

Als ich aus Kona abfuhr, hatte ich das Gefühl, daß in der Kosmologie eine Grenze überschritten worden war. Eine Phase schien zu Ende, die nächste eingeläutet. Es war schwierig zu sagen, was endete – es wäre wohl jugendliche Arroganz zu glauben, die Antworten lägen auf der Straße und das Weltall sei eine einfache Sache. Wir waren nicht mehr jung, und einfache Antworten würde es nie mehr geben.

Die Astronomen nahmen die Ergebnisse, die Tully, die Sieben Samurai und andere in Kona vorgetragen hatten, mit Zurückhaltung auf. Diese spektakulären Behauptungen konnten nur durch langwierige, mühselige Arbeit bestätigt werden; dazu brauchte man beispielsweise Zugang zum Südhimmel, dessen Galaxien unvergleichlich schlechter kartographiert waren als die im Norden. Da neue Daten fehlten, überdachte man die Ergebnisse der Sieben Samurai und die Auswertung ihrer Beobachtungen ein zweites Mal. Unter den Samurai kam es bald zum Zwist. Ihre Ergebnisse und der Himmel waren wie ein Tintenklecks, in dem jeder Kosmologe offenbar seine eigene Wahrheit entdecken konnte.

Der Leser hat inzwischen vielleicht den Eindruck, daß man in der Wissenschaft immer wieder eine Wahrheit vor die Nase gesetzt bekommt, die einem dann wieder weggezogen wird. Warum lernt man Dinge, die sich später regelmäßig als falsch herausstellen? Eine Antwort auf die Frage hatte Seldowitsch gegeben, als er an einem trüben Wintertag in seinem Moskauer Arbeitszimmer über Superstrings gesprochen hatte. »Ganz bestimmt haben wir etwas in der Physik erreicht«, sagte er und bewegte den Zeigefinger vor meiner Nase hin und her. »Keine Erkenntnis über zehndimensionale Superstrings stellt in Zukunft wieder in Frage, was wir bereits wissen. Was die Wissenschaft einmal aufgenommen hat, geht nicht verloren.«

Woody Allen sagte einmal, eine Auswirkung seiner wachsenden Berühmtheit sei es, daß er jetzt bei einer besseren Kategorie von Frauen abblitze. Entsprechend besser waren auch die Fragestellungen, an denen die Kosmologie scheiterte. Es gibt in der Wissenschaft keinen Weg zurück, auch wenn Leute wie Arp das wünschen mochten; morgen werden die Überschriften in den Zeitungen noch schwerer zu verstehen sein. Galaxien bleiben für immer Quantenfluktuationen, auch weiterhin ist das Universum in dunkle Materie eingebettet, aber die Himmelsbeobachtung wird noch viele weitere erstaunliche Dinge zu Tage fördern. Den Köpfen der Theoretiker werden weiter atemberaubende Gedanken von unvergänglicher Schönheit und bestechender Logik entspringen. Ein interessantes Schauspiel war im Gang. Aber würde es jemals zu etwas Endgültigem führen?

Mit solchen beunruhigenden Gedanken fuhr ich an einem grauen Novembertag nach Baltimore, wo Allan Sandage den letzten großen Vortrag seiner Laufbahn halten wollte. Ich sehnte mich nach einem festen Fundament und fragte mich, wo ich diese Chronik enden lassen könnte.

524

Sandage war inzwischen weit herumgekommen. Von San Diego war er an die University of Hawaii und dann nach England und China gegangen. Er war Professor an der Johns Hopkins University in Baltimore und Gast des Space Telescope Science Institute geworden. Die innige Eintracht von Kona hatte gerade so lange gehalten, bis die nächsten Aufsätze in Druck gingen.

»Astronomie ist eine unmögliche Wissenschaft. Man bekommt nur Meinungen vorgesetzt, einschließlich meiner«, brummte Sandage einmal. »Die Hubble-Konstante ist fünfzig, egal, was gemessen wird.«

»Haben Sie das von einem brennenden Dornbusch?«

»Von einem Baptistenpriester. Die Quelle hat er nicht verraten.«

Sandage sprach bei einer Gedenkveranstaltung zu Edwin Hubbles siebenundneunzigstem Geburtstag. Das Space Telescope Science Institute hatte beabsichtigt, Hubbles Geburtstag alljährlich mit einer Vorlesung zu begehen. Nach den ursprünglichen Plänen der NASA hätte der Vortrag einen Monat nach Aussetzung des Hubble-Teleskops gehalten werden und eine neue Ära in der Geschichte der Astronomie einläuten sollen. Dann war zwei Wochen nach der Konferenz von Kona das Spaceshuttle »Challenger« explodiert, und alle Hoffnungen waren fürs erste verpufft. Sandages Vortrag würde also eher eine Übergangsphase zwischen zwei Epochen markieren – die eine war noch nicht ganz vorüber, die andere hatte noch nicht recht begonnen.

Als ich am Space Telescope Science Institute eintraf, spürte ich als erstes die Ratlosigkeit und Verzweiflung nach der Challenger-Katastrophe, damit war die Zukunft der amerikanischen Astronomie ungewiß geworden. Das Institut liegt an einem Steilhang am Ende des Universitätsgeländes von Johns Hopkins. Durch den Nebel blinkten die rosa Leuchtbuchstaben auf dem Dach des Baltimore Art Museum zu mir herüber.

Die Vorlesung fand im eleganten postmodernen Vortragssaal des Museums statt. Ich trat ein und erblickte Sandage mit besorgter Miene in einer Ecke auf der Bühne. Er wirkte vornehm in seinem grauen Anzug und blickte angespannt in die Menge. Er sagte, er sei nervös, machte aber einen gefaßten und konzentrierten Eindruck. Er habe den ganzen Tag nichts gegessen und getrunken, klagte er.

Sandage überspielte die Nervosität mit Fröhlichkeit und beschwor seine alten Freunde Hubble, Baade und Humason herauf. »Heutzutage stellen die Astronomen die phantastischsten Behauptungen auf«, verkündete er ernst. »Heute abend möchte ich versuchen, Ihnen, den Nicht-Astronomen unter den Zuhörern, einige dieser phantastischen Behauptungen nahezubringen, an die man glauben kann, solange das Raumteleskop noch nicht im All ist.«

Man wisse nicht, fuhr er fort, wie hoch die Aussichten seien, daß das kosmologische Problem eines Tages gelöst werden könne. »Davon träumt man nicht erst, seitdem man von dem Teleskop im Weltraum träumt. Vielmehr ist das ein Traum der Menschheit, den sie seit Erfindung der Schrift träumt.«

Es folgte eine seltsame Rede – eine der besten, die ich von Sandage oder einem anderen Forscher je gehört hatte. Gleichwohl enthielt sie wenig Wissenschaftliches, jedenfalls wenig von dem, das sonst im Fach eine große Rolle spielt: keine Rotationskurven, Higgs-Feld-Diagramme oder Statistiken zu den großräumigen Strukturen des Universums. Sandage erinnerte an eine Tatsache, die angesichts der Lawine von immer neuen, sich widersprechenden Daten leicht vergessen wurde: Die Astronomie machte trotz allem Fortschritte. Sterne waren ungeheuer alt, aber nicht unsterblich; sie waren ungeheuer weit, aber nicht unendlich weit entfernt. Ich fand das auf eine merkwürdige Art beruhigend. Die großen Erkenntnisse der Kosmologie betrafen nicht das Mischungsverhältnis von Licht und dunkler Materie oder die Hubble-Konstante. Wie in der Kunst lag das Bedeutende auch in der Wissenschaft im Offensichtlichen. Große Entdeckungen waren auf dem Mount Palomar und in Teilchenbeschleunigern gemacht worden. Sterne, Atome, Galaxien, die Kräfte der Natur und vielleicht sogar die Dimensionen waren zeitlich endlich, sie entstanden und vergingen.

Vielleicht tat Sandage den Theoretikern der Superstrings Unrecht, wenn er sich so abschätzig und zynisch über sie äußerte. Aber ganz sicher hatte er recht mit der Behauptung, daß die wichtigste Lehre der Kosmologie darin besteht, daß das Innerste der Dinge ein Mysterium ist, ein Mysterium, das man auskosten, aber letztlich nicht lösen kann. Die Aufgabe der Kosmologie war dieselbe wie die der alten Mythologie: Zeugnis geben.

»Warum ist etwas und nicht nichts?« fragte er rhetorisch. In der Wissenschaft könne man die Frage nach dem »Was«, dem »Wie« und dem »Wann« stellen. Die Frage nach dem »Warum« gehöre ins Reich der Philosophie. »Heute abend bin ich Wissenschaftler. Ich beantworte diese Frage also bestimmt nicht.«

Der Beweis für das Schöpfungsereignis sei erbracht, meinte er mit spöttischem Unterton. Der Wert der Hubble-Konstante betrage fünfzig, auch wenn dem nicht jeder zustimme . . . Neue Erkenntnisse auf diesem Gebiet dürften die Astronomen wohl erst im Grab erwarten.

Wie auf ein Stichwort hin kam er auf die Rolle der Kosmologen zu sprechen und ging die Reihe zurück: Plato, Sokrates, Aristoteles, Kopernikus, Kepler und Lemaître. »Alle Kosmologen sind vorangegangen. Sie kennen die Antwort. Aber daß sie die Antwort wissen, bedeutet nicht, daß wir sie auch wissen.«

Schließlich wandte er sich seinem geliebten Hubble zu, der offenbar alles wußte auf seinem Thronsitz im Jenseits. »Wir leben gleichsam in einem Schwarzen Loch, das zur anderen Welt keine Verbindung hat«, scherzte Sandage. »Wir können nur darüber spekulieren, ob Hubble wirklich dort ist, auf uns herabblickt und beobachtet, wie wir daran arbeiten, seine Konstante zu bestimmen. Wenn er wirklich dort ist, lächelt er, denn das Problem ist viel komplizierter, als wir ahnen.«

Ist das Universum ein Rechtshänder oder Linkshänder? Hubble wußte es. »Wir bestehen aus Materie und nicht aus Antimaterie.

Hubble weiß, *warum* wir aus Materie und nicht aus Antimaterie bestehen.«

Sandage machte eine Pause. »Wenn das wirklich stimmt«, schloß er, »dann, so meine ich, ist die Antwort auf die Frage der Menschheit, die die Menschen seit jeher beschäftigt, den Menschen auf der anderen Seite bekannt.« Sandage stand im Scheinwerferkegel und schwieg. Donnernder Applaus brach los.

Sandage hatte sich mit seiner Zeit versöhnt. Trotz des biblischen Tonfalls war nichts mehr zu spüren von der früheren Arroganz des Hubble-Nachfolgers. Er hatte während des Vortrages Bilder der alten Kosmologen Baade, Hubble und Shapley gezeigt und darauf hingewiesen, daß keiner lächelte. Die Kosmologie sei eine ernsthafte Angelegenheit, meinte er. In diesem Satz lag mehr Selbsterkenntnis als in allen Büchern, die die modernen Kosmologen geschrieben hatten. Vielleicht war Selbsterkenntnis kein schlechter Lohn für dreißig Jahre im Beobachterkäfig des Teleskops und im Kreuzfeuer von Kritikern und Journalisten. Eines Tages würden die Atome von Sandage und allen, die im Vortragssaal versammelt waren, im Weltall verteilt sein, auseinandergerissen und neu kombiniert zu einem jetzt noch nicht geborenen Stern oder verschluckt von einem Schwarzen Loch. Dann würde sich niemand mehr an ihn, den Weltraum, an seinen Vortrag oder an die großen Erkenntnisse der Kosmologie erinnern. Der Kosmos hatte eine sinnvolle Zukunft nur in unseren Köpfen. So wollte ich Sandage in Erinnerung behalten: als einen Spötter unter den Kosmologen, einen besonders scharfsinnigen Menschen mit einem gewaltig trockenen Humor. Er stand am Rande der Bühne wie über dem Abgrund zur Ewigkeit. Mit einem Auge blickte er ins Publikum, das Aufruhr und sichere Tatsachen wollte, das andere schweifte in weite Fernen. Ein Mann mit vielen Freunden auf der anderen Seite.

Inzwischen geht die »schweißtreibende Arbeit«, wie Sandage sie nennt, weiter. Im Juli 1986 strömten wieder die Theoretiker nach Aspen. Sie wollten sehen, ob ihre Theorien durch die kosmischen Strings gerettet und mit den ungeheuerlichen Behauptungen von Kona in Einklang gebracht werden konnten. Eine Woche lang füllte ich ein Notizbuch mit Berechnungen und Argumenten. Konnten diese dichten kleinen schwingenden Energiebündel aus einer Phase des Urknalls, als die Symmetrie brach, helfen, den Urstoff (Dunkelheit oder Licht) in Galaxien und Superhaufen zu ermitteln? Peebles saß im Patio, wo im Sommer die Vorträge stattfanden, ließ lange Listen herumgehen und kam an den Picknicktischen mit vielen Leuten ins Gespräch.

Am nächsten Tag wanderten Peebles und ich zu einem Paß in den Rocky Mountains. Bisher war der Sommer verregnet und kühl gewesen. Die hochgelegenen, von brausenden Sturzbächen durchschnittenen Wiesen lagen unter einer dicken Schneedecke begraben. Beim Abstieg nahm Peebles eine Abkürzung zwischen zwei Serpentinen und schlitterte elegant eine fünfundvierzig Grad steile Schneeverwehung hinab – ein Abfahrtslauf mit perfekter Gewichtsverteilung und unbeirrbarem Lächeln, nur ohne Skier. Ich folgte ihm die ganze Strecke auf dem Hintern.

»Ich weiß nicht, wie ich es zusammenfassen soll«, sagte er, als wir unten Luft holten. »Es hat natürlich Überraschungen gegeben. Die Beobachtungen haben die Kosmologie weitergebracht. Meiner Meinung nach war die Theorie ziemlich unsinnig. Wir haben wohl noch immer nicht das, was ich eine astreine Theorie für die Abläufe im Kosmos nennen würde. Der grobe Entwurf, das expandierende Universum, ist astrein. Sicher treten gravitationsbedingte Dichtefluktuationen auf, aber die Einzelheiten – warum es Galaxien von solcher Größe und Verteilung gibt – sind noch vollkommen ungewiß. Ich kann mich für kein bestimmtes Modell begeistern. Seit meiner Kindheit haben sich die Beobachtungen dramatisch verändert. Als ich mit der Arbeit angefangen habe, war das Gebiet völlig offen, weiß wie ein unbeschriebenes Blatt. Man konnte sich die abstrusesten Sachen ausmalen. Und jetzt haben unsere Ergebnisse die abstrusesten Vorstellungen übertroffen.«

Das Fach treibe in die Krise, meinte er.»In dem Sinn, daß die verschiedenen Theorien immer mehr in Druck geraten. Sie werden immer ausgefeilter und präziser. Und sie machen immer mehr Vorhersagen. Ich glaube, wir stehen bald vor der Situation, daß sich viele Theorien offenkundig als falsch erweisen. Wenn wir Glück haben, bleibt eine besonders erfolgversprechende übrig. Wenn das nicht der Fall ist, müssen wir unsere Netze weiter ausspannen.«

Ich wollte am nächsten Tag nach Santa Cruz fahren, dort war ein Seminar über Galaxien im Gange. Man erwartete viele beobachtende Astronomen. Ich fragte Peebles, ob er für sie einen Hinweis oder eine Weisheit parat habe. Er grinste und blickte zum Himmel hinauf.

»Sagen Sie ihnen«, meinte er schelmisch, »sie sollen noch einmal genau hinschauen.«

Auch die Teilnehmer der Tagung in Santa Cruz beschäftigte die Frage, wie man das Zustandekommen der beobachteten aufsehenerregenden Strukturen im All mit den gängigen kosmologischen Theorien erklären konnte. Wenn man für die Theoretiker der kosmischen Strings eine Sammlung veranstaltet hätte, wäre wohl nicht genug zusammengekommen, um ihnen die Busfahrt nach Berkeley, dem Refugium der abstrakten Denker, zu bezahlen. Auf der Tagung wurde von Theoretikern gemunkelt, die nie eine reale Galaxie gesehen hätten und am letzten der drei Konferenztage hereinschneiten und alles erklären wollten.

Davis, White und Frenk hatten eine Art Gegenoffensive gegen die Panikmache der beobachtenden Kosmologen und der Theoretiker der Strings vorbereitet. Kernstück ihrer Ausführungen war die kalte dunkle Materie, die konservativste und inzwischen orthodoxe Theorie. Sie hatten Computersimulationen durchgeführt, bei denen ungefähr das gezeigt wurde, was ein Astronom durch ein Teleskop im Nahbereich des Universums sehen würde. Sie behaupteten, die kalte dunkle Materie, die der Computer errechnet habe, sei mit den realen Beobachtungen noch verein-

530

bar. Im Ergebnis der Simulationen tauchten deutlich sichtbare Leerräume und Superhaufen auf.

White war mit einem Gipsverband erschienen. Er hatte sich beim irischen Volkstanz den Knöchel gebrochen. Er hielt am vorletzten Tag des Treffens einen leidenschaftlichen Vortrag und verteidigte unbeirrt die alte Theorie. In Großbuchstaben schrieb er auf die Folie eines Overheadprojektors:»MAN MUSS DAS GLEICHE TUN WIE DIE BEOBACHTER.« White unterstrich, daß die Erfolge der Theorie der kalten dunklen Materie in den Bereichen mit den zuverlässigsten Beobachtungen lägen - wo es um die Eigenschaften von Galaxien und kleinen Gruppen gehe. Dagegen habe sie ihre angeblichen Schwachstellen in den Bereichen, in denen die Beobachtungen am unzuverlässigsten seien. Schon deshalb sei es zu früh, die Theorie aufzugeben, sie könne auf jeden Fall weiter als Standardmodell dienen. Er könne nicht verstehen, warum sich jetzt plötzlich jeder den Strings zuwenden wolle.

Am selben Abend traf ein Team von Theoretikern der Strings mit dem Flugzeug aus Aspen ein. Ihr Vortrag war für den letzten Tag vorgesehen. Zufällig begegnete ich Neil Turok und Andy Albrecht, als sie ihre Rucksäcke aus dem Kofferraum eines Mietwagens luden. Nach wochenlangem Volleyballspielen in den Rocky Mountains waren sie braungebrannt und durchtrainiert. Sie redeten aufgedreht wie Sportler in Siegesstimmung vor einem wichtigen Spiel.

Ich fragte sie, was sie von Strings hielten.»Das ist keine Religion«, sagte Turok nachdrücklich.

»Es ist die Wahrheit«, ergänzte Albrecht. Sie schleppten kichernd ihre Rucksäcke fort.

Turok hielt seinen Vortrag am nächsten Morgen. Er kam nicht weit. White unterbrach ihn mit der Frage:»Was sollen die Strings noch erklären, wenn wir schon heiße dunkle Materie brauchen?« Primack, der die Leitung übernommen hatte, versuchte zu erklären, daß Strings in der modernen Physik ein Gattungsmerkmal seien.»Sie sind nicht unbedingt abwegig«, fügte er hinzu.

»Dann sind wir nicht gezwungen, sie zu erfinden?« rief Colin Norman dazwischen, ein blonder englischer Theoretiker, der vorübergehend am Space Telescope Science Institute arbeitete. »Vom Standpunkt der Teilchenphysik aus schon.«

Norman brummte weiter: »Gestern haben wir eine Theorie (die von White) gehört, die doch ganz gut war.«

»Was Colin meint, läuft auf einen astrophysikalischen Chauvinismus hinaus«, verkündete Primack höflich. »Wir haben schließlich nur *ein* Universum.«

Als wir uns aus dem Raum in den noch diesigen Sonnenschein schoben, erinnerte ich mich wieder daran, was Hawking vor langer Zeit auf den Stufen der Royal Society gesagt hatte: daß es nicht nur ein einziges Universum gebe. Wie bei den seltsamen Gesetzen der Quantentheorie würde es für einen Beobachter in sich zusammenstürzen, für einen anderen ewig weiter expandieren. Vielleicht, dachte ich, kämen die Teilnehmer dieses Treffens mit dem gleichen Gedanken weiter. Es gab möglicherweise ein Universum für die Theoretiker der kalten dunklen Materie, ein anderes, das die Strings beherrschten, und noch eines, in dem es eine kosmologische Konstante gab oder in dem der Mikrowellenhintergrund ungleichmäßig verteilt war. Vielleicht war die Natur des Universums so ungewiß wie das fast schon sprichwörtliche Elektron, dessen Eigenschaften man noch nicht kannte, weil der letzte Detektor noch nicht aufgestellt war. Vielleicht wartete das Universum noch auf das abschließende Experiment, das die Natur der dunklen Materie klären und die großräumigen Strukturen enthüllen würde. Nach Wheeler und Hawking waren wir alle in einem wirren Traum befangen und versuchten uns aus dem Schlamassel der Quantentheorie mit ihren bloßen Wahrscheinlichkeiten zu befreien.

Unser Universum und eine Milliarde Träumer – ein trotz allem nicht ganz hoffnungsloses Zusammenspiel. Die Kosmologen saßen alle im selben Boot. Es war kein besonders großes Boot, und die Mannschaft war trotz gelegentlicher Rangkämpfe gar nicht so zänkisch, wie es manchmal den Anschein haben mochte.

An einem Abend fand im Speisesaal eines Studentenwohnheims in Santa Cruz ein Fest mit Käse und Wein für die Astronomen und Kosmologen statt. Primacks Frau Nancy Abrams, eine Rechtsanwältin, die kabarettistische Lieder schrieb und sang, sorgte für die Unterhaltung. Viele Lieder waren eigene Kompositionen mit einer charakteristischen Mischung aus schwarzem Humor und Spott über die Technik. Ein Lied war während der Tagung in Kona entstanden, eine Persiflage auf den Streit über das offene oder geschlossene Universum. Gesungen wurde der Text zur Melodie des Beatles-Songs »Yellow Submarine«. Zweihundert Kosmologen hoben die Rotweingläser und stimmten mit ein:

> In the town of Santa Cruz
> Worked astronomers who searched the sky
> And they told me what they found
> In three hundred nights of observing time
> We all live in an expanding universe
> Expanding universe, expanding universe
> We all live in an expanding universe
> Expanding universe, expanding universe
> And they measured the Hubble flow
> Toward Hydra Centaurus and from Virgo
> And they found a wondrous thing
> H-nought jiggles like a spring
> We all live in an expanding universe
> Expanding universe, expanding universe ...
> Now there are voids and filaments
> Peculiar velocities that don't make sense
> It's time for theorists to get tough
> Cold dark matter is not enough
> We all live in an expanding universe
> Expanding universe, expanding universe ...

Nachwort

Marc Aaronson starb am Abend des 30. April 1987 bei einem tragischen Unfall in der Kuppel des 4-Meter-Teleskops des Kitt Peak National Observatory. Bei Vorbereitungen auf die Beobachtung von Cepheiden in der umstrittenen Galaxie M 101 steckte er den Kopf durch die Türöffnung einer Trennwand. Eine aus der rotierenden Kuppel hängende Leiter erfaßte die Tür. Aaronson, der eingeklemmt wurde, war auf der Stelle tot. Er war siebenunddreißig Jahre alt.

Halton Arp, Geoffrey Burbidge und **Fred Hoyle** veröffentlichten im August 1990 mit **Jayant Narlikar** und **Chandra Wickramasinghe,** die sich seit langer Zeit an den ketzerischen Unternehmungen dieser Forscher beteiligt hatten, einen langen Artikel, in dem sie die gängige Urknalltheorie in Bedrängnis bringen. Die Autoren verweisen auf die widersprüchlichen Aspekte der Rotverschiebungen von Quasaren und Galaxien und auf die Tatsache, daß die Kosmologen Schwierigkeiten haben, den glatten Mikrowellenhintergrund mit der klumpigen Beschaffenheit des gegenwärtigen Kosmos zu vereinbaren. Sie heben hervor, daß »das verbreitete und beliebte kosmologische Modell angesichts der Ergebnisse der Beobachtungen vielerlei Zweifel« aufwerfe. Womöglich habe es nie einen Urknall gegeben.

Sydney Coleman, Physiker an der Harvard University, Wegbereiter des Gedankens eines falschen Vakuums und ein Freund von Alan Guth' Inflationstheorie, hat sich mit dem Problem auseinandergesetzt, warum die schwer bestimmbare kosmologische Konstante, die die Energiedichte im Vakuum des heutigen Universums bestimmt, bei Null zu liegen scheint. Nach Colemans

Vorschlag regulieren möglicherweise submikroskopische, im kleinsten Bereich der Natur vorkommende Wurmlöcher im Schaum der Quanten-Raumzeit die Vakuumenergie, indem sie sie an unendlich viele andere parallele leere Universen weiterleiten. Die ersten Gesamthimmelskarten vom **kosmischen Mikrowellenhintergrund,** die nach Messungen des Cosmic-Background-Explorer-Satelliten (COBE) entstanden, sind im Januar 1990 der American Astronomical Society vorgelegt worden. Nach den Karten ist die kosmische Hintergrundstrahlung bis auf weniger als eins zu zehntausend gleichförmig. Die Inflationstheorie sagt Temperaturschwankungen von ungefähr eins zu hunderttausend über einen Winkelabstand von nur wenigen Grad voraus; zukünftige Karten des COBE werden diese Genauigkeit vermutlich erreichen.

Alan Dressler erschien 1990 als herausragender junger Wissenschaftler auf dem Titelblatt des Magazins *Fortune.* Mit **Sandra Faber** hat er bei den anhaltenden Bemühungen, dem Großen Attraktor auf die Spur zu kommen, Rotverschiebungen und Entfernungen von über dreihundert Galaxien gemessen. Die Ergebnisse des Duos, die inzwischen von zahlreichen anderen Messungen bestätigt werden (darunter einer abgeschlossenen Studie, die Aaronson mit seiner Mannschaft vor seinem Tod durchgeführt hat), sprechen dafür, daß die von den Sieben Samurai ausgemachte großräumige Bewegung tatsächlich existiert. Der Attraktor ist kein einzelnes Objekt; vielmehr handelt es sich nach Dressler um eine gesamte Region im Weltraum, die einen Durchmesser von dreihundert Millionen Lichtjahren hat; die Konzentration von Galaxien steigt in ihr stufenförmig an; das Zentrum ist unauffällig und enthält keinen spektakulären Galaxienhaufen. Die Milchstraße liegt an einer Ecke der Region. Durch eine eingehende Untersuchung ihrer Galaxien hoffen Dressler und Faber zu ermitteln, wie dunkle Materie in ihr verteilt ist.

Margaret Geller erhielt im Sommer 1990 ein Forschungsstipendium auf fünf Jahre von der McArthur Foundation. Sie und **John Huchra** hatten Anfang des gleichen Jahres bekanntgemacht, daß bei der CfA-Rotverschiebungsstudie eine Kette von Galaxien mit einer Länge von über fünfhundert Millionen Lichtjahren zum Vorschein gekommen ist. Sie hatten sie »die Große Mauer« genannt. Theoretiker wandten sofort ein, daß dunkle Materie niemals Strukturen dieser Größe hervorbringen könne. Gleichwohl legen die modernen Computersimulationen von **Edmund Bertschinger** vom MIT nahe, daß die kalte dunkle Materie unterschätzt worden ist und Berichte, nach denen die Theorie überholt sei, grob übertrieben sind.

Jim Gunn, Maarten Schmidt und **Donald Schneider** werten nach wie vor Ergebnisse einer 1982 begonnenen Durchmusterung aus. Es geht darum, Quasare mit hohen Rotverschiebungen zu suchen und ihre zeitliche Verteilung zu bestimmen. 1990 entdeckten sie einen Quasar mit einer Rotverschiebung von 4,7 und damit das älteste und entfernteste Objekt des bekannten Universums.

Alan Guth ist inzwischen Professor für Physik am MIT und Mitglied der National Academy of Sciences.

Stephen Hawking hat sich nach fünfundzwanzig Jahren Ehe von seiner Frau Jane getrennt. Sein Buch *Eine kurze Geschichte der Zeit* stand über zwei Jahre lang auf den Bestseller-Listen und wird bald zu einem aufwendigen Film verarbeitet. Wie Coleman hat sich auch er kürzlich mit Wurmlöchern befaßt. Hawking beglich schließlich seine Wette mit **Kip Thorne,** dem Relativisten vom Caltech und Spezialisten in der Frage der Zeitreisen. Hawking, der dagegen gesetzt hatte, daß es sich bei Cygnus X-1 um ein Schwarzes Loch handelt, gab sich geschlagen. Während einer Stippvisite in Kalifornien im Juni 1990 brachen er und ein Begleiter in Thornes Arbeitszimmer ein und suchten das Papier heraus, auf dem die Wette vermerkt war. Hawking (der nicht mehr schreiben kann) zeichnete es mit einem offiziellen Daumenabdruck gegen. Von da an erhielt Thorne per Post die britische Ausgabe des Magazins *Penthouse*.

Das **Hubble-Weltraum-Teleskop** wurde am 24. April 1990 vom Space Shuttle in seine Umlaufbahn in vierhundertfünfzig Kilometern Höhe gebracht. Zwei Monate später gab die NASA bekannt, das Teleskop habe einen gravierenden Fehler im Hauptspiegel. Der Defekt war auf das Versagen eines Instrumentes zurückzuführen, das den Spiegel während des letzten Schliffs überprüft. Die Bekanntmachung rief bei Astronomen in aller Welt Bestürzung hervor. Obwohl spektroskopische und fotometrische Untersuchungen noch immer möglich sind, liefert das Teleskop nicht so scharfe Aufnahmen, wie man erwartet hatte. Dieser Fehler wird jedoch teilweise durch nachträgliche Bildverarbeitung gemildert. Viele kosmologischen Untersuchungen wie Beobachtungen im fernen Weltraum und die Neubestimmung der Hubble-Konstante, sind bis mindestens 1993 aufgeschoben; erst dann kann dem Teleskop eine neue Kamera mit einem optischen Korrekturglied eingebaut werden.

Edward »Rocky« Kolb und Michael Turner haben 1990 *The Early Universe*, ein Lehrbuch für fortgeschrittene Studenten der Kosmologie veröffentlicht; das Schwergewicht liegt auf der Teilchenphysik des Urknalls. Die Rezensenten waren begeistert.

Im Januar 1989 gingen die meisten Teleskope auf dem Mount Wilson wieder in Betrieb; zu verdanken ist das einem Arrangement auf Probe des Mount Wilson Institutes, einer privaten, nichtkommerziellen Organisation, die mit Hilfe noch beizubringender Spendengelder die Einrichtungen auf dem Berg auf Dauer zu nutzen und das 2,5-Meter-Hooker-Teleskop wieder in Betrieb zu nehmen hofft.

1990 haben Jim Peebles und Joe Silk in der Zeitschrift *Nature* ein »cosmic book« veröffentlicht; sie klopfen die verschiedenen kosmologischen Szenarien auf ihre Wahrscheinlichkeit hin ab und fragen sich, wie gut die jeweiligen Theorien verschiedene Beobachtungen erklären können und wie zuverlässig die Beobachtungen selbst sind. In der entstandenen Tabelle erscheint die Theorie der kalten dunklen Materie in einem Haufen schlechter Theorien noch immer als die beste.

Roger Penrose nahm mit dem Buch *The Emperor's New Mind* einen Anlauf in die Bestseller-Listen. Die meisterhafte populärwissenschaftliche Darstellung der Relativitäts- und der Quantentheorie gibt sich als Angriff auf die künstliche Intelligenz. Nach einer besonders umstrittenen Hypothese liefert die noch ausstehende Theorie der Quantengravitation möglicherweise den Schlüssel zum Verständnis des Bewußtseins.

Vera Rubin ist wissenschaftliche Mitarbeiterin im Fachbereich Terrestrial Magnetism der Washingtoner Carnegie Institution. Sie hatte kleine Gruppen von Spiralgalaxien im Virgohaufen unter die Lupe genommen und zu erkunden versucht, was mit den Halos aus dunkler Materie von Galaxien in dicht bevölkerter Umgebung geschieht. Ihre ersten Ergebnisse sind nach eigenem Bekunden »nicht weltbewegend«; Galaxien, die in Gruppen vorkommen, haben offenbar keine individuellen Halos.

Allan Sandage ist nach wie vor wissenschaftlicher Mitarbeiter seines Instituts in der Santa Barbara Street, das sich in »Carnegie Observatories« umbenannt hat. Er und **Gustav Tammann** haben neuerdings den neunten Artikel einer ganzen Serie im *Astrophysical Journal* veröffentlicht, in dem sie von der relativen Entfernung weit entfernter Cluster und des Virgohaufens auf eine Hubble-Konstante von zweiundfünfzig schließen. Sandage hofft 1991 den *Carnegie Atlas* fertigzustellen, ein fotografisches Kompendium des gesamten Shapley-Ames-Kataloges der Galaxien. Seit seinem Hubble-Vortrag, meint er, sei er zu den Theorien der Großen Vereinheitlichung und der Inflation bekehrt.

Die Vorhersage von **David Schramm** und **Gary Steigman,** daß es nach der Entstehung von Helium beim Urknall im Universum nicht mehr als drei oder vier Arten von Neutrinos geben könne, scheint sich zu bestätigen. Im Oktober 1989 haben die Physiker des SLAC und des CERN unabhängig voneinander in Pressekonferenzen bekanntgegeben, daß es nach den Studien zu W- und Z-Bosonen, den Trägern der schwachen Kraft, nur drei Familien von Neutrinos und Elementarteilchen gibt. Steigman ist inzwischen Professor an der Ohio State University.

Leonard Searle ist Direktor der Carnegie Observatories geworden.

Paul Steinhardt hat eine neue Theorie entwickelt, die er die Theorie der ausgedehnten Inflation nennt. Steinhardt versucht, einige Probleme, die bei früheren Versionen der Inflationstheorie aufgetreten sind, dadurch zu lösen, daß er eine Gravitationskonstante einführt, die sich im frühen Universum mit der Zeit verändert. Ob eine zeitvariable Konstante mehr Probleme löst als sie schafft, bleibt abzuwarten.

Alex Szalay organisierte in Ungarn 1987 zu seinem Geburtstag ein Symposium der IAU zu den großräumigen Strukturen des Universums. Er teilte die Veranstaltungen zwischen der Eötvös-Universität in Budapest und der Johns Hopkins University in Baltimore auf. Szalay, **David Koo** und **Richard Kron** arbeiten weiter an ihrer »pencil beam«-Untersuchung, der »Kleinfeld-Rotverschiebungsstudie«. Anfang 1990 veröffentlichten Szalay und Koo mit **Thomas Broadhurst** und **Richard Ellis,** die ähnliche Untersuchungen in der südlichen Hemisphäre durchgeführt hatten, eine einführende kombinierte Analyse zweier pencil beams. Ihre Daten sprechen dafür, daß im ganzen Universum ungefähr alle vierhundert Millionen Lichtjahre periodisch gewaltige Klumpen oder Mauern aus Galaxien wiederkehren. **Marc Davis,** der die Ergebnisse in der Zeitschrift *Nature* kommentierte, schrieb daraufhin einen oft zitieren Satz: Wenn diese Ergebnisse richtig seien, dann wüßten die Astronomen weniger als nichts über das frühe Universum.

John Wheeler hat sich aus der University of Texas zurückgezogen und wohnt jetzt in Princeton in einem »Heim für alte Knaben«, wie er es nennt. Von dort aus pendelt er täglich zu einem Büro seiner alten Universität. 1990 hat er das populärwissenschaftliche Werk *A Journey into Gravity and Spacetime* veröffentlicht, eine Darstellung der allgemeinen Relativitätstheorie, die mit wenig Mathematik auskommt.

Ed Witten bekam im August 1990 beim International Congress of Mathematicians im japanischen Kioto die Fields Medal verliehen, die höchste Auszeichnung in der Mathematik.

Jakow Borisowitsch Seldowitsch starb im November 1987 sechsundsiebzigjährig in Moskau an einem Herzanfall.

Register

Aaronson, Marc 20, 348–353, 358, 372, 413, 423, 429, 493, 499–500, 503–505, 507, 509–511, 513, 518–519, 535–536
Abrams, Nancy 533
Albrecht, Andreas 323, 531
Arp, Halton »Chip« 40, 43–44, 58, 121–124, 234, 383, 490–492, 496, 524, 535
Audouze, Jean 254–255

Baade, Walter 34, 40, 43–44, 46–47, 53, 56, 58–59, 63, 82, 84, 96–97, 122, 132, 214, 245, 496–497, 526, 528
Bardeen, James 151
Bekenstein, Jacob 151–153, 159, 164, 477
Blumenthal, George 428, 431–437, 518
Bohr, Niels 134, 136, 155–156, 170, 465
Bond, Dick 428, 431, 449
Bond, George 363, 368
Bond, Henry Cranch 363
Bondi, Hermann 63, 127
Bowen, Ira 33, 37, 39, 47, 94, 103, 215
Burbidge, Geoffrey 97, 107, 535
Burstein, David 385, 514–517

Carr, Bernard 144–145, 164
Carter, Brandon 141, 143, 151, 165, 456
Chandrasekhar, Subrahmanyan 117

Coleman, Sidney 305–306, 314, 322, 459–460, 535, 537

Davidson, Kris 355
Davis, Marc 20, 363–366, 368–374, 376–379, 381, 397, 406–409, 412, 414–421, 423–424, 431, 433, 438–442, 446, 448, 540
De Vaucouleurs, Gérard 335–336, 338–344, 352, 354, 361
Dekel, Avishai 513
Dicke, Robert 177–180, 182–183, 185–187, 190–191, 193, 197, 206, 271–273, 303, 312–313, 456
Dressler, Alan 488, 490, 514, 536

Eddington, Arthur Stanley 27–29, 88, 456
Einasto, Jaan 367–368, 376, 397, 403, 408–409, 412
Einstein, Albert 27–30, 38, 51–52, 62, 76, 85–88, 107, 130–132, 134, 138, 164, 169–170, 172, 175, 201, 236, 243, 271, 273, 279, 285, 308, 313, 319, 321, 455, 461, 465, 471, 485, 523

Feynman, Richard 252, 471
Field, George 369, 371, 418, 540
Fisher, Richard 345–348, 350, 384, 503, 510
Fomin, Piotr 460
Ford, Kent 383–386, 388, 516